Premiere Pro CC 2017
实战基础培训教程

全视频微课版

华天印象 编著

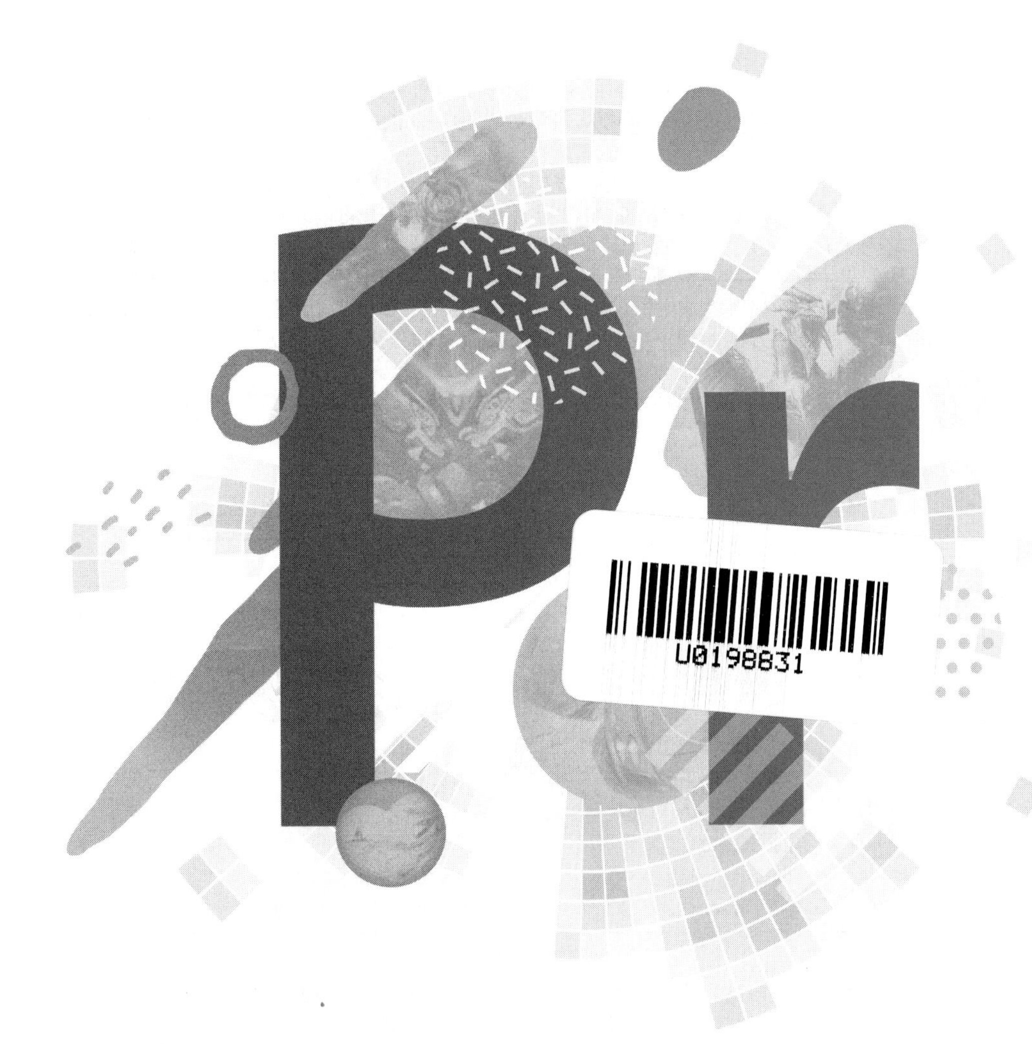

人 民 邮 电 出 版 社
北 京

图书在版编目（CIP）数据

Premiere Pro CC 2017实战基础培训教程 : 全视频微课版 / 华天印象编著. -- 北京 : 人民邮电出版社, 2020.9
ISBN 978-7-115-49589-1

Ⅰ. ①P… Ⅱ. ①华… Ⅲ. ①视频编辑软件－教材 Ⅳ. ①TN94

中国版本图书馆CIP数据核字(2018)第264701号

内 容 提 要

本书是一本 Premiere Pro CC 2017 视频制作实战教程，介绍了软件的各项核心技术与精髓内容，可帮助读者在短时间内从入门到精通 Premiere 软件，从新手成为视频编辑高手。

全书通过 17 章专题内容、97 个专家指点、227 个实战案例、300 多分钟高清视频，全面地介绍了使用 Premiere Pro CC 2017 软件进行视频编辑的核心技法，对项目文件、影视素材、色彩色调、转场效果、转场特效、视频特效、影视字幕、音频文件、覆叠特效、运动效果、导出视频文件等操作进行了重点解析。同时安排了 4 个综合实战，包括商业广告应用、婚纱相册制作、手机游戏制作和网店产品制作等，帮助读者掌握 Premiere Pro CC 2017 的使用方法。随书提供实战需要的素材和效果文件，以及配套操作演示视频，供读者学习。

本书适合 Premiere 的初级学习者阅读，是从事影视广告设计和影视后期制作的广大从业人员的应备工具书，也可以作为高等院校动画、影视相关专业的辅导教材。

◆ 编　　著　华天印象
　责任编辑　张丹阳
　责任印制　马振武

◆ 人民邮电出版社出版发行　　北京市丰台区成寿寺路 11 号
　邮编　100164　　电子邮件　315@ptpress.com.cn
　网址　https://www.ptpress.com.cn
　大厂回族自治县聚鑫印刷有限责任公司印刷

◆ 开本：700×1000　1/16
　印张：17.25
　字数：536 千字　　　2020 年 9 月第 1 版
　印数：1 – 2 000 册　　　2020 年 9 月河北第 1 次印刷

定价：45.00 元

读者服务热线：(010)81055410　印装质量热线：(010)81055316
反盗版热线：(010)81055315
广告经营许可证：京东市监广登字 20170147 号

前 言

■ 写作动机

Premiere Pro CC 2017 是视频编辑爱好者和专业人士必不可少的编辑工具，可以支持当前所有标清和高清格式视频文件的实时编辑。它提供了采集、剪辑、调色、美化音频、字幕添加、输出和 DVD 刻录的一整套流程，并与其他 Adobe 软件高效集成，满足用户创建高质量作品的要求。目前，这款软件广泛应用于影视编辑、广告制作和电视节目制作中。

全书内容以实战为主线，在此基础上适当扩展知识点，真正实现学以致用。实战案例的每一步操作均配有对应的插图和注释，以便读者在学习过程中能够直观、清晰地看到操作过程和案例效果，提高学习效率。每章以“专家指点”的形式为读者提炼了各种高级操作技巧与细节问题。配套的多媒体教学资源内容与书中知识紧密结合并互相补充，详细讲解每个实战案例的操作过程及关键步骤，帮助读者轻松地掌握书中所有的知识内容和操作技巧。

■本书特色

- **4 个综合实战设计**：书中最后安排了 4 个综合实战，包括商业广告应用、婚纱相册制作、手机游戏制作和网店产品制作。
- **5 篇内容安排**：全书共分为 5 篇，包括新手入门篇、进阶提高篇、核心精通篇、高级技能篇及综合实战篇。读者可以从零开始，掌握软件的核心与高端技术，通过大量实战演练，提高操作水平。
- **97 个专家指点**：本书提供了 97 个软件各方面的实战技巧、设计经验，不仅丰富了本书的内容，也利于读者提升实战技能与经验，提高学习与工作效率。
- **227 个技能实战演练**：本书是全操作型的实战教程，书中的步骤讲解详细，对 227 个实战进行了步骤分解，与同类教程相比，读者可以节省学习理论的时间，掌握大量的实用技能。
- **300 多分钟视频教学**：书中的所有技能实例，以及最后 4 个综合案例，全部录制讲解视频，时间长达 300 多分钟，全程同步书中内容，读者可以结合教程，也可以独立观看视频进行学习。

■ 内容安排

- **新手入门篇**：第 01~03 章，讲解了 Premiere Pro CC 2017 的新增功能、项目文件的基本操作、素材文件的编辑操作、影视素材的添加编辑与调整、剪辑影视素材、色彩的校正、图像色彩的调整及图像色调的控制等内容。
- **进阶提高篇**：第 04~06 章，讲解了转场效果的编辑、转场效果属性的设置、应用常用转场特效、应用高级转场特效、视频特效的基本操作、视频效果参数的设置及制作常用视频特效等内容。
- **核心精通篇**：第 07~10 章，讲解了字幕的基本编辑、字幕的属性设置、字幕填充效果的设置、设置字幕描边与阴影效果、字幕路径的创建、运动字幕的创建、应用字幕模板和样式、制作精彩字幕特效，以及音频文件的基础操作等内容。
- **高级技能篇**：第 11~13 章，讲解了运用透明叠加特效、应用其他合成效果、运动关键帧的设置、制作运动特效、制作画中画特效、设置视频参数及导出影视文件等内容。
- **综合实战篇**：第 14~17 章，讲解了大型实战案例的制作，如商业广告应用、婚纱相册制作、手机游戏制作及网店产品制作等。

■ 学习重点

本书的编写特别考虑了初学者的感受，对内容难易程度进行了区分。

- **重点**：带有**重点**标注的小节为重点内容，是 Premiere Pro CC 2017 实际应用中使用较为频繁的命令，需重点掌握。
- **进阶**：带有**进阶**标注的小节为进阶内容，有一定的难度，适合有一定基础的读者深入钻研。

其他内容则为基本内容，只要加以掌握即可满足绝大多数的工作需要。

本书由华天印象编著，参与编写的还有苏高等人，在此表示感谢。由于编者知识水平有限，书中难免有错误和疏漏之处，恳请广大读者批评、指正。

编 者

2020 年 6 月

资源与支持

本书由“数艺设”出品，“数艺设”社区平台（www.shuyishe.com）为您提供后续服务。

■ 学习资源

实战案例与习题的素材和效果文件

实战案例与习题的视频课程

■ 资源获取请扫码

“数艺设”社区平台，为艺术设计从业者提供专业的教育产品。

■ 与我们联系

我们的联系邮箱是 szys@ptpress.com.cn。如果您对本书有任何疑问或建议，请您发邮件给我们，并请在邮件标题中注明本书书名及 ISBN，以便我们更高效地做出反馈。

如果您有兴趣出版图书、录制教学课程，或者参与技术审校等工作，可以发邮件给我们；有意出版图书的作者也可以到“数艺设”社区平台在线投稿（直接访问 www.shuyishe.com 即可）。如果学校、培训机构或企业想批量购买本书或“数艺设”出版的其他图书，也可以发邮件联系我们。

如果您在网上发现针对“数艺设”出品图书的各种形式的盗版行为，包括对图书全部或部分内容的非授权传播，请您将怀疑有侵权行为的链接通过邮件发给我们。您的这一举动是对作者权益的保护，也是我们持续为您提供有价值的内容的动力之源。

■ 关于“数艺设”

人民邮电出版社有限公司旗下品牌“数艺设”，专注于专业艺术设计类图书出版，为艺术设计从业者提供专业的图书、U 书、课程等教育产品。出版领域涉及平面、三维、影视、摄影与后期等数字艺术门类，字体设计、品牌设计、色彩设计等设计理论与应用门类，UI 设计、电商设计、新媒体设计、游戏设计、交互设计、原型设计等互联网设计门类，环艺设计手绘、插画设计手绘、工业设计手绘等设计手绘门类。更多服务请访问“数艺设”社区平台 www.shuyishe.com。我们将提供及时、准确、专业的学习服务。

目 录

第03章 色彩色调的调整技巧

视频讲解 14 分钟

进阶提高篇

第04章 编辑与设置转场效果

视频讲解 11 分钟

第05章 影视转场特效的制作

视频讲解 36 分钟

第06章 精彩视频特效的制作

视频讲解 19 分钟

核心精通篇

第07章 编辑与设置影视字幕

视频讲解 29 分钟

第08章 创建与制作字幕特效

视频讲解 19 分钟

第09章 音频文件的基础操作

视频讲解 12 分钟

第10章 处理与制作音频特效

视频讲解 34 分钟

高级技能篇

第11章 影视覆叠特效的制作

视频讲解 12 分钟

第12章 视频运动效果的制作

视频讲解 30 分钟

第13章 设置与导出视频文件

视频讲解 9 分钟

综合实战篇

第14章 商业广告应用——戒指广告

视频讲解 17 分钟

第15章 婚纱相册制作——爱的魔力

视频讲解 22 分钟

第16章 手机游戏制作——王者天下

视频讲解 13 分钟

第17章 网店产品制作——礼服宣传

视频讲解 9 分钟

新手入门篇

第01章 掌握软件的基本操作

Premiere Pro CC是由Adobe公司开发的一款非线性视频编辑软件，是目前影视编辑领域内应用较为广泛的视频编辑处理软件之一。Premiere Pro CC 2017软件主要用于对影视视频进行编辑，但在编辑之前需要掌握项目文件、素材文件和常用工具的使用方法。

课堂学习目标

- 了解Premiere Pro CC 2017的新增功能。
- 掌握创建、打开项目文件等基本操作。
- 掌握导入、播放素材文件等基本操作。
- 掌握选择、剪切素材文件等编辑操作。

扫码观看本章实战操作视频

1.1 Premiere Pro CC 2017的新增功能

Premiere Pro CC 2017软件专业性强，操作简便，可以对声音、图像、动画、视频及文件等多种素材进行处理和加工，以得到令人满意的影视文件，其启动界面如图1-1所示。下面将对Premiere Pro CC 2017的一些新增功能进行详细介绍。

图1-1 启动界面

有了Premiere Pro CC 2017版本，用户可以使用新的字幕器直接在视频上轻松地创建图形对象和标题，构建该字幕器所在的文本引擎与Photoshop和Illustrator相同。用户也可以通过CC Libraries集成共享动态图形模板，来辅助更改文本、颜色、大小、布局或动态图形氛围等变量，而不需要改变整体美感。当在 Premiere Pro CC 2017中编辑音频时，不需要音频专业知识也可以轻松获得专业品质的效果。通过使用Premiere Pro CC 2017和Adobe Media Encoder 中提供的直接发布选项，可以将作品轻松发布至 Stock，开始向Adobe Stock贡献内容和接触数百万的创意购买者。

1.1.1 快速入门

单击“快速入门”按钮，可以查看自定义媒体浏览器体验，使用者可以简单、快速地选择多个剪辑文件并将其导入Premiere Pro CC 2017，如图1-2所示。

选择某些媒体文件并按“添加”按钮后，将打开一个新项目，其中剪辑位于“项目”面板内。此时，也会依据所选媒体自动创建一个序列，其顺序为选择剪辑的顺序。用户可以快速开始一个新项目，并可以在时间轴中回放序列和开始编辑。

图1-2 快速入门

专家指点

每次启动Premiere Pro CC 2017时，该软件都会为使用试用版的用户打开新的“欢迎”界面。第一次启动时，Premiere Pro CC 2017会出现这个“欢迎”界面。

1.1.2 “基本图形”面板

借助Premiere Pro CC 2017可以在视频上轻松创建图形对象和标题，使用新的“矩形”“椭圆形”和自由格式绘图工具创建形状图层，使用文本图层为视频作品制作美观的标题、下1/3处标题、字幕和其他图稿等，还可以在“剪辑图层”中添加图像或视频以完成图形。在“基本图形”面板中可以轻松地重新排列和调整图层及其属性，使用适合运动效果的控件面板，可以创建出色的动态图形，如图1-3所示。

图 1-3“基本图形”面板

1.1.3 新的“标题”工具

Premiere Pro CC 2017中新的“标题”工具以Adobe框架为基础，用于处理来自Photoshop和After Effects的熟悉文本和图形。新的“标题”工具提供一种可以直接在节目监视器上添加文本的简单、直观的方法。它可以快速、轻松地更改标题的大小和位置，更改颜色和字体，以及使用不同的对齐选项。

如果将一个标题指定为主图形，那么该图形在整个序列中的每次迭代都将关联起来。修改主图形（如更改字体、颜色或大小），该迭代可以在依据主图形创建的所有实例中进行扩散。

在节目监视器中创建的标题和图形会自动添加到用户的序列，从而节省时间并为创作过程增加灵活性。用户可以在“基本图形”面板（新“图形”工作区的一部分）中找到用于新“标题”工具的所有控件。

1.1.4 动态图形模板

通常，动态图形设计人员在After Effects中创建模板，这些模板由编辑人员在Premiere Pro CC 2017中使用。视频编辑人员常常没有条件创建动态的专业图形或图形包（如标题、下1/3处标题、专有名词和片尾字幕等），但他们需要在给定的整个项目中具备这种能力，即在图形内快速高效地更改核心属性。

Premiere Pro CC 2017可以让编辑人员使用在After Effects中创建的动态图形模板，更改文本、颜色、大小、布局或动态图形氛围等部分变量（由After Effects艺术家指定），而不需要改变整体美感。

编辑人员和动态图形艺术家可以通过CC Libraries集成轻松共享动态图形模板。

1.1.5 “基本声音”面板

由于周转时间较短或预算紧缩，许多视频编辑人员会在没有专业音频工程师参与的情况下混合音频。视频编辑人员借助Premiere Pro CC 2017中的“基本声音”面板，如图1-4所示，能够轻松处理面向项目的混合技术，而不需要音频专业知识。

图 1-4“基本声音”面板

“基本声音”面板是Premiere Pro CC 2017“音频”工作区的一部分。使用此面板，可以轻松指定音频剪辑是音乐、效果、对话还是环境，将选择直接提供给适合所做选择的音频参数，这样便可以快速实现最佳声音效果。

“基本声音”是一个多合一面板，提供混合技术和修复选项的一整套工具集。此功能适用于常见的音频混合任务。

“基本声音”面板提供了一些简单的控件，用于统一音量级别、修复声音、提高清晰度及添加特殊效果等来帮助用户的视频项目达到专业音频工程师混音的效果。用户可以将应用的调整保存为预设供重复使用，方便将它们用于更多的音频优化工作。

Premiere Pro CC 2017可以让用户将音频剪辑分类为“对话”“音乐”“SFX”或“环境”。用户还可以配置预设并将其应用于类型相同的一个剪辑或多个剪辑。如要在整个剪辑中统一响度级别，展开“统一响度”并单击“自动匹配”按钮，则Premiere Pro CC 2017将剪辑自动匹配到的响度级别（单位为 LUFS）显示在“自动匹配”按钮下方，如图1-5所示。

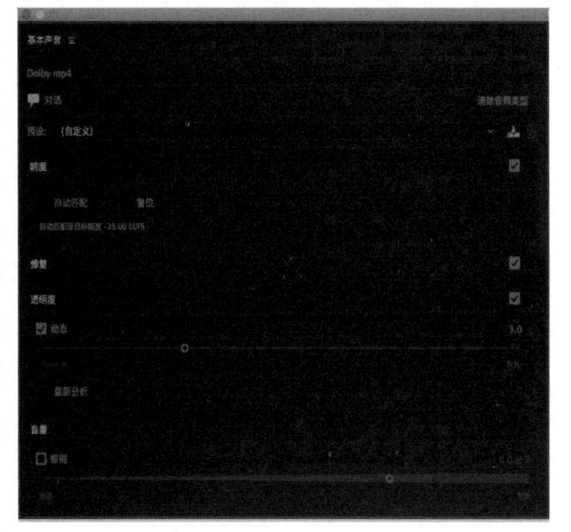

图1-5 统一响度

为画外音剪辑指定音频类型（如对话）后，“基本声音”面板的“对话”选项卡为用户提供多个参数组。这些参数可以让用户执行与对话关联的常见任务（如将不同的录音统一为常见响度、降低背景噪声、添加压缩和 EQ等）。基本声音面板中的音频类型是互斥的，也就是说，为某个剪辑选择一个音频类型，会还原先前使用另一个音频类型对该剪辑所做的更改。

使用“基本声音”面板控件所做的全部更改都会反映在更高级的剪辑设置中。对于恢复清晰度之类的效果，音频效果将插入剪辑组。对于高级用户，则可以先在“基本声音”面板中开始主要的编辑，然后继续使用复杂的内部效果设置并应用最后调整。

1.1.6 扩展的目标发布

用户可以通过在Premiere Pro CC 2017和Adobe Media Encoder中构建的目标发布工作流程，向Adobe Stock贡献创意资源。这使得用户有机会轻松接触数百万的创意购买者，获得业界最佳的作品版税。

通过“目标发布”共享自己的项目，用户可以直接在Premiere Pro CC 2017和 Adobe Media Encoder CC内渲染视频，并且将视频共享到热门的互联网平台。

1.1.7 团队项目改进

Premiere Pro CC 2017向团队项目（测试版）引入了更多功能，团队项目是一款面向 CC 企业用户的托管服务，可以让编辑人员和动态图形艺术家协同工作。

现在团队项目可以让用户在Adobe Media Encoder CC和Premiere Pro CC 、After Effects CC和Prelude CC中协作。当用户使用 Adobe Media Encoder处理多个项目时，可以访问团队项目以进行批量导出。

现在面向Premiere Pro CC 2017的团队项目支持也包括对Dynamic Link和动态图形模板的支持。

1.1.8 音频效果与Adobe Audition的改进集成

用户可以在不经过任何渲染的情况下，将Premiere Pro CC 2017中使用的任何音频效果和关键帧发送到 Audition。Premiere Pro支持更多以前无法传输的序列组件和设置。以下是Premiere Pro CC 2017提供的一些新效果。

- 卷积混响
- 消除齿音
- 扭曲
- FFT滤波器
- 陷波滤波器
- 科学滤波器
- 镶边、仅限镶边
- 强制限幅
- 母带处理
- 音高换挡器
- 立体声扩展器
- 环绕声混响

Premiere Pro CC 2017版本还有多种音频效果已更新，包括实时频谱显示、增益表和幻想未来的外观等。处理音频效果的编辑人员有更多的选择，不需要渲染也可以看到Premiere Pro CC 2017中添加的音频效果和将关键帧传输到Audition。

1.1.9 对VR的多声道模拟立体声支持

借助Premiere Pro CC 2017版本，用户可以为支持VR的平台（如YouTube和Facebook）输出多声道模拟立体声音频，还可以根据用户的方向和位置校准音频。

专家指点

Premiere Pro CC 2017在基本VR工作流程组件上加以扩展，现在提供多声道模拟立体声音频，将VR体验带入球形视频内呈现的位置感知音频的新水平。

1.1.10 新的触觉输入技术

新的触觉输入技术可以让编辑人员增强与工作的互动，现在Premiere Pro CC 2017提供对Apple触控栏的本机支持，如图1-6所示。

图1-6 触控栏支持

现在，用户可以使用新的Microsoft Surface Dial直接在Surface Studio上精细调整参数。

1.1.11 对扩展文件格式的支持

Adobe Premiere Pro CC 2017提供对各种新文件格式和最新文件格式的一系列支持。

Adobe Media Encoder既用作单机版应用程序，又用作Adobe Premiere Pro、After Effects、Prelude、Audition和Animate的组件。Adobe Media Encoder可以导出的格式取决于安装的是哪个应用程序。

某些文件扩展名（如MOV、AVI和MXF）是指容器文件格式，而不是特定的音频、视频或图像数据格式。容器文件可以包含使用各种压缩和编码方案编码的数据。

Adobe Media Encoder可以为这些容器文件的视频和音频数据编码，具体取决于安装了哪些编解码器（明确讲是编码器）。

许多编解码器必须安装在操作系统中，并作为QuickTime 或 Video for Windows格式中的一个组件来使用。

专家指点

Premiere Pro CC 2017还具有以下新增功能。

- 增强的4K 60p性能。
- 对Apple Metal更完善的支持。
- "Libraries"面板内Stock素材的视频预览。

1.2 项目文件的基本操作

下面主要介绍创建项目文件、打开项目文件、保存和关闭项目文件等内容，以供读者掌握项目文件的基本操作。

1.2.1 实战——创建项目文件 重点

在启动Premiere Pro CC 2017后，首先需要做的就是创建一个新的工作项目。为此，Premiere Pro CC 2017提供了多种创建项目的方法。

在"开始"对话框中，可以执行相应的操作进行项目创建。

启动Premiere Pro CC 2017后，系统将自动弹出"开始"对话框，界面中有"新建项目""打开项目""新建团队项目"及"打开团队项目"等不同功能的按钮，此时单击"新建项目"按钮，如图1-7所示，即可创建一个新的项目。

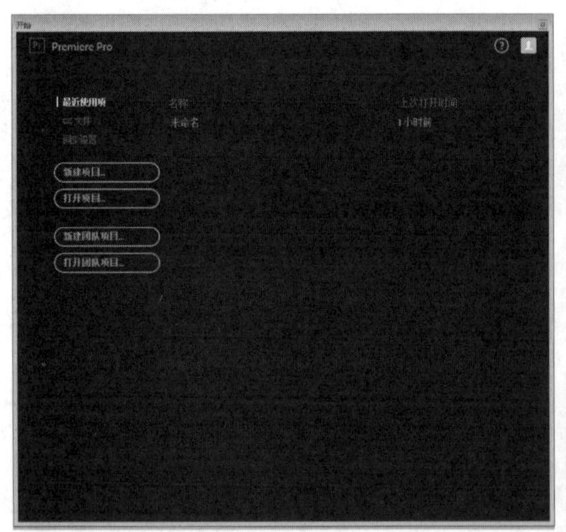

图1-7 "开始"对话框

除了通过欢迎界面新建项目外，也可以进入Premiere主界面中，通过"文件"菜单进行创建，具体操作方法如下。

素材位置	无
效果位置	无
视频位置	视频＞第1章＞实战——创建项目文件.mp4

01 单击"文件"|"新建"|"项目"命令，如图1-8所示。

02 弹出"新建项目"对话框，单击"浏览"按钮，如图1-9所示。

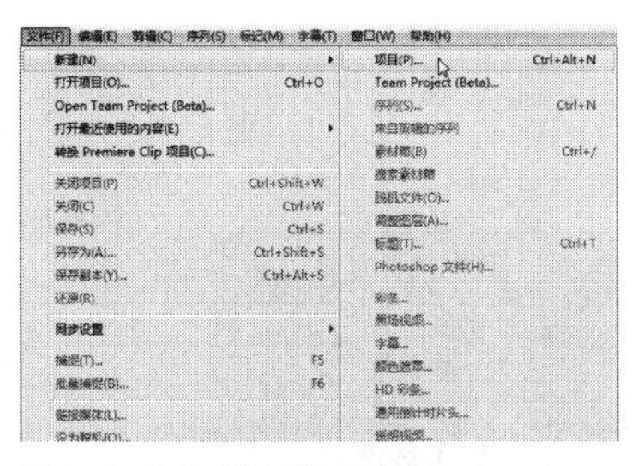

图 1-8 单击“项目”命令

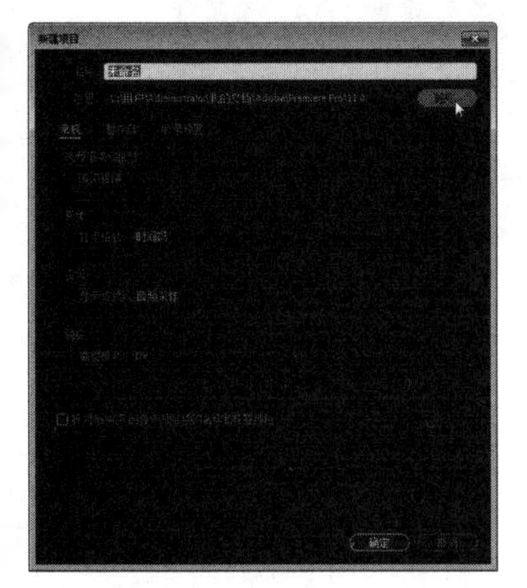

图 1-9 单击“浏览”按钮

03 弹出“请选择新项目的目标路径”对话框，选择合适的文件夹，如图1-10所示。

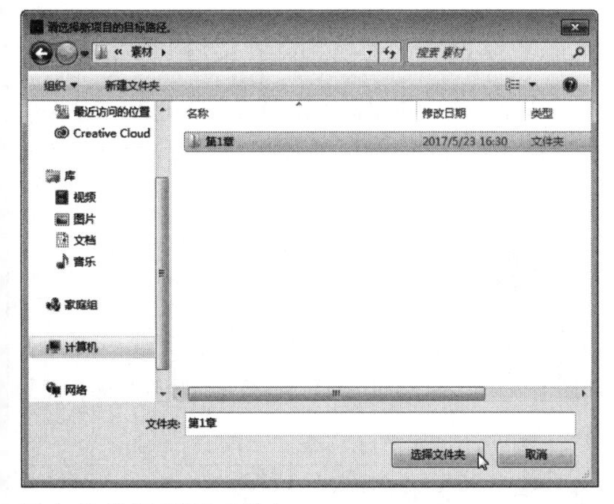

图 1-10 选择合适的文件夹

04 单击“选择文件夹”按钮，返回到“新建项目”对话框，设置“名称”为“新建项目”，如图1-11所示。

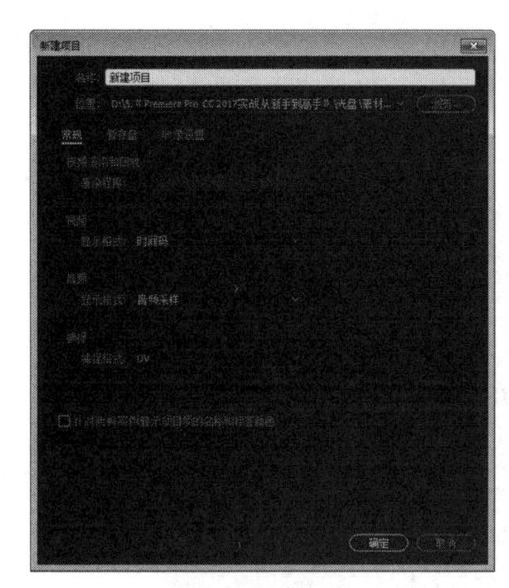

图 1-11 设置项目名称

05 单击“确定”按钮，单击“文件”|“新建”|“序列”命令，弹出“新建序列”对话框，单击“确定”按钮，如图1-12所示，即可使用“文件”菜单创建项目文件。

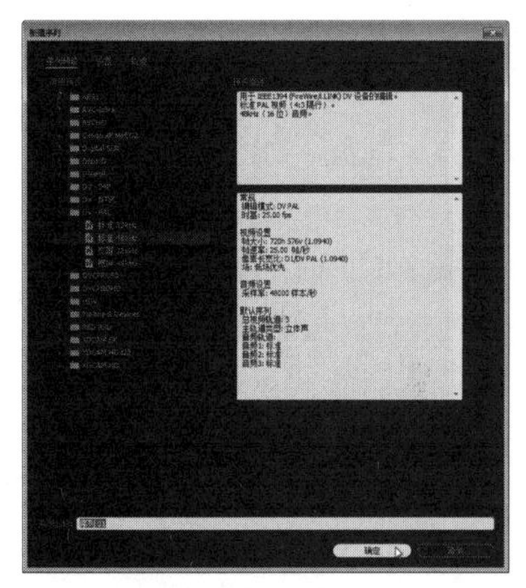

图 1-12 “新建序列”对话框

专家指点

除了上述两种创建新项目的方法外，还可以使用【Ctrl + Alt + N】组合键，快速创建一个项目文件。

1.2.2 实战——打开项目文件

当启动Premiere Pro CC 2017后，可以选择以打开一个项目的方式进入系统程序。在欢迎界面中除了可以创建项目文件外，还可以打开项目文件。

启动Premiere Pro CC 2017后，系统将自动弹出

欢迎界面。此时，单击“打开项目”按钮，如图1-13所示，弹出“打开项目”对话框，选择需要打开的项目文件，单击“打开”按钮即可。

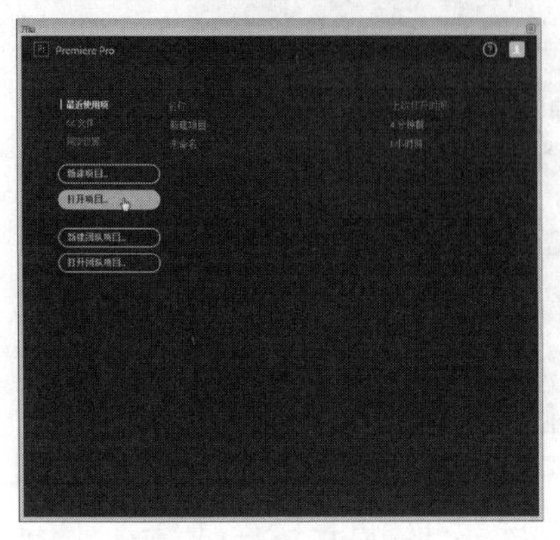

图1-13 单击“打开项目”按钮

在Premiere Pro CC 2017中，可以根据需要打开保存的项目文件。下面介绍使用“文件”菜单打开项目的操作方法。

素材位置	素材 > 第 1 章 > 项目 1.prproj
效果位置	无
视频位置	视频 > 第 1 章 > 实战——打开项目文件 .mp4

01 单击“文件”|“打开项目”命令，弹出“打开项目”对话框，选择相应的项目文件，如图1-14所示。

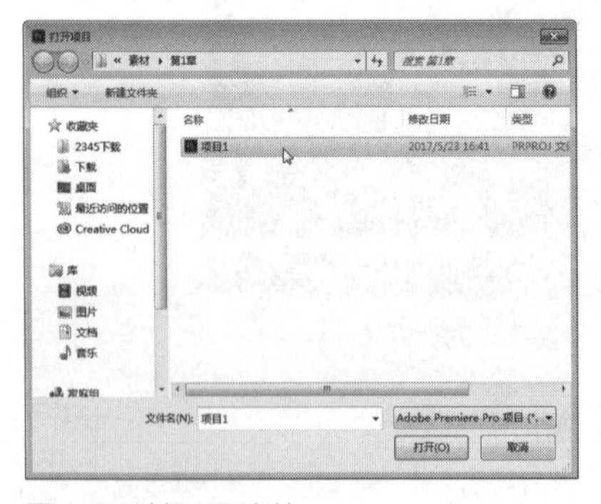

图1-14 选择项目文件

02 单击“打开”按钮，即可使用“文件”菜单打开项目文件，如图1-15所示。

图1-15 打开项目文件

专家指点

启动软件后，可以单击位于“开始”对话框中间部分的“名称”来打开上次编辑的项目，如图1-16所示。

图1-16 最近使用项目

另外，还可以进入Premiere Pro CC 2017操作界面，通过单击菜单命令中的“文件”|“打开最近使用的内容”命令，在弹出的子菜单中单击需要打开的项目。

通过以下方式还可以打开项目文件。

按【Ctrl + Alt + O】组合键，打开bridge浏览器，在浏览器中选择需要打开的项目或素材文件。

使用快捷键进行项目文件的打开操作，按【Ctrl + O】组合键，在弹出的“打开项目”对话框中选择需要打开的文件，单击“打开”按钮，即可打开当前选择的项目。

1.2.3 实战——保存项目文件

为了确保编辑的项目文件不丢失，当编辑完当前项目文件后，可以将项目文件进行保存，以便下次进行修改操作。

素材位置	素材 > 第 1 章 > 项目 2.prproj
效果位置	效果 > 第 1 章 > 项目 2.prproj
视频位置	视频 > 第 1 章 > 实战——保存项目文件 .mp4

01 按【Ctrl+O】组合键，打开一个项目文件，如图1-17所示。

图1-17 打开项目文件

02 在“时间线”面板中调整素材的长度，如图1-18所示。

03 单击“文件”|“保存”命令，弹出“保存项目”对话框，显示保存进度，如图1-19所示。

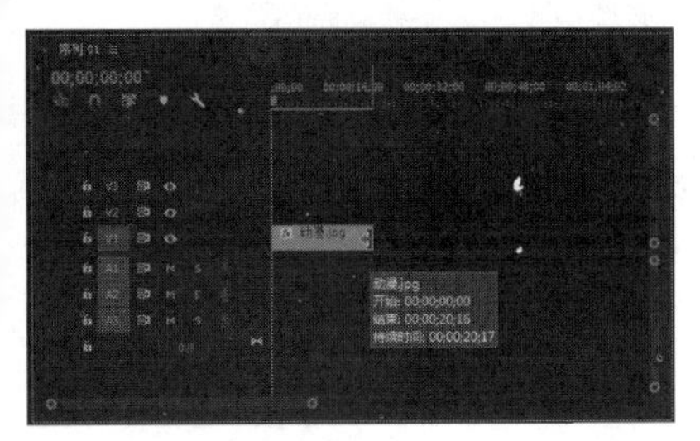

图 1-18 调整素材长度

图 1-19 显示保存进度

使用快捷键保存项目是一种快捷的保存方法，按【Ctrl+S】组合键弹出“保存项目”对话框。如果已经对文件进行过一次保存，则再次保存文件时不会弹出“保存项目”对话框。

另外，也可以按【Ctrl+Alt+S】组合键，在弹出的“保存项目”对话框中将项目作为副本保存，如图1-20所示。

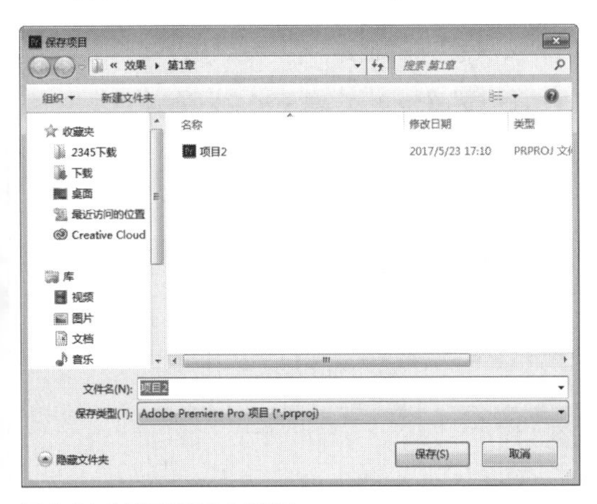

图 1-20“保存项目”对话框

当完成所有的编辑操作并将文件进行了保存，可以将当前项目关闭。

下面将介绍关闭项目的3种方法。

◆ 单击“文件”|“关闭”命令，如图1-21所示。

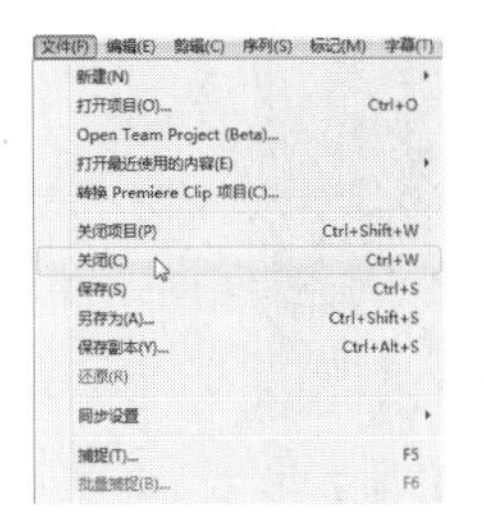

图 1-21 单击“关闭”命令

◆ 单击“文件”|“关闭项目”命令，如图1-22所示。

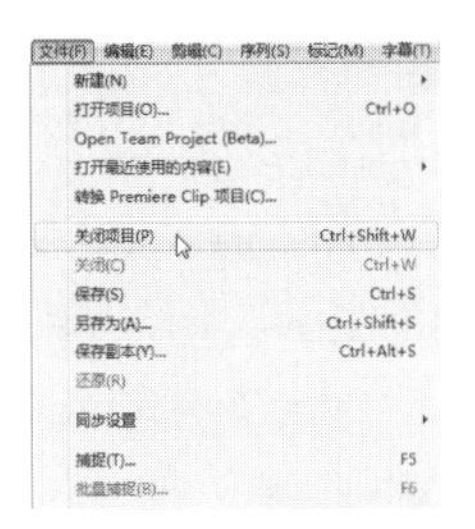

图 1-22 单击“关闭项目”命令

◆ 按【Ctrl+W】组合键或按【Ctrl+Alt+W】组合键，执行关闭项目的操作。

1.3 素材文件的基本操作

在Premiere Pro CC 2017中，掌握了项目文件的创建、打开、保存和关闭操作后，便可以在项目文件中进行素材文件的相关基本操作。

1.3.1 实战——导入素材文件　重点

导入素材是Premiere编辑的首要前提，素材包括视频文件、音频文件、图像文件等。

素材位置	素材 > 第 1 章 > 图片 1.jpg
效果位置	效果 > 第 1 章 > 项目 3.prproj
视频位置	视频 > 第 1 章 > 实战——导入素材文件 .mp4

01 按【Ctrl+Alt+N】组合键，弹出“新建项目”对话框，单击“确定”按钮，如图1-23所示，即可创建一个项目文件，按【Ctrl+N】组合键新建序列。

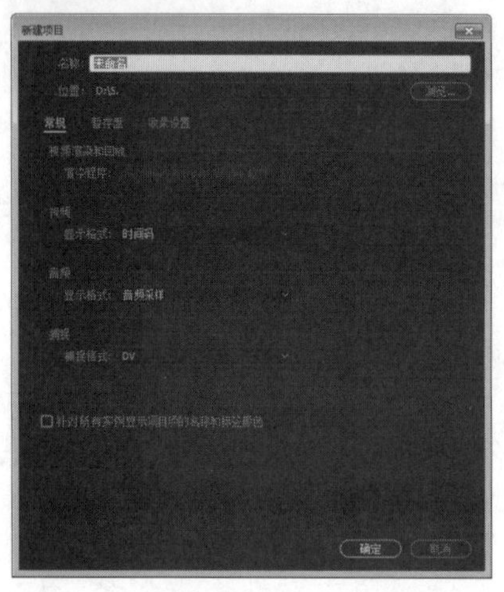

图1-23 单击“确定”按钮

02 单击“文件”|“导入”命令，弹出“导入”对话框，在对话框中选择相应的项目文件，单击“打开”按钮，如图1-24所示。

图1-24 单击“打开”按钮

03 执行操作后，即可在“项目”面板中查看导入的图像素材文件，如图1-25所示。

图1-25 查看素材文件

04 将图像素材拖曳至“时间线”面板中，并预览图像效果，如图1-26所示。

图1-26 预览图像效果

专家指点

当使用的素材数量较多时，除了使用“项目”面板来对素材进行管理外，还可以将素材进行统一规划，并将其归纳于同一文件夹内。

打包项目素材的具体方法如下。

首先，单击“文件”|“项目管理”命令，在弹出的“项目管理”对话框中，选择需要保留的序列。

接下来，在“生成项目”选项区内设置项目文件归档方式，单击“确定”按钮，如图1-27所示。

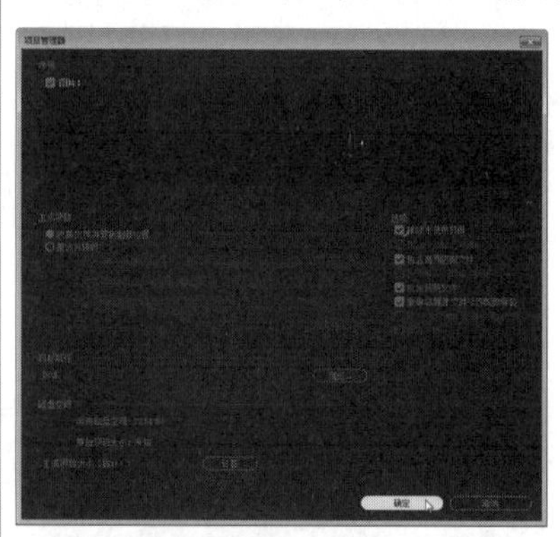

图1-27“项目管理器”对话框

1.3.2 实战——播放项目文件

在Premiere Pro CC 2017中，导入素材文件后，可以根据需要播放导入的素材。

素材位置	素材 > 第 1 章 > 项目 4.prproj
效果位置	无
视频位置	视频 > 第 1 章 > 实战——播放项目文件 .mp4

01 按【Ctrl+O】组合键，打开一个项目文件，如图1-28所示。

02 在“节目监视器”面板中，单击“播放-停止切换”按钮，如图1-29所示。

图 1-28 打开项目文件

图 1-29 单击“播放 - 停止切换”按钮

03 执行操作后，即可播放导入的素材，在“节目监视器”面板中可以预览图像素材效果，如图1-30所示。

图 1-30 预览图像素材效果

1.3.3 实战——编组素材文件

当在Premiere Pro CC 2017中添加两个或两个以上的素材文件时，可能会同时对多个素材进行整体编辑操作。

素材位置	素材 > 第 1 章 > 项目 5.prproj
效果位置	效果 > 第 1 章 > 项目 5.prproj
视频位置	视频 > 第 1 章 > 实战——编组素材文件 .mp4

01 按【Ctrl+O】组合键，打开一个项目文件，选择两个素材，如图1-31所示。

02 在“时间轴”的素材上，单击鼠标右键，在弹出的快捷菜单中选择“编组”选项，如图1-32所示。

03 执行操作后，即可编组素材文件。

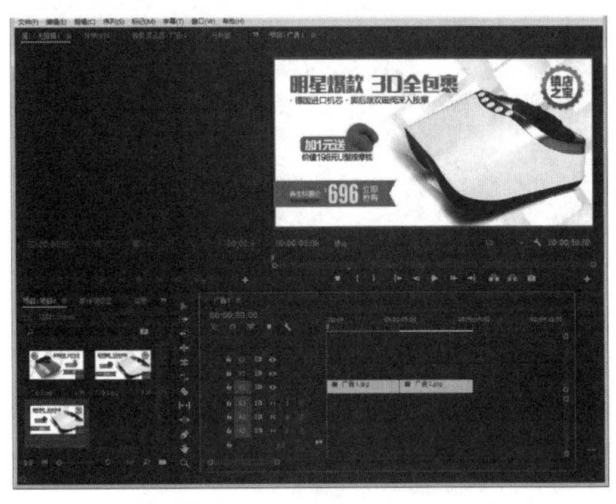

图 1-31 选择两个素材

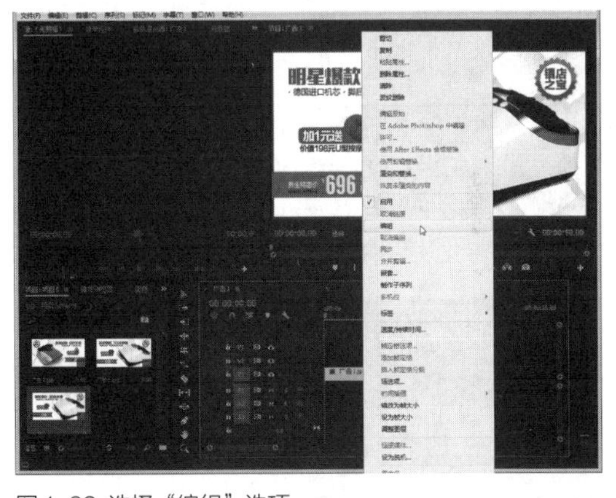

图 1-32 选择“编组”选项

1.3.4 实战——嵌套素材文件

Premiere Pro CC 2017中的嵌套功能是将一个时间线嵌套至另一个时间线中，成为一整段素材使用，在很大程度上提高了工作效率，具体操作方法如下。

素材位置	素材 > 第 1 章 > 项目 6.prproj
效果位置	效果 > 第 1 章 > 项目 6.prproj
视频位置	视频 > 第 1 章 > 实战——嵌套素材文件 .mp4

01 按【Ctrl+O】组合键，打开一个项目文件，选择两个素材，如图1-33所示。

02 在“时间轴”面板的素材上，单击鼠标右键，弹出快捷菜单，选择“嵌套”选项，如图1-34所示。

03 执行操作后，即可嵌套素材文件，在“项目”面板中将增加一个“嵌套序列01”文件，如图1-35所示。

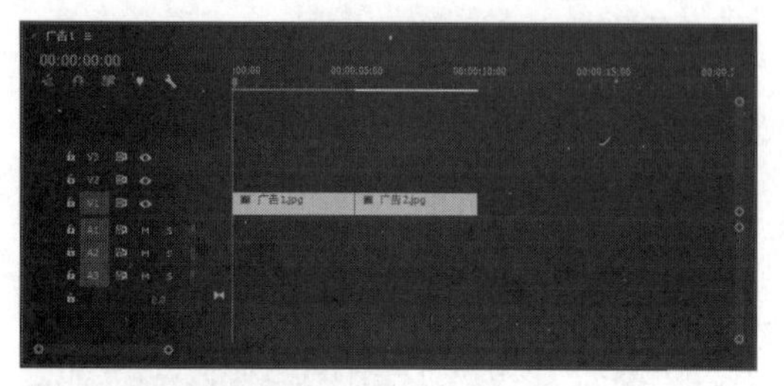

图1-33 选择两个素材

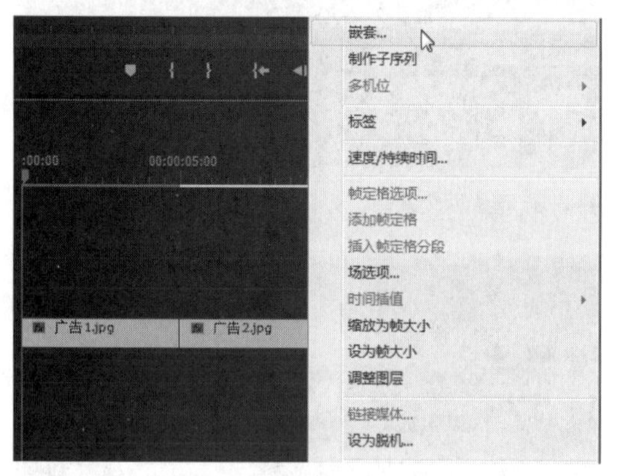

图1-34 选择“嵌套”选项

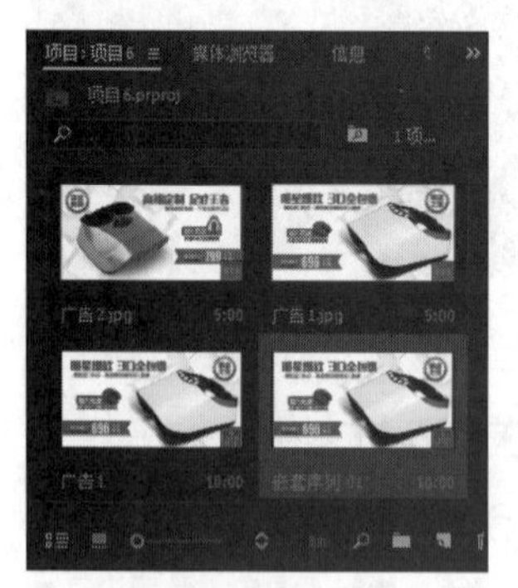

图1-35 增加“嵌套序列01”文件

专家指点

当为一个嵌套的序列应用特效时，Premiere Pro CC 2017将自动将特效应用于嵌套序列内的所有素材中，这样可以将复杂的操作简单化。

1.3.5 实战——在“源监视器”面板中插入编辑

插入编辑是在当前“时间线”面板中没有该素材的情况下，使用“源监视器”面板中的“插入”功能向“时间线”面板中插入素材。

素材位置	素材 > 第 1 章 > 项目 7.prproj
效果位置	效果 > 第 1 章 > 项目 7.prproj
视频位置	视频 > 第 1 章 > 实战——在“源监视器”面板中插入编辑 .mp4

01 按【Ctrl+O】组合键，打开一个项目文件，将当前时间指示器移至“时间线”面板中已有素材的中间，单击“源监视器”面板中的“插入”按钮，如图1-36所示。

图1-36 单击“插入”按钮

02 执行操作后，即可将“时间线”面板中的素材一分为二，并将“源监视器”面板中的素材插入至两个素材之间，如图1-37所示。

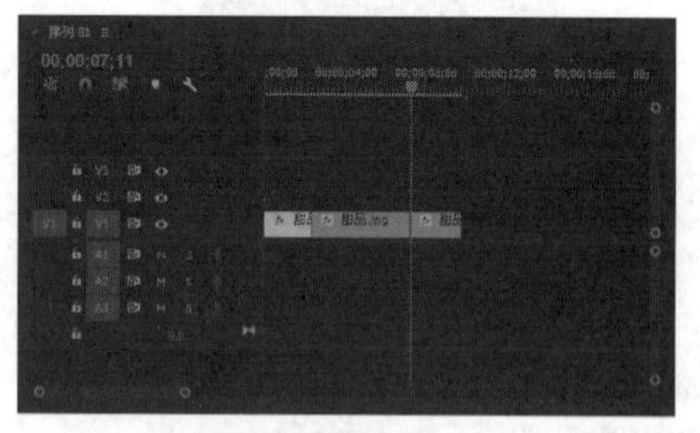

图1-37 插入素材效果

专家指点

覆盖编辑是指用新的素材文件替换原有的素材文件。当“时间线”面板中已经存在一段素材文件时，在“源监视器”面板中调出“覆盖”按钮，然后单击“覆盖”按钮，如图1-38所示，执行操作后，“时间线”面板中的原有素材内容将被覆盖，如图1-39所示。

图 1-38 单击“覆盖”按钮

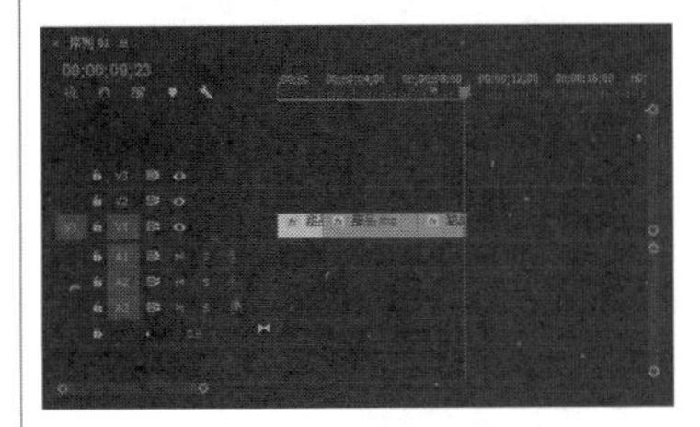

图 1-39 覆盖素材效果

当“监视器”面板的底部放置按钮的空间不足时，软件会自动隐藏一些按钮。单击右下角的■按钮，可以在弹出的列表框中选择被隐藏的按钮。

1.4 素材文件的编辑操作

Premiere Pro CC 2017中提供了各种实用的工具，并将其集中在工具栏中。只有熟练地掌握各种工具的操作方法，才能够更加熟练地掌握Premiere Pro CC 2017的编辑技巧。

1.4.1 运用选择工具选择素材

选择工具作为Premiere Pro CC 2017使用最为频繁的工具之一，其主要功能是选择一个或多个片段。

如果需要选择单个片段，单击鼠标左键即可，如图1-40所示；如果需要选择多个片段，可以按住鼠标左键并拖曳，框选需要选择的多个片段，如图1-41所示。

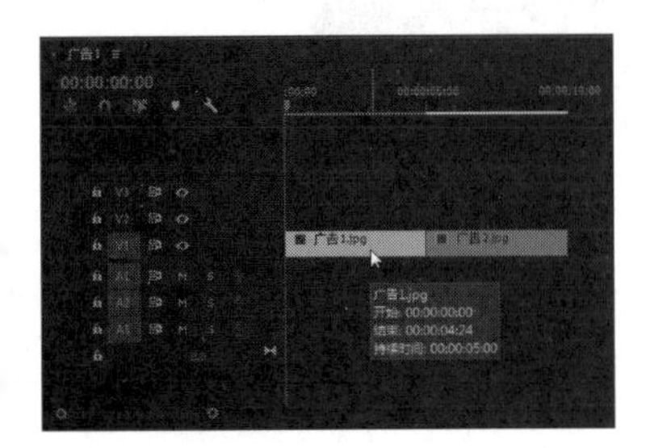

图 1-40 选择单个素材

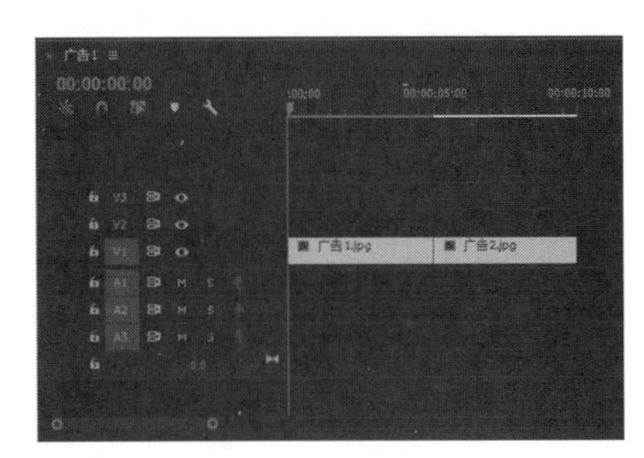

图 1-41 选择多个素材

1.4.2 实战——使用剃刀工具剪切素材 进阶

剃刀工具可将一段选中的素材文件进行剪切，将其分成两段或几段独立的素材片段。

素材位置	素材 > 第 1 章 > 项目 8.prproj
效果位置	效果 > 第 1 章 > 项目 8.prproj
视频位置	视频 > 第 1 章 > 实战——使用剃刀工具剪切素材 .mp4

01 按【Ctrl + O】组合键，打开一个项目文件，如图1-42所示。

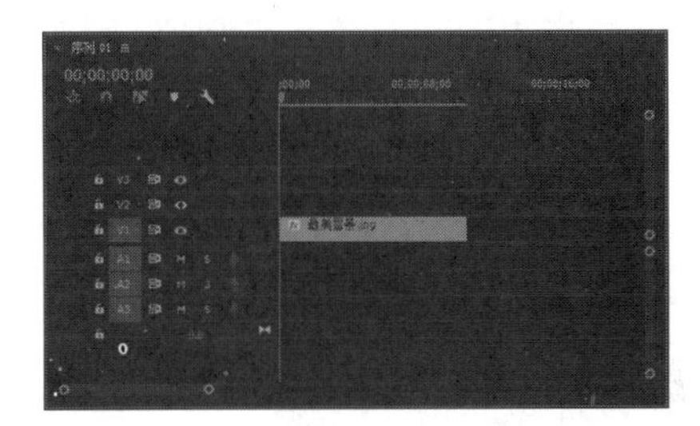

图 1-42 打开项目文件

02 选取剃刀工具，在“时间轴”面板的素材上依次单击鼠标左键，即可剪切素材，如图1-43所示。

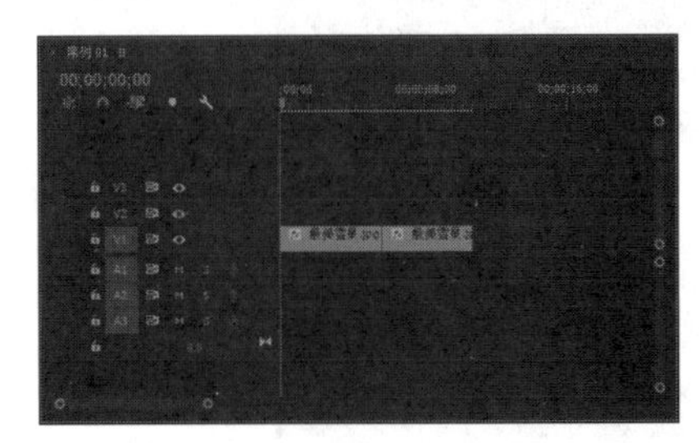

图 1-43 剪切素材

1.4.3 实战——使用滑动工具移动素材

滑动工具用于移动“时间轴”面板中素材的位置，该工具会影响相邻素材片段的出入点和长度，滑动工具包括外滑工具与内滑工具。

1. 外滑工具

使用外滑工具时，可以同时更改“时间轴”内某剪辑的入点和出点，并保留入点和出点之间的时间间隔不变。

素材位置	素材 > 第 1 章 > 项目 9.prproj
效果位置	无
视频位置	视频 > 第 1 章 > 实战——使用滑动工具移动素材 .mp4

01 按【Ctrl + O】组合键，打开一个项目文件，如图1-44所示。

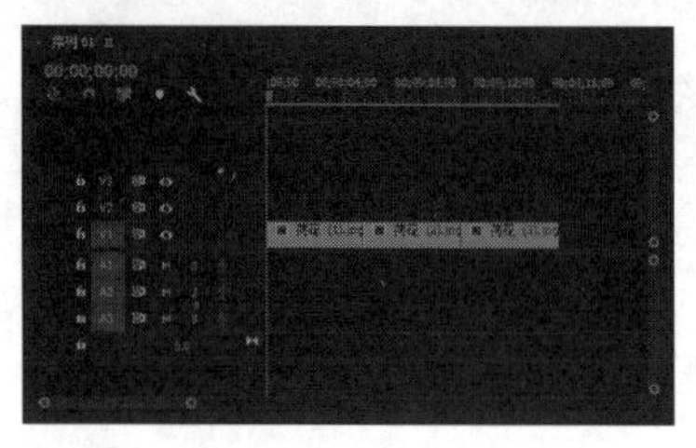

图1-44 打开项目文件

02 选取外滑工具，如图1-45所示。

03 在V1轨道上的“荷花（2）”素材对象上按住鼠标左键并拖曳，在“节目监视器”面板中显示更改素材入点和出点的效果，如图1-46所示。

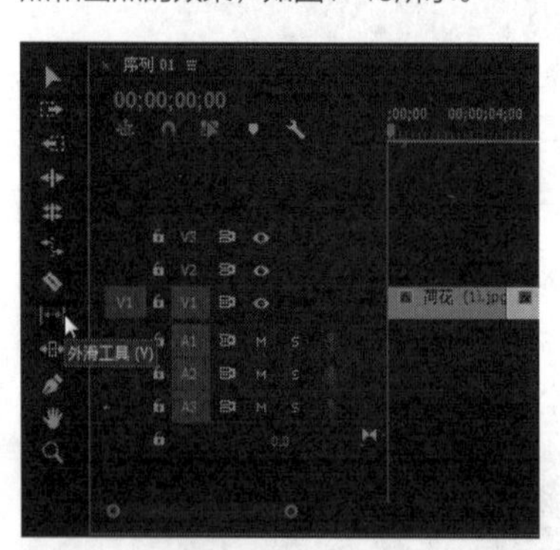

图1-45 选择外滑工具

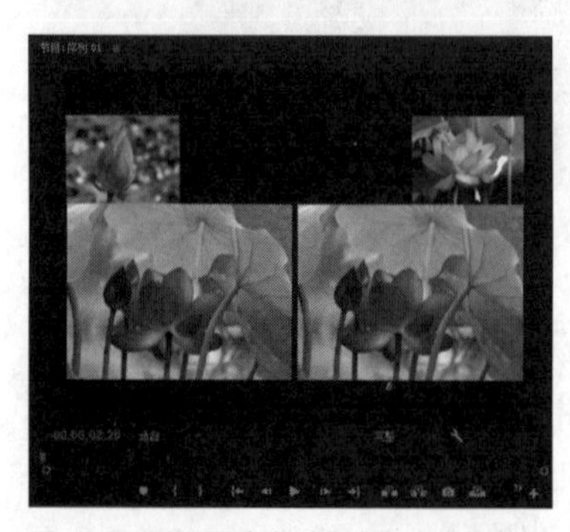

图1-46 显示更改素材入点和出点的效果

2. 内滑工具

使用内滑工具时，可将“时间轴”内的某个剪辑向左或向右移动，同时修剪其周围的两个剪辑。3个剪辑的组合持续时间及该组在“时间轴”内的位置将保持不变。

在工具箱中选择内滑工具，在V1轨道上的“荷花（2）”素材对象上按住鼠标左键并拖曳，即可将“荷花（2）”素材向左或向右移动，同时修剪其周围的两个视频文件，如图1-47所示。

释放鼠标后，即可确认更改“荷花（2）”素材的位置，如图1-48所示。

将时间指示器定位在“荷花（1）”素材的开始位置，在“节目监视器”面板中单击“播放-停止切换”按钮，即可观看更改后的视频效果，如图1-49所示。

图1-47 移动素材文件

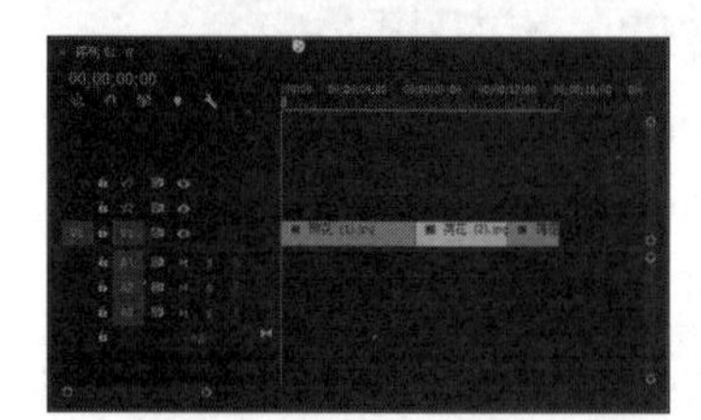

图1-48 更改“荷花（2）”素材的位置

图1-49 观看视频效果

专家指点

内滑工具与外滑工具最大的区别在于：使用内滑工具剪辑只能剪辑相邻的素材，本身的素材不会被剪辑。

1.4.4 实战——使用比率拉伸工具调整素材速度

比率拉伸工具主要用于调整素材的速度。使用比率拉伸工具在“时间轴”面板中缩短素材，会加快视频的播放速度；反之，拉长素材则速度减慢。下面介绍使用比率拉伸工具编辑素材的操作方法。

素材位置	素材 > 第 1 章 > 项目 10.prproj
效果位置	效果 > 第 1 章 > 项目 10.prproj
视频位置	视频 > 第 1 章 > 实战——使用比率拉伸工具调整素材速度 .mp4

01 按【Ctrl + O】组合键，打开一个项目文件，如图 1-50所示。

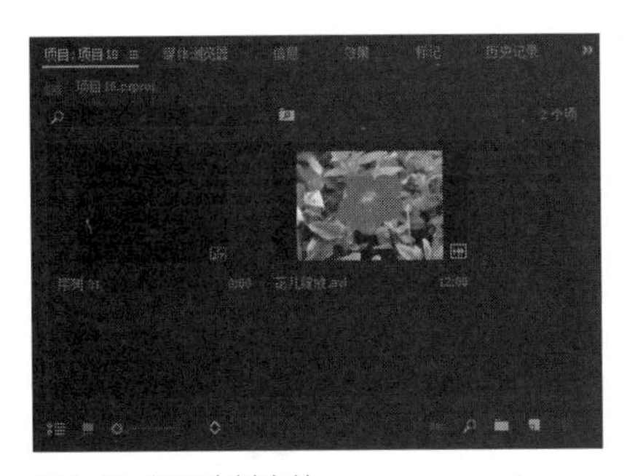

图 1-50 打开素材文件

02 在“项目”面板中选择导入的素材文件，并将其拖曳至“时间轴”面板中的V1轨道上，在工具箱中选择比率拉伸工具，如图1-51所示。

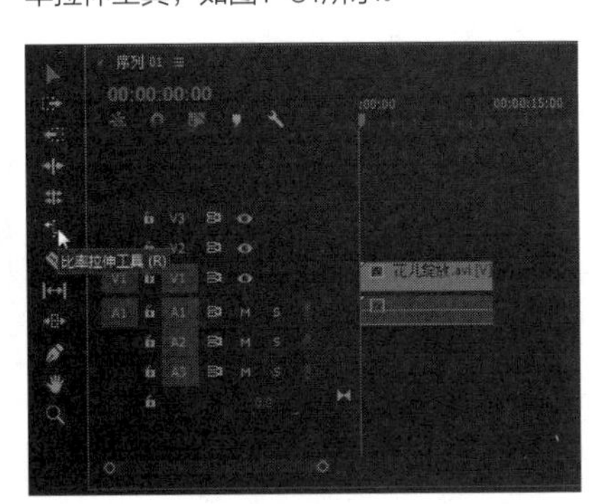

图 1-51 选择比率拉伸工具

03 将鼠标指针移至添加的素材文件的结束位置，当鼠标指针变成比率拉伸图标时，按住鼠标左键并向左拖曳至合适位置，释放鼠标，可以缩短素材文件，如图 1-52所示。

04 在“节目监视器”面板中单击“播放-停止切换”按钮，即可观看缩短素材后的视频播放效果，如图 1-53所示。

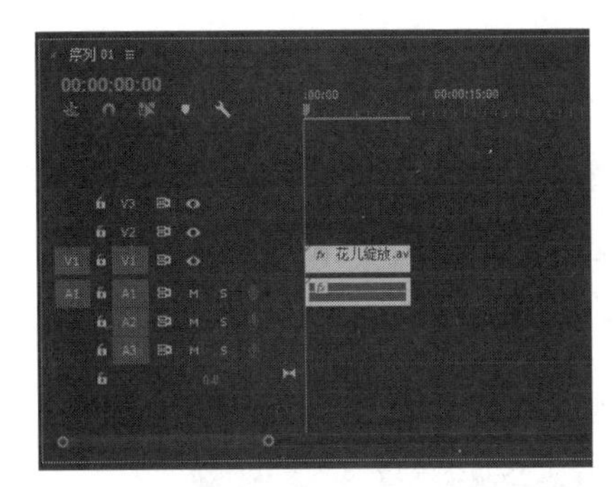

图 1-52 缩短素材对象

图 1-53 比率拉伸工具编辑视频的效果

专家指点

用与前面同样的操作方法，拉长素材对象，在“节目监视器”面板中单击“播放”按钮，即可观看拉长素材后的视频效果。

1.4.5 实战——使用波纹编辑工具改变素材长度 进阶

使用波纹编辑工具拖曳素材的出点可以改变所选素材的长度，而轨道上其他素材的长度不受影响。

素材位置	素材 > 第 1 章 > 项目 11.prproj
效果位置	效果 > 第 1 章 > 项目 11.prproj
视频位置	视频 > 第 1 章 > 实战——使用波纹编辑工具改变素材长度 .mp4

01 按【Ctrl + O】组合键，打开一个项目文件，选取工具箱中的波纹编辑工具，如图1-54所示。

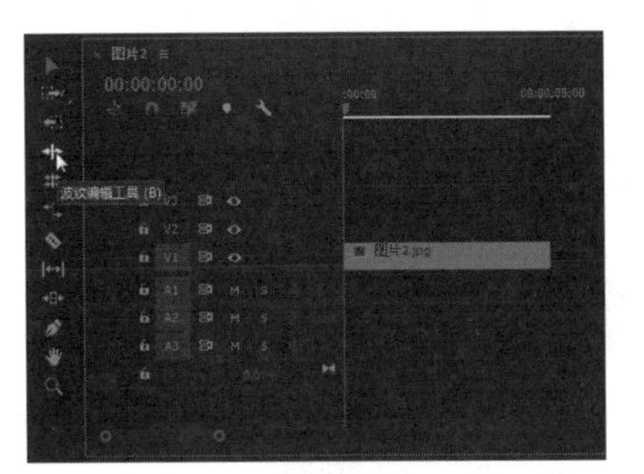

图 1-54 选取波纹编辑工具

02 选择素材并将其向右拖曳至合适位置，即可改变素材长度，如图1-55所示。

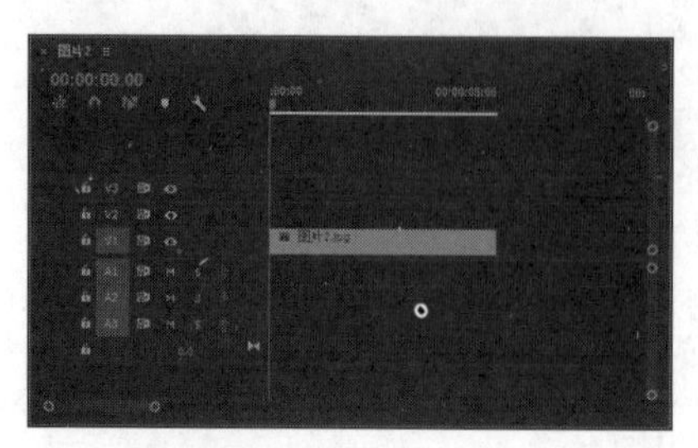

图1-55 改变素材长度

专家指点

轨道选择工具用于选择某一轨道上的所有素材，按住【Shift】键的同时，可以切换到多轨道选择工具。选取工具箱中的向前轨道选择工具，如图1-56所示。

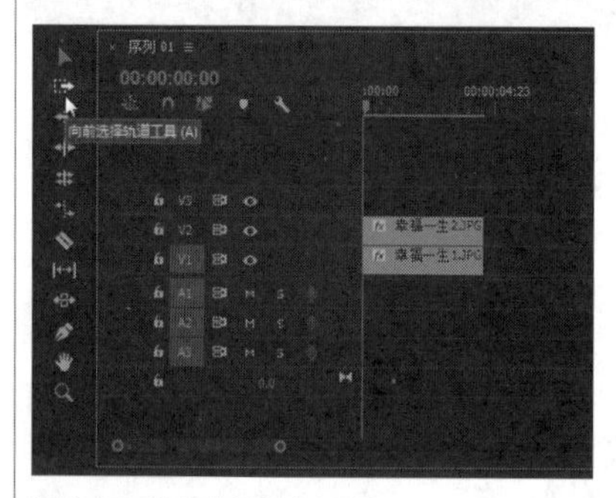

图1-56 选取轨道选择工具

在最上方轨道上单击鼠标左键，即可选择轨道上的素材，如图1-57所示。

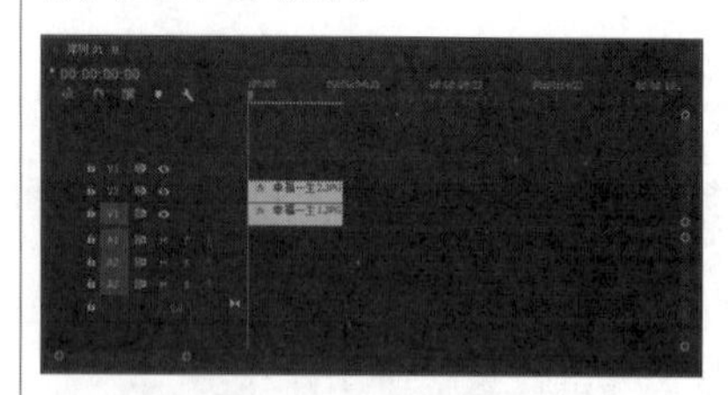

图1-57 选择轨道上的素材

执行上述操作后，即可在“节目监视器”面板中查看视频效果，如图1-58所示。

图1-58 视频效果

1.5 习题测试

为了帮助读者更好地掌握所学知识，重要知识的章节提供课后习题，帮助读者进行简单的知识回顾和补充。

习题1 在开始界面中打开项目

素材位置	素材 > 第1章 > 项目12.prproj
效果位置	无
视频位置	视频 > 第1章 > 习题1：在开始界面中打开项目.mp4

本习题练习在开始界面中打开项目的操作，素材与效果如图1-59所示。

图1-59 素材与效果

习题2 使用“文件”菜单关闭项目

素材位置	素材 > 第1章 > 项目13.prproj
效果位置	无
视频位置	视频 > 第1章 > 习题2：使用“文件”菜单关闭项目.mp4

本习题练习使用“文件”菜单关闭项目的操作方法，素材与效果如图1-60所示。

图1-60 素材与效果

第02章

添加与调整素材文件

通过对Premiere Pro CC 2017常用操作的了解，读者已经对“时间轴”面板这一影视剪辑常用到的对象有了一定的认识。本章将从添加与调整视频素材的操作方法与技巧讲起，逐渐提升读者对Premiere Pro CC 2017操作的熟练度。

课堂学习目标

- 掌握添加视频、音频、图像等素材的方法。
- 掌握复制、粘贴、分离影视素材等编辑操作。
- 掌握调整播放速度和播放位置的方法。
- 掌握三点剪辑、四点剪辑等视频剪辑方法。

扫码观看本章实战操作视频

2.1 影视素材的添加

制作视频影片的首要操作就是添加素材，下面主要介绍在Premiere Pro CC 2017中添加影视素材的方法，包括添加视频素材、音频素材、静态图像及图层图像等。

2.1.1 实战——添加视频素材 重点

添加一段视频素材是将源素材导入素材库，并将素材库的源素材添加到“时间轴”面板中的视频轨道上的过程。

素材位置	素材 > 第 2 章 > 视频 1.mp4
效果位置	效果 > 第 2 章 > 项目 1.prproj
视频位置	视频 > 第 2 章 > 实战——添加视频素材 .mp4

01 在Premiere Pro CC 2017界面中，新建一个项目文件，单击“文件”|“导入”命令弹出“导入”对话框，选择需要的视频素材，如图2-1所示。

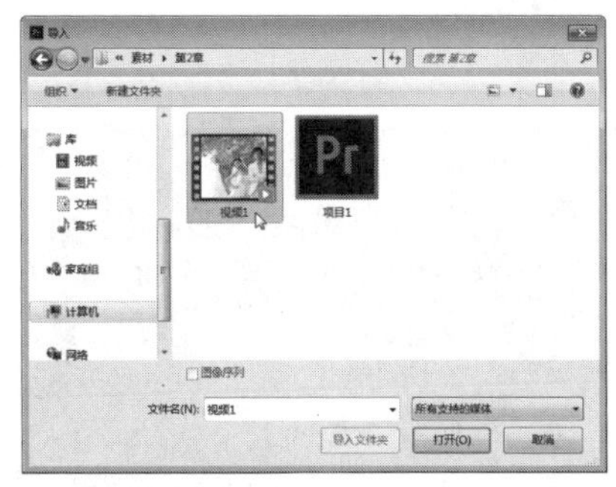

图 2-1 选择视频素材

02 单击“打开”按钮，将视频素材导入至“项目”面板中，如图2-2所示。

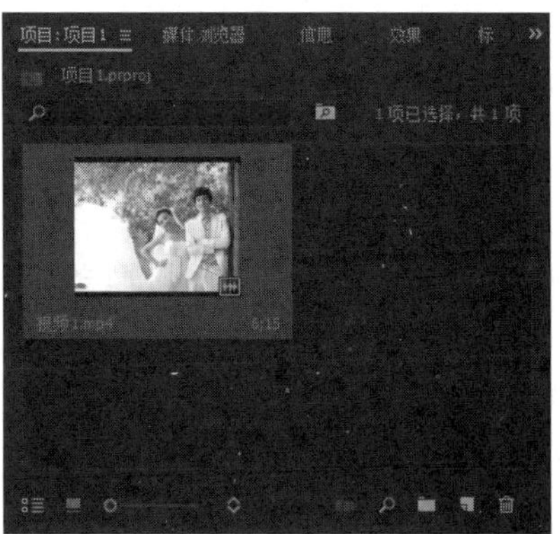

图 2-2 导入视频素材

03 在“项目”面板中，选择视频并将其拖曳至“时间轴”面板的V1轨道中，如图2-3所示。执行上述操作后，即可添加视频素材。

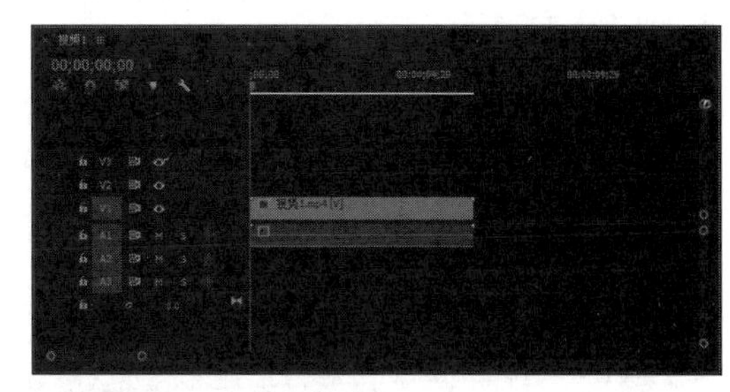

图 2-3 拖曳至“时间轴”面板

2.1.2 实战——添加音频素材 重点

为了使影片更加完善，可以根据需要为影片添加音频素材。

素材位置	素材 > 第 2 章 > 音频 1.mp3
效果位置	效果 > 第 2 章 > 项目 2.prproj
视频位置	视频 > 第 2 章 > 实战——添加音频素材 .mp4

01 在Premiere Pro CC 2017界面中，新建一个项目文件，单击“文件”|“导入”命令，弹出“导入”对话框，选择需要添加的音频素材，如图2-4所示。

图 2-4 选择音频素材

02 单击“打开”按钮，将音频素材导入至“项目”面板中，如图2-5所示。

03 选择素材文件，将其拖曳至“时间轴”面板的A1轨道中，即可添加音频素材，如图2-6所示。

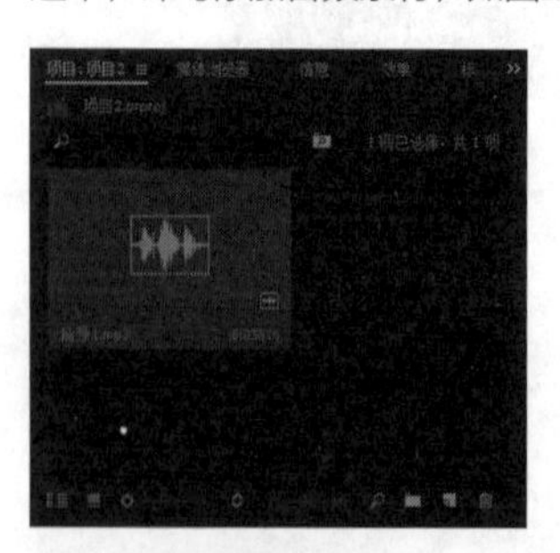

图 2-5 导入音频素材

图 2-6 拖曳至“时间轴”面板

2.1.3 实战——添加静态图像

为了使影片内容更加丰富多彩，在进行影片编辑的过程中，可以根据需要添加各种静态的图像。

素材位置	素材 > 第 2 章 > 图片 1.jpg
效果位置	效果 > 第 2 章 > 项目 3.prproj
视频位置	视频 > 第 2 章 > 实战——添加静态图像 .mp4

01 在Premiere Pro CC 2017界面中，新建一个项目文件，单击“文件”|“导入”命令，弹出“导入”对话框，选择需要添加的静态图像，如图2-7所示。

图 2-7 选择静态图像

02 单击“打开”按钮，将图像素材导入至“项目”面板中，如图2-8所示。

03 选择素材文件，将其拖曳至“时间轴”面板的V1轨道中，如图2-9所示。执行上述操作后，即可添加静态图像。

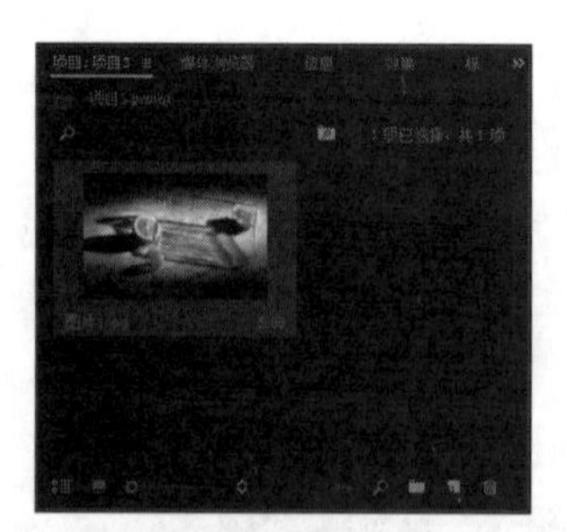

图 2-8 导入图像素材

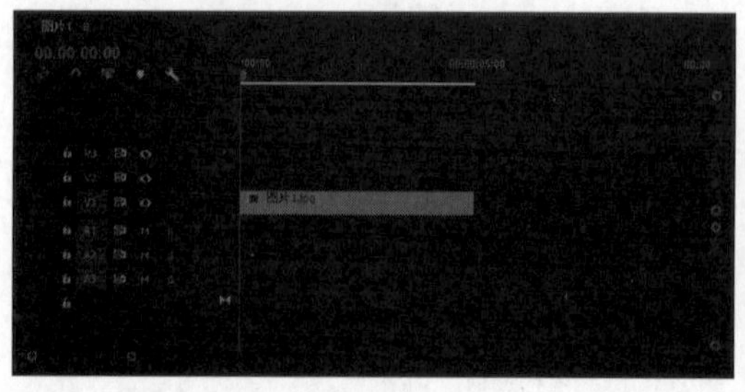

图 2-9 拖曳至“时间轴”面板

专家指点

在 Premiere Pro CC 2017 中，不仅可以导入视频、音频及静态图像素材，还可以导入图层图像素材。单击“文件”|“导入”命令，弹出“导入”对话框，选择需要的图像，如图 2-10 所示，单击“打开”按钮。

图 2-10 选择需要的素材图

弹出“导入分层文件：图像 2”对话框，单击“确定”按钮，如图 2-11 所示，将所选择的 PSD 文件导入至“项目”面板中。

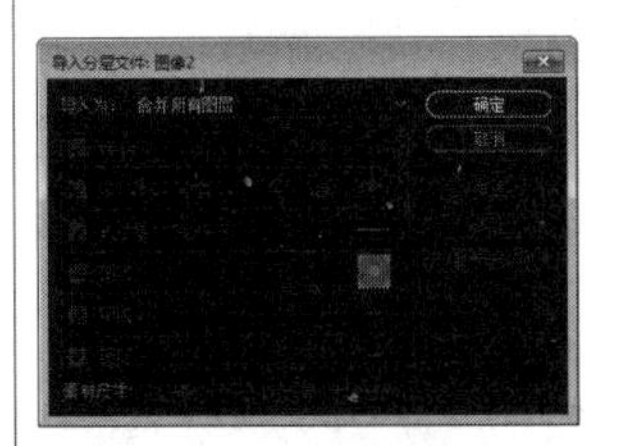

图 2-11 单击“确定”按钮

选择导入的 PSD 文件，并将其拖曳至“时间轴”面板的 V1 轨道中，即可添加图层图像，如图 2-12 所示。

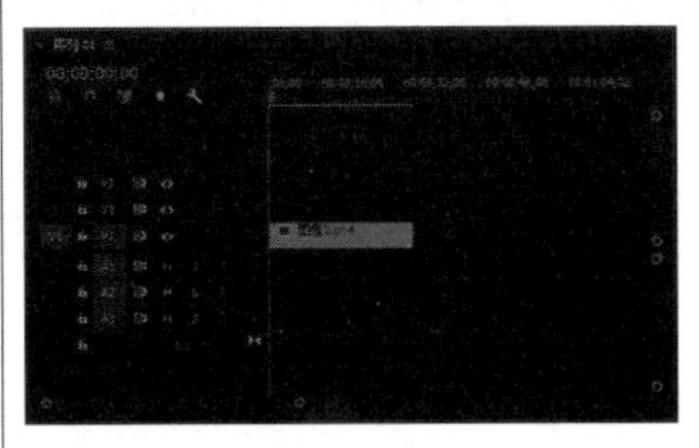

图 2-12 添加图层图像

执行操作后，在“节目监视器”面板中可以调整图层图像的大小并预览添加的图层图像效果，如图 2-13 所示。

图 2-13 预览图层图像效果

2.2 影视素材的编辑

对影片素材进行编辑是整个影片编辑过程中的一个重要环节，同样也是Premiere Pro CC 2017的功能体现。下面将详细介绍编辑影视素材的操作方法。

2.2.1 实战——复制与粘贴影视视频

复制是指将文件从一处复制一份完全一样的到另一处，而原来的一份依然保留。复制影视视频的具体方法是：在“时间轴”面板中，选择需要复制的视频，单击“编辑”|“复制”命令即可复制影视视频。

粘贴素材可以节约许多不必要的重复操作，使工作效率得到提高。

素材位置	素材 > 第 2 章 > 项目 4.prproj
效果位置	效果 > 第 2 章 > 项目 4.prproj
视频位置	视频 > 第 2 章 > 实战——复制与粘贴影视视频 .mp4

01 按【Ctrl＋O】组合键，打开一个项目文件，在视频轨道上，选择视频素材，如图2-14所示。

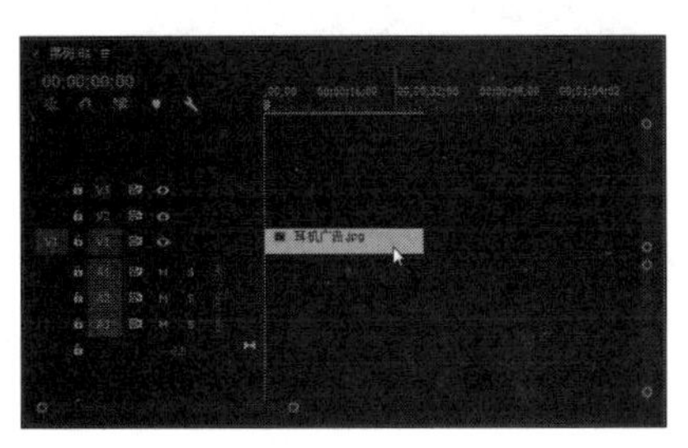

图 2-14 选择视频素材

02 将时间线移至00:00:05:00位置，单击“编辑”|“复制”命令，如图2-15所示。

编辑(E) 剪辑(C) 序列(S) 标记(M) 字幕(T) 窗口(W) 帮助(H)

撤消(U)	Ctrl+Z
重做(R)	Ctrl+Shift+Z
剪切(T)	Ctrl+X
复制(Y)	Ctrl+C
粘贴(P)	Ctrl+V
粘贴插入(I)	Ctrl+Shift+V
粘贴属性(B)...	Ctrl+Alt+V
删除属性(R)...	
清除(E)	Backspace
波纹删除(T)	Shift+删除

图 2-15 单击“复制”命令

03 执行操作后，即可复制文件，按【Ctrl＋V】组合键，将复制的视频粘贴至V1轨道中的时间轴位置，如图2-16所示。

04 将时间轴移至素材的开始位置，单击“播放-停止切换”按钮，预览视频效果，如图2-17所示。

图 2-16 粘贴视频

图 2-17 预览视频效果

专家指点

在编辑视频时，常常会用到一些简单的基本操作。例如，复制和粘贴素材，分离与组合素材，删除素材，等等。

“复制”与“粘贴”对于使用过电脑的用户来说再熟悉不过了，其作用是将选择的素材文件进行复制，然后将其粘贴。

在使用“复制”与“粘贴”命令对素材进行操作时，可以按【Ctrl + C】组合键，进行复制操作；按【Ctrl + V】组合键，进行粘贴操作。

2.2.2 实战——分离影视视频 进阶

为了使影片获得更好的音乐效果，许多影片都会在后期重新配音，这时需要分离影视素材。

素材位置	素材 > 第 2 章 > 项目 5.prproj
效果位置	效果 > 第 2 章 > 项目 5.prproj
视频位置	视频 > 第 2 章 > 实战——分离影视视频 .mp4

01 按【Ctrl+O】组合键，打开一个项目文件，如图2-18所示。

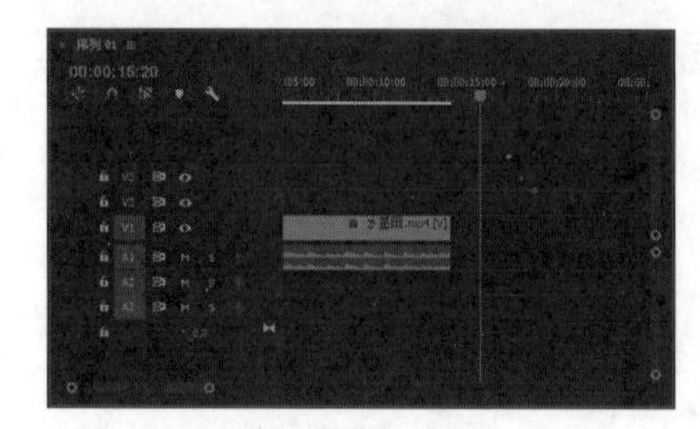

图 2-18 打开项目文件

02 选择V1轨道上的视频素材，单击“剪辑”|“取消链接”命令，将视频与音频分离，选择V1轨道上的视频素材，按住鼠标左键并拖曳，即可单独移动视频素材，如图2-19所示。

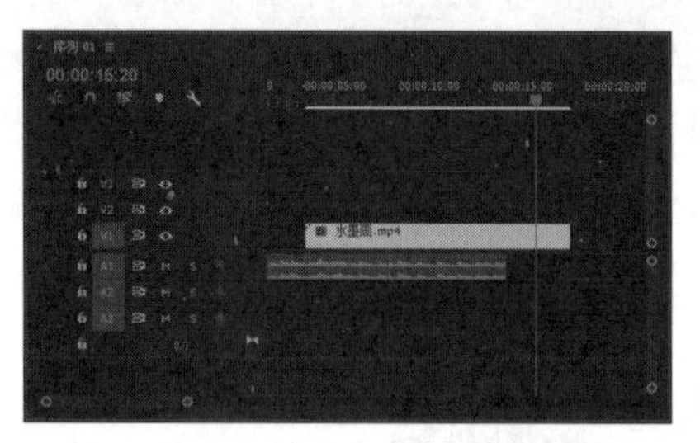

图 2-19 移动视频素材

03 在“节目监视器”面板上单击“播放-停止切换”按钮，即可预览视频效果，如图2-20所示。

图 2-20 分离影片后的效果

专家指点

使用“取消链接”命令可以将视频素材与音频素材分离后单独进行编辑，以防止编辑视频素材时，音频素材也被修改。

“分离”与“组合”是作用于两个或两个以上素材的命令，当序列中有一段有音频的视频需要重新配音时，可以通过分离素材的方法，将音频与视频进行分离，然后重新为视频素材添加新的音频。

在对视频和音频文件重新进行编辑后，可以将其进行组合操作。在“时间轴”面板中选择所有的素材，如图 2-21 所示。

单击“剪辑”|“链接”命令，可以组合影视视频，如图 2-22 所示。

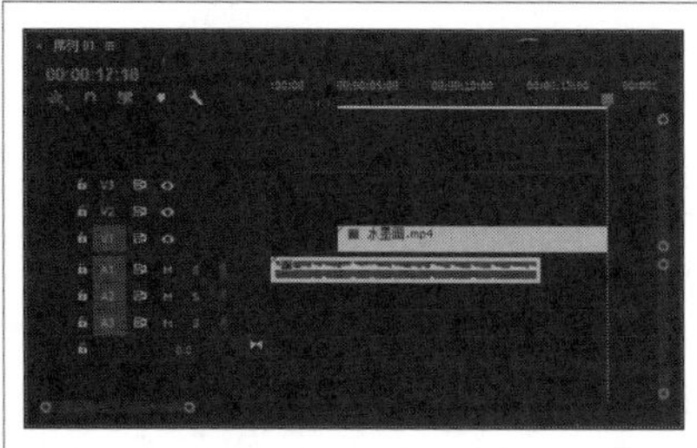

图 2-21 选择所有的素材

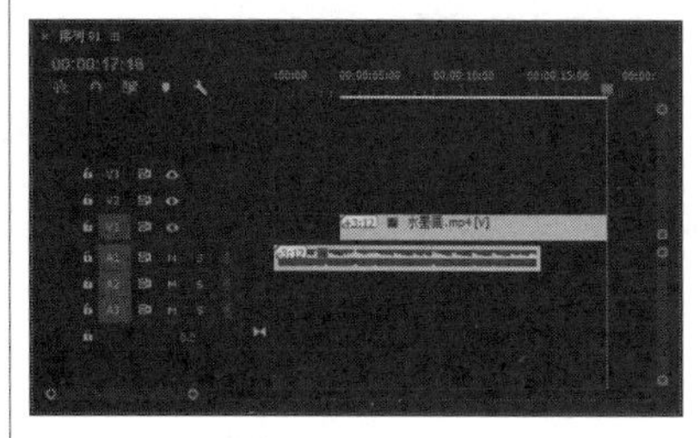

图 2-22 组合影视视频

2.2.3 实战——删除影视视频 进阶

在对视频和音频文件重新进行编辑后，可以进行组合操作，也可以进行删除操作。

素材位置	素材 > 第 2 章 > 项目 6.prproj
效果位置	效果 > 第 2 章 > 项目 6.prproj
视频位置	视频 > 第 2 章 > 实战——删除影视视频 .mp4

01 按【Ctrl + O】组合键，打开一个项目文件，如图2-23所示。

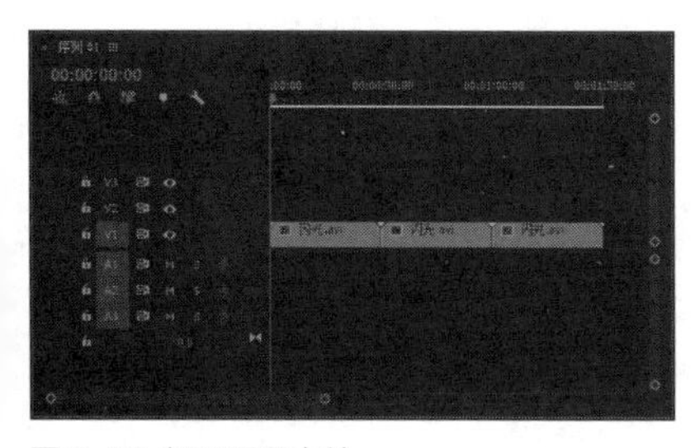

图 2-23 打开项目文件

02 在“时间轴”面板中选择中间的“闪光”素材，单击“编辑”|“清除”命令，即可删除目标素材，在V1轨道上选择左侧的“闪光”素材，如图2-24所示。

03 单击鼠标右键，在弹出的快捷菜单中选择“波纹删除”选项，如图2-25所示。

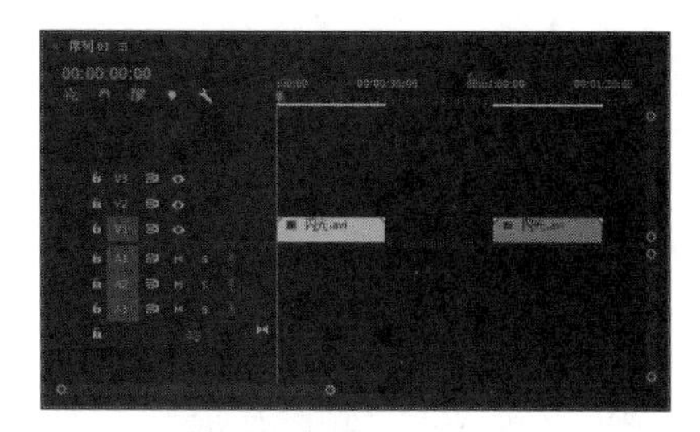

图 2-24 选择左侧的素材

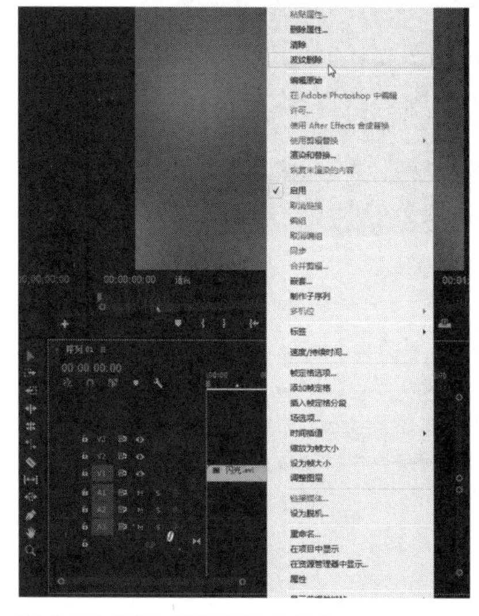

图 2-25 选择“波纹删除”命令

04 执行上述操作后，即可在V1轨道上删除“闪光”素材，此时第3段素材将会移动到第2段素材的位置，如图2-26所示。

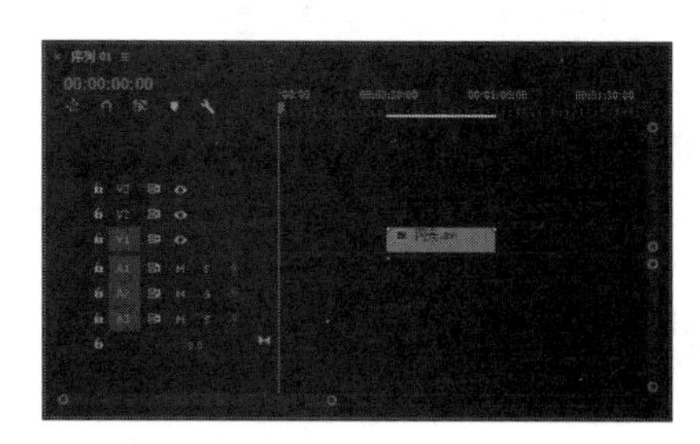

图 2-26 删除相应素材

专家指点

当对添加的视频素材不满意时，可以将其删除，并重新导入新的视频素材。

在 Premiere Pro CC 2017 中除了上述方法可以删除素材对象外，还可以在选择素材对象后，使用以下快捷键。

- 按【Delete】键，快速删除选择的素材对象。
- 按【Backspace】键，快速删除选择的素材对象。

- 按【Shift + Delete】组合键，快速对素材进行波纹删除操作。
- 按【Shift + Backspace】组合键，快速对素材进行波纹删除操作。

05 在“节目监视器”面板上，单击“播放-停止切换”按钮，即可预览视频效果，如图2-27所示。

图 2-27 预览视频效果

专家指点

影视素材名称是用来方便查询目标位置的，通过重命名的操作可以更改素材默认的名称，便于快速查找。在“时间轴”面板中选择相应素材，如图 2-28 所示。单击“剪辑”|“重命名”命令，弹出“重命名剪辑”对话框，将“剪辑名称”改为“星光素材”，如图 2-29 所示。单击“确定”按钮，即可在 V1 轨道上重命名“闪光”素材，如图 2-30 所示。

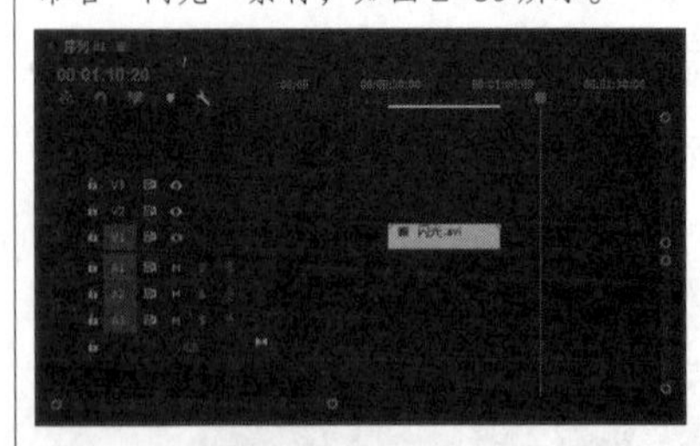

图 2-28 选择素材

图 2-29“重命名剪辑”对话框

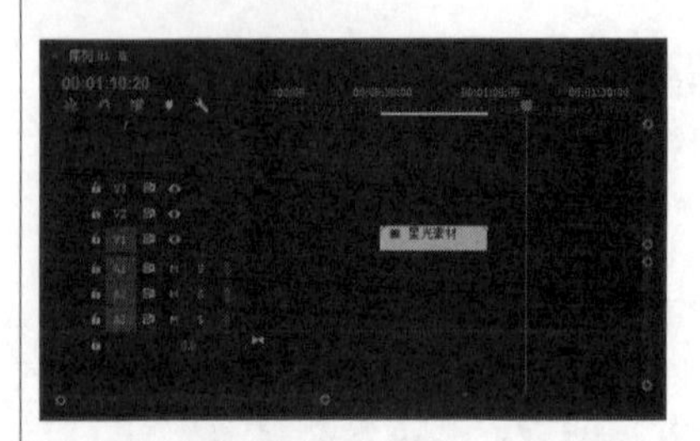

图 2-30 重命名素材

“重命名”命令可以对导入视频中的素材的名称进行修改。在 Premiere Pro CC 2017 中除了上述方法可以重命名素材对象外，还可以选择素材对象，当素材名称进入编辑状态时，重新设置视频素材的名称，输入新的名称，并按【Enter】键确认。

2.2.4 实战——设置素材入点

在Premiere Pro CC 2017中，设置素材的入点可以标识素材起始点时间的可用部分。

素材位置	素材 > 第 2 章 > 项目 7.prproj
效果位置	效果 > 第 2 章 > 项目 7.prproj
视频位置	视频 > 第 2 章 > 实战——设置素材入点 .mp4

01 按【Ctrl+O】组合键，打开一个项目文件，如图2-31所示。

图 2-31 打开项目文件

02 选择“项目”面板中的素材文件，并将其拖曳至“时间轴”面板的V1轨道中，如图2-32所示。

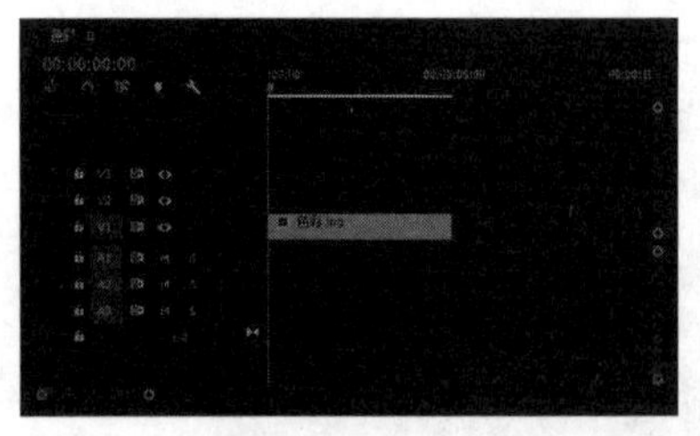

图 2-32 拖曳至 V1 轨道中

03 在“节目监视器”面板中拖曳“当前时间指示器”至合适位置，单击“标记”|“标记入点”命令，如图2-33所示，即可为素材添加入点。

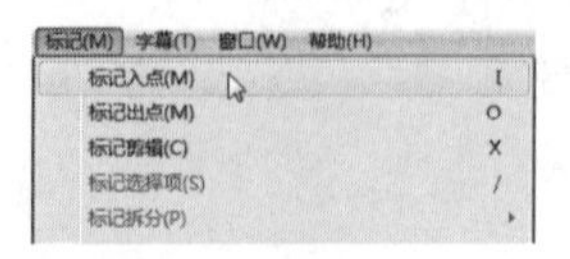

图 2-33 单击“标记入点”命令

专家指点

素材的入点和出点功能可以表示素材可用部分的起始时间与结束时间，其作用是让用户在添加素材前将素材内符合影片需求的部分挑选出来。在 Premiere Pro CC 2017 中，设置素材的出点可以标识素材结束点时间的可用部分。

在“节目监视器”面板中拖曳“当前时间指示器”至合适位置，单击“标记”|“标记出点”命令，即可为素材添加出点，如图 2-34 所示。

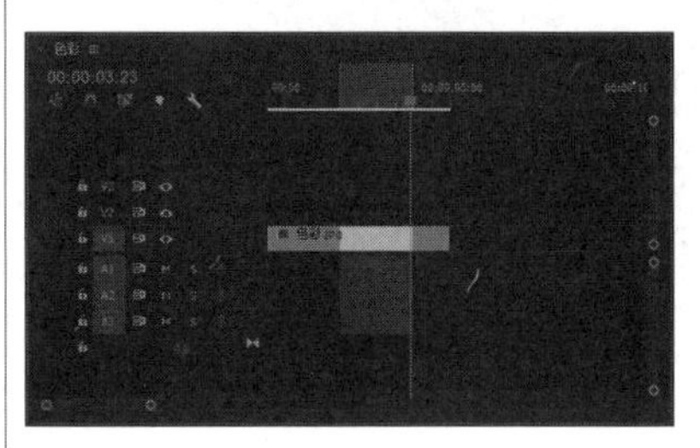

图 2-34 为素材添加出点

2.2.5 实战——设置素材标记

用户在编辑影片时，可以在素材或时间轴中添加标记。为素材设置标记后，可以快速切换至标记的位置，从而快速查询视频帧。

素材位置	素材 > 第 2 章 > 项目 8.prproj
效果位置	效果 > 第 2 章 > 项目 8.prproj
视频位置	视频 > 第 2 章 > 实战——设置素材标记 .mp4

01 按【Ctrl + O】组合键，打开一个项目文件，如图 2-35所示。

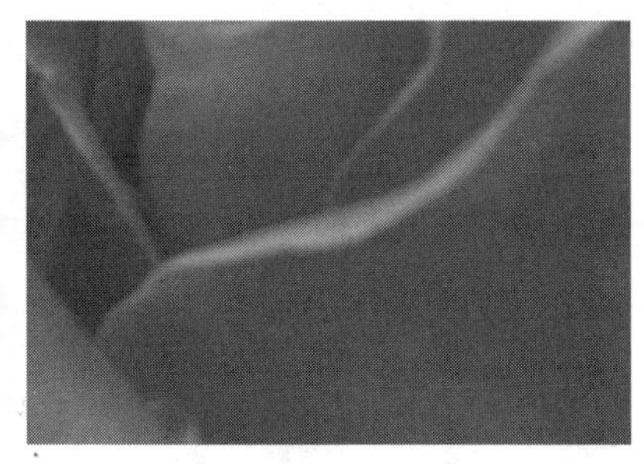

图 2-35 打开项目文件

专家指点

标记能用来确定序列、素材中重要的动作或声音，有助于定位和排列素材，使用标记不会改变素材内容。标记的作用是在素材或时间轴上添加一个可以达到快速查找视频帧的记号，还可以快速对齐其他素材。

在含有相关联系的音频和视频素材中，添加的编号标记将同时作用于素材的音频部分和视频部分。

在 Premiere Pro CC 2017 中，除了可以运用上述方法为素材添加标记外，还可以使用以下两种方法添加标记。

在“时间轴”面板中将播放指示器拖曳至合适位置，然后单击面板左上角的“添加标记”按钮，可以设置素材标记。

在“节目监视器”面板中单击“按钮编辑器”按钮，弹出“按钮编辑器”面板，在其中将“添加标记”按钮拖曳至“节目监视器”面板的下方，即可在“节目监视器”面板中使用“添加标记”按钮为素材设置标记。

02 在“时间轴”面板中拖曳“当前时间指示器”至合适位置，如图2-36所示。

03 单击“标记”|“添加标记”命令，即可设置素材标记，如图2-37所示。

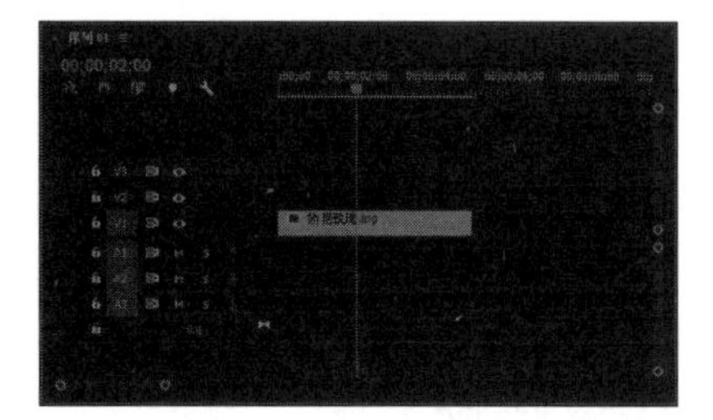

图 2-36 拖曳当前时间指示器

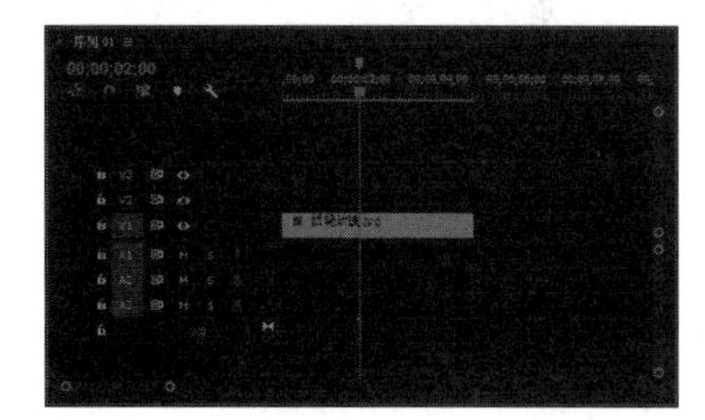

图 2-37 设置素材标记

专家指点

在“时间轴”面板中选择 V1 轨道中的素材文件，然后激活轨道左侧的“切换同步锁定”复选框，即可锁定该轨道，如图 2-38 所示。

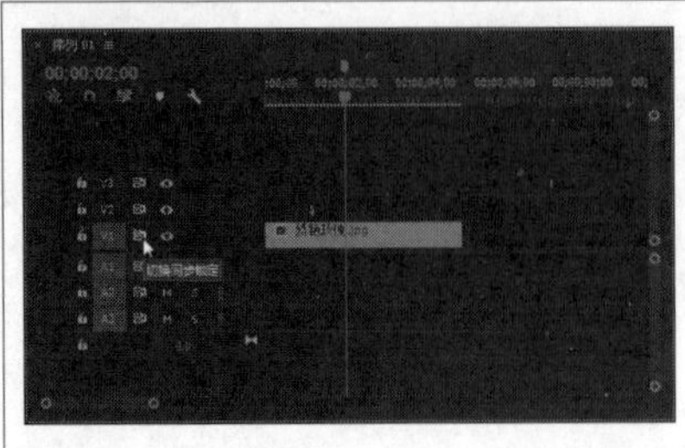

图 2-38 锁定该轨道

当需要解除 V1 轨道的锁定时，取消勾选“轨道锁定开关”复选框，即可解除轨道的锁定，如图 2-39 所示。

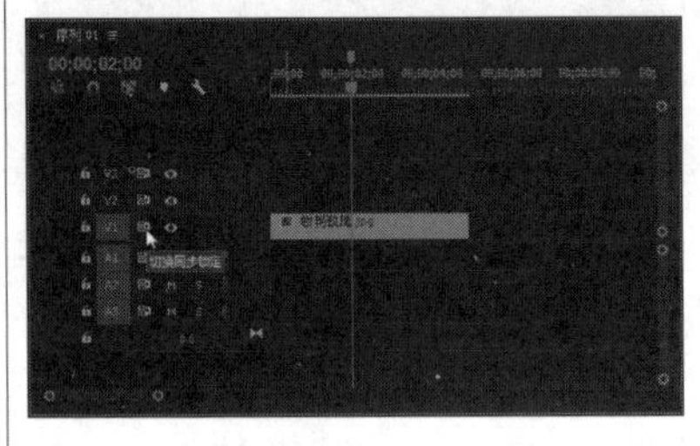

图 2-39 解除轨道的锁定

虽然无法对已锁定轨道中的素材进行修改，但是当预览或导出序列时，这些素材也将包含在其中。
锁定轨道的作用是防止编辑后的特效被修改，因此可以将确定不需要修改的轨道进行锁定。当需要再次修改已经锁定的轨道时，可以将轨道解锁。

2.3 调整影视素材

在编辑影片时，有时需要调整项目尺寸来放大显示素材，有时需要调整播放时间或播放速度，这些操作都可以在Premiere Pro CC 2017中实现。

2.3.1 实战——调整素材显示方式 重点

在编辑影片时，可以通过单击“切换轨道输出”旁边的空白位置，来调整素材的显示方式。

素材位置	素材 > 第 2 章 > 图片 2.jpg
效果位置	效果 > 第 2 章 > 项目 9.prproj
视频位置	视频 > 第 2 章 > 实战——调整素材显示方式 .mp4

01 在Premiere Pro CC 2017开始界面中，单击“新建项目”按钮，弹出“新建项目”对话框，设置“名称”为“项目9”，单击“确定”按钮，即可新建一个项目文件，如图2-40所示。

02 按【Ctrl＋N】组合键弹出“新建序列”对话框，单击“确定”按钮，即可新建一个“序列01”序列，如图2-41所示。

03 单击“文件”|“导入”命令，弹出“导入”对话框，选择相应文件，如图2-42所示。

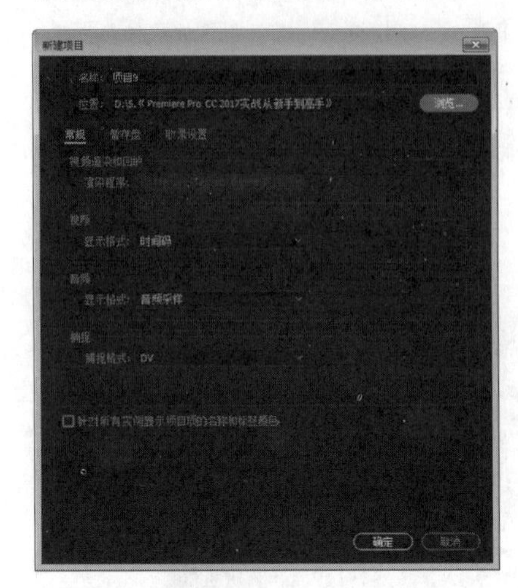

图 2-40 新建项目文件

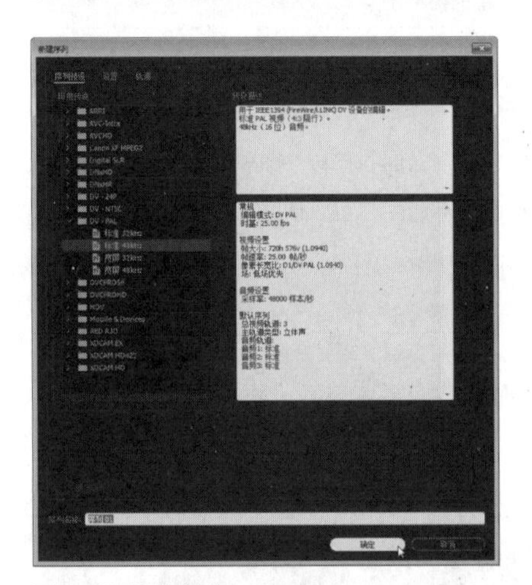

图 2-41 新建序列

图 2-42“导入”对话框

04 单击“打开”按钮，导入素材文件，如图2-43所示。

图 2-43 打开素材

05 选择“项目”面板中的素材文件，并将其拖曳至“时间轴”面板的V1轨道中，如图2-44所示。

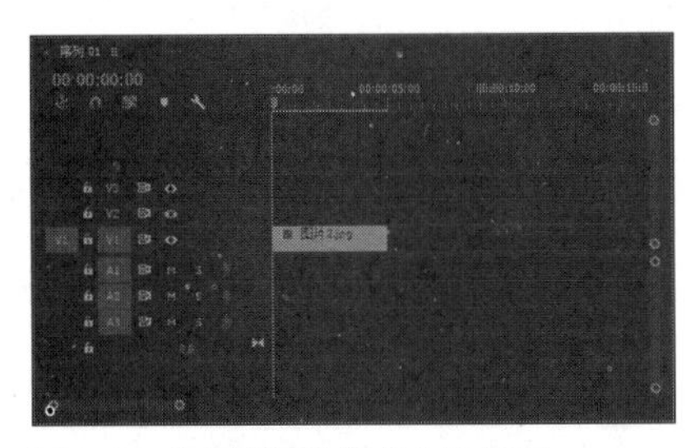

图 2-44 将素材拖到“时间轴”面板

06 选择素材文件，将鼠标指针移至“切换轨道输出”旁边的空白位置，如图2-45所示。

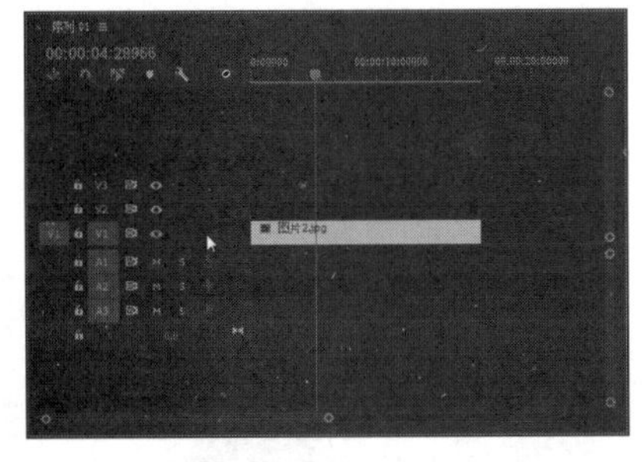

图 2-45 移至空白位置

07 执行上述操作后，双击鼠标左键，即可调整项目的尺寸，如图2-46所示。

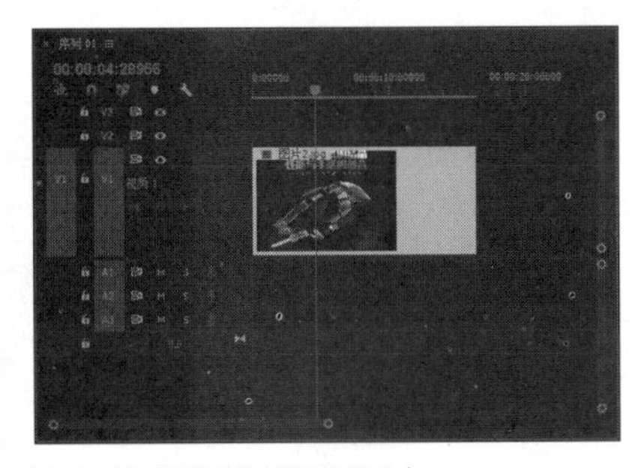

图 2-46 调整素材的显示尺寸

专家指点

“时间轴”面板由“时间标尺”“当前时间指示器”“时间显示”“查看区域栏”“工作区栏”及“设置无编号标记”6个部分组成，下面将对“时间轴”面板中的各选项进行介绍。

- 时间标尺

时间标尺是一种可视化时间间隔显示工具。时间标尺位于“时间轴”面板的上部，单位为“帧”，即素材画面数。在默认情况下，以每秒所播放画面的数量来划分时间线，从而对应项目的帧速率。

- 当前时间指示器

当前时间指示器是一个蓝色的三角形图标。当前时间指示器的作用是查看当前视频的帧及在当前序列中的位置。用户可以直接在时间标尺中拖动当前时间指示器来查看内容。

- 时间显示

时间显示当前时间指示器所在位置的时间。当用户在“时间轴”面板的时间显示区域上左右拖曳时，当前时间指示器的图标位置也会改变。

- 查看区域栏

在查看区域栏中，确定在“时间轴”面板中的视频帧数量。用户可以通过拖曳查看区域两段的锚点，改变时间线上的时间间隔，同时改变显示视频帧的数量。

- 工作区栏

工作区栏位于查看区域栏和时间线之间，其作用是导出或渲染的项目区域。用户可以通过拖曳工作区栏任意一段的方式进行调整。

- 设置无编号标记

设置无编号标记按钮的作用是在当前时间指示器位置添加标记，从而在编辑素材时能够快速跳转到这些点所在位置的视频帧上。

2.3.2 调整播放时间

在编辑影片的过程中，很多时候需要对素材本身的播放时间进行调整。

调整播放时间的具体方法是选取选择工具，选择视频轨道上的素材，并将其拖曳至素材右端的结束点，当鼠标指针呈双向箭头形状时，按住鼠标左键并拖曳，即可调整素材的播放时间，如图2-47所示。

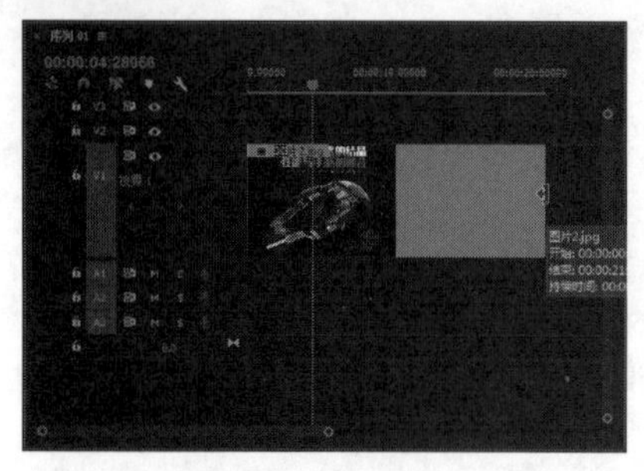

图 2-47 调整素材的播放时间

2.3.3 实战——调整播放速度

每一种素材都具有特定的播放速度，对于视频素材，可以通过调整视频素材的播放速度来制作快镜头或慢镜头效果。

素材位置	素材 > 第 2 章 > 视频 2.wmv
效果位置	效果 > 第 2 章 > 项目 10.prproj
视频位置	视频 > 第 2 章 > 实战——调整播放速度 .mp4

01 在Premiere Pro CC 2017开始界面中，单击“新建项目”按钮，弹出“新建项目”对话框，设置“名称”为“项目10”，单击“确定”按钮即可新建项目文件，如图2-48所示。

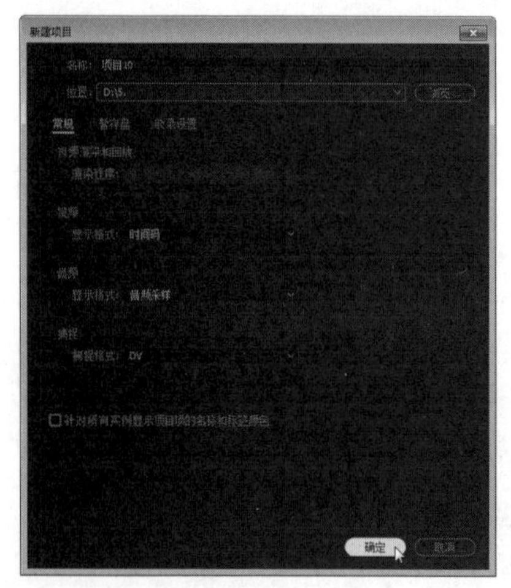

图 2-48 新建项目文件

02 按【Ctrl + N】组合键弹出“新建序列”对话框，新建一个“序列01”序列，单击“确定”按钮即可创建序列，如图2-49所示。

03 按【Ctrl + I】组合键，弹出“导入”对话框，选择相应文件，如图2-50所示。

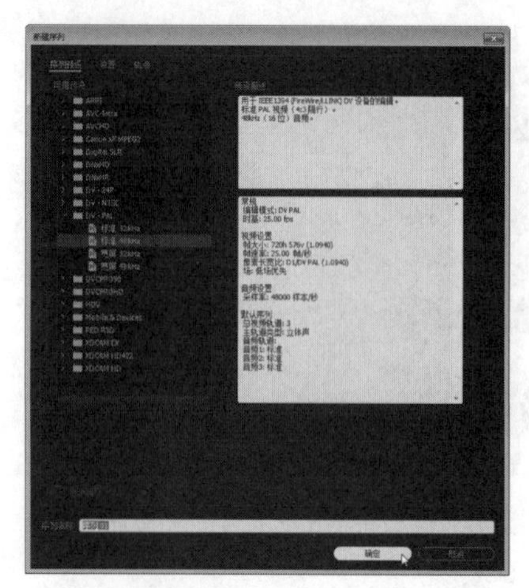

图 2-49 新建序列

图 2-50“导入”对话框

04 单击“打开”按钮，导入素材文件，如图2-51所示。

图 2-51 打开素材

05 选择“项目”面板中的素材文件，并将其拖曳至“时间轴”面板的V1轨道中，如图2-52所示。

06 选择V1轨道上的素材，单击鼠标右键，在弹出的快捷菜单中，选择“速度/持续时间”选项，如图2-53所示。

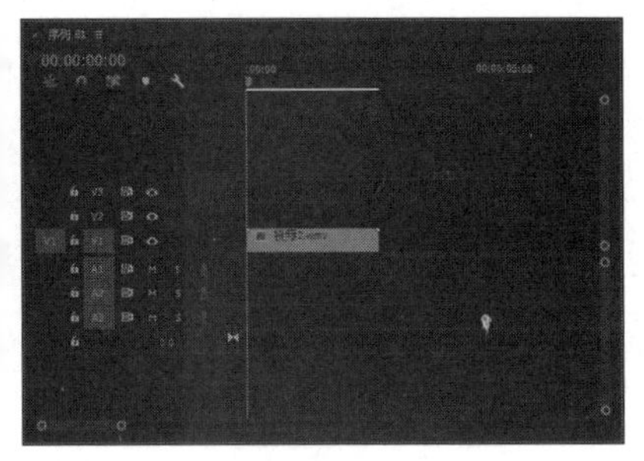

图 2-52 将素材拖到“时间轴”面板

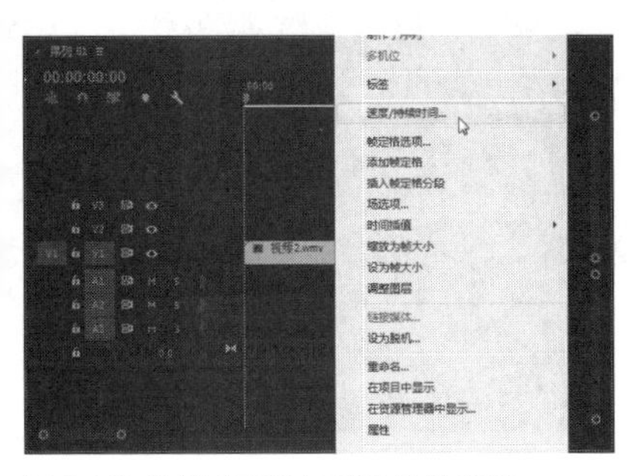

图 2-53 选择“速度 / 持续时间”选项

07 弹出“剪辑速度/持续时间”对话框，设置“速度”为220%，如图2-54所示。

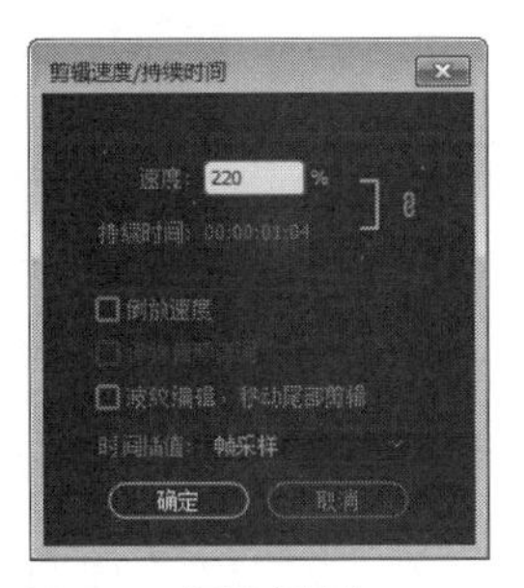

图 2-54 设置参数值

08 设置完成后，单击“确定”按钮，即可在“时间轴”面板中查看调整播放速度后的效果，如图2-55所示。

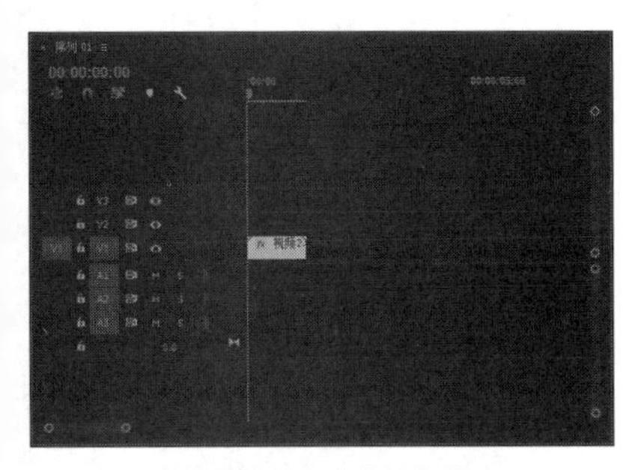

图 2-55 查看调整播放速度后的效果

专家指点

在“剪辑速度 / 持续时间”对话框中，可以设置“速度”值来控制剪辑的播放时间。当“速度”值高于 100% 时，值越大则速度越快，播放时间就越短；当“速度”值低于 100% 时，值越小则速度越慢，播放时间就越长。

2.3.4 实战——调整播放位置

如果对添加到视频轨道上的素材位置不满意，可以根据需要对其进行调整，并且可以将素材调整到不同的轨道位置。

素材位置	素材 > 第 2 章 > 图片 3.jpg
效果位置	效果 > 第 2 章 > 项目 11.prproj
视频位置	视频 > 第 2 章 > 实战——调整播放位置 .mp4

01 在Premiere Pro CC 2017开始界面中，单击“新建项目”按钮，弹出“新建项目”对话框，设置“名称”为“项目11”，单击“确定”按钮即可新建一个项目文件，如图2-56所示。

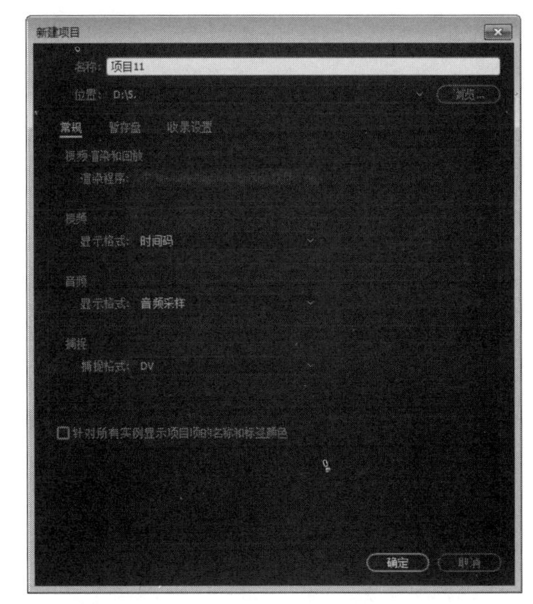

图 2-56“新建项目”对话框

02 按【Ctrl + N】组合键弹出“新建序列”对话框，单击“确定”按钮即可新建一个“序列01”序列，如图2-57所示。

03 按【Ctrl + I】组合键，弹出“导入”对话框，选择相应文件，如图2-58所示。

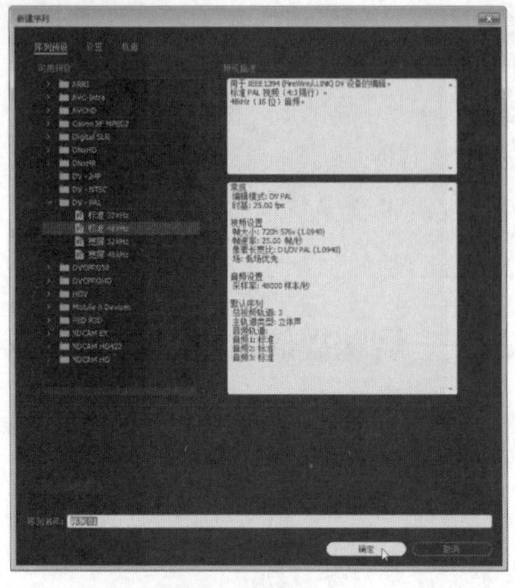

图 2-57“新建序列”对话框

图 2-58“导入”对话框

04 单击“打开”按钮，导入素材文件，如图2-59所示。

图 2-59 打开素材

05 选取工具箱中的选择工具，选择视频轨道中的一个素材文件，将该文件拖曳至合适位置，如图2-60所示。

06 执行上述操作后，选择V1轨道中的素材文件，并将其拖曳至V2轨道中，如图2-61所示。

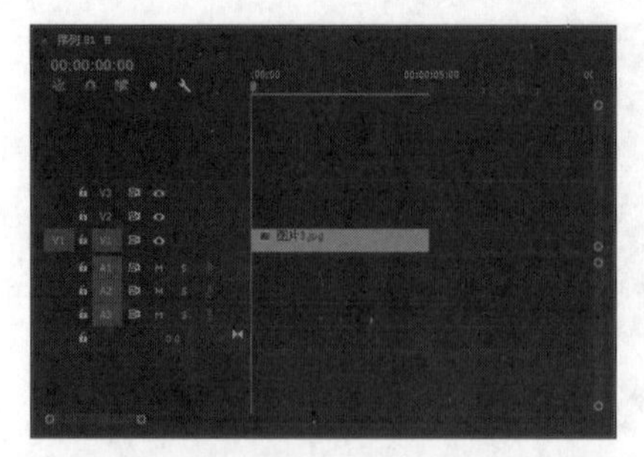

图 2-60 调整素材的位置

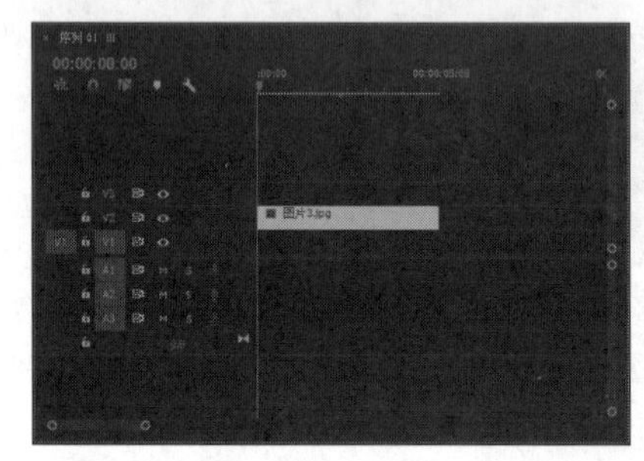

图 2-61 拖曳至 V2 轨道

2.4 剪辑影视素材

剪辑就是通过为素材设置出点和入点，从而截取其中较好的片段，然后将截取的影视片断与新的素材片段组合。三点和四点编辑便是专业视频影视编辑工作中常常运用到的编辑方法。下面主要介绍在Premiere Pro CC 2017中剪辑影视素材的方法。

2.4.1 实战——三点剪辑素材 重点

三点剪辑是指将素材中的部分内容替换影片剪辑中的部分内容，下面介绍运用三点剪辑素材的操作方法。

素材位置	素材 > 第 2 章 > 视频 3.mpg
效果位置	效果 > 第 2 章 > 项目 12.prproj
视频位置	视频 > 第 2 章 > 实战——三点剪辑素材 .mp4

01 在Premiere Pro CC 2017开始界面中，单击“新建项目”按钮，弹出“新建项目”对话框，设置“名称”为“项目12”，如图2-62所示，单击“确定”按钮，即可新建一个项目文件。

02 按【Ctrl+N】组合键弹出“新建序列”对话框，单击“确定”按钮即可新建一个“序列01”序列，如图2-63所示。

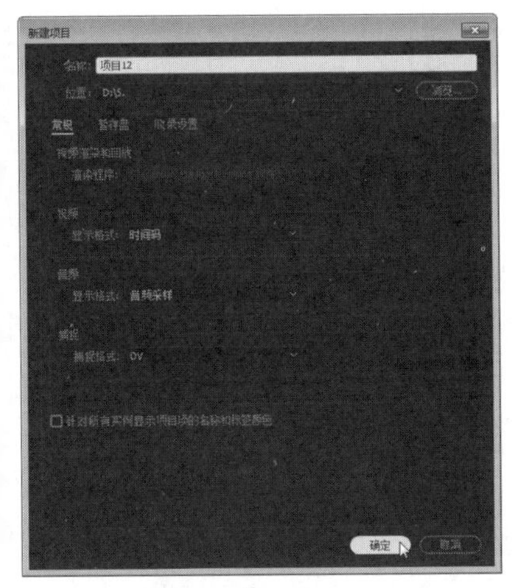

图 2-62 新建项目文件

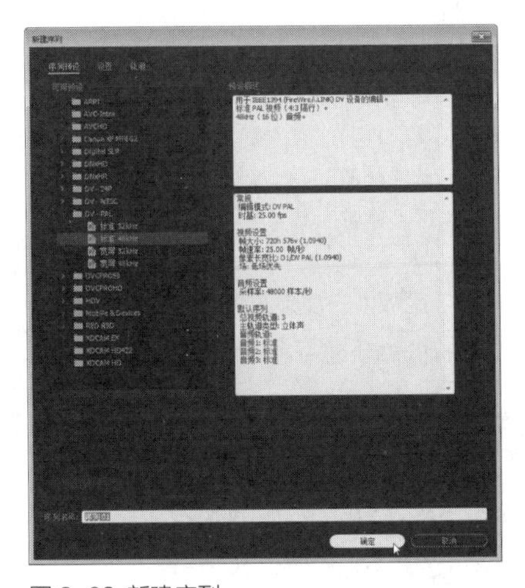

图 2-63 新建序列

03 按【Ctrl+I】组合键，弹出“导入”对话框，选择相应文件，如图2-64所示。

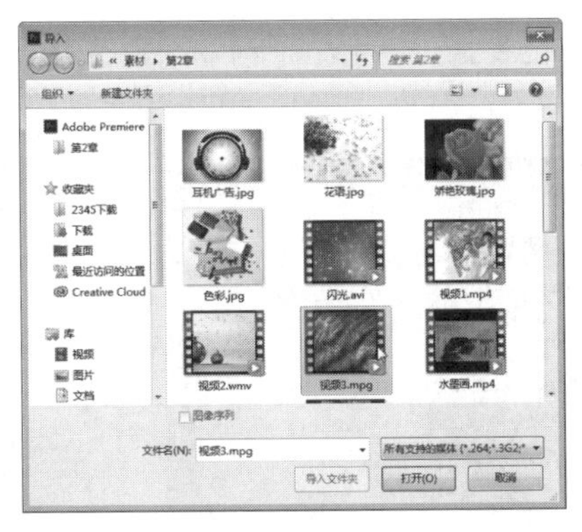

图 2-64 “导入”对话框

04 单击“打开”按钮，导入素材文件，如图2-65所示。

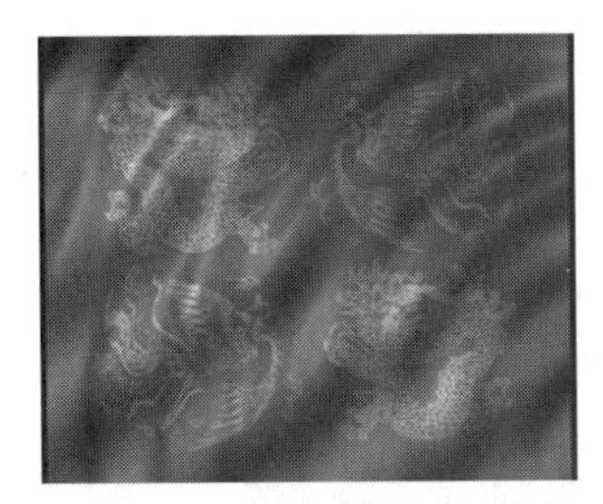

图 2-65 打开素材

05 选择“项目”面板中的视频素材文件，并将其拖曳至“时间轴”面板的V1轨道中，如图2-66所示。

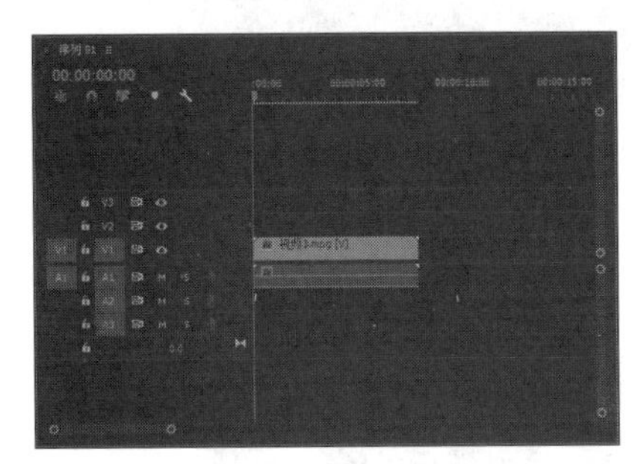

图 2-66 将素材拖到“时间轴”面板

06 设置时间为00:00:02:02，单击“标记入点”按钮，添加标记，如图2-67所示。

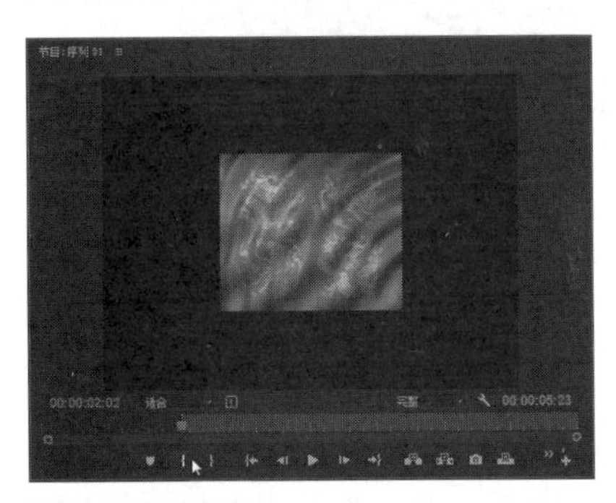

图 2-67 添加标记

07 在“节目监视器”面板中设置时间为00:00:04:00，并单击“标记出点”按钮，如图2-68所示。

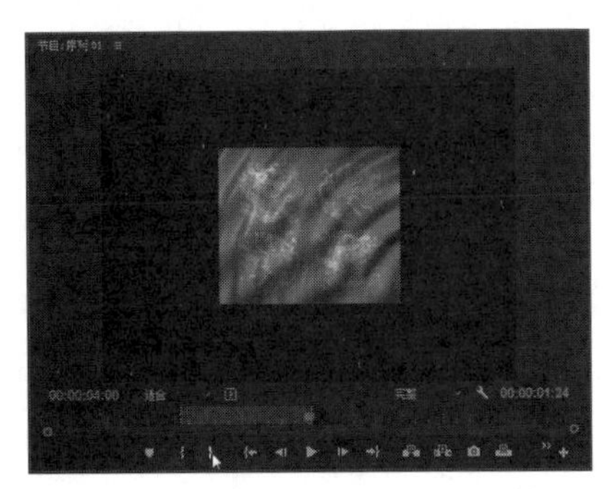

图 2-68 单击“标记出点”

08 在“项目”面板双击视频，在“源监视器”面板中设置时间为00:00:01:12，并单击“标记入点”按钮，如图2-69所示。

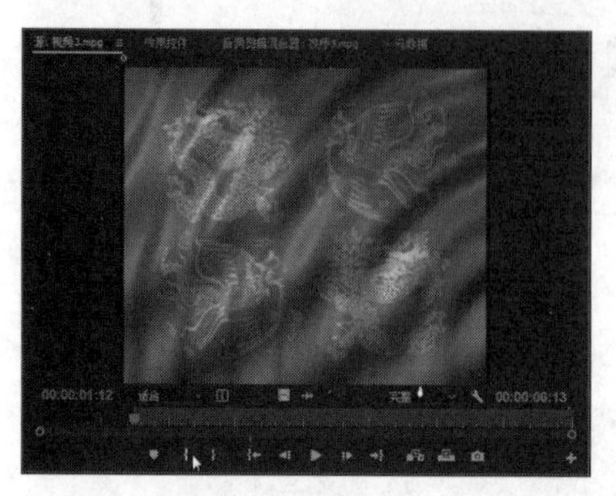

图 2-69 单击“标记入点”

09 执行操作后，单击“源监视器”面板中的“覆盖”按钮，即可将当前序列的00:00:02:02至00:00:04:00时间段的内容替换为从00:00:01:12为起始点至对应时间段的素材内容，如图2-70所示。

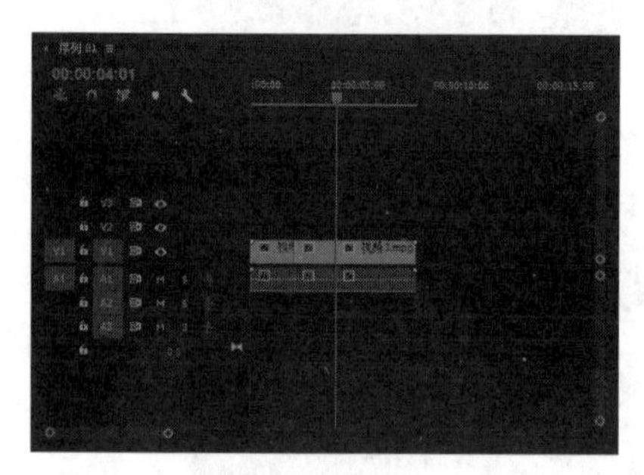

图 2-70 三点剪辑素材效果

专家指点

“三点剪辑技术”是用于将素材中的部分内容替换影片剪辑中的部分内容。

在进行剪辑操作时，需要注意3个要点，下面将分别进行介绍。

- 素材的入点：是指素材在影片剪辑内部首先出现的帧。
- 剪辑的入点：是指剪辑内被替换部分在当前序列上的第一帧。
- 剪辑的出点：是指剪辑内被替换部分在当前序列上的最后一帧。

2.4.2 实战——四点剪辑技术 进阶

“四点剪辑技术”比三点剪辑多一个点，需要设置源素材的出点。“四点编辑技术”同样需要运用到设置入点和出点的操作。

素材位置	素材 > 第 2 章 > 项目 13.prproj
效果位置	效果 > 第 2 章 > 项目 13.prproj
视频位置	视频 > 第 2 章 > 实战——四点剪辑技术 .mp4

01 按【Ctrl+O】组合键，打开一个项目文件，如图2-71所示。

图 2-71 打开项目文件

专家指点

在Premiere Pro CC 2017中，编辑某个视频作品时，需要使用中间部分或视频的开始部分、结尾部分等，此时就可以通过四点剪辑素材实现操作。

02 选择“项目”面板中的视频素材文件，并将其拖曳至“时间轴”面板的V1轨道中，如图2-72所示。

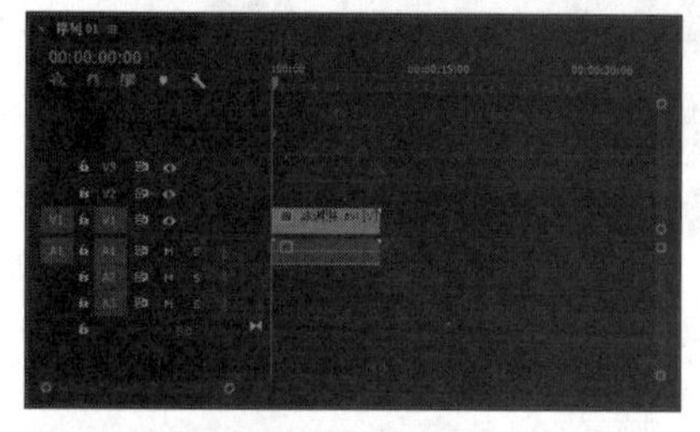

图 2-72 拖曳素材至视频轨道

03 在“节目监视器”面板中设置时间为00:00:02:20，并单击“标记入点”按钮，如图2-73所示。

图 2-73 单击“标记入点”

04 在“节目监视器”面板中设置时间为00:00:04:00，并单击“标记出点”按钮，如图2-74所示。

图 2-74 单击“标记出点”

05 在“项目”面板中双击视频素材，在“源监视器”面板中设置时间为00:00:01:00，并单击“标记入点”按钮，如图2-75所示。

图 2-75 单击“标记入点”

06 在“源监视器”面板中设置时间为00:00:05:00，并单击“标记出点”按钮，如图2-76所示。

图 2-76 单击“标记出点”

07 在“源监视器”面板中单击“覆盖”按钮，即可完成四点剪辑的操作，如图2-77所示。

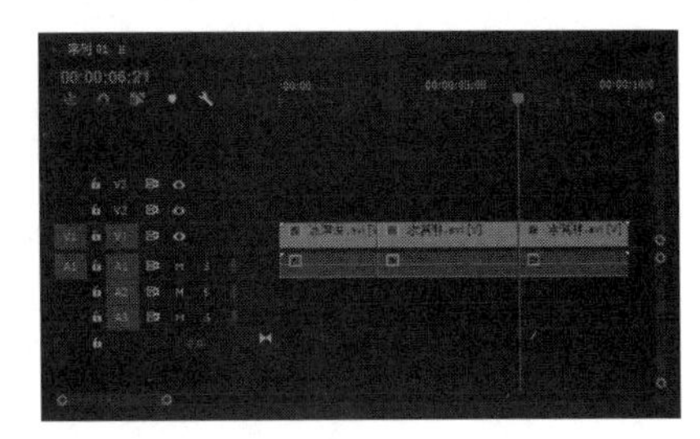

图 2-77 四点剪辑素材效果

08 单击“播放-停止切换”按钮，预览视频画面效果，如图2-78所示。

图 2-78 预览视频效果

专家指点

在运用四点编辑视频时，若源素材与目标素材长度不同，会弹出“适配剪辑”对话框，其选项不同结果也有很大的区别。在“适配剪辑”对话框中，主要用于设置影视素材长度匹配的相关参数，如图 2-79 所示。

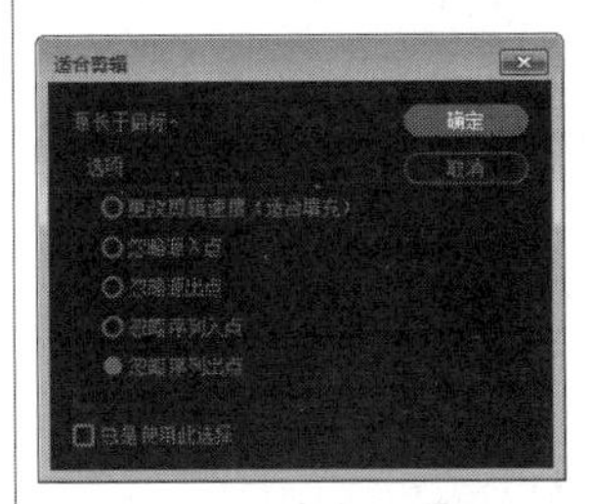

图 2-79 “适配剪辑”对话框

- 更改剪辑速度（适合填充）：选中该单选按钮后调整素材时，Premiere Pro CC 2017 将会根据实际情况来加快或减慢插入素材的速度。
- 忽略源入点：是以序列入点的持续时间为准，从左侧删除素材的出入点区域内的部分内容，使素材更加适应前者。
- 忽略源出点：是以序列出点的持续时间为准，从右侧删除素材的出入点区域内的部分内容，使素材更加适应后者。
- 忽略序列入点：选择该单选按钮，可以在素材的出点与入点对齐的情况下，将素材内多出的部分覆盖序列入点之前的部分内容。
- 忽略序列出点：选择该单选按钮，可以在素材入点与序列入点对齐的情况下，将素材内多出的部分覆盖序列的出点之后的内容。

2.4.3 实战——滚动编辑工具

在Premiere Pro CC 2017中，使用滚动编辑工具剪辑素材时，在“时间轴”面板中拖曳素材文件的边缘可以同时修整素材的进入端和输出端。下面介绍运用滚动编辑工具剪辑素材的操作方法。

素材位置	素材 > 第 2 章 > 项目 14.prproj
效果位置	效果 > 第 2 章 > 项目 14.prproj
视频位置	视频 > 第 2 章 > 实战——滚动编辑工具 .mp4

01 按【Ctrl+O】组合键，打开一个项目文件，如图2-80所示。

图 2-80 打开项目文件

02 选择“项目”面板中的素材文件，并将其拖曳至“时间轴”面板的V1轨道中，如图2-81所示。

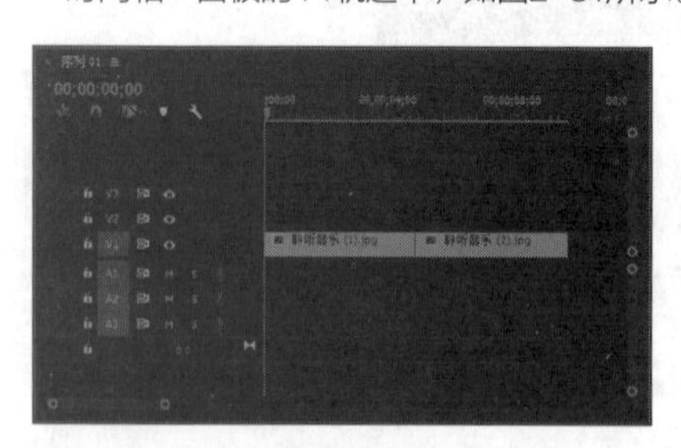

图 2-81 拖曳素材至视频轨道

03 在工具箱中选择滚动编辑工具，将鼠标指针移至“时间轴”面板中的两个素材之间，当鼠标指针呈双向箭头时，向右拖曳，如图2-82所示。

04 至合适位置后释放鼠标左键，即可使用滚动编辑工具剪辑素材，轨道上的其他素材也发生了变化，如图2-83所示。

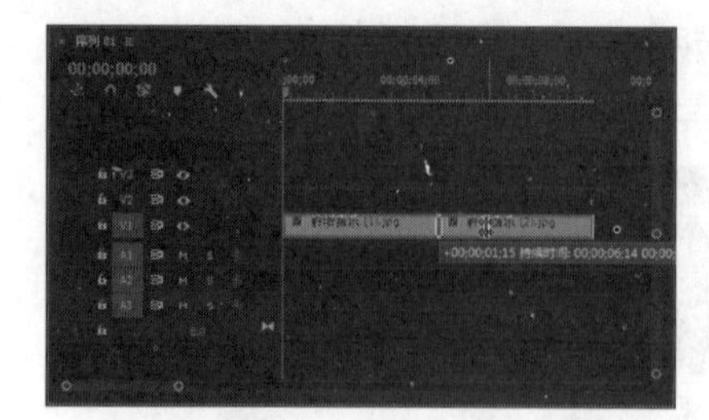

图 2-82 向右拖曳

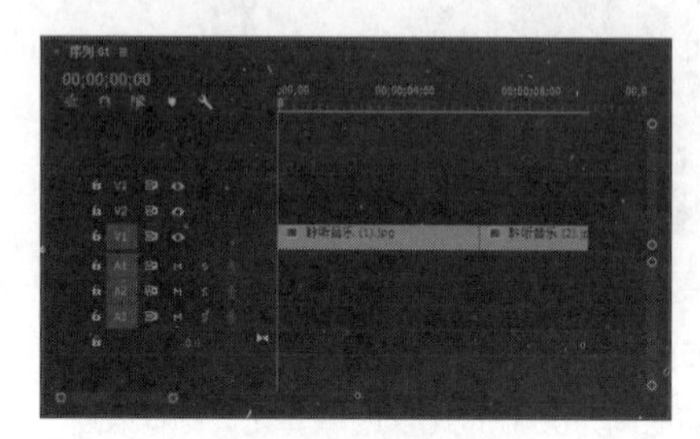

图 2-83 使用滚动编辑工具剪辑素材

2.4.4 实战——滑动工具

滑动工具包括外滑工具与内滑工具。使用外滑工具，可以同时更改“时间轴”内某剪辑的入点和出点，并保留入点和出点之间的时间间隔不变；使用内滑工具，可将“时间轴”内的某个剪辑向左或向右移动，同时修剪其周围的两个剪辑。下面介绍使用滑动工具剪辑素材的操作方法。

素材位置	素材 > 第 2 章 > 项目 15.prproj
效果位置	效果 > 第 2 章 > 项目 15.prproj
视频位置	视频 > 第 2 章 > 实战——滑动工具 .mp4

01 按【Ctrl+O】组合键，打开一个项目文件，如图2-84所示。

图 2-84 打开素材文件

02 选择“项目”面板中的“人间仙境”素材文件，并将其拖曳至“时间轴”面板的V1轨道中，如图2-85所示。

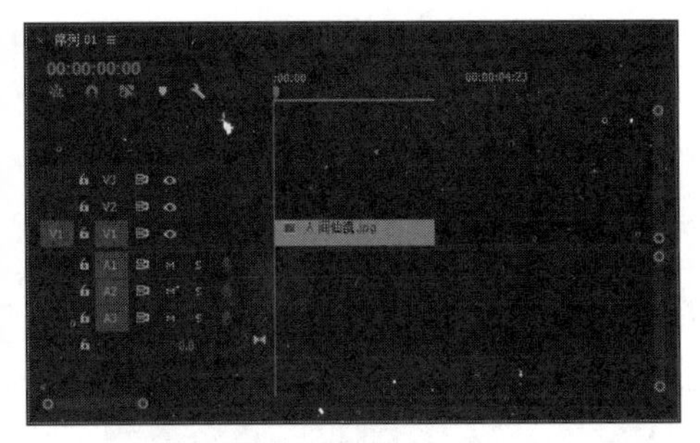

图 2-85 拖曳素材至视频轨道

03 在“时间轴”面板上，将时间指示器定位在“人间仙境”素材对象的中间，如图2-86所示。

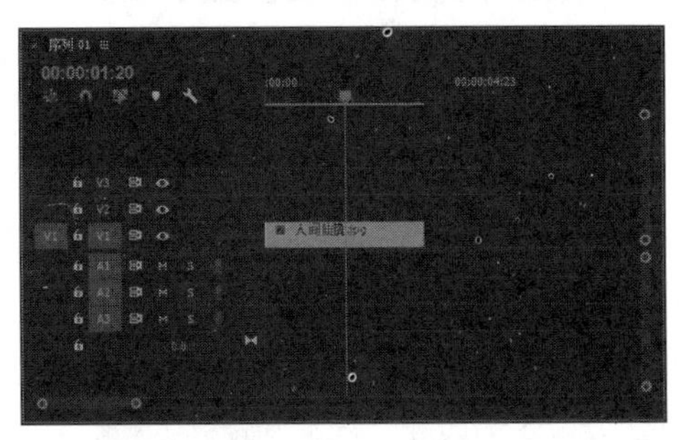

图 2-86 定位时间指示器

04 在“项目”面板中双击“人间仙境”素材文件，在“源监视器”面板中显示素材，单击“覆盖”按钮，如图2-87所示。

图 2-87 单击“覆盖”按钮

05 执行操作后，即可在V1轨道上的时间指示器位置上添加“人间仙境”素材，并覆盖该位置上的源素材，如图2-88所示。

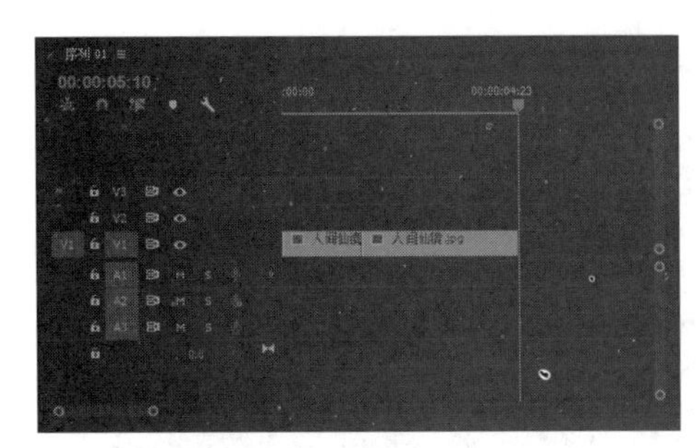

图 2-88 添加相应素材

06 将“阳光特效”素材拖曳至时间轴上的“人间仙境”素材后面，并覆盖部分“人间仙境”素材，如图2-89所示。

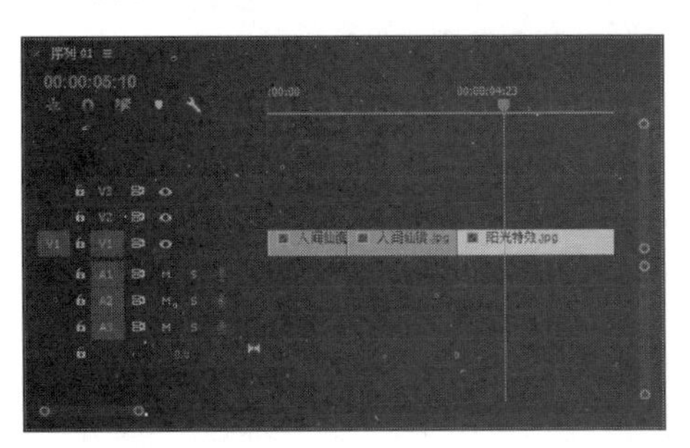

图 2-89 添加相应素材

07 释放鼠标后，即可在V1轨道上添加“阳光特效”素材，并覆盖部分“人间仙境”素材，在工具箱中选择外滑工具，如图2-90所示。

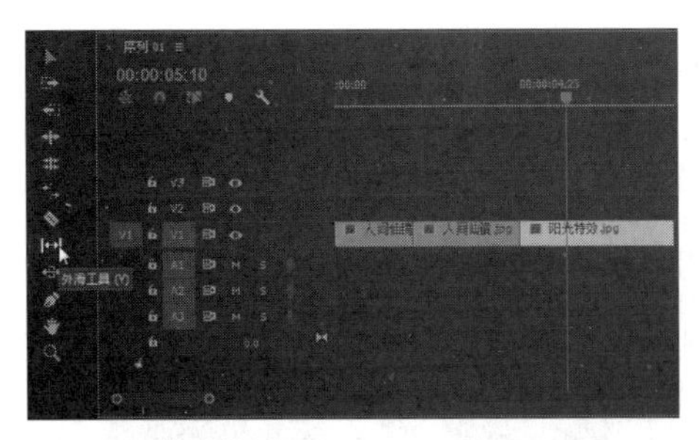

图 2-90 选择外滑工具

08 在V1轨道上的“人间仙境”素材对象上按住鼠标左键并拖曳，在“节目监视器”面板中显示更改素材入点和出点的效果，如图2-91所示。

09 将时间指示器定位在“人间仙境”素材的开始位置，在“节目监视器”面板中单击“播放”按钮，即可观看更改后的效果，如图2-92所示。

图 2-91 显示更改素材入点和出点的效果

图 2-92 观看更改后的效果

10 在工具箱中选择内滑工具，在V1轨道上的“人间仙境”素材对象上按住鼠标左键并拖曳，即可将“人间仙境”素材向左或向右移动，同时修剪其周围的两个视频文件，如图2-93所示。

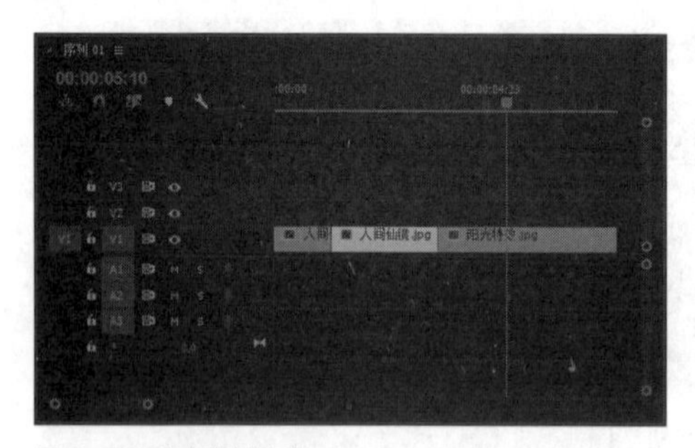

图 2-93 移动素材文件

2.4.5 实战——波纹编辑工具 进阶

使用波纹编辑工具拖曳素材的出点可以改变所选素材的长度，而轨道上其他素材的长度不受影响。下面介绍使用波纹编辑工具编辑素材的操作方法。

素材位置	素材 > 第 2 章 > 项目 16.prproj
效果位置	效果 > 第 2 章 > 项目 16.prproj
视频位置	视频 > 第 2 章 > 实战——波纹编辑工具 .mp4

01 按【Ctrl+O】组合键，打开一个项目文件，如图2-94所示。

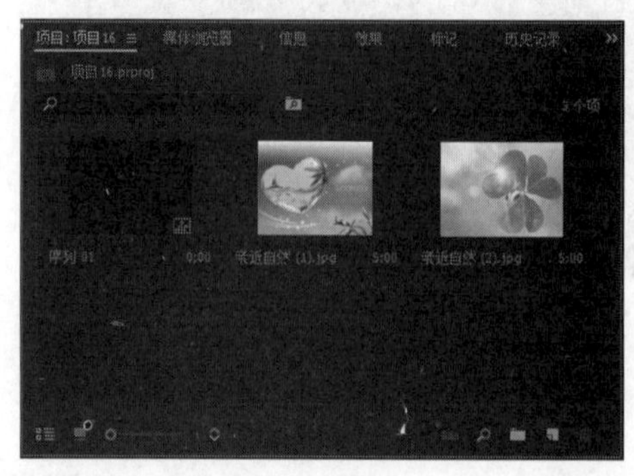

图 2-94 打开项目文件

02 在“项目”面板中选择两个素材文件，将其拖曳至“时间轴”面板中的V1轨道上，并在工具箱中选择波纹编辑工具，如图2-95所示。

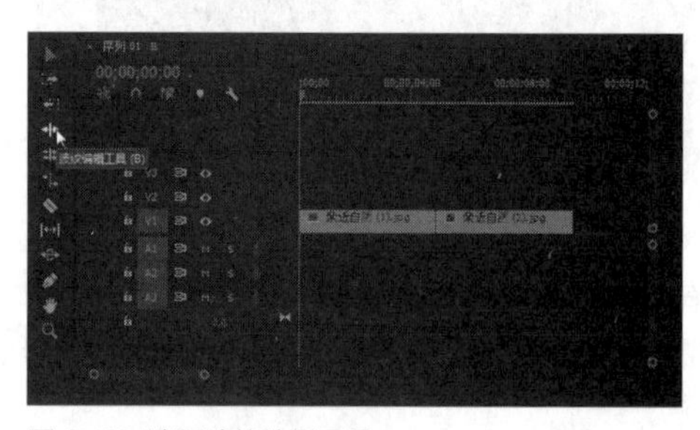

图 2-95 选取波纹编辑工具

03 将鼠标指针移至“亲近自然（1）”素材对象的开始位置，当鼠标指针变成波纹编辑图标时，按住鼠标左键并向右拖曳，如图2-96所示。

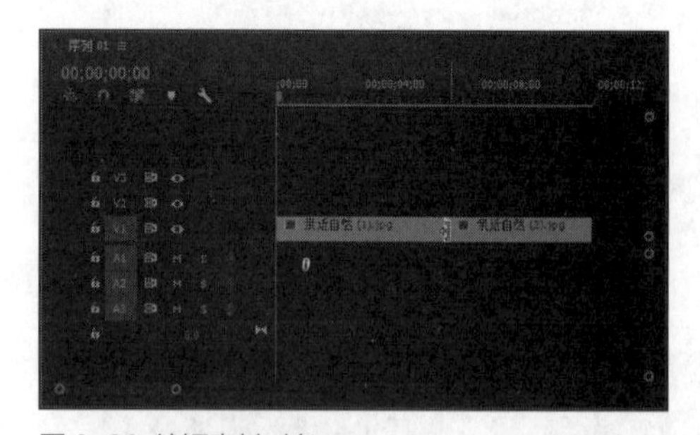

图 2-96 缩短素材对象

04 至合适位置后释放鼠标，即可使用波纹编辑工具剪辑素材，轨道上的其他素材则同步进行移动，如图2-97所示。

05 执行上述操作后，得到最终效果，如图2-98所示。

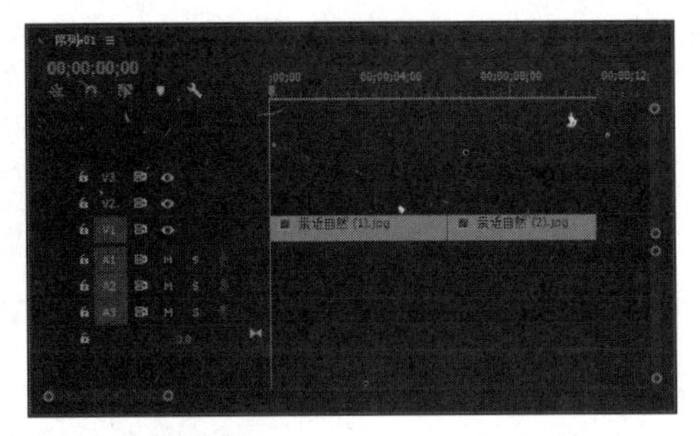

图 2-97 剪辑素材

图 2-98 使用波纹编辑工具编辑视频后的效果

专家指点

在了解了素材的添加与编辑后，还需要对各种素材进行筛选，并根据不同的素材来选择对应的主题。

- 主题素材的选择

当确定一个主题后，接下来就是选择相应的素材。通常情况下，应该选择与主题相符的素材图像或视频，这样能够使视频的最终效果更加突出，使主题更加明显。

- 素材主题的设置

另外，很多用户习惯先收集大量的素材，并根据素材来选择接下来编辑的内容。根据素材来选择内容也是好的习惯，不仅可以扩大选择的范围，还能扩展视野。对于素材与主题之间的选择，首先要确定手中所拥有的素材内容再根据素材来设置对应的主题。

2.5 习题测试

习题1 音频素材的录制

素材位置	无
效果位置	无
视频位置	视频 > 第 2 章 > 习题 1：音频素材的录制 .mp4

本习题练习音频素材的录制操作，如图2-99所示。

图 2-99 录制音频素材

习题2 添加图层图像

素材位置	素材 > 第 2 章 > 项目 17.psd
效果位置	效果 > 第 2 章 > 项目 17. prproj
视频位置	视频 > 第 2 章 > 习题 2：添加图层图像 .mp4

本习题练习添加图层图像的操作，素材与效果如图2-100所示。

图 2-100 素材与效果

第03章 色彩色调的调整技巧

色彩在影视视频的编辑中是必不可少的重要元素，合理的色彩搭配会为视频增添一些亮点，往往可以给观众留下良好的印象，并在某种程度上抒发一种情感。由于在拍摄和采集的过程中常会遇到一些很难控制的环境光照，所以拍摄出来的源素材会色感欠缺、层次不明，因此本章将详细介绍影视素材调色的操作方法。

扫码观看本章
实战操作视频

课堂学习目标

- 掌握校正“亮度与对比度”的操作方法。
- 掌握校正“颜色平衡（HLS）”的操作方法。
- 掌握调整图像色阶的操作方法。
- 掌握替换图像颜色的操作方法。

3.1 色彩的校正

在Premiere Pro CC 2017中编辑影片时，往往需要对影视素材的色彩进行校正，调整素材的颜色。

3.1.1 实战——校正“亮度与对比度”新功能

“亮度与对比度”特效可以调整素材的高光、中间值、阴影状态下的亮度与对比度参数。

素材位置	素材 > 第 3 章 > 项目 1.prproj
效果位置	效果 > 第 3 章 > 项目 1.prproj
视频位置	视频 > 第 3 章 > 实战——校正“亮度与对比度”.mp4

01 按【Ctrl+O】组合键，打开一个项目文件，在“节目监视器”面板中可以查看素材画面，如图3-1所示。

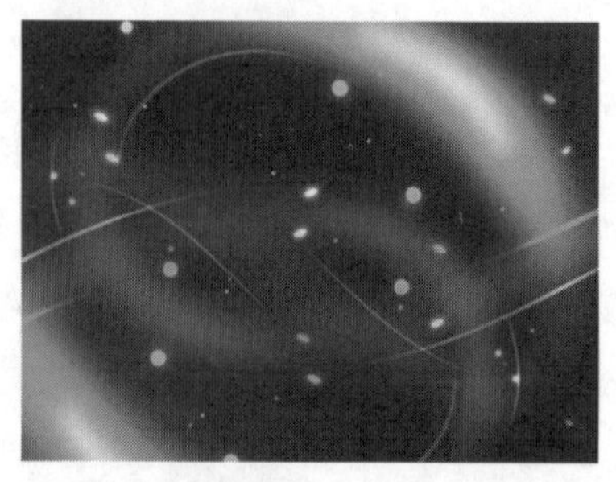

图 3-1 查看素材画面

02 在“效果”面板中，依次展开“视频效果”|“颜色校正”选项，在其中选择“亮度与对比度”视频特效，如图3-2所示。

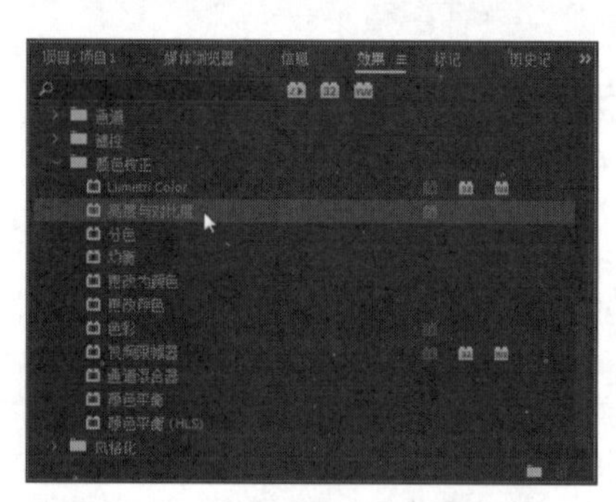

图 3-2 选择“亮度与对比度”视频特效

03 将“亮度与对比度”特效拖曳至“时间轴”面板中的素材文件上，在“效果控件”面板中，展开“亮度与对比度”选项，设置“亮度”为10.0，“对比度”为50.0，如图3-3所示。

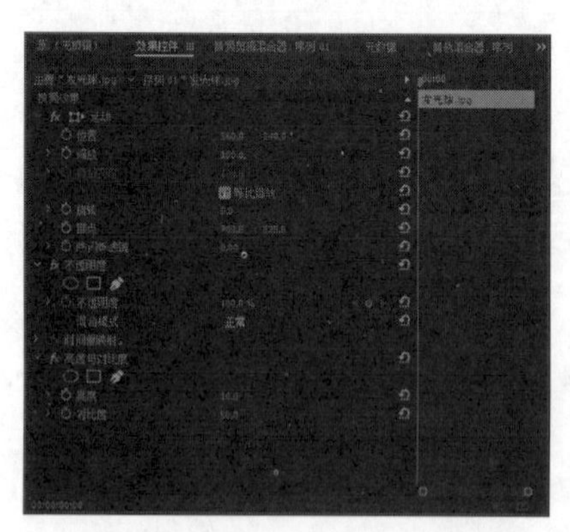

图 3-3 设置相应选项

04 执行上述操作后，即可运用“亮度与对比度”视频特效调整色彩，预览视频效果，如图3-4所示。

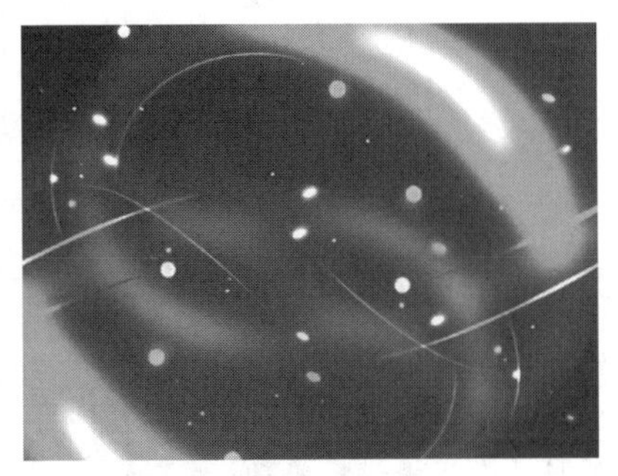

图 3-4 调整色彩后效果

3.1.2 实战——校正“分色”特效

“分色”特效可以将素材中除选中颜色及类似色以外的颜色分离，并以灰度模式显示。

素材位置	素材 > 第 3 章 > 项目 2.prproj
效果位置	效果 > 第 3 章 > 项目 2.prproj
视频位置	视频 > 第 3 章 > 实战——校正“分色”特效 .mp4

01 按【Ctrl + O】组合键，打开一个项目文件，在“节目监视器”面板中可以查看素材画面，如图3-5所示。

图 3-5 查看素材画面

02 在“效果”面板中，依次展开“视频效果”|“颜色校正”选项，在其中选择“分色”视频特效，如图3-6所示。

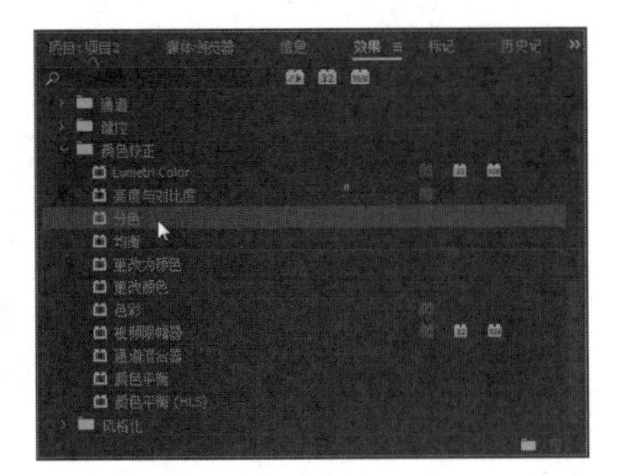

图 3-6 选择“分色”视频特效

03 拖曳“分色”特效至“时间轴”面板中的素材文件上，在“效果控件”面板中展开“分色”选项，单击“要保留的颜色”选项右侧的吸管，如图3-7所示。

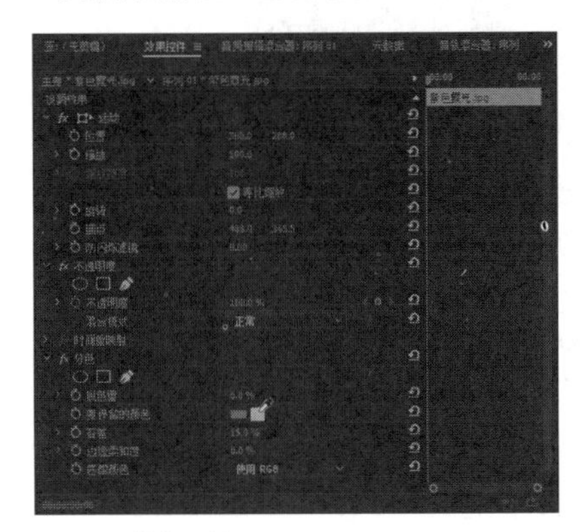

图 3-7 单击吸管

04 在“节目监视器”面板中的素材背景中的黑色上单击，进行取样，如图3-8所示。

图 3-8 进行取样

05 取样完成后，在“效果控件”面板中展开“分色”选项，设置“脱色量”为100.0%，“容差”为33.0%，如图3-9所示。

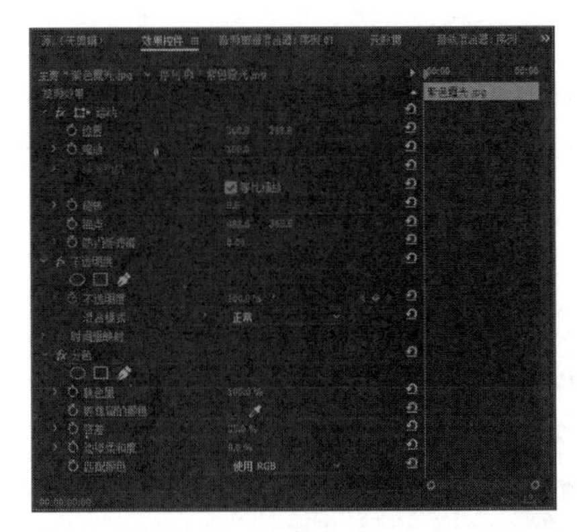

图 3-9 设置参数

06 执行操作后，即可运用“分色”特效调整色彩，预览视频效果，如图3-10所示。

图 3-10 视频效果

3.1.3 实战——校正“颜色平衡（HLS）” 重点

HLS是色相、亮度及饱和度这3个颜色通道的各英文名称首字母的组合。

“颜色平衡（HLS）”特效能够通过调整画面的色相、亮度及饱和度来达到平衡素材颜色的作用。

素材位置	素材 > 第 3 章 > 项目 3.prproj
效果位置	效果 > 第 3 章 > 项目 3.prproj
视频位置	视频 > 第 3 章 > 实战——校正“颜色平衡（HLS）”.mp4

01 按【Ctrl+O】组合键，打开一个项目文件，在“节目监视器”面板中可以查看素材画面，如图3-11所示。

图 3-11 查看素材画面

02 在“效果”面板中，依次展开“视频效果”|“颜色校正”选项，在其中选择“颜色平衡（HLS）”视频特效，如图3-12所示。

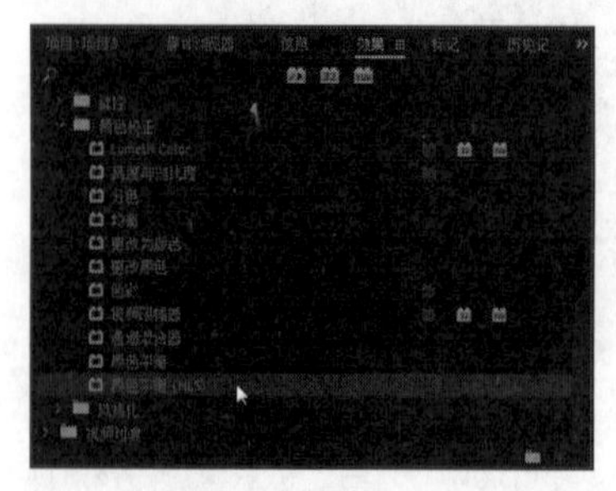

图 3-12 选择“颜色平衡（HLS）”视频特效

03 拖曳“颜色平衡（HLS）”特效至“时间轴”面板中的素材文件上，在“效果控件”面板中展开“颜色平衡（HLS）”选项，设置“色相”为30.0，“亮度”为10.0，“饱和度”为50.0，如图3-13所示。

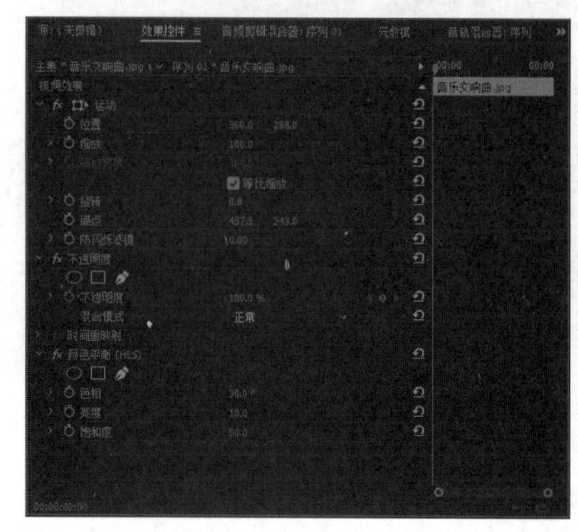

图 3-13 设置相应的数值

04 执行以上操作后，即可运用“颜色平衡（HLS）”调整色彩，预览视频效果，如图3-14所示。

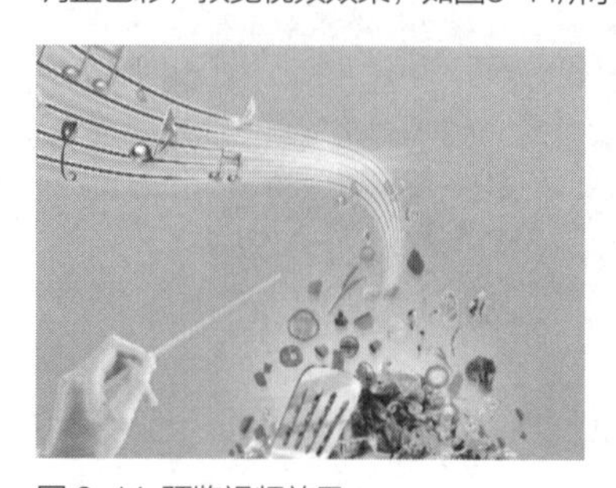

图 3-14 预览视频效果

3.2 图像色彩的调整

色彩的调整主要是针对素材中的对比度、亮度、颜色及通道等项目进行特殊的调整和处理。

3.2.1 实战——调整图像的卷积内核

在Premiere Pro CC 2017中，“卷积内核”特效可以根据数学卷积分的运算来改变素材中的每一个像素。

素材位置	素材 > 第 3 章 > 项目 4.prproj
效果位置	效果 > 第 3 章 > 项目 4.prproj
视频位置	视频 > 第 3 章 > 实战——调整图像的卷积内核.mp4

01 按【Ctrl＋O】组合键，打开一个项目文件，在“节目监视器”面板中可以查看素材画面，如图3-15所示。

图 3-15 查看素材画面

02 在“效果”面板中，依次展开“视频效果”|“调整”选项，在其中选择“卷积内核”视频特效，如图3-16所示。

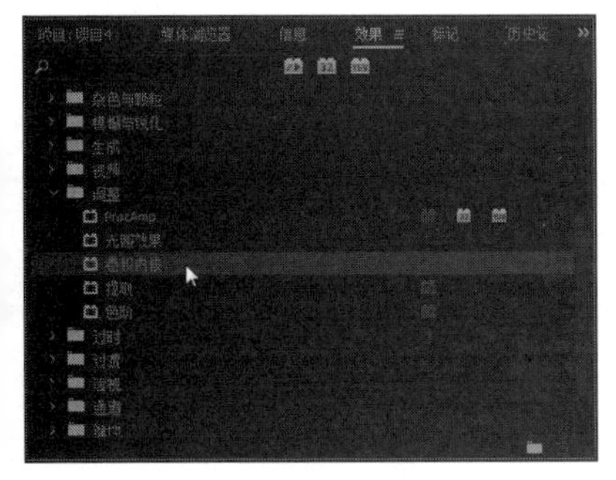

图 3-16 选择“卷积内核”选项

专家指点

在 Premiere Pro CC 2017 中，“卷积内核”视频特效主要用于以某种预先指定的数字计算方法来改变图像中像素的亮度值，从而得到丰富的视频效果。在“效果控件”面板的“卷积内核”选项下，单击各选项前的三角形按钮，在其下方可以通过拖动滑块来调整数值。

03 拖曳“卷积内核”特效至“时间轴”面板中的素材文件上，在“效果控件”面板中展开“卷积内核”选项，设置M11为3，如图3-17所示。

04 执行以上操作后，即可运用“卷积内核”调整色彩，单击“播放-停止切换”按钮，预览视频效果，如图3-18所示。

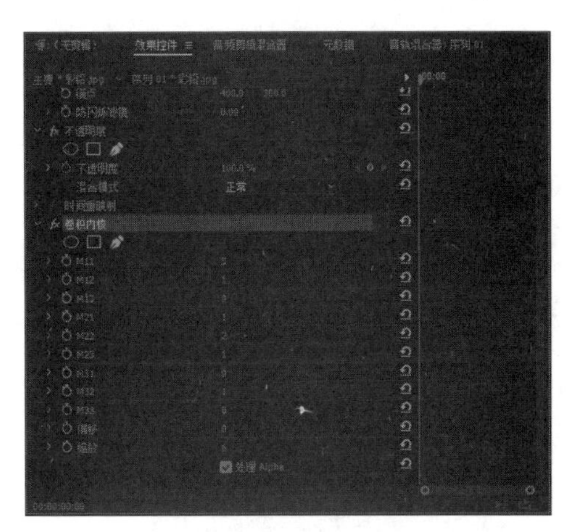

图 3-17 设置相应的数值

图 3-18 调整的效果

3.2.2 实战——调整图像的光照效果 进阶

在Premiere Pro CC 2017中，“光照效果”视频特效可以用来在图像中制作并应用多种光照效果。

素材位置	素材 > 第 3 章 > 项目 5.prproj
效果位置	效果 > 第 3 章 > 项目 5.prproj
视频位置	视频 > 第 3 章 > 实战——调整图像的光照效果 .mp4

01 按【Ctrl＋O】组合键，打开一个项目文件，在“节目监视器”面板中可以查看素材画面，如图3-19所示。

图 3-19 查看素材画面

02 在“效果”面板中，依次展开“视频效果”|“调整”选项，在其中选择“光照效果”视频特效，如图3-20所示。

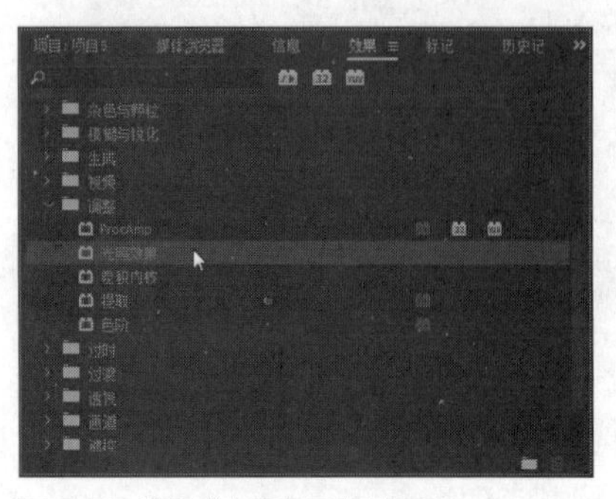

图 3-20 选择“光照效果”选项

03 拖曳“光照效果”特效至“时间轴”面板中的素材文件上，如图3-21所示，释放鼠标即可添加视频特效。

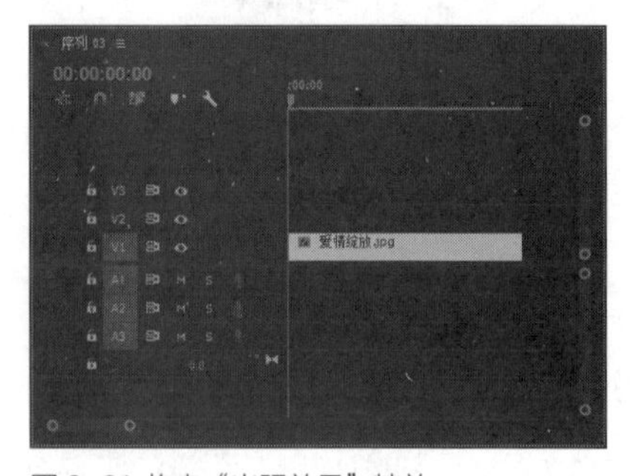

图 3-21 拖曳“光照效果”特效

04 选择V1轨道上的素材，在“效果控件”面板中，展开“光照效果”选项，设置“环境光照强度”为50.0，如图3-22所示。

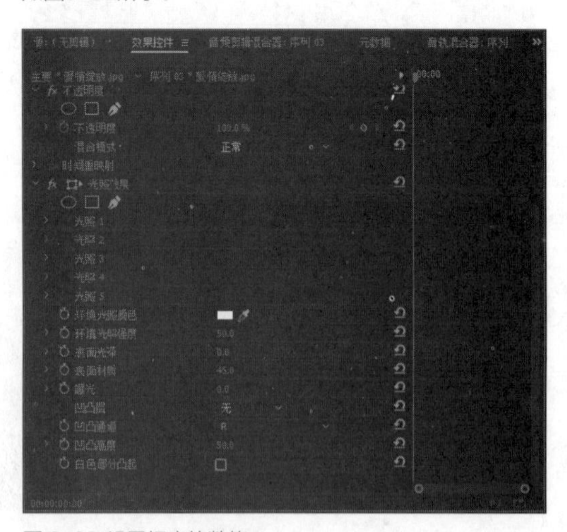

图 3-22 设置相应的数值

05 执行操作后，即可运用“光照效果”调整色彩，预览视频效果，如图3-23所示。

图 3-23 调整后效果

专家指点

在 Premiere Pro CC 2017 中，对视频应用“光照效果”时，最多可采用 5 种光照来产生有创意的效果。“光照效果”可用于控制光照属性，如光照类型、方向、强度、颜色、光照中心和光照传播，还可以使用其他素材中的纹理或图案产生特殊光照效果。

3.2.3 实战——调整图像的色阶 新功能

在Premiere Pro CC 2017中，“色阶”特效可以调整素材画面的高光、阴影，并可以调整每一个位置的颜色。

素材位置	素材 > 第 3 章 > 项目 6.prproj
效果位置	效果 > 第 3 章 > 项目 6.prproj
视频位置	视频 > 第 3 章 > 实战——调整图像的色阶 .mp4

01 按【Ctrl+O】组合键，打开一个项目文件，在“节目监视器”面板中可以查看素材画面，如图3-24所示。

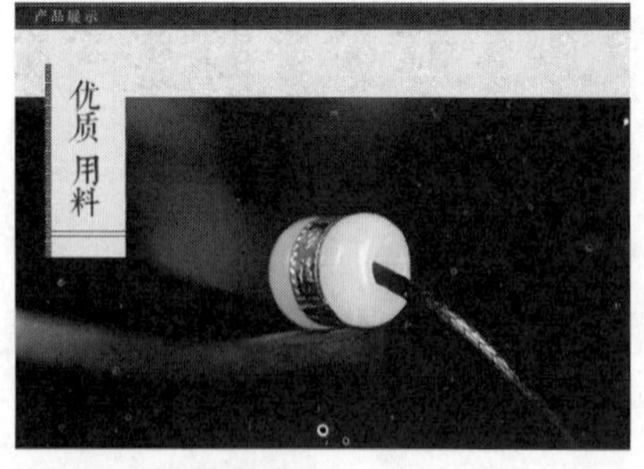

图 3-24 查看素材画面

02 在“效果”面板中，依次展开“视频效果”|“调整”选项，在其中选择“色阶”视频特效，如图3-25所示。

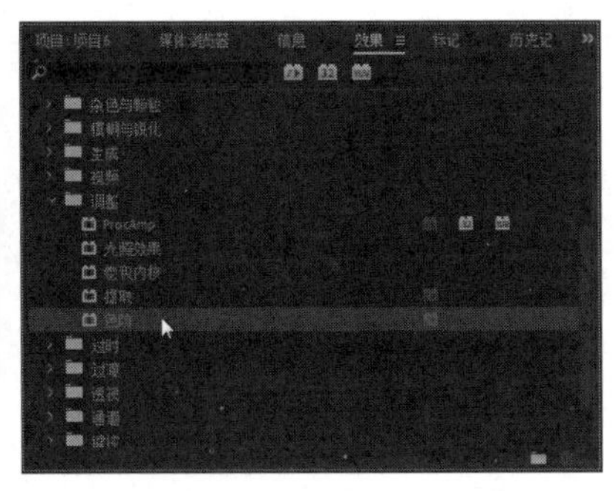

图 3-25 选择“色阶”选项

03 拖曳“色阶”特效至“时间轴”面板中的素材文件上，如图3-26所示，释放鼠标即可添加视频特效。

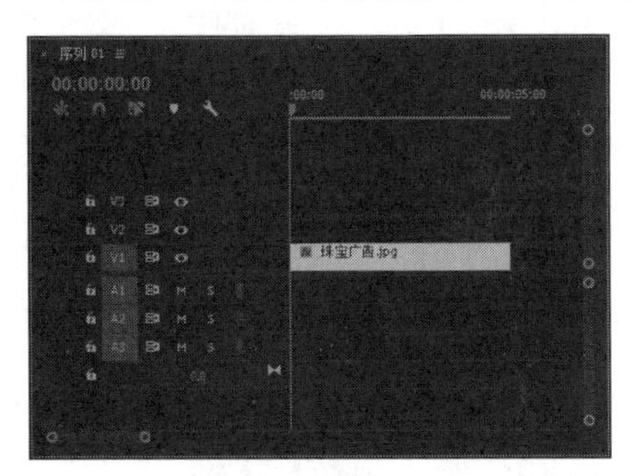

图 3-26 拖曳“色阶”特效

04 选择V1轨道上的素材，在“效果控件”面板中，展开“色阶”选项，设置“(RGB)输入黑色阶”为100，如图3-27所示。

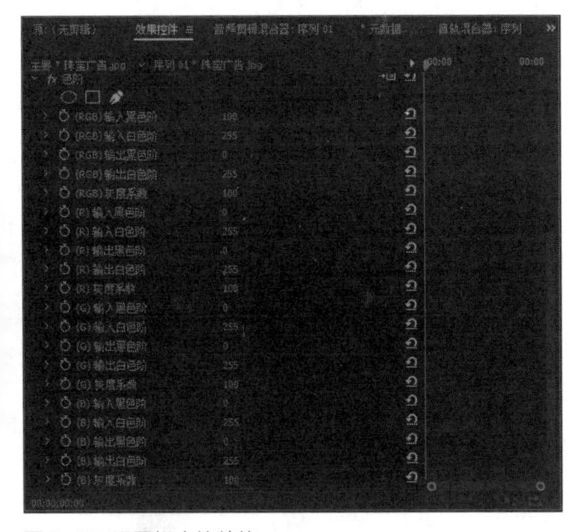

图 3-27 设置相应的数值

05 执行以上操作后，即可使用“色阶”调整色彩，预览视频效果，如图3-28所示。

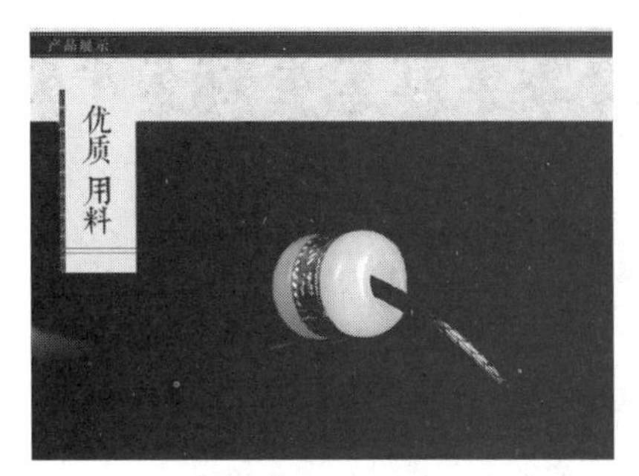

图 3-28 调整后效果

3.3 图像色调的控制

在Premiere Pro CC 2017中，图像的色调控制主要用于调整素材画面的色彩，以弥补素材在前期采集中存在的一些缺陷。下面主要介绍图像色调的控制技巧。

3.3.1 实战——调整图像的黑白效果

“黑白”特效主要是用于将素材画面转换为灰度图像。下面将介绍调整图像黑白效果的操作方法。

素材位置	素材 > 第 3 章 > 项目 7.prproj
效果位置	效果 > 第 3 章 > 项目 7.prproj
视频位置	视频 > 第 3 章 > 实战——调整图像的黑白效果 .mp4

01 按【Ctrl + O】组合键，打开一个项目文件，在“节目监视器”面板中可以查看素材画面，如图3-29所示。

图 3-29 查看素材画面

02 在“效果”面板中，依次展开“视频效果”|“图像控制”选项，在其中选择“黑白”视频特效，如图3-30所示。

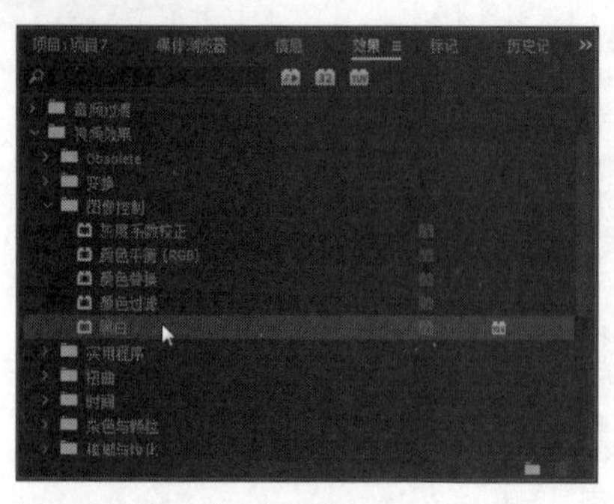

图 3-30 选择“黑白”选项

03 拖曳“黑白”特效至“时间轴”面板中的素材文件上，如图3-31所示，释放鼠标即可添加视频特效。

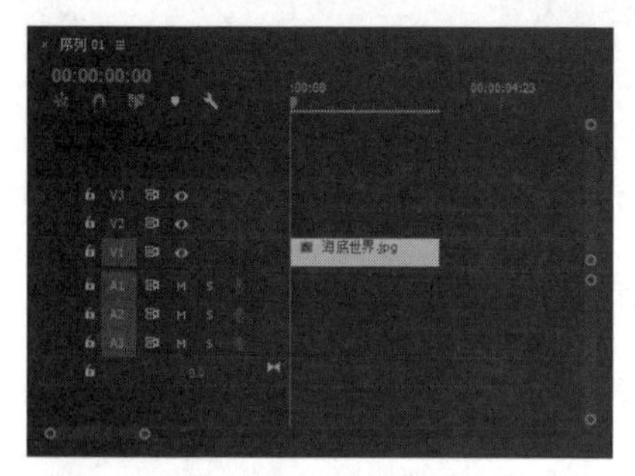

图 3-31 拖曳“黑白”特效

04 选择V1轨道上的素材，在“效果控件”面板中展开“黑白”选项，保持默认设置即可，如图3-32所示。

05 执行以上操作后，即可运用“黑白”特效调整色彩，单击“播放-停止切换”按钮，预览视频效果，如图3-33所示。

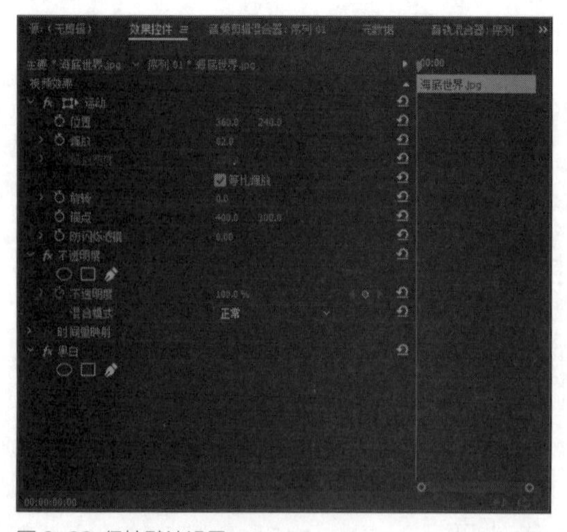

图 3-32 保持默认设置

图 3-33 预览视频效果

3.3.2 实战——替换图像的颜色 进阶

“颜色替换”特效主要是通过目标颜色来改变素材中的颜色，下面将介绍替换图像颜色的操作方法。

素材位置	素材 > 第 3 章 > 项目 8.prproj
效果位置	效果 > 第 3 章 > 项目 8.prproj
视频位置	视频 > 第 3 章 > 实战——替换图像的颜色 .mp4

01 按【Ctrl + O】组合键，打开一个项目文件，如图3-34所示。

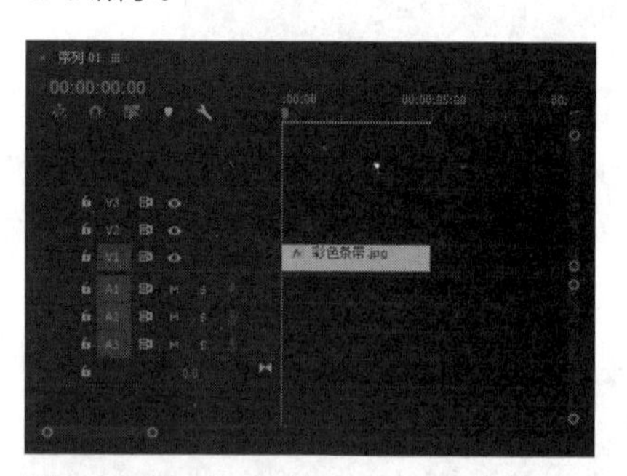

图 3-34 打开项目文件

02 打开项目文件后，在“节目监视器”面板中可以查看素材画面，如图3-35所示。

图 3-35 查看素材画面

03 在“效果”面板中，依次展开“视频效果”|“图像控制”选项，在其中选择“颜色替换”视频特效，如图3-36所示。

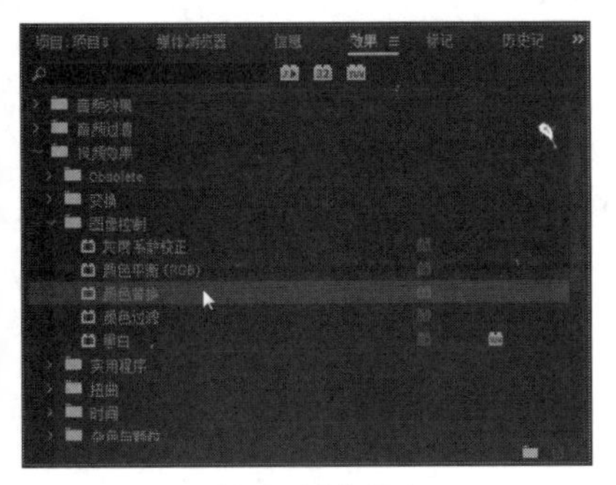

图 3-36 选择“颜色替换”选项

04 拖曳“颜色替换”特效至“时间轴”面板中的素材文件上，如图3-37所示，释放鼠标即可添加视频特效。

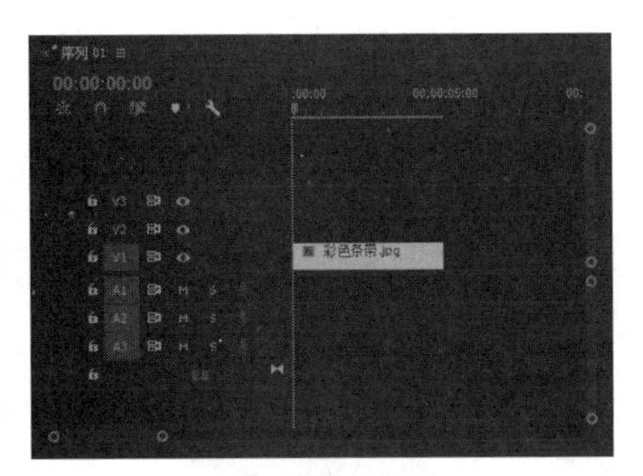

图 3-37 拖曳“颜色替换”特效

05 选择V1轨道上的素材，在“效果控件”面板中，展开“颜色替换”选项，单击“目标颜色”右侧的吸管，如图3-38所示。

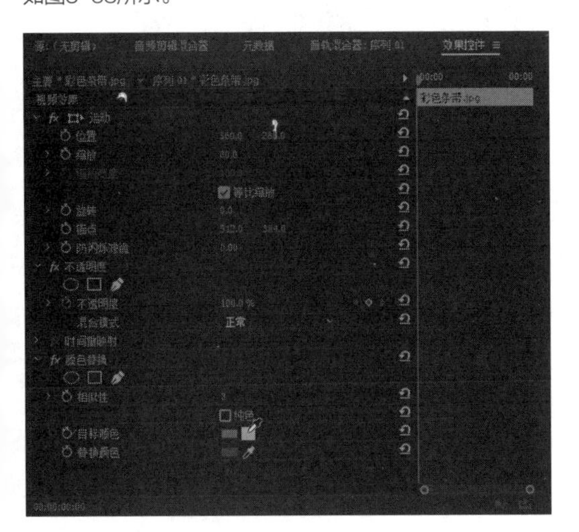

图 3-38 展开“颜色替换”选项

06 在“节目监视器”的素材中单击绿色，进行取样，如图3-39所示。

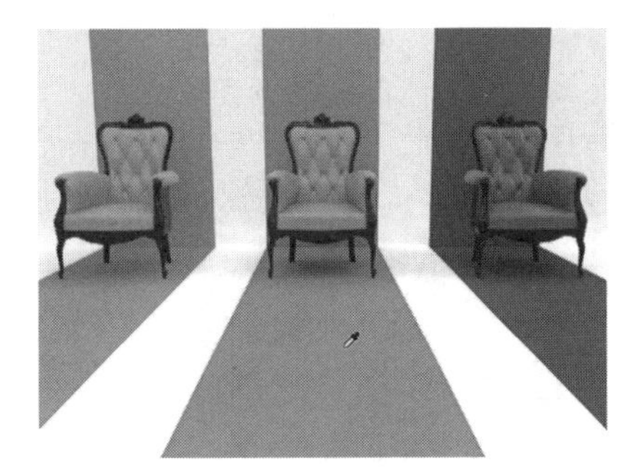

图 3-39 进行取样

07 取样完成后，在“效果控件”面板中设置“替换颜色”为洋红（RGB参数值分别为255、0、255），设置“相似性”为40，如图3-40所示。

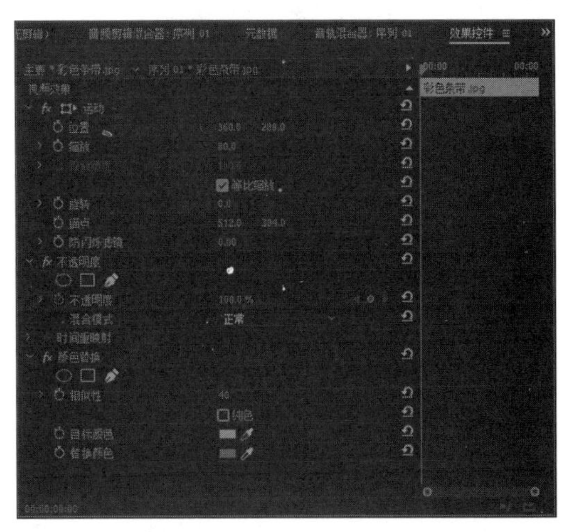

图 3-40 设置相应选项

08 执行以上操作后，即可运用“颜色替换”调整色彩，如图3-41所示。

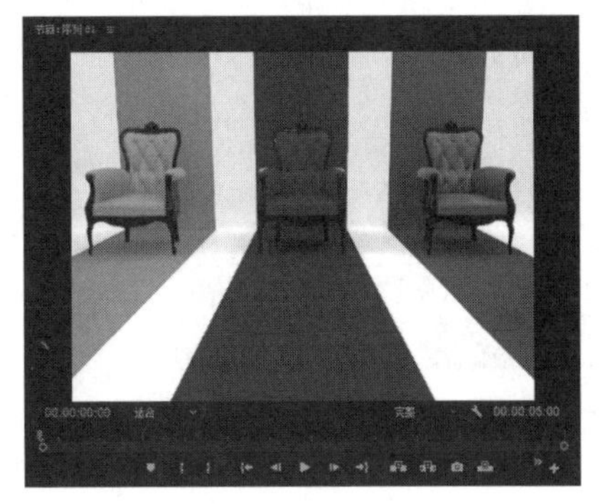

图 3-41 预览视频效果

09 单击“播放-停止切换”按钮，预览颜色替换前后效果，如图3-42所示。

图 3-42 颜色替换调整的前后对比效果

3.4 习题测试

习题1 校正“更改颜色”特效

素材位置	素材 > 第 3 章 > 项目 9.prproj
效果位置	效果 > 第 3 章 > 项目 9.prproj
视频位置	视频 > 第 3 章 > 习题 1：校正“更改颜色”特效 .mp4

本习题练习校正“更改颜色”特效的操作，素材与效果如图3-43所示。

图 3-43 素材与效果

图 3-43 素材与效果（续）

习题2 校正“更改为颜色”特效

素材位置	素材 > 第 3 章 > 项目 10.prproj
效果位置	效果 > 第 3 章 > 项目 10.prproj
视频位置	视频 > 第 3 章 > 习题 2：校正“更改为颜色”特效 .mp4

本习题练习校正“更改颜色”特效的操作，素材与效果如图3-44所示。

图 3-44 素材与效果

习题3 调整图像的ProcAmp

素材位置	素材 > 第 3 章 > 项目 11.prproj
效果位置	效果 > 第 3 章 > 项目 11.prproj
视频位置	视频 > 第 3 章 > 习题 3：调整图像的 ProcAmp.mp4

本习题练习调整图像的ProcAmp的操作，素材与效果如图3-45所示。

图 3-45 素材与效果

习题4 调整图像的灰度系数

素材位置	素材 > 第 3 章 > 项目 12.prproj
效果位置	效果 > 第 3 章 > 项目 12.prproj
视频位置	视频 > 第 3 章 > 习题 4：调整图像的灰度系数 .mp4

本习题练习调整图像的灰度系数的操作，素材与效果如图3-46所示。

图 3-46 素材与效果

进阶提高篇

第04章 编辑与设置转场效果

转场主要利用某些特殊的效果，在素材与素材之间产生自然、平滑、美观及流畅的过渡效果，可以使视频画面更富有表现力。合理运用转场效果，可以制作出令人赏心悦目的影视片段。本章将详细介绍编辑与设置转场的方法。

课堂学习目标

- 掌握添加转场效果的操作方法。
- 掌握替换和删除转场效果的操作方法。
- 掌握为不同的轨道添加转场的操作方法。
- 掌握设置对齐转场效果的操作方法。

扫码观看本章实战操作视频

4.1 转场效果的编辑

视频影片是由镜头与镜头之间的连接组建起来的，因此在许多镜头之间的切换过程中，难免会显得过于僵硬。此时，可以在两个镜头之间添加转场效果，使镜头与镜头之间的过渡更为平滑。下面主要介绍转场效果的基本操作方法。

4.1.1 实战——添加转场效果 重点

在镜头的切换过程中，需要选择不同的转场来达到过渡效果，如图4-1所示。转场除了平滑两个镜头的过渡外，还能起到使画面和视角之间切换的作用。

图 4-1 转场效果

在Premiere Pro CC 2017中，将转场效果放置在“效果”面板的“视频过渡”文件夹中，并将转场效果拖入视频轨道中即可为视频添加转场效果。下面介绍添加转场效果的操作方法。

素材位置	素材 > 第 4 章 > 项目 1.prproj
效果位置	效果 > 第 4 章 > 项目 1.prproj
视频位置	视频 > 第 4 章 > 实战——添加转场效果 .mp4

01 按【Ctrl+O】组合键，打开一个项目文件，如图4-2所示。

图 4-2 打开项目文件

02 在“效果”面板中展开“视频过渡”选项，如图4-3所示。

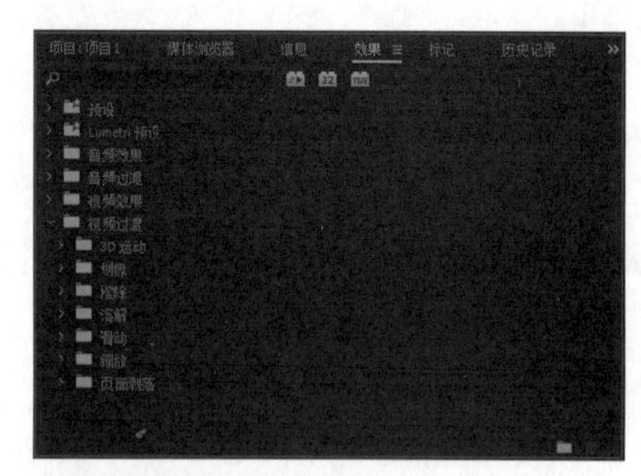

图 4-3 展开“视频过渡”选项

专家指点

在 Premiere Pro CC 2017 中，添加完转场效果后按【Backspace】键，也可以播放转场效果。

03 执行上述操作后，在其中展开“3D运动”选项，选择“立方体旋转”转场效果，如图4-4所示。

04 将“立方体旋转”转场效果拖曳至V1轨道的两个素材之间，即可添加转场效果，如图4-5所示。

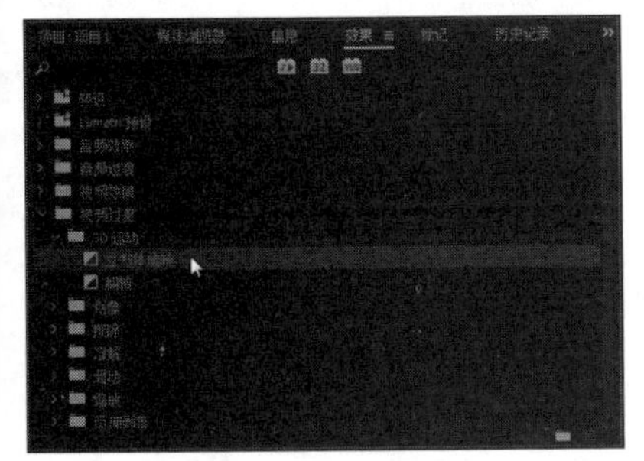

图 4-4 选择“立方体旋转”转场效果

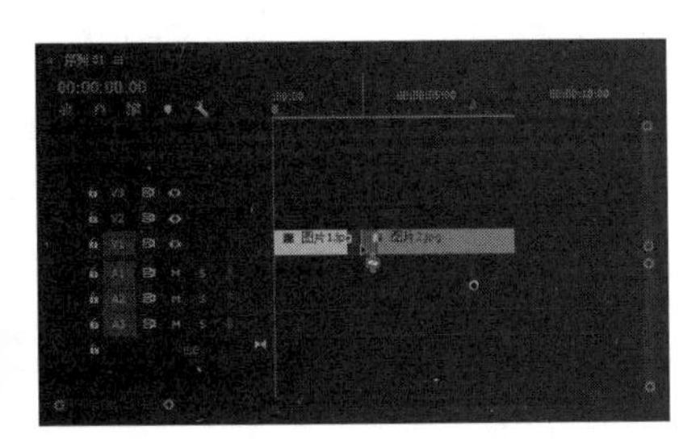

图 4-5 添加转场效果

05 执行上述操作后，单击“节目监视器”面板中的“播放-停止切换”按钮，即可预览转场效果，如图4-6所示。

图 4-6 预览转场效果

4.1.2 实战——为不同的轨道添加转场效果 重点

Premiere Pro CC 2017提供了多种多样的转换效果，根据不同的类型，系统将其分别归类在不同的文件夹中。

Premiere Pro CC 2017中包含的效果为3D转场效果、过渡效果、伸展效果、划像效果、页面剥落效果、叠化效果、擦除效果、映射效果、滑动效果、缩放效果及其他的特殊效果。图4-7所示为转场的“页面剥落”效果。

图 4-7 “页面剥落”转场效果

在Premiere Pro CC 2017中，不仅可以在同一个轨道中添加转场效果，还可以在不同的轨道中添加转场效果。下面介绍为不同的轨道添加转场效果的操作方法。

素材位置	素材 > 第 4 章 > 项目 2.prproj
效果位置	效果 > 第 4 章 > 项目 2.prproj
视频位置	视频 > 第 4 章 > 实战——为不同的轨道添加转场效果 .mp4

01 按【Ctrl＋O】组合键，打开一个项目文件，如图4-8所示。

02 拖曳“项目”面板中的素材至V1轨道和V2轨道上，并使素材与素材之间合适的交叉，如图4-9所示，在“效果控件”面板中调整素材的缩放比例。

图 4-8 打开项目文件

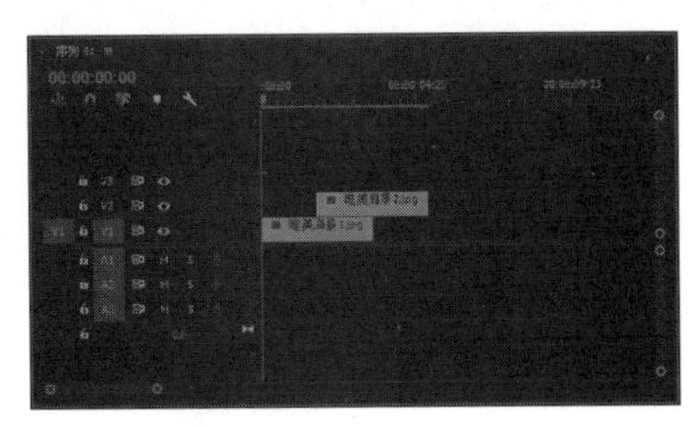

图 4-9 拖曳素材

专家指点

在 Premiere Pro CC 2017 中为不同的轨道添加转场效果时，需要注意将不同轨道的素材与素材进行合适的交叉，否则会出现黑屏过渡效果。

03 在“效果”面板中展开“视频过渡”|“3D运动”选项，选择“翻转”转场效果，如图4-10所示。

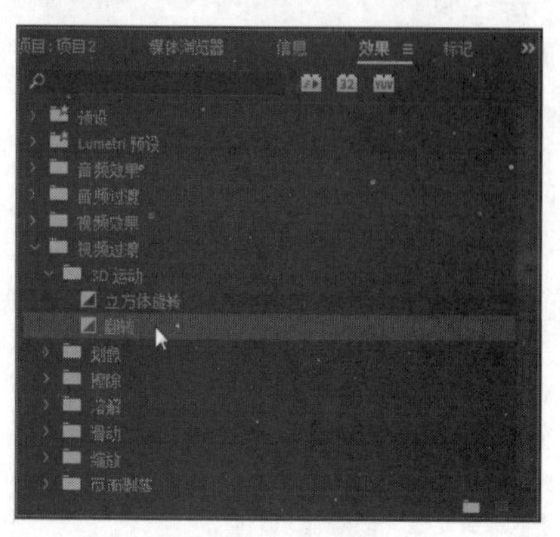

图 4-10 选择“翻转”转场效果

04 将“翻转”转场效果拖曳至V2轨道的素材上，即可添加转场效果，如图4-11所示。

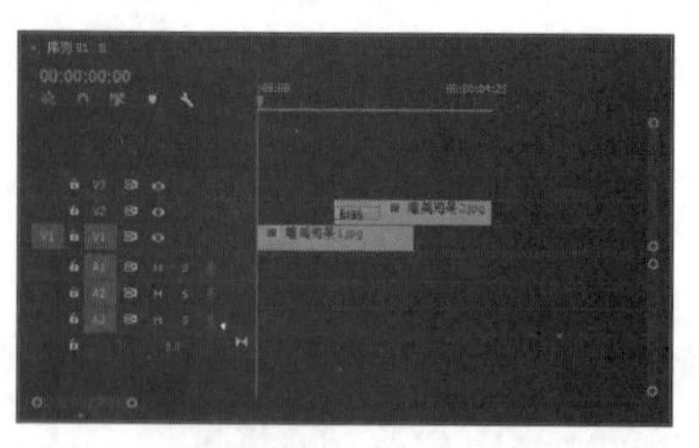

图 4-11 添加转场效果

05 执行上述操作后，单击“节目监视器”面板中的“播放-停止切换”按钮，即可预览转场效果，如图4-12所示。

图 4-12 预览转场效果

专家指点

在 Premiere Pro CC 2017 中，将多个素材依次在轨道中连接时，应注意前一个素材的最后一帧与后一个素材的第一帧之间的衔接性，两个素材一定要紧密连接在一起。如果中间留有时间间隔，则最终的影片播放中会出现黑场。

4.1.3 实战——替换和删除转场效果

构成电视片的最小单位是镜头，一个个镜头连接在一起形成的镜头序列叫作段落。每个段落都具有某个单一的、相对完整的主题。而段落与段落之间、场景与场景之间的过渡或转换，就叫作转场。不同的转场效果应用在不同的领域，可以使其效果更佳，如图4-13所示。

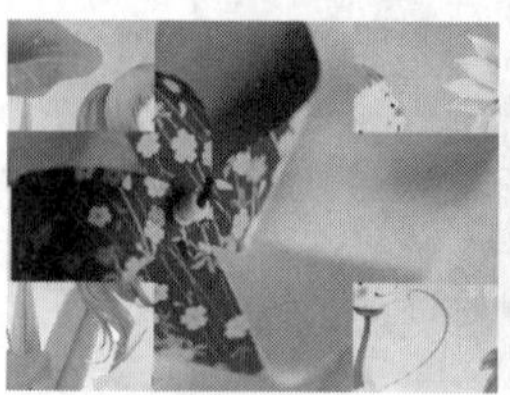

图 4-13“中心拆分”转场效果

在影视科技不断发展的今天，转场的应用已经从单纯的影视效果发展到商业的动态广告、游戏开场动画的制作及网络视频的制作中，如3D转场中的“帘式”转场，多用于娱乐节目的MTV中，使节目看起来更加生动。在叠化转场中的“白场过渡与黑场过渡”转场效果就常用在影视节目的片头和片尾处，这种缓慢的过渡可以避免观众产生过于突然的感觉。

在Premiere Pro CC 2017中，当用户对添加的转场效果不满意时，可以替换或删除转场效果。下面介绍替换和删除转场效果的操作方法。

素材位置	素材 > 第 4 章 > 项目 3.prproj
效果位置	效果 > 第 4 章 > 项目 3.prproj
视频位置	视频 > 第 4 章 > 实战——替换和删除转场效果 .mp4

01 按【Ctrl + O】组合键，打开一个项目文件，如图4-14 所示。

图 4-14 打开项目文件

02 在“时间轴”面板的V1轨道中可以查看转场效果，如图4-15所示。

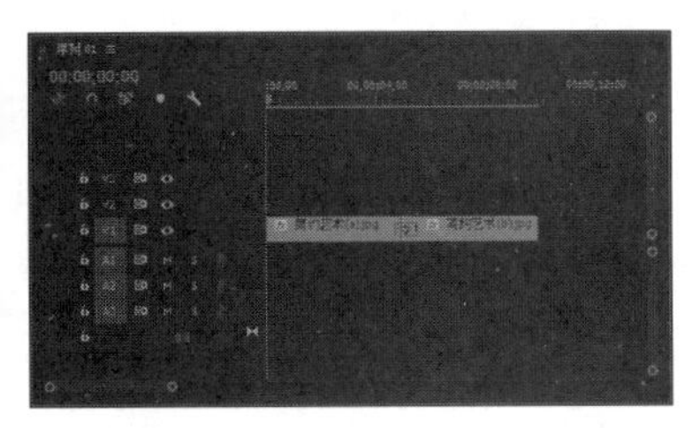

图 4-15 查看转场效果

专家指点

在 Premiere Pro CC 2017 中，如果不再需要某个转场效果，在“时间轴”面板中选择该转场效果，按【Delete】键即可将其删除。

03 在“效果”面板中展开“视频过渡”|“划像”选项，选择“圆划像”转场效果，如图4-16所示。

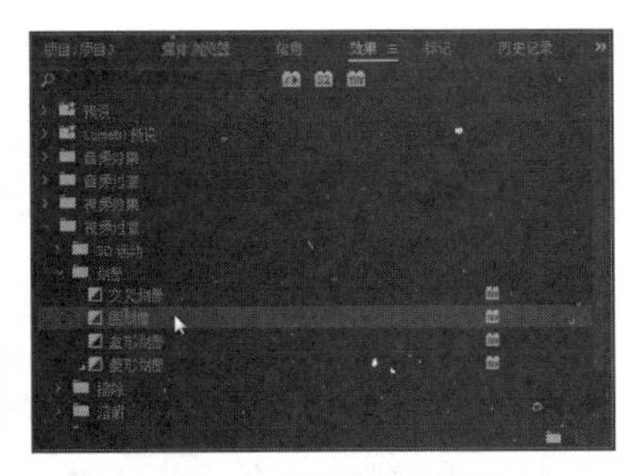

图 4-16 选择“圆划像”转场效果

04 将“圆划像”转场效果拖曳至V1轨道的原转场效果所在位置，即可替换转场效果，如图4-17所示。

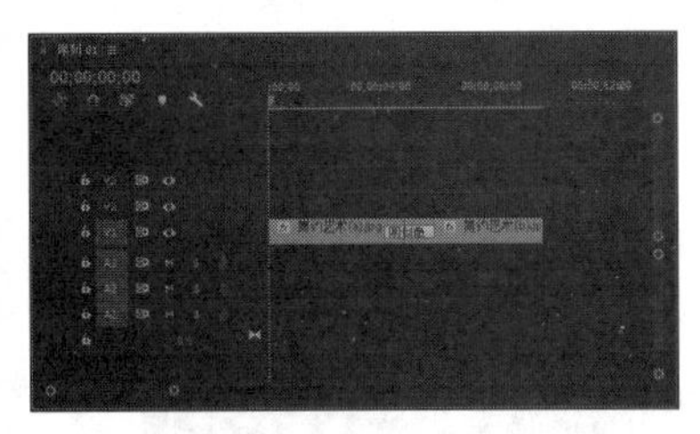

图 4-17 替换转场效果

05 执行上述操作后，单击“节目监视器”面板中的“播放-停止切换”按钮，即可预览替换后的转场效果，如图4-18所示。

图 4-18 预览转场效果

06 在“时间轴”面板中选择相应转场效果，单击鼠标右键，在弹出的快捷菜单中选择“清除”选项，如图4-19所示，即可删除转场效果。

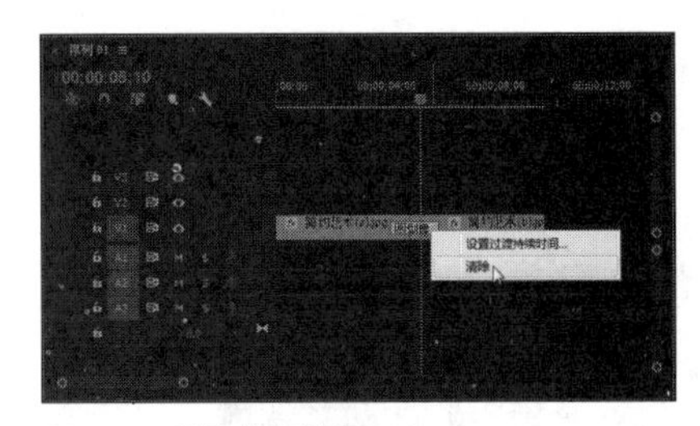

图 4-19 删除转场效果

4.2 转场效果属性的设置

在Premiere Pro CC 2017中，可以对添加后的转场效果进行相应设置，从而达到美化转场效果的目的。下面主要介绍设置转场效果属性的方法。

4.2.1 实战——设置转场时间 进阶

在默认情况下，添加的视频转场效果默认为30帧的播放时间，根据需要可以对转场的播放时间进行调整。下面介绍设置转场播放时间的操作方法。

素材位置	素材 > 第 4 章 > 项目 4.prproj
效果位置	效果 > 第 4 章 > 项目 4.prproj
视频位置	视频 > 第 4 章 > 实战——设置转场时间 .mp4

01 按【Ctrl + O】组合键，打开一个项目文件，如图4-20所示。

图 4-20 打开项目文件

专家指点

在 Premiere Pro CC 2017 中的“效果控件”面板中，不仅可以设置转场效果的持续时间，还可以显示素材的实际来源、边框、边色、反向及抗锯齿品质等。

02 在“效果控件”面板中调整素材的缩放比例，在“效果”面板中展开“视频过渡”|“划像”选项，选择“交叉划像”转场效果，如图4-21所示。

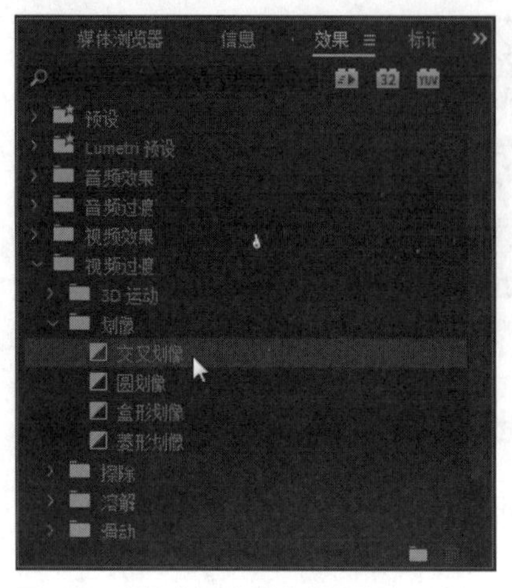

图 4-21 选择“交叉划像”转场效果

03 将“交叉划像”转场效果拖曳至V1轨道的两个素材之间，即可添加转场效果，如图4-22所示。

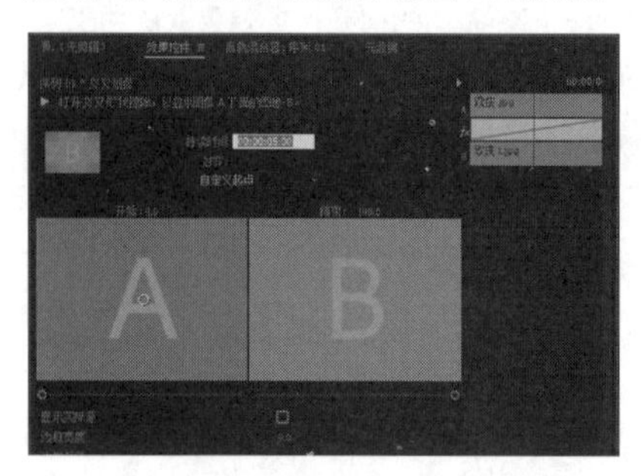

图 4-22 添加转场效果

04 在“时间轴”面板的V1轨道中选择添加的转场效果，在“效果控件”面板中设置“持续时间”为00:00:05:00，如图4-23所示。

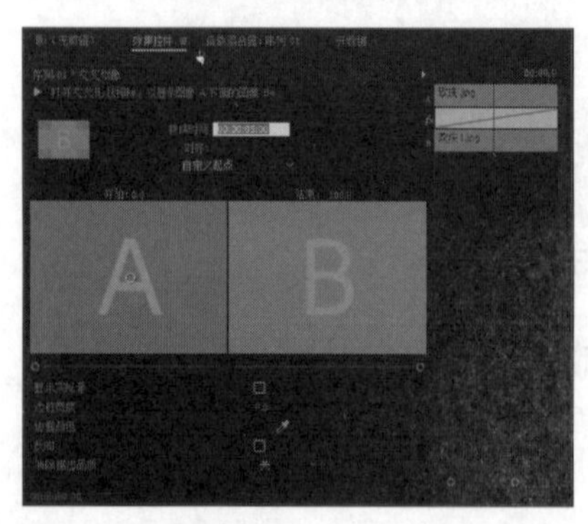

图 4-23 设置持续时间

05 执行上述操作后，即可设置转场时间。单击“节目监视器”面板中的“播放-停止切换”按钮，即可预览添加的转场效果，如图4-24所示。

图 4-24 预览转场效果

4.2.1 实战——对齐转场效果

在Premiere Pro CC 2017中，根据需要可以对添加的转场效果设置对齐方式。下面介绍对齐转场效果的操作方法。

素材位置	素材 > 第 4 章 > 项目 5.prproj
效果位置	效果 > 第 4 章 > 项目 5.prproj
视频位置	视频 > 第 4 章 > 实战——对齐转场效果 .mp4

01 按【Ctrl+O】组合键，打开一个项目文件，如图4-25所示。

图 4-25 打开项目文件

02 在“项目”面板中拖曳素材至V1轨道中，在“效果”面板中展开“视频过渡”|“页面剥落”选项，选择“翻页”转场效果，如图4-26所示。

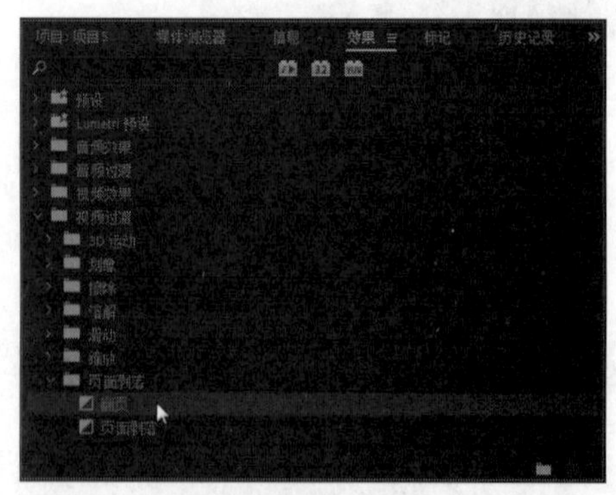

图 4-26 选择“翻页”转场效果

专家指点

在 Premiere Pro CC 2017 中的“效果控件”面板中，系统默认的对齐方式为中心切入，可以设置的对齐方式包括中心切入、起点切入或终点切入。

03 将“翻页”转场效果拖曳至V1轨道的两个素材之间，即可添加转场效果，如图4-27所示。

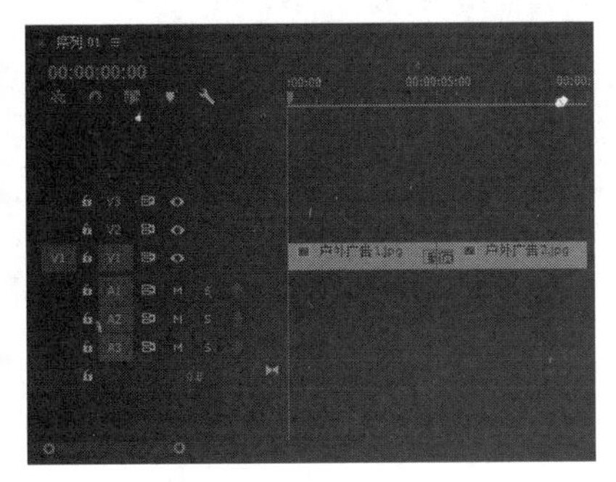

图 4-27 添加转场效果

04 双击添加的转场效果，在“效果控件”面板中单击“对齐”右侧的下拉按钮，在弹出的列表框中选择“起点切入”选项，如图4-28所示。

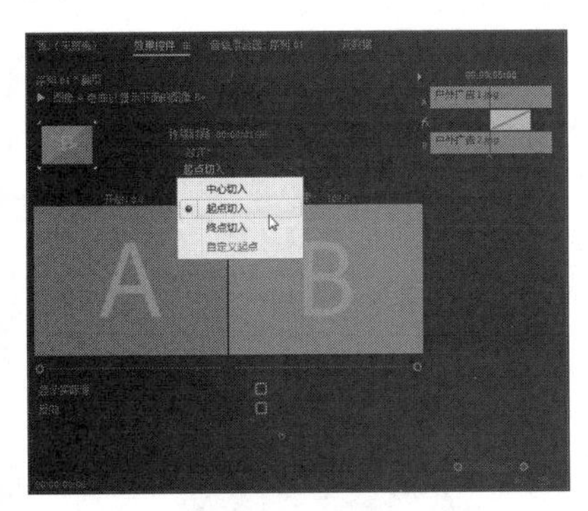

图 4-28 选择“起点切入”

05 执行上述操作后，V1轨道上的转场效果即可对齐到“起点切入”位置，如图4-29所示。

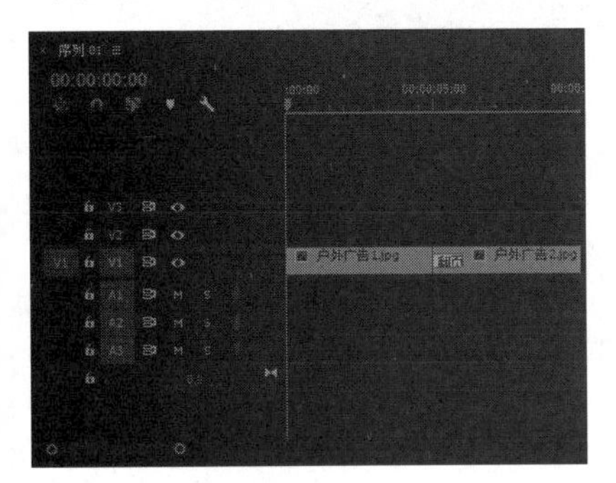

图 4-29 对齐转场效果

06 单击“节目监视器”面板中的“播放-停止切换”按钮，即可预览转场效果，如图4-30所示。

图 4-30 预览转场效果

4.2.3 实战——反向转场效果

在Premiere Pro CC 2017中，将转场效果设置反向，预览转场效果时可以反向预览显示效果。下面介绍反向转场效果的操作方法。

素材位置	素材 > 第 4 章 > 项目 6.prproj
效果位置	效果 > 第 4 章 > 项目 6.prproj
视频位置	视频 > 第 4 章 > 实战——反向转场效果 .mp4

01 按【Ctrl+O】组合键，打开一个项目文件，如图4-31所示。

图 4-31 打开项目文件

02 在“时间轴”面板中选择转场效果，如图4-32所示。

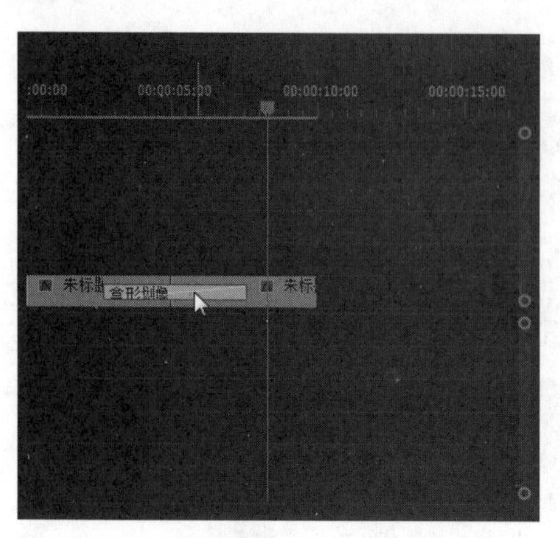

图 4-32 选择转场效果

03 执行上述操作后，展开“效果控件”面板，如图4-33所示。

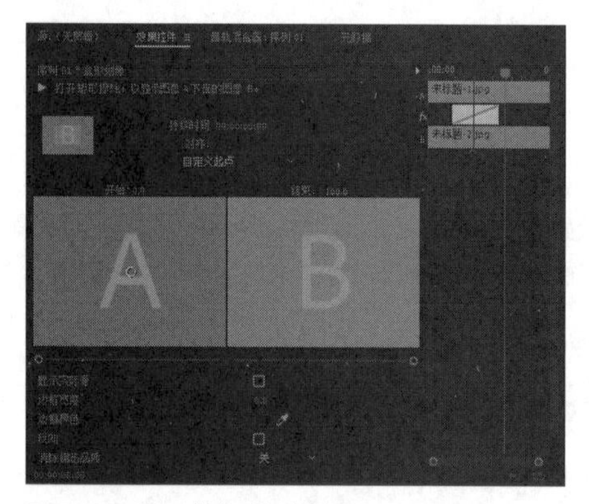

图 4-33 展开“效果控件”面板

04 在“效果控件”面板中选中“反向”复选框，如图4-34所示。

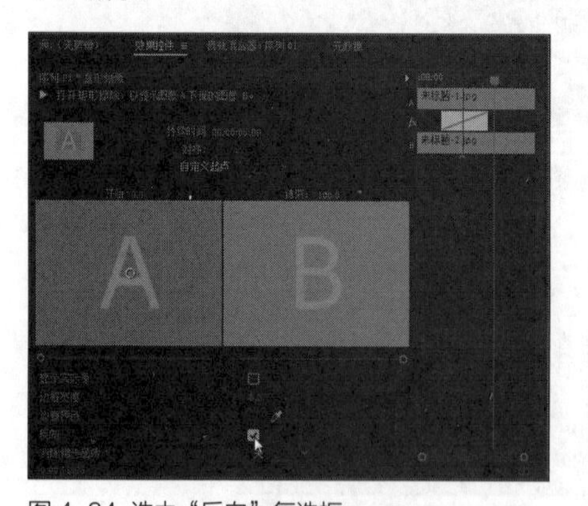

图 4-34 选中“反向”复选框

05 执行上述操作后，单击“节目监视器”面板中的“播放-停止切换”按钮，即可预览反向转场效果，如图4-35所示。

图 4-35 预览反向转场效果

4.2.4 实战——显示实际素材来源

在Premiere Pro CC 2017中，系统默认的转场效果并不会显示原始素材，通过设置“效果控件”面板可以显示素材来源。下面介绍显示实际来源的操作方法。

素材位置	素材 > 第 4 章 > 项目 7.prproj
效果位置	效果 > 第 4 章 > 项目 7.prproj
视频位置	视频 > 第 4 章 > 实战——显示实际素材来源 .mp4

01 按【Ctrl+O】组合键，打开一个项目文件，如图4-36所示。

图 4-36 打开项目文件

专家指点

在“效果控件”面板中选中“显示实际来源”复选框，则 A 和 B 两个预览区中显示的分别是视频轨道上第 1 段素材转场的开始帧和第 2 段素材的结束帧。

02 在“时间轴”面板的V1轨道中双击转场效果，展开“效果控件”面板，如图4-37所示。

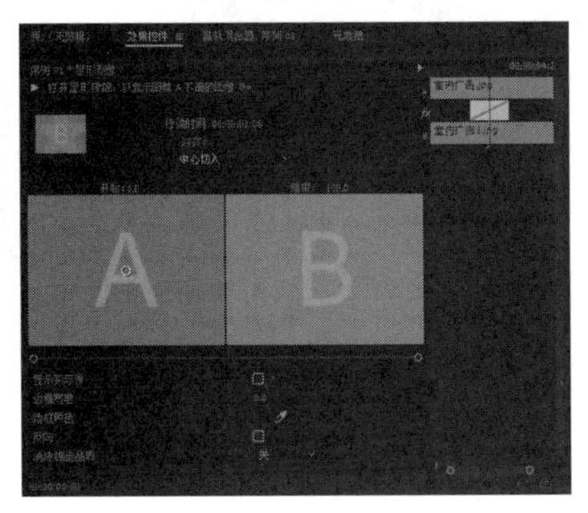

图 4-37 展开“效果控件”面板

03 在其中选中“显示实际来源”复选框，执行上述操作后，即可显示实际来源，查看到转场的开始与结束点，如图4-38所示。

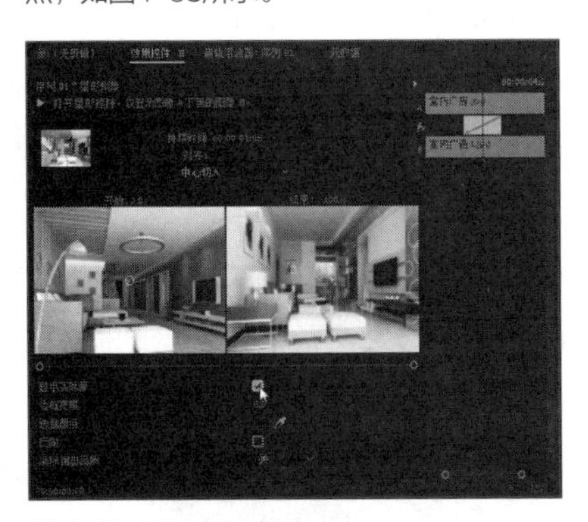

图 4-38 显示实际来源

4.2.5 实战——设置转场边框 进阶

在Premiere Pro CC 2017中，不仅可以对齐转场、设置转场播放时间、反向效果等，还可以设置边框宽度及边框颜色。下面介绍设置边框的操作方法。

素材位置	素材 > 第 4 章 > 项目 8.prproj
效果位置	效果 > 第 4 章 > 项目 8.prproj
视频位置	视频 > 第 4 章 > 实战——设置转场边框 .mp4

01 按【Ctrl + O】组合键，打开一个项目文件，如图4-39所示。

图 4-39 打开项目文件

02 在“时间轴”面板中选择转场效果，如图4-40所示。

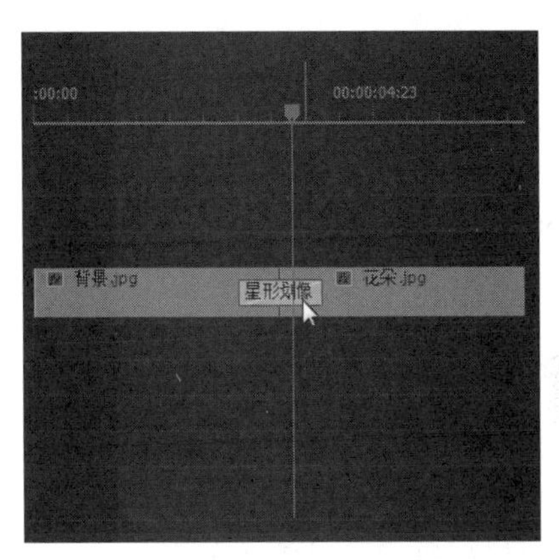

图 4-40 选择转场效果

03 在“效果控件”面板中单击“边框颜色”右侧的色块，弹出“拾色器”对话框，在其中设置RGB颜色值为60、255、0，如图4-41所示。

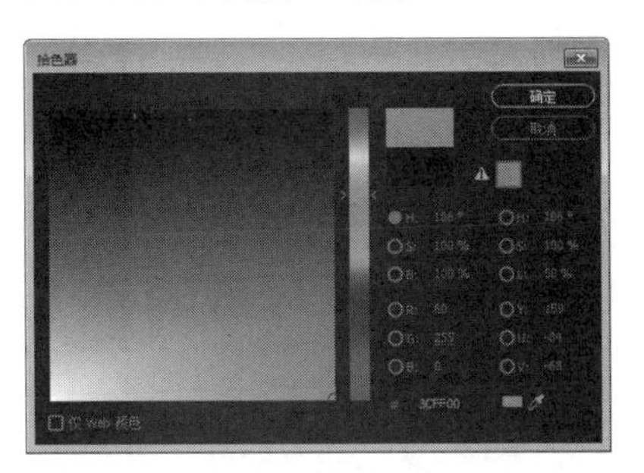

图 4-41 设置 RGB 颜色值

04 单击“确定”按钮，然后在“效果控件”面板中设置“边框宽度”为5.0，如图4-42所示。

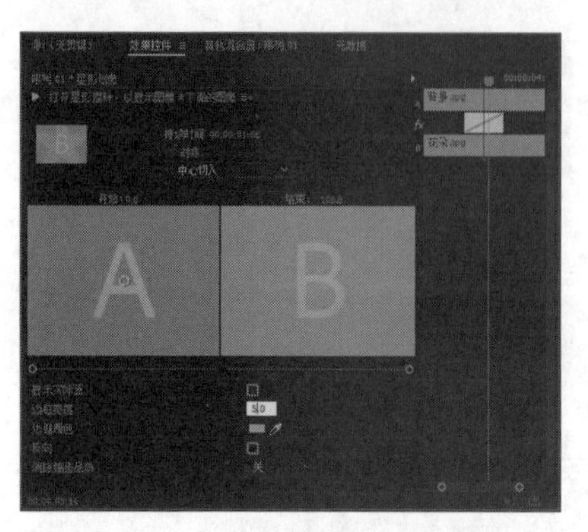

图 4-42 设置“边框宽度”

05 执行上述操作后，单击“节目监视器”面板中的“播放-停止切换”按钮，即可预览设置边框颜色后的转场效果，如图4-43所示。

图 4-43 预览转场效果

4.3 习题测试

习题1 对转场效果进行反转

素材位置	素材 > 第 4 章 > 项目 9.prproj
效果位置	效果 > 第 4 章 > 项目 9.prproj
视频位置	视频 > 第 4 章 > 习题 1：对转场效果进行反转 .mp4

本习题练习对转场效果进行反转的操作，素材与效果如图4-44所示。

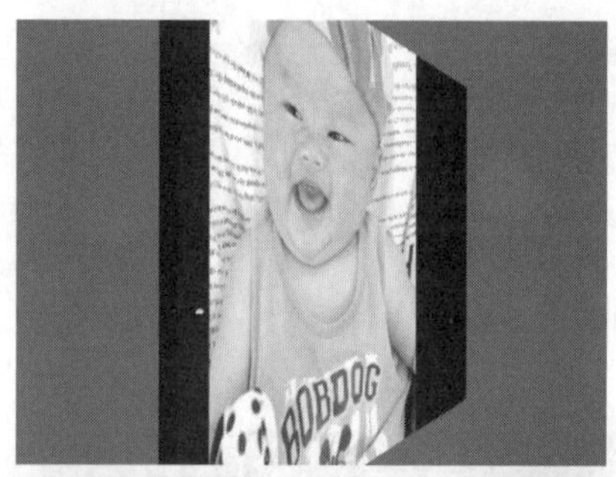

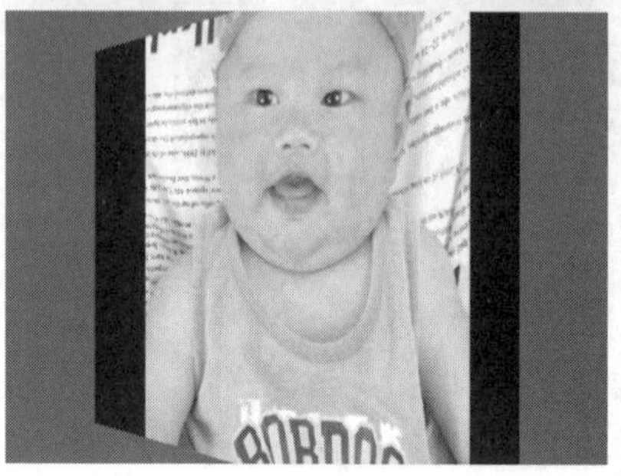

图 4-44 素材与效果

习题2 设置转场效果边框颜色

素材位置	素材 > 第 4 章 > 项目 10.prproj
效果位置	效果 > 第 4 章 > 项目 10.prproj
视频位置	视频 > 第 4 章 > 习题 2：设置转场效果边框颜色 .mp4

本习题需要掌握设置转场效果边框颜色的操作，素材与效果如图4-45所示。

图 4-45 素材与效果

习题3 删除伸展转场效果

素材位置	素材 > 第 4 章 > 项目 11.prproj
效果位置	效果 > 第 4 章 > 项目 11.prproj
视频位置	视频 > 第 4 章 > 习题 3：删除伸展转场效果 .mp4

本习题练习删除伸展转场效果的操作，素材与效果如图4-46所示。

图 4-46 素材与效果

习题4 替换划像转场效果

素材位置	素材 > 第 4 章 > 项目 12.prproj
效果位置	效果 > 第 4 章 > 项目 12.prproj
视频位置	视频 > 第 4 章 > 习题 4：替换划像转场效果 .mp4

本习题练习替换划像转场效果的操作，素材与效果如图4-47所示。

图 4-47 素材与效果

第05章 影视转场特效的制作

在前面讲解了转场效果的基本操作方法后，读者可以通过这些常用的转场效果使镜头之间的衔接更加完美。本章将详细介绍更多制作影视转场特效的操作方法。

课堂学习目标

- 掌握添加菱形划像转场效果的操作方法。
- 掌握添加带状滑动转场效果的操作方法。
- 掌握添加渐变擦除转场效果的操作方法。
- 掌握添加非叠加溶解转场效果的操作方法。

扫码观看本章
实战操作视频

5.1 应用常用转场特效

Premiere Pro CC 2017根据视频效果的作用和效果，将提供的多种视频过渡效果分为“3D运动”“划像”“擦除”“溶解”“滑动”“缩放”及“页面剥落”等多个文件夹，放置在“效果”面板中的“视频过渡”文件夹中。

5.1.1 实战——添加菱形划像转场效果 重点

“菱形划像”转场效果是将第2个镜头的画面以菱形方式扩张，然后逐渐取代第1个镜头的转场效果。

素材位置	素材 > 第 5 章 > 项目 1.prproj
效果位置	效果 > 第 5 章 > 项目 1.prproj
视频位置	视频 > 第 5 章 > 实战——添加菱形划像转场效果 . mp4

01 按【Ctrl+O】组合键，打开一个项目文件，在“节目监视器”面板中查看素材画面，如图5-1所示。

图 5-1 查看素材画面

02 在“效果”面板中，依次展开“视频过渡”|“划像”选项，在其中选择“菱形划像”转场效果，如图5-2所示。

03 将“菱形划像”转场效果添加到“时间轴”面板中相应的两个素材文件之间，如图5-3所示。

图 5-2 选择“菱形划像”转场效果

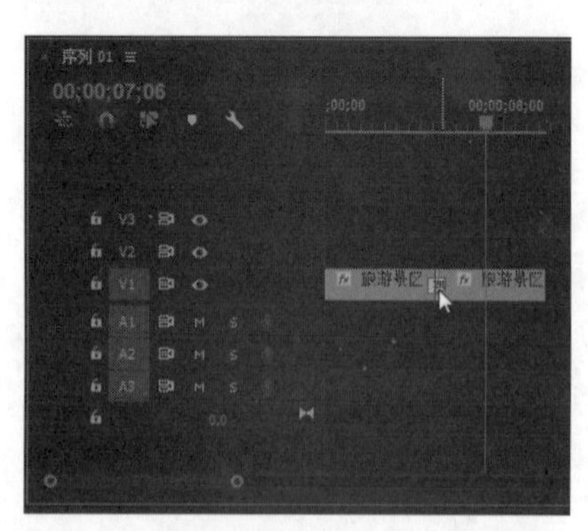

图 5-3 将转场效果添加到两个素材文件之间

04 切换至“效果控件”面板，设置“边框宽度”为

1.0，单击“中心切入”右侧的下拉按钮，在弹出的列表框中选择“起点切入”选项，如图5-4所示。

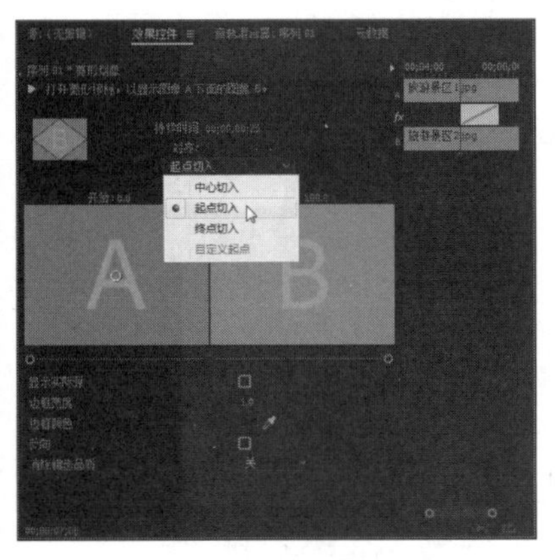

图5-4 选择“起点切入”选项

专家指点

在“时间轴”面板中，视频过渡通常应用于同一轨道上相邻的两个素材文件之间，也可以应用在素材文件的开始或结尾处。

在已添加视频过渡的素材文件上，将会出现相应的视频过渡图标，图标的宽度会根据视频过渡的持续时间长度而变化，选择相应的视频过渡图标，此时图标变成灰色。切换至“效果控件”面板，对视频过渡进行详细设置，勾选“显示实际源”复选框，即可在面板中的预览区内预览实际素材效果。

05 执行上述操作后，即可设置视频过渡效果的切入方式，在“效果控件”面板右侧的时间轴上可以看到视频过渡的切入起点，如图5-5所示。

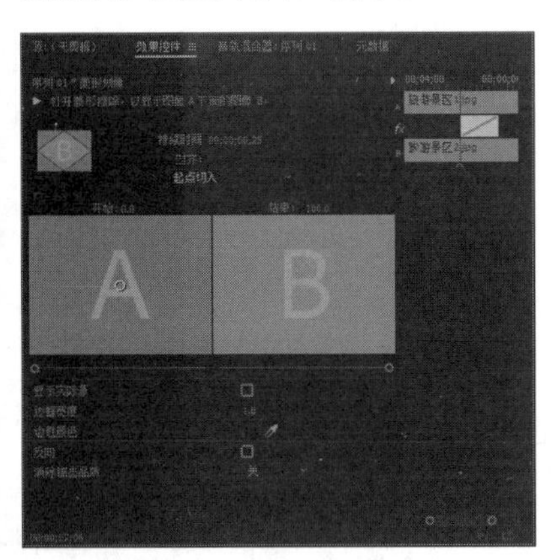

图5-5 查看切入起点

专家指点

在“效果控件”面板的时间轴上，将鼠标指针移至效果图标右侧的视频过渡效果上，当鼠标指针呈带箭头的矩形形状时，按住鼠标左键并拖曳，可以自定义视频过渡的切入起点，如图5-6所示。

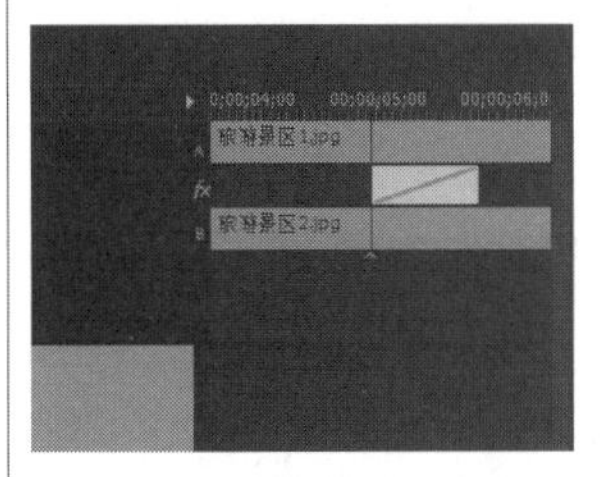

图5-6 拖曳视频过渡

06 执行操作后，即可设置“菱形划像”转场效果，如图5-7所示。

图5-7 设置“菱形划像”转场效果

专家指点

在Premiere Pro CC 2017中，将视频过渡效果应用于素材文件的开始或结尾处时，可以认为是在素材文件与黑屏之间应用视频过渡效果。

07 在“节目监视器”面板中单击“播放-停止切换”按钮，预览视频效果，如图5-8所示。

图5-8 预览视频效果

5.1.2 实战——添加叠加溶解转场效果 重点

“叠加溶解”转场效果是第1个镜头的画面消失，同时第2个镜头的画面出现的转场效果。

素材位置	素材 > 第 5 章 > 项目 2.prproj
效果位置	效果 > 第 5 章 > 项目 2.prproj
视频位置	视频 > 第 5 章 > 实战——添加叠加溶解转场效果.mp4

01 按【Ctrl+O】组合键，打开一个项目文件，在“节目监视器”面板中查看素材画面，如图5-9所示。

图 5-9 查看素材画面

02 在“效果”面板中，依次展开“视频过渡”|“溶解”选项，在其中选择“叠加溶解”视频过渡，如图5-10所示。

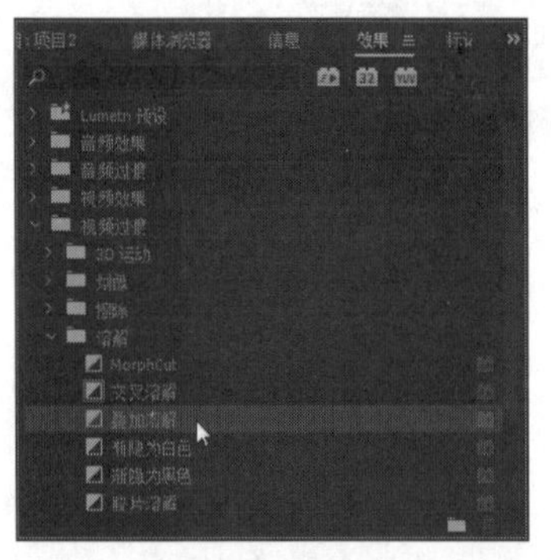

图 5-10 选择“叠加溶解”视频过渡

03 将“叠加溶解”视频过渡添加到“时间轴”面板中相应的两个素材文件之间，如图5-11所示。

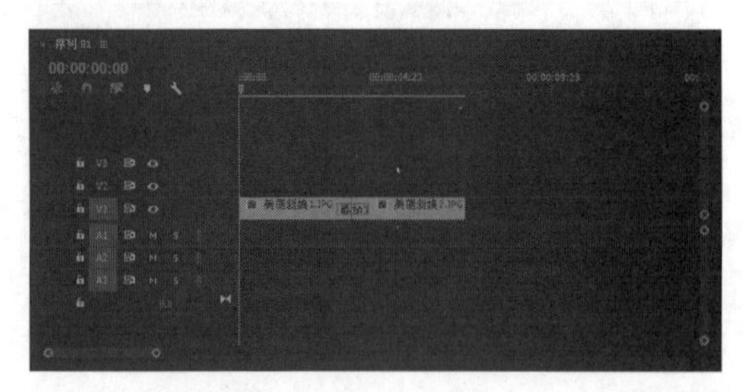

图 5-11 添加视频过渡

04 在“时间轴”面板中选择“叠加溶解”视频过渡，切换至“效果控件”面板，将鼠标指针移至效果图标右侧的视频过渡效果上，当鼠标指针呈红色拉伸形状时，按住鼠标左键并向右拖曳，如图5-12所示，即可调整视频过渡效果的播放时间。

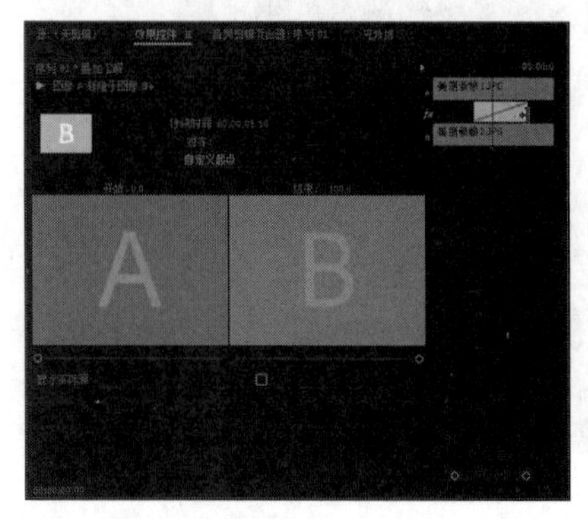

图 5-12 拖曳视频过渡

05 执行上述操作后，即可设置“叠加溶解”转场效果，如图5-13所示。

图 5-13 设置“叠加溶解”转场效果

专家指点

在“时间轴”面板中也可以对视频过渡效果进行简单的设置，将鼠标指针移至视频过渡效果图标上，当鼠标指针呈白色三角形状时，按住鼠标左键并拖曳，可以调整视频过渡效果的切入位置；将鼠标指针移至视频过渡效果图标的一侧，当鼠标指针呈红色拉伸形状时，按住鼠标左键并拖曳，可以调整视频过渡效果的播放时间。

06 在“节目监视器”面板中，单击“播放-停止切换”按钮，预览视频效果，如图5-14所示。

图 5-14 预览视频效果

5.1.3 实战——添加中心拆分转场效果

“中心拆分”转场效果是将第1个镜头的画面从中心拆分为4个画面，并向4个角落移动，逐渐过渡至第2个镜头的转场效果。

素材位置	素材 > 第 5 章 > 项目 3.prproj
效果位置	效果 > 第 5 章 > 项目 3.prproj
视频位置	视频 > 第 5 章 > 实战——添加中心拆分转场效果 .mp4

01 按【Ctrl + O】组合键，打开一个项目文件，在“节目监视器”面板中可以查看素材画面，如图5-15所示。

图 5-15 查看素材画面

02 在“效果”面板中，依次展开“视频过渡”|“滑动”选项，在其中选择“中心拆分”视频过渡，如图5-16所示。

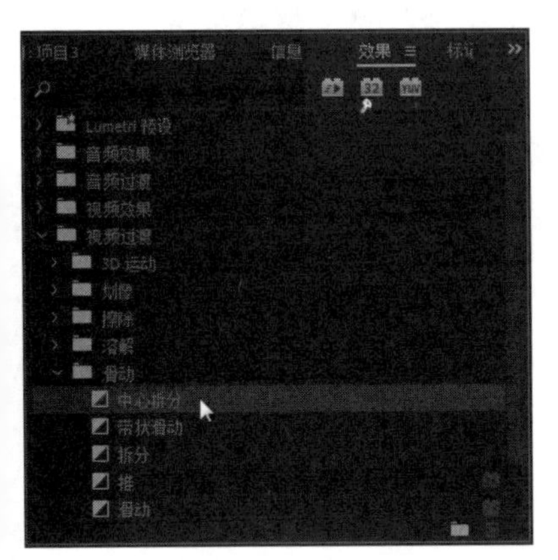

图 5-16 选择“中心拆分”视频过渡

03 将“中心拆分”视频过渡添加到“时间轴”面板中相应的两个素材文件之间，如图5-17所示。

04 在“时间轴”面板中选择“中心拆分”视频过渡，切换至“效果控件”面板，设置“边框宽度”为2.0，“边框颜色”为白色，如图5-18所示。

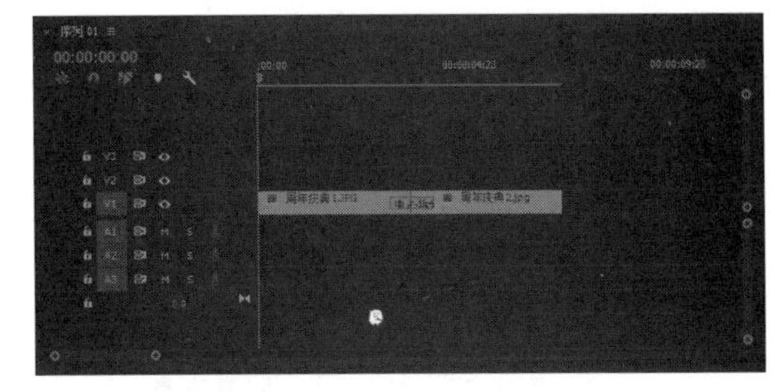

图 5-17 添加视频过渡

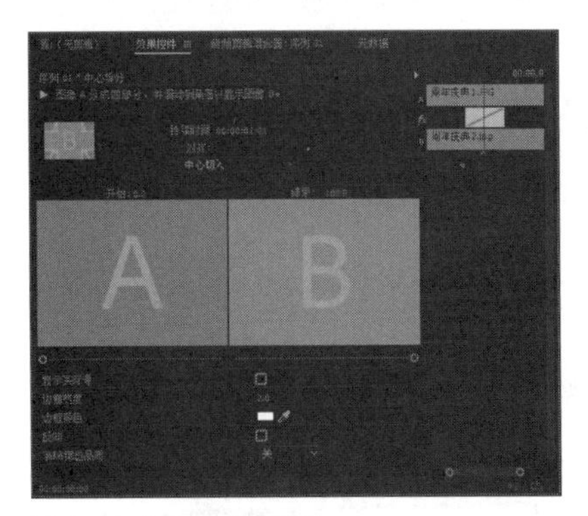

图 5-18 设置宽度和颜色

05 执行上述操作后，即可设置“中心拆分”转场效果，如图5-19所示。

图 5-19 设置“中心拆分”转场效果

06 在“节目监视器”面板中，单击“播放-停止切换”按钮，预览视频效果，如图5-20所示。

图 5-20 预览视频效果

5.1.4 实战——添加带状滑动转场效果

“带状滑动”转场效果是将第2个镜头的画面以长条带状的形式进入，逐渐取代第1个镜头画面的转场效果。

素材位置	素材 > 第 5 章 > 项目 4.prproj
效果位置	效果 > 第 5 章 > 项目 4.prproj
视频位置	视频 > 第 5 章 > 实战——添加带状滑动转场效果 .mp4

01 按【Ctrl+O】组合键，打开一个项目文件，在“节目监视器”面板中可以查看素材画面，如图5-21所示。

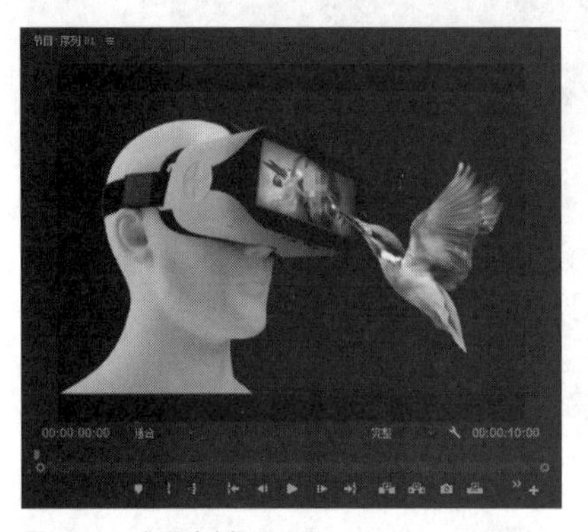

图 5-21 查看素材画面

02 在“效果”面板中，依次展开“视频过渡”|“滑动”选项，在其中选择“带状滑动”视频过渡，如图5-22所示。

图 5-22 选择“带状滑动”视频过渡

03 将“带状滑动”视频过渡拖曳到“时间轴”面板中相应的两个素材文件之间，如图5-23所示。

04 释放鼠标即可添加视频过渡效果，在“时间轴”面板中选择“带状滑动”视频过渡，如图5-24所示。

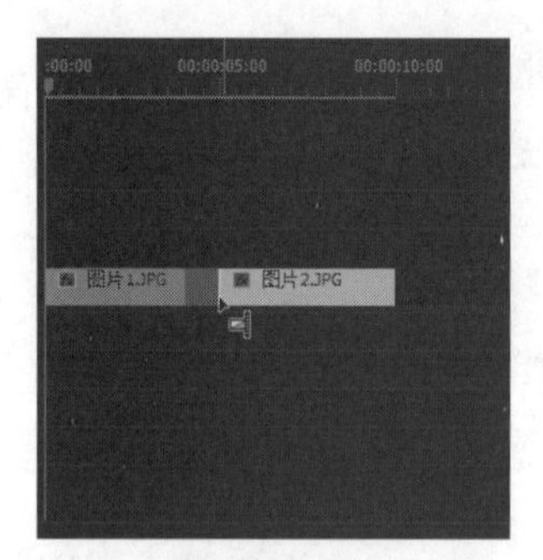

图 5-23 添加视频过渡

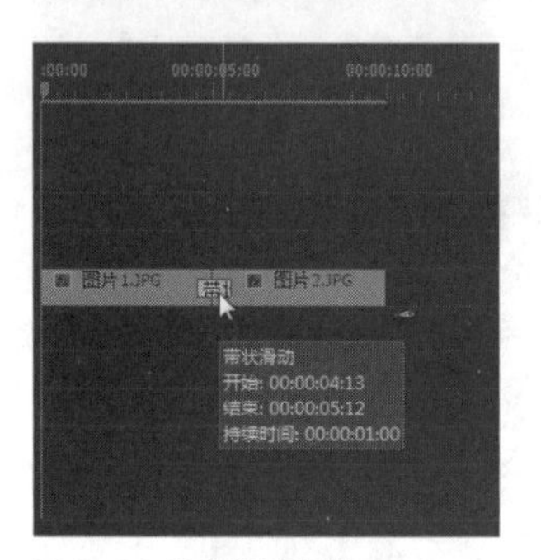

图 5-24 选择视频过渡

05 切换至“效果控件”面板，单击“自定义”按钮，如图5-25所示。

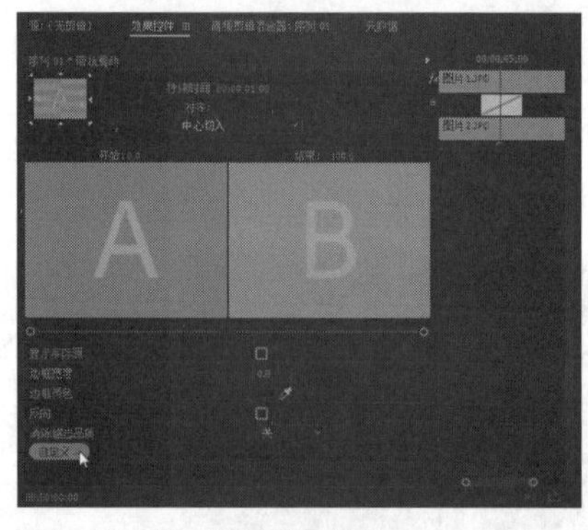

图 5-25 单击“自定义”按钮

06 弹出“带状滑动设置”对话框，设置“带数量”为12，如图5-26所示。

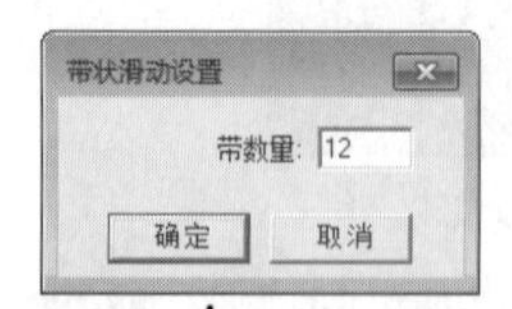

图 5-26 设置“带数量”

07 单击“确定”按钮，即可设置“带状滑动”视频过渡效果，如图5-27所示。

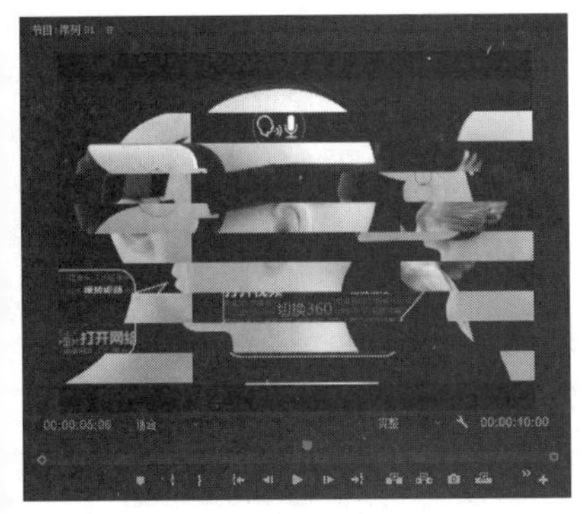

图 5-27 设置“带状滑动”视频过渡效果

08 在“节目监视器”面板中，单击“播放-停止切换”按钮，预览视频效果，如图5-28所示。

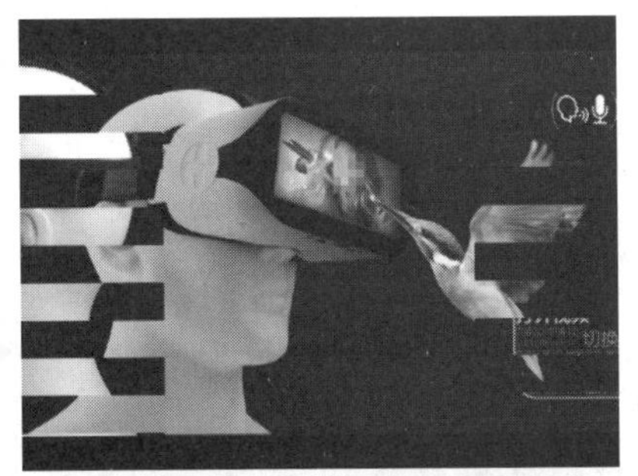

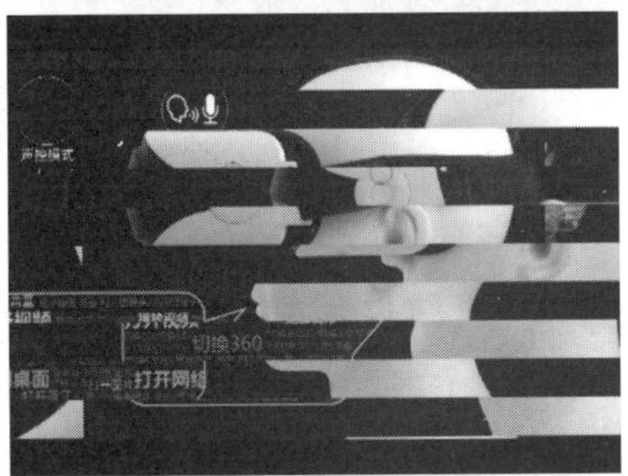

图 5-28 预览视频效果

5.1.5 实战——添加交叉缩放转场效果

“交叉缩放”视频转场的效果是将镜头画面放大后使用同样经过放大的第2个镜头画面替换第1个镜头画面。

素材位置	素材 > 第 5 章 > 项目 5.prproj
效果位置	效果 > 第 5 章 > 项目 5.prproj
视频位置	视频 > 第 5 章 > 实战——添加交叉缩放转场效果 .mp4

01 按【Ctrl + O】组合键，打开一个项目文件，在“节目监视器”面板中可以查看素材画面，如图 5-29 所示。

图 5-29 查看素材画面

02 在“效果”面板中，依次展开“视频过渡”|“缩放”选项，在其中选择“交叉缩放”视频过渡，如图5-30所示。

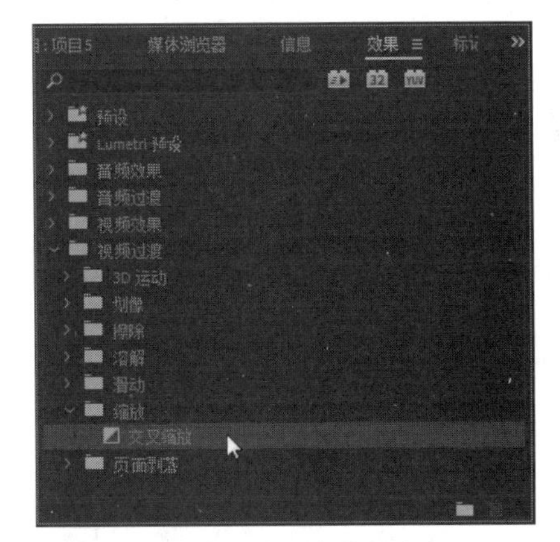

图 5-30 选择“交叉缩放”视频过渡

03 将“交叉缩放”视频过渡拖曳到“时间轴”面板中相应的两个素材文件之间，如图5-31所示。

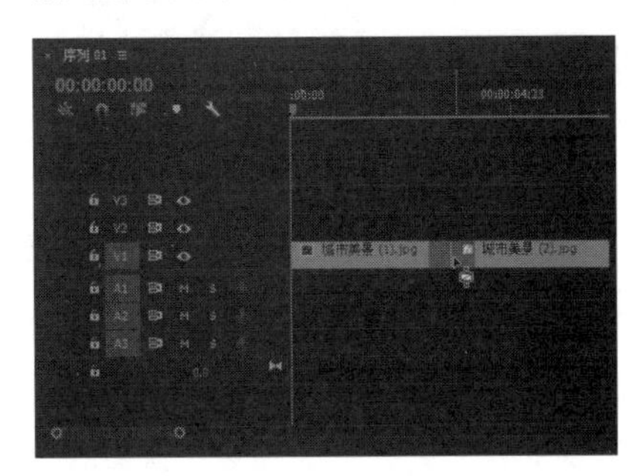

图 5-31 拖曳到“时间轴”面板中

04 释放鼠标即可添加视频过渡效果，在“时间轴”面板中选择“交叉缩放”视频过渡，如图5-32所示。

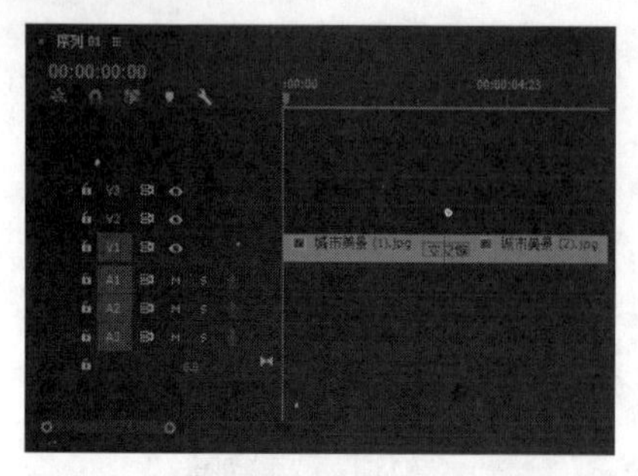

图 5-32 选择视频过渡

05 在“节目监视器”面板中，查看视频过渡，如图5-33所示。

06 单击“播放-停止切换”按钮，预览视频效果，如图5-34所示。

图 5-33 查看视频过渡

图 5-34 预览视频效果

5.1.6 实战——添加页面剥落转场效果

“页面剥落”转场效果是将第1个镜头的画面以页面的形式从左上角剥落，逐渐过渡到第2个镜头的转场效果。

素材位置	素材 > 第 5 章 > 项目 6.prproj
效果位置	效果 > 第 5 章 > 项目 6.prproj
视频位置	视频 > 第 5 章 > 实战——添加页面剥落转场效果 . mp4

01 按【Ctrl+O】组合键，打开一个项目文件，在“节目监视器”面板中可以查看素材画面，如图5-35所示。

图 5-35 查看素材画面

02 在“效果”面板中，依次展开“视频过渡”|“页面剥落”选项，在其中选择“页面剥落”视频过渡，如图5-36所示。

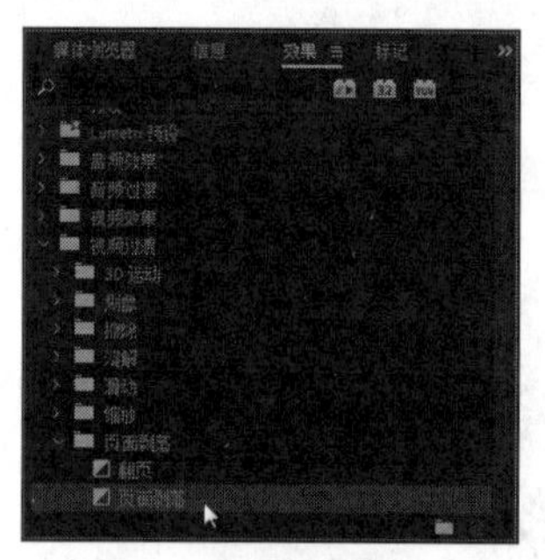

图 5-36 选择“页面剥落”视频过渡

03 将“页面剥落”视频过渡添加到“时间轴”面板中相应的两个素材文件之间，如图5-37所示。

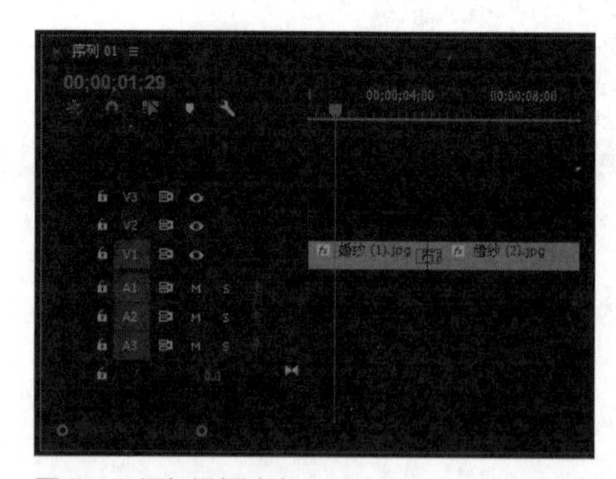

图 5-37 添加视频过渡

04 在“时间轴”面板中选择“页面剥落”视频过渡，切换至“效果控件”面板，勾选“反向”复选框，如图5-38所示，即可将页面剥落视频过渡效果进行反向。

05 在“节目监视器”面板中，单击“播放-停止切换”按钮，预览视频效果，如图5-39所示。

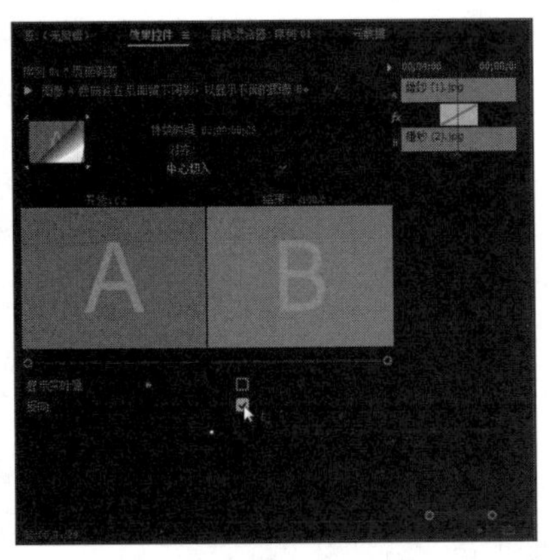

图 5-38 勾选“反向”复选框

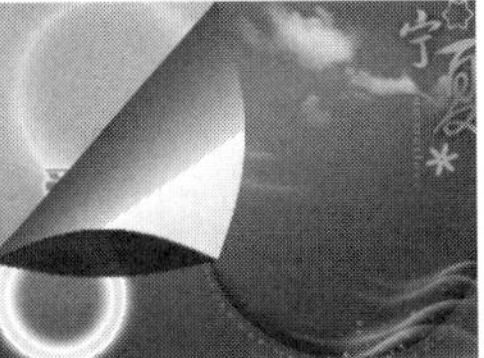

图 5-39 预览视频效果

5.1.7 实战——添加翻转转场效果

“翻转”转场效果是将第1个镜头的画面翻转，逐渐过渡到第2个镜头的转场效果。

素材位置	素材 > 第 5 章 > 项目 7.prproj
效果位置	效果 > 第 5 章 > 项目 7.prproj
视频位置	视频 > 第 5 章 > 实战——添加翻转转场效果 .mp4

01 按【Ctrl + O】组合键，打开一个项目文件，在“节目监视器”面板中可以查看素材画面，如图 5-40 所示。

图 5-40 查看素材画面

02 在“效果”面板中，依次展开“视频过渡”|“3D运动”选项，在其中选择“翻转”视频过渡，如图5-41所示。

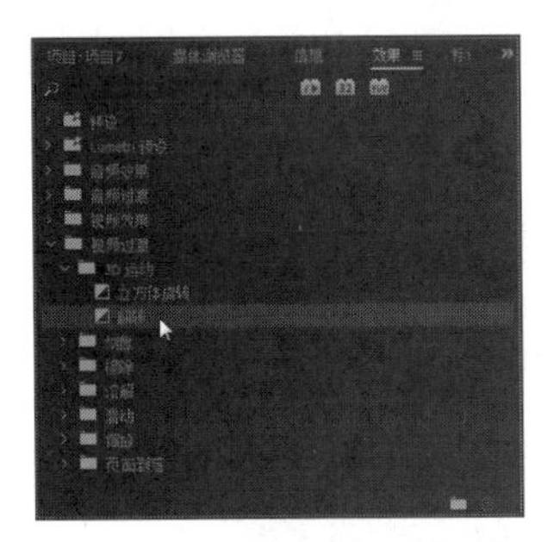

图 5-41 选择“翻转”视频过渡

03 将“翻转”视频过渡添加到“时间轴”面板中相应的两个素材文件之间，如图5-42所示。

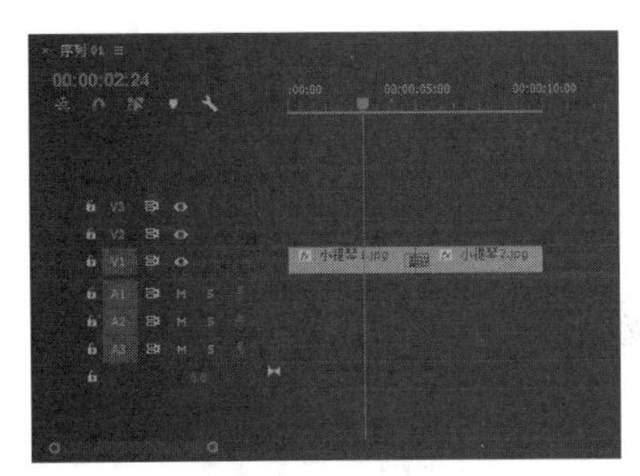

图 5-42 添加视频过渡

04 在“时间轴”面板中选择“翻转”视频过渡，切换至“效果控件”面板，单击“自定义”按钮，如图5-43所示。

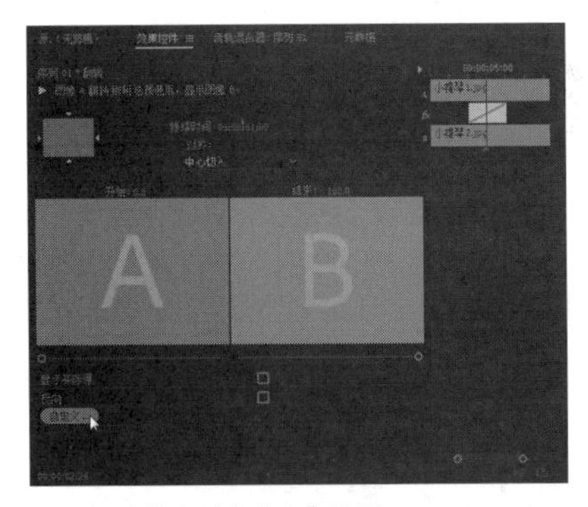

图 5-43 单击“自定义”按钮

05 在弹出的“翻转设置”对话框中，设置“带”为8，单击“填充颜色”右侧的色块，如图5-44所示。

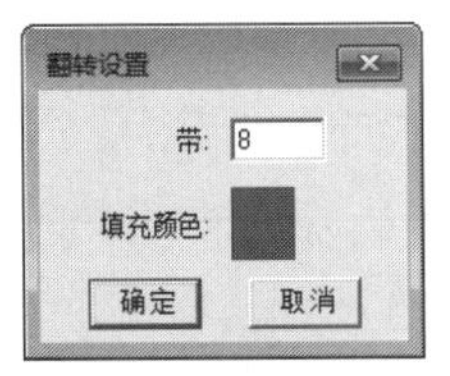

图 5-44 “翻转设置”对话框

06 在弹出的“拾色器”对话框中，设置颜色的RGB参数值分别为255、252、0，如图5-45所示。

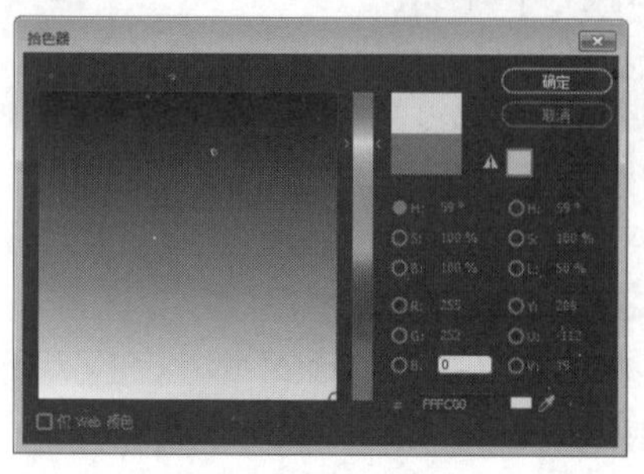

图 5-45 设置颜色

07 依次单击“确定”按钮，即可设置“翻转”转场效果，如图5-46所示。

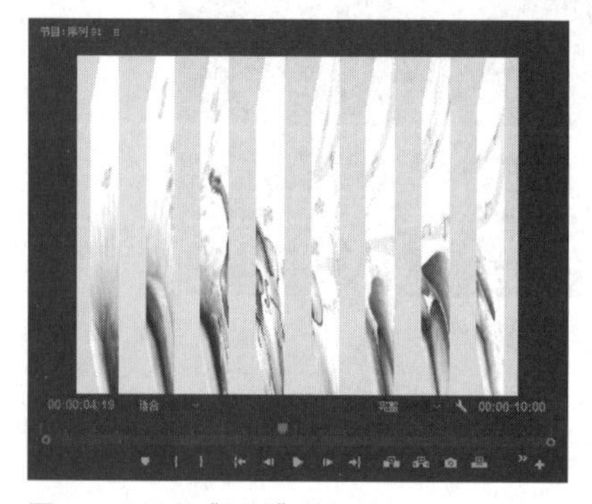

图 5-46 设置“翻转”转场效果

08 在“节目监视器”面板中，单击“播放-停止切换”按钮，预览视频效果，如图5-47所示。

图 5-47 预览视频效果

5.1.8 实战——添加棋盘转场效果

“棋盘”转场效果是第2幅图像以棋盘格的形式出现在第1幅图像上，以实现过渡。

素材位置	素材 > 第 5 章 > 项目 8.prproj
效果位置	效果 > 第 5 章 > 项目 8.prproj
视频位置	视频 > 第 5 章 > 实战——添加棋盘转场效果 .mp4

01 按【Ctrl + O】组合键，打开一个项目文件，在“节目监视器”面板中可以查看素材画面，如图5-48所示。

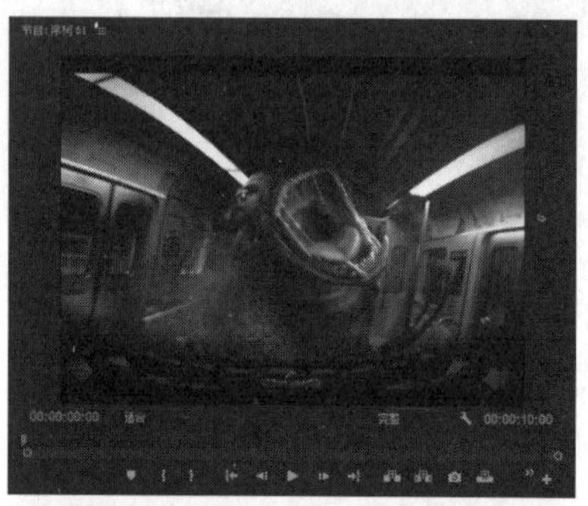

图 5-48 查看素材画面

02 在“效果”面板中，展开“视频过渡”选项，在“擦除”列表框中选择“棋盘”选项，如图5-49所示。

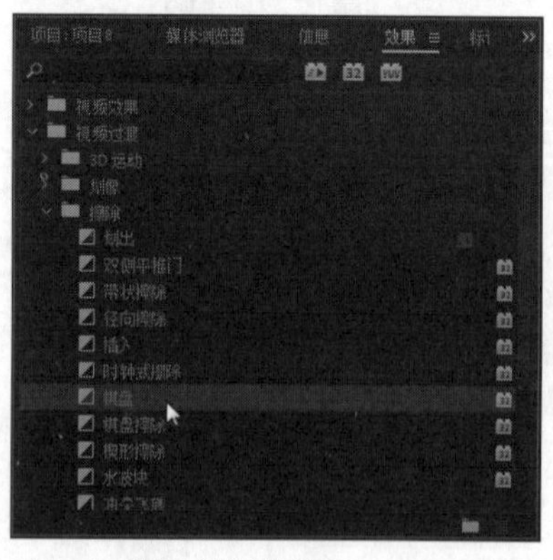

图 5-49 选择“棋盘”选项

03 将“棋盘”视频过渡拖曳到“时间轴”面板中相应的两个素材文件之间，如图5-50所示。

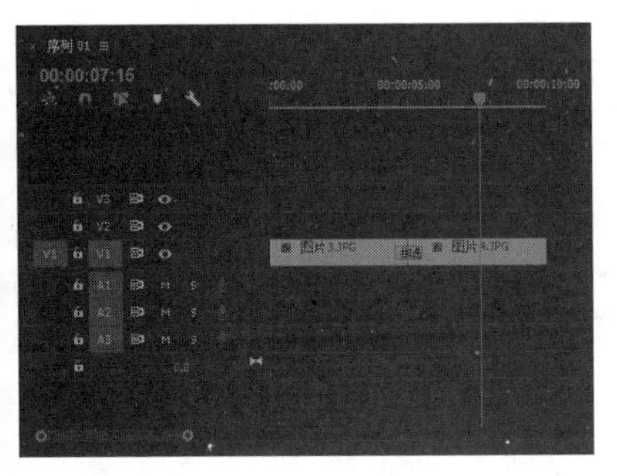

图 5-50 添加转场效果

04 在“节目监视器”面板中，单击“播放-停止切换”按钮，预览添加转场后的视频效果，如图5-51所示。

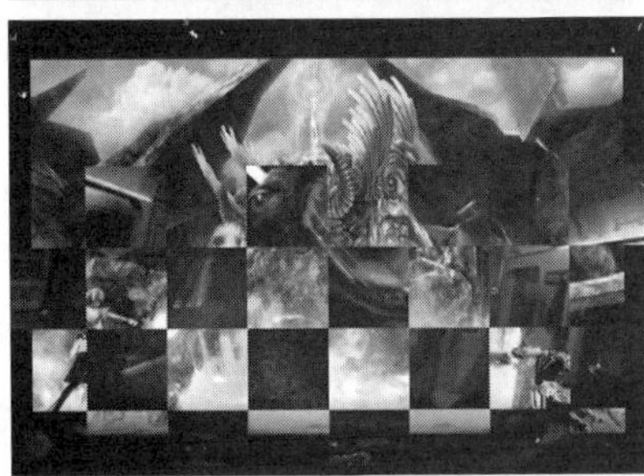

图 5-51 预览视频效果

5.1.9 实战——添加交叉划像转场效果 重点

“交叉划像”转场是一种将第1个镜头的画面进行收缩，然后逐渐过渡至第2个镜头的转场效果。

素材位置	素材 > 第 5 章 > 项目 9.prproj
效果位置	效果 > 第 5 章 > 项目 9.prproj
视频位置	视频 > 第 5 章 > 实战——添加交叉划像转场效果 .mp4

01 按【Ctrl + O】组合键，打开一个项目文件，在“节目监视器”面板中可以查看素材画面，如图 5-52 所示。

02 在“效果”面板中，展开“视频过渡”选项，在“划像”列表框中选择“交叉划像”选项，如图5-53所示。

03 将“交叉划像”视频过渡拖曳到“时间轴”面板中相应的两个素材文件之间，设置时间为00:00:05:00，设置后如图5-54所示。

图 5-52 查看素材画面

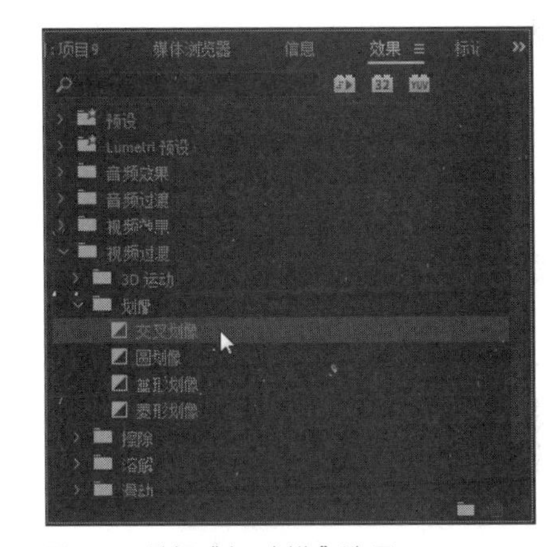

图 5-53 选择“交叉划像”选项

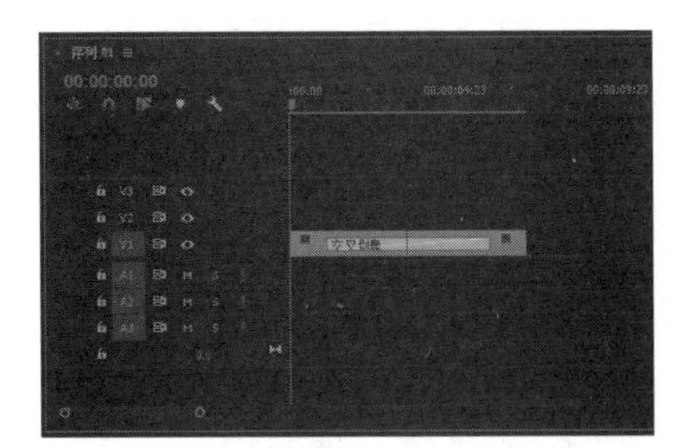

图 5-54 添加转场效果

04 在“节目监视器”面板中，单击“播放-停止切换”按钮，预览添加转场后的视频效果，如图5-55所示。

图 5-55 预览视频效果

5.1.10 实战——添加圆划像转场效果

“圆划像”转场是一种将第2个镜头的画面从圆形图像由小变大，逐渐过渡至第2个完整镜头的转场效果。应用“圆划像”转场效果的具体操作如下。

素材位置	素材 > 第 5 章 > 项目 10.prproj
效果位置	效果 > 第 5 章 > 项目 10.prproj
视频位置	视频 > 第 5 章 > 实战——添加圆划像转场效果 .mp4

01 按【Ctrl + O】组合键，打开一个项目文件，在“节目监视器”面板中可以查看素材画面，如图5-56所示。

图 5-56 查看素材画面

02 在“效果”面板中，展开“视频过渡”选项，在“划像”列表框中选择“圆划像”选项，如图5-57所示。

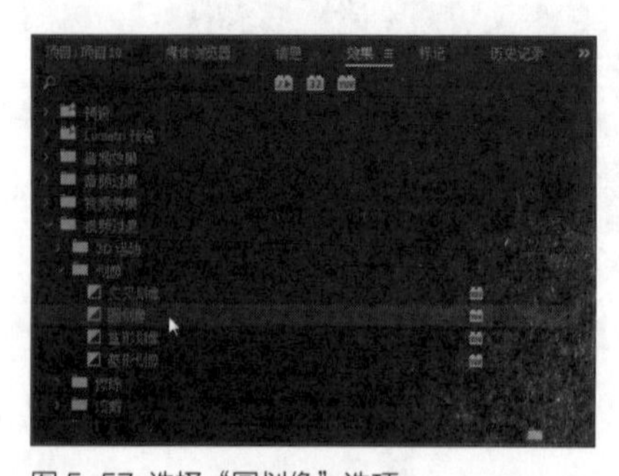

图 5-57 选择“圆划像”选项

03 将“圆划像”视频过渡拖曳到“时间轴”面板中相应的两个素材文件之间，如图5-58所示。

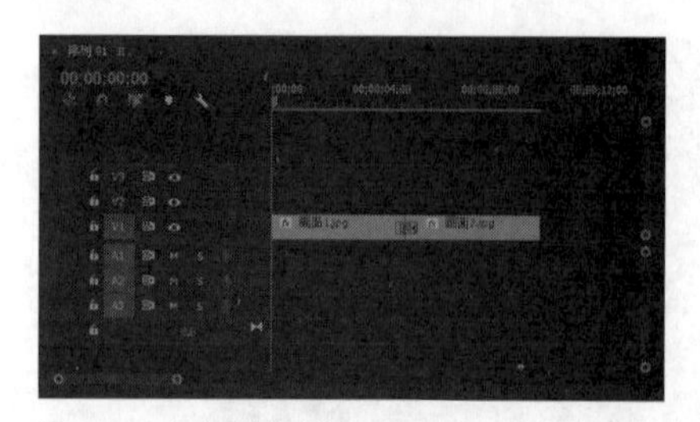

图 5-58 添加转场效果

04 在“节目监视器”面板中，单击“播放-停止切换”按钮，预览添加转场后的视频效果，如图5-59所示。

图 5-59 预览视频效果

5.1.11 实战——添加盒形划像转场效果

“盒形划像”转场是将第2个镜头的画面从正方形图案由小变大，逐渐过渡至第2个完整镜头的转场效果。应用“盒形划像”转场效果的具体操作如下。

素材位置	素材 > 第 5 章 > 项目 11.prproj
效果位置	效果 > 第 5 章 > 项目 11.prproj
视频位置	视频 > 第 5 章 > 实战——添加盒形划像转场效果 .mp4

01 按【Ctrl + O】组合键，打开一个项目文件，在“节目监视器”面板中可以查看素材画面，如图5-60所示。

图 5-60 查看素材画面

02 在“效果”面板中，展开“视频过渡”选项，在“划像”列表框中选择“盒形划像”选项，如图5-61所示。

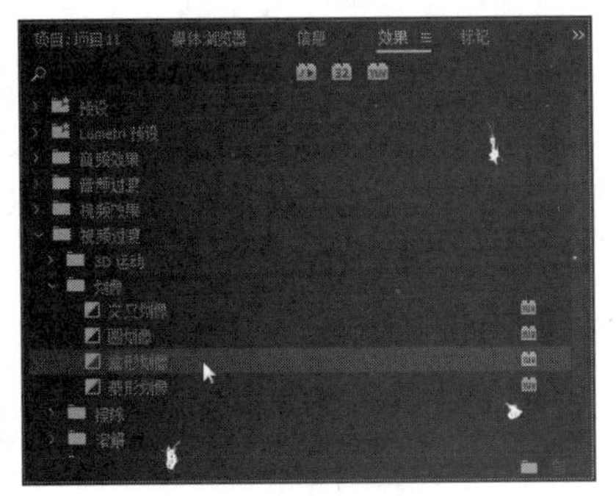

图 5-61 选择“盒形划像”选项

03 将“盒形划像”视频过渡拖曳到“时间轴”面板中相应的两个素材文件之间，如图5-62所示。

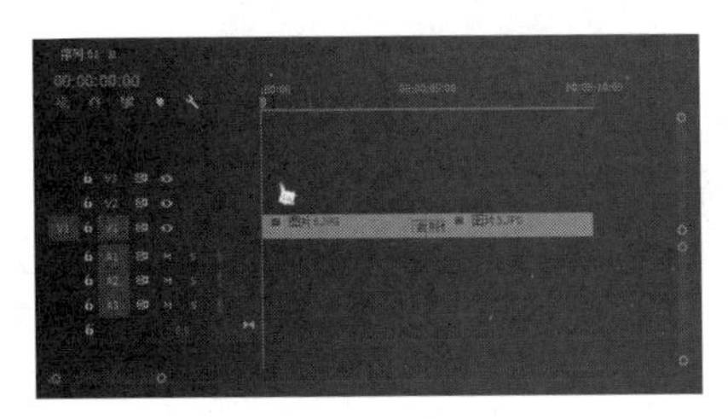

图 5-62 添加转场效果

04 在“节目监视器”面板中，单击“播放-停止切换”按钮，预览添加转场后的视频效果，如图5-63所示。

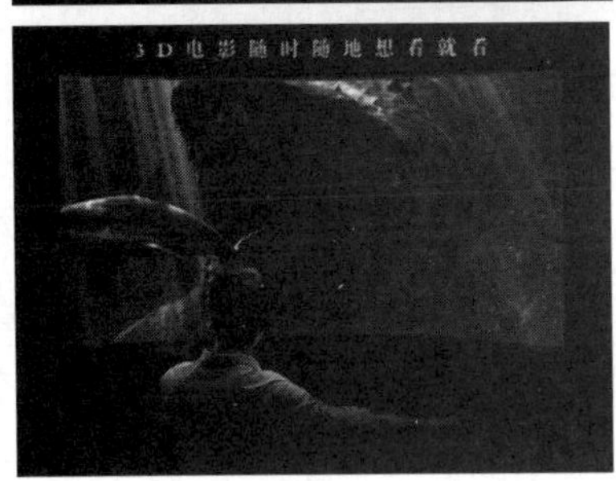

图 5-63 预览视频效果

5.1.12 实战——添加划出转场效果

“划出”转场效果是将第1个镜头的画面划出，第2个镜头逐渐取代第1个镜头的转场效果。应用“划出”转场效果的具体操作如下。

素材位置	素材 > 第 5 章 > 项目 12.prproj
效果位置	效果 > 第 5 章 > 项目 12.prproj
视频位置	视频 > 第 5 章 > 实战——添加划出转场效果 .mp4

01 按【Ctrl＋O】组合键，打开一个项目文件，在“节目监视器”面板中可以查看素材画面，如图5-64所示。

图 5-64 查看素材画面

02 在“效果”面板中，展开“视频过渡”选项，在“擦除”列表框中选择“划出”选项，如图5-65所示。

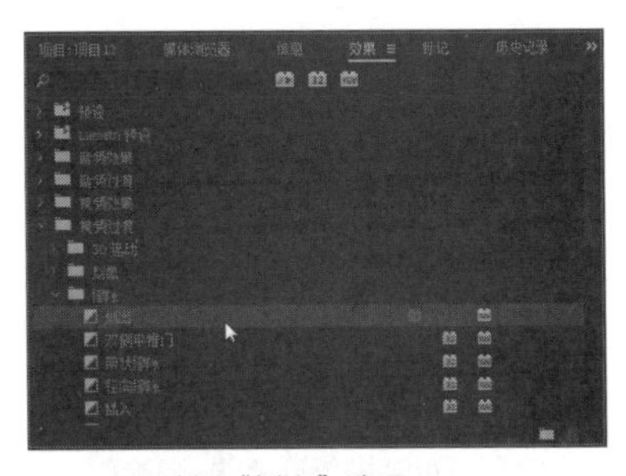

图 5-65 选择“划出”选项

03 将“划出”视频过渡拖曳到“时间轴”面板中相应的两个素材文件之间，如图5-66所示。

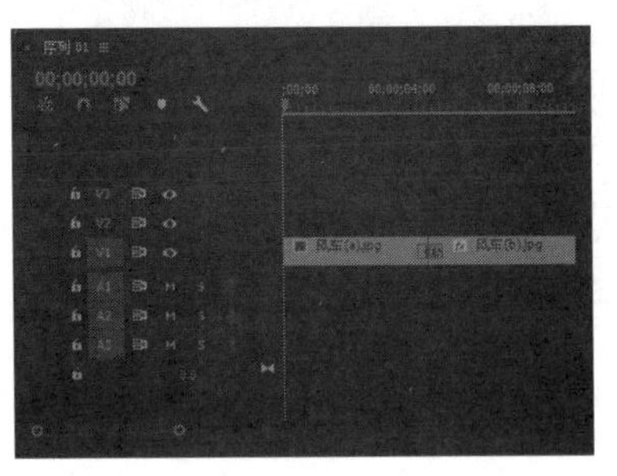

图 5-66 添加转场效果

04 在“节目监视器”面板中，单击“播放-停止切换”按钮，预览添加转场后的视频效果，如图5-67所示。

图 5-67 预览视频效果

5.1.13 实战——添加带状擦除转场效果

“带状擦除”转场是将第1个镜头的画面以奇、偶数行分成若干带状条，从相对的方向逐渐擦除，然后过渡至第2个镜头的转场效果。

素材位置	素材 > 第 5 章 > 项目 13.prproj
效果位置	效果 > 第 5 章 > 项目 13.prproj
视频位置	视频 > 第 5 章 > 实战——添加带状擦除转场效果 .mp4

01 按【Ctrl+O】组合键，打开一个项目文件，在“节目监视器”面板中可以查看素材画面，如图5-68所示。

图 5-68 查看素材画面

02 在“效果”面板中，展开“视频过渡”选项，在“擦除”列表框中选择“带状擦除”选项，如图5-69所示。

图 5-69 选择“带状擦除”选项

03 将“带状擦除”视频过渡拖曳到“时间轴”面板中相应的两个素材文件之间，如图5-70所示。

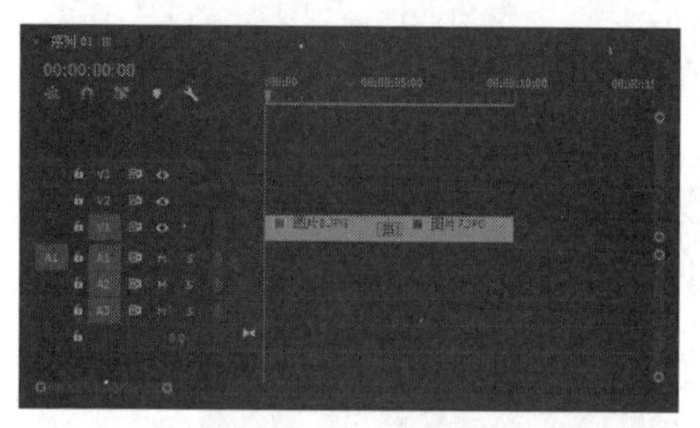

图 5-70 添加转场效果

04 在“节目监视器”面板中，单击“播放-停止切换”按钮，预览添加转场后的视频效果，如图5-71所示。

图 5-71 预览视频效果

5.1.14 实战——添加插入转场效果

“插入”转场是将第2个镜头的画面从屏幕的一角斜着插入，逐渐过渡至第2个完整镜头的转场效果。应用“插入”转场效果的具体操作如下。

素材位置	素材 > 第 5 章 > 项目 14.prproj
效果位置	效果 > 第 5 章 > 项目 14.prproj
视频位置	视频 > 第 5 章 > 实战——添加插入转场效果 .mp4

01 按【Ctrl + O】组合键，打开一个项目文件，在“节目监视器”面板中可以查看素材画面，如图5-72所示。

图 5-72 查看素材画面

02 在“效果”面板中，展开“视频过渡”选项，在“擦除”列表框中选择“插入”选项，如图5-73所示。

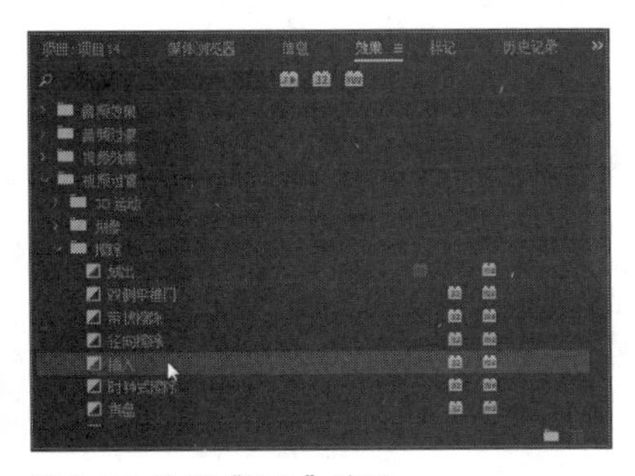

图 5-73 选择“插入”选项

03 将“插入”视频过渡拖曳到“时间轴”面板中相应的两个素材文件之间，如图5-74所示。

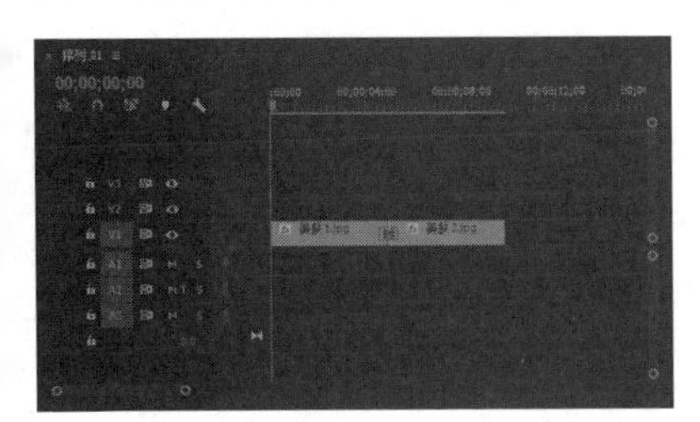

图 5-74 添加转场效果

04 在“节目监视器”面板中，单击“播放-停止切换”按钮，预览添加转场后的视频效果，如图5-75所示。

图 5-75 预览视频效果

5.1.15 实战——添加时钟式擦除转场效果

“时钟式擦除”转场是将第1个镜头的画面以时钟运动方式擦除，然后逐渐过渡至第2个镜头的转场效果。应用“时钟式擦除”转场效果的具体操作如下。

素材位置	素材 > 第 5 章 > 项目 15.prproj
效果位置	效果 > 第 5 章 > 项目 15.prproj
视频位置	视频 > 第 5 章 > 实战——添加时钟式擦除转场效果 .mp4

01 按【Ctrl + O】组合键，打开一个项目文件，在“节目监视器”面板中可以查看素材画面，如图5-76所示。

图 5-76 查看素材画面

02 在“效果”面板中，展开“视频过渡”选项，在“擦除”列表框中选择“时钟式擦除”选项，如图5-77所示。

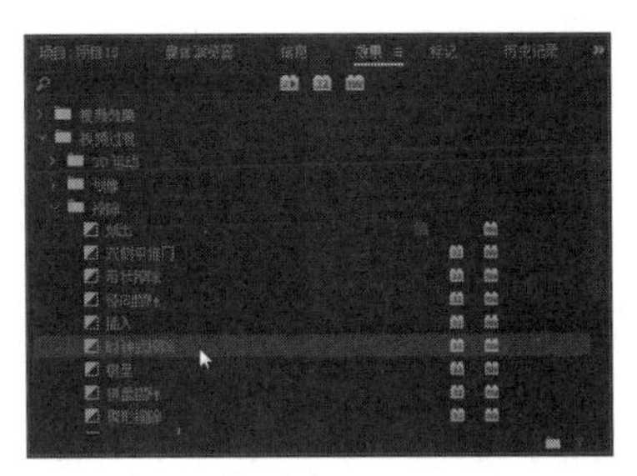

图 5-77 选择“时钟式擦除”选项

03 将“时钟式擦除”视频过渡拖曳到“时间轴”面板中相应的两个素材文件之间，如图5-78所示。

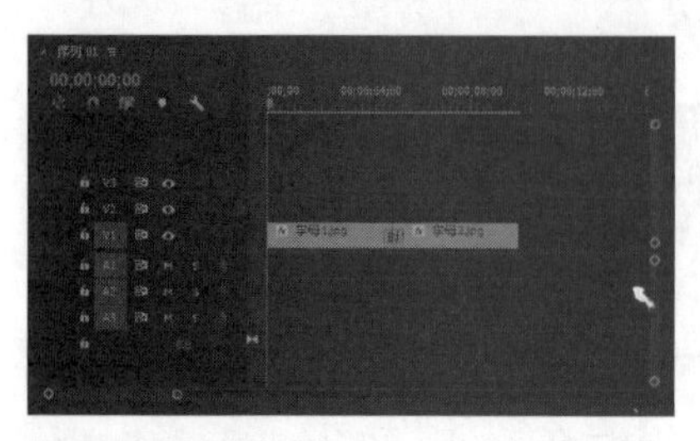

图 5-78 添加转场效果

04 在“节目监视器”面板中，单击“播放-停止切换”按钮，预览添加转场后的视频效果，如图5-79所示。

图 5-79 预览视频效果

5.1.16 实战——添加楔形擦除转场效果

“楔形擦除”转场是将第2个镜头的画面以打开扇面的方式，从中心擦除，然后逐渐过渡至第2个完整镜头的转场效果。应用“楔形擦除”转场效果的具体操作如下。

素材位置	素材 > 第 5 章 > 项目 16.prproj
效果位置	效果 > 第 5 章 > 项目 16.prproj
视频位置	视频 > 第 5 章 > 实战——添加楔形擦除转场效果 .mp4

01 按【Ctrl+O】组合键，打开一个项目文件，在“节目监视器”面板中可以查看素材画面，如图5-80所示。

图 5-80 查看素材画面

02 在“效果”面板中，展开“视频过渡”选项，在“擦除”列表框中选择“楔形擦除”选项，如图5-81所示。

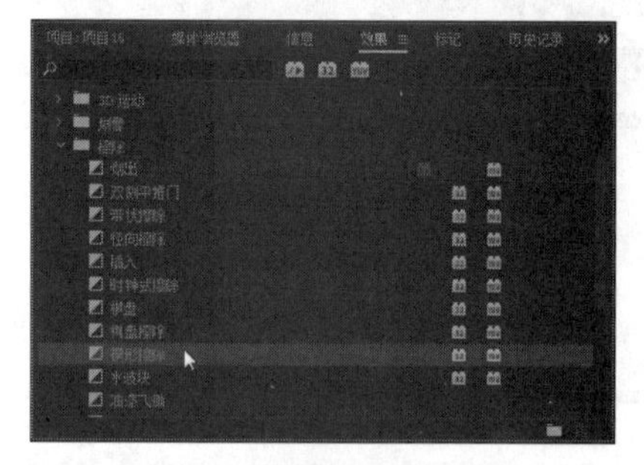

图 5-81 选择“楔形擦除”选项

03 将“楔形擦除”视频过渡拖曳到“时间轴”面板中相应的两个素材文件之间，如图5-82所示。

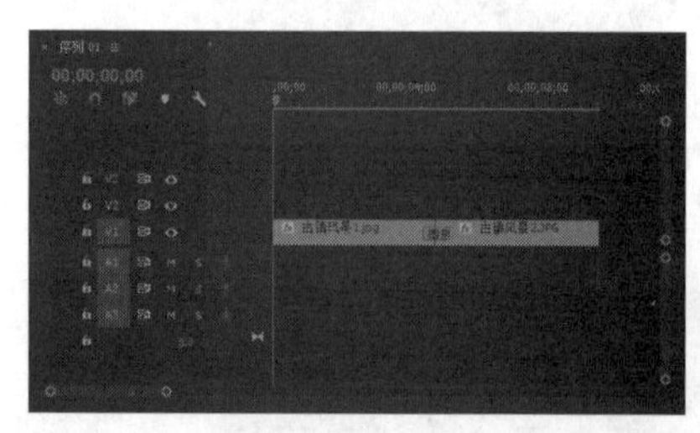

图 5-82 添加转场效果

04 在“节目监视器”面板中，单击“播放-停止切换”按钮，预览添加转场后的视频效果，如图5-83所示。

图 5-83 预览视频效果

5.1.17 实战——添加水波块转场效果

“水波块”转场是将第1个镜头的画面用Z字形从屏幕第1行到最后1行擦除，逐渐过渡至第2个镜头的转场效果。应用“水波块”转场效果的具体操作如下。

素材位置	素材 > 第 5 章 > 项目 17.prproj
效果位置	效果 > 第 5 章 > 项目 17.prproj
视频位置	视频 > 第 5 章 > 实战——添加水波块转场效果 .mp4

01 按【Ctrl + O】组合键，打开一个项目文件，在“节目监视器”面板中可以查看素材画面，如图5-84所示。

图 5-84 查看素材画面

02 在“效果”面板中，展开“视频过渡”选项，在“擦除”列表框中选择“水波块”选项，如图5-85所示。

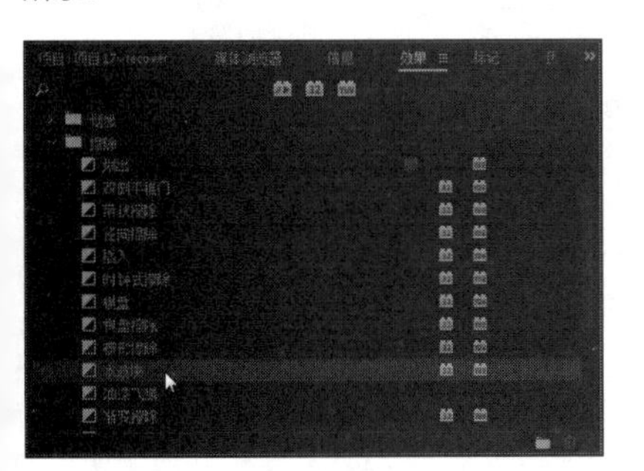

图 5-85 选择“水波块”选项

03 将“水波块”视频过渡拖曳到“时间轴”面板中相应的两个素材文件之间，如图5-86所示。

04 在“节目监视器”面板中，单击“播放-停止切换”按钮，预览添加转场后的视频效果，如图5-87所示。

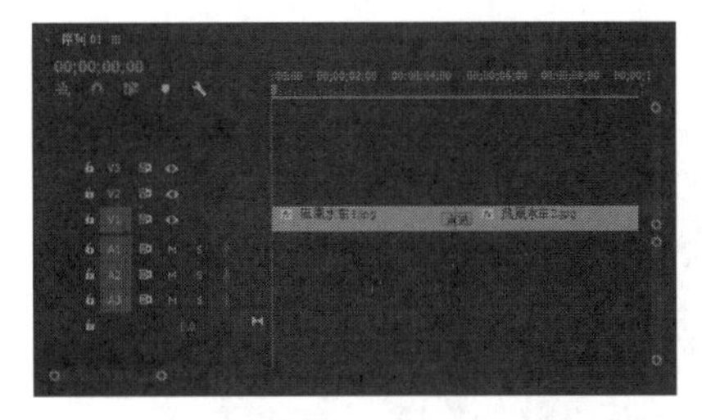

图 5-86 添加转场效果

图 5-87 预览视频效果

5.1.18 实战——添加油漆飞溅转场效果

“油漆飞溅”转场是向第1个镜头的画面泼洒涂料，飞溅出图案，然后逐渐过渡至第2个镜头的转场效果。应用“油漆飞溅”转场效果的具体操作如下。

素材位置	素材 > 第 5 章 > 项目 18.prproj
效果位置	效果 > 第 5 章 > 项目 18.prproj
视频位置	视频 > 第 5 章 > 实战——添加油漆飞溅转场效果 .mp4

01 按【Ctrl + O】组合键，打开一个项目文件，在“节目监视器”面板中可以查看素材画面，如图5-88所示。

图 5-88 查看素材画面

02 在“效果”面板中，展开“视频过渡”选项，在“擦除”列表框中选择“油漆飞溅”选项，如图5-89所示。

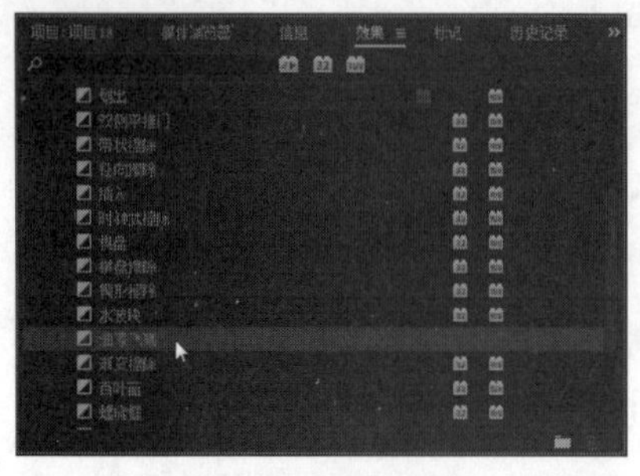

图 5-89 选择“油漆飞溅”选项

03 将“油漆飞溅”视频过渡拖曳到“时间轴”面板中相应的两个素材文件之间，如图5-90所示。

04 在“节目监视器”面板中，单击“播放-停止切换”按钮，预览添加转场后的视频效果，如图5-91所示。

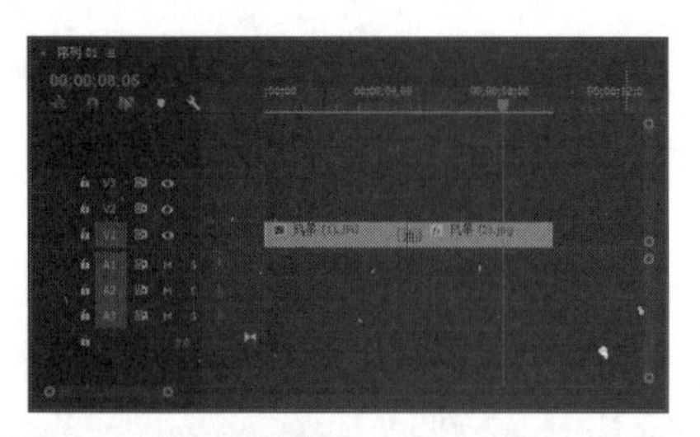

图 5-90 添加转场效果

图 5-91 预览视频效果

5.1.19 实战——添加百叶窗转场效果 重点

“百叶窗”转场是将第1个镜头的画面以百叶窗打开或关闭的形式，逐渐过渡至第2个镜头的转场效果。应用“百叶窗”转场效果的具体操作如下。

素材位置	素材 > 第 5 章 > 项目 19.prproj
效果位置	效果 > 第 5 章 > 项目 19.prproj
视频位置	视频 > 第 5 章 > 实战——添加百叶窗转场效果 .mp4

01 按【Ctrl + O】组合键，打开一个项目文件，在“节目监视器”面板中可以查看素材画面，如图5-92所示。

图 5-92 查看素材画面

02 在“效果”面板中，展开“视频过渡”选项，在“擦除”列表框中选择“百叶窗”选项，如图5-93所示。

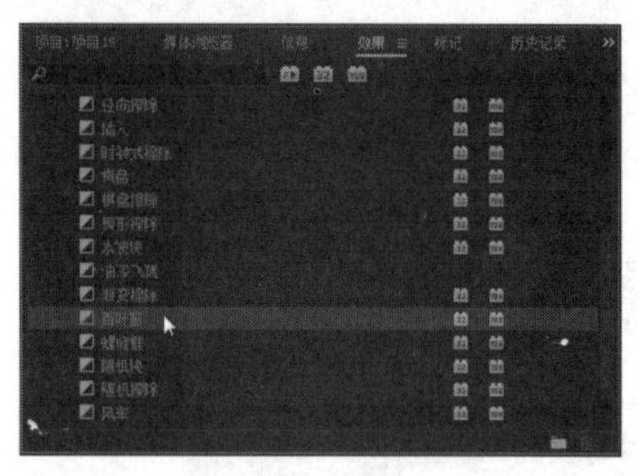

图 5-93 选择“百叶窗”选项

03 将“百叶窗”视频过渡拖曳到“时间轴”面板中相应的两个素材文件之间，如图5-94所示。

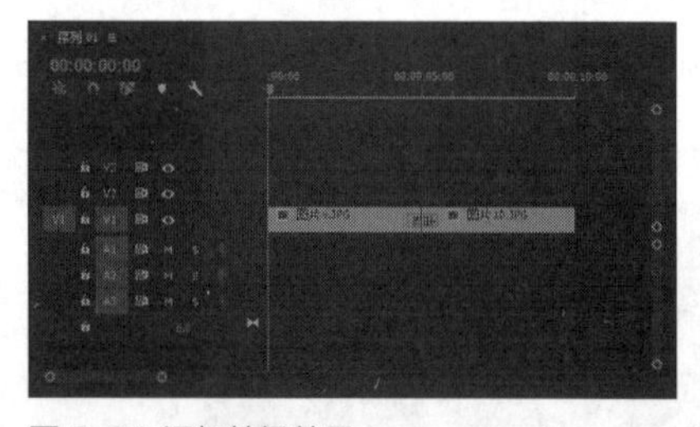

图 5-94 添加转场效果

04 双击“百叶窗”视频过渡，弹出“设置过渡持续时间”对话框，设置“持续时间”为00:00:05:00，单击“确定”按钮，如图5-95所示。

图 5-95 设置“持续时间”

05 在“节目监视器”面板中，单击“播放-停止切换”按钮，预览添加转场后的视频效果，如图5-96所示。

图 5-96 预览视频效果

5.1.20 实战——添加螺旋框转场效果

“螺旋框”转场是将第1个镜头的画面以螺旋方式擦除，逐渐过渡至第2个镜头的转场效果。应用“螺旋框”转场效果的具体操作如下。

素材位置	素材 > 第 5 章 > 项目 20.prproj
效果位置	效果 > 第 5 章 > 项目 20.prproj
视频位置	视频 > 第 5 章 > 实战——添加螺旋框转场效果 .mp4

01 按【Ctrl + O】组合键，打开一个项目文件，在“节目监视器”面板中可以查看素材画面，如图5-97所示。

图 5-97 查看素材画面

02 在“效果”面板中，展开“视频过渡”选项，在“擦除”列表框中选择“螺旋框”选项，如图5-98所示。

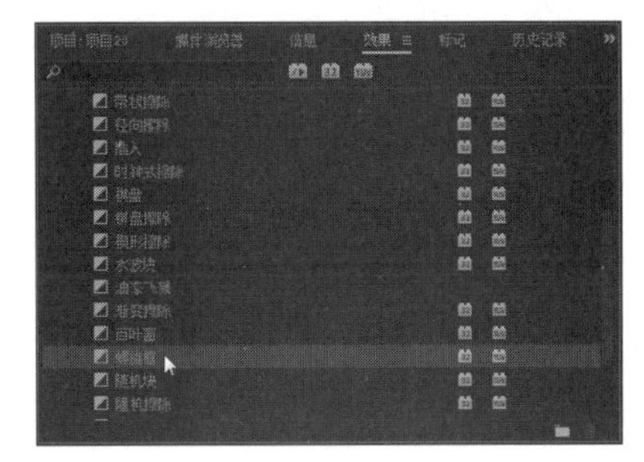

图 5-98 选择“螺旋框”选项

03 将“螺旋框”视频过渡拖曳到“时间轴”面板中相应的两个素材文件之间，如图5-99所示。

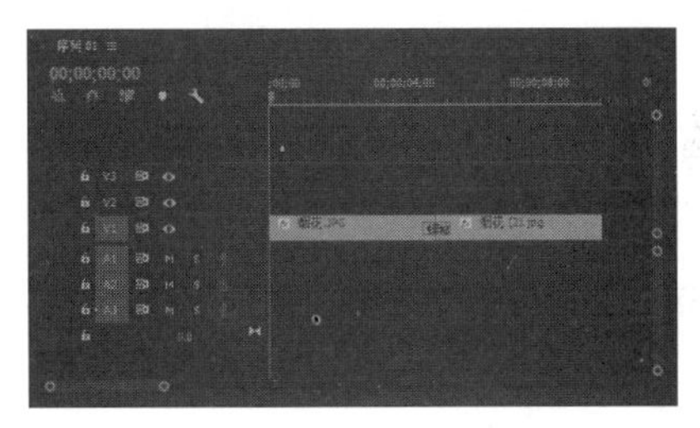

图 5-99 添加转场效果

04 在“节目监视器”面板中，单击“播放-停止切换”按钮，预览添加转场后的视频效果，如图5-100所示。

图 5-100 预览视频效果

5.1.21 实战——添加随机块转场效果

“随机块”转场是第1个镜头的画面随机产生的矩形块，逐渐过渡至第2个镜头的转场效果。应用“随机块”转场效果的具体操作如下。

素材位置	素材 > 第 5 章 > 项目 21.prproj
效果位置	效果 > 第 5 章 > 项目 21.prproj
视频位置	视频 > 第 5 章 > 实战——添加随机块转场效果.mp4

01 按【Ctrl+O】组合键，打开一个项目文件，在“节目监视器”面板中可以查看素材画面，如图5-101所示。

图 5-101 查看素材画面

02 在“效果”面板中，展开“视频过渡”选项，在“擦除”列表框中选择“随机块”选项，如图5-102所示。

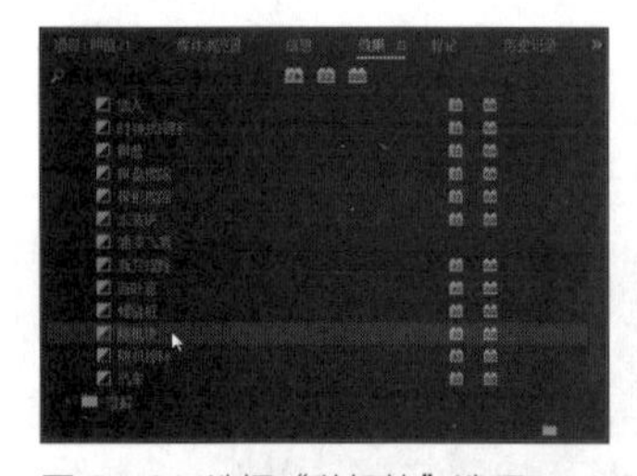

图 5-102 选择“随机块”选项

03 将“随机块”视频过渡拖曳到“时间轴”面板中相应的两个素材文件之间，如图5-103所示。

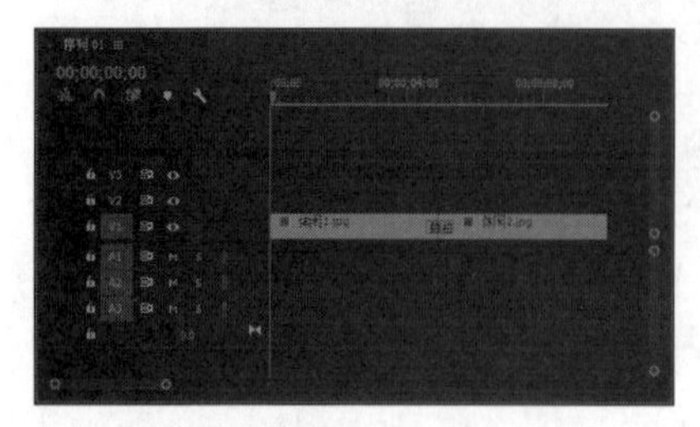

图 5-103 添加转场效果

04 在“节目监视器”面板中，单击“播放-停止切换”按钮，预览添加转场后的视频效果，如图5-104所示。

图 5-104 预览视频效果

5.1.22 实战——添加风车转场效果

“风车”转场是将第1个镜头的画面以风车旋转的形式擦除，然后逐渐过渡至第2个镜头的转场效果。应用“风车”转场效果的具体操作如下。

素材位置	素材 > 第 5 章 > 项目 22.prproj
效果位置	效果 > 第 5 章 > 项目 22.prproj
视频位置	视频 > 第 5 章 > 实战——添加风车转场效果.mp4

01 按【Ctrl+O】组合键，打开一个项目文件，在“节目监视器”面板中可以查看素材画面，如图5-105所示。

图 5-105 查看素材画面

02 在“效果”面板中，展开“视频过渡”选项，在“擦除”列表框中选择“风车”选项，如图5-106所示。

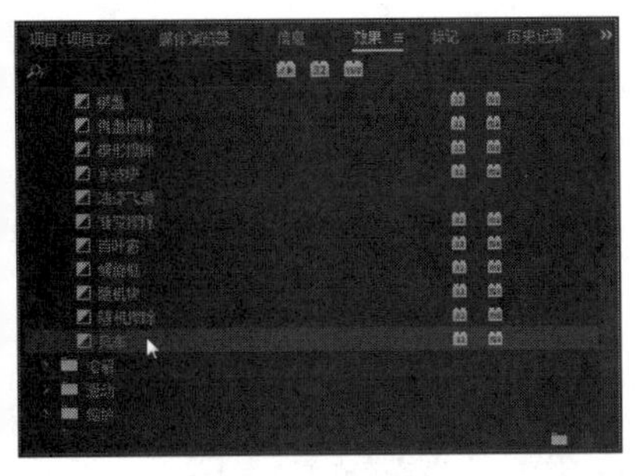

图 5-106 选择“风车”选项

03 将“风车”视频过渡拖曳到“时间轴”面板中相应的两个素材文件之间，如图5-107所示。

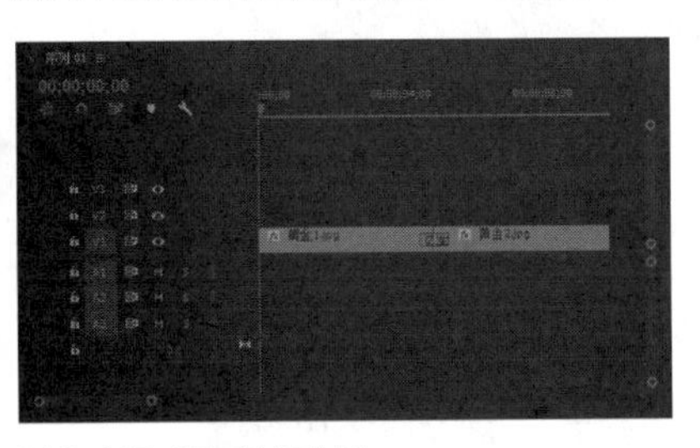

图 5-107 添加转场效果

04 在“节目监视器”面板中，单击“播放-停止切换”按钮，预览添加转场后的视频效果，如图5-108所示。

图 5-108 预览视频效果

5.2 应用高级转场特效

高级视频转场效果主要是指Premiere Pro CC 2017自身附带的特定转场效果，根据需要可以在影片素材之间添加高级转场特效。下面主要介绍高级转场效果的添加方法，供读者学习。

5.2.1 实战——添加渐变擦除转场效果 进阶

“渐变擦除”转场效果是将第2个镜头的画面以渐变的方式逐渐取代第1个镜头的转场效果。

素材位置	素材 > 第 5 章 > 项目 23.prproj
效果位置	效果 > 第 5 章 > 项目 23.prproj
视频位置	视频 > 第 5 章 > 实战——添加渐变擦除转场效果 . mp4

01 按【Ctrl+O】组合键，打开一个项目文件，在“节目监视器”面板中可以查看素材画面，如图5-109所示。

图 5-109 查看素材画面

02 在“效果”面板中，依次展开“视频过渡”|“擦除”选项，在其中选择“渐变擦除”视频过渡，如图5-110所示。

图 5-110 选择“渐变擦除”视频过渡

03 将“渐变擦除”视频过渡拖曳到“时间轴”面板中相应的两个素材文件之间，如图5-111所示。

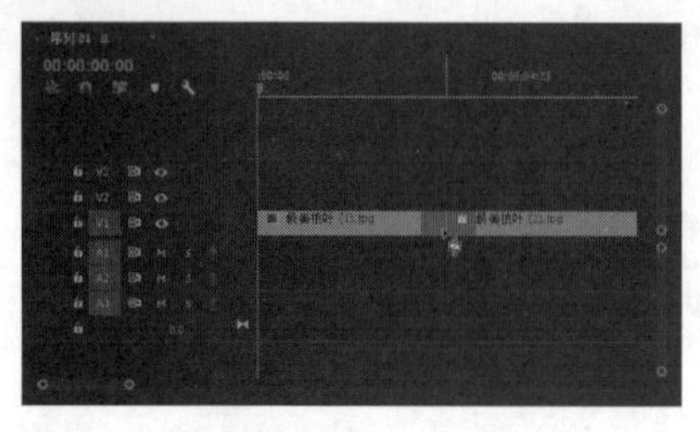

图 5-111 拖曳视频过渡

04 释放鼠标，弹出“渐变擦除设置”对话框，在对话框中设置“柔和度”为0，如图5-112所示。

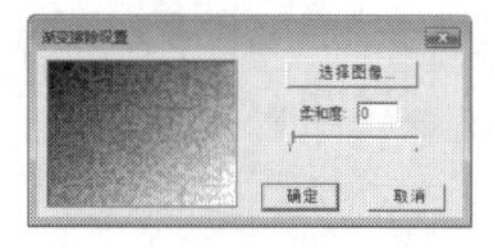

图 5-112 设置“柔和度”

05 单击“确定”按钮，即可设置“渐变擦除”转场效果，如图5-113所示。

图 5-113 设置“渐变擦除”转场效果

06 单击“播放-停止切换”按钮，预览视频效果，如图5-114所示。

图 5-114 预览视频效果

5.2.2 实战——添加滑动转场效果

“滑动”转场效果是直接将第2个镜头画面滑入，取代第1个镜头的转场效果。

素材位置	素材 > 第 5 章 > 项目 24.prproj
效果位置	效果 > 第 5 章 > 项目 24.prproj
视频位置	视频 > 第 5 章 > 实战——添加滑动转场效果 .mp4

01 按【Ctrl+O】组合键，打开一个项目文件，如图5-115所示。

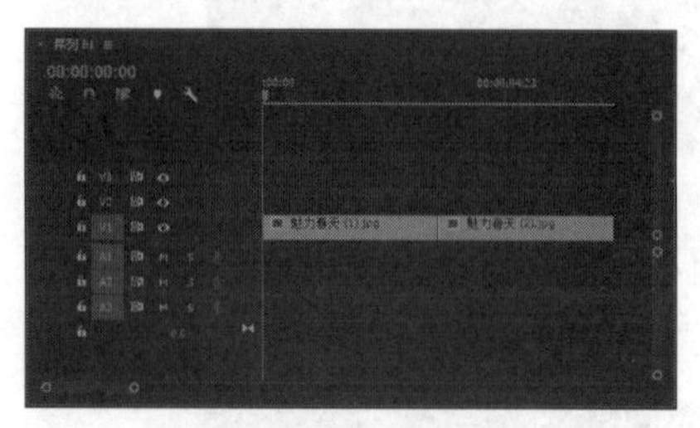

图 5-115 打开项目文件

02 在“效果”面板的“滑动”列表框中选择“滑动”选项，如图5-116所示。

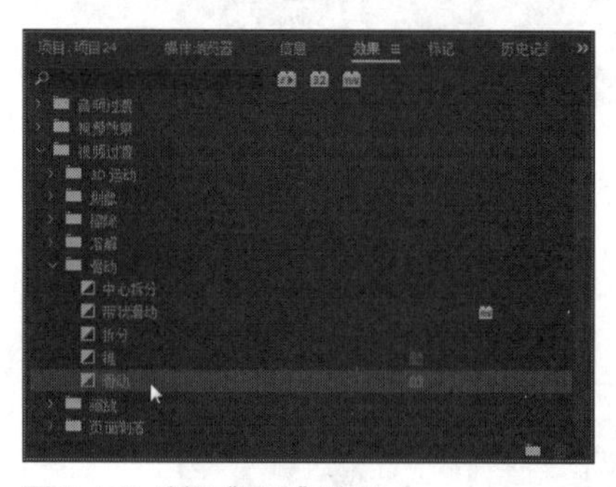

图 5-116 选择“滑动”选项

03 将“滑动”视频过渡拖曳到“时间轴”面板中相应的两个素材文件之间，设置时间为00:00:05:00，如图5-117所示。

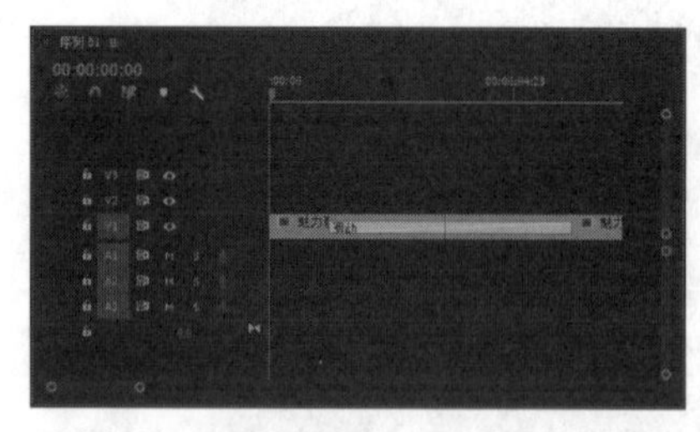

图 5-117 添加转场效果

04 执行操作后，即可添加“滑动”转场效果，在“节目监视器”面板中，单击“播放-停止切换”按钮，预览添加转场后的视频效果，如图5-118所示。

图 5-118 预览视频效果

5.2.3 实战——添加交叉溶解转场效果 进阶

"交叉溶解"转场效果是将第1个镜头画面淡出效果，逐渐过渡至第2个镜头的转场效果。应用"交叉溶解"转场效果的具体操作如下。

素材位置	素材 > 第 5 章 > 项目 25.prproj
效果位置	效果 > 第 5 章 > 项目 25.prproj
视频位置	视频 > 第 5 章 > 实战——添加交叉溶解转场效果 . mp4

01 按【Ctrl + O】组合键，打开一个项目文件，在"节目监视器"面板中可以查看素材画面，如图5-119所示。

图 5-119 查看素材画面

02 在"效果"面板中，依次展开"视频过渡"|"溶解"选项，在其中选择"交叉溶解"视频过渡，如图5-120所示。

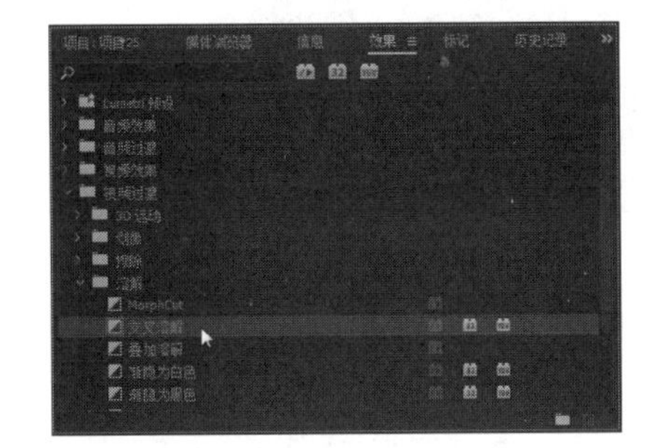

图 5-120 选择"交叉溶解"

03 将"交叉溶解"视频过渡拖曳到"时间轴"面板中相应的两个素材文件之间，如图5-121所示。

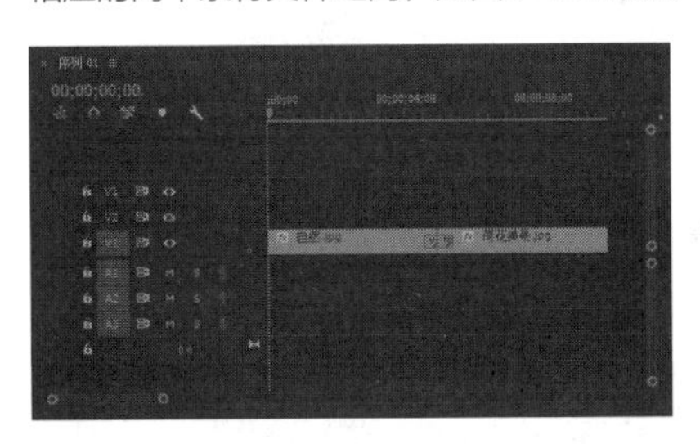

图 5-121 添加转场效果

04 在添加的视频过渡上单击鼠标右键，在弹出的快捷菜单中选择"设置过渡持续时间"选项，如图5-122所示。

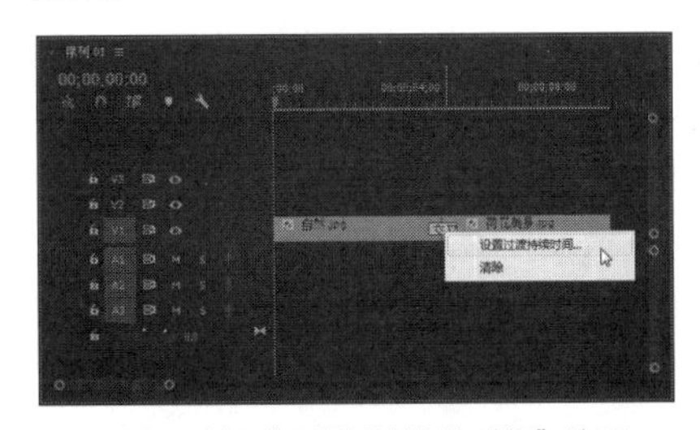

图 5-122 选择"设置过渡持续时间"选项

05 在弹出的"设置过渡持续时间"对话框中，设置"持续时间"为00:00:05:00，如图5-123所示。

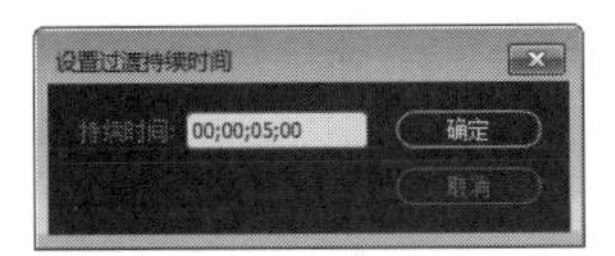

图 5-123"设置过渡持续时间"对话框

06 单击"确定"按钮，设置过渡持续时间，如图5-124所示。

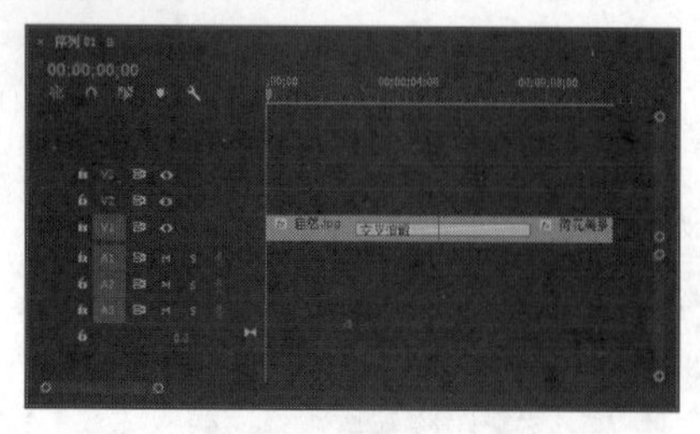

图 5-124 设置过渡持续时间

07 执行操作后，即可添加“交叉溶解”转场效果，在“节目监视器”面板中，单击“播放-停止切换”按钮，预览添加转场后的视频效果，如图5-125所示。

图 5-125 预览视频效果

5.2.4 实战——添加渐隐为白色转场效果

“渐隐为白色”转场效果是将第1个镜头画面渐隐为白色，再从白色逐渐过渡至第2个镜头的转场效果。应用“渐隐为白色”转场效果的具体操作如下。

素材位置	素材 > 第 5 章 > 项目 26.prproj
效果位置	效果 > 第 5 章 > 项目 26.prproj
视频位置	视频 > 第 5 章 > 实战——添加渐隐为白色转场效果 .mp4

01 按【Ctrl+O】组合键，打开一个项目文件，在“节目监视器”面板中可以查看素材画面，如图5-126所示。

图 5-126 查看素材画面

02 在“效果”面板中，依次展开“视频过渡”|“溶解”选项，在其中选择“渐隐为白色”视频过渡，如图5-127所示。

03 将“渐隐为白色”视频过渡拖曳到“时间轴”面板中相应的两个素材文件之间，如图5-128所示。

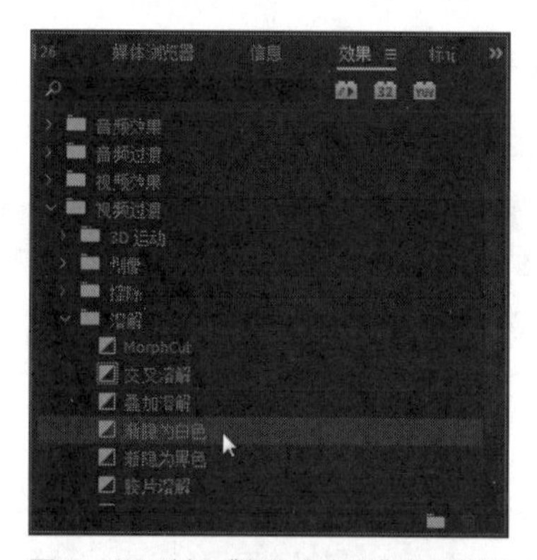

图 5-127 选择“渐隐为白色”视频过渡

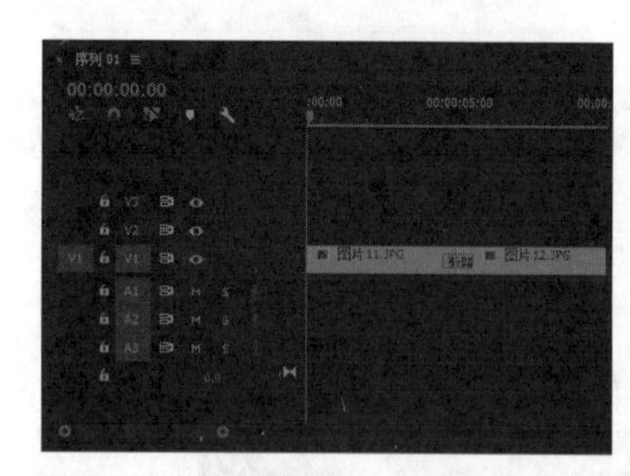

图 5-128 拖曳视频过渡

04 在添加的视频过渡上单击鼠标右键，在弹出的快捷菜单中选择“设置过渡持续时间”选项，如图5-129所示。

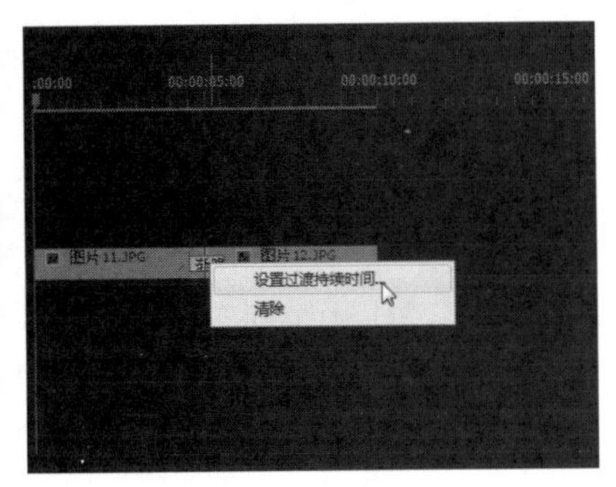

图 5-129 选择“设置过渡持续时间”选项

05 在弹出的“设置过渡持续时间”对话框中，设置“持续时间”为00:00:09:00，如图5-130所示，单击“确定”按钮，设置过渡持续时间。

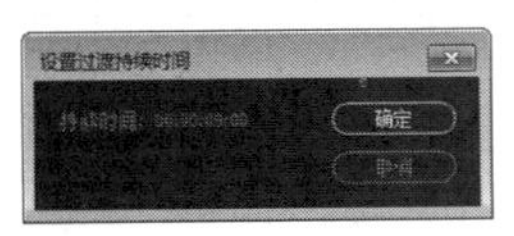

图 5-130“设置过渡持续时间”对话框

06 执行操作后，即可添加“渐隐为白色”转场效果，在“节目监视器”面板中，单击“播放-停止切换”按钮，预览添加转场后的视频效果，如图5-131所示。

图 5-131 预览视频效果

5.2.5 实战——添加渐隐为黑色转场效果

“渐隐为黑色”转场效果是将第1个镜头画面渐隐为黑色，然后从黑色逐渐过渡至第2个镜头的转场效果。应用“渐隐为黑色”转场效果的具体操作如下。

素材位置	素材 > 第 5 章 > 项目 27.prproj
效果位置	效果 > 第 5 章 > 项目 27.prproj
视频位置	视频 > 第 5 章 > 实战——添加渐隐为黑色转场效果 .mp4

01 按【Ctrl + O】组合键，打开一个项目文件，在“节目监视器”面板中可以查看素材画面，如图5-132所示。

图 5-132 查看素材画面

02 在“效果”面板中，依次展开“视频过渡”|“溶解”选项，在其中选择“渐隐为黑色”视频过渡，如图5-133所示。

03 将“渐隐为黑色”视频过渡拖曳到“时间轴”面板中相应的两个素材文件之间，如图5-134所示。

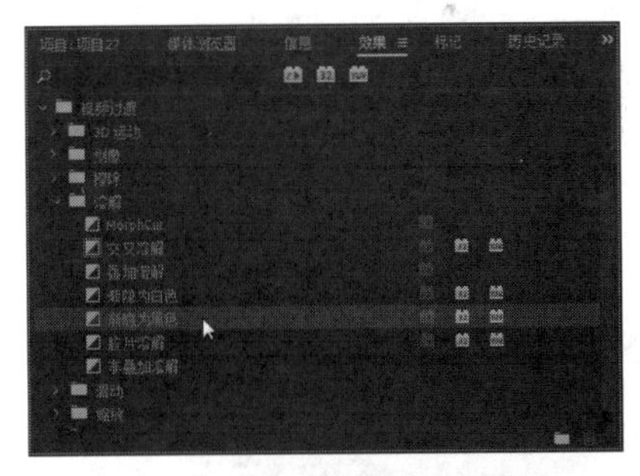

图 5-133 选择“渐隐为黑色”视频过渡

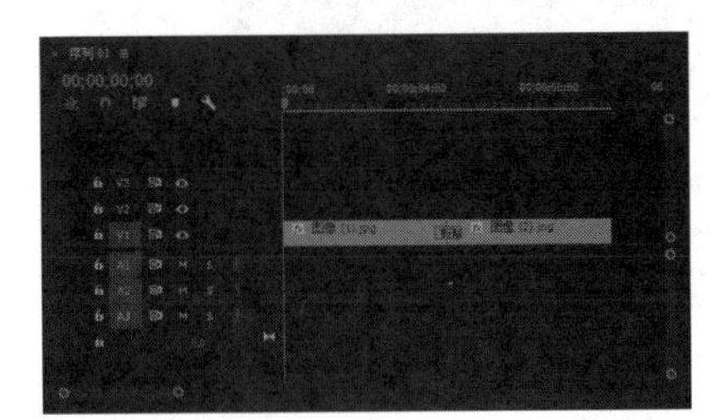

图 5-134 拖曳视频过渡

04 在添加的视频过渡上单击鼠标右键，在弹出的快捷菜单中选择“设置过渡持续时间”选项，如图5-135所示。

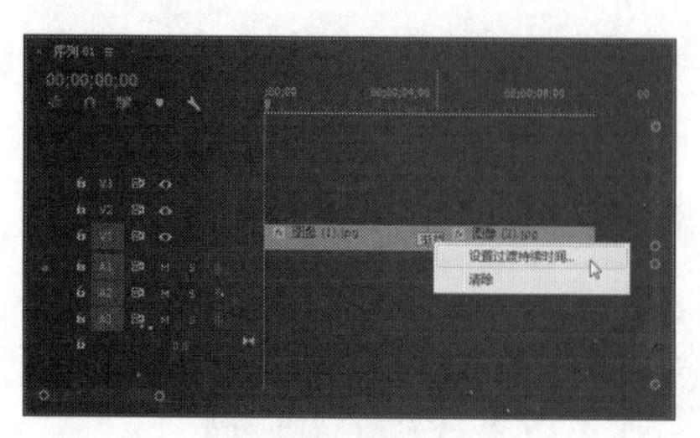

图 5-135 选择“设置过渡持续时间”选项

05 在弹出的“设置过渡持续时间”对话框中，设置“持续时间”为00:00:08:00，如图5-136所示，单击“确定”按钮，设置过渡持续时间。

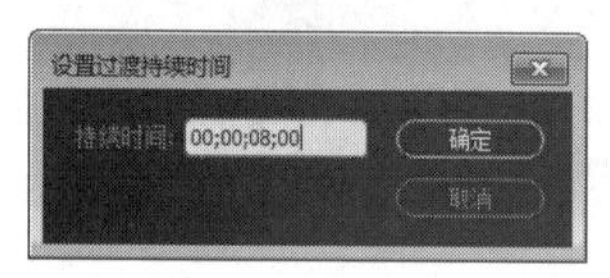

图 5-136“设置过渡持续时间”对话框

06 执行操作后，即可添加“渐隐为黑色”转场效果，在“节目监视器”面板中，单击“播放-停止切换”按钮，预览添加转场后的视频效果，如图5-137所示。

图 5-137 预览视频效果

5.2.6 实战——添加胶片溶解转场效果

“胶片溶解”转场效果是将第1个镜头与第2个镜头用场景淡入和淡出，逐渐过渡至第2个镜头的转场效果。应用“胶片溶解”转场效果的具体操作如下。

素材位置	素材 > 第 5 章 > 项目 28.prproj
效果位置	效果 > 第 5 章 > 项目 28.prproj
视频位置	视频 > 第 5 章 > 实战——添加胶片溶解转场效果 . mp4

01 按【Ctrl＋O】组合键，打开一个项目文件，在“节目监视器”面板中可以查看素材画面，如图5-138所示。

图 5-138 查看素材画面

02 在“效果”面板中，依次展开“视频过渡”|“溶解”选项，在其中选择“胶片溶解”视频过渡，如图5-139所示。

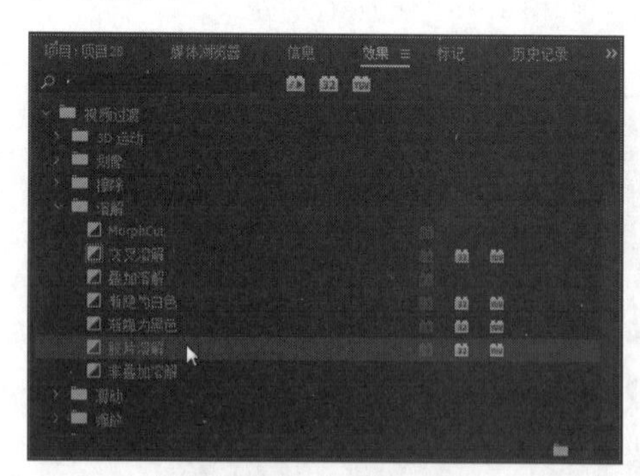

图 5-139 选择“胶片溶解”视频过渡

03 将“胶片溶解”视频过渡拖曳到“时间轴”面板中相应的两个素材文件之间，如图5-140所示。

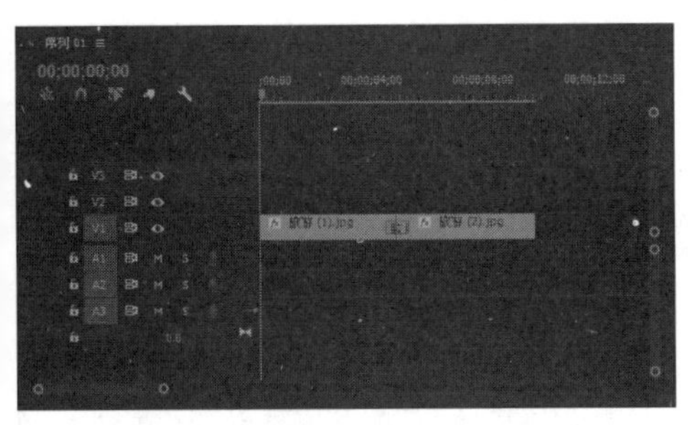

图 5-140 拖曳视频过渡

04 在添加的视频过渡上单击鼠标右键，在弹出的快捷菜单中选择“设置过渡持续时间”选项，如图5-141所示。

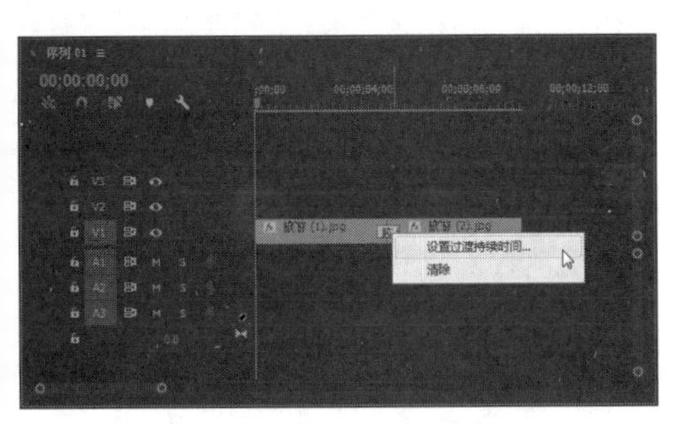

图 5-141 选择“设置过渡持续时间”选项

05 在弹出的“设置过渡持续时间”对话框中，设置“持续时间”为00:00:06:00，如图5-142所示，单击“确定”按钮，设置过渡持续时间。

图 5-142 “设置过渡持续时间”对话框

06 执行操作后，即可添加“胶片溶解”转场效果，在“节目监视器”面板中，单击“播放-停止切换”按钮，预览添加转场后的视频效果，如图5-143所示。

图 5-143 预览视频效果

图 5-143 预览视频效果（续）

5.2.7 实战——添加非叠加溶解转场效果

“非叠加溶解”转场效果是将第1个镜头与第2个镜头用色相纹理逐渐过渡至第2个镜头的转场效果。应用“非叠加溶解”转场效果的具体操作如下。

素材位置	素材 > 第 5 章 > 项目 29.prproj
效果位置	效果 > 第 5 章 > 项目 29.prproj
视频位置	视频 > 第 5 章 > 实战——添加非叠加溶解转场效果 .mp4

01 按【Ctrl + O】组合键，打开一个项目文件，在“节目监视器”面板中可以查看素材画面，如图5-144所示。

图 5-144 查看素材画面

02 在“效果”面板中，依次展开“视频过渡”|“溶解”选项，在其中选择“非叠加溶解”视频过渡，如图5-145所示。

03 将“非叠加溶解”视频过渡拖曳到“时间轴”面板中相应的两个素材文件之间，如图5-146所示。

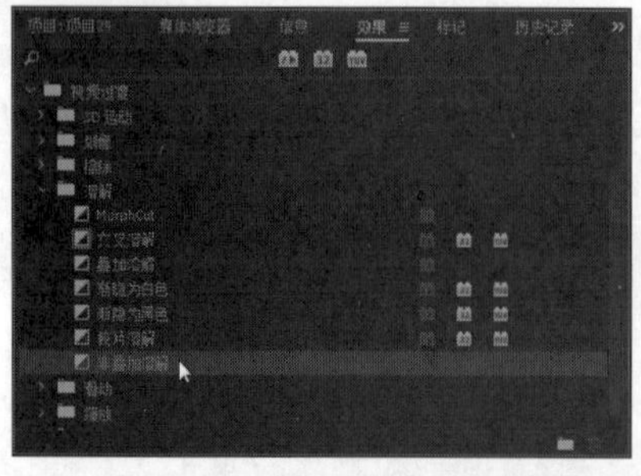

图 5-145 选择“非叠加溶解”视频过渡

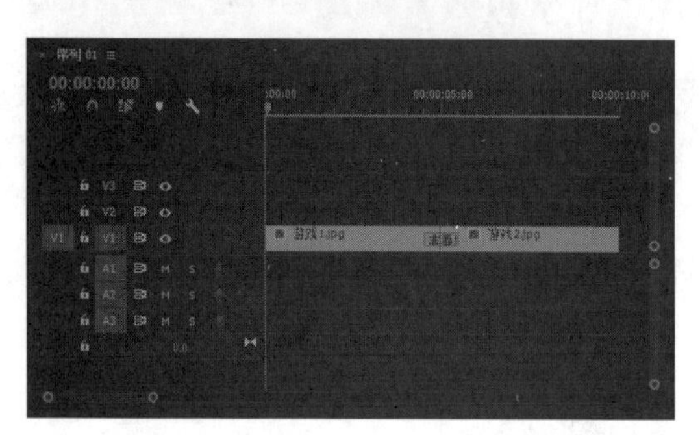

图 5-146 拖曳视频过渡

04 在添加的视频过渡上单击鼠标右键，在弹出的快捷菜单中选择“设置过渡持续时间”选项，如图5-147所示。

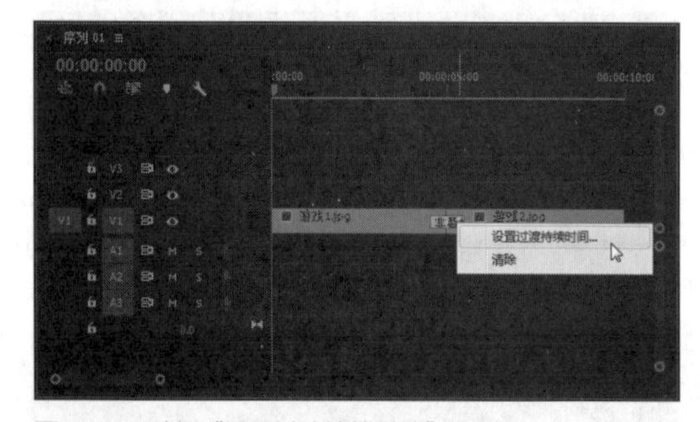

图 5-147 选择“设置过渡持续时间”选项

05 在弹出的“设置过渡持续时间”对话框中，设置“持续时间”为00:00:06:00，如图5-148所示，单击“确定”按钮，设置过渡持续时间。

图 5-148“设置过渡持续时间”对话框

06 执行操作后，即可添加“非叠加溶解”转场效果，在“节目监视器”面板中，单击“播放-停止切换”按钮，预览添加转场后的视频效果，如图5-149所示。

图 5-149 预览视频效果

5.2.8 实战——添加拆分转场效果 进阶

“拆分”转场效果是将第1个镜头的画面从屏幕中间一分为二，向两边滑动，逐渐过渡至第2个镜头的转场效果。应用“拆分”转场效果的具体操作如下。

素材位置	素材 > 第 5 章 > 项目 30.prproj
效果位置	效果 > 第 5 章 > 项目 30.prproj
视频位置	视频 > 第 5 章 > 实战——添加拆分转场效果 .mp4

专家指点

视频的剪辑与编辑是整个制作过程中最重要的一个项目。剪辑（Film editing）即将影片制作中所拍摄的大量素材，经过选择、取舍、分解与组接，最终完成一个连贯流畅、含义明确、主题鲜明并有艺术感染力的作品。

视频的剪辑与编辑决定着最终的视频效果，因此在进行视频编辑时除了需要拥有充足的素材外，还要能熟练使用视频编辑软件。

01 按【Ctrl+O】组合键，打开一个项目文件，在“节目监视器”面板中可以查看素材画面，如图5-150所示。

图 5-150 查看素材画面

02 在“效果”面板中，依次展开“视频过渡”|“滑动”选项，在其中选择“拆分”视频过渡，如图5-151所示。

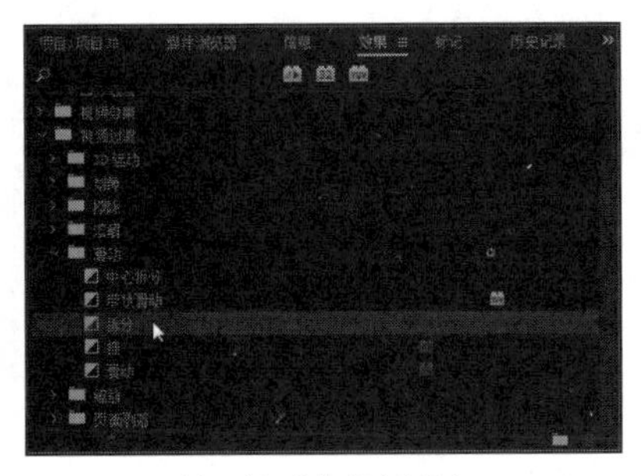

图 5-151 选择“拆分”视频过渡

03 将“拆分”视频过渡拖曳到“时间轴”面板中的两个素材文件之间，如图5-152所示。

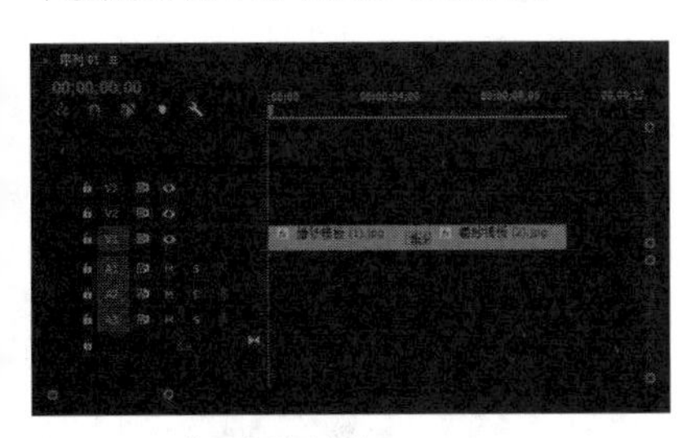

图 5-152 拖曳视频过渡

04 在添加的视频过渡上单击鼠标右键，在弹出的快捷菜单中选择“设置过渡持续时间”选项，如图5-153所示。

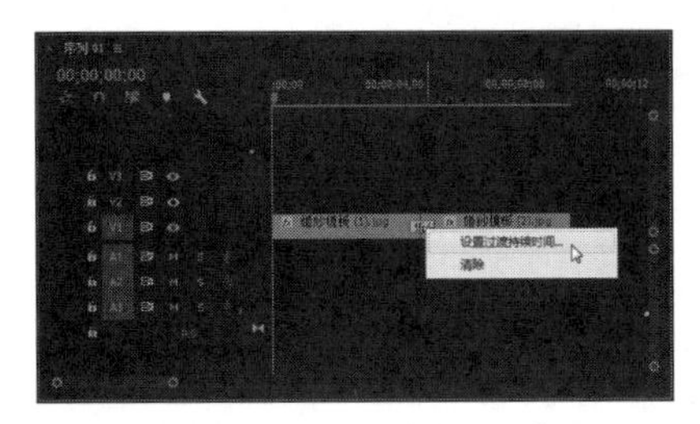

图 5-153 选择“设置过渡持续时间”选项

05 在弹出的“设置过渡持续时间”对话框中，设置“持续时间”为00:00:05:00，如图5-154所示，单击“确定”按钮，设置过渡持续时间。

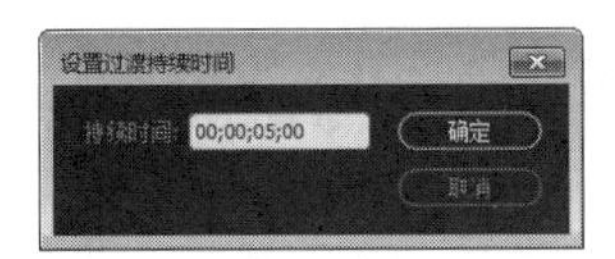

图 5-154“设置过渡持续时间”对话框

06 执行操作后，即可添加“拆分”转场效果，在“节目监视器”面板中，单击“播放-停止切换”按钮，预览添加转场后的视频效果，如图5-155所示。

图 5-155 预览视频效果

5.2.9 实战——添加推转场效果

"推"转场效果是将第1个镜头的画面以推动的方式推出屏幕，然后逐渐过渡至第2个镜头的转场效果。应用"推"转场效果的具体操作如下。

素材位置	素材 > 第 5 章 > 项目 31.prproj
效果位置	效果 > 第 5 章 > 项目 31.prproj
视频位置	视频 > 第 5 章 > 实战——添加推转场效果 .mp4

01 按【Ctrl + O】组合键，打开一个项目文件，在"节目监视器"面板中可以查看素材画面，如图5-156所示。

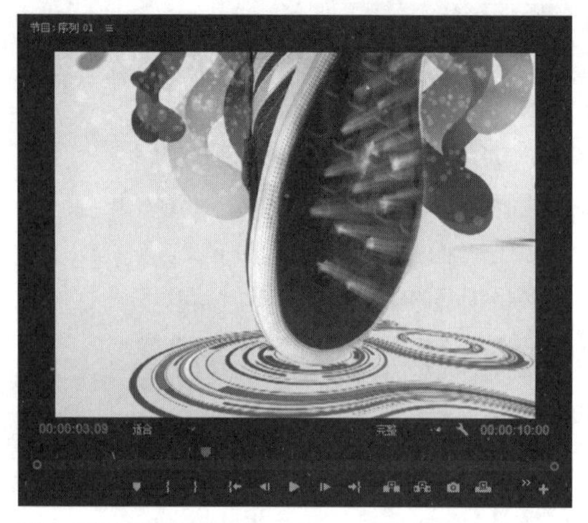

图 5-156 查看素材画面

02 在"效果"面板中，依次展开"视频过渡"|"滑动"选项，在其中选择"推"视频过渡，如图5-157所示。

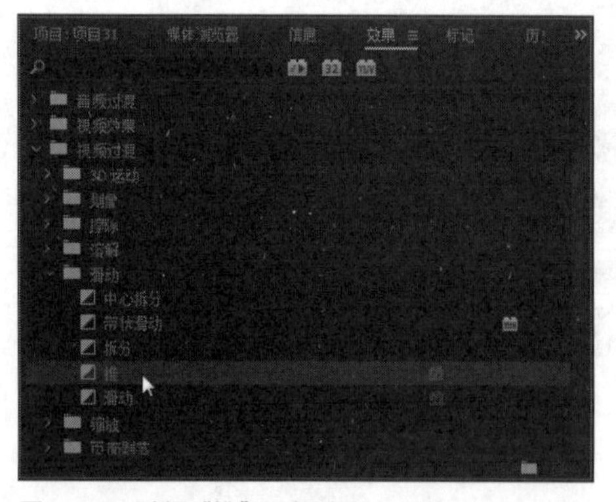

图 5-157 选择"推"视频过渡

03 将"推"视频过渡拖曳到"时间轴"面板中的两个素材文件之间，如图5-158所示。

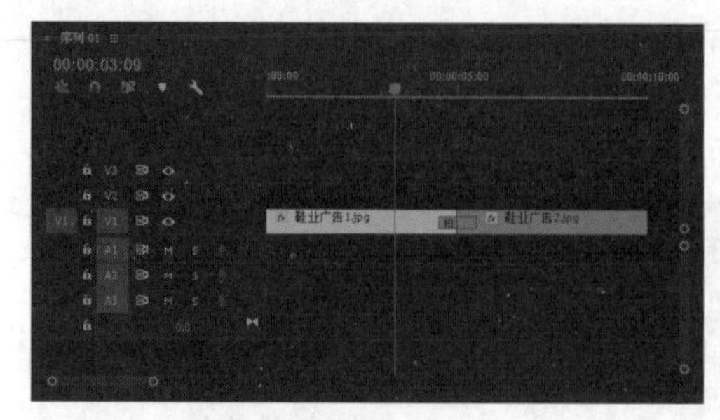

图 5-158 拖曳视频过渡

04 在添加的视频过渡上单击鼠标右键，在弹出的快捷菜单中选择"设置过渡持续时间"选项，如图5-159所示。

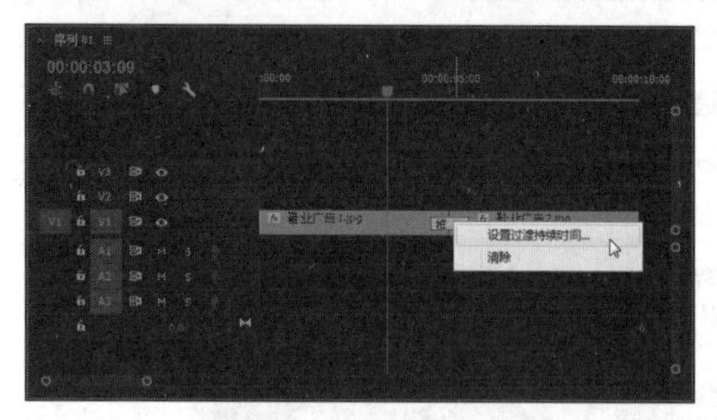

图 5-159 选择"设置过渡持续时间"选项

05 在弹出的"设置过渡持续时间"对话框中，设置"持续时间"为00:00:05:00，如图5-160所示，单击"确定"按钮，设置过渡持续时间。

图 5-160"设置过渡持续时间"对话框

06 执行上述操作后，即可添加"推"转场效果，在"节目监视器"面板中，单击"播放-停止切换"按钮，预览添加转场后的视频效果，如图5-161所示。

图 5-161 预览视频效果

图 5-161 预览视频效果（续）

5.3 习题测试

习题1 添加双侧平推门转场效果

素材位置	素材 > 第 5 章 > 项目 32.prproj
效果位置	效果 > 第 5 章 > 项目 32.prproj
视频位置	视频 > 第 5 章 > 习题 1：添加双侧平推门转场效果 .mp4

本习题练习添加双侧平推门转场效果的操作，素材与效果如图5-162所示。

图 5-162 素材与效果

习题2 添加径向擦除转场效果

素材位置	素材 > 第 5 章 > 项目 33.prproj
效果位置	效果 > 第 5 章 > 项目 33.prproj
视频位置	视频 > 第 5 章 > 习题 2：添加径向擦除转场效果 .mp4

本习题练习添加径向擦除转场效果的操作，素材与效果如图5-163所示。

图 5-163 素材与效果

习题3 添加棋盘擦除转场效果

素材位置	素材 > 第 5 章 > 项目 34.prproj
效果位置	效果 > 第 5 章 > 项目 34.prproj
视频位置	视频 > 第 5 章 > 习题 3：添加棋盘擦除转场效果 .mp4

本习题练习添加棋盘擦除转场效果的操作，素材与效果如图5-164所示。

图 5-164 素材与效果

习题4 添加MorphCut转场效果

素材位置	素材 > 第 5 章 > 项目 35.prproj
效果位置	效果 > 第 5 章 > 项目 35.prproj
视频位置	视频 > 第 5 章 > 习题 4：添加 MorphCut 转场效果 .mp4

本习题练习添加MorphCut转场效果的操作，素材与效果如图5-165所示。

图 5-165 素材与效果

第06章 精彩视频特效的制作

随着数字时代的发展，添加影视效果这一复杂的工作已经得到了简化。在Premiere Pro CC 2017强大的视频效果的帮助下，可以对视频、图像及音频等多种素材进行处理和加工，从而得到令人满意的影视文件。本章将讲解Premiere Pro CC 2017系统中提供的多种视频效果的添加与制作方法。

课堂学习目标

- 掌握添加单个视频效果的操作方法。
- 掌握复制与粘贴视频的操作方法。
- 掌握设置效果控件参数的操作方法。
- 掌握添加垂直翻转特效的操作方法。

扫码观看本章实战操作视频

6.1 视频特效的基本操作

Premiere Pro CC 2017根据视频效果的作用，将提供的130多种视频效果分为“变换”“视频控制”“实用程序”“扭曲”“时间”“杂色与颗粒”“模糊与锐化”“生成”“视频”“调整”“过渡”“透视”“通道”“键控”“颜色校正”及“风格化”等，放置在“效果”面板中的“视频效果”文件夹中。

6.1.1 实战——添加单个视频效果

在Premiere Pro CC 2017的“效果”面板中，展开“视频效果”选项，在其中提供了所有的视频特效。下面介绍添加单个视频效果的操作方法。

素材位置	素材 > 第 6 章 > 项目 1.prproj
效果位置	效果 > 第 6 章 > 项目 1.prproj
视频位置	视频 > 第 6 章 > 实战——添加单个视频效果 .mp4

01 按【Ctrl + O】组合键，打开一个项目文件，在“节目监视器”面板中可以查看素材画面，如图6-1所示。

专家指点

Premiere Pro CC 2017在应用了视频的所有标准效果之后渲染固定效果，标准效果会按照从上往下出现的顺序渲染，可以在“效果控件”面板中将标准效果拖到新的位置来更改它们的顺序，但是不能重新排列固定效果的顺序。这些操作可能会影响到视频的最终效果。

图6-1 查看素材画面

02 在“效果”面板中，依次展开“视频效果”|“扭曲”选项，在其中选择“紊乱置换”视频效果，如图6-2所示。

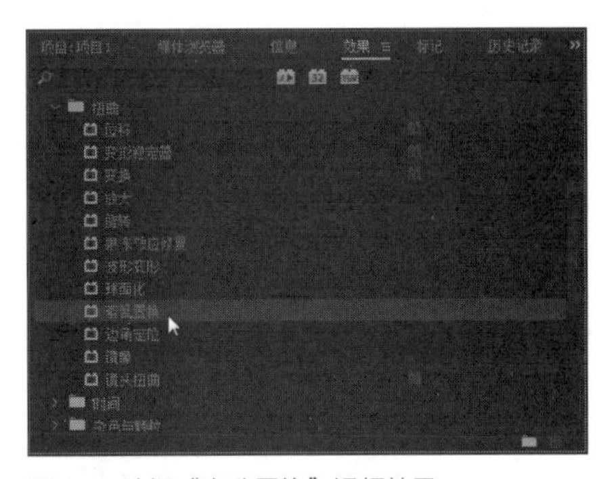

图6-2 选择“紊乱置换”视频效果

03 将“紊乱置换”特效拖曳至“时间轴”面板中的相应素材文件上，如图6-3所示。

图 6-3 拖曳至相应素材文件上

04 执行上述操作后，即可预览添加单个视频的效果，如图6-4所示。

图 6-4 预览添加单个视频效果

专家指点

已添加视频效果的素材右侧的“不透明度”图标会变成紫色，便于区分素材是否添加了视频效果，在图标上单击鼠标右键，即可在弹出的列表框中查看添加的视频效果，如图 6-5 所示。

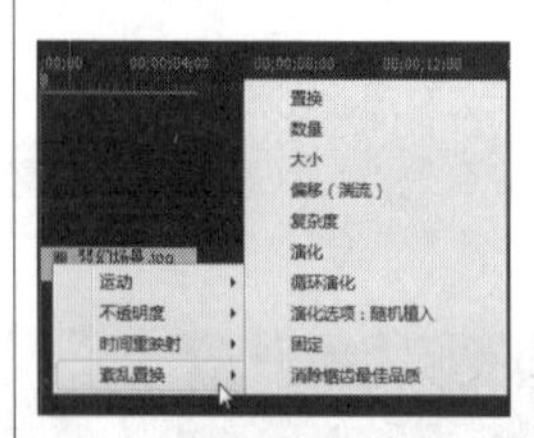

图 6-5 查看添加的视频效果

在 Premiere Pro CC 2017 中，添加到“时间轴”面板上的每个视频都会预先应用或内置固定效果。固定效果可控制剪辑的固有属性，在“效果控件”面板中可以调整所有的固定效果属性来激活它们。固定效果包括以下内容。

- 运动：包括多种属性，用于旋转和缩放视频，调整视频的防闪烁属性，或将这些视频与其他视频进行合成。
- 不透明度：允许降低视频的不透明度，用于实现叠加、淡化和溶解之类的效果。
- 时间重映射：允许针对视频的任何部分减速、加速、倒放或将帧冻结。通过提供微调控制，使这些变化加速或减速。

为素材添加视频效果之后，在“效果控件”面板中展开相应的效果选项，可以为添加的特效设置参数，如图 6-6 所示。

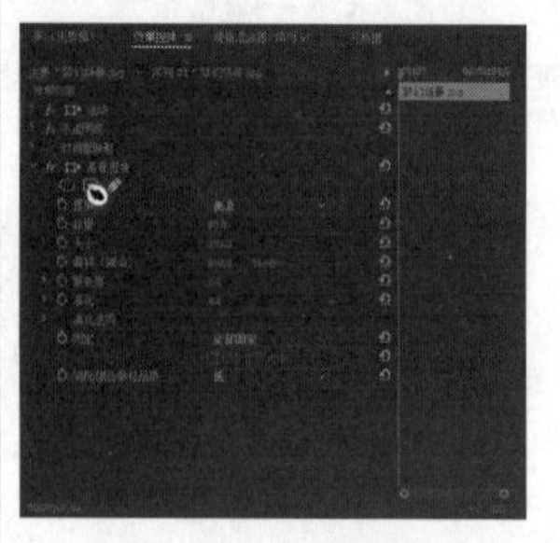

图 6-6 设置视频效果参数

6.1.2 实战——添加多个视频效果 重点

在Premiere Pro CC 2017中，将素材拖入“时间线”面板后，将“效果”面板中的视频效果依次拖曳至“时间线”面板的素材中，可以添加多个视频效果。下面介绍添加多个视频效果的方法。

素材位置	素材 > 第 6 章 > 项目 2.prproj
效果位置	效果 > 第 6 章 > 项目 2.prproj
视频位置	视频 > 第 6 章 > 实战——添加多个视频效果 .mp4

01 按【Ctrl + O】组合键，打开一个项目文件，在“节目监视器”面板中可以查看素材画面，如图 6-7 所示。

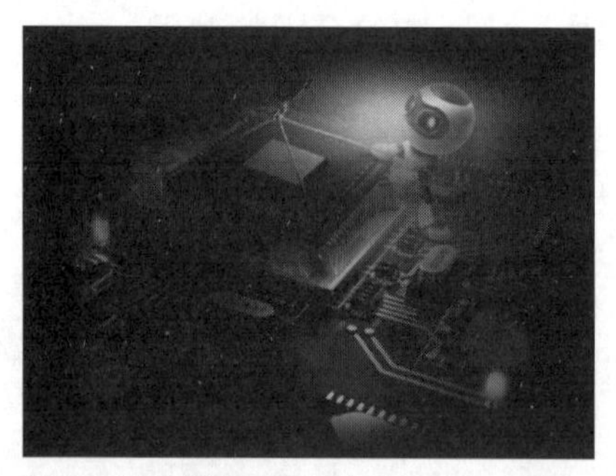

图 6-7 查看素材画面

02 在“效果”面板中，依次展开“视频效果”|“模糊和锐化”选项，在其中选择“方向模糊”和“相机模糊”视频效果，如图6-8所示。

03 将选择的两个特效拖曳至“时间轴”面板中的相应素材文件上，在“效果控件”面板中查看已添加的视频效果，如图6-9所示。

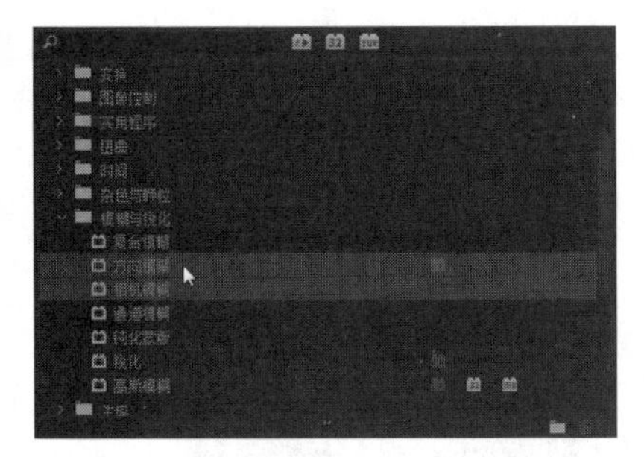

图 6-8　选择视频效果

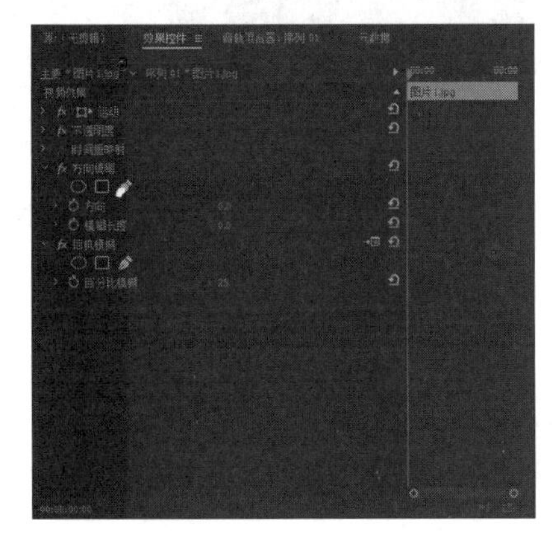

图 6-9　拖曳至相应素材文件上

04 执行上述操作后，即可预览添加多个视频的效果，如图6-10所示。

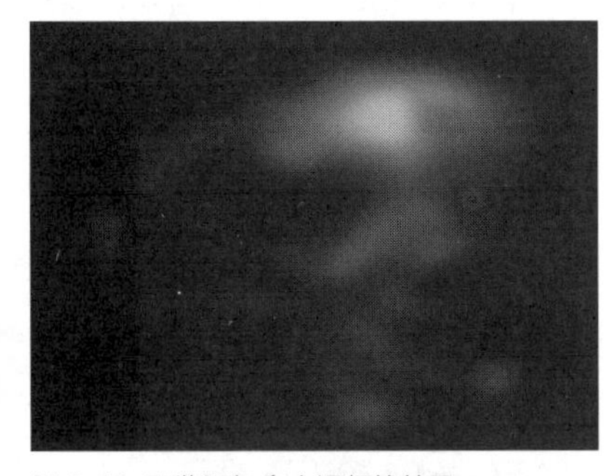

图 6-10　预览添加多个视频的效果

6.1.3　实战——复制与粘贴视频　重点

使用“复制”功能可以对重复使用的视频效果进行复制操作。执行复制操作时，在“时间轴”面板中选择已添加视频效果的源素材，并在“效果控件”面板中选择视频效果，单击鼠标右键，在弹出的快捷菜单中选择“复制”选项即可。

素材位置	素材 > 第 6 章 > 项目 3.prproj
效果位置	效果 > 第 6 章 > 项目 3.prproj
视频位置	视频 > 第 6 章 > 实战——复制与粘贴视频 .mp4

01 按【Ctrl + O】组合键，打开一个项目文件，在“节目监视器”面板中可以查看素材画面，如图6-11所示。

02 在“效果”面板中，依次展开“视频效果”|“调整”选项，在其中选择ProcAmp视频效果，如图6-12所示。

图 6-11　查看素材画面

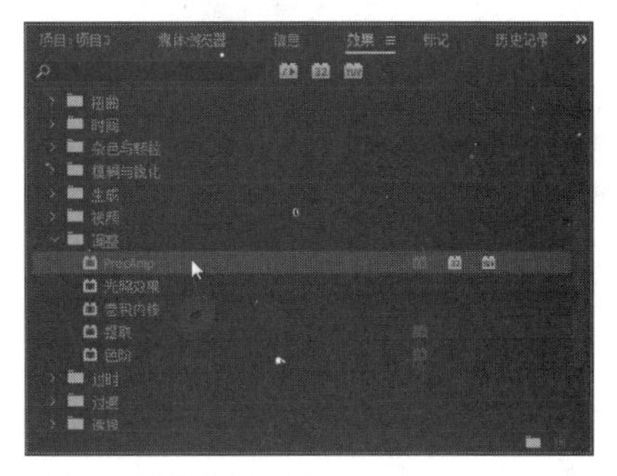

图 6-12　选择视频效果

03 将ProcAmp视频效果拖曳至“时间轴”面板中的相应素材上，切换至“效果控件”面板，设置“亮度”为1.0，“对比度”为108.0，“饱和度”为155.0，如图6-13所示。

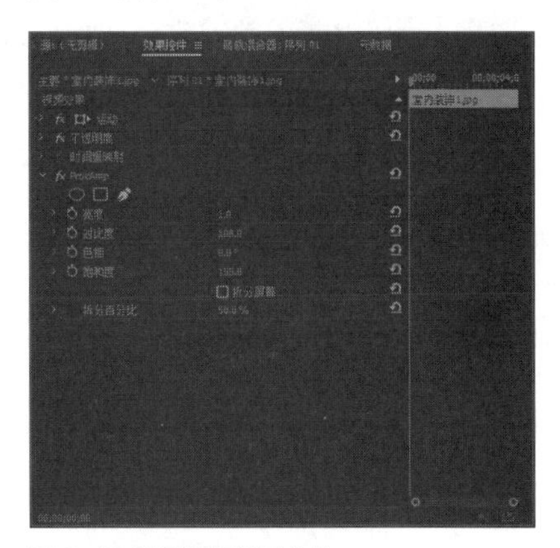

图 6-13　设置视频效果参数

04 在ProcAmp选项上单击鼠标右键，在弹出的快捷菜单中选择“复制”选项，如图6-14所示。

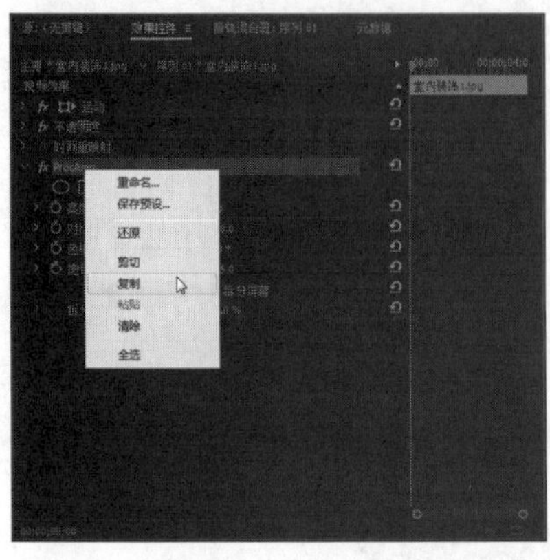

图 6-14 选择“复制”选项

05 在“时间轴”面板中，选择相应素材文件，如图6-15所示。

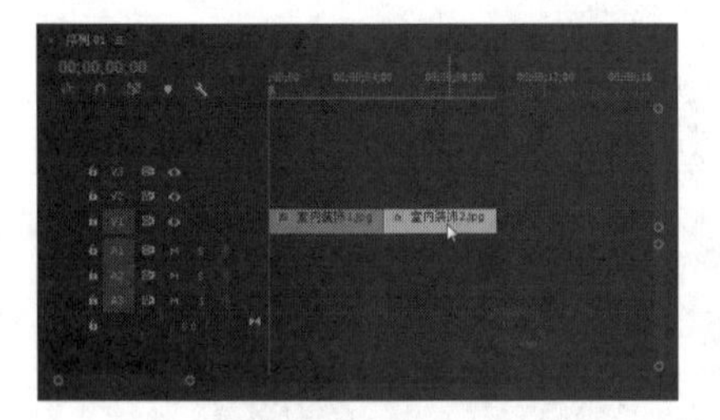

图 6-15 选择素材文件

06 在“效果控件”面板中的空白位置单击鼠标右键，在弹出的快捷菜单中选择“粘贴”选项，如图6-16所示。

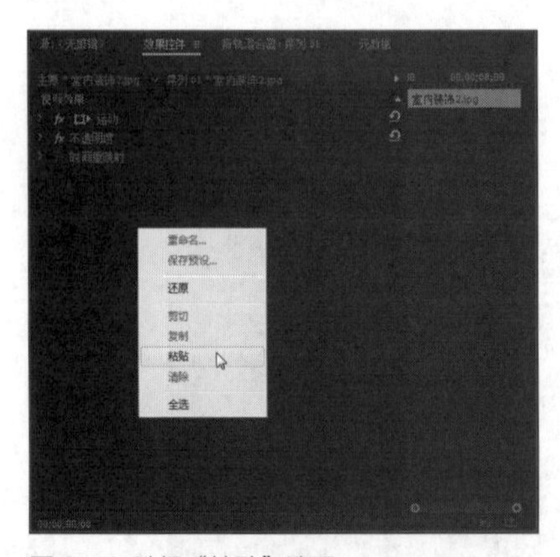

图 6-16 选择“粘贴”选项

07 执行上述操作，即可将复制的视频效果粘贴到相应素材中，如图6-17所示。

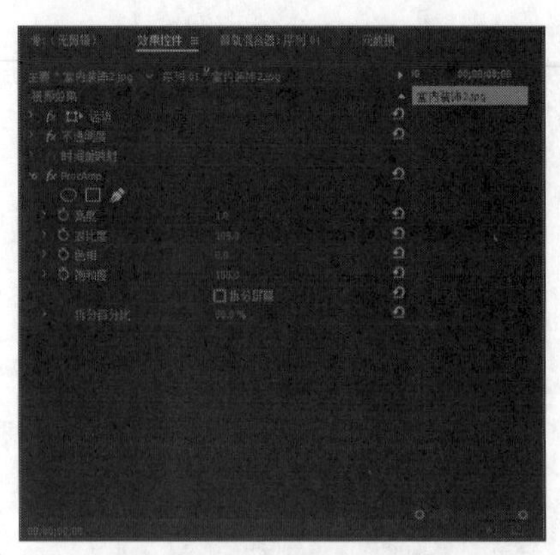

图 6-17 粘贴视频效果

08 单击“播放-停止切换”按钮，预览视频效果，如图6-18所示。

图 6-18 预览视频效果

6.1.4 实战——删除视频效果

在进行视频效果添加的过程中，如果对添加的视频效果不满意，可以通过“清除”命令来删除效果。

素材位置	素材 > 第 6 章 > 项目 4.prproj
效果位置	效果 > 第 6 章 > 项目 4.prproj
视频位置	视频 > 第 6 章 > 实战——删除视频效果 .mp4

01 按【Ctrl + O】组合键，打开一个项目文件，在“节目监视器”面板中可以查看素材画面，如图6-19所示。

图 6-19 查看素材画面

02 切换至“效果控件”面板，在“紊乱置换”选项上单击鼠标右键，在弹出的快捷菜单中选择“清除”选项，如图6-20所示。

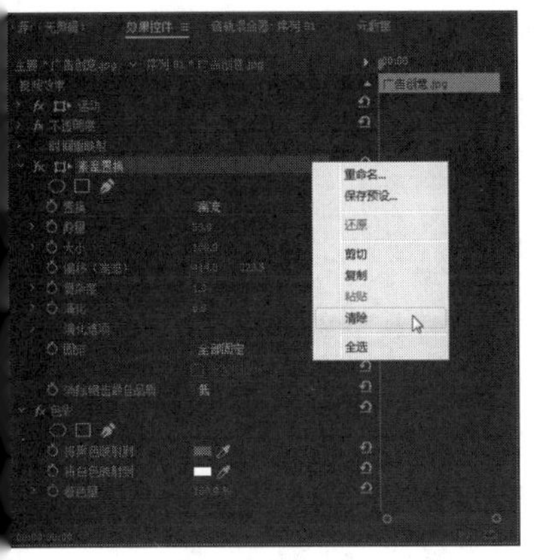

图 6-20 选择“清除”选项

03 执行上述操作后，即可清除“紊乱置换”视频效果，选择“色彩”选项，如图6-21所示。

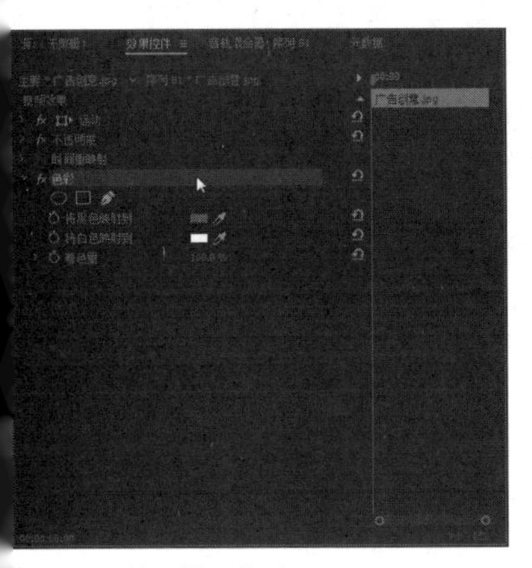

图 6-21 选择“色彩”选项

04 在菜单栏中单击“编辑”|“清除”命令，如图6-22所示。

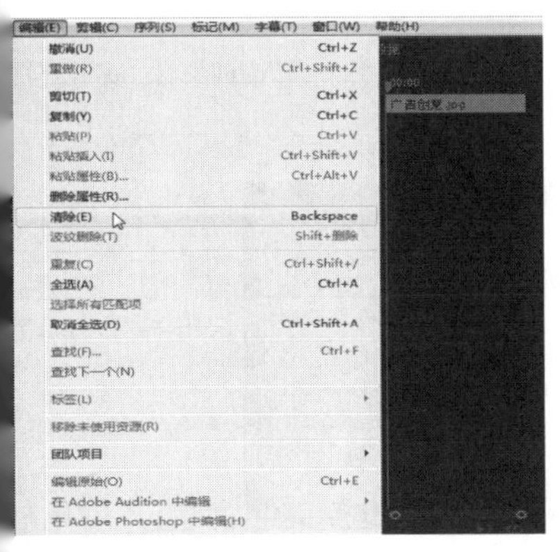

图 6-22 单击“清除”命令

05 执行操作后，即可清除“色彩”视频效果，如图6-23所示。

图 6-23 清除“色彩”视频效果

06 单击“播放-停止切换”按钮，预览视频效果，如图6-24所示。

图 6-24 删除视频效果前后对比效果

专家指点

除了上述方法外，还可以在选中相应的视频效果后，按【Delete】键将其删除。

6.1.5 关闭视频效果

关闭视频效果是指将已添加的视频效果暂时隐藏，如果需要再次显示该效果，可以重新启用，而不需要再次添加。

01 在Premiere Pro CC 2017中，单击“效果控件”面板中的“切换效果开关”按钮，如图6-25所示，即可隐藏该素材的视频效果。

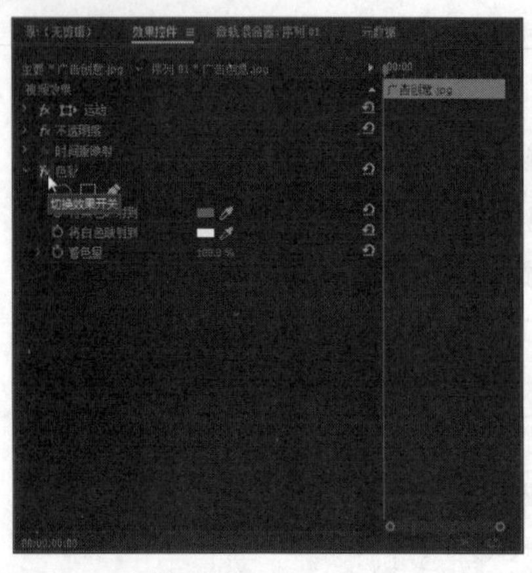

图 6-25 隐藏视频效果

02 再次单击“切换效果开关”按钮，即可重新显示视频效果，如图6-26所示。

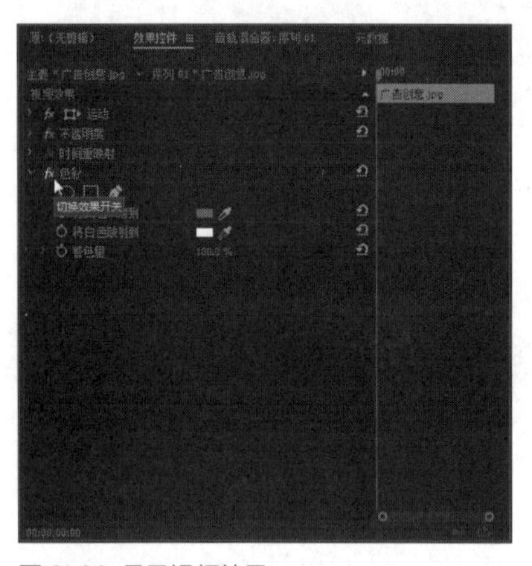

图 6-26 显示视频效果

6.2 视频效果参数的设置

在Premiere Pro CC 2017中，每一个独特的效果都具有各自的参数，通过合理设置这些参数，可以使这些效果达到最佳。下面主要介绍视频效果参数的设置方法。

6.2.1 实战——设置对话框参数

在Premiere Pro CC 2017中，根据需要运用对话框可以设置视频效果的参数。下面介绍运用对话框设置参数的操作方法。

素材位置	素材 > 第 6 章 > 项目 5.prproj
效果位置	效果 > 第 6 章 > 项目 5.prproj
视频位置	视频 > 第 6 章 > 实战——设置对话框参数 .mp4

01 按【Ctrl+O】组合键，打开一个项目文件，如图6-27所示。

图 6-27 打开项目文件

02 展开“效果控件”面板，单击“弯曲”效果右侧的“设置”按钮，如图6-28所示。

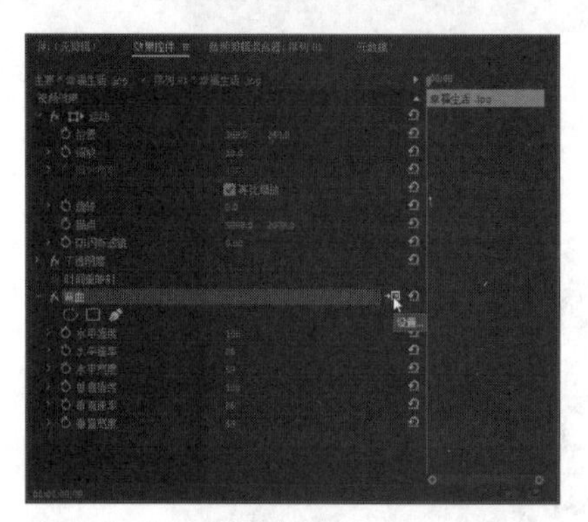

图 6-28 单击“设置”按钮

03 弹出“弯曲设置”对话框，调整垂直速率，单击“确定”按钮，如图6-29所示。

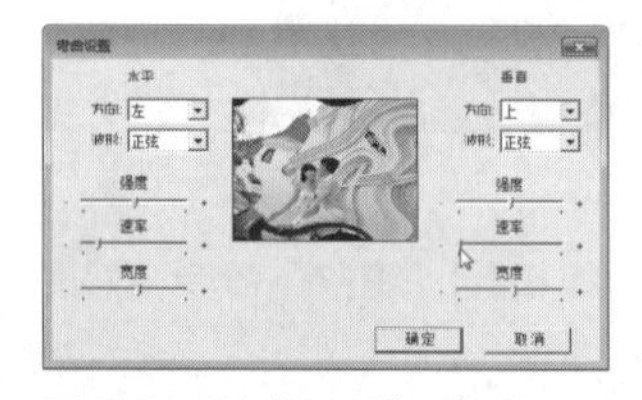

图 6-29“弯曲设置”对话框

04 执行操作后，即可通过对话框设置参数，设置完成后视频效果如图6-30所示。

图 6-30 预览视频效果

6.2.2 实战——设置效果控件参数 重点

在Premiere Pro CC 2017中，除了可以使用对话框设置参数之外，还可以运用效果控制区设置视频效果的参数。

素材位置	素材 > 第 6 章 > 项目 6.prproj
效果位置	效果 > 第 6 章 > 项目 6.prproj
视频位置	视频 > 第 6 章 > 实战——设置效果控件参数 .mp4

01 按【Ctrl+O】组合键，打开一个项目文件，如图6-31所示。

图 6-31 打开项目文件

02 展开“效果控件”面板，单击“自动对比度”效果前的展开按钮，展开“自动对比度”控制区，如图6-32所示。

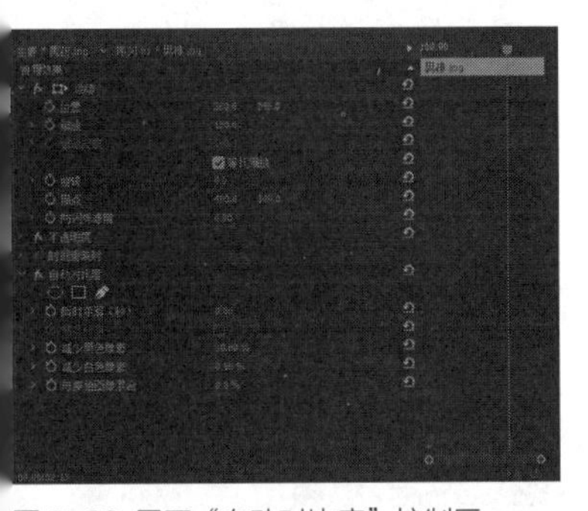

图 6-32 展开“自动对比度”控制区

03 单击“减少黑色像素”选项左侧的展开按钮，拖曳滑块设置参数值为0.10%，如图6-33所示。

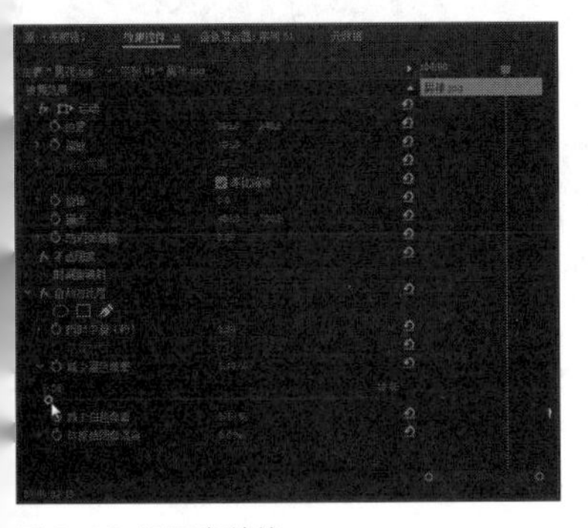

图 6-33 设置参数值

04 执行操作后，即可运用效果控件区设置视频效果参数，视频效果如图6-34所示。

图 6-34 预览视频效果

6.3 制作常用视频特效

系统根据视频效果的作用和效果，将视频效果分为“变换”“视频控制”“实用”“扭曲”及“时间”等多种类别。接下来，将为读者介绍几种常用的视频效果的添加方法。

6.3.1 实战——添加键控特效 进阶

“键控”视频效果主要针对视频图像的特定键进行处理。下面介绍“颜色键”视频效果的添加方法。

素材位置	素材 > 第 6 章 > 项目 7.prproj
效果位置	效果 > 第 6 章 > 项目 7.prproj
视频位置	视频 > 第 6 章 > 实战——添加键控特效 .mp4

01 按【Ctrl+O】组合键，打开一个项目文件，在“节目监视器”面板中可以查看素材画面，如图6-35所示。

图 6-35 查看素材画面

02 在“效果”面板中，依次展开“视频效果”|“键控”选项，在其中选择“颜色键”视频效果，如图6-36所示。

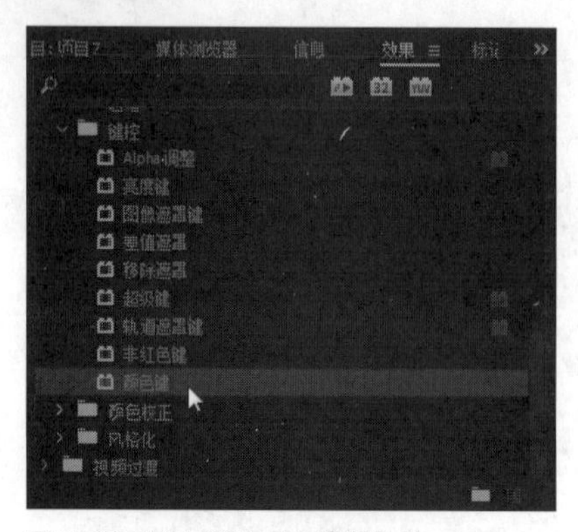

图 6-36 选择“颜色键”视频效果

专家指点

在“键控”文件夹中，可以设置以下视频特效。

- Alpha 调整：需要更改固定效果的默认渲染顺序时，可使用“Alpha 调整”效果代替不透明度效果。更改不透明度百分比数值可以创建透明度级别。
- 亮度键：“亮度键”效果可以抠出图层中指定明亮度或亮度的所有区域。
- 图像遮罩键：“图像遮罩键”效果根据静止视频剪辑（充当遮罩）的明亮度值抠出剪辑视频的区域。透明区域显示下方轨道上的剪辑产生的视频，可以指定项目中要充当遮罩的任何静止视频剪辑，不必位于序列中。要使用移动视频作为遮罩，改用轨道遮罩键效果。
- 差值遮罩：“差值遮罩”效果创建透明度的方法是将源剪辑和差值剪辑进行比较，然后在源视频中抠出与差值视频中的位置和颜色均匹配的像素。通常，此效果用于抠出移动物体后面的静态背景，然后放在不同的背景上。差值剪辑通常仅仅是背景素材的帧（在移动物体进入场景之前）。因此，“差值遮罩”效果最适合使用固定摄像机和静止背景拍摄的场景。
- 移除遮罩：“移除遮罩”效果从某种颜色的剪辑中移除颜色杂边。将 Alpha 通道与独立文件中的填充纹理相结合时，此效果很有用。如果导入具有预乘 Alpha 通道的素材，或使用 After Effects 创建 Alpha 通道，则可能需要从视频中移除光晕。光晕源于视频的颜色和背景之间或遮罩与颜色之间较大的对比度，移除或更改遮罩的颜色可以移除光晕。
- 超级键：“超级键”效果在具有支持的 NVIDIA 显卡的计算机上采用 GPU 加速，从而提高播放和渲染性能。
- 轨道遮罩键：使用轨道遮罩键移动或更改透明区域。轨道遮罩键通过一个剪辑（叠加的剪辑）显示另一个剪辑（背景剪辑），此过程中使用第 3 个文件作为遮罩，在叠加的剪辑中创建透明区域。此效果需要两个剪辑和一个遮罩，每个剪辑位于自身的轨道上。遮罩中的白色区域在叠加的剪辑中是不透明的，防止底层剪辑显示出来。遮罩中的黑色区域是透明的，而灰色区域是部分透明的。
- 非红色键：“非红色键”效果基于绿色或蓝色背景创建透明度。虽然此键类似于蓝屏键效果，但是它允许混合两个剪辑。此外，非红色键效果有助于减少不透明对象边缘的杂边。在需要控制混合时，或在蓝屏键效果无法产生满意结果时，可使用非红色键效果来抠出绿色屏。
- 颜色键：“颜色键”效果抠出所有类似于指定的主要颜色的视频像素。此效果仅修改剪辑的 Alpha 通道。

03 将“颜色键”特效拖曳至“时间轴”面板中的“破壳2”素材文件上，如图6-37所示。

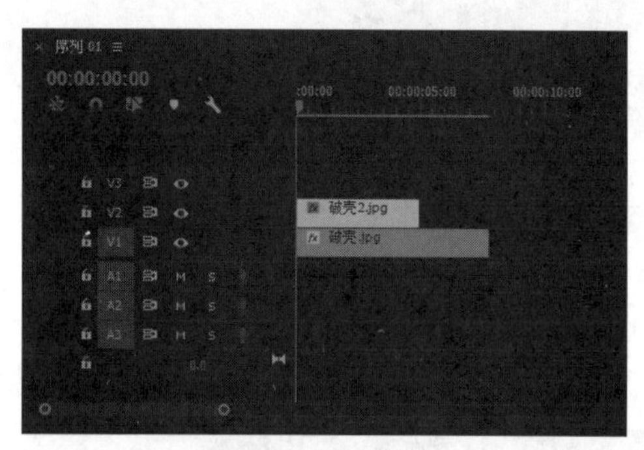

图 6-37 拖曳“颜色键”特效

04 在“效果控件”面板中，展开“颜色键”选项，选取吸管工具，如图6-38所示。

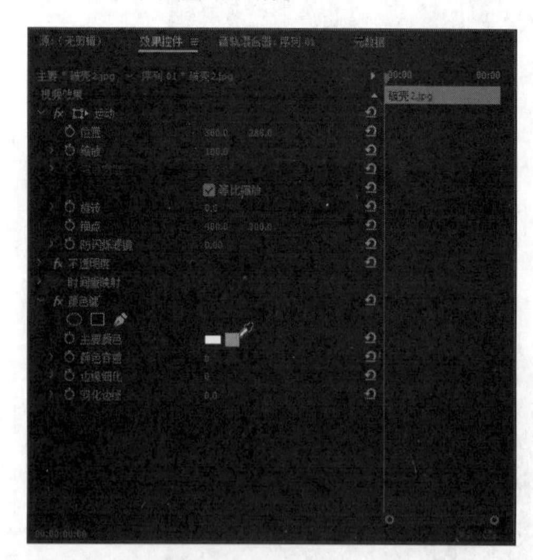

图 6-38 选取吸管工具

05 在“节目监视器”面板中，将吸管工具移至画面中的白色区域上，如图6-39所示。

图 6-39 移动吸管工具

06 单击鼠标左键，吸取颜色，即可运用“键控”特效编辑素材，如图6-40所示。

图 6-40 编辑素材

07 单击“播放-停止切换”按钮，预览视频效果，如图6-41所示。

图 6-41 预览视频效果

6.3.2 实战——添加垂直翻转特效

“垂直翻转”视频效果用于将视频上下垂直翻转。下面将介绍添加垂直翻转效果的操作方法。

素材位置	素材 > 第 6 章 > 项目 8.prproj
效果位置	效果 > 第 6 章 > 项目 8.prproj
视频位置	视频 > 第 6 章 > 实战——添加垂直翻转特效 .mp4

01 按【Ctrl + O】组合键，打开一个项目文件，在“节目监视器”面板中可以查看素材画面，如图6-42所示。

图 6-42 打开项目文件

02 在“效果”面板中依次展开“视频效果”|“变换”选项，在其中选择“垂直翻转”视频效果，如图6-43所示。

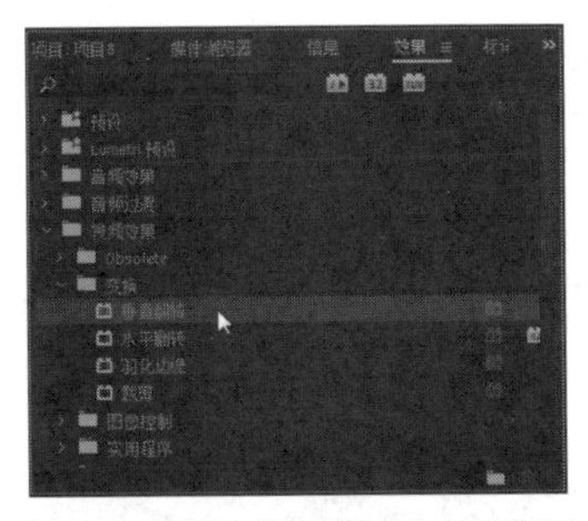

图 6-43 选择“垂直翻转”视频效果

03 将“垂直翻转”特效拖曳至“时间轴”面板中的素材文件上，如图6-44所示。

图 6-44 拖曳“垂直翻转”特效

04 单击“播放-停止切换”按钮，预览视频效果，如图6-45所示。

图 6-45 预览视频效果

6.3.3 实战——添加水平翻转特效

“水平翻转”视频效果用于将视频中的每一帧从左向右翻转。下面将介绍添加水平翻转效果的操作方法。

素材位置	素材 > 第 6 章 > 项目 9.prproj
效果位置	效果 > 第 6 章 > 项目 9.prproj
视频位置	视频 > 第 6 章 > 实战——添加水平翻转特效 .mp4

01 按【Ctrl+O】组合键，打开一个项目文件，在“节目监视器”面板中可以查看素材画面，如图6-46所示。

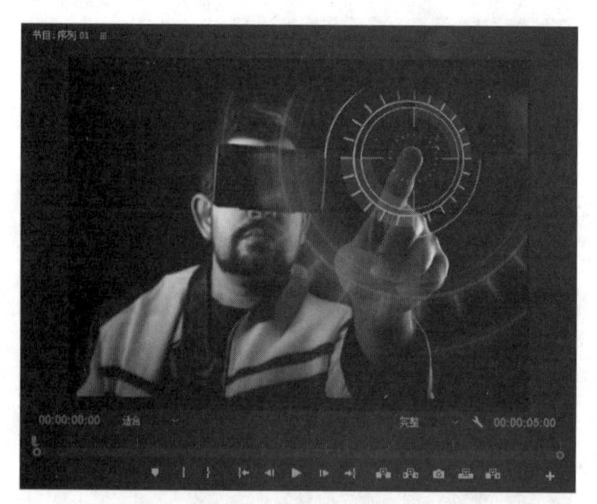

图 6-46 查看素材画面

02 在“效果”面板中，依次展开“视频效果”|“变换”选项，在其中选择“水平翻转”视频效果，如图6-47所示。

03 将“水平翻转”特效拖曳至“时间轴”面板中的素材文件上，如图6-48所示。

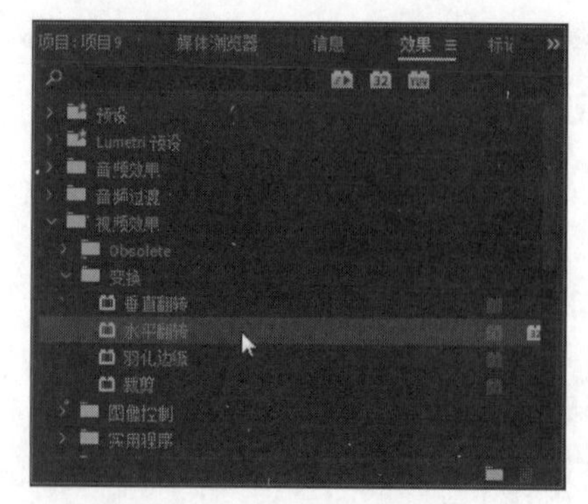

图 6-47 选择“水平翻转”视频效果

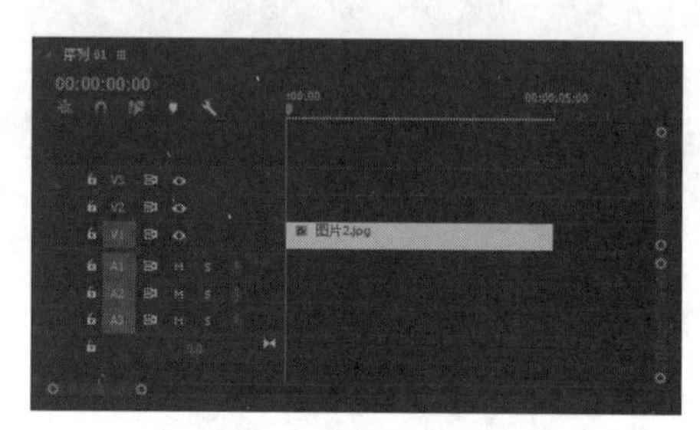

图 6-48 拖曳“水平翻转”特效

04 单击“播放-停止切换”按钮，预览视频效果，如图6-49所示。

图 6-49 预览视频效果

专家指点

在Premiere Pro CC 2017中，“变换”列表框中的视频效果主要是使素材的形状产生二维或三维的变化，其效果包括“水平翻转”“羽化边缘”及“裁剪”等视频效果。

6.3.4 实战——添加高斯模糊特效

“高斯模糊”视频效果用于修改明暗分界点的差值，可以产生模糊效果。

素材位置	素材 > 第 6 章 > 项目 10.prproj
效果位置	效果 > 第 6 章 > 项目 10.prproj
视频位置	视频 > 第 6 章 > 实战——添加高斯模糊特效 .mp4

01 按【Ctrl + O】组合键，打开一个项目文件，如图6-50 所示。

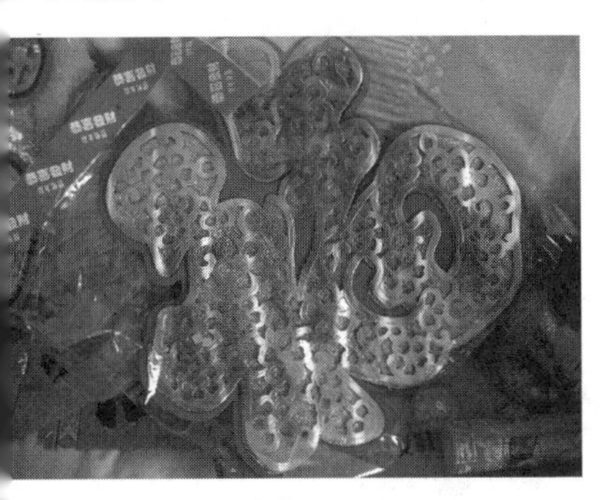

图 6-50 打开项目文件

02 在“模糊与锐化”列表框中选择“高斯模糊”选项，如图6-51所示，并将其拖曳至V1轨道上。

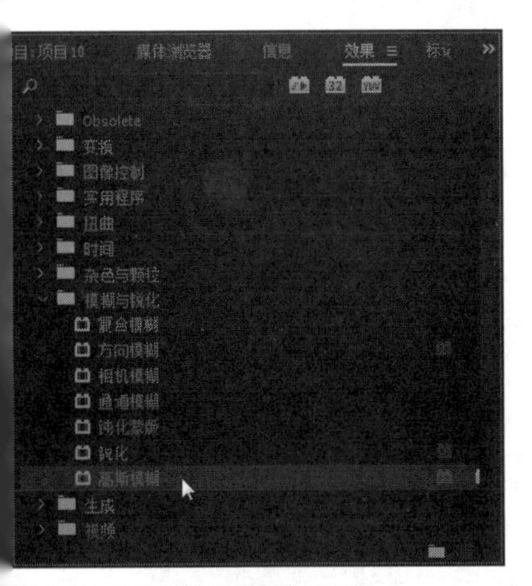

图 6-51 选择“高斯模糊”选项

03 展开“效果控件”面板，设置“模糊度”为20.0，如图6-52所示。

04 执行操作后，即可添加“高斯模糊”视频效果，效果如图6-53所示。

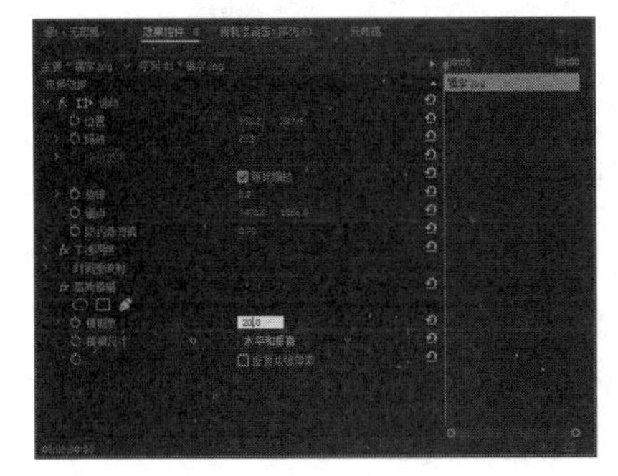

图 6-52 设置参数值

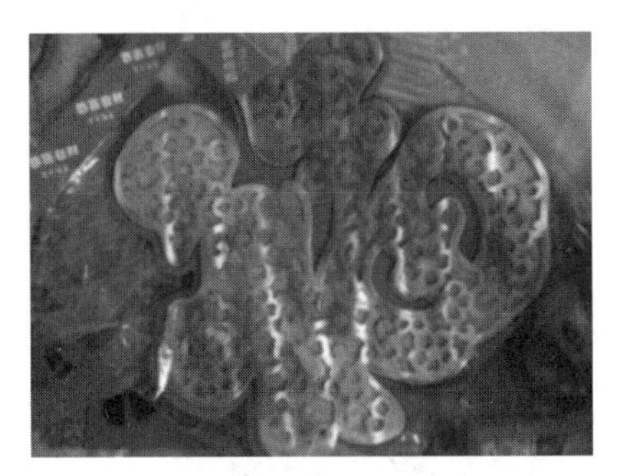

图 6-53 添加“高斯模糊”视频效果

6.3.5 实战——添加镜头光晕特效 进阶

“镜头光晕”视频效果是通过修改光晕中心和光晕亮度值，产生类似光晕的效果。

素材位置	素材 > 第 6 章 > 项目 11.prproj
效果位置	效果 > 第 6 章 > 项目 11.prproj
视频位置	视频 > 第 6 章 > 实战——添加镜头光晕特效 .mp4

01 按【Ctrl + O】组合键，打开一个项目文件，如图6-54所示。

图 6-54 打开项目文件

02 在“生成”列表框中选择“镜头光晕”选项，如图6-55所示，将其拖曳至V1轨道上。

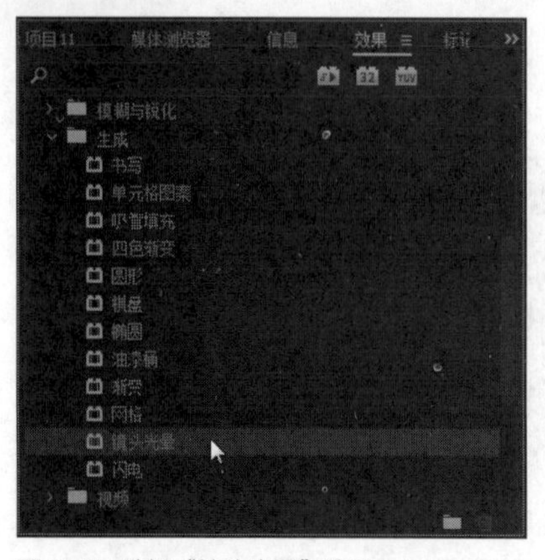

图 6-55 选择“镜头光晕”选项

03 展开“效果控件”面板，设置“光晕中心”为（1076.6、329.6），“光晕亮度”为136%，如图6-56所示。

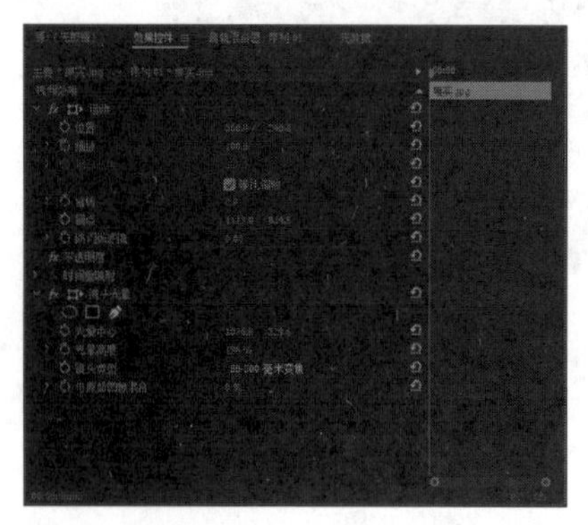

图 6-56 设置参数值

专家指点

在 Premiere Pro CC 2017 中，“生成”列表框中的视频效果主要用于在素材上创建具有特色的图形或渐变颜色，并可以与素材合成。

04 执行操作后，即可添加“镜头光晕”视频效果，预览其效果，如图6-57所示。

图 6-57 预览视频效果

6.3.6 实战——添加波形变形特效

“波形变形”视频效果用于使视频形成波浪式的变形效果。下面将介绍添加波形扭曲效果的操作方法。

素材位置	素材 > 第 6 章 > 项目 12.prproj
效果位置	效果 > 第 6 章 > 项目 12.prproj
视频位置	视频 > 第 6 章 > 实战——添加波形变形特效 .mp4

01 按【Ctrl+O】组合键，打开一个项目文件，如图6-58所示。

图 6-58 打开项目文件

02 在“扭曲”列表框中选择“波形变形”选项，如图6-59所示，将其拖曳至V1轨道上。

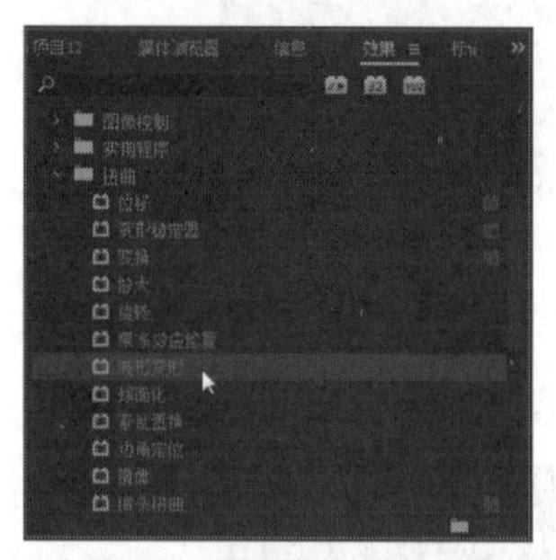

图 6-59 选择“波形变形”选项

03 展开“效果控件”面板，设置“波形宽度”为50，如图6-60所示。

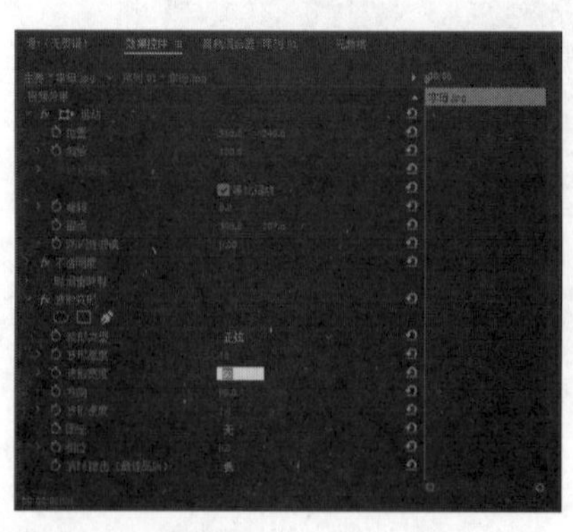

图 6-60 设置参数值

04 执行操作后，即可添加“波形变形”视频效果，预览其效果，如图6-61所示。

图 6-61 预览效果

6.3.7 实战——添加纯色合成特效

“纯色合成”视频效果用于将一种颜色与视频混合。下面将介绍添加纯色合成效果的操作方法。

素材位置	素材 > 第 6 章 > 项目 13.prproj
效果位置	效果 > 第 6 章 > 项目 13.prproj
视频位置	视频 > 第 6 章 > 实战——添加纯色合成特效 .mp4

01 按【Ctrl＋O】组合键，打开一个项目文件，如图6-62所示。

图 6-62 打开项目文件

02 在“通道”列表框中，选择“纯色合成”选项，如图6-63所示，并将其拖曳至V1轨道上。

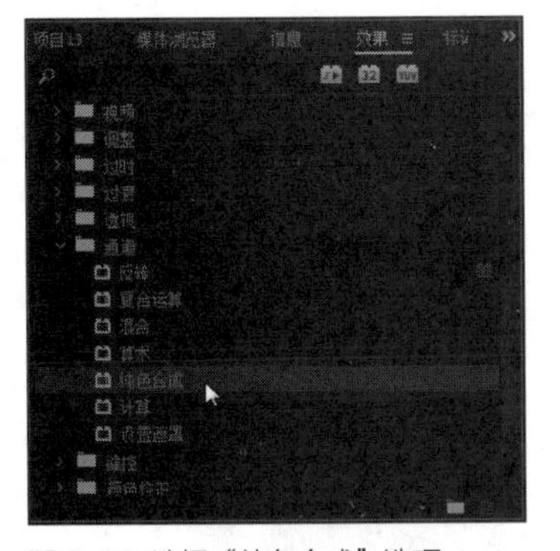

图 6-63 选择“纯色合成”选项

03 展开“效果控件”面板，依次单击“源不透明度”和“颜色”对应的“切换动画”按钮，如图6-64所示。

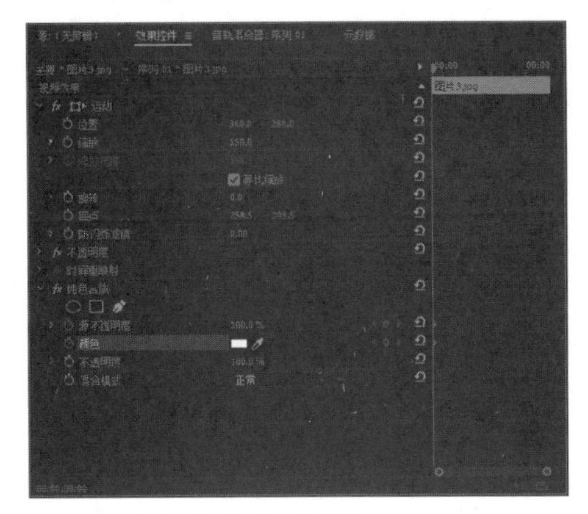

图 6-64 单击“切换动画”按钮

04 设置时间为00:00:03:00，“源不透明度”为50.0%，“颜色”的RGB参数为（0、204、255），如图6-65所示。

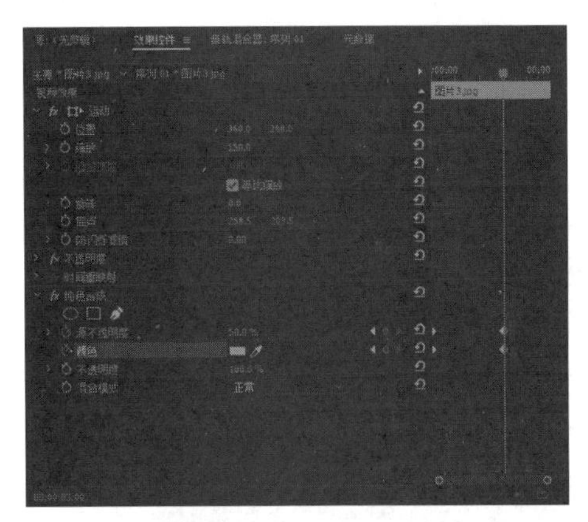

图 6-65 设置参数值

05 执行操作后，即可添加“纯色合成”效果，单击“播放-停止切换”按钮，查看视频效果，如图6-66所示。

图 6-66 查看视频效果

6.3.8 实战——添加蒙尘与划痕特效

运用“蒙尘与划痕”效果可以产生一种朦胧的模糊效果。下面将介绍添加蒙尘与划痕效果的操作方法。

素材位置	素材 > 第 6 章 > 项目 14.prproj
效果位置	效果 > 第 6 章 > 项目 14.prproj
视频位置	视频 > 第 6 章 > 实战——添加蒙尘与划痕特效 .mp4

01 按【Ctrl+O】组合键，打开一个项目文件，如图6-67所示。

图 6-67 打开项目文件

02 在“杂色与颗粒”列表框中选择“蒙尘与划痕”选项，如图6-68所示，并将其拖曳至V1轨道上。

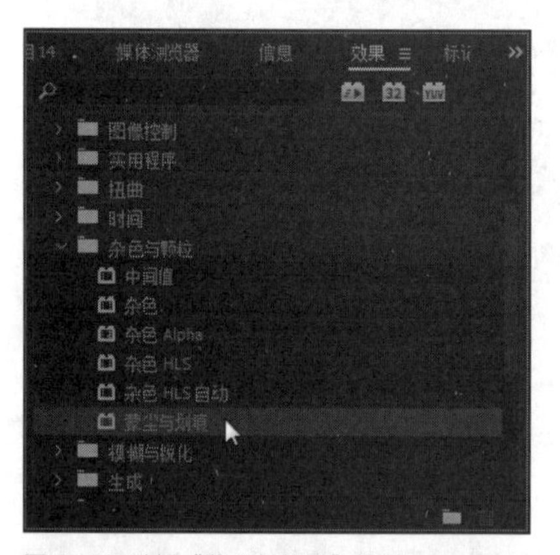

图 6-68 选择“蒙尘与划痕”选项

03 展开“效果控件”面板，设置“半径”为8，如图6-69所示。

04 执行操作后，即可添加“蒙尘与划痕”效果，视频效果如图6-70所示。

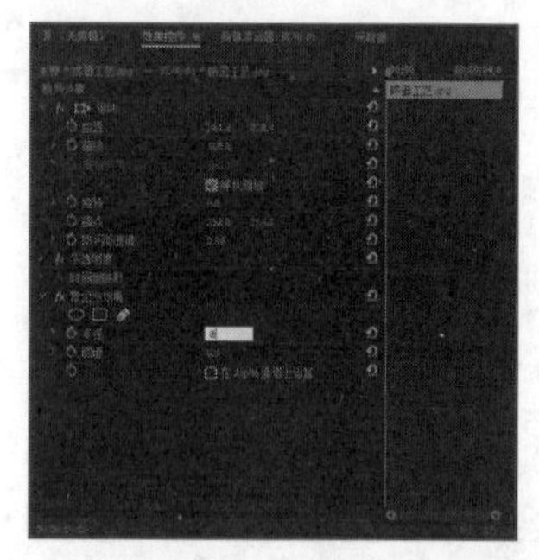

图 6-69 设置参数值

图 6-70 预览视频效果

6.3.9 实战——添加透视特效 进阶

“透视”特效主要用于在视频画面上添加透视效果。下面介绍“基本3D”视频效果的添加方法。

素材位置	素材 > 第 6 章 > 项目 15.prproj
效果位置	效果 > 第 6 章 > 项目 15.prproj
视频位置	视频 > 第 6 章 > 实战——添加透视特效 .mp4

01 按【Ctrl+O】组合键，打开一个项目文件，在“节目监视器”面板中可以查看素材画面，如图6-71所示。

图 6-71 查看素材画面

02 在“效果”面板中，依次展开“视频效果”|“透视”选项，在其中选择“基本3D”视频效果，如图6-72所示。

03 将“基本3D”视频特效拖曳至“时间轴”面板中的素材文件上，如图6-73所示，选择V1轨道上的素材。

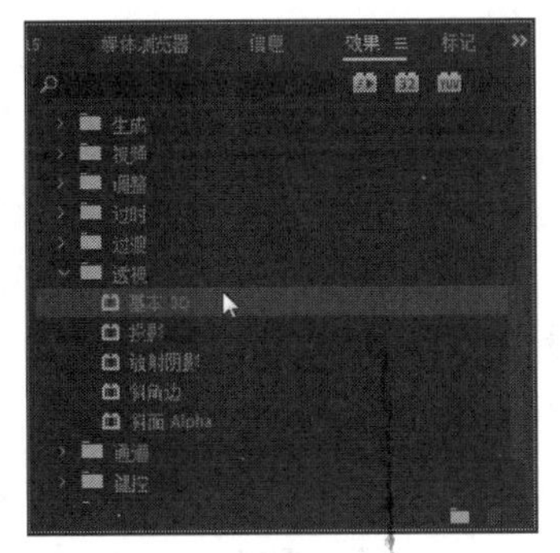

图 6-72 选择“基本 3D”视频效果

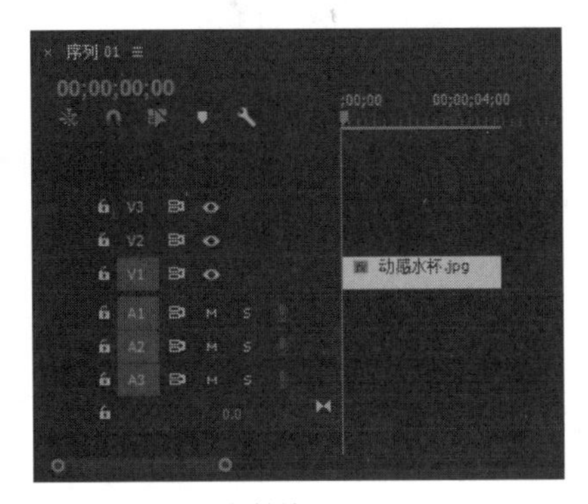

图 6-73 拖曳视频特效

专家指点

在“透视”文件夹中，可以设置以下视频特效。

- 基本 3D：“基本 3D”效果在 3D 空间中操控剪辑，可以围绕水平和垂直轴旋转视频，以及朝靠近或远离用户的方向移动剪辑，此外还可以创建镜面高光来表现由旋转表面反射的光感。
- 投影：“投影”效果添加出现在剪辑后面的阴影，投影的形状取决于剪辑的 Alpha 通道。
- 放射阴影：“放射阴影”效果在应用此效果的剪辑上创建来自点光源的阴影，而不是来自无限光源的阴影（如同投影效果）。此阴影是从源剪辑的 Alpha 通道投射的，因此在光透过半透明区域时，该剪辑的颜色可影响阴影的颜色。
- 斜角边：“斜角边”效果为视频边缘提供凿刻和光亮的 3D 外观，边缘位置取决于源视频的 Alpha 通道。与“斜面 Alpha”不同，在此效果中创建的边缘始终为矩形，因此具有非矩形 Alpha 通道的视频无法形成适当的外观。所有的边缘具有同样的厚度。
- 斜面 Alpha：“斜面 Alpha”效果将斜面和光添加到视频的 Alpha 边界，通常可为 2D 元素呈现 3D 外观，如果剪辑没有 Alpha 通道或剪辑完全不透明，则此效果将应用于剪辑的边缘。此效果创建的边缘比斜角边效果创建的边缘柔和，此效果适用于包含 Alpha 通道的文本。

04 在“效果控件”面板中，展开“基本3D”选项，如图6-74所示。

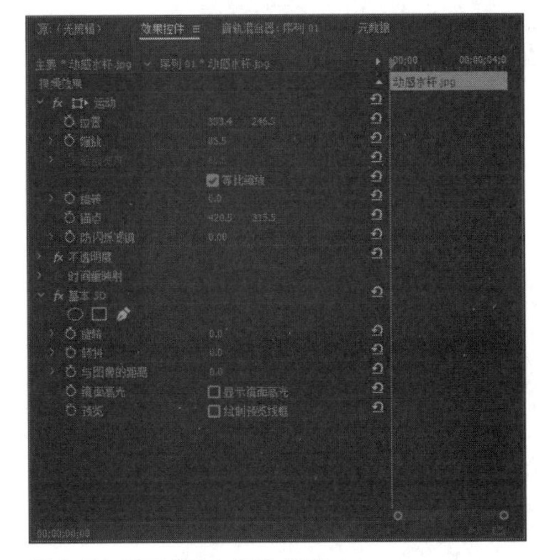

图 6-74 展开“基本 3D”选项

05 设置“旋转”选项为-100.0°，单击“旋转”选项左侧的“切换动画”按钮，如图6-75所示。

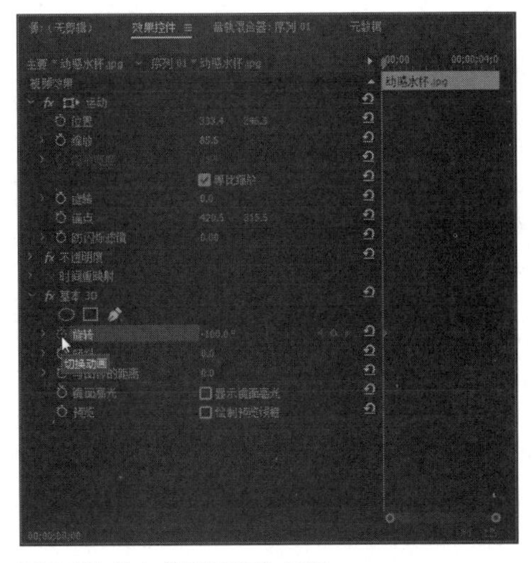

图 6-75 单击“切换动画”按钮

06 拖曳时间指示器至00:00:03:00位置，设置“旋转”为0.0°，如图6-76所示。

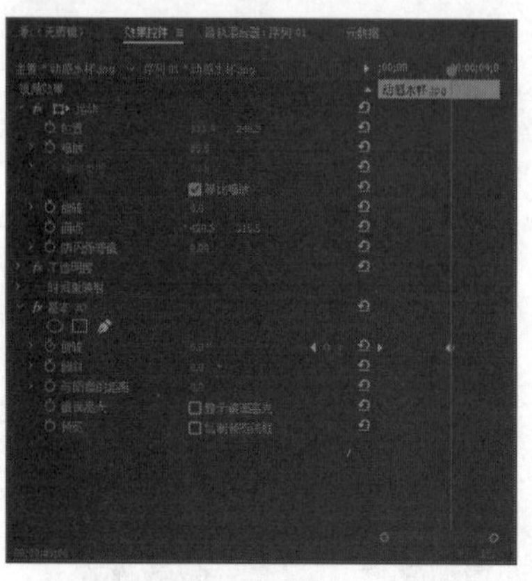

图6-76 设置“旋转”值

07 执行上述操作后，即可运用“基本3D”特效调整素材，如图6-77所示。

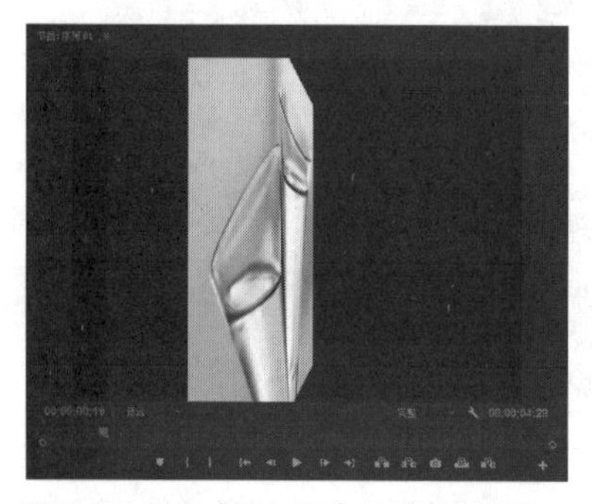

图6-77 运用“基本 3D”特效调整视频

专家指点

在“效果控件”面板的“基本 3D”选项区中，可以设置以下选项。

- 旋转：旋转控制水平旋转（围绕垂直轴旋转），可以旋转 90°（或更高数值）来查看视频的背面（是前方的镜像视频）。
- 倾斜：控制垂直旋转（围绕水平轴旋转）。
- 与图像的距离：指定视频离观看者的距离。随着距离变大，视频会有后退效果。
- 镜面高光：添加闪光来反射旋转视频的表面，就像在表面上方有一盏灯照亮着。在选择“绘制预览线框”的情况下，如果镜面高光在剪辑上不可见（高光的中心与剪辑不相交），则以红色加号（+）作为指示，而如果镜面高光可见，则以绿色加号（+）作为指示。镜面高光效果在节目监视器中变为可见之前，必须渲染预览效果。
- 预览：绘制 3D 视频的线框轮廓，线框轮廓可快速渲染。要查看最终结果，在完成操控线框视频时取消勾选“绘制预览线框”复选框即可。

08 单击“播放 - 停止切换”按钮，预览视频效果，如图 6-78 所示。

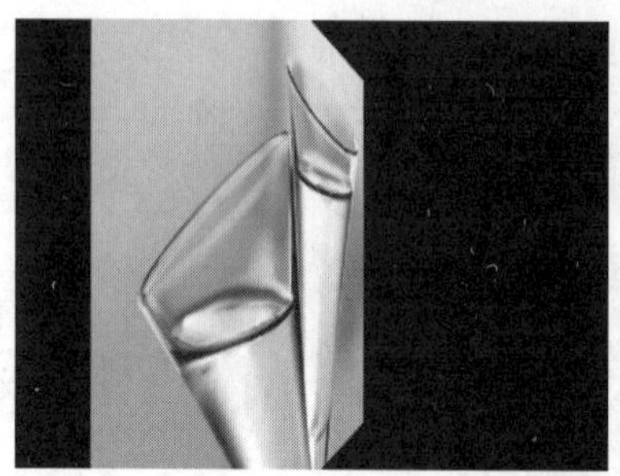

图 6-78 预览视频效果

6.3.10 实战——添加时间码特效

“时间码”效果可以在视频画面中添加一个时间码，用来表示时间或帧数。

素材位置	素材 > 第 6 章 > 项目 16.prproj
效果位置	效果 > 第 6 章 > 项目 16.prproj
视频位置	视频 > 第 6 章 > 实战——添加时间码特效 .mp4

01 按【Ctrl+O】组合键，打开一个项目文件，如图 6-79所示。

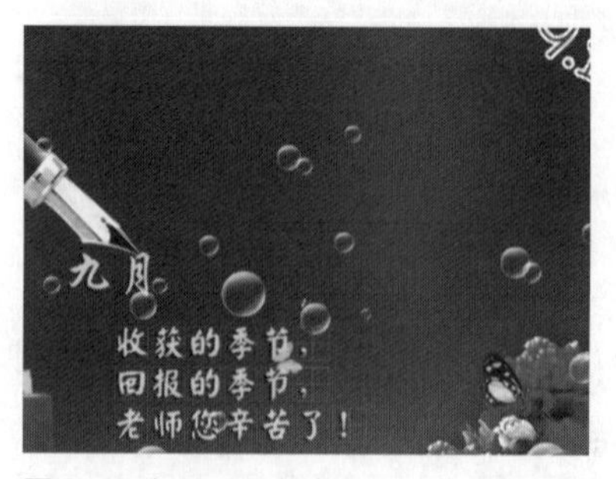

图 6-79 打开项目文件

02 在“效果”面板中，展开“视频效果”选项，在“视频”列表框中选择“时间码”选项，如图6-80所示，将其拖曳至V1轨道上。

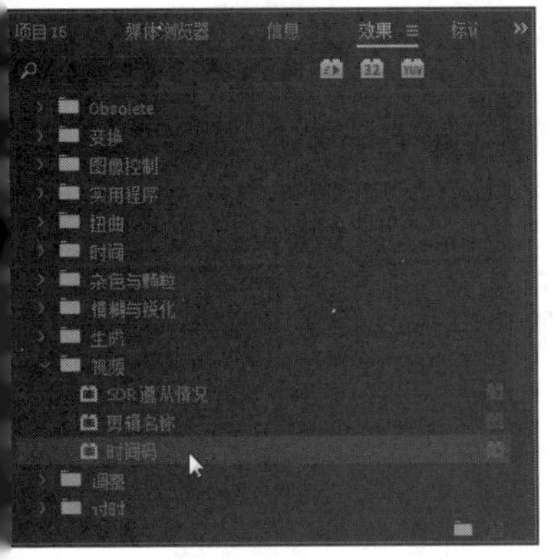

图 6-80 选择“时间码”选项

专家指点

在后期工作中，正确使用“时间码”能高效同步并合并视频及声音文件，节省时间。

一般来说，时间码是一系列数字，通过定时系统形成控制序列，而且无论这个定时系统是集成在视频、音频还是在其他装置中（尤其是在视频项目中），时间码都可以加到录制中，帮助实现同步、文件组织和搜索等。

03 展开“效果控件”面板，设置“大小”为5.0%，如图6-81所示。

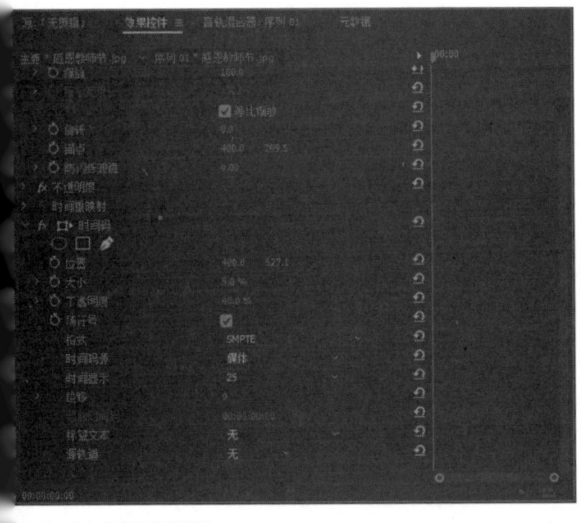

图 6-81 设置参数值

04 执行操作后，即可添加“时间码”视频效果。单击“播放-停止切换”按钮，即可查看视频效果，如图6-82所示。

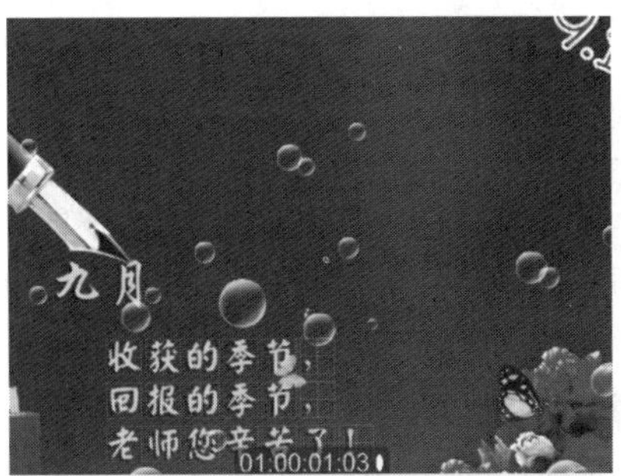

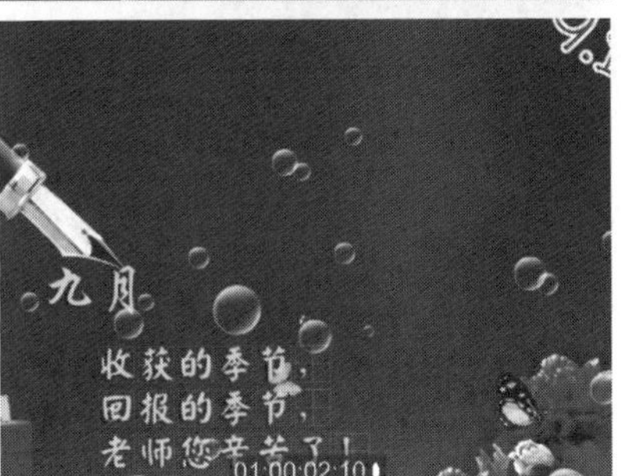

图 6-82 查看视频效果

6.3.11 实战——添加闪光灯特效

“闪光灯”视频效果可以使视频产生一种周期性的频闪效果。下面将介绍添加闪光灯视频效果的操作方法。

素材位置	素材 > 第 6 章 > 项目 17.prproj
效果位置	效果 > 第 6 章 > 项目 17.prproj
视频位置	视频 > 第 6 章 > 实战——添加闪光灯特效 .mp4

01 按【Ctrl＋O】组合键，打开一个项目文件，如图6-83所示。

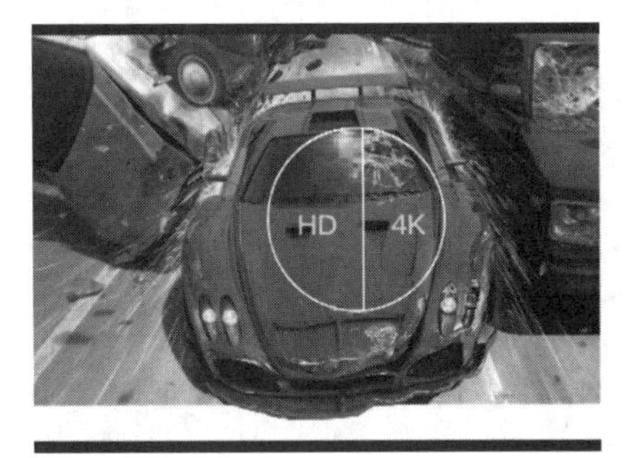

图 6-83 打开项目文件

02 在“风格化”列表框中选择“闪光灯”选项，如图6-84所示，将其拖曳至V1轨道上。

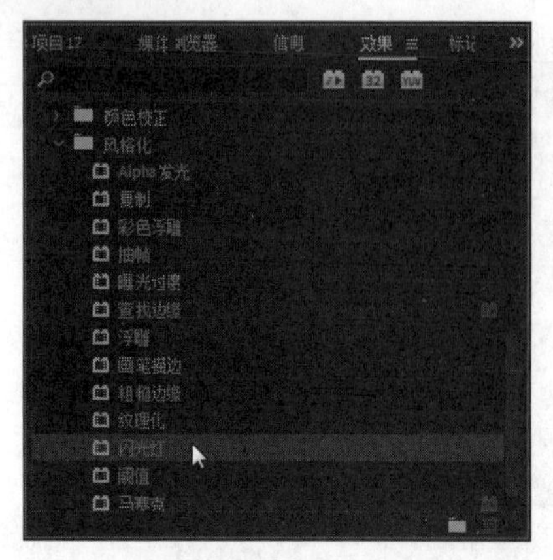

图 6-84 选择“闪光灯”选项

专家指点

画面运动的原理如下。

人们看到的视频本身是一些静止的图片，当这些静止的图片在人们眼中快速、连续地播放时，人们眼中便会出现视觉停留的现象。

由于物体影像会在人的视网膜上停留 0.1 ~ 0.4 秒，因此导致视觉停留时间不同的原因在于物体的运动速度和每个人之间的个体差异。

03 展开“效果控件”面板，设置“闪光色”的 RGB 参数为（0、255、252），“与原始图像混合”为 80%，如图 6-85 所示。

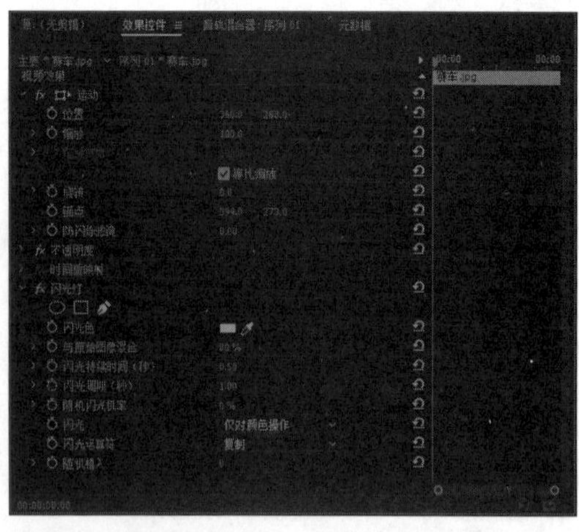

图 6-85 设置参数值

04 执行操作后，即可添加“闪光灯”视频效果。单击“播放-停止切换”按钮，即可查看视频效果，如图 6-86所示。

图 6-86 查看视频效果

6.3.12 实战——添加彩色浮雕特效

“彩色浮雕”视频效果用于生成彩色的浮雕效果，视频中颜色对比越强烈，浮雕效果越明显。

素材位置	素材 > 第 6 章 > 项目 18.prproj
效果位置	效果 > 第 6 章 > 项目 18.prproj
视频位置	视频 > 第 6 章 > 实战——添加彩色浮雕特效 .mp4

01 按【Ctrl + O】组合键，打开一个项目文件，如图 6-87所示。

图 6-87 打开项目文件

02 在“风格化”列表框中选择“彩色浮雕”选项，如图6-88所示，将其拖曳至V1轨道上。

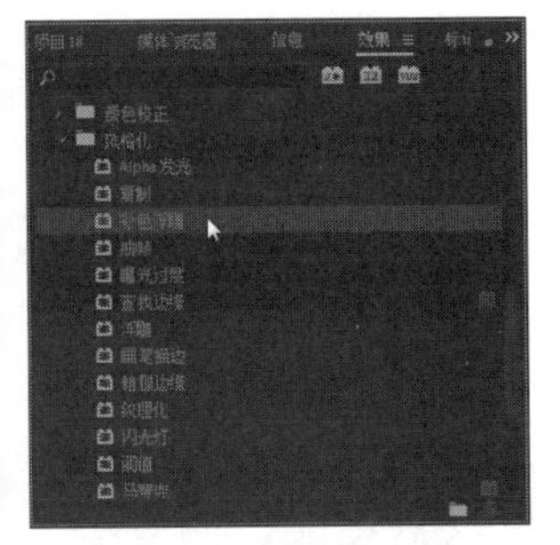

图 6-88　选择“彩色浮雕”选项

03 展开“效果控件”面板，设置“起伏”为15.00，如图6-89所示。

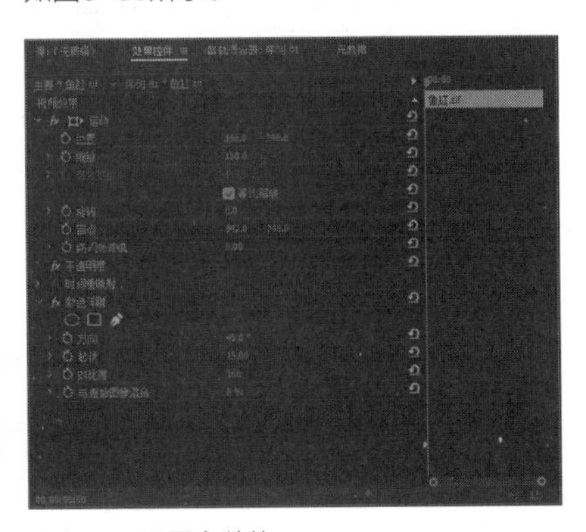

图 6-89　设置参数值

04 执行操作后，即可添加“彩色浮雕”视频效果，效果如图6-90所示。

图 6-90　预览视频效果

6.4 习题测试

习题1　添加羽化边缘特效

素材位置	素材 > 第 6 章 > 项目 19.prproj
效果位置	效果 > 第 6 章 > 项目 19.prproj
视频位置	视频 > 第 6 章 > 习题 1：添加羽化边缘特效 .mp4

本习题练习添加羽化边缘特效的操作，素材与效果如图6-91所示。

图 6-91　素材与效果

习题2　添加裁剪特效

素材位置	素材 > 第 6 章 > 项目 20.prproj
效果位置	效果 > 第 6 章 > 项目 20.prproj
视频位置	视频 > 第 6 章 > 习题 2：添加裁剪特效 .mp4

本习题练习添加裁剪特效的操作，素材如图6-92所示。

图 6-92　素材

习题3　添加相机模糊特效

素材位置	素材 > 第 6 章 > 项目 21.prproj
效果位置	效果 > 第 6 章 > 项目 21.prproj
视频位置	视频 > 第 6 章 > 习题 3：添加相机模糊特效 .mp4

本习题练习添加相机模糊特效的操作，素材与效果如图6-93所示。

图 6-93 素材与效果

习题4 添加位移特效

素材位置	素材 > 第 6 章 > 项目 22.prproj
效果位置	效果 > 第 6 章 > 项目 22.prproj
视频位置	视频 > 第 6 章 > 习题 4：添加位移特效 .mp4

本习题练习添加位移特效的操作，素材如图6-94所示。

图 6-94 素材

核心精通篇

第07章 编辑与设置影视字幕

字幕是影视作品中不可缺少的重要组成部分，漂亮的字幕设计可以使影片更具有吸引力和感染力。Premiere Pro CC 2017高质量的字幕功能，让用户使用起来更加得心应手。本章将向读者详细介绍编辑与设置影视字幕的操作方法。

课堂学习目标

- 掌握创建水平文本字幕的操作方法。
- 掌握设置字幕样式的操作方法。
- 掌握设置实色填充的操作方法。
- 掌握制作内描边效果的操作方法。

扫码观看本章
实战操作视频

7.1 字幕的基本编辑

字幕是以各种字体、浮雕和动画等形式出现在画面中的文字的总称。

下面将介绍如何在Premiere Pro CC 2017中添加和编辑字幕。

7.1.1 实战——创建水平文本字幕 重点

水平字幕是指沿水平方向进行分布的字幕类型，使用字幕工具中的“文字工具”可以进行创建。

素材位置	素材 > 第 7 章 > 项目 1.prproj
效果位置	效果 > 第 7 章 > 项目 1.prproj
视频位置	视频 > 第 7 章 > 实战——创建水平文本字幕 .mp4

01 按【Ctrl+O】组合键，打开一个项目文件，如图7-1所示。

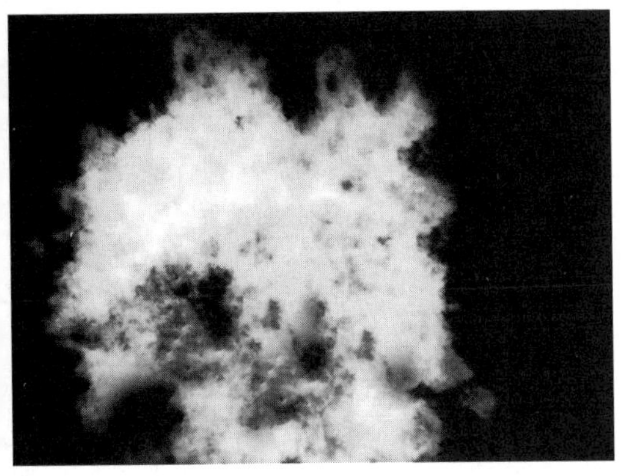

图 7-1 打开项目文件

专家指点

“字幕”面板的主要功能是创建和编辑字幕，并可以直观地预览字幕应用到视频影片中的效果。在Premiere Pro CC 2017中，字幕是一个独立的文件，可以通过创建新的字幕来添加字幕效果，也可以将字幕文件拖入“时间轴”面板中的视频轨道上添加字幕效果。“字幕”面板由属性栏和编辑窗口两部分组成，其中编辑窗口是创建和编辑字幕的场所，在编辑完成后可以通过属性栏改变字体和字体样式。

02 单击“字幕”|“新建字幕”|“默认静态字幕”命令，如图7-2所示。

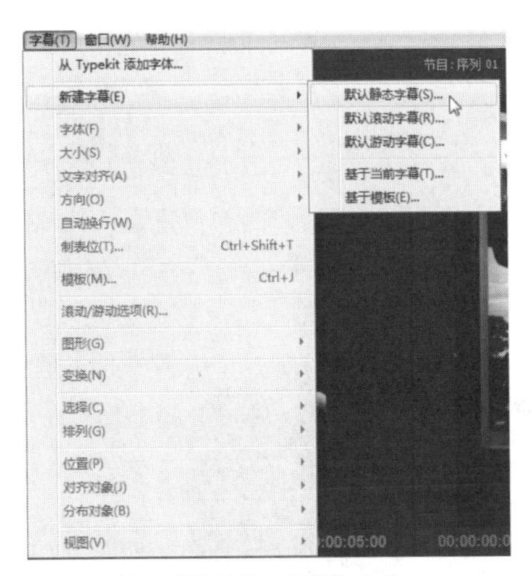

图 7-2 单击“默认静态字幕”命令

03 弹出“新建字幕”对话框，设置“名称”为“字幕01”，如图7-3所示。

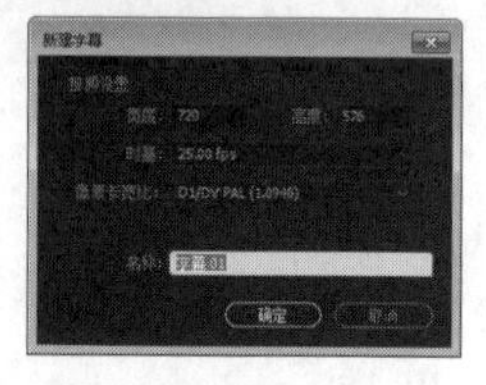

图7-3 设置名称

04 单击“确定”按钮，打开字幕编辑窗口，选择文字工具T，如图7-4所示。

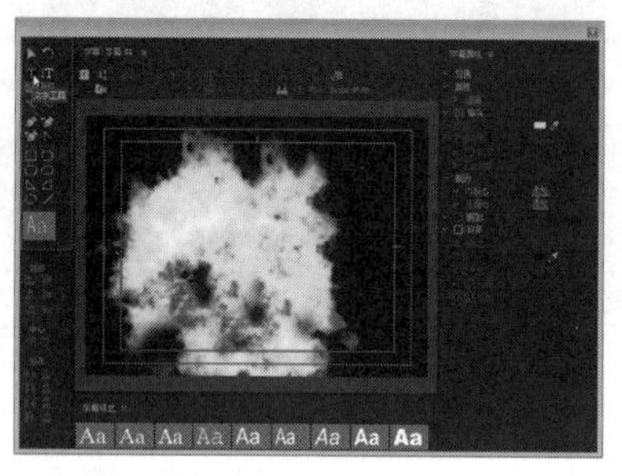

图7-4 选择文字工具

专家指点

字幕编辑窗口中各部分的含义如下。

- 工具箱：主要包括创建各种字幕、图形的工具。
- 字幕动作：主要用于对字幕、图形进行移动、旋转等操作。
- 字幕样式：用于设置字幕的样式，用户也可以自己创建字幕样式，单击面板右上方的按钮，弹出列表框，选择“保存样式库”选项。
- 字幕属性：主要用于设置字幕、图形的一些特性。
- 工作区：用于创建字幕、图形的工作区域，在这个区域中有两个线框，外侧的线框为动作安全区，内侧的线框为标题安全区，在创建字幕时，字幕不能超过这个范围。

05 在工作区中合适的位置输入文字“高特效”，设置“字体系列”为“黑体”，“字体大小”为60.0，如图7-5所示。

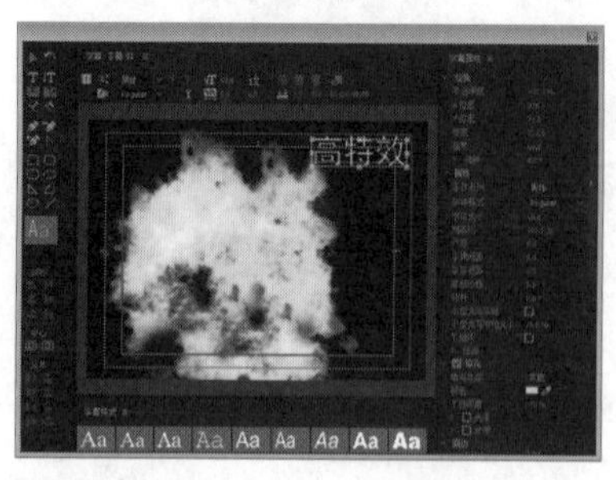

图7-5 输入文字

专家指点

字幕编辑窗口右上角的字幕工具箱中的各种工具，主要用于输入、移动各种文本和绘制各种图形。字幕工具主要包括选择工具、旋转工具、文字工具、垂直文字工具、区域文字工具、垂直区域文字工具、路径输入工具、垂直路径输入工具及钢笔工具等。

字幕工具箱中各选项的含义如下。

- 选择工具：选择该工具，可以对已经存在的图形及文字进行选择，以及对字幕的位置和控制点进行调整。
- 旋转工具：可以对已经存在的图形及文字进行旋转。
- 文字工具：选择该工具，可以在工作区中输入文本。
- 垂直文字工具：选择该工具，可以在工作区中输入垂直文本。
- 区域文字工具：选择该工具，可以制作段落文本，适用于文本较多的时候。
- 垂直区域文字工具：选择该工具，可以制作垂直段落文本。
- 路径文字工具：选择该工具，可以制作出水平路径文本效果。
- 垂直路径文字工具：选择该工具，可以制作出垂直路径文本效果。
- 钢笔工具：选择该工具，可以勾画复杂的轮廓和定义多个锚点。
- 删除定位点工具：选择该工具，可以在轮廓线上删除锚点。
- 添加定位点工具：选择该工具，可以在轮廓线上添加锚点。
- 转换定位点工具：选择该工具，可以调整轮廓线上锚点的位置和角度。
- 矩形工具：选择该工具，可以绘制出矩形。
- 圆角矩形工具：选择该工具，可以绘制出圆角的矩形。
- 切角矩形工具：选择该工具，可以绘制出切角的矩形。
- 圆矩形工具：选择该工具，可以绘制出圆矩形。
- 楔形工具：选择该工具，可以绘制出楔形。
- 弧形工具：选择该工具，可以绘制出弧形。
- 椭圆形工具：选择该工具，可以绘制出椭圆形。
- 直线工具：选择该工具，可以绘制出直线。

在Premiere Pro CC 2017中，除了使用以上方法外，还可以单击菜单栏上的“文件”|“新建”|“字幕”命令或按【Ctrl + T】组合键，快速弹出“新建字幕”对话框，创建字幕效果。

06 关闭字幕编辑窗口，在“项目”面板中将会显示新建的字幕对象，如图7-6所示。

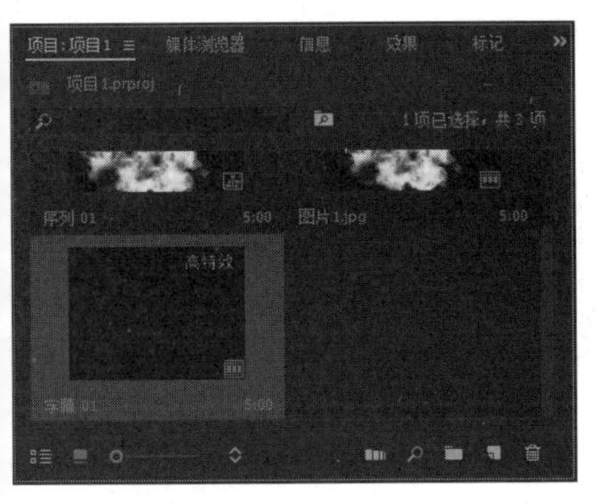

图 7-6 显示新创建的字幕

07 将新创建的字幕拖曳至“时间轴”面板的V2轨道上，即可调整控制条大小，如图7-7所示。

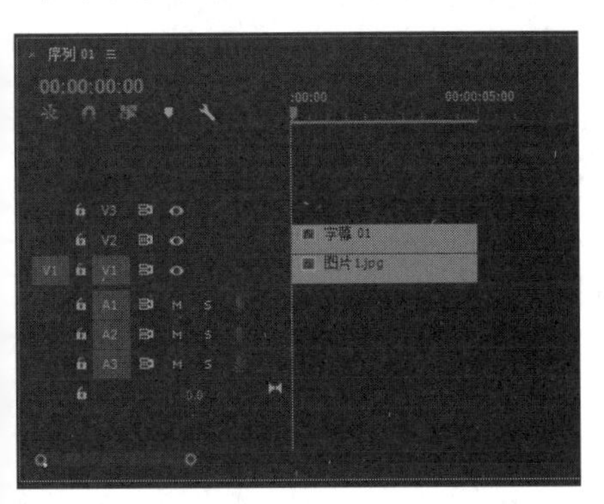

图 7-7 添加字幕效果

08 执行操作后，即可创建水平字幕，查看新创建的字幕效果，如图7-8所示。

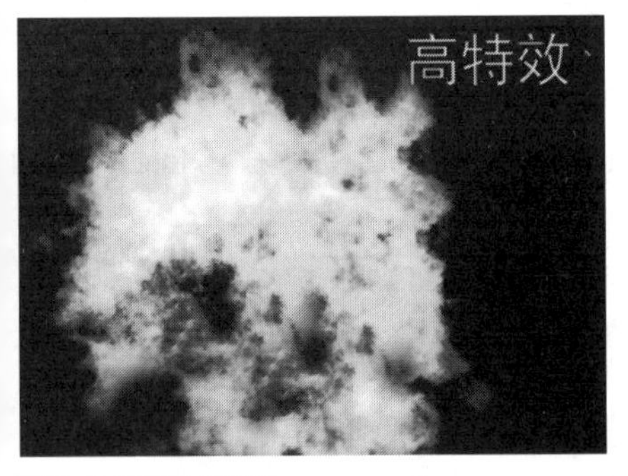

图 7-8 预览字幕效果

7.1.2 实战——创建垂直文本字幕

在了解了如何创建水平文本字幕后，创建垂直文本字幕的方法就变得十分简单了。下面介绍创建垂直文本字幕的操作方法。

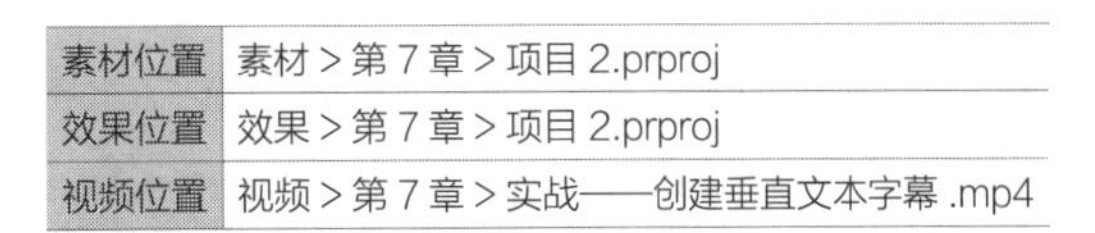

素材位置	素材 > 第 7 章 > 项目 2.prproj
效果位置	效果 > 第 7 章 > 项目 2.prproj
视频位置	视频 > 第 7 章 > 实战——创建垂直文本字幕 .mp4

01 按【Ctrl + O】组合键，打开一个项目文件，如图7-9所示。

图 7-9 打开项目文件

02 单击“字幕”|“新建字幕”|“默认静态字幕”命令，如图7-10所示。

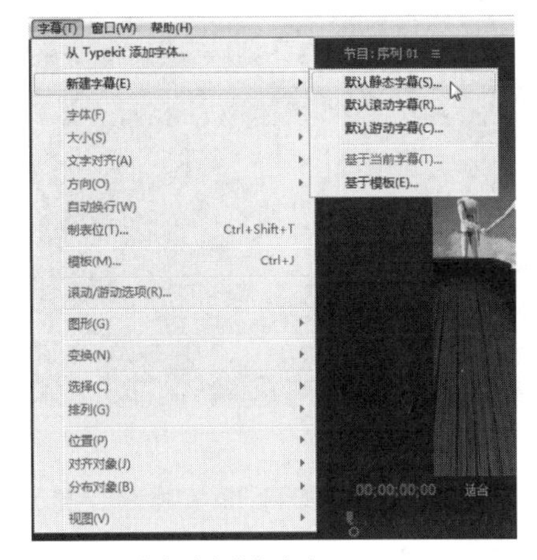

图 7-10 单击“字幕”命令

03 弹出“新建字幕”对话框，设置“名称”为“字幕01”，如图7-11所示。

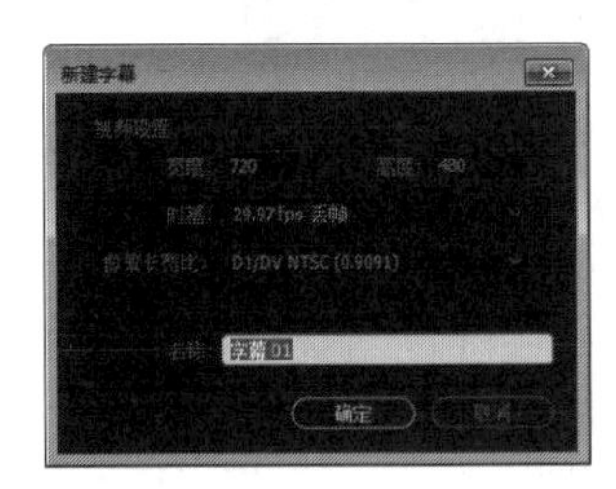

图 7-11 设置名称

04 单击“确定”按钮，打开字幕编辑窗口，选择垂直文字工具，如图7-12所示。

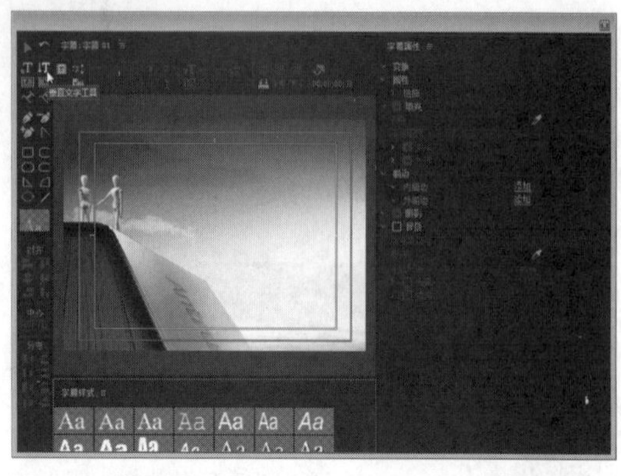

图 7-12 选择文字工具

05 在工作区中合适的位置输入文字“成功的起点”，设置“字体系列”为“黑体”，“字体大小”为60.0，“颜色”为红色（RGB为247、13、13），如图7-13所示。

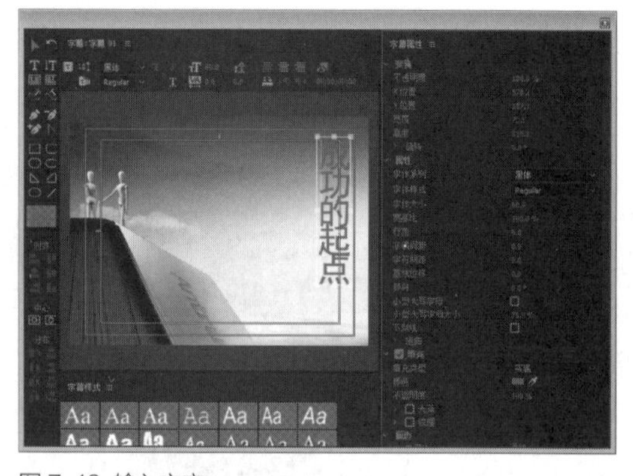

图 7-13 输入文字

06 关闭字幕编辑窗口，在“项目”面板中，将会显示新创建的字幕对象，如图7-14所示。

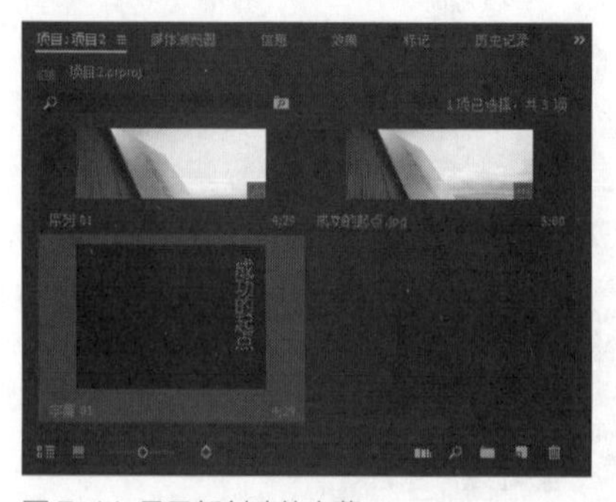

图 7-14 显示新创建的字幕

07 将新创建的字幕拖曳至“时间轴”面板的V2轨道上，即可调整控制条大小，如图7-15所示。

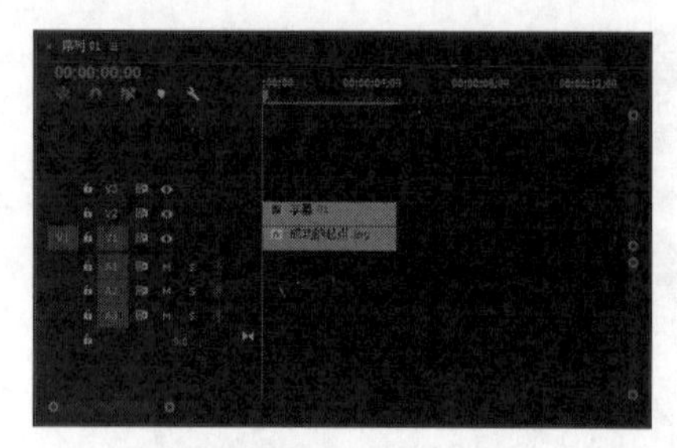

图 7-15 添加字幕效果

08 执行操作后，即可创建垂直字幕，并可以查看新创建的字幕效果，如图7-16所示。

图 7-16 查看字幕效果

7.1.3 实战——导出设置好的字幕

为了让用户更加方便地创建字幕，系统允许用户将设置好的字幕导出到字幕样式库中，方便用户随时调用这些字幕。

素材位置	素材 > 第 7 章 > 项目 3.prproj
效果位置	效果 > 第 7 章 > 字幕 01.prtl
视频位置	视频 > 第 7 章 > 实战——导出设置好的字幕 .mp4

01 按【Ctrl＋O】组合键，打开一个项目文件，如图7-17所示。

图 7-17 打开项目文件

02 在“项目”面板中，选择字幕文件，如图7-18所示。

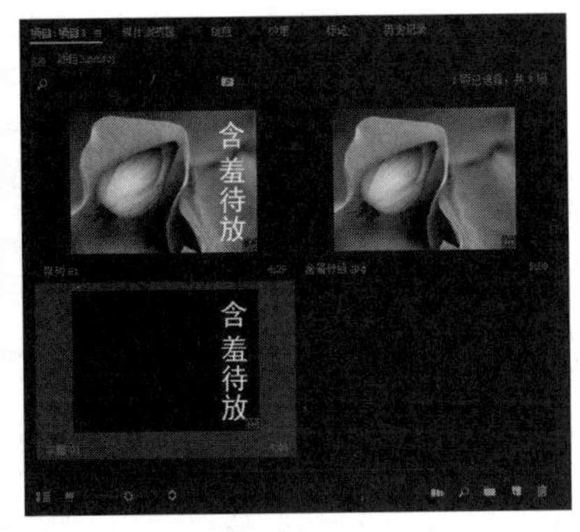

图 7-18 选择字幕文件

03 单击“文件”|“导出”|“标题”命令，如图7-19所示。

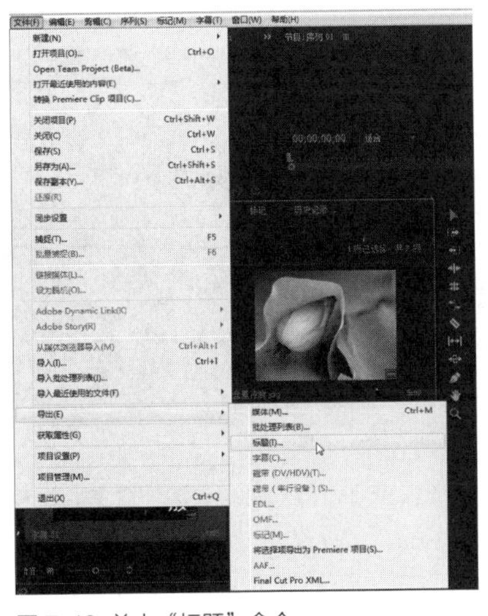

图 7-19 单击“标题”命令

04 弹出“保存字幕”对话框，设置文件名和保存路径，单击“保存”按钮，如图7-20所示，执行操作后，即可导出字幕文件。

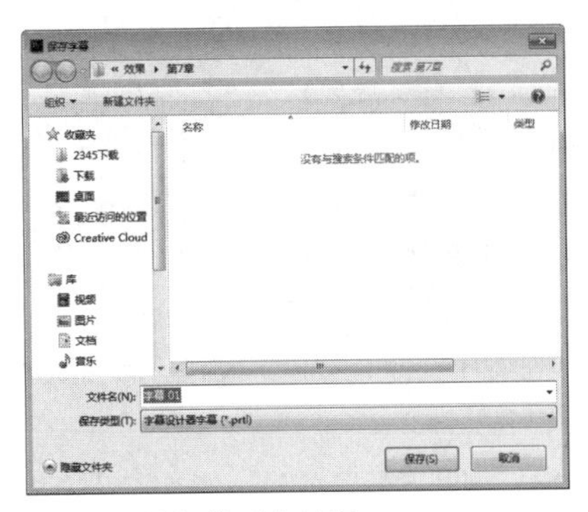

图 7-20 单击“保存”按钮

7.2 字幕的属性设置

为了使字幕的整体效果更加具有吸引力和感染力，需要对字幕属性进行精心调整。下面将介绍字幕属性的作用与调整的技巧。

7.2.1 实战——设置字幕样式 重点

字幕样式是Premiere Pro CC 2017为用户预设的字幕属性设置方案，让用户能快速设置字幕的属性。

素材位置	素材 > 第 7 章 > 项目 4.prproj
效果位置	效果 > 第 7 章 > 项目 4.prproj
视频位置	视频 > 第 7 章 > 实战——设置字幕样式 .mp4

01 按【Ctrl+O】组合键，打开一个项目文件，如图7-21所示。

图 7-21 打开项目文件

02 在“项目”面板上，鼠标左键双击字幕文件，如图7-22所示。

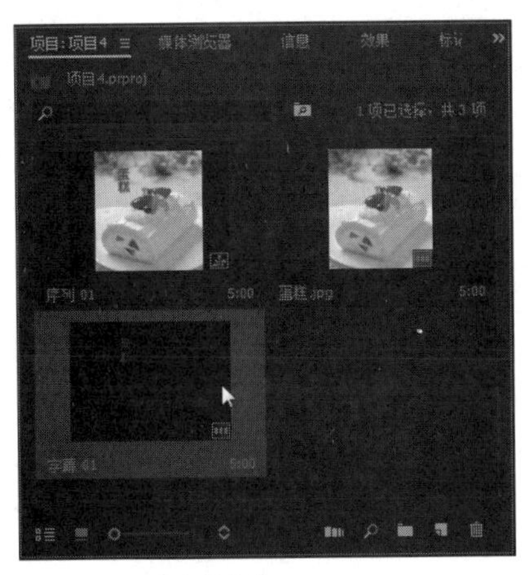

图 7-22 双击字幕文件

03 打开字幕编辑窗口，在“字幕样式”面板中，选择相应字幕样式，如图7-23所示。

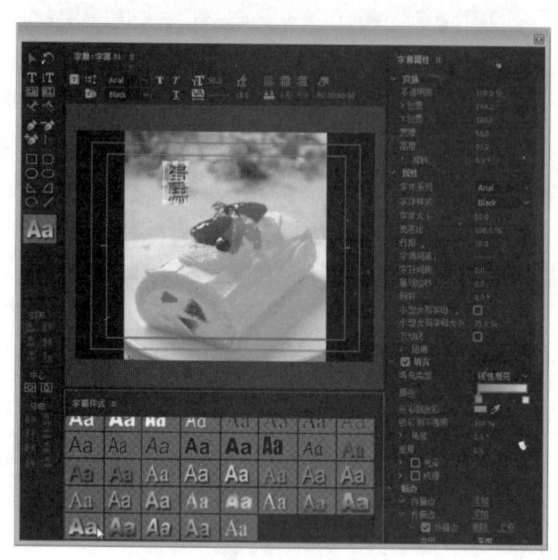

图 7-23 选择合适的字幕样式

04 执行操作后，即可应用字幕样式，其图像效果如图7-24所示。

图 7-24 应用字幕样式后的效果

7.2.2 实战——变换字幕效果

在Premiere Pro CC 2017中，设置字幕变换效果可以对文本或图形的透明度和位置等参数进行设置。

素材位置	素材 > 第 7 章 > 项目 5.prproj
效果位置	效果 > 第 7 章 > 项目 5.prproj
视频位置	视频 > 第 7 章 > 实战——变换字幕效果 .mp4

01 按【Ctrl+O】组合键，打开一个项目文件，如图7-25所示。

02 在“时间轴”面板中的V2轨道中，使用鼠标左键双击字幕文件，如图7-26所示。

图 7-25 打开项目文件

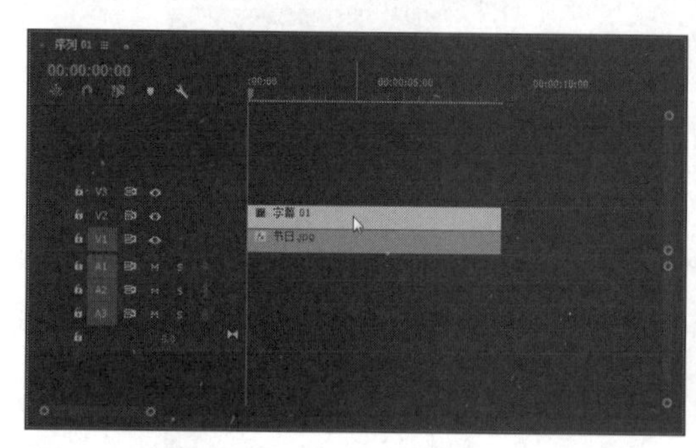

图 7-26 双击字幕文件

03 打开字幕编辑窗口，在“变换”选项区中，设置“X位置”为360.0，“Y位置”为150.0，如图7-27所示。

图 7-27 设置参数值

04 执行操作后，即可设置变换效果，其图像效果如图7-28所示。

图 7-28 设置变换后的效果

专家指点

"变换"选项区主要用于控制字幕的"透明度""X / Y 位置""宽度 / 高度"及"旋转"等属性。"变换"选项区中各选项的含义如下。

- 不透明度：用于设置字幕的不透明度。
- X 位置：用于设置字幕在 x 轴的位置。
- Y 位置：用于设置字幕在 y 轴的位置。
- 宽度：用于设置字幕的宽度。
- 高度：用于设置字幕的高度。
- 旋转：用于设置字幕的旋转角度。

7.2.3 实战——调整字幕间距

字幕间距主要是指文字之间的间隔距离，下面将介绍设置字幕间距的操作方法。

素材位置	素材 > 第 7 章 > 项目 6.prproj
效果位置	效果 > 第 7 章 > 项目 6.prproj
视频位置	视频 > 第 7 章 > 实战——调整字幕间距 .mp4

01 按【Ctrl + O】组合键，打开一个项目文件，如图7-29所示。

图 7-29 打开项目文件

02 在"时间轴"面板中的V2轨道中，使用鼠标左键双击字幕文件，如图7-30所示。

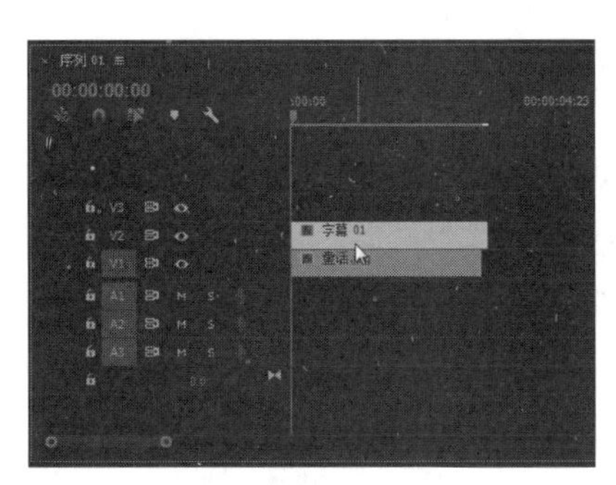

图 7-30 双击字幕文件

03 打开字幕编辑窗口，在"属性"选项区中设置"字符间距"选项为20.0，如图7-31所示。

图 7-31 设置参数值

专家指点

"属性"选项区中各选项的含义如下。

- 字体系列：单击"字体"右侧的按钮，在弹出的下拉列表框中可选择需要的字体，显示的字体取决于Windows 中安装的字库。
- 字体大小：用于设置当前选择的文本字体大小。
- 字偶间距 / 字符间距：用于设置文本的字距，数值越大，文字间的距离越大。
- 基线位移：在保持文字行距和大小不变的情况下，改变文本在文字块内的位置，或将文本更远地偏离路径。
- 倾斜：用于调整文本的倾斜角度。当数值为 0 时，文本没有任何倾斜度；当数值大于 0 时，文本向右倾斜；当数值小于 0 时，文本向左倾斜。
- 小型大写字母：勾选该复选框，则选择的所有字母将变为大写。
- 小型大写字母大小：用于设置大写字母的大小。
- 下划线：勾选该复选框，可为文本添加下划线。

04 执行操作后，即可修改字幕的间距，效果如图7-32 所示。

图 7-32 修改后效果

7.2.4 实战——设置字幕的字体 重点

在“属性”选项区中，可以重新设置字幕的字体，下面将介绍设置字幕字体的操作方法。

素材位置	素材 > 第 7 章 > 项目 7.prproj
效果位置	效果 > 第 7 章 > 项目 7.prproj
视频位置	视频 > 第 7 章 > 实战——设置字幕的字体 .mp4

01 按【Ctrl + O】组合键，打开一个项目文件，如图7-33所示。

图 7-33 打开项目文件

02 在“项目”面板上，使用鼠标左键双击字幕文件，如图7-34所示。

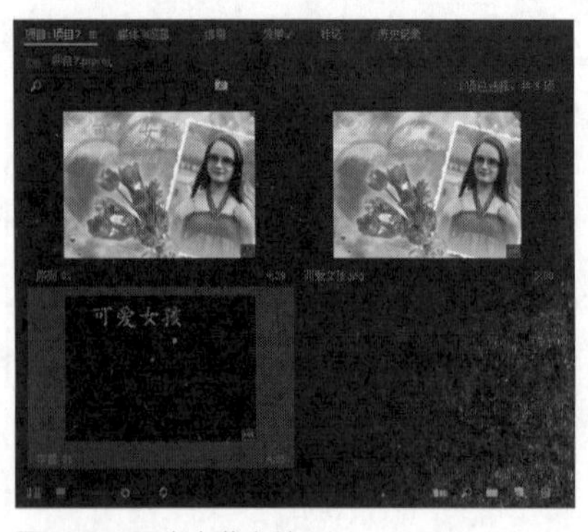

图 7-34 双击字幕文件

03 打开字幕编辑窗口，在“属性”选项区中，设置“字体系列”为“黑体”，“字体大小”为110.0，如图7-35所示。

图 7-35 设置各参数

04 执行操作后，即可设置字幕字体属性，效果如图7-36所示。

图 7-36 设置后的效果

专家指点

在制作视频时，为视频文件添加字幕效果，可以凸显出视频的主题。

视频编辑软件基本都提供独特的文字编辑功能，利用这些工具可以添加各种字幕效果。

7.2.5 实战——旋转字幕的角度

在创建字幕对象后，可以将创建的字幕进行旋转操作，以得到更好的字幕效果。

素材位置	素材 > 第 7 章 > 项目 8.prproj
效果位置	效果 > 第 7 章 > 项目 8.prproj
视频位置	视频 > 第 7 章 > 实战——旋转字幕的角度 .mp4

01 按【Ctrl + O】组合键，打开一个项目文件，如图7-37所示。

图 7-37 打开项目文件

02 在“项目”面板上，使用鼠标左键双击字幕文件，如图7-38所示。

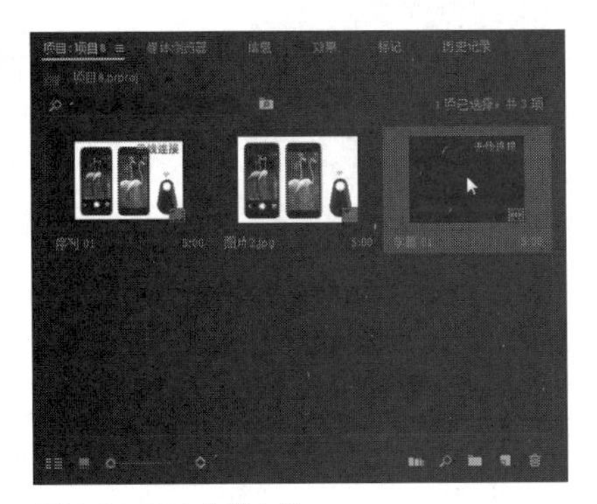

图 7-38 双击字幕文件

03 打开字幕编辑窗口，在“字幕属性”面板的“变换”选项区设置“旋转”为30.0°，如图7-39所示。

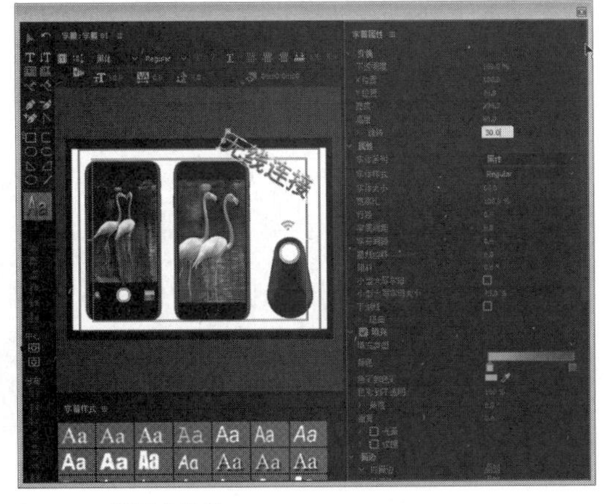

图 7-39 设置参数值

04 执行操作后，即可旋转字幕角度，可以在“节目监视器”面板中预览旋转字幕角度后的效果，如图7-40所示。

图 7-40 旋转字幕角度后的效果

7.2.6 实战——设置视频字幕的大小

如果字幕太小，可以对其进行设置，下面将介绍设置字幕大小的操作方法。

素材位置	素材 > 第 7 章 > 项目 9.prproj
效果位置	效果 > 第 7 章 > 项目 9.prproj
视频位置	视频 > 第 7 章 > 实战——设置视频字幕的大小 .mp4

01 按【Ctrl+O】组合键，打开一个项目文件，如图7-41所示。

图 7-41 打开项目文件

02 在“项目”面板上，使用鼠标左键双击字幕文件，如图7-42所示。

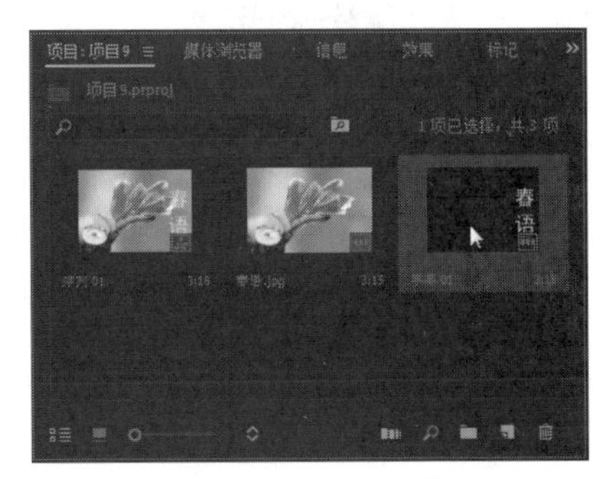

图 7-42 双击字幕文件

03 打开字幕编辑窗口，在字幕“属性”面板，设置“字体大小”为120.0，如图7-43所示。

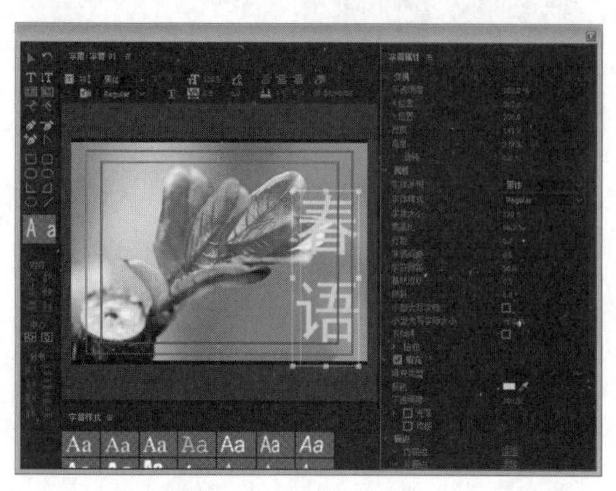

图 7-43 设置参数值

04 执行操作后，即可设置字幕大小，在“节目监视器”面板中预览设置字幕大小后的效果，如图7-44所示。

图 7-44 预览图像效果

7.2.7 实战——对字幕进行排序

在Premiere Pro CC 2017中制作字幕文件之前，还可以对字幕进行排序，使字幕文件更加美观。

素材位置	素材 > 第 7 章 > 项目 10.prproj
效果位置	效果 > 第 7 章 > 项目 10.prproj
视频位置	视频 > 第 7 章 > 实战——对字幕进行排序 .mp4

01 按【Ctrl+O】组合键，打开一个项目文件，如图7-45所示。

02 在“项目”面板上，使用鼠标左键双击字幕文件，如图7-46所示。

图 7-45 打开项目文件

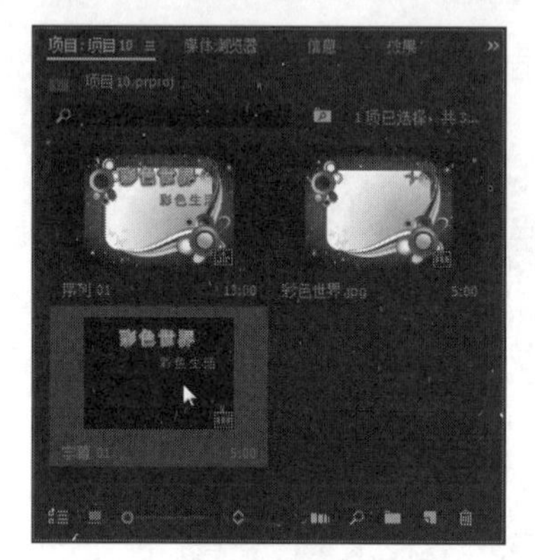

图 7-46 双击字幕文件

03 打开字幕编辑窗口，选择下方的字幕，如图7-47所示。

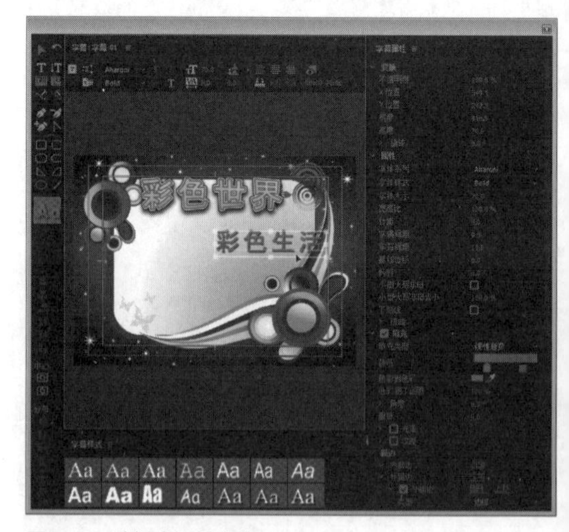

图 7-47 选择合适的字幕

04 单击鼠标右键，弹出快捷菜单，选择“排列”|“后移”选项，如图7-48所示，即可设置字幕文字排列属性。

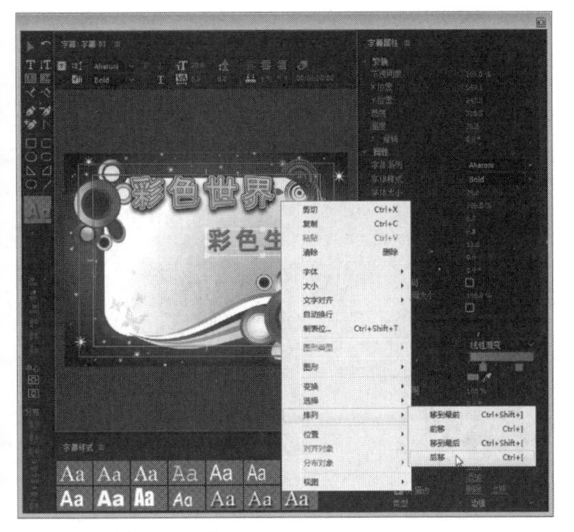

图 7-48 选择“后移”选项

7.3 字幕填充效果的设置

“填充”属性中除了可以为字幕添加“实色填充”外，还可以添加“线性渐变填充”“放射性渐变”及“四色渐变”等复杂的色彩渐变填充效果，同时还提供了“光泽”与“纹理”字幕填充效果。下面将详细介绍设置字幕填充效果的操作方法。

7.3.1 实战——设置实色填充 进阶

“实色填充”是指在为文字填充一种单独的颜色，下面介绍实色填充的操作方法。

素材位置	素材 > 第 7 章 > 项目 11.prproj
效果位置	效果 > 第 7 章 > 项目 11.prproj
视频位置	视频 > 第 7 章 > 实战——设置实色填充 .mp4

01 按【Ctrl + O】组合键，打开一个项目文件，在“节目监视器”面板中可以查看素材画面，如图7-49所示。

图 7-49 查看素材画面

02 单击“字幕”|“新建字幕”|“默认静态字幕”命令，如图7-50所示。

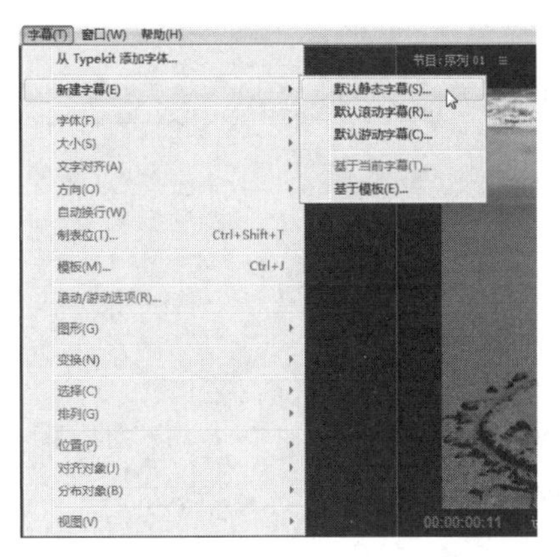

图 7-50 单击“默认静态字幕”命令

03 在弹出的“新建字幕”对话框中，输入字幕的名称，单击“确定”按钮，如图7-51所示。

图 7-51 输入字幕名称

04 打开“字幕编辑”窗口，选取文字工具T，在绘图区中合适的位置单击鼠标左键，显示闪烁的光标，如图7-52所示。

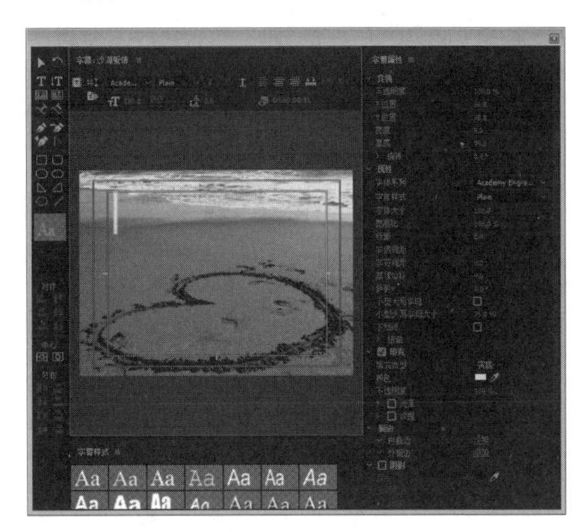

图 7-52 显示闪烁的光标

05 输入文字“沙滩爱情”，选中输入的文字，如图7-53所示。

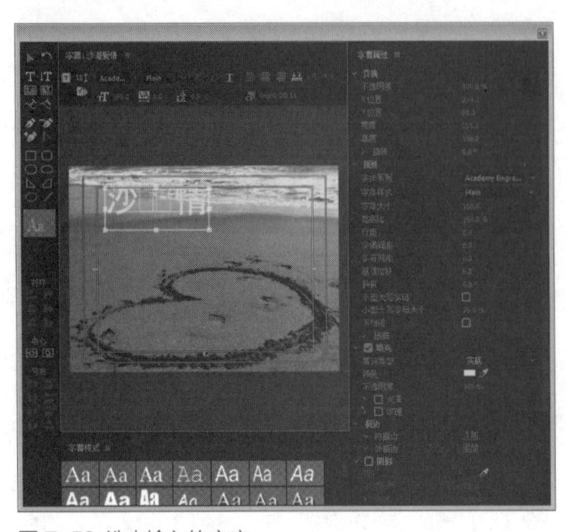

图 7-53 选中输入的文字

专家指点

在“字幕编辑”窗口中输入汉字时，有时由于使用的字体样式不支持该文字，导致输入的汉字无法显示，此时选中输入的文字，将字体样式设置为常用的汉字字体，即可解决该问题。

06 展开“属性”选项，单击“字体系列”右侧的下拉按钮，在弹出的列表框中选择“黑体”选项，如图7-54所示。

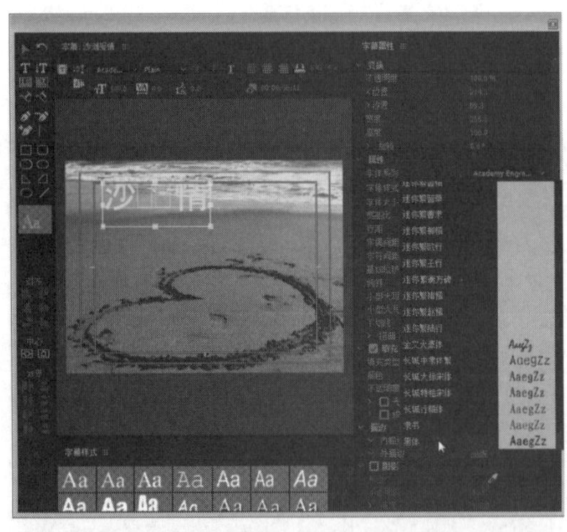

图 7-54 选择“黑体”选项

07 执行操作后，即可调整字幕的字体样式，设置“字体大小”为80.0，勾选“填充”复选框，单击“颜色”选项右侧的色块，如图7-55所示。

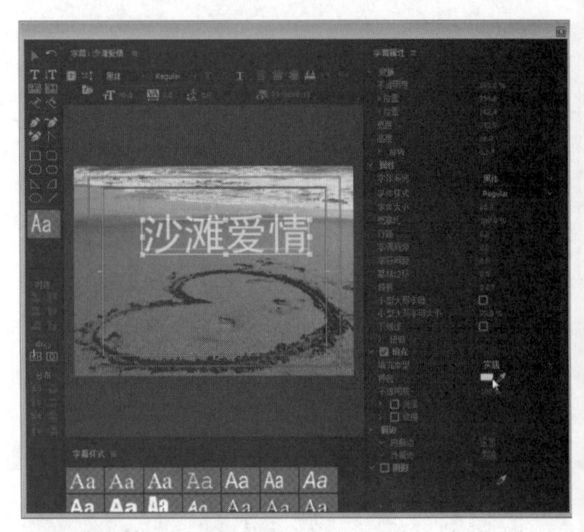

图 7-55 单击相应的色块

08 在弹出的“拾色器”对话框中，设置颜色为黄色（RGB参数值分别为254、254、0），如图7-56所示。

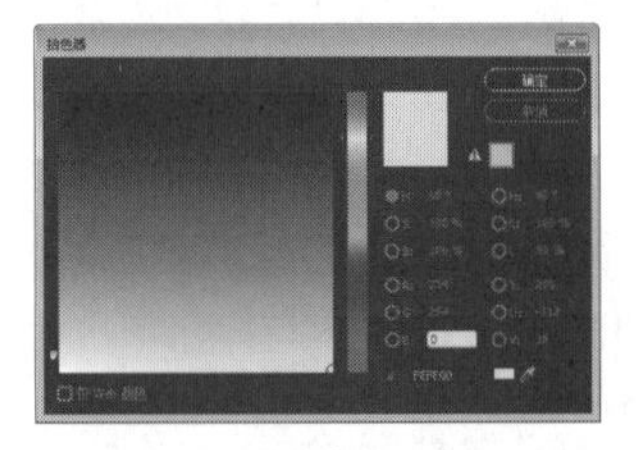

图 7-56 设置颜色

09 单击“确定”按钮应用设置，在工作区中显示字幕效果，如图7-57所示。

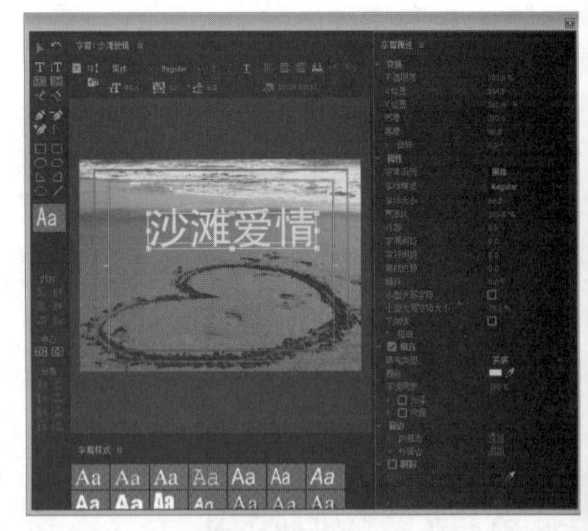

图 7-57 显示字幕效果

10 单击“字幕编辑”窗口右上角的“关闭”按钮，关闭“字幕编辑”窗口，此时可以在“项目”面板中查看创建的字幕，如图7-58所示。

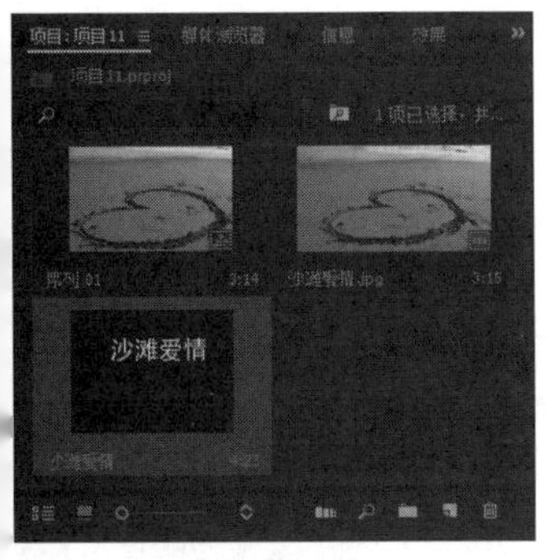

图 7-58　查看创建的字幕

专家指点

> Premiere Pro CC 2017 软件会以从上至下的顺序渲染视频，如果将字幕文件添加到 V1 轨道，将影片素材文件添加到 V2 及其之上的轨道，将会导致渲染的影片素材挡住字幕文件，从而无法显示字幕。

11 在字幕文件上，按住鼠标左键拖曳字幕文件至“时间轴”面板中的V2轨道中，如图7-59所示。

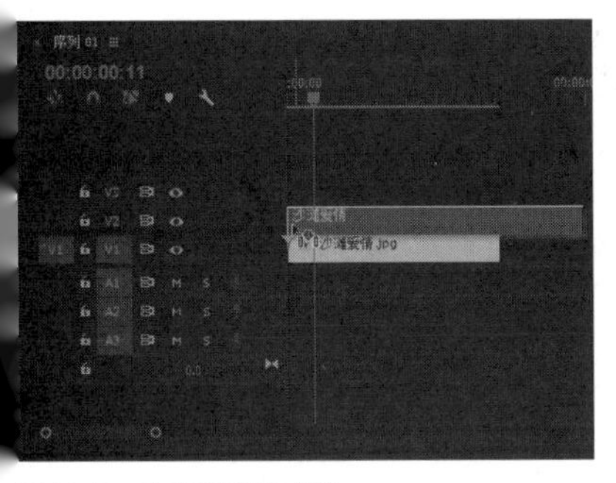

图 7-59　拖曳创建的字幕

12 释放鼠标，即可将字幕文件添加到V2轨道上，如图7-60所示。

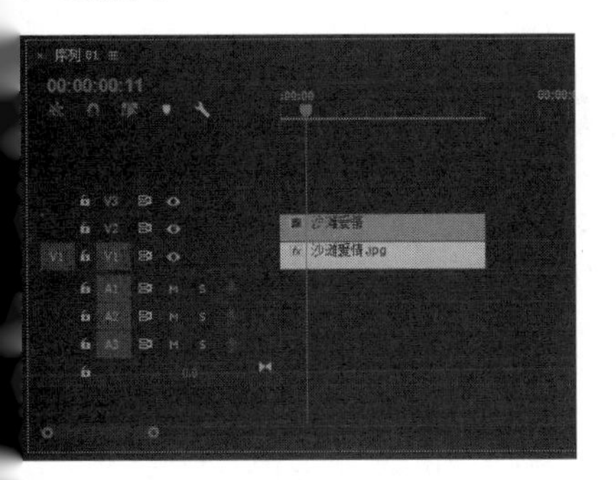

图 7-60　添加字幕文件到 V2 轨道

13 单击“播放-停止切换”按钮，预览视频效果，如图7-61所示。

图 7-61　预览视频效果

7.3.2　实战——设置渐变填充　进阶

渐变填充是指从一种颜色逐渐向另一种颜色过渡的一种填充方式，下面将介绍设置渐变填充的操作方法。

素材位置	素材 > 第 7 章 > 项目 12.prproj
效果位置	效果 > 第 7 章 > 项目 12.prproj
视频位置	视频 > 第 7 章 > 实战——设置渐变填充 .mp4

01 按【Ctrl + O】组合键，打开一个项目文件，在“节目监视器”面板中可以查看素材画面，如图7-62所示。

图 7-62　查看素材画面

02 单击“字幕”|“新建字幕”|“默认静态字幕”命令，在弹出的“新建字幕”对话框中设置“名称”为“字幕01”，如图7-63所示。

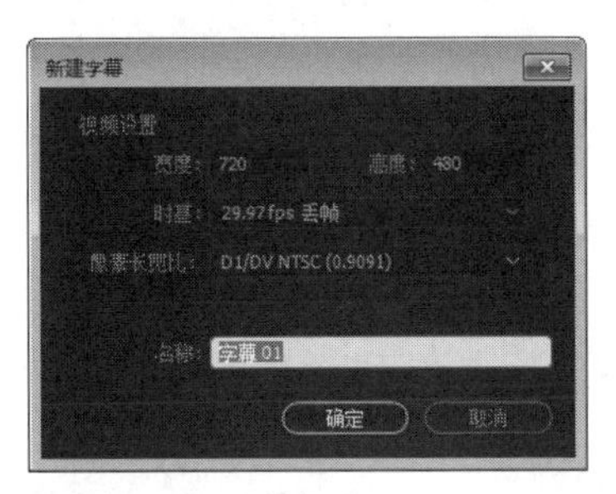

图 7-63　输入字幕名称

03 单击“确定”按钮，打开“字幕编辑”窗口，选取工具箱中的文字工具，如图7-64所示。

图 7-64 选择文字工具

04 在工作区中输入文字“百年好合”，选中输入的文字，如图7-65所示。

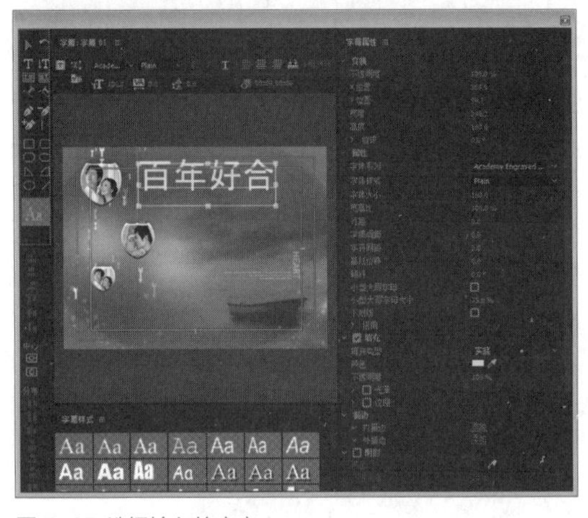

图 7-65 选择输入的文字

05 展开“变换”选项，设置“X位置”为360.0、“Y位置”为100.0。展开“属性”选项，设置“字体系列”为“楷体”，“字体大小”为90.0，如图7-66所示。

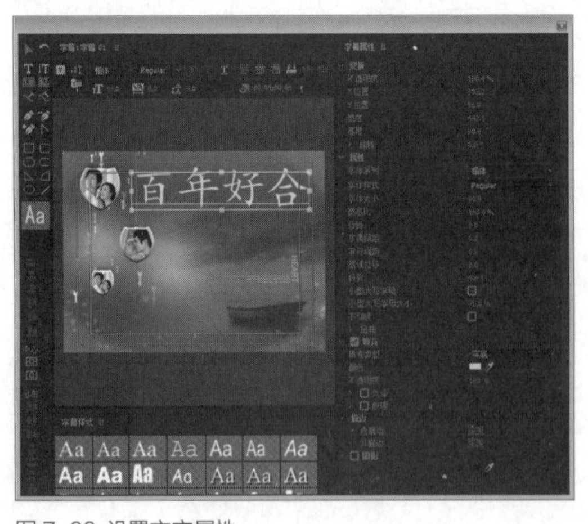

图 7-66 设置文字属性

06 选中“填充”复选框，单击“实底”选项右侧的下拉按钮，在弹出的列表框中选择“径向渐变”选项，如图7-67所示。

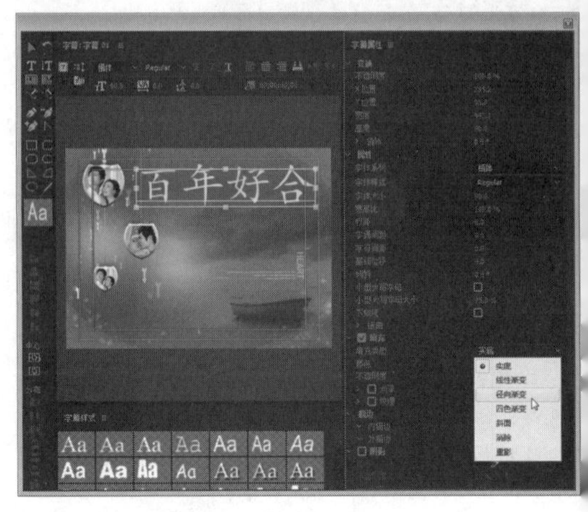

图 7-67 选择“径向渐变”选项

07 显示“径向渐变”的选项，使用鼠标左键双击“颜色”选项右侧的第1个色标，如图7-68所示。

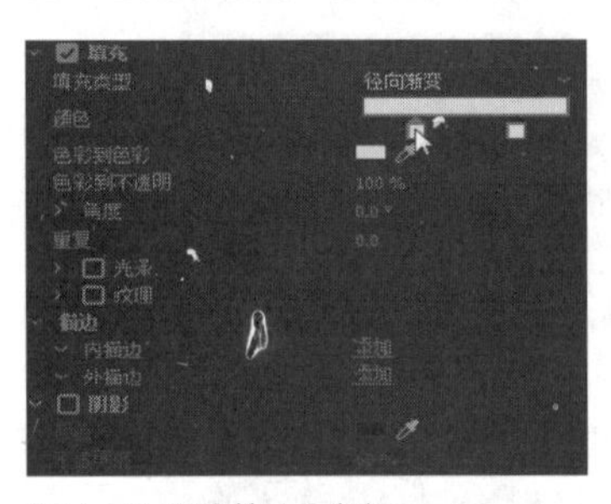

图 7-68 双击第 1 个色标

08 在弹出的“拾色器”对话框中，设置颜色为绿色（RGB参数值分别为18、151、0），如图7-69所示。

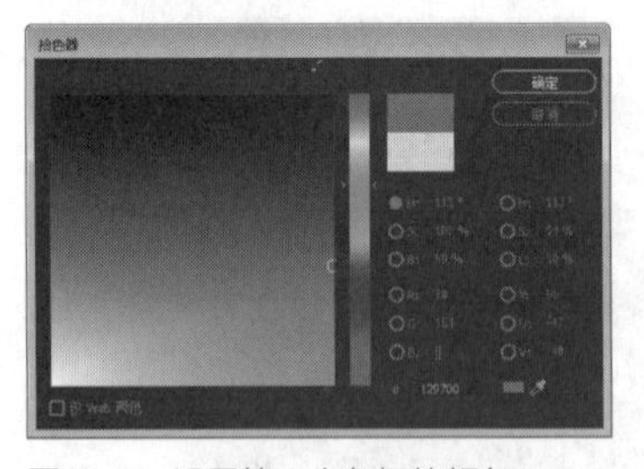

图 7-69 设置第 1 个色标的颜色

09 单击“确定”按钮，返回“字幕编辑”窗口，双击“颜色”选项右侧的第2个色标，在弹出的“拾色器”对话框中设置颜色为蓝色（RGB参数值分别为0、88、162），如图7-70所示。

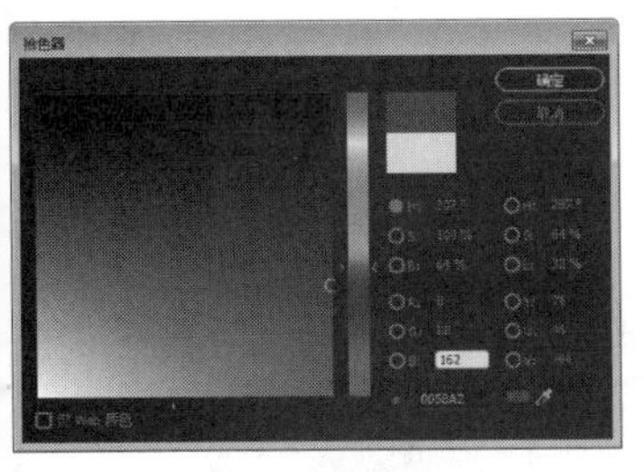

图 7-70 设置第 2 个色标的颜色

10 单击“确定”按钮，返回“字幕编辑”窗口，单击“外描边”选项右侧的“添加”链接，如图7-71所示。

图 7-71 单击“添加”链接

11 显示“外描边”选项，设置“大小”为5.0，如图7-72所示。

图 7-72 设置“大小”参数

12 执行上述操作后，在工作区中显示字幕效果，如图7-73所示。

图 7-73 显示字幕效果

13 单击“字幕编辑”窗口右上角的“关闭”按钮，关闭“字幕编辑”窗口，此时可以在“项目”面板中查看创建的字幕，如图7-74所示。

14 在“项目”面板中选择字幕文件，将其添加到“时间轴”面板中的V2轨道上，如图7-75所示。

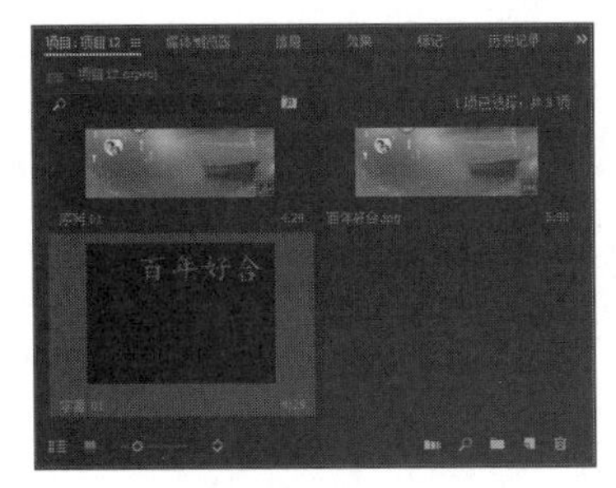

图 7-74 查看创建的字幕

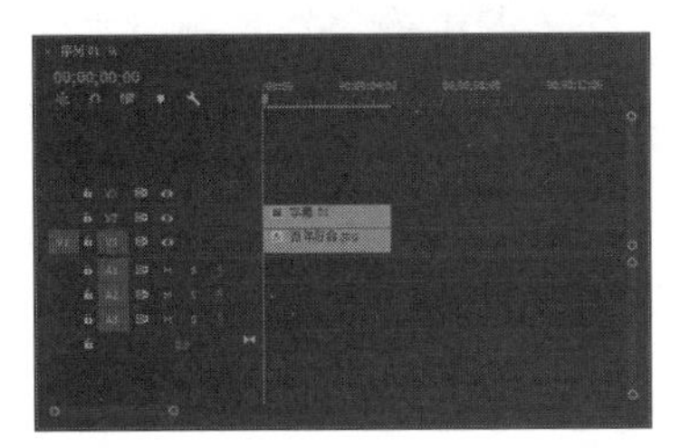

图 7-75 添加字幕文件

15 单击“播放-停止切换”按钮，预览视频效果，如图7-76所示。

图 7-76 预览视频效果

7.3.3 实战——设置斜面填充

斜面填充通过设置阴影色彩的方式，模拟一种中间较亮、边缘较暗的三维浮雕填充效果。

素材位置	素材 > 第 7 章 > 项目 13.prproj
效果位置	效果 > 第 7 章 > 项目 13.prproj
视频位置	视频 > 第 7 章 > 实战——设置斜面填充 .mp4

01 按【Ctrl + O】组合键，打开一个项目文件，在“节目监视器”面板中可以查看素材画面，如图7-77所示。

02 单击“字幕”|“新建字幕”|“默认静态字幕”命令，在弹出的“新建字幕”对话框中，设置“名称”为“影视频道”，如图7-78所示。

图 7-77 查看素材画面

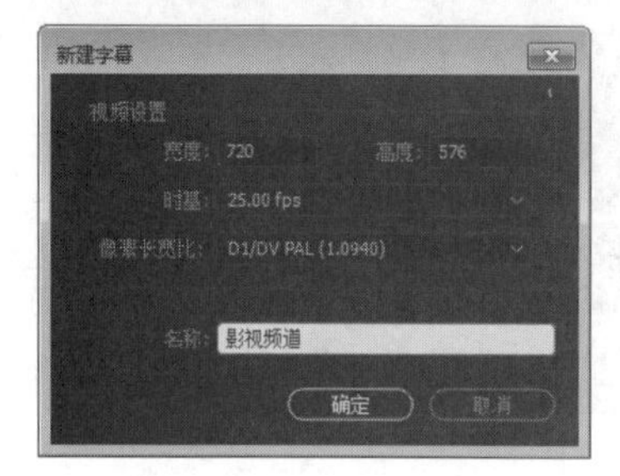

图 7-78 输入字幕名称

03 单击“确定”按钮，打开“字幕编辑”窗口，选取工具箱中的文字工具T，如图7-79所示。

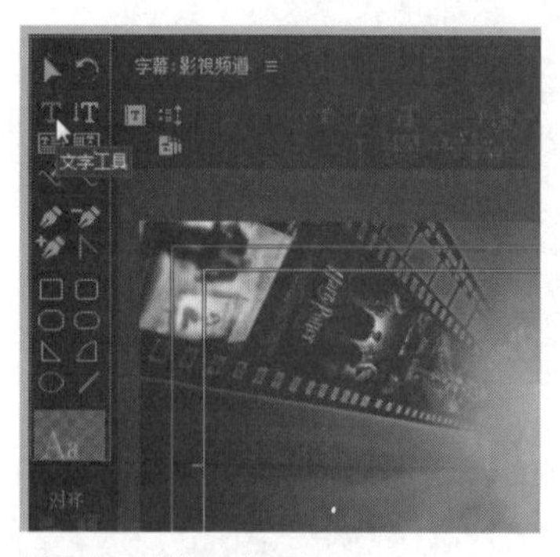

图 7-79 选择文字工具

04 在工作区中输入文字“影视频道”，选择输入的文字，如图7-80所示。

图 7-80 选择输入的文字

05 展开“属性”选项，单击“字体系列”右侧的下拉按钮，在弹出的列表框中选择“黑体”选项，如图7-81所示。

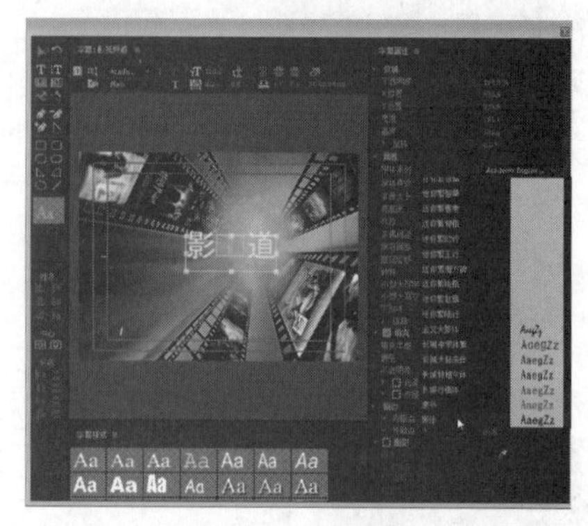

图 7-81 选择“黑体”选项

06 在“字幕属性”面板中，展开“变换”选项，设置“X位置”为374.9，“Y位置”为285.0，如图7-82所示。

图 7-82 设置相应选项

07 勾选“填充”复选框，单击“实底”选项右侧的下拉按钮，在弹出的列表框中选择“斜面”选项，如图7-83所示。

图 7-83 选择“斜面”选项

专家指点

字幕的填充特效还有“消除”与“重影”两种效果。“消除”效果用来暂时性隐藏字幕，包括字幕的阴影和描边效果。

“重影”与“消除”拥有类似的功能，两者都可以隐藏字幕的效果，区别在于“重影”只能“隐藏”字幕本身，无法隐藏阴影效果。

08 显示“斜面”选项，单击“高光颜色”右侧的色块，如图7-84所示。

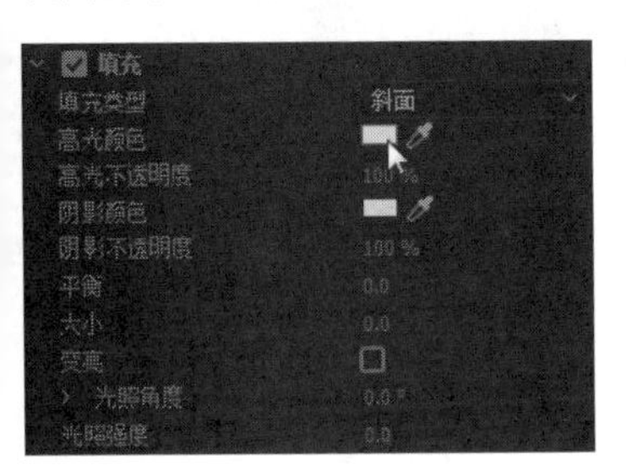

图 7-84 单击相应的色块

09 在弹出的“拾色器”对话框中设置颜色为黄色（RGB参数值分别为255、255、0），如图7-85所示，单击“确定”按钮应用设置。

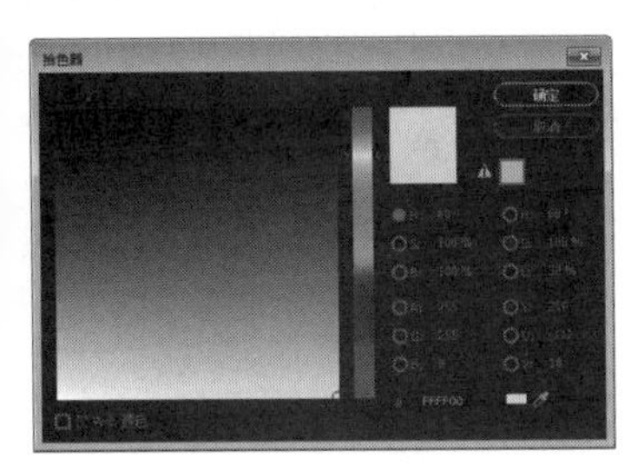

图 7-85 设置颜色

10 用与前面同样的操作方法，设置“阴影颜色”为红色（RGB参数值分别为255、0、0），“平衡”为-27.0，“大小”为18.0，如图7-86所示。

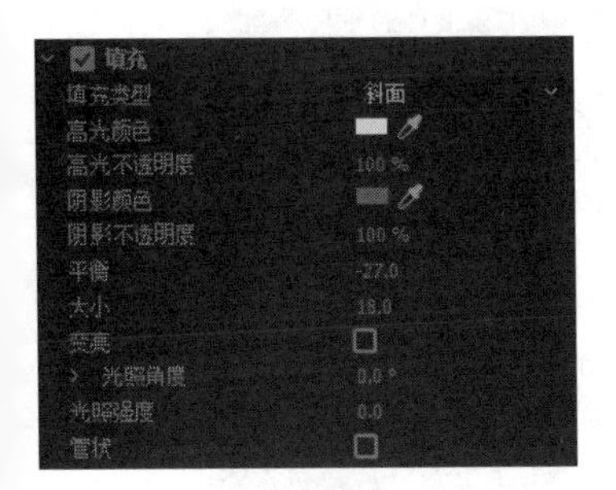

图 7-86 设置其他参数

11 执行上述操作后，在工作区中显示字幕效果，如图7-87所示。

12 单击“字幕编辑”窗口右上角的“关闭”按钮，关闭“字幕编辑”窗口，在“项目”面板选择创建的字幕，将其添加到“时间轴”面板中的V2轨道上，如图7-88所示。

图 7-87 显示字幕效果

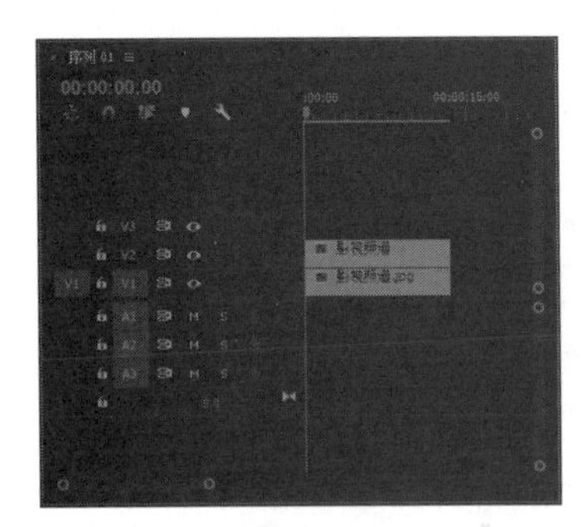

图 7-88 添加字幕文件

13 单击“播放-停止切换”按钮，预览视频效果，如图7-89所示。

图 7-89 预览视频效果

7.3.4 实战——设置消除填充

在Premiere Pro CC 2017中，可以用消除来暂时性隐藏字幕。

素材位置	素材 > 第 7 章 > 项目 14.prproj
效果位置	效果 > 第 7 章 > 项目 14.prproj
视频位置	视频 > 第 7 章 > 实战——设置消除填充 .mp4

01 按【Ctrl+O】组合键，打开一个项目文件，如图7-90所示。

图 7-90 打开项目文件

02 在V2轨道上，使用鼠标左键双击字幕文件，如图7-91所示。

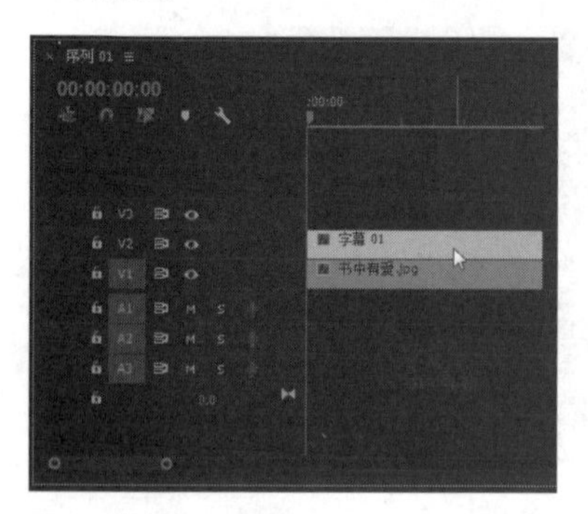
图 7-91 双击字幕文件

03 打开“字幕编辑”窗口，单击“填充类型”右侧的下拉按钮，弹出列表框，选择“消除”选项，如图7-92所示。

图 7-92 选择“消除”选项

04 执行操作后，即可设置“消除”填充效果，可以在“节目监视器”面板中预览设置“消除”填充后的视频效果，如图7-93所示。

图 7-93 预览视频效果

7.3.5 实战——设置重影填充

“重影”填充只能隐藏字幕本身，无法隐藏阴影效果。

素材位置	素材 > 第 7 章 > 项目 15.prproj
效果位置	效果 > 第 7 章 > 项目 15.prproj
视频位置	视频 > 第 7 章 > 实战——设置重影填充 .mp4

01 按【Ctrl+O】组合键，打开一个项目文件，如图7-94所示。

图 7-94 打开项目文件

02 在V2轨道上，使用鼠标左键双击字幕文件，如图7-95所示。

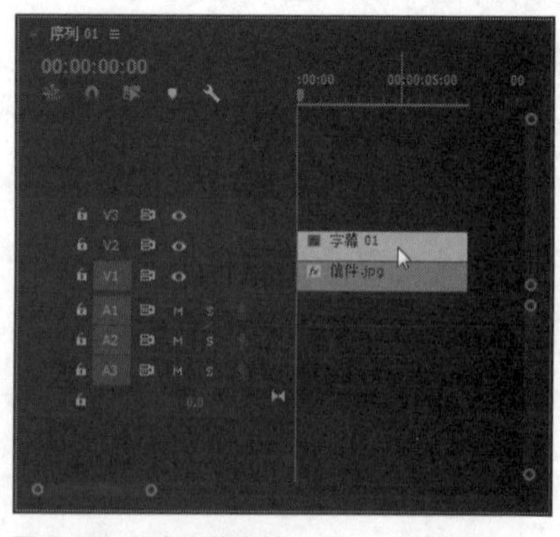
图 7-95 双击字幕文件

03 打开“字幕编辑”窗口，单击“填充类型”右侧的下拉按钮，弹出列表框，选择“重影”选项，如图7-96所示。

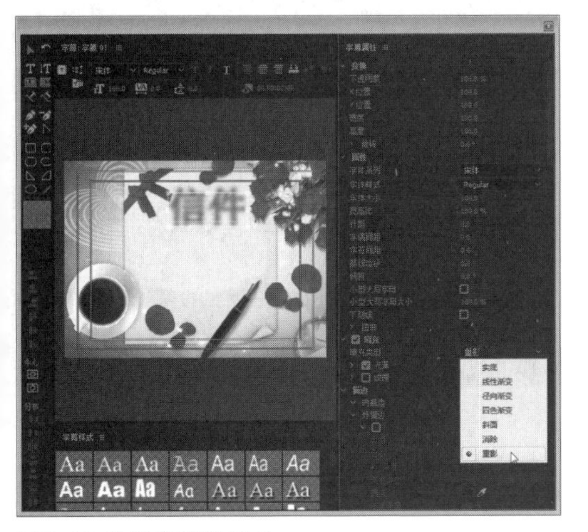

图 7-96 选择“重影”选项

04 执行操作后，即可设置“重影”填充效果，可以在“节目监视器”面板中预览设置“重影”填充后的视频效果，如图7-97所示。

图 7-97 预览视频效果

7.3.6 实战——设置光泽填充

“光泽”填充的作用主要是为字幕叠加一层逐渐向两侧淡化的颜色，用来模拟物体表面的光泽感。

素材位置	素材 > 第 7 章 > 项目 16.prproj
效果位置	效果 > 第 7 章 > 项目 16.prproj
视频位置	视频 > 第 7 章 > 实战——设置光泽填充 .mp4

01 按【Ctrl + O】组合键，打开一个项目文件，如图7-98所示。

图 7-98 打开项目文件

02 在V2轨道上，使用鼠标左键双击字幕文件，如图7-99所示。

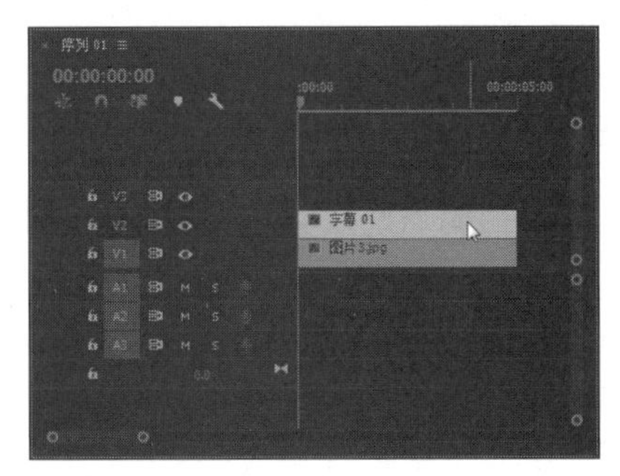

图 7-99 双击字幕文件

03 打开“字幕编辑”窗口，在“填充”选项区中，勾选“光泽”复选框，设置“颜色”为粉红色（RGB参数分别为247、203、196），“大小”为100.0，如图7-100所示。

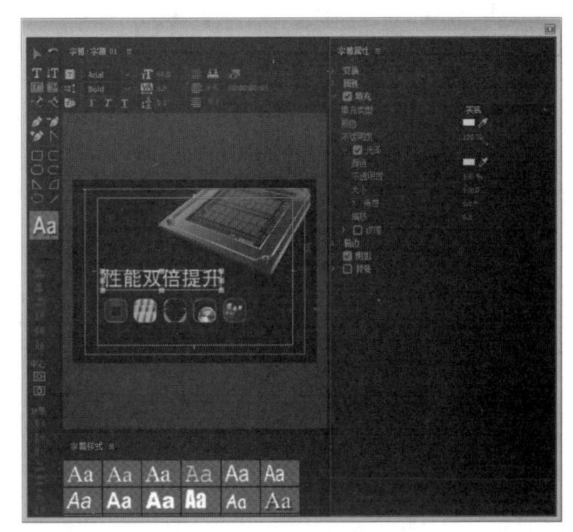

图 7-100 设置参数值

04 执行操作后，即可为字幕设置光泽填充效果，可以在“节目监视器”面板中预览设置光泽填充后的视频效果，如图7-101所示。

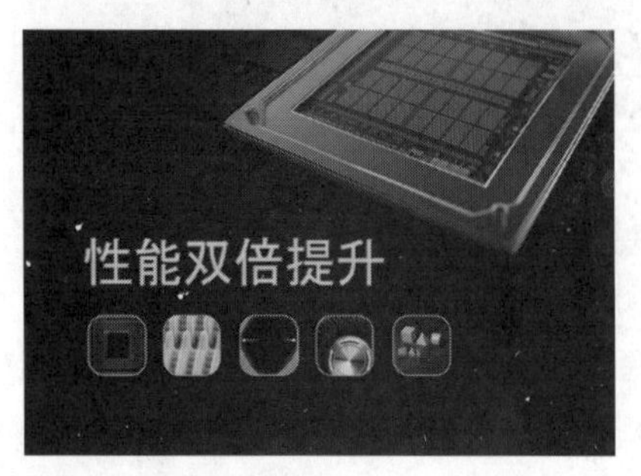

图 7-101 预览视频效果

7.3.7 实战——设置纹理填充

“纹理”填充的作用主要是为字幕设置背景纹理效果，纹理的文件可以是位图，也可以是矢量图。

素材位置	素材 > 第 7 章 > 项目 17.prproj
效果位置	效果 > 第 7 章 > 项目 17.prproj
视频位置	视频 > 第 7 章 > 实战——设置纹理填充 .mp4

01 按【Ctrl＋O】组合键，打开一个项目文件，在“项目”面板中，选择字幕文件，双击鼠标左键，如图7-102所示。

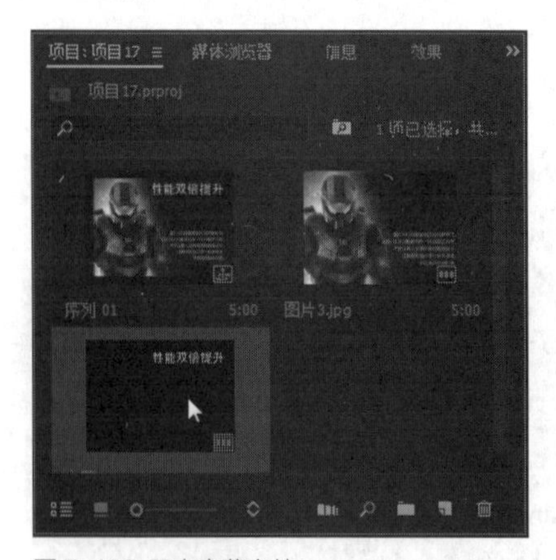

图 7-102 双击字幕文件

02 打开“字幕编辑”窗口，在“填充”选项区中勾选“纹理”复选框，单击“纹理”右侧的按钮■，如图7-103所示。

03 弹出“选择纹理图像”对话框，选择合适的纹理素材，如图7-104所示。

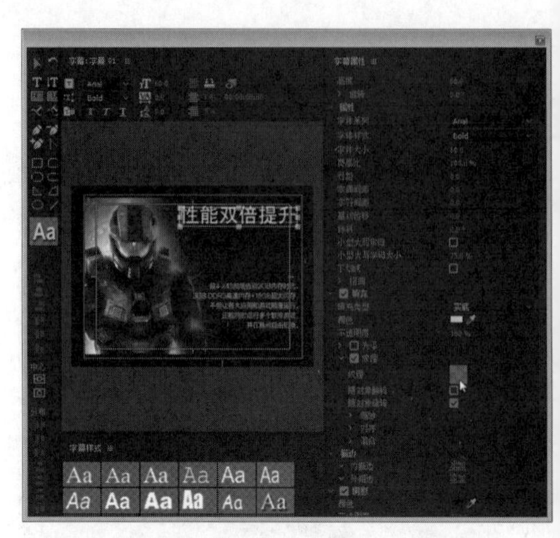

图 7-103 单击“纹理”右侧的按钮

图 7-104 选择合适的纹理素材

04 单击“打开”按钮，即可为字幕设置纹理效果，效果如图7-105所示。

图 7-105 设置纹理填充后的效果

7.4 设置字幕描边与阴影效果

字幕的“描边”与“阴影”主要作用是使字幕效果更加突出、醒目。

7.4.1 实战——制作内描边效果

“内描边”主要是从字幕边缘向内进行扩展，这种描边效果可能会覆盖字幕的原有填充效果。

素材位置	素材 > 第 7 章 > 项目 18.prproj
效果位置	效果 > 第 7 章 > 项目 18.prproj
视频位置	视频 > 第 7 章 > 实战——制作内描边效果 .mp4

01 按【Ctrl + O】组合键，打开一个项目文件，如图 7-106 所示。

图 7-106 打开项目文件

02 在V2轨道上，使用鼠标左键双击字幕文件，如图 7-107所示。

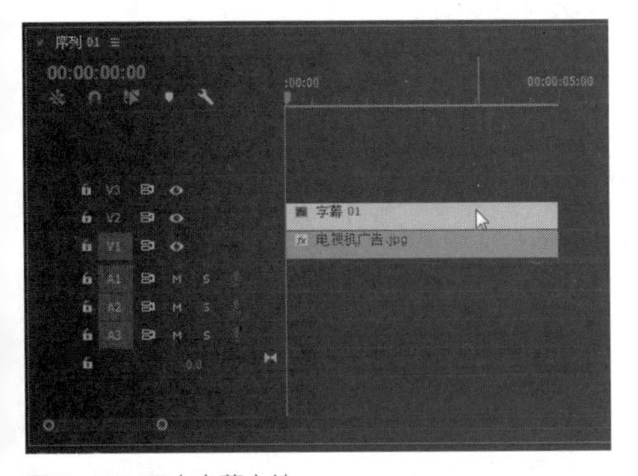

图 7-107 双击字幕文件

03 打开“字幕编辑”窗口，在“描边”选项区中，单击“内描边”右侧的“添加”链接，显示内描边选项区，如图7-108所示。

04 在“内描边”选项区中，单击“类型”右侧的下拉按钮，弹出列表框，选择“深度”选项，如图7-109所示。

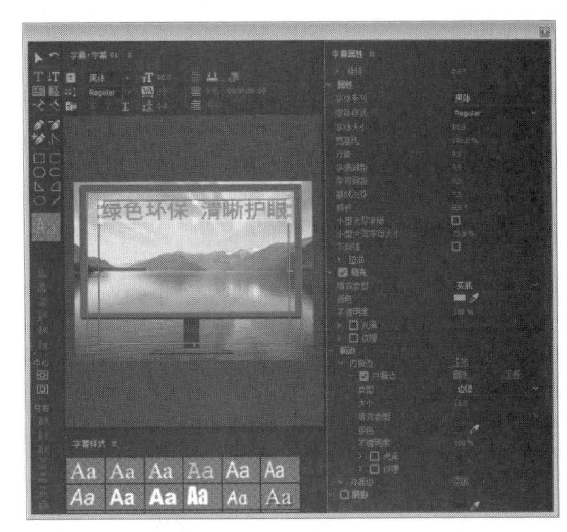

图 7-108 添加内描边选项区

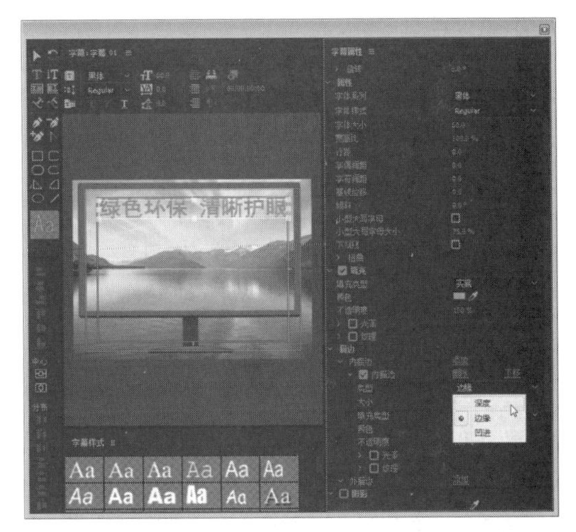

图 7-109 选择“深度”选项

05 单击“颜色”右侧的颜色色块，弹出“拾色器”对话框，设置RGB参数为1、197、199，如图7-110所示。

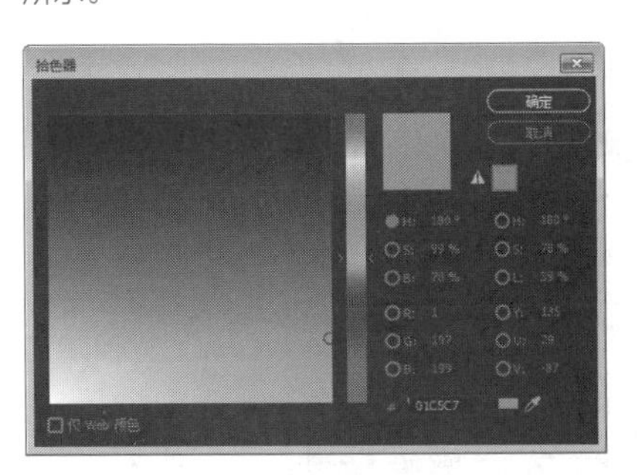

图 7-110 设置参数值

06 单击“确定”按钮，返回到字幕编辑窗口，即可设置内描边的字幕效果，如图7-111所示。

图 7-111 设置内描边后的字幕效果

7.4.2 实战——制作外描边效果 进阶

“外描边”字幕效果是从字幕的边缘向外扩展，并增加字幕占据画面的范围。

素材位置	素材 > 第 7 章 > 项目 19.prproj
效果位置	效果 > 第 7 章 > 项目 19.prproj
视频位置	视频 > 第 7 章 > 实战——制作外描边效果 .mp4

01 按【Ctrl+O】组合键，打开一个项目文件，如图7-112所示。

图 7-112 打开项目文件

02 在V2轨道上，使用鼠标左键双击字幕文件，如图7-113所示。

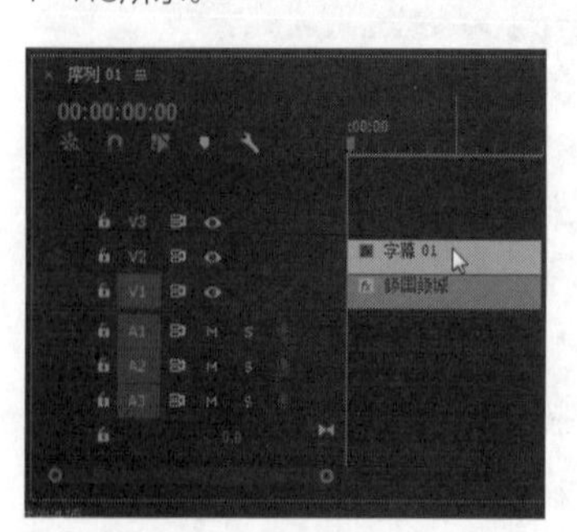

图 7-113 双击字幕文件

03 打开“字幕编辑”窗口，在“描边”选项区中，单击“外描边”右侧的“添加”链接，显示外描边选项区，如图7-114所示。

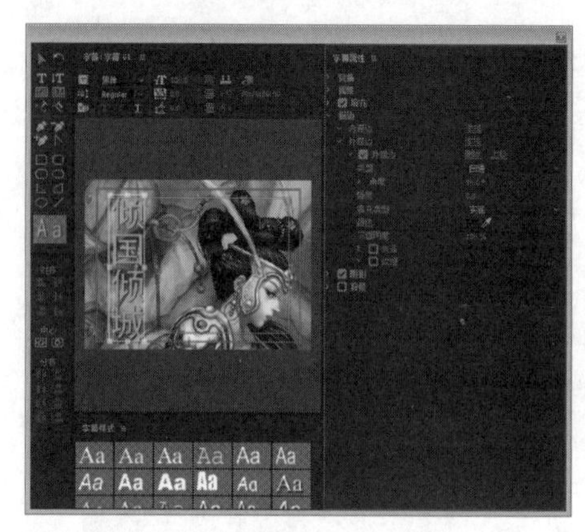

图 7-114 显示外描边选项区

04 在“外描边”选项区中，单击“类型”右侧的下拉按钮，弹出列表框，选择“凹进”选项，如图7-115所示。

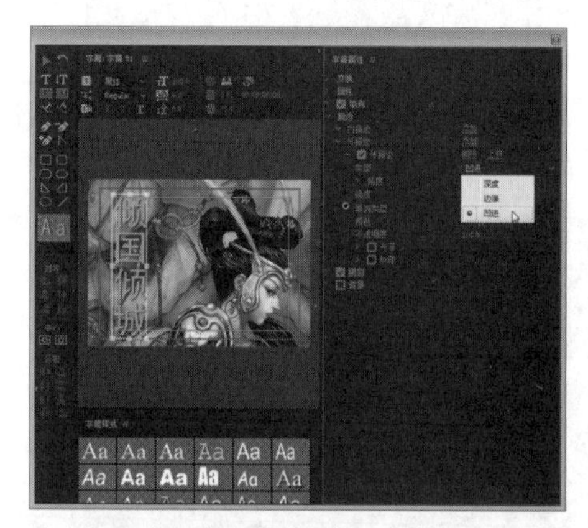

图 7-115 选择“凹进”选项

05 单击“颜色”右侧的颜色色块，弹出“拾色器”对话框，设置RGB参数为90、46、26，如图7-116所示。

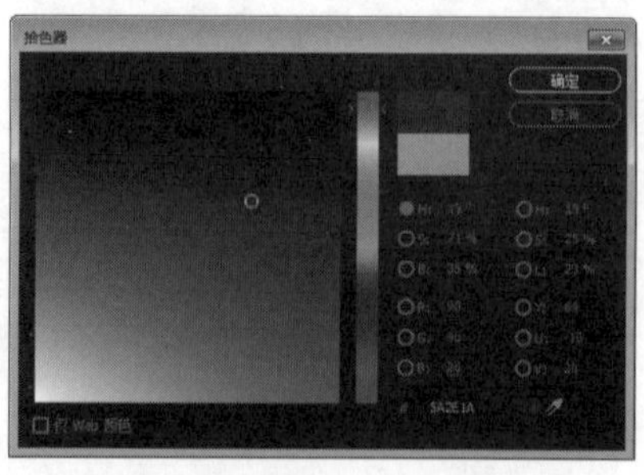

图 7-116 设置参数值

06 单击“确定”按钮，返回到字幕编辑窗口，即可设置外描边字幕的效果，如图7-117所示。

图 7-117 设置外描边后的效果

专家指点

在“类型”列表框中，“凹进”描边模式是最常用的描边模式，选择“凹进”模式后，可以设置其大小、色彩、透明度及填充类型等。

7.4.3 实战——制作字幕阴影效果 进阶

由于“阴影”是可选效果，因此只有勾选“阴影”复选框后，Premiere Pro CC 2017才会显示用户添加的字幕阴影效果。在添加字幕阴影效果后，可以对“阴影”选项区中的各参数进行设置，以得到更好的阴影效果。

素材位置	素材 > 第 7 章 > 项目 20.prproj
效果位置	效果 > 第 7 章 > 项目 20.prproj
视频位置	视频 > 第 7 章 > 实战——制作字幕阴影效果 .mp4

01 按【Ctrl + O】组合键，打开一个项目文件，在“节目监视器”面板中可以查看素材画面，如图7-118所示。

图 7-118 查看素材画面

02 单击“字幕”|“新建字幕”|“默认静态字幕”命令，在弹出的“新建字幕”对话框中输入字幕名称，如图7-119所示。

图 7-119 输入字幕名称

03 单击“确定”按钮，打开“字幕编辑”窗口，选取工具箱中的文字工具T，在工作区中合适的位置输入文字“儿童乐园”，选择输入的文字，如图7-120所示。

图 7-120 选择文字

04 展开“属性”选项，设置“字体系列”为“黑体”，“字体大小”为70.0；展开“变换”选项，设置“X位置”为400.0，“Y位置”为190.0，如图7-121所示。

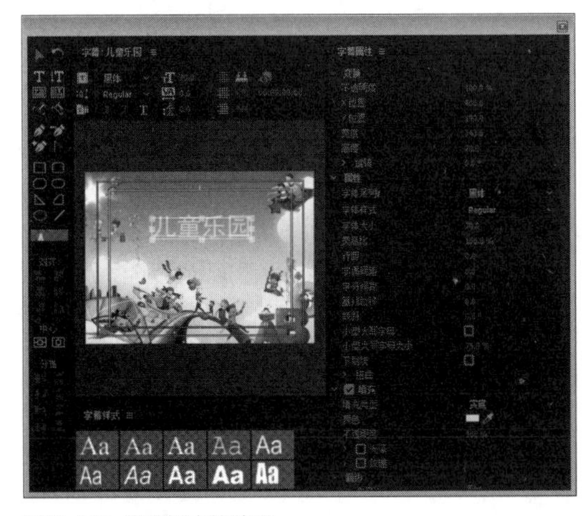

图 7-121 设置相应的选项

05 勾选“填充”复选框，单击“实底”选项右侧的下拉按钮，在弹出的列表框中选择“径向渐变”选项，如图7-122所示。

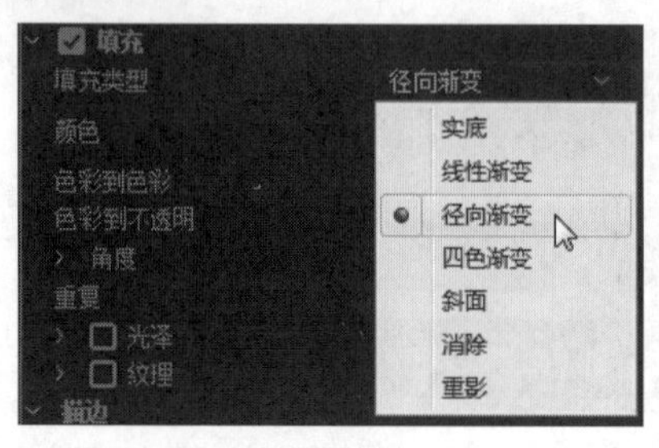

图 7-122 选择“径向渐变”选项

06 显示“径向渐变”选项后，双击“颜色”选项右侧的第1个色标，如图7-123所示。

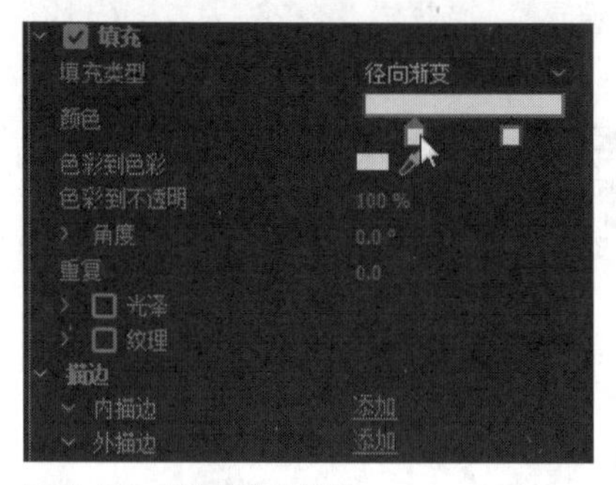

图 7-123 双击第 1 个色标

07 在弹出的“拾色器”对话框中，设置颜色为红色（RGB参数值为255、0、0），如图7-124所示。

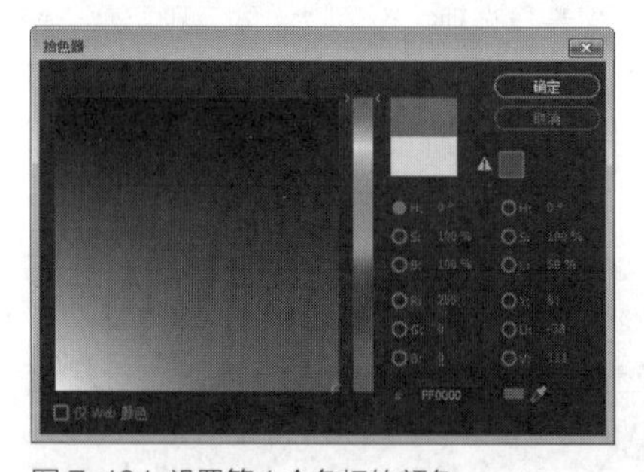

图 7-124 设置第 1 个色标的颜色

08 单击“确定”按钮，返回“字幕编辑”窗口，双击“颜色”选项右侧的第2个色标，在弹出的“拾色器”对话框中设置颜色为黄色（RGB参数值为255、255、0），如图7-125所示。

09 单击“确定”按钮，返回“字幕编辑”窗口，勾选“阴影”复选框，设置“扩展”为50.0，如图7-126所示。

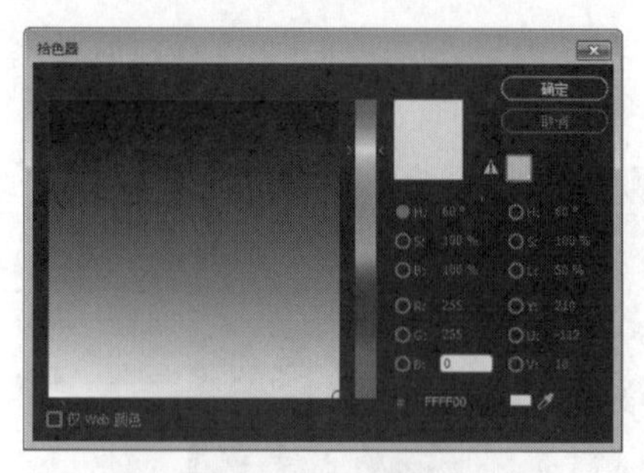

图 7-125 设置第 2 个色标的颜色

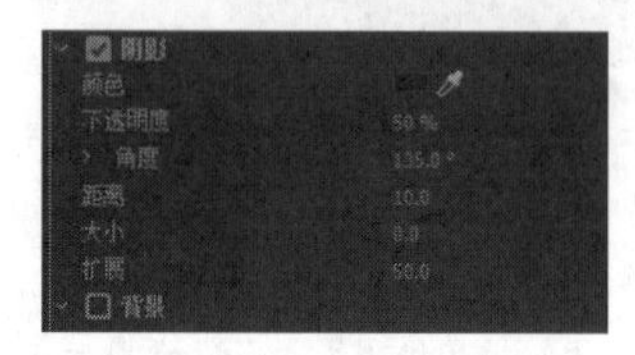

图 7-126 设置“扩展”值

10 执行上述操作后，在工作区中显示字幕效果，如图7-127所示。

图 7-127 显示字幕效果

11 单击“字幕编辑”窗口右上角的“关闭”按钮，关闭“字幕编辑”窗口，此时可以在“项目”面板中查看创建的字幕，如图7-128所示。

图 7-128 查看创建的字幕

12 在“项目”面板中选择字幕文件，将其添加到“时间轴”面板中的V2轨道上，如图7-129所示。

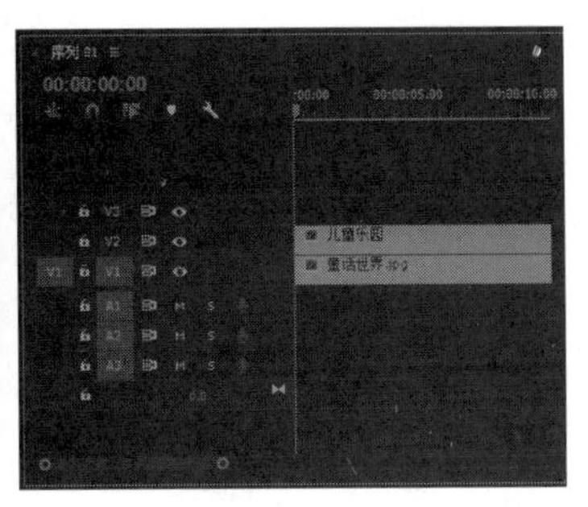

图 7-129　添加字幕文件

13 单击“播放-停止切换”按钮，预览视频效果，如图7-130所示。

图 7-130　预览视频效果

7.5 习题测试

习题1 设置喜庆的字幕样式效果

素材位置	素材 > 第 7 章 > 项目 21.prproj
效果位置	效果 > 第 7 章 > 项目 21.prproj
视频位置	视频 > 第 7 章 > 习题 1：设置喜庆的字幕样式效果 .mp4

本习题练习设置喜庆的字幕样式效果的操作，素材与效果如图7-131所示。

图 7-131　素材与效果

图 7-131　素材与效果（续）

习题2 90°旋转字幕

素材位置	素材 > 第 7 章 > 项目 22.prproj
效果位置	效果 > 第 7 章 > 项目 22.prproj
视频位置	视频 > 第 7 章 > 习题 2：90° 旋转字幕 .mp4

本习题练习90°旋转字幕的操作，素材与效果如图7-132所示。

图 7-132　素材与效果

习题3 设置字幕阴影参数

素材位置	素材 > 第 7 章 > 项目 23.prproj
效果位置	效果 > 第 7 章 > 项目 23.prproj
视频位置	视频 > 第 7 章 > 习题 3：设置字幕阴影参数 .mp4

本习题练习设置字幕阴影参数的操作，素材与效果如图7-133所示。

图 7-133 素材与效果

习题4 设置倾斜的字幕效果

素材位置	素材 > 第 7 章 > 项目 24.prproj
效果位置	效果 > 第 7 章 > 项目 24.prproj
视频位置	视频 > 第 7 章 > 习题 4：设置倾斜的字幕效果 .mp4

本习题练习设置倾斜的字幕效果的操作，素材与效果如图7-134所示。

图 7-134 素材与效果

第08章 创建与制作字幕特效

在影视节目中，字幕起着诠释画面、补充内容等的作用。由于字幕本身是静止的，因此在某些时候无法完美地表达画面的主题。本章将运用Premiere Pro CC 2017制作各种字幕特效，使画面中的文字更加生动。

课堂学习目标

- 掌握绘制基本直线的操作方法。
- 掌握创建游动字幕的操作方法。
- 掌握创建与复制字幕样式的操作方法。
- 掌握制作字幕路径特效的操作方法。

扫码观看本章实战操作视频

8.1 字幕路径的创建

字幕特效的种类很多，其中最常见的一种是通过“字幕路径”使字幕按用户创建的路径移动。下面将详细介绍字幕路径的创建方法。

8.1.1 实战——绘制基本直线 重点

“直线”是所有图形中最简单且最基本的图形，在Premiere Pro CC 2017中，运用绘图工具可以直接绘制出一些简单的图形。

素材位置	素材 > 第 8 章 > 项目 1.prproj
效果位置	效果 > 第 8 章 > 项目 1.prproj
视频位置	视频 > 第 8 章 > 实战——绘制基本直线 .mp4

01 按【Ctrl+O】组合键，打开一个项目文件，如图8-1所示。

图 8-1 打开项目文件

02 在V2轨道上，使用鼠标左键双击字幕文件，如图8-2所示。

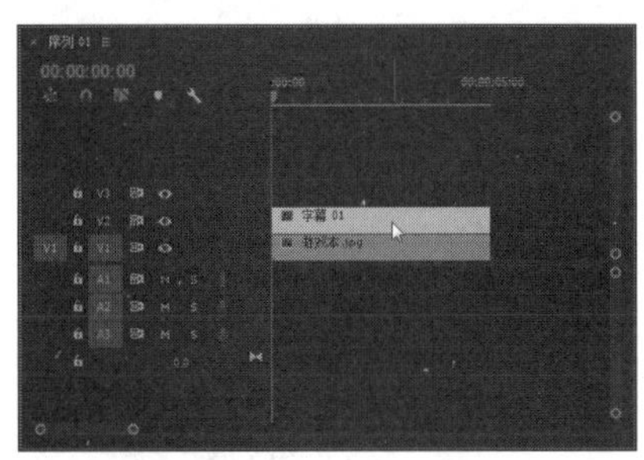

图 8-2 双击字幕文件

03 打开字幕编辑窗口，选取直线工具，如图8-3所示。

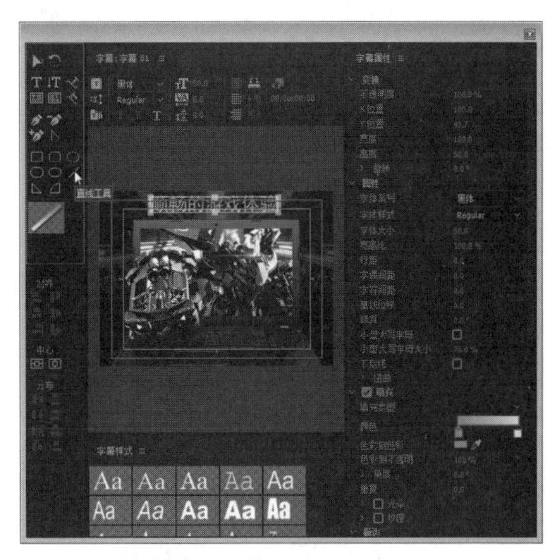

图 8-3 选取直线工具

04 在绘图区合适位置按住鼠标左键并拖曳，绘制直线，如图8-4所示。

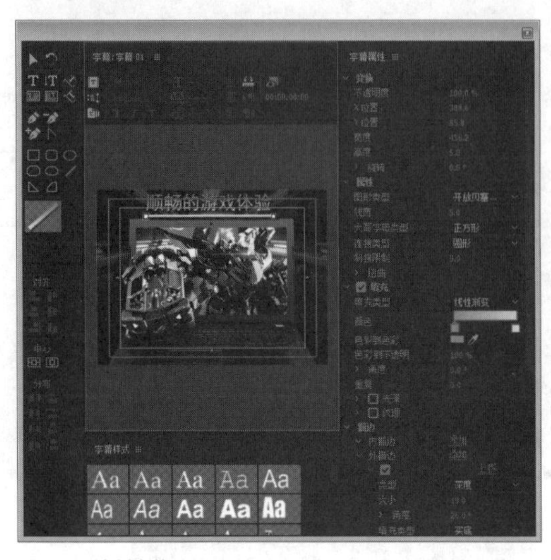

图 8-4 绘制直线

05 选取选择工具，将直线移至合适位置，并设置“线宽”为3.0，如图8-5所示。

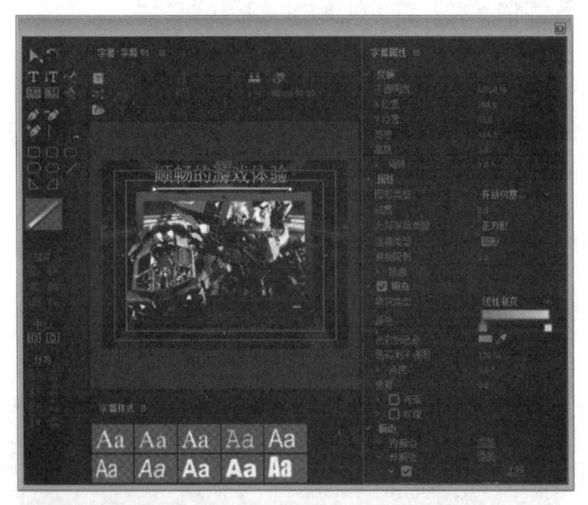

图 8-5 设置参数值

06 执行操作后，即可绘制直线，效果如图8-6所示。

图 8-6 绘制直线效果

8.1.2 实战——调整直线颜色

在绘制直线后，在“字幕属性”面板中设置“填充”属性，可以调整直线的颜色。

素材位置	素材 > 第 8 章 > 项目 2.prproj
效果位置	效果 > 第 8 章 > 项目 2.prproj
视频位置	视频 > 第 8 章 > 实战——调整直线颜色 .mp4

01 按【Ctrl + O】组合键，打开一个项目文件，在V2轨道上，双击字幕文件，打开字幕编辑窗口，选择直线，单击“颜色”右侧的色块，如图8-7所示。

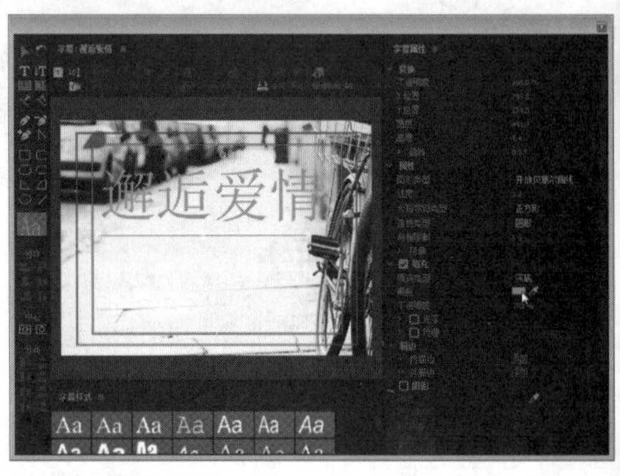

图 8-7 设置颜色块

02 弹出“拾色器”对话框，设置RGB参数值为233、220、13，单击“确定”按钮，即可调整直线颜色，如图8-8所示。

图 8-8 调整直线颜色后的效果

8.1.3 实战——使用钢笔工具转换直线 进阶

使用钢笔工具可以直接将路径转换为直线。下面介绍使用钢笔工具转换直线的操作方法。

素材位置	素材 > 第 8 章 > 项目 3.prproj
效果位置	效果 > 第 8 章 > 项目 3.prproj
视频位置	视频 > 第 8 章 > 实战——使用钢笔工具转换直线 .mp4

01 按【Ctrl + O】组合键，打开一个项目文件，如图8-9所示。

图 8-9 打开项目文件

02 在V2轨道上，使用鼠标左键双击字幕文件，如图8-10所示。

03 打开字幕编辑窗口，选取钢笔工具，如图8-11所示。

04 在绘图区合适位置，依次单击鼠标左键，绘制直线，如图8-12所示。

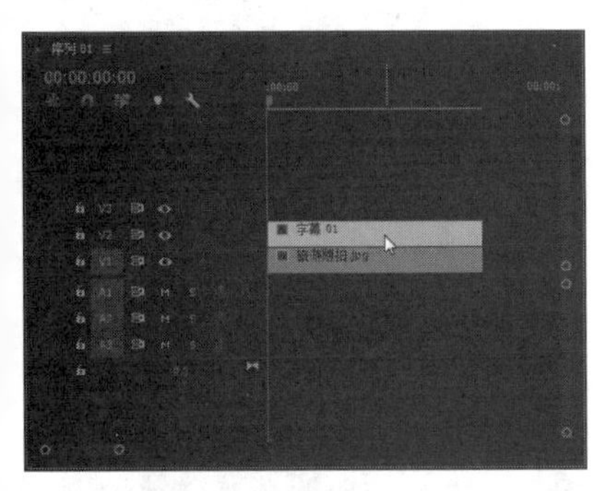

图 8-10 双击字幕文件

图 8-11 选取钢笔工具

图 8-12 绘制直线

05 在“字幕属性”面板中，取消选中“外描边”复选框与“阴影”复选框，如图8-13所示。

图 8-13 取消选中“阴影”复选框

06 执行操作后，即可使用钢笔工具转换直线，效果如图8-14所示。

图 8-14 使用钢笔工具转换直线

专家指点

当需要转换一条比较复杂的曲线时，可以用转换锚点工具调整直线。选取转换锚点工具，根据提示进行操作即可。图 8-15 所示为添加节点的前后对比效果。

图 8-15 添加节点的前后对比效果

转换锚点工具可以为直线添加两个或两个以上的节点，通过这些节点调整出更为复杂的曲线图形，选取转换锚点工具，在需要添加节点的曲线上，单击鼠标左键即可。

8.1.4 实战——使用椭圆工具绘制圆形对象

当需要创建圆形时，使用椭圆工具在绘图区中绘制即可。

素材位置	素材 > 第 8 章 > 项目 4.prproj
效果位置	效果 > 第 8 章 > 项目 4.prproj
视频位置	视频 > 第 8 章 > 实战——使用椭圆工具绘制圆形对象 .mp4

01 按【Ctrl + O】组合键，打开一个项目文件，如图8-16所示，在V1轨道上，双击字幕文件。

图 8-16 打开项目文件

02 打开字幕编辑窗口，选取椭圆工具，在按住【Shift】键的同时，在绘图区中创建圆形，如图8-17所示。

图 8-17 创建圆形

03 在“变换”选项区中，设置“宽度”和“高度”均为390.0，如图8-18所示。

图 8-18 设置参数值

04 调整圆形的位置，即可使用椭圆工具创建圆形，效果如图8-19所示。

图 8-19 创建圆形效果

专家指点

当需要创建一个弧形对象时，通过弧形工具进行创建操作。在字幕编辑窗口中，选取弧形工具，在绘图区中按住鼠标左键并拖曳，即可创建弧形对象，如图8-20所示。

图 8-20 创建弧形对象

8.2 运动字幕的创建

在Premiere Pro CC 2017中，字幕被分为“静态字幕”和“动态字幕”两大类型。通过前面的学习，读者已经可以轻松创建出静态字幕及静态的复杂图形。下面将介绍如何在Premiere Pro CC 2017中创建动态字幕。

8.2.1 实战——创建游动字幕 重点

“游动字幕”是指字幕在画面中进行水平运动的动态字幕类型，下面将介绍如何设置字幕运动的方向和位置。

素材位置	素材 > 第 8 章 > 项目 5.prproj
效果位置	效果 > 第 8 章 > 项目 5.prproj
视频位置	视频 > 第 8 章 > 实战——创建游动字幕 .mp4

01 按【Ctrl+O】组合键，打开一个项目文件，如图8-21所示，在V2轨道上，双击字幕文件。

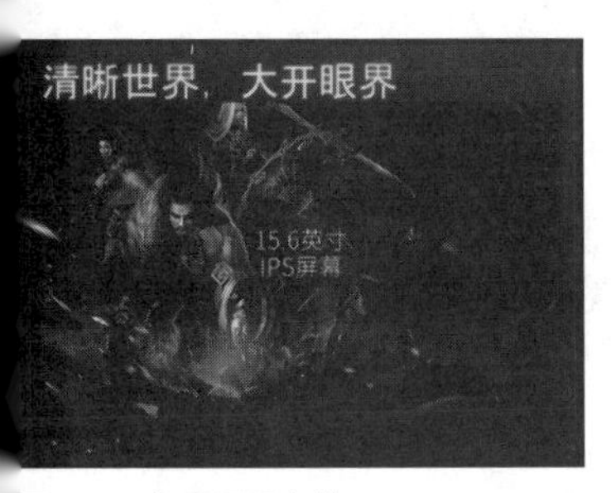

图 8-21 打开项目文件

02 打开字幕编辑窗口，单击“滚动/游动选项”按钮，弹出“滚动/游动选项”对话框，选中“向左游动”单选按钮，如图8-22所示。

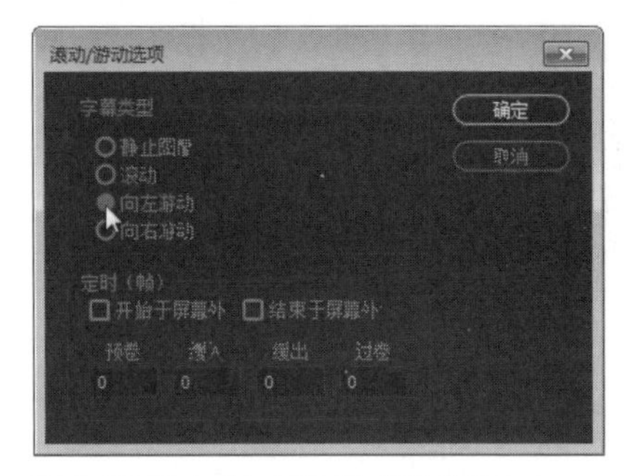

图 8-22 选中“向左游动”单选按钮

03 在“滚动/游动选项”对话框中，勾选“开始于屏幕外”复选框，并设置“缓入”为3，“过卷”为7，如图8-23所示。

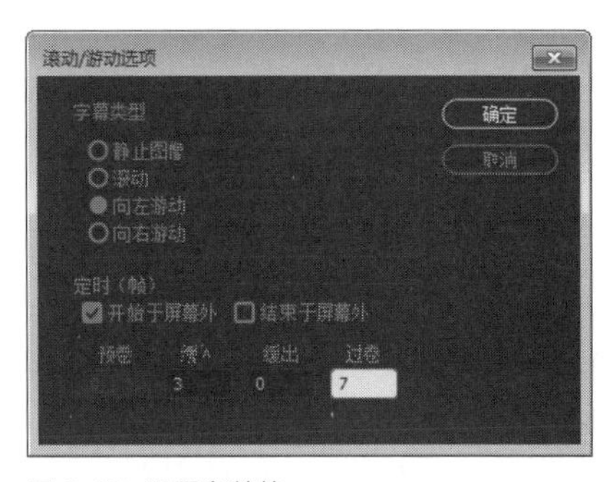

图 8-23 设置参数值

04 单击“确定”按钮，返回到字幕编辑窗口，选取选择工具，将文字向右拖曳至合适位置，如图8-24所示。

05 执行操作后，即可创建游动的字幕。在“节目监视器”面板中，单击“播放-停止切换”按钮，即可预览字幕游动效果，如图8-25所示。

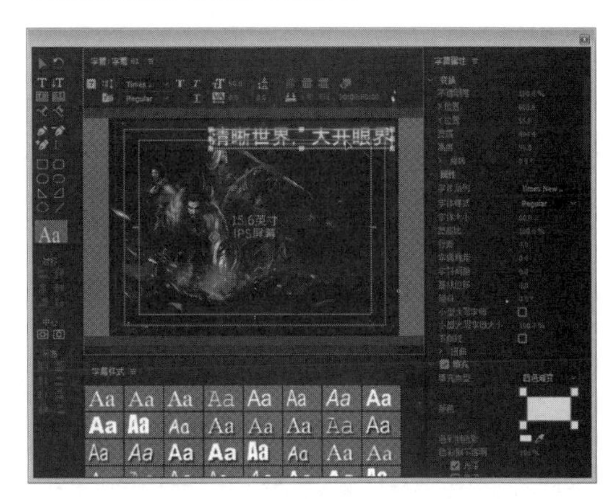

图 8-24 拖曳字幕

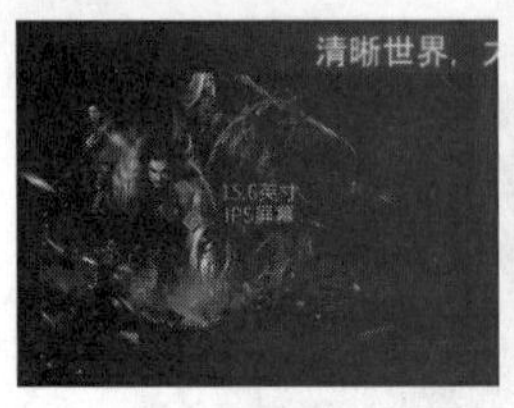

图 8-25 预览字幕游动效果

专家指点

字幕的运动是通过关键帧实现的，为对象指定的关键帧越多，产生的运动变化越复杂。在 Premiere Pro CC 2017 中，可以通过关键帧对不同的时间点来引导目标运动、缩放、旋转等，并在计算机中随着时间点而发生变化，如图 8-26 所示。

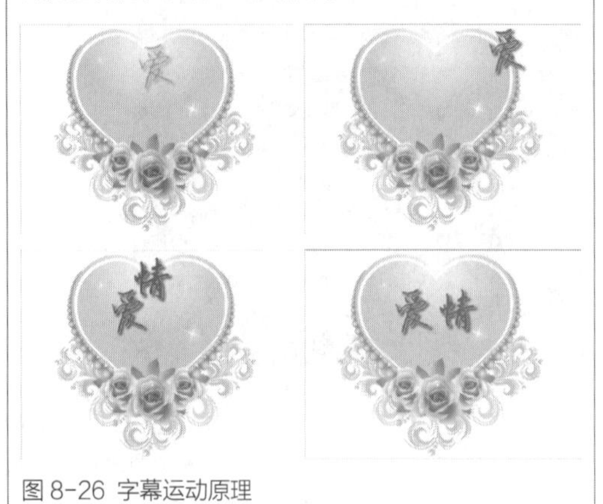

图 8-26 字幕运动原理

8.2.2 实战——创建滚动字幕

“滚动字幕”是指字幕从画面的下方逐渐向上滚动的动态字幕类型，这种类型的动态字幕常运用在电视节目中。

素材位置	素材 > 第 8 章 > 项目 6.prproj
效果位置	效果 > 第 8 章 > 项目 6.prproj
视频位置	视频 > 第 8 章 > 实战——创建滚动字幕 .mp4

01 按【Ctrl + O】组合键，打开一个项目文件，如图 8-27所示，在V2轨道上双击字幕文件。

图 8-27 打开项目文件

02 打开字幕编辑窗口，单击“滚动/游动选项”按钮，弹出相应对话框，选中“滚动”单选按钮，如图8-28所示。

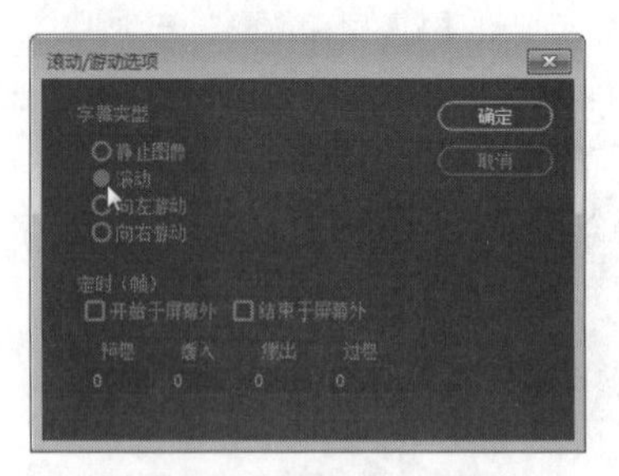

图 8-28 选中“滚动”单选按钮

03 勾选“开始于屏幕外”复选框，并设置“缓入”为4，“过卷”为8，如图8-29所示。

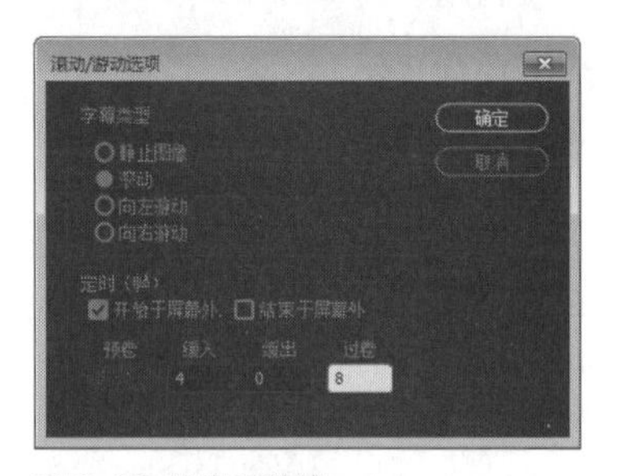

图 8-29 设置参数值

04 单击“确定”按钮，返回到字幕编辑窗口，选取选择工具，将文字拖曳至合适位置，如图8-30所示。

图 8-30 拖曳字幕

05 执行操作后，即可创建滚动运动的字幕。在“节目监视器”面板中，单击“播放-停止切换”按钮，即可预览字幕滚动效果，如图8-31所示。

图 8-31 预览字幕滚动效果

专家指点

在影视制作中，字幕的运动能起到突出主题、画龙点睛的作用，如在影视广告中均是通过文字说明向观众传递产品的品牌、性能等信息。

8.3 应用字幕模板和样式

在Premiere Pro CC 2017中，为文字应用多种字幕样式，可以使字幕变得更加美观。应用字幕模板功能，可以高质、高效地制作专业品质字幕。下面主要介绍字幕样式和模板的应用方法。

8.3.1 实战——创建与复制字幕样式

在Premiere Pro CC 2017中，用户可以根据需要手动创建字幕样式，还可以对创建的字幕样式进行复制操作。下面介绍创建与复制字幕样式的方法。

素材位置	素材 > 第 8 章 > 项目 7.prproj
效果位置	效果 > 第 8 章 > 项目 7.prproj
视频位置	视频 > 第 8 章 > 实战——创建与复制字幕样式 .mp4

01 按【Ctrl + O】组合键，打开一个项目文件，在V2轨道上，使用鼠标左键双击字幕文件，如图8-32所示。

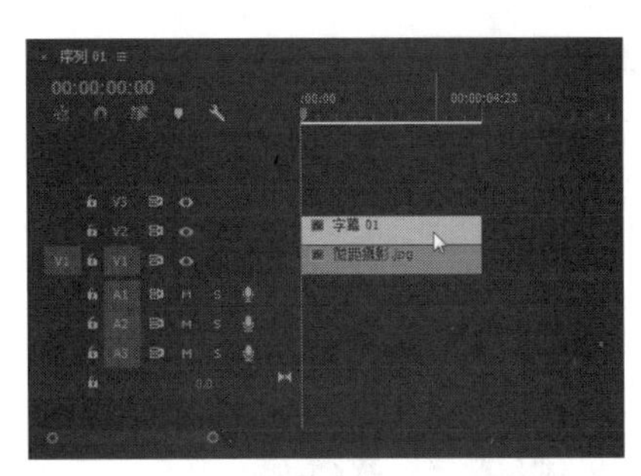

图 8-32 双击字幕文件

02 执行操作后，即可打开字幕编辑窗口，单击窗口上方的“模板”按钮，如图8-33所示。

图 8-33 单击“模板”按钮

03 弹出“模板”对话框，单击相应的按钮，弹出列表框，选择“导入当前字幕为模板”选项，如图8-34所示。

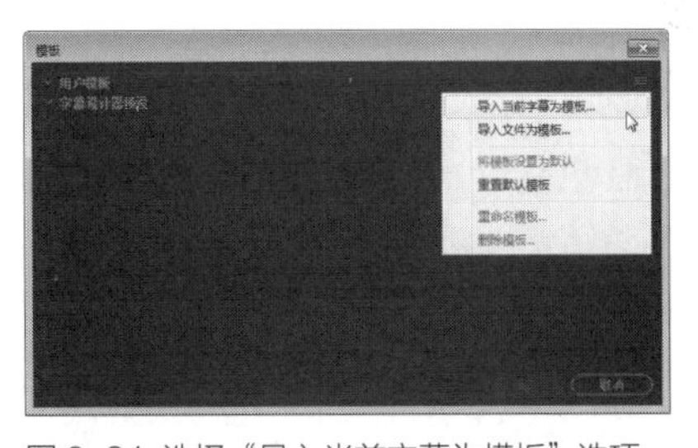

图 8-34 选择“导入当前字幕为模板”选项

04 弹出“另存为”对话框，设置名称，单击“确定”按钮，如图8-35所示，即可创建字幕模板。

图 8-35 单击“确定”按钮

专家指点

Premiere Pro CC 2017除了可以直接从字幕模板来创建字幕外，还可以在编辑字幕的过程中应用模板。

在字幕编辑窗口中，单击窗口上方的“模板”按钮，弹出“模板”对话框，选择需要的模板样式，如图8-36所示。单击“确定”按钮，即可将选择的模板导入到工作区中。

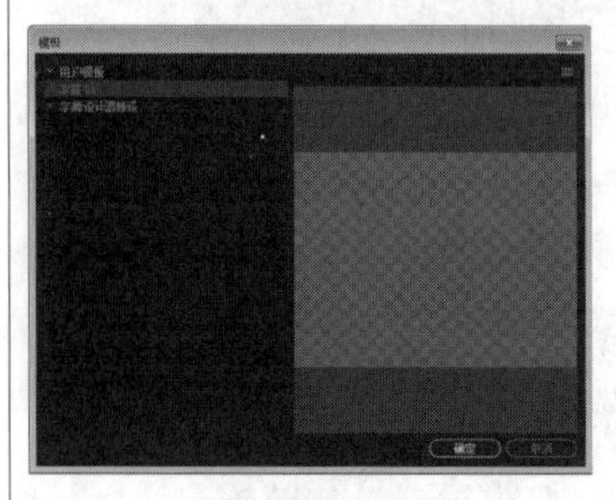

图8-36 选择需要的模板样式

在“模板”对话框中，包括了两大类模板：一类是“用户模板”，用户可以将自己满意的模板保存为一个新模板，也可以创建一个新模板以方便使用；另一类是“字幕设计器预设”模板，这里提供了众多模板类型，用户可以根据需要进行选择。

8.3.2 实战——字幕样式的重命名

在Premiere Pro CC 2017中可以为创建好的字幕进行重命名操作，下面将介绍重命名字幕样式的操作方法。

素材位置	素材 > 第 8 章 > 项目 8.prproj
效果位置	效果 > 第 8 章 > 项目 8.prproj
视频位置	视频 > 第 8 章 > 实战——字幕样式的重命名 .mp4

01 按【Ctrl+O】组合键，打开一个项目文件，在V1轨道上，双击字幕文件，打开字幕编辑窗口，选择合适的字幕样式，如图8-37所示。

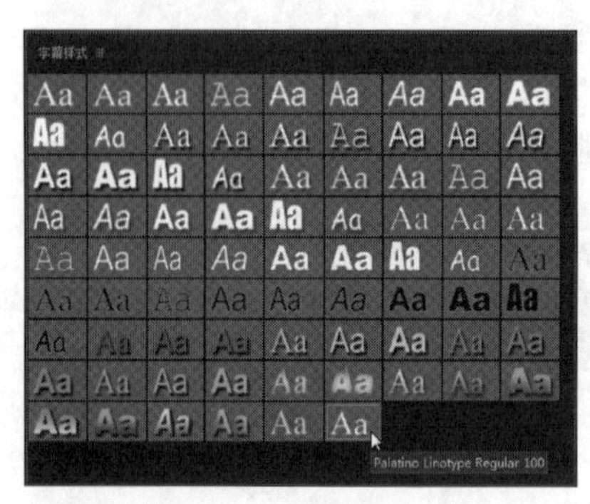

图8-37 选择合适的字幕样式

02 在选择的字幕样式上，单击鼠标右键，弹出快捷菜单，选择“重命名样式”选项，如图8-38所示。

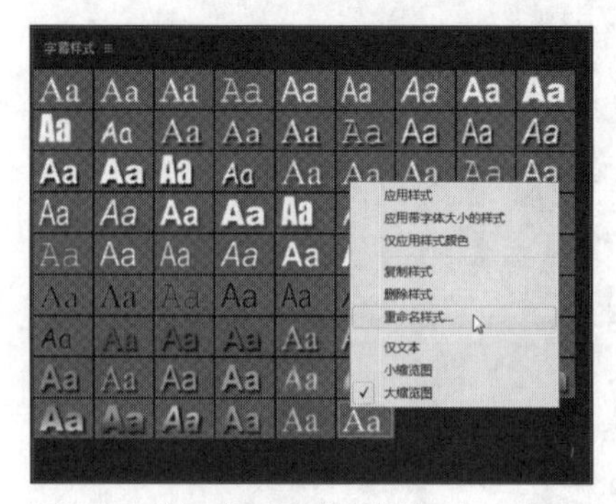

图8-38 选择“重命名样式”选项

03 弹出“重命名样式”对话框，输入新名称，如图8-39所示。

图8-39 输入新名称

04 单击“确定”按钮，即可重命名字幕样式，如图8-40所示。

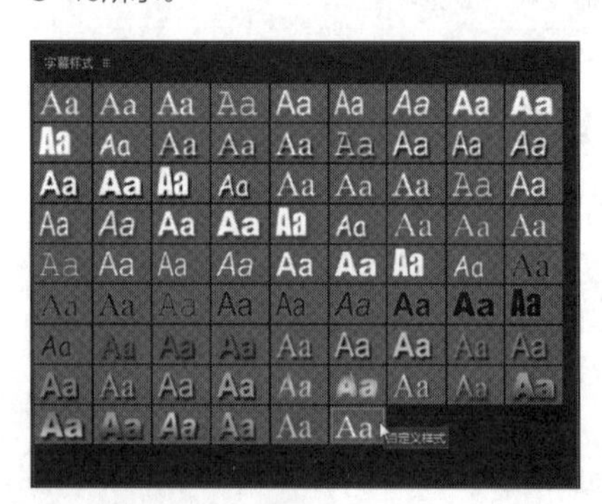

图8-40 重命名字幕样式

专家指点

如果对创建好的字幕样式觉得不满意，可以将其删除。在Premiere Pro CC 2017中，删除字幕样式的方法很简单：在“字幕样式”面板中选择不需要的字幕样式后，单击鼠标右键，在弹出的快捷菜单中选择“删除样式”选项，如图8-41所示。此时系统将弹出信息提示框，如图8-42所示，单击“确定”按钮，即可删除当前选择的字幕样式。

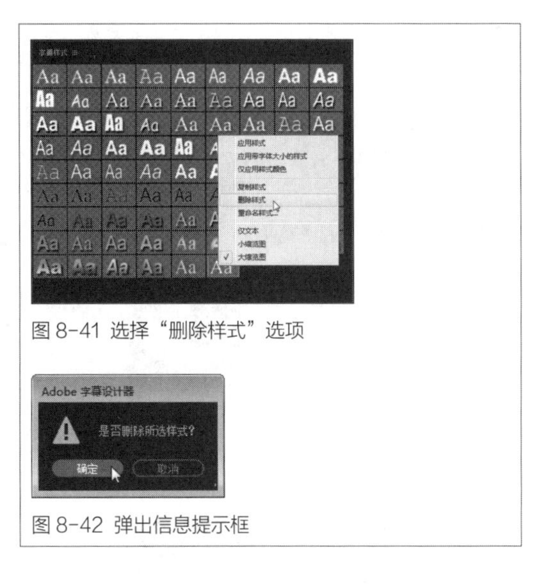

图 8-41 选择“删除样式”选项

图 8-42 弹出信息提示框

8.3.3 实战——将自定义的字幕样式保存为模板

在Premiere Pro CC 2017中，不仅可以直接应用系统提供的字幕模板，还可以将自定义的字幕样式保存为模板。

素材位置	素材 > 第 8 章 > 项目 9.prproj
效果位置	效果 > 第 8 章 > 项目 9.prproj
视频位置	视频 > 第 8 章 > 实战——将自定义的字幕样式保存为模板 .mp4

01 按【Ctrl+O】组合键，打开一个项目文件，在V1轨道上，使用鼠标左键双击字幕文件，打开字幕编辑窗口，单击“模板”按钮，如图8-43所示。

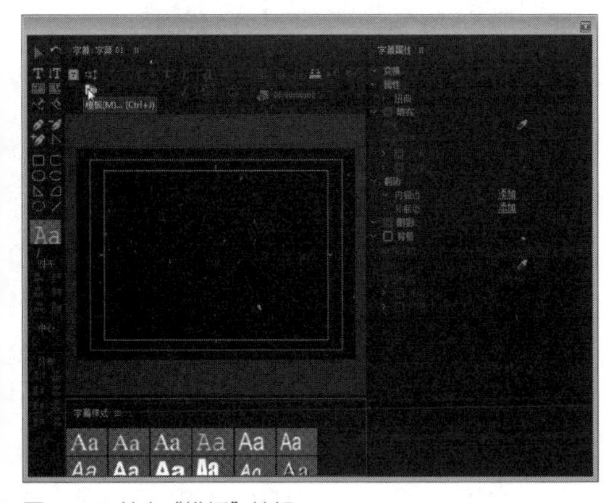

图 8-43 单击“模板”按钮

02 弹出“模板”对话框，单击黑色三角形按钮，在弹出的列表框中选择“导入文件为模板”选项，如图8-44所示。

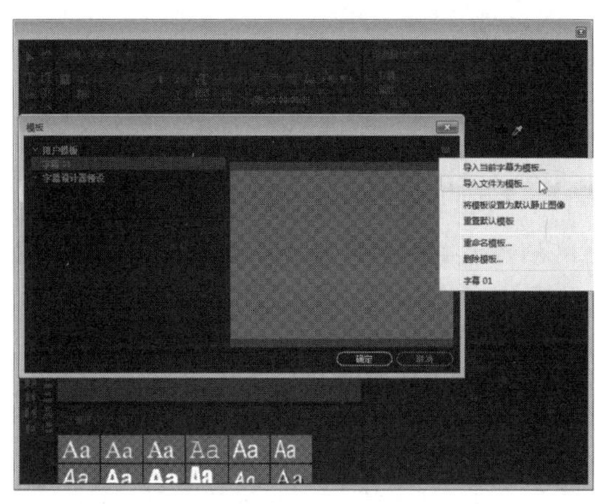

图 8-44 选择“导入文件为模板”选项

03 弹出“将字幕导入为模板”对话框，选择需要导入的字幕文件，如图8-45所示。

图 8-45 选择需要导入的字幕

04 单击“打开”按钮，弹出“另存为”对话框，输入名称，如图8-46所示。

图 8-46 输入名称

专家指点

在 Premiere Pro CC 2017 中，重置字幕样式库可以得到最新的样式库。单击“字幕样式”面板右上角的下拉按钮，在弹出的列表框中选择“重置样式库”选项。执行上述操作后，系统将弹出信息提示框，单击“确定”按钮，即可重置字幕样式库。

- 替换字幕样式库

替换样式库操作可以将不满意的字幕样式进行替换。

单击“字幕样式”面板右上角的下拉按钮，在弹出的列表框中选择“替换样式库”选项。
执行上述操作后，即可弹出“打开样式库”对话框。选择需要替换的字幕样式库，单击“打开”按钮，即可完成字幕样式库的替换操作。

● 追加字幕样式库

单击“字幕样式”面板右上角的下拉按钮，在弹出的列表框中选择“追加样式库”选项。执行上述操作后，系统将弹出“打开样式库”对话框，选择需要追加的样式，单击“打开”按钮即可。

● 保存字幕样式库

单击“字幕样式”面板右上角的下拉按钮，在弹出的列表框中选择“保存样式库”选项。执行操作后，弹出“保存样式库”对话框，输入存储的文件名，单击“保存”按钮，即可保存字幕样式库。

05 单击“确定”按钮，即可将字幕文件保存为模板。此时，在“用户模板”中可以查看最新保存的模板，如图8-47所示。

图 8-47 查看新保存的模板

8.4 制作精彩字幕特效

随着动态视频的发展，动态字幕的应用也越来越频繁，这些精美的字幕特效不仅能够点明影视视频的主题，使影片更加生动，具有感染力，还能够为观众传递一些艺术信息。下面主要介绍精彩字幕特效的制作方法。

8.4.1 实战——制作字幕路径特效 进阶

在Premiere Pro CC 2017中，使用钢笔工具绘制路径，可以制作字幕路径特效。

素材位置	素材 > 第 8 章 > 项目 10.prproj
效果位置	效果 > 第 8 章 > 项目 10.prproj
视频位置	视频 > 第 8 章 > 实战——制作字幕路径特效 .mp4

01 按【Ctrl+O】组合键，打开一个项目文件，如图8-48所示。

图 8-48 打开项目文件

02 在V2轨道上，选择字幕文件，如图8-49所示。

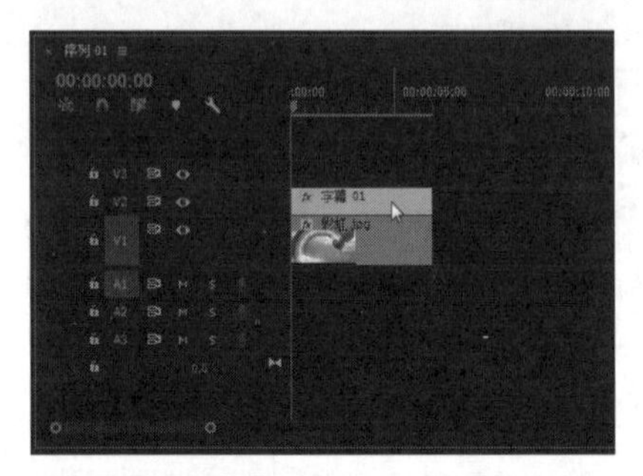

图 8-49 选择字幕文件

03 展开“效果控件”面板，分别为“运动”选项区中的“位置”“旋转”及“不透明度”选项添加关键帧，设置“不透明度”为0.0%，如图8-50所示。

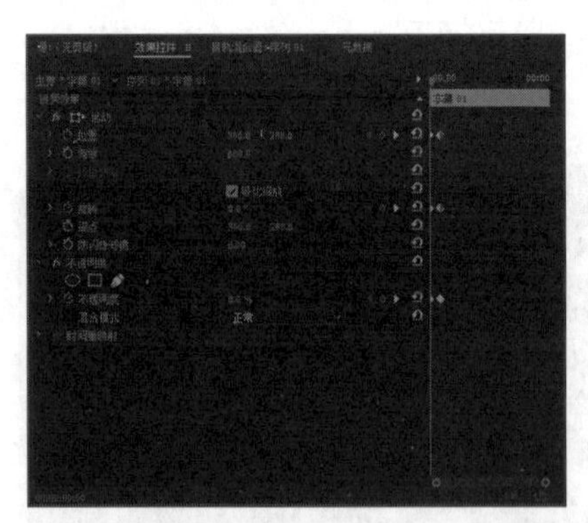

图 8-50 设置相关参数

04 将时间线移至00:00:00:12位置，设置“位置”分别为680.0和160.0，“旋转”为20.0°，“不透明度”为100.0%，添加一组关键帧，如图8-51所示。

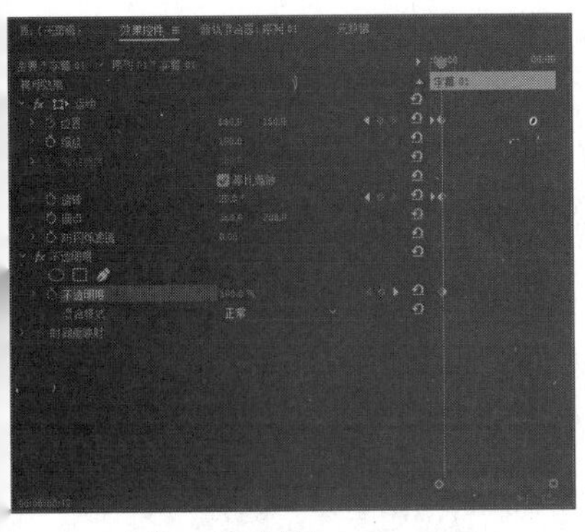
图 8-51 添加一组关键帧

05 制作完成后，单击“节目监视器”面板中的“播放-停止切换”按钮，即可预览字幕路径特效，如图8-52所示。

图 8-52 预览字幕路径特效

8.4.2 实战——制作翻转字幕特效

字幕的翻转效果主要是运用“运动”效果控件，通过调整其中的“缩放”和“旋转”参数来实现。

素材位置	素材 > 第 8 章 > 项目 11.prproj
效果位置	效果 > 第 8 章 > 项目 11.prproj
视频位置	视频 > 第 8 章 > 实战——制作翻转字幕特效 .mp4

01 按【Ctrl + O】组合键，打开一个项目文件，如图8-53所示。

图 8-53 打开项目文件

02 在V2轨道上，选择字幕文件，如图8-54所示。

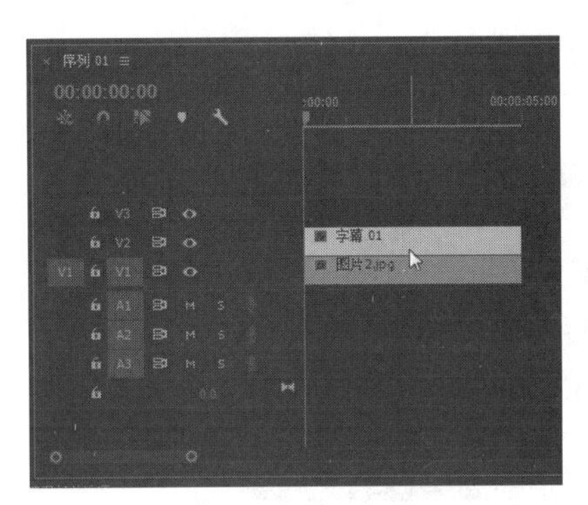
图 8-54 选择字幕文件

03 在“效果控件”面板中，展开“运动”选项，将时间线移至00:00:00:00位置，分别单击“缩放”和“旋转”左侧的“切换动画”按钮，设置“缩放”为50.0，“旋转”为90.0°，添加一组关键帧，如图8-55所示。

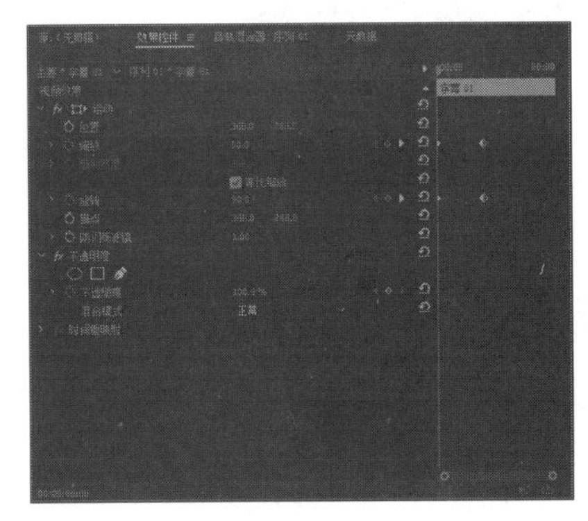
图 8-55 添加一组关键帧

04 将时间线移至00:00:02:00位置，设置“缩放”为100.0，“旋转”为0.0°，即可添加第2组关键帧，如图8-56所示。

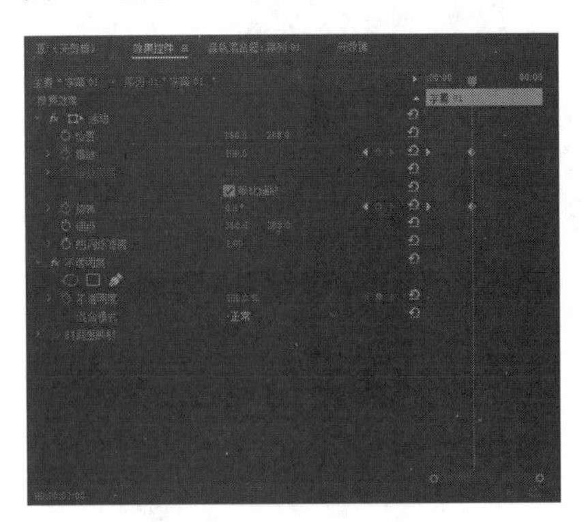
图 8-56 添加第 2 组关键帧

05 制作完成后，单击“节目监视器”面板中的“播放-停止切换”按钮，即可预览字幕翻转特效，如图8-57所示。

图 8-57 预览字幕翻转特效

8.4.3 实战——制作旋转字幕特效

“旋转”字幕效果主要是通过设置“运动”特效中的“旋转”选项的参数，使字幕在画面中旋转。

下面将介绍旋转字幕特效的操作方法。

素材位置	素材 > 第 8 章 > 项目 12.prproj
效果位置	效果 > 第 8 章 > 项目 12.prproj
视频位置	视频 > 第 8 章 > 实战——制作旋转字幕特效 .mp4

01 按【Ctrl + O】组合键，打开一个项目文件，如图8-58所示。

图 8-58 打开项目文件

02 在V2轨道上，选择字幕文件，如图8-59所示。

03 在“效果控件”面板中，单击“旋转”左侧的“切换动画”按钮，设置“旋转”为30.0°，添加关键帧，如图8-60所示。

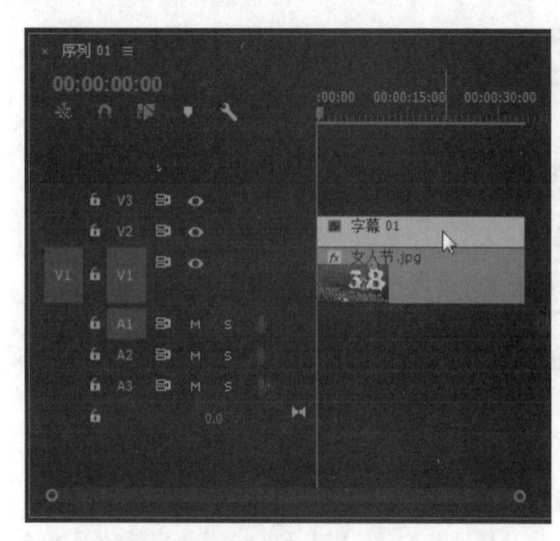

图 8-59 选择字幕文件

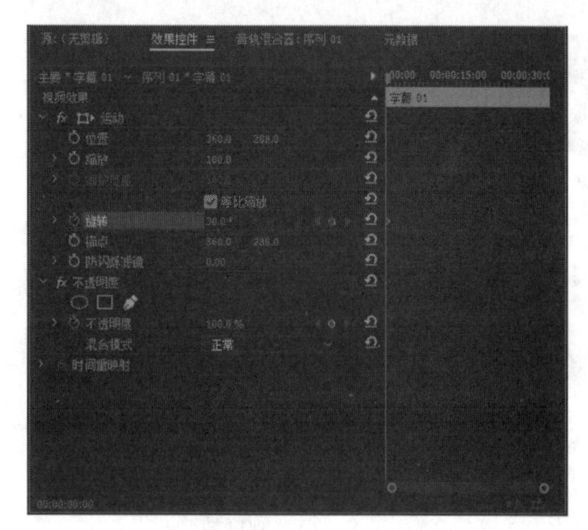

图 8-60 添加关键帧

04 将时间线移至00:00:03:00位置，设置“旋转”参数为180.0°，添加关键帧，如图8-61所示。

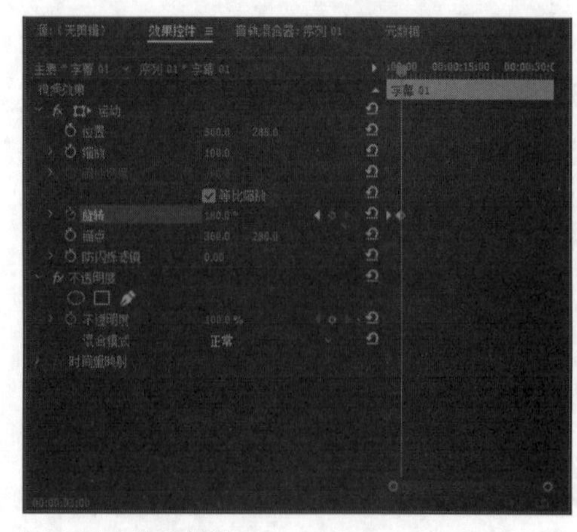

图 8-61 添加关键帧

05 制作完成后，单击“节目监视器”面板中的“播放-停止切换”按钮，即可预览字幕旋转特效，如图8-62所示。

图 8-62 预览字幕旋转特效

8.4.4 实战——制作拉伸字幕特效

“拉伸”字幕效果常常运用于大型的视频广告中，如电影广告、服装广告、汽车广告等。

素材位置	素材 > 第 8 章 > 项目 13.prproj
效果位置	效果 > 第 8 章 > 项目 13.prproj
视频位置	视频 > 第 8 章 > 实战——制作拉伸字幕特效 .mp4

01 按【Ctrl+O】组合键，打开一个项目文件，如图8-63所示。

图 8-63 打开项目文件

02 在V2轨道上，选择字幕文件，在“效果控件”面板中，单击“缩放”左侧的“切换动画”按钮，添加关键帧，如图8-64所示。

03 将时间线移至00:00:02:00位置，设置“缩放”参数为70.0，添加关键帧，如图8-65所示。

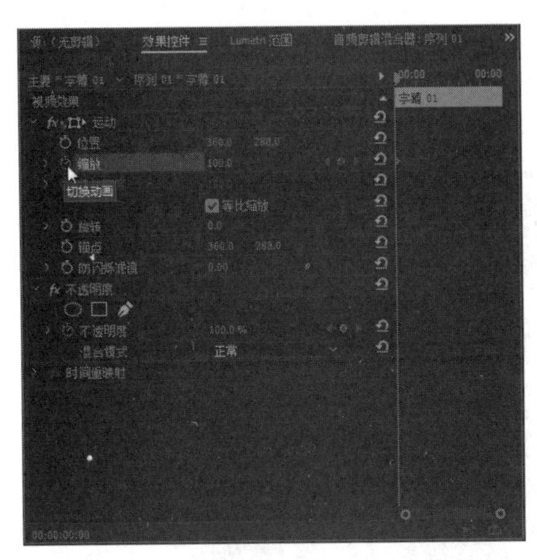

图 8-64 添加关键帧

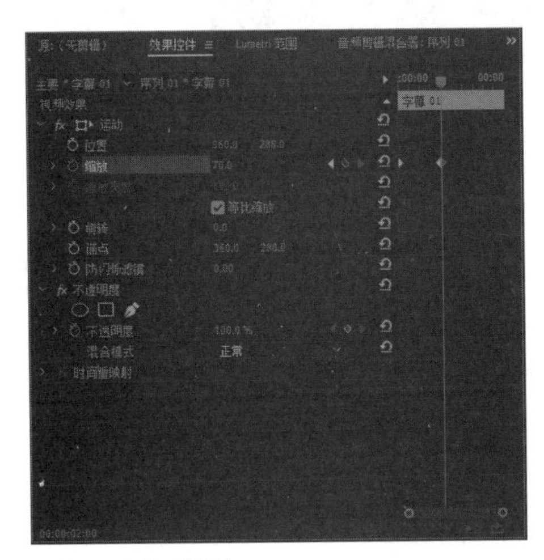

图 8-65 添加关键帧

04 将时间线移至00:00:03:00位置，设置“缩放”参数为90.0，添加关键帧，如图8-66所示。

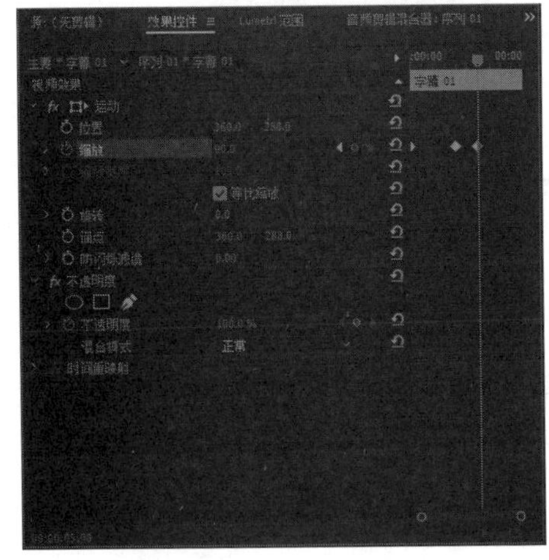

图 8-66 添加关键帧

05 执行操作后，即可制作拉伸特效字幕效果。单击“节目监视器”面板中的“播放-停止切换”按钮，即可预览字幕拉伸特效，如图8-67所示。

图 8-67 预览字幕拉伸特效

8.4.5 实战——制作扭曲字幕特效 进阶

“扭曲”特效字幕主要是运用“弯曲”特效使画面产生扭曲、变形效果，使制作的字幕发生扭曲变形。

素材位置	素材 > 第 8 章 > 项目 14.prproj
效果位置	效果 > 第 8 章 > 项目 14.prproj
视频位置	视频 > 第 8 章 > 实战——制作扭曲字幕特效 .mp4

01 按【Ctrl + O】组合键，打开一个项目文件，如图8-68所示。

图 8-68 打开项目文件

02 在“效果”面板中，展开“视频效果”|“扭曲”选项，选择“紊乱置换”特效，如图8-69所示。

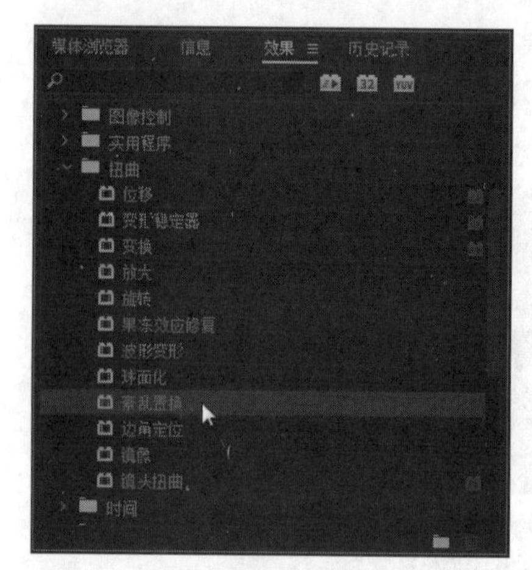

图 8-69 选择“紊乱置换”特效

03 将“紊乱置换”特效拖曳至V2轨道上，添加“扭曲”特效，如图8-70所示。

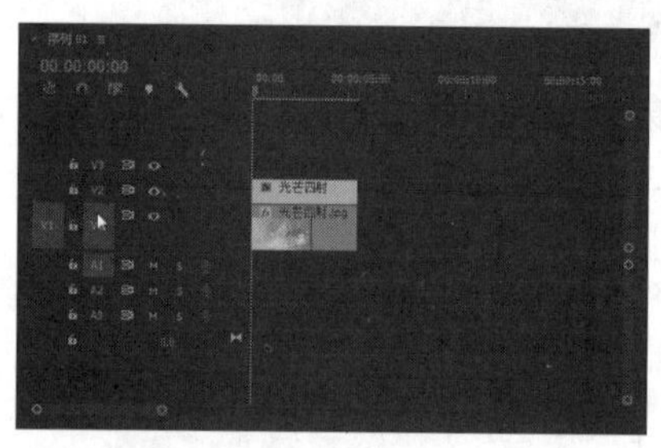

图 8-70 添加扭曲特效

04 在“效果控件”面板中，查看添加“扭曲”特效的相应参数，单击“置换”左侧的“切换动画”按钮，添加关键帧，如图8-71所示。

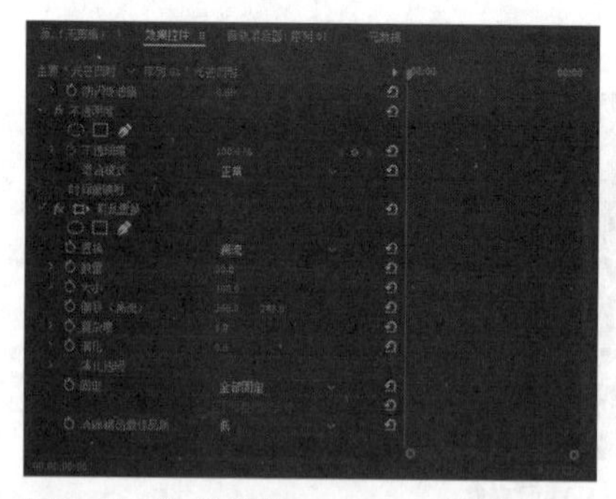

图 8-71 添加关键帧

05 将时间线移至00:00:02:00位置，设置“置换”为“凸出”，添加关键帧，如图8-72所示。

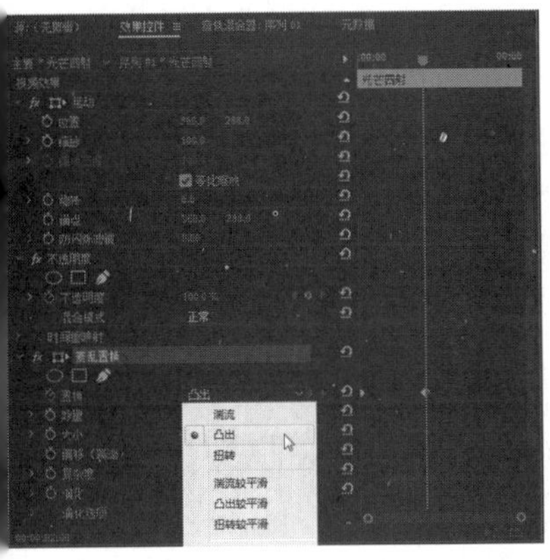

图 8-72　设置选项

06 执行操作后，即可制作“扭曲”特效字幕效果。单击“节目监视器”面板中的“播放-停止切换”按钮，即可预览字幕“扭曲”特效，如图8-73所示。

图 8-73　预览字幕扭曲特效

8.4.6　实战——制作发光字幕特效　进阶

在Premiere Pro CC 2017中，发光特效字幕主要是运用“镜头光晕”特效使字幕产生发光的效果。

素材位置	素材 > 第 8 章 > 项目 15.prproj
效果位置	效果 > 第 8 章 > 项目 15.prproj
视频位置	视频 > 第 8 章 > 实战——制作发光字幕特效 .mp4

01 按【Ctrl+O】组合键，打开一个项目文件，如图8-74所示。

图 8-74　打开项目文件

02 在“效果”面板中，展开“视频效果”|“生成”选项，选择“镜头光晕”选项，将“镜头光晕”视频效果拖曳至V2轨道上的字幕素材中，如图8-75所示。

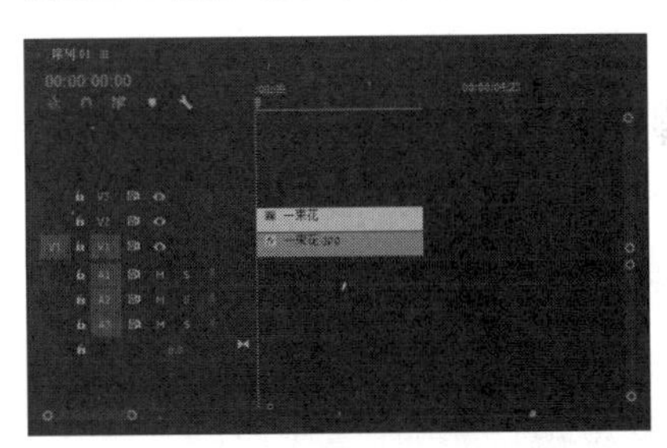

图 8-75　添加“镜头光晕”视频特效

03 将时间线拖曳至00:00:01:00位置，选择字幕文件，在“效果控件”面板中分别单击“光晕中心”“光晕亮度”和“与原始图像混合”左侧的“切换动画”按钮，添加关键帧，如图8-76所示。

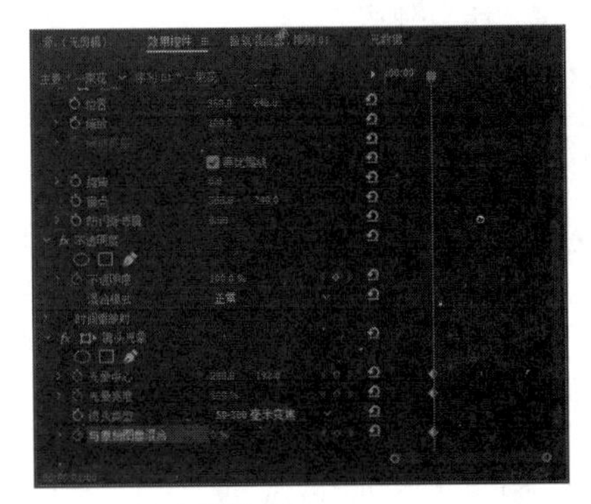

图 8-76　添加关键帧

04 将时间线拖曳至00:00:03:00位置，在“效果控件”面板中设置“光晕中心”为100.0、400.0，“光晕亮度”为300%，“与原始图像混合”为30%，添加第2组关键帧，如图8-77所示。

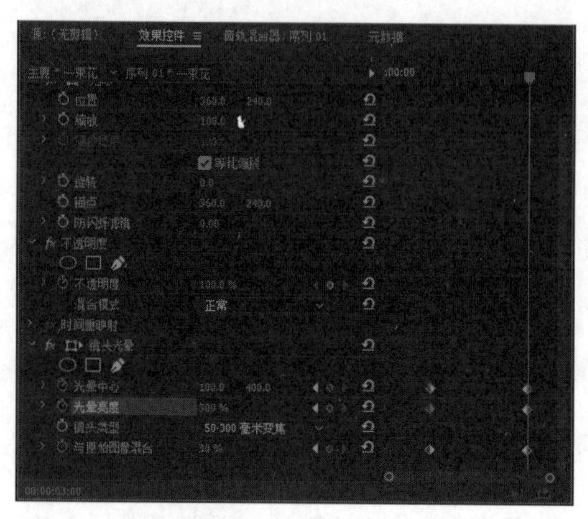

图 8-77 添加关键帧

05 执行操作后，即可制作发光特效字幕。单击“节目监视器”面板中的“播放-停止切换”按钮，即可预览字幕发光特效，如图8-78所示。

图 8-78 预览字幕发光特效

8.5 习题测试

习题1 使用圆弧工具创建圆弧

素材位置	素材 > 第 8 章 > 项目 16.prproj
效果位置	效果 > 第 8 章 > 项目 16.prproj
视频位置	视频 > 第 8 章 > 习题 1：使用圆弧工具创建圆弧 .mp4

本习题练习使用圆弧工具创建圆弧的操作，素材与效果如图8-79所示。

图 8-79 素材与效果

习题2 将直线转换为曲线

素材位置	素材 > 第 8 章 > 项目 17.prproj
效果位置	效果 > 第 8 章 > 项目 17.prproj
视频位置	视频 > 第 8 章 > 习题 2：将直线转换为曲线 .mp4

本习题练习将直线转换为曲线的操作，素材与效果如图8-80所示。

图 8-80 素材与效果

习题3 绘制矩形对象

素材位置	素材 > 第 8 章 > 项目 18.prproj
效果位置	效果 > 第 8 章 > 项目 18.prproj
视频位置	视频 > 第 8 章 > 习题 3：绘制矩形对象 .mp4

本习题练习绘制矩形对象的操作，素材与效果如图8-81所示。

图 8-81 素材与效果

习题4 绘制圆角矩形对象

素材位置	素材 > 第 8 章 > 项目 19.prproj
效果位置	效果 > 第 8 章 > 项目 19.prproj
视频位置	视频 > 第 8 章 > 习题 4：绘制圆角矩形对象 .mp4

本习题练习绘制圆角矩形对象的操作，素材与效果如图8-82所示。

图 8-82 素材与效果

第09章 音频文件的基础操作

在Premiere Pro CC 2017中，音频的制作非常重要。在影视、游戏及多媒体的制作开发中，音频和视频同样具有重要的作用，音频质量的好坏直接影响作品的质量。本章主要介绍影视背景音乐的制作方法和技巧，并对音频编辑的核心技巧进行讲解，让读者了解如何编辑音频。

课堂学习目标

- 掌握添加音频文件的操作方法。
- 掌握删除音频文件的操作方法。
- 掌握添加音频过渡效果的操作方法。
- 掌握处理音频效果的操作方法。

扫码观看本章实战操作视频

9.1 音频的基本操作

音频素材是指含有各种音乐、音响效果并且可以持续一段时间的声音。在编辑音频前，首先需要了解音频编辑的一些基本操作，如运用“项目”面板添加音频、运用菜单命令删除音频及分割音频文件等。

9.1.1 实战——通过“项目”面板添加音频 重点

运用“项目”面板添加音频文件的方法与添加视频素材及图片素材的方法基本相同。

素材位置	素材＞第9章＞项目1.prproj
效果位置	效果＞第9章＞项目1.prproj
视频位置	视频＞第9章＞实战——通过“项目”面板添加音频.mp4

01 按【Ctrl＋O】组合键，打开一个项目文件，如图9-1所示。

图9-1 打开项目文件

02 在“项目”面板上，选择音频文件，如图9-2所示。

图9-2 选择音频文件

03 单击鼠标右键，在弹出的快捷菜单中，选择“插入”选项，如图9-3所示。

图9-3 选择“插入”选项

04 执行操作后，即可运用“项目”面板添加音频，如图9-4所示。

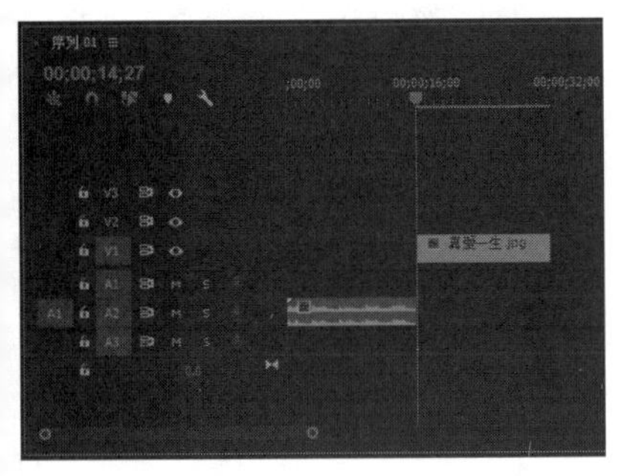

图 9-4 添加音频效果

专家指点

声音的基础知识如下。

人们听到的所有声音（如对话、唱歌、乐器的声音等）都可以被称为音频。接下来将从声音的基本概念开始，逐渐深入了解音频编辑的核心技巧。

- 声音原理

声音是由物体振动产生的，正在发声的物体叫作声源，声音以声波的形式传播。声音是一种压力波，当演奏乐器、拍打一扇门或者敲击桌面时，它们的振动会引起介质——空气分子有节奏地振动，使周围的空气产生疏密变化，形成疏密相间的纵波，这就产生了声波，这种现象会一直延续到振动消失为止。

- 声音响度

“响度”是用于表达声音强弱程度的重要指标，其大小取决于声波振幅的大小。响度是人们判断声音由轻到响强度等级的概念，它不仅取决于声音的强度（如声压级），还与它的频率及波形有关。响度的单位为“宋”，1 宋的定义是声压级为 40dB，频率为 1000Hz，且来自听者正前方的平面波形的强度。如果另一个声音听起来是 1 宋的声音的 n 倍，即该声音的响度为 n 宋。

- 声音音高

“音高”是用来表示人们对声音高低的主观感受。通常较大的物体振动所发出的音调会较低，而轻巧的物体则可以发出较高的音调。

音调就是通常大家所说的“音高”，它是声音的一个重要物理特性。音调的高低取决于声音频率的高低，频率越高音调越高，频率越低音调越低。为了得到影视动画中某些特殊效果，可以将声音频率变高或者变低。

- 声音音色

“音色”主要是由声音波形的谐波频谱和包络决定，也称为“音品”。音色就好像是绘图中的颜色，发音体和发音环境的不同都会影响声音的质量，声音可分为基音和泛音，音色是由混入基音的泛音决定的，泛音越高谐波越丰富，音色就越有明亮感和穿透力，不同的谐波具有不同的幅值和相位偏移，由此产生各种音色。

音色的不同取决于不同的泛音，每一种乐器、不同的人及所有能发声的物体发出的声音，除了一个基音外，还有许多不同频率（振动的速度）的泛音伴随，正是这些泛音决定了音色的不同，使人能辨别出是不同的乐器甚至不同的人发出的声音。

- 失真

失真是指声音经录制加工后产生的一种畸变，一般分为非线性失真和线性失真两种。

非线性失真是指声音在录制加工后出现了一种新的频率，与原声产生了差异。

线性失真则没有产生新的频率，但是原有声音的比例发生了变化，要么增加了高频成分的音量，要么减少了低频成分的音量。

- 静音和增益

静音和增益也是声音中的一种表现方式，下面将介绍这个表现方式的概念。所谓静音就是无声，在影视作品中没有声音是一种具有积极意义的表现手段。增益是“放大量”的统称，它包括功率的增益、电压的增益和电流的增益。通过调整音响设备的增益量，可以对音频信号电平进行调节，使系统的信号电平处于一种最佳状态。

9.1.2 实战——运用“菜单”命令添加音频文件 重点

在运用“菜单”命令添加音频素材之前，需要激活音频轨道。

素材位置	素材 > 第 9 章 > 项目 2.prproj
效果位置	效果 > 第 9 章 > 项目 2.prproj
视频位置	视频 > 第 9 章 > 实战——运用“菜单”命令添加音频素材 .mp4

01 按【Ctrl+O】组合键，打开一个项目文件，如图9-5所示。

图 9-5 打开项目文件

02 单击“文件”|“导入”命令，如图9-6所示。

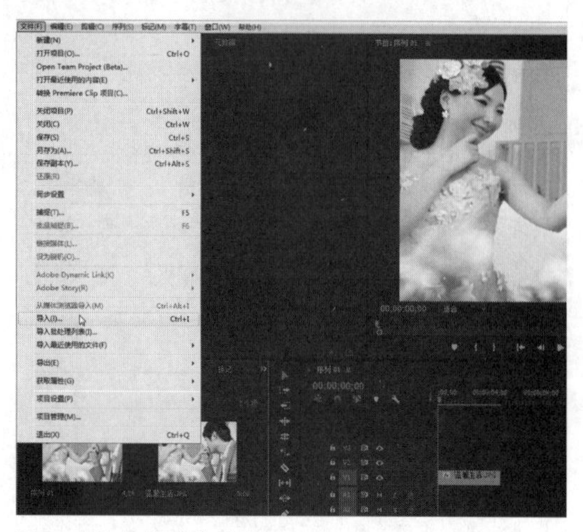

图 9-6 单击“导入”命令

03 弹出“导入”对话框，选择合适的音频文件，如图9-7所示。

图 9-7 选择合适的音频

04 单击“打开”按钮，将音频文件拖曳至“时间轴”面板中，如图9-8所示。

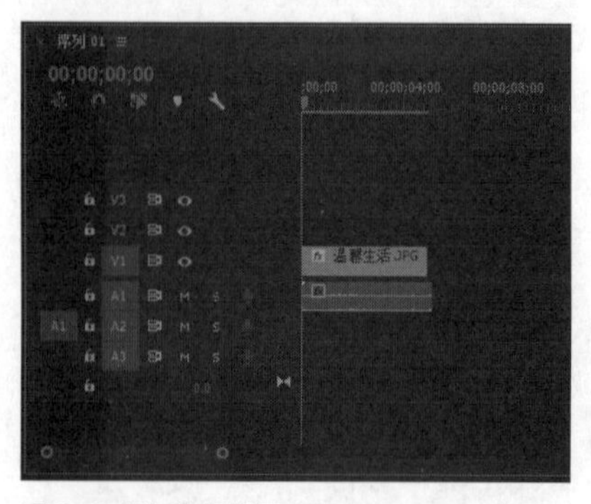

图 9-8 添加音频效果

专家指点

声音类型的知识如下。

通常情况下，人能够听到20Hz ~ 20kHz范围的声音频率。因此，按照内容、频率范围及时间的不同，可以将声音分为“自然音”“纯音”“复合音”“协和音”和“噪声”等类型。

- 自然音

“自然音”是指大自然所发出的声音，如下雨、刮风、流水等。自然音之所以称为“自然音”，是因为其概念与名称相同。自然音结构是不以人的意志为转移的宇宙声音属性。

- 纯音

“纯音”是指声音中只存在一种频率的声波，此时发出的声音便称为“纯音”。

纯音具有单一频率的正弦波，而一般的声音是由几种频率的波组成的。常见的纯音如金属撞击的声音。

- 复合音

由基音和泛音结合在一起形成的声音，叫作“复合音”。复合音在物体振动时产生，不仅整体在振动，它的部分同时也在振动。因此，平时人们听到的声音，都不只是一个声音，而是由许多个声音组合而成的，于是便产生了复合音。大家可以试着在钢琴上弹出一个较低的音，用心聆听，不难发现，除了最响的音之外，还有一些非常弱的声音同时在响，这就是全弦的振动和弦的部分振动产生的结果。

- 协和音

“协和音”也是声音类型的一种，它同样是由多个音频构成的组合音频，不同之处是构成组合音频的频率是两个单独的纯音。

- 噪声

噪声是指音高和音强变化混乱、听起来不谐和的声音，是由发音体不规则的振动产生的。噪声主要来源于交通运输噪声、工业噪声及社会噪声（如来自音乐厅、高音广播式或集市的声音）。

噪声对人的正常听觉有一定的干扰，它通常是由不同频率和不同强度声波的无规律组合形成的声音，即物体无规律的振动所产生的声音。噪声不仅由声音的物理特性决定，而且还与人们的生理和心理状态有关。

9.1.3 实战——运用“项目”面板删除音频文件

如果想删除多余的音频文件，那么可以在“项目”面板中进行音频删除操作。

素材位置	素材 > 第 9 章 > 项目 3.prproj
效果位置	效果 > 第 9 章 > 项目 3.prproj
视频位置	视频 > 第 9 章 > 实战——运用“项目”面板删除音频文件 .mp4

01 按【Ctrl＋O】组合键，打开一个项目文件，如图9-9所示。

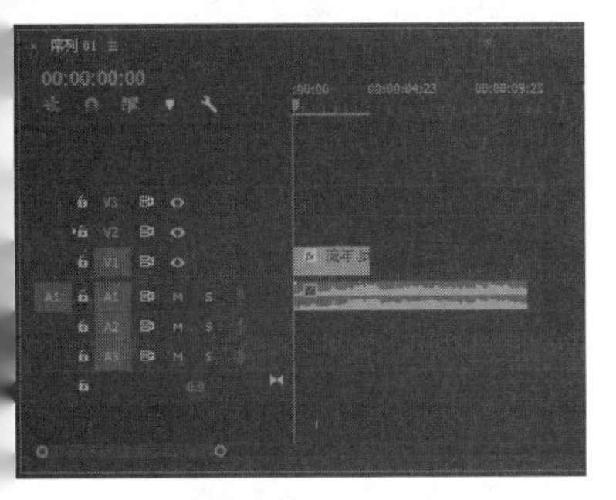

图 9-9 打开项目文件

02 在“项目”面板上，选择音频文件，如图9-10所示。

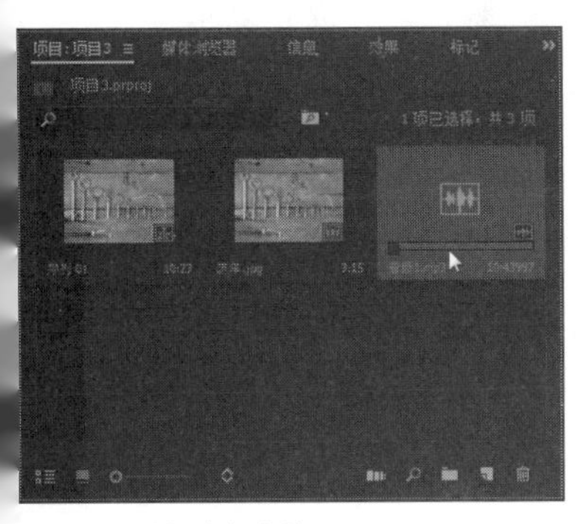

图 9-10 选择音频文件

03 单击鼠标右键，在弹出的快捷菜单中，选择“清除”选项，如图9-11所示。

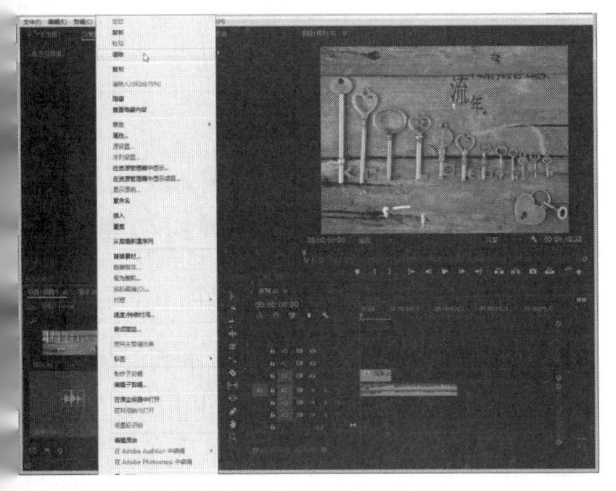

图 9-11 选择“清除”选项

04 弹出信息提示框，单击“是”按钮即可，如图9-12所示。

图 9-12 单击“是”按钮

9.1.4 实战——运用“时间轴”面板删除音频文件

在“时间轴”面板中，根据需要可以将多余轨道上的音频文件删除。

素材位置	素材 > 第 9 章 > 项目 4.prproj
效果位置	效果 > 第 9 章 > 项目 4.prproj
视频位置	视频 > 第 9 章 > 实战——运用“时间轴”面板删除音频文件 .mp4

01 按【Ctrl＋O】组合键，打开一个项目文件，如图9-13所示。

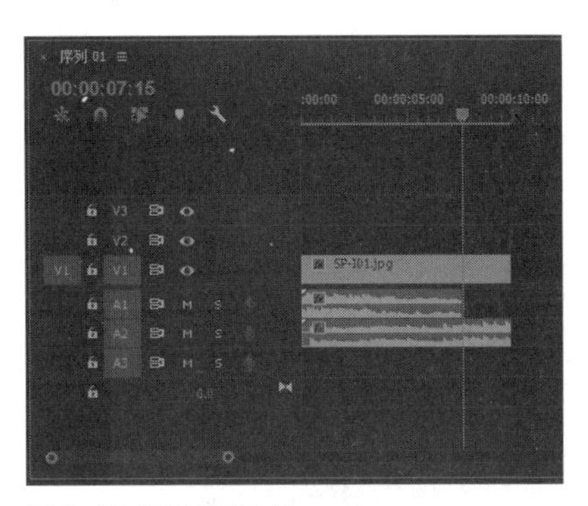

图 9-13 打开项目文件

02 在“时间轴”面板中，选择A1轨道上的素材，如图9-14所示。

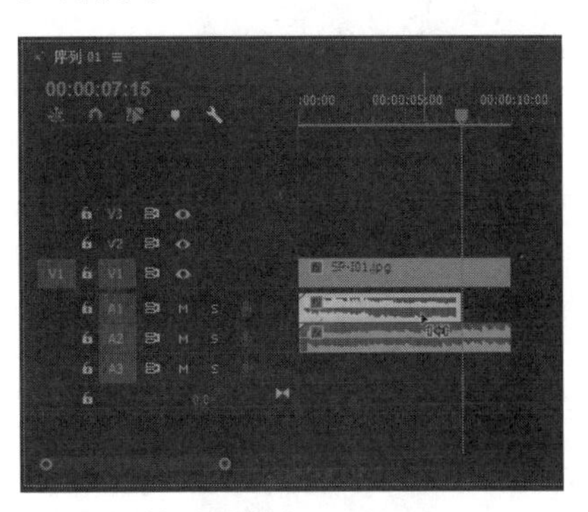

图 9-14 选择音频素材

03 按【Delete】键，即可删除音频文件，如图9-15所示。

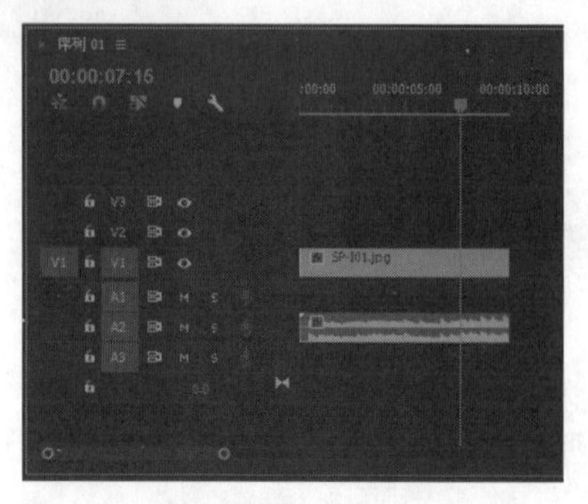

图 9-15 删除音频文件

9.1.5 实战——使用剃刀工具分割音频文件

进阶

分割音频文件是运用剃刀工具将音频素材分割成两段或多段音频素材，这样可以更好地将音频与其他素材结合起来。

素材位置	素材 > 第 9 章 > 项目 5.prproj
效果位置	效果 > 第 9 章 > 项目 5.prproj
视频位置	视频 > 第 9 章 > 实战——使用剃刀工具分割音频文件 .mp4

01 按【Ctrl+O】组合键，打开一个项目文件，如图9-16所示。

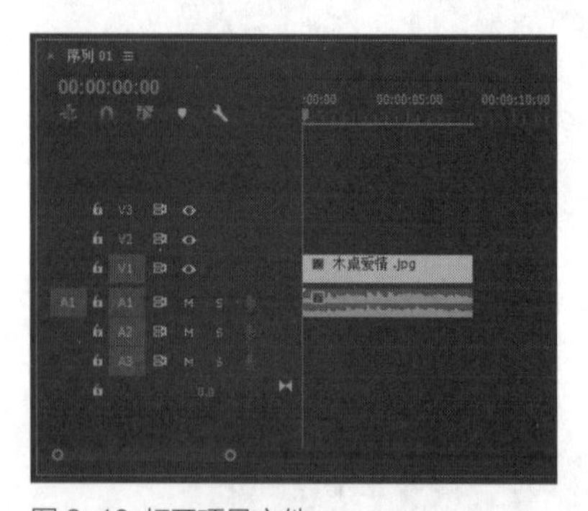

图 9-16 打开项目文件

02 在“时间轴”面板中，选取剃刀工具，如图9-17所示。

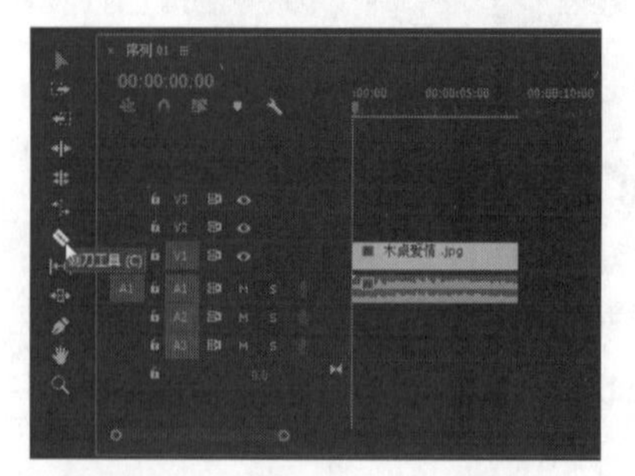

图 9-17 选取剃刀工具

03 在音频文件上的合适位置，单击鼠标左键，即可分割音频文件，如图9-18所示。

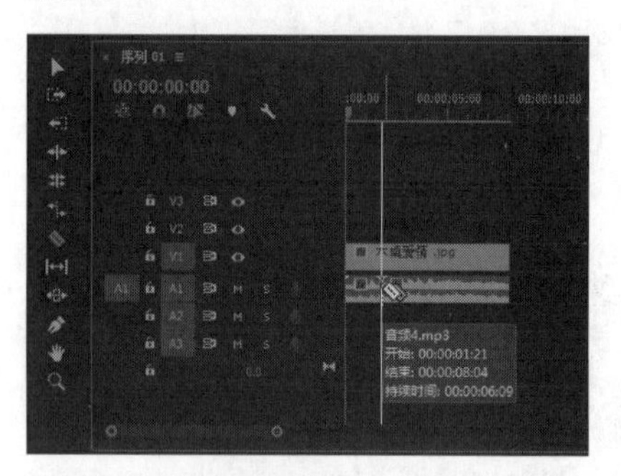

图 9-18 分割音频文件

04 依次单击鼠标左键，分割其他位置，如图9-19所示。

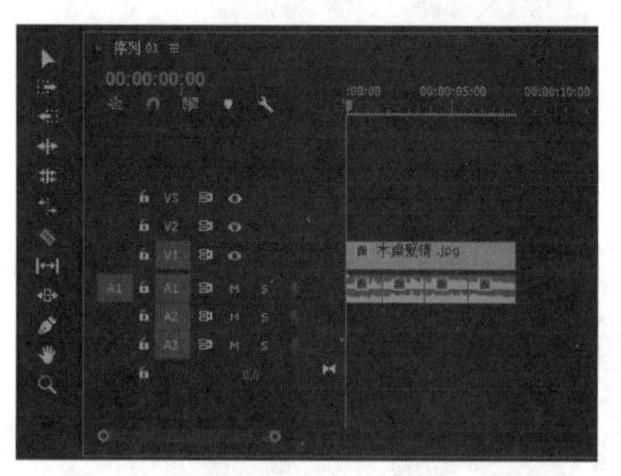

图 9-19 分割其他位置

专家指点

应用数字音频的知识如下。

随着数字音频存储技术和传输功能的完善，许多模拟音频已经无法与之比拟。数字音频技术已经广泛应用于数字录音机、调音台及数字音频工作站等音频制作中。

（1）数字录音机

“数字录音机”与模拟录音机相比，加强了剪辑功能和自动编辑功能。数字录音机采用了数字化的方式来记录音频信号，提升了动态范围和频率响应。

（2）数字调音台

“数字调音台”是一种同时拥有 A/D 和 D/A 转换器及 DSP 处理器的音频控制台。

数字调音台作为音频设备的新生力量在专业录音领域占据重要的地位，特别是近几年数字调音台开始涉足扩声场所，足见调音台由模拟向数字转移是一种不可忽视的潮流。数字调音台主要有 8 个功能，下面将进行介绍。

- 操作过程可存储性。
- 信号的数字化处理。
- 数字调音台的信噪比和动态范围高。

- 20Hz ~ 20kHz 范围内的频响不均匀度小于 ±1dB，总谐波失真小于 0.015%。
- 每个通道都可以方便设置高质量的数字压缩限制器和降噪扩展器。
- 数字通道的位移寄存器，可以给出足够的信号延迟时间，以便对各声部的节奏同步做出调整。
- 立体声的两个通道的联动调整十分方便。
- 数字使调音台没有故障诊断功能。

（3）数字音频工作站

“数字音频工作站”是计算机控制的硬磁盘，为主要记录媒体，具有很强的功能，性能优异，是具有良好的人机界面的设备。

数字音频工作站可以根据需要对轨道进行扩充，从而能够方便地进行音频、视频同步编辑。

数字音频工作站用于节目录制、编辑、播出时，与传统的模拟方式相比，具有节省人力和物力、提高节目质量、节目资源共享、操作简单、编辑方便、播出及时且安全等优点，因此音频工作站的建立可以认为是声音节目制作由模拟走向数字的必经之路。

9.1.6 实战——删除部分音频轨道

当添加的音频轨道过多时，可以删除部分音频轨道。下面介绍如何删除音频轨道。

素材位置	素材 > 第 9 章 > 项目 6.prproj
效果位置	效果 > 第 9 章 > 项目 6.prproj
视频位置	视频 > 第 9 章 > 实战——删除部分音频轨道 .mp4

01 按【Ctrl+O】组合键，打开一个项目文件，按【Ctrl+N】组合键，新建一个项目文件，单击“序列”|“删除轨道”命令，如图9-20所示。

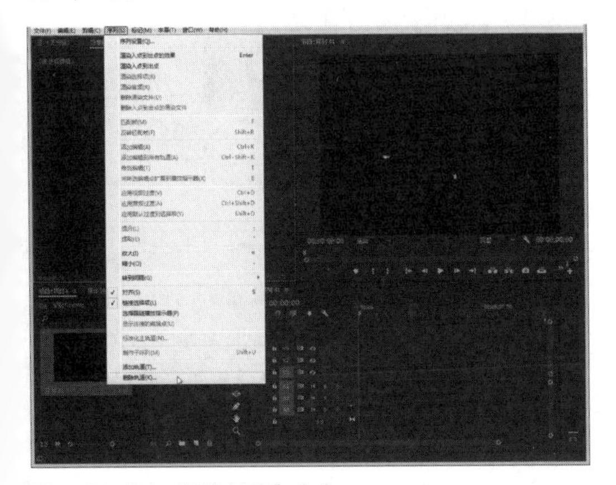

图 9-20 单击“删除轨道”命令

02 弹出“删除轨道”对话框，选中“删除音频轨道”复选框，并设置删除“音频1”轨道，如图9-21所示。

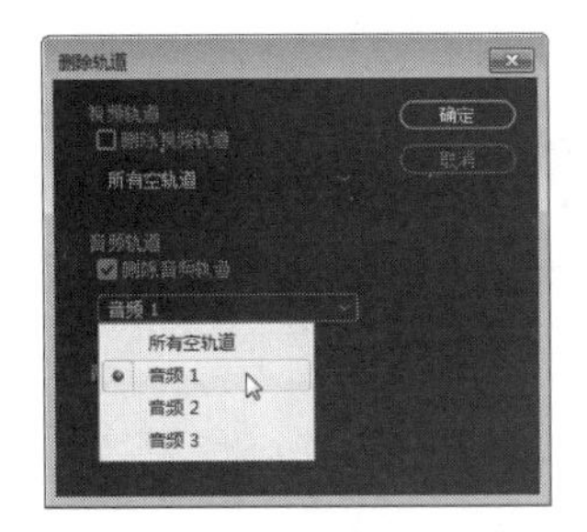

图 9-21 设置需要删除的轨道

专家指点

用菜单命令添加音频轨道的方法如下。

在添加音频轨道时，可以选择使用“序列”菜单中的“添加轨道”命令的方法。使用菜单命令添加音频轨道的具体方法是：单击“序列”|“添加轨道”命令，在弹出的“添加轨道”对话框中，设置“视频轨”的添加参数为 0，“音频轨”的添加参数为 1。单击“确定”按钮，即可完成音频轨道的添加。

03 单击“确定”按钮，即可删除音频轨道，如图9-22所示。

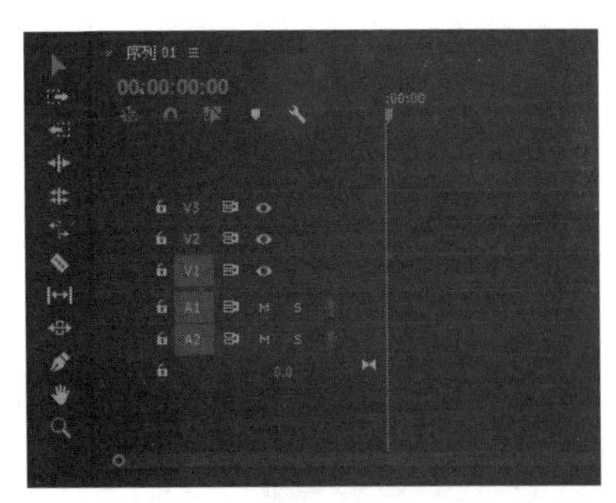

图 9-22 删除音频轨道

专家指点

运用“时间轴”面板添加音频轨道的方法如下。

在默认情况下将自动创建 3 个音频轨道和一个主音轨，当添加的音频素材过多时，可以选择地添加一个或多个音频轨道。

运用“时间轴”面板添加音频轨道的具体方法是：移动鼠标指针至“时间轴”面板中的 A1 轨道，单击鼠标右键，在弹出的快捷菜单中选择“添加轨道”选项，如图 9-23 所示。

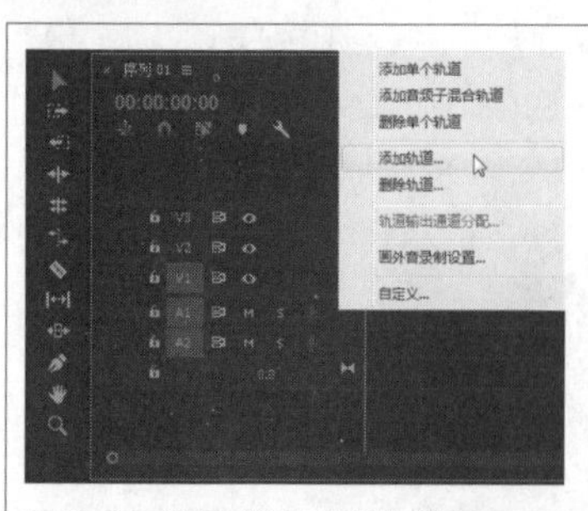

图 9-23 选择“添加轨道”选项

弹出“添加轨道”对话框，选择需要添加的音频数量并单击“确定”按钮，此时在时间轴面板中可以查看添加的音频轨道，如图 9-24 所示。

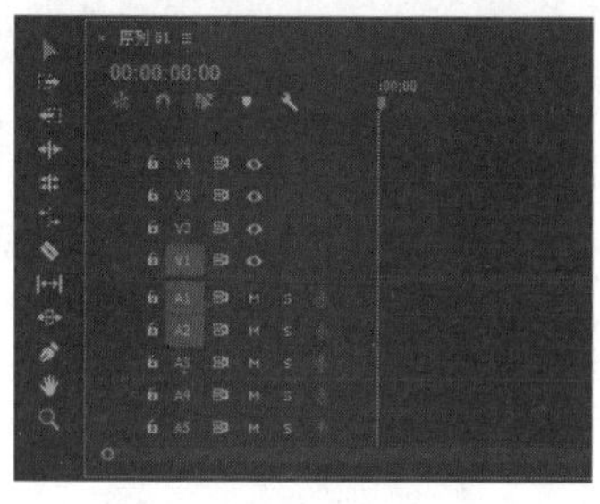

图 9-24 添加音频轨道

9.1.7 实战——重命名音频轨道

为了更好地管理音频轨道，可以为新添加的音频轨道设置名称。接下来将介绍如何重命名音频轨道。

素材位置	素材 > 第 9 章 > 项目 7.prproj
效果位置	效果 > 第 9 章 > 项目 7.prproj
视频位置	视频 > 第 9 章 > 实战——重命名音频轨道 .mp4

01 按【Ctrl + O】组合键，打开一个项目文件，如图 9-25所示。

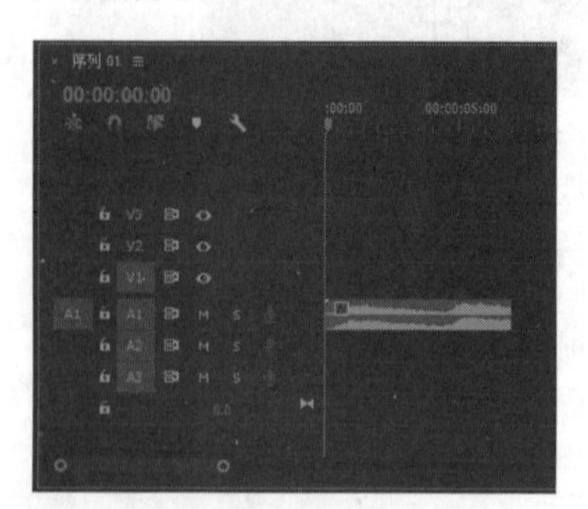

图 9-25 打开项目文件

02 在“时间轴”面板中，使用鼠标左键双击A1轨道，如图9-26所示。

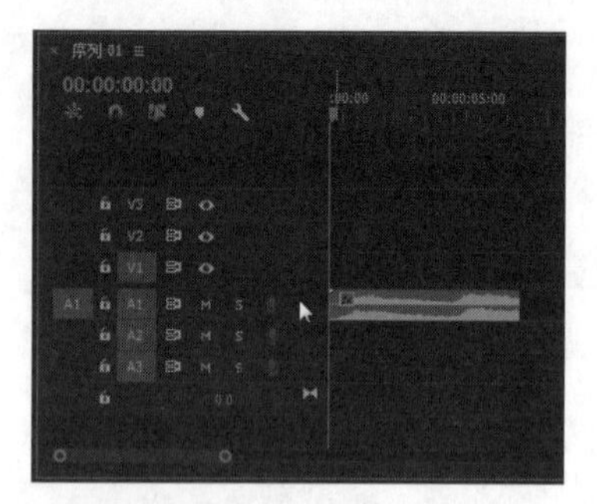

图 9-26 双击 A1 轨道

03 单击鼠标右键，在弹出的快捷菜单中，选择“重命名”选项，如图9-27所示。

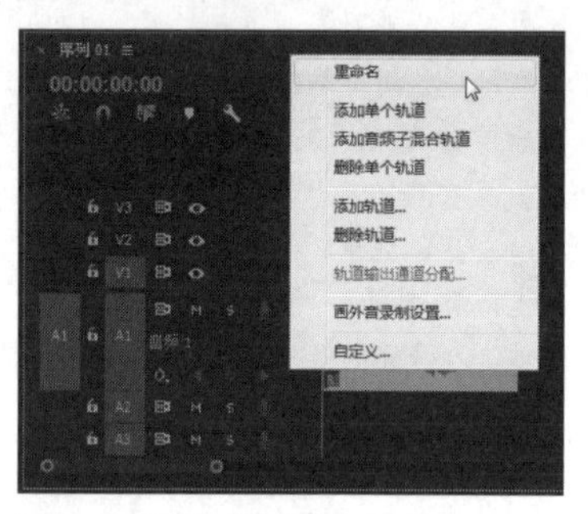

图 9-27 选择“重命名”选项

04 输入名称后按【Enter】键确认，即可完成轨道的重命名操作，如图9-28所示。

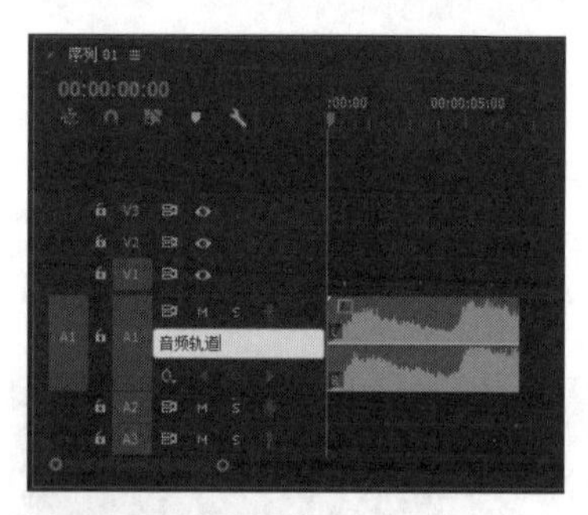

图 9-28 重命名轨道

专家指点

调整音频持续时间的方法如下。
音频素材的持续时间是指音频的播放长度，当设置音频素材的出入点后，即可改变音频素材的持续时间。使用鼠标拖曳音频素材来延长或缩短音频的持续时间，这是最简单且方便的操作方法。然而，这种方法很可能会影响到音频素材的完整性。因此，可以选择使用“速度 / 持续时间”命令来实现。
当调整素材长度时，向左拖曳鼠标可以缩短持续时间，向右拖曳鼠标则可以增长持续时间。如果该音频处于最长持续时间状态，则无法继续增加其长度。

在“时间轴”面板中选择需要调整的音频文件，单击鼠标右键，在弹出的快捷菜单中选择“速度/持续时间”选项，如图 9-29 所示。

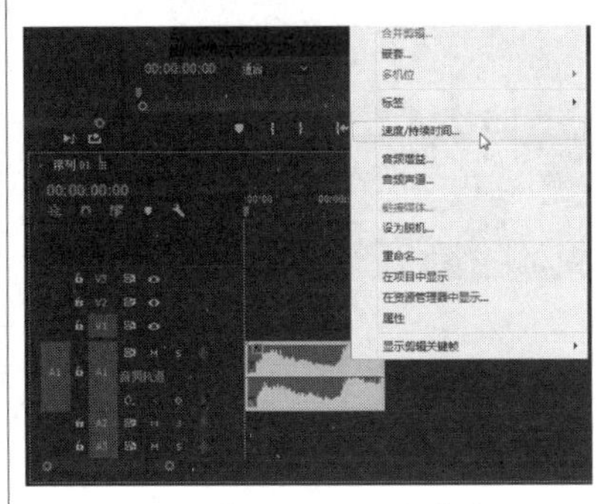

图 9-29 选择“速度 / 持续时间”选项

在弹出的“剪辑速度 / 持续时间”对话框中，设置持续时间选项的参数值即可，如图 9-30 所示。

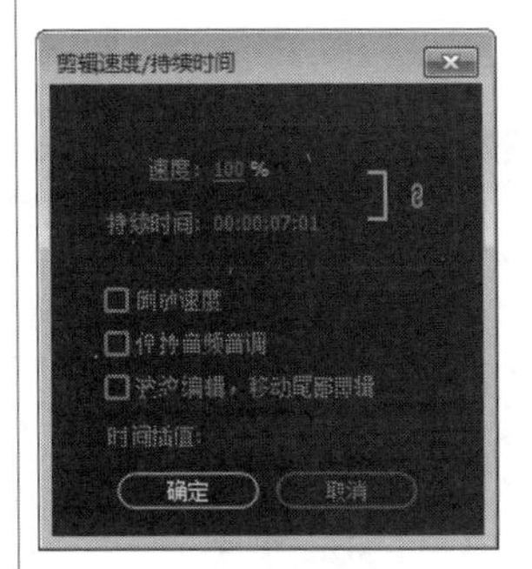

图 9-30 设置参数值

9.2 音频效果的编辑

在Premiere Pro CC 2017中，对音频素材进行适当的处理，可以使音频达到更好的视听效果。下面将详细介绍编辑音频效果的操作方法。

9.2.1 实战——添加音频过渡效果 重点

Premiere Pro CC 2017为用户预设了“恒定功率”“恒定增益”和“指数淡化”3种音频过渡效果。

素材位置	素材 > 第 9 章 > 项目 8.prproj
效果位置	效果 > 第 9 章 > 项目 8.prproj
视频位置	视频 > 第 9 章 > 实战——添加音频过渡效果 .mp4

01 按【Ctrl+O】组合键，打开一个项目文件，如图9-31所示。

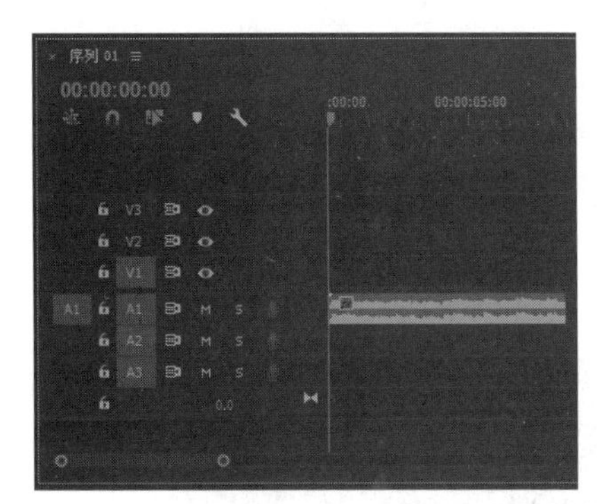

图 9-31 打开项目文件

02 在“效果”面板中，依次展开“音频过渡”|“交叉淡化”选项，选择“指数淡化”选项，如图9-32所示。

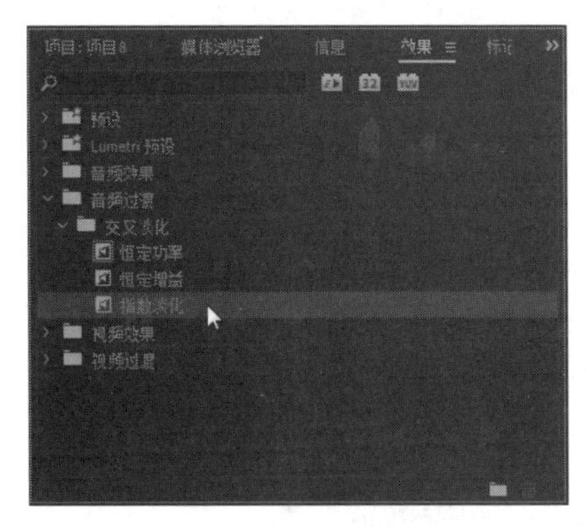

图 9-32 选择“指数淡化”选项

03 按住鼠标左键并将其拖曳至A1轨道上，如图9-33所示。

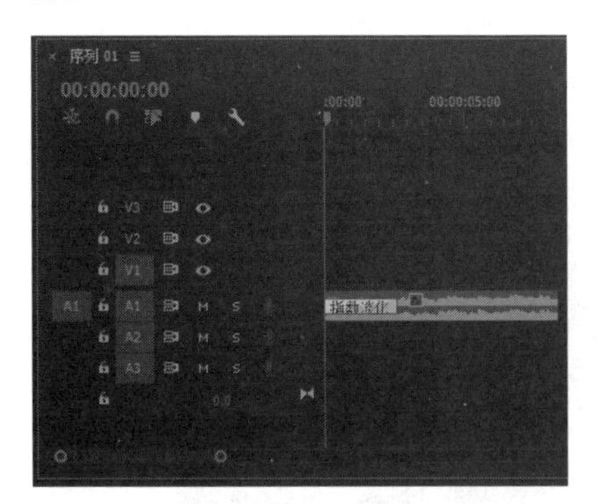

图 9-33 添加音频过渡

9.2.2 实战——添加音频特效

由于Premiere Pro CC 2017是一款视频编辑软件，因此在音频特效的编辑方面表现得并不是那么突出，但系统仍然提供了大量的音频特效。

素材位置	素材 > 第 9 章 > 项目 9.prproj
效果位置	效果 > 第 9 章 > 项目 9.prproj
视频位置	视频 > 第 9 章 > 实战——添加音频特效 .mp4

01 按【Ctrl + O】组合键，打开一个项目文件，如图9-34所示。

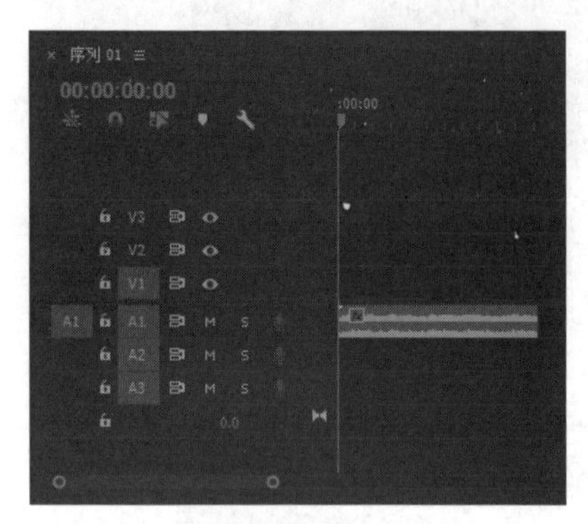

图 9-34 打开项目文件

02 在“效果”面板中展开“音频效果”选项，选择“带通”选项，如图9-35所示。

图 9-35 选择“带通”选项

03 按住鼠标左键，将其拖曳至A1轨道上，添加特效，如图9-36所示。

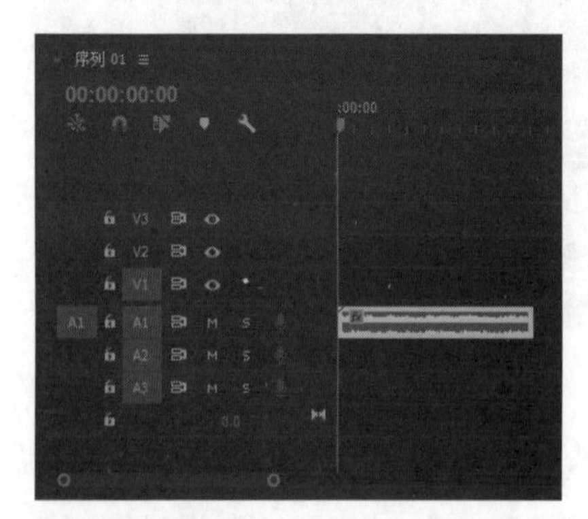

图 9-36 添加特效

04 在“效果控件”面板中，查看各参数，如图9-37所示。

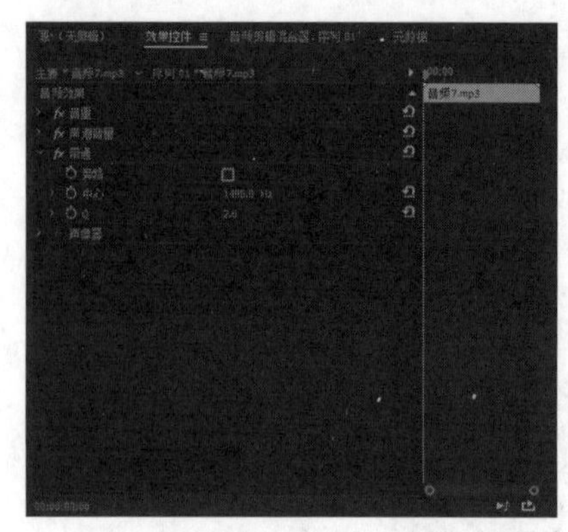

图 9-37 查看各参数

专家指点

使用“效果控件”面板删除特效的方法如下。

如果对添加的音频特效不满意，可以选择删除音频特效。使用“效果控件”面板删除音频特效的具体方法是：选择“效果控件”面板中的音频特效，单击鼠标右键，在弹出的快捷菜单中，选择“清除”选项，如图 9-38 所示，即可删除音频特效，如图 9-39 所示。

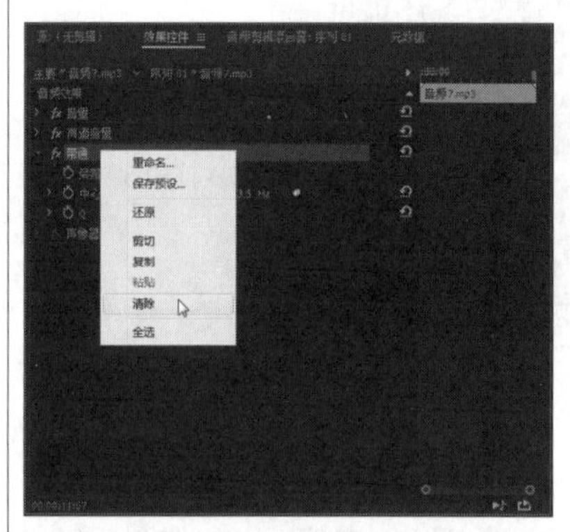

图 9-38 选择“清除”选项

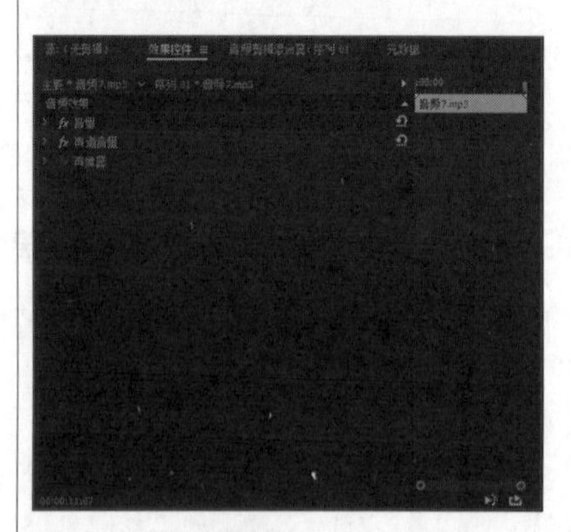

图 9-39 删除音频特效

除了运用上述方法外，还可以在选择特效的情况下，按【Delete】键，删除特效。

9.2.3 实战——调整音频增益效果

在使用Premiere Pro CC 2017调整音频时，往往会使用多个音频素材。因此，读者需要学会通过调整增益效果来控制音频的最终效果。

素材位置	素材 > 第 9 章 > 项目 10.prproj
效果位置	效果 > 第 9 章 > 项目 10.prproj
视频位置	视频 > 第 9 章 > 实战——调整音频增益效果 .mp4

01 按【Ctrl + O】组合键，打开一个项目文件，如图 9-40 所示。

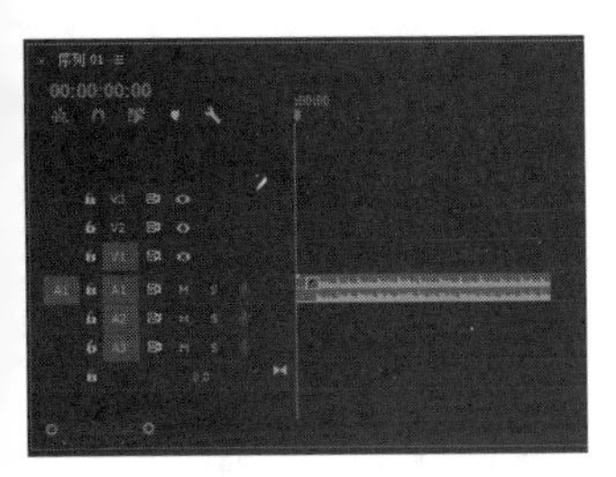

图 9-40 打开项目文件

02 在“时间轴”面板中，选择A1轨道上的素材，如图 9-41所示。

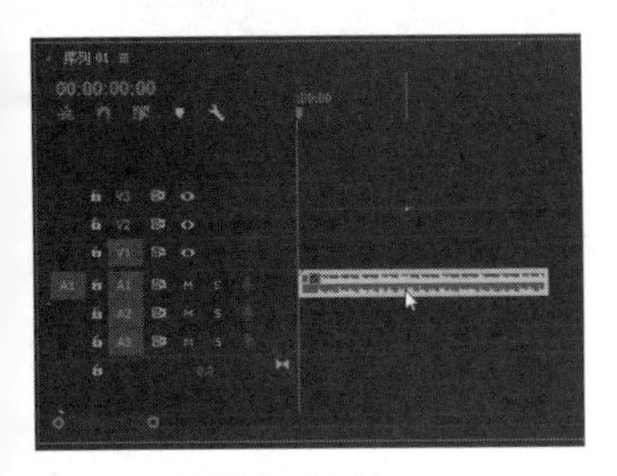

图 9-41 选择音乐素材

03 单击“剪辑”|“音频选项”|“音频增益”命令，如图9-42所示。

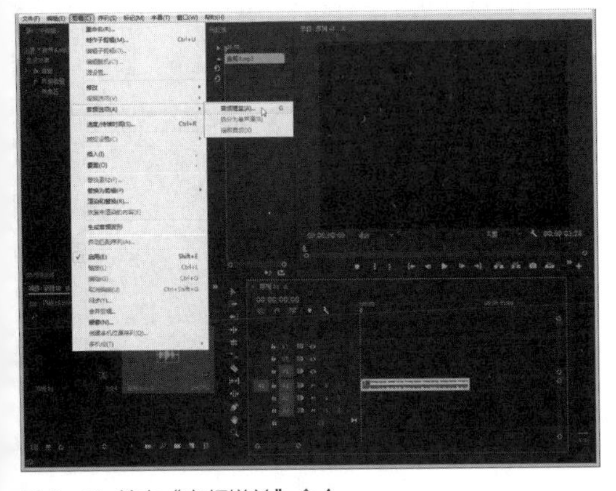

图 9-42 单击“音频增益”命令

04 弹出“音频增益”对话框，选中“调整增益值”单选按钮，并设置其参数为12dB，如图9-43所示。单击“确定”按钮，即可设置音频的增益。

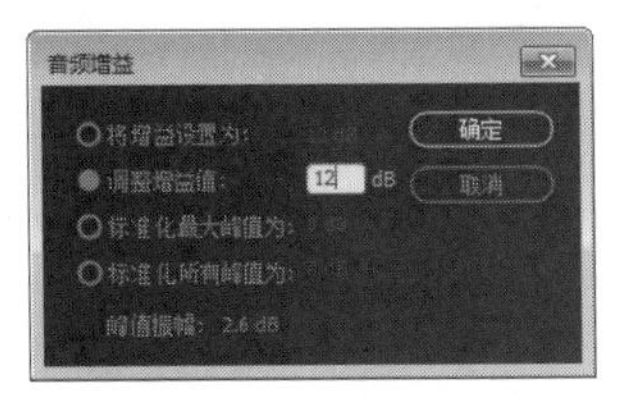

图 9-43 设置参数值

专家指点

淡化效果可以使音频随着播放的背景音乐逐渐减弱，直到完全消失。淡化效果需要通过两个以上的关键帧来实现。

选中“时间轴”面板中的音频素材，在“效果控件”面板中展开“音量”特效，选择“级别”选项，添加一个关键帧，如图 9-44 所示。

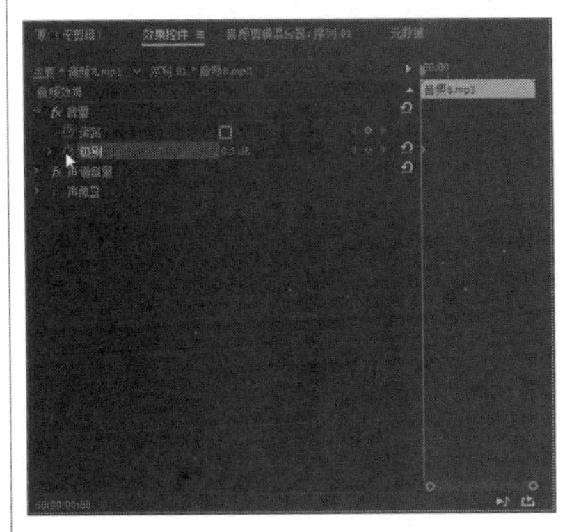

图 9-44 添加关键帧

拖曳“当前时间指示器”至合适位置，并将“级别”选项的参数设置为 -300.0dB，创建另一个关键帧，即可完成对音频素材的淡化设置，如图 9-45 所示。

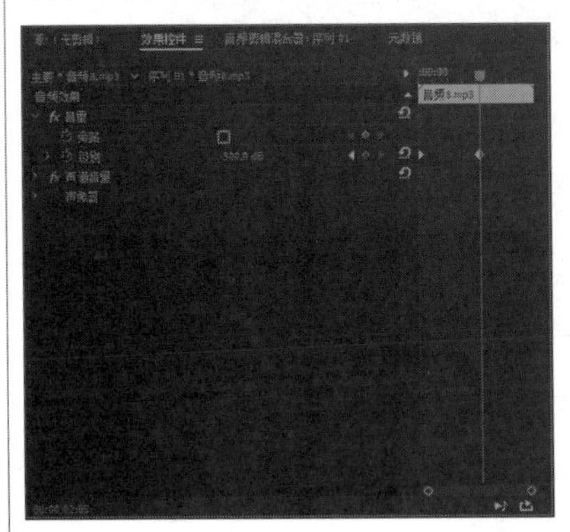

图 9-45 完成音频淡化的设置

9.3 音频效果的处理

在Premiere Pro CC 2017中，可以对音频素材进行适当的处理，通过对音频高低音的调节，可以使素材达到更好的视听效果。

9.3.1 实战——EQ均衡器的处理 进阶

EQ特效用于平衡对音频素材中的声音频率、波段和多重波段均衡等内容。

素材位置	素材 > 第 9 章 > 项目 11.prproj
效果位置	效果 > 第 9 章 > 项目 11.prproj
视频位置	视频 > 第 9 章 > 实战——EQ 均衡器的处理 .mp4

01 按【Ctrl + O】组合键，打开一个项目文件，如图9-46所示。

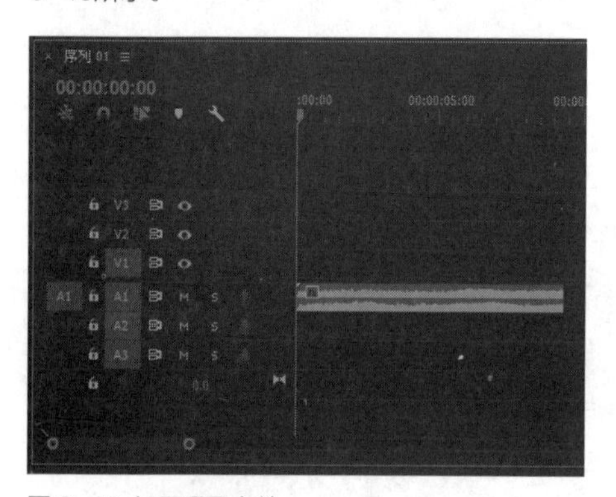

图 9-46 打开项目文件

02 在“效果”面板上，选择“EQ（过时）”选项，如图9-47所示。

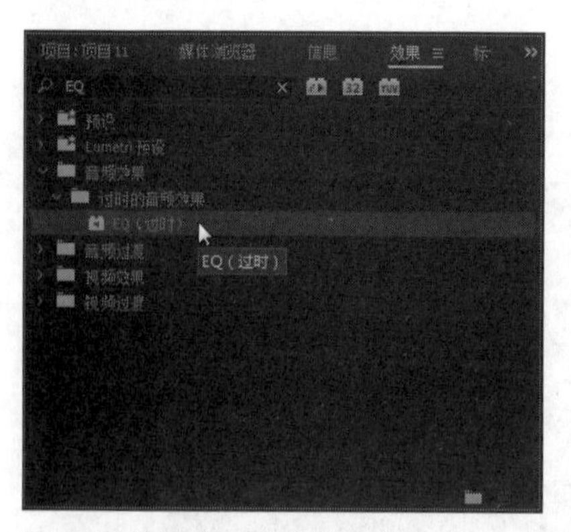

图 9-47 选择“EQ（过时）”选项

03 按住鼠标左键并将其拖曳至A1轨道上，添加音频特效，如图9-48所示。

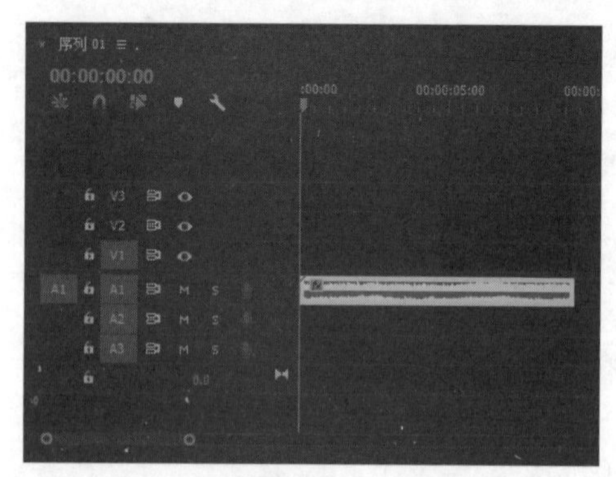

图 9-48 添加音频特效

04 在“效果控件”面板中，单击“编辑”按钮，如图9-49所示。

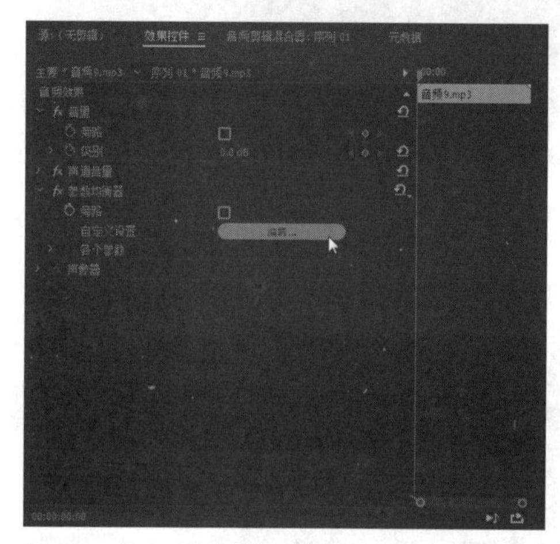

图 9-49 单击“编辑”按钮

05 弹出“剪辑效果编辑器”对话框，在“预设”列表框中选择“低音鼓”选项，如图9-50所示，即可处理EQ均衡器。

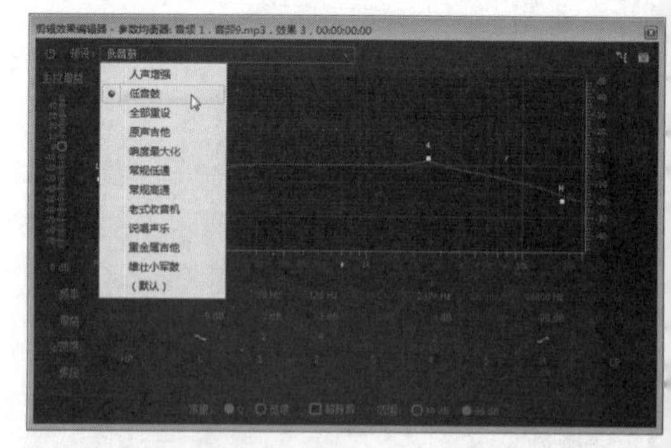

图 9-50 选择“低音鼓”选项

专家指点

“音轨混合器”面板介绍如下。

“音轨混合器”是由许多音频轨道控制器和播放控制器组成的。在 Premiere Pro CC 2017 界面中，单击“窗口”|“音轨混合器”命令，展开“音轨混合器”面板，如图 9-51所示。

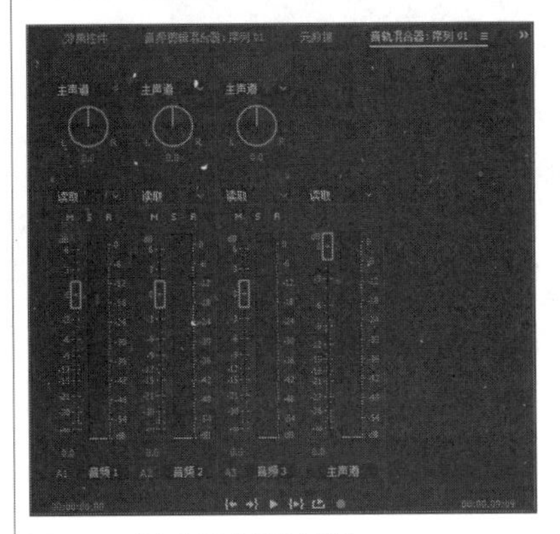

图 9-51 “音轨混合器”面板

在默认情况下，“音轨混合器”面板中只会显示当前“时间线”面板中激活的音频轨道。如果需要在“音轨混合器”面板中显示其他轨道，则必须将序列中的轨道激活。

“音轨混合器”面板中的基本功能主要用来对音频文件进行修改与编辑操作。

下面将介绍“音轨混合器”面板中的各主要基本功能。

- “自动模式”列表框：主要是用来调节音频素材和音频轨道，如图 9-52所示。如果调节对象是音频素材，调节效果只会对当前选择的素材有效；如果调节对象是音频轨道，则音频特效将应用于整个音频轨道。

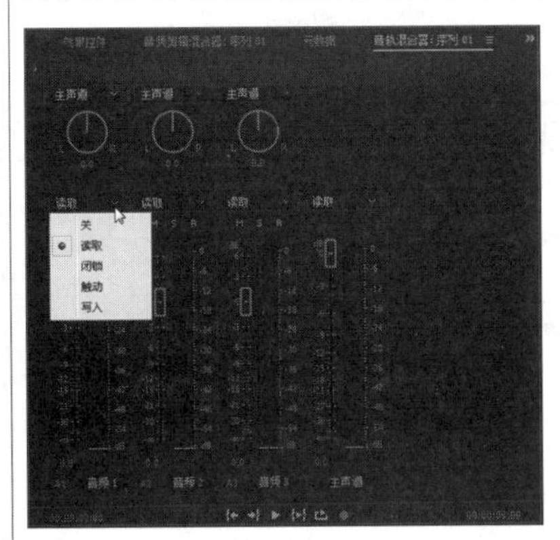

图 9-52 “自动模式”列表框

- “轨道控制”按钮组：该类型的按钮包括“静音轨道”按钮、“独奏轨道”按钮、“启用轨道以进行录制”按钮等，如图 9-53 所示。这些按钮的主要作用是使音频或素材在预览时，其指定的轨道完全以静音或独奏的方式进行播放。

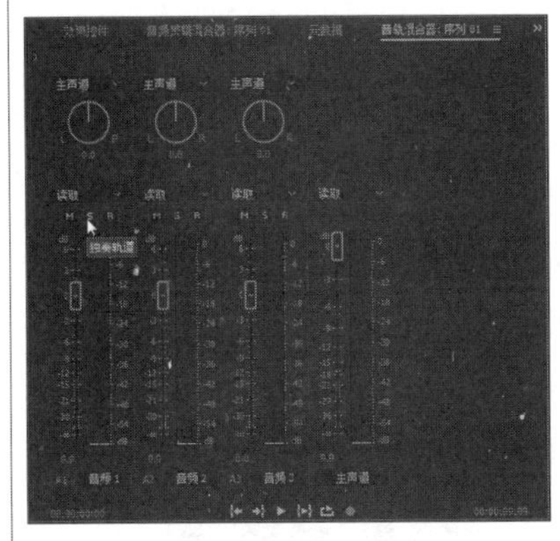

图 9-53 “轨道控制”按钮组

- “声道调节”滑轮：可以用来调节只有左、右两个声道的音频素材，向左拖动滑轮时，左声道音量将提升；反之，向右拖动滑轮时，右声道音量将提升，如图 9-54 所示。

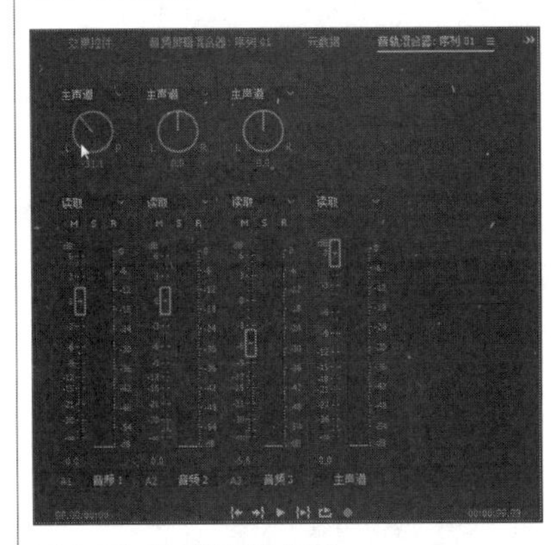

图 9-54 “声道调节”滑轮

- “音量控制器”按钮：分别控制音频素材播放的音量及素材播放的状态，如图 9-55所示。

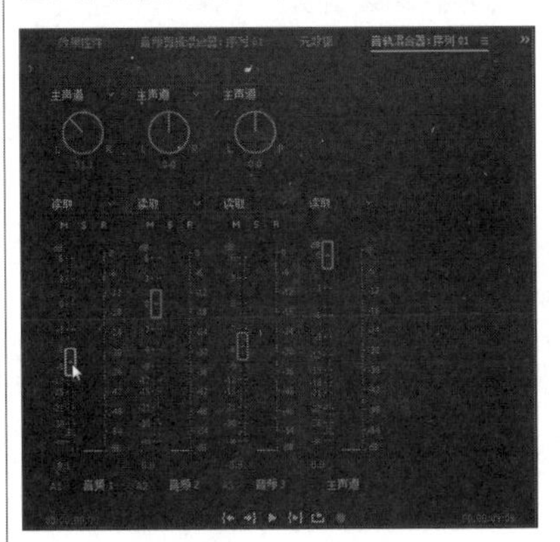

图 9-55 音量控制器

9.3.2 实战——处理高低音的转换

在Premiere Pro CC 2017中，高低音之间的转换是使用Dynamics特效对组合的或独立的音频进行的调整。

素材位置	素材 > 第 9 章 > 项目 12.prproj
效果位置	效果 > 第 9 章 > 项目 12.prproj
视频位置	视频 > 第 9 章 > 实战——处理高低音的转换 .mp4

01 按【Ctrl + O】组合键，打开一个项目文件，如图9-56 所示。

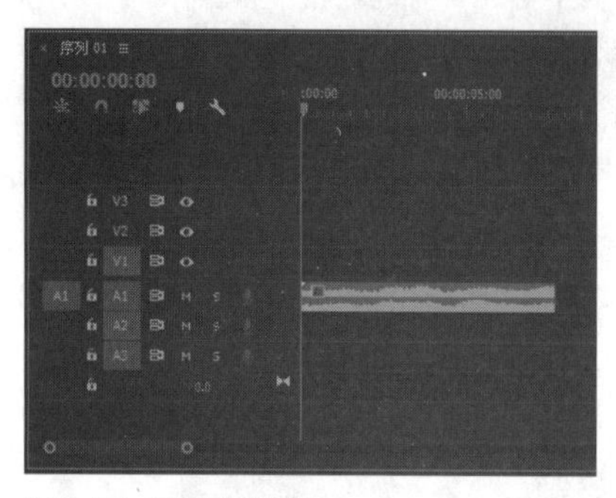

图 9-56 打开项目文件

02 在“效果”面板上，选择“Dynamics（过时）”选项，如图9-57所示。

图 9-57 选择“Dynamics（过时）”选项

03 按住鼠标左键，将其拖曳至A1轨道上，添加音频特效，如图9-58所示。

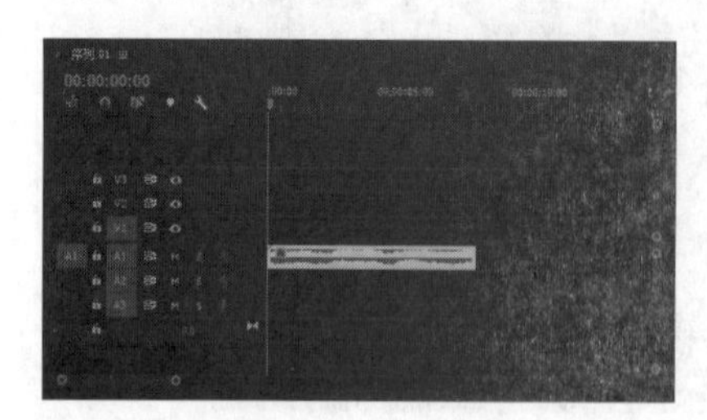

图 9-58 添加音频特效

04 在“效果控件”面板中，单击“自定义设置”选项右边的“编辑”按钮，如图9-59所示。

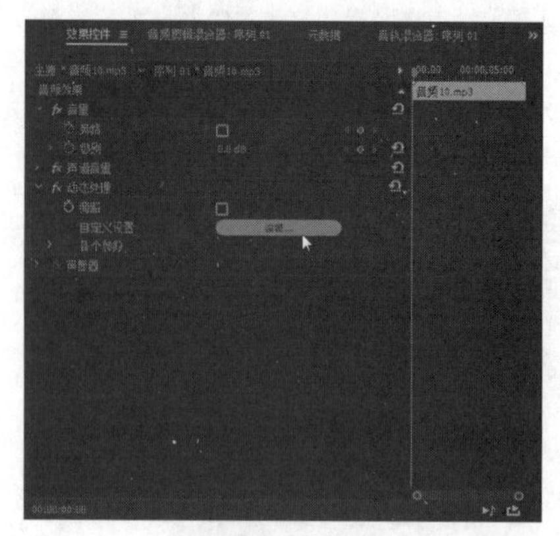

图 9-59 单击“编辑”按钮

05 弹出“剪辑效果编辑器”对话框，如图9-60所示。

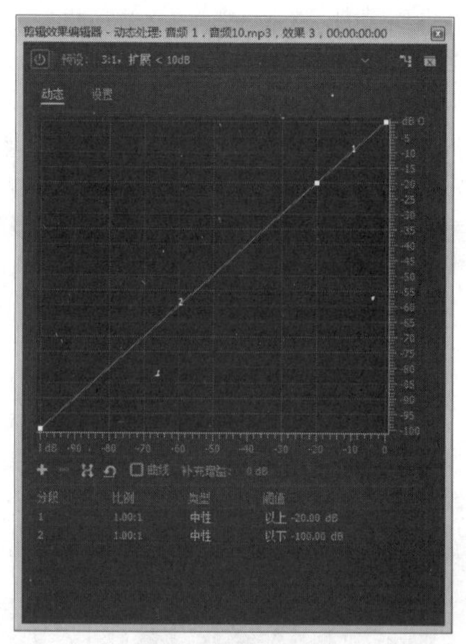

图 9-60“剪辑效果编辑器”对话框

专家指点

尽管可以将音频素材的声音压缩到一个较小的动态播放范围，但是对于扩展而言，如果超过了音频素材所能提供的范围，就不能再进一步扩展了，除非降低原始素材的动态范围。

06 单击“预设”选项右侧的下三角形按钮，在弹出的列表框中选择“击弦贝斯”选项，如图9-61所示。

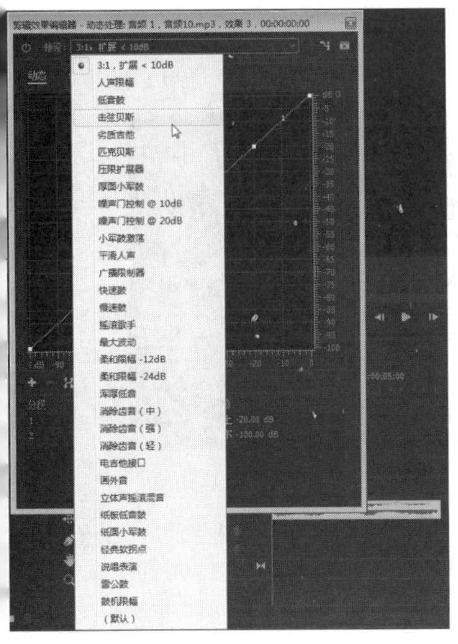

图 9-61 选择“击弦贝斯”选项

07 执行操作后，即可编辑剪辑效果，如图9-62所示。

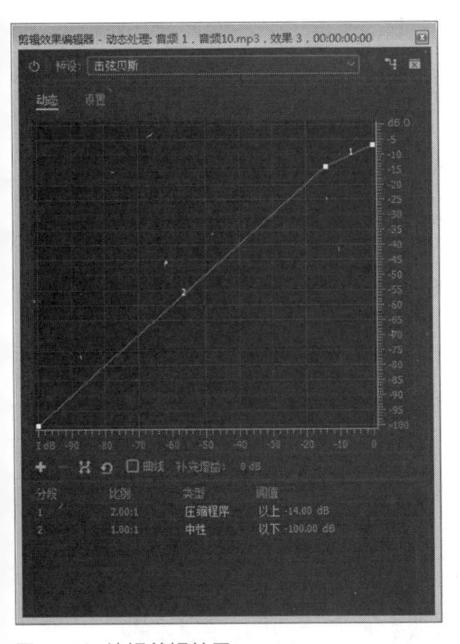

图 9-62 编辑剪辑效果

9.3.3 实战——设置声音波段特效

在Premiere Pro CC 2017中，可以使用“多频段压缩器”特效设置声音波段，该特效可以对音频的高、中、低3个波段进行压缩控制，使音频的效果更加理想。

素材位置	素材 > 第 9 章 > 项目 13.prproj
效果位置	效果 > 第 9 章 > 项目 13.prproj
视频位置	视频 > 第 9 章 > 实战——设置声音波段特效 .mp4

01 按【Ctrl+O】组合键，打开一个项目文件，如图9-63所示。

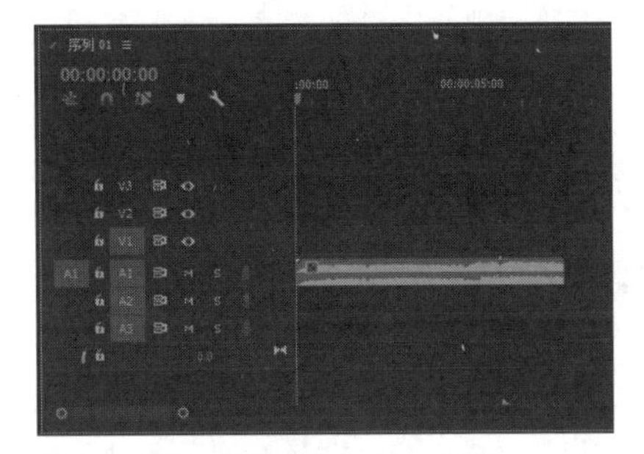

图 9-63 打开项目文件

02 在“效果”面板上，选择“多频段压缩器（过时）”选项，如图9-64所示。

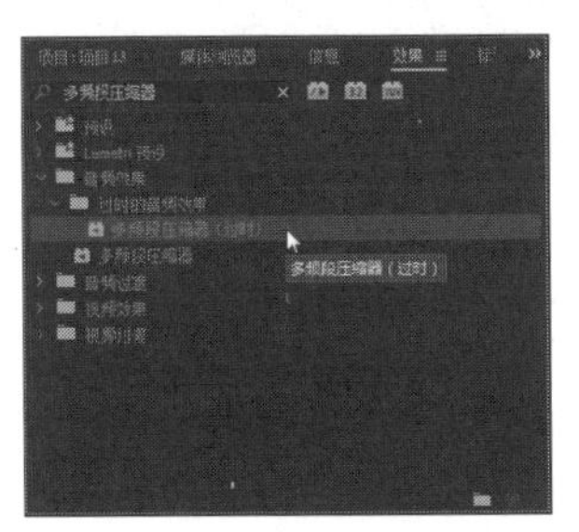

图 9-64 选择“多频段压缩器（过时）”选项

03 为音乐素材添加音频特效，在“效果控件”面板中，展开“各个参数”选项，单击每一个参数前面的“切换动画”按钮，添加关键帧，如图9-65所示。

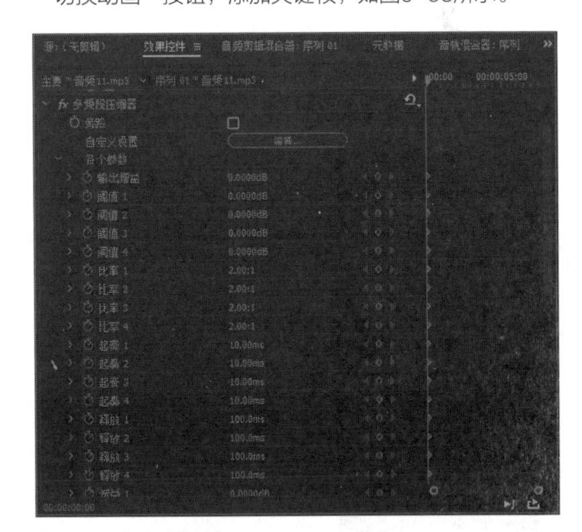

图 9-65 添加关键帧

04 单击“自定义设置”右边的“编辑”按钮，弹出“剪辑效果编辑器”对话框，在“预设”列表框中选择“重金属吉他”选项，如图9-66所示。

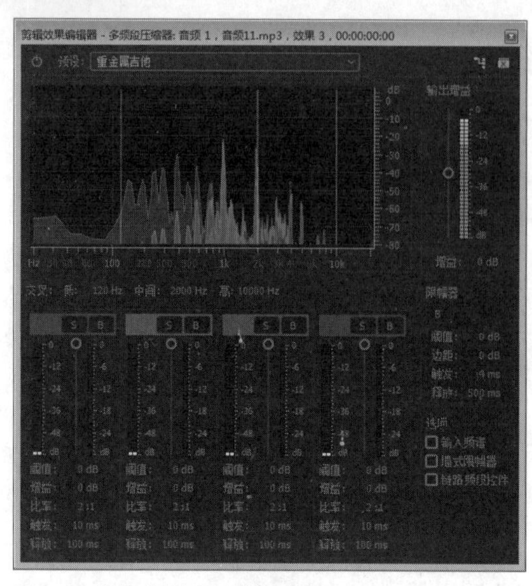

图 9-66 选择“重金属吉他”选项

专家指点

对“音轨混合器”面板有了基本认识后，应该对“音轨混合器”面板的组成有了一定的了解。接下来将介绍“音轨混合器”的面板菜单。

在“音轨混合器”面板中，单击面板右上角的菜单按钮▤，将弹出相应的菜单面板，如图 9-67所示。

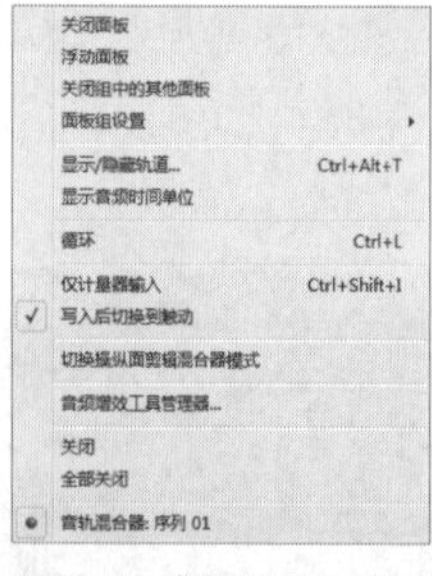

图 9-67“音轨混合器”菜单面板

“音频混合器”菜单面板中各选项的含义如下。

- 显示 / 隐藏轨道：该选项可以对“音轨混合器”面板中的轨道进行隐藏或者显示设置。选择该选项，或按【Ctrl+Alt+T】组合键，弹出“显示 / 隐藏轨道”对话框，如图 9-68所示，在左侧列表框中，处于选中状态的轨道属于显示状态，未被选中的轨道则处于隐藏的状态。

图 9-68“显示 / 隐藏轨道”对话框

- 显示音频时间单位：选择该选项，可以在“时间线”窗口的时间标尺上显示音频单位，如图 9-69所示。

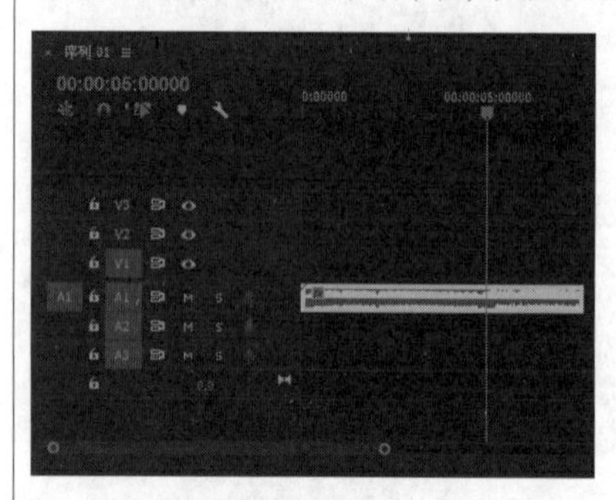

图 9-69 显示音频单位

- 循环：选择该选项，系统会循环播放音乐效果。
- 仅计量器输入：如果在 VU 表上显示硬件输入电平，而不是轨道电平，则选择该选项来监控音频，以确定是否所有的轨道都被录制。
- 写入后切换到触动：选择该选项，则回放结束后（或一个回放循环完成后），所有的轨道设置将记录模式转换到接触模式。

9.4 习题测试

习题1 通过菜单命令添加音频轨道

素材位置	素材 > 第 9 章 > 项目 14.prproj
效果位置	效果 > 第 9 章 > 项目 14.prproj
视频位置	视频 > 第 9 章 > 习题 1：通过菜单命令添加音频轨道 .mp4

本习题练习通过菜单命令添加音频轨道的操作，素材如图9-70所示。

图 9-70 素材

习题2 通过“时间线”面板添加音频轨道

素材位置	素材 > 第 9 章 > 项目 15.prproj
效果位置	效果 > 第 9 章 > 项目 15.prproj
视频位置	视频 > 第 9 章 > 习题 2：通过“时间线”面板添加音频轨道 .mp4

本习题练习通过“时间线”面板添加音频轨道的操作，素材与效果如图9-71所示。

图 9-71 素材与效果

习题3 调整音频播放长度

素材位置	素材 > 第 9 章 > 项目 16.prproj
效果位置	效果 > 第 9 章 > 项目 16.prproj
视频位置	视频 > 第 9 章 > 习题 3：调整音频播放长度 .mp4

本习题练习调整音频播放长度的操作，素材如图9-72所示。

图 9-72 素材

习题4 添加系统音频特效

素材位置	素材 > 第 9 章 > 项目 17.prproj
效果位置	效果 > 第 9 章 > 项目 17.prproj
视频位置	视频 > 第 9 章 > 习题 4：添加系统音频特效 .mp4

本习题练习添加系统音频特效的操作，素材如图9-73所示。

图 9-73 素材

第10章 处理与制作音频特效

在Premiere Pro CC 2017中，为影片添加优美动听的音乐，可以使制作的影片水准更上一个台阶。声音能够使影视节目更有强烈的震撼感，精彩的影视节目离不开音乐。因此，音频的编辑是影视节目编辑中必不可少的一个环节。本章主要介绍背景音乐特效的制作方法和技巧。

课堂学习目标

- 掌握制作立体声音频特效的操作方法。
- 掌握制作音量特效的操作方法。
- 掌握制作平衡特效的操作方法。
- 掌握制作反转特效的操作方法。

扫码观看本章实战操作视频

10.1 制作立体声音频特效

Premiere Pro CC 2017拥有强大的立体音频处理能力，在使用的素材为立体声道时，Premiere Pro CC 2017可以在两个声道间实现立体声音频特效的效果。下面主要介绍立体声音频效果的制作方法。

10.1.1 实战——视频素材的导入

在制作立体声音频效果之前，首先需要导入一段音频或有声音的视频素材，并将其拖曳至“时间线”面板中。

素材位置	素材 > 第 10 章 > 视频 1.mp4
效果位置	无
视频位置	视频 > 第 10 章 > 实战——视频素材的导入 .mp4

01 新建一个项目文件，单击“文件”|“导入”命令，弹出“导入”对话框，导入相应的视频素材文件，如图10-1所示。

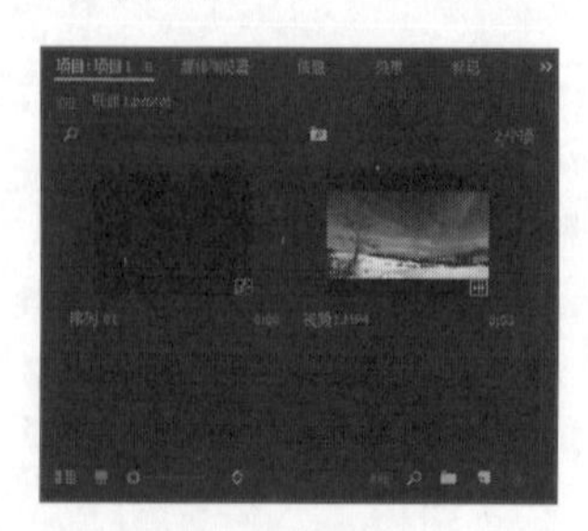

图 10-1 导入视频素材

02 选择导入的视频素材，将其拖曳至“时间线”面板中的V1视频轨道上，即可添加视频素材，如图10-2所示。

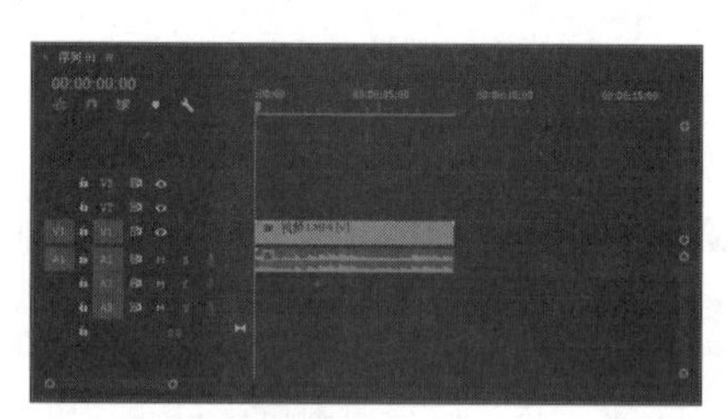

图 10-2 添加视频素材

10.1.2 实战——视频与音频的分离 重点

在导入一段视频后，接下来需要对视频素材文件的音频与视频进行分离。

素材位置	无
效果位置	无
视频位置	视频 > 第 10 章 > 实战——视频与音频的分离 .mp4

01 以“10.1.1 实战——视频素材的导入”的效果为例，选择视频，如图 10-3所示。

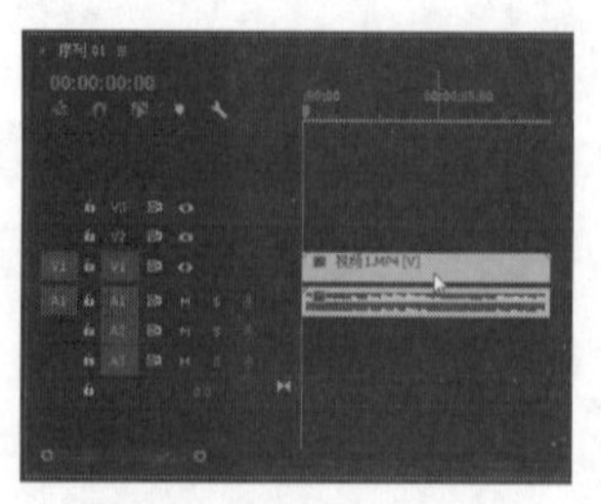

图 10-3 选择视频

02 单击鼠标右键，弹出快捷菜单，选择“取消链接”选项，如图10-4所示。

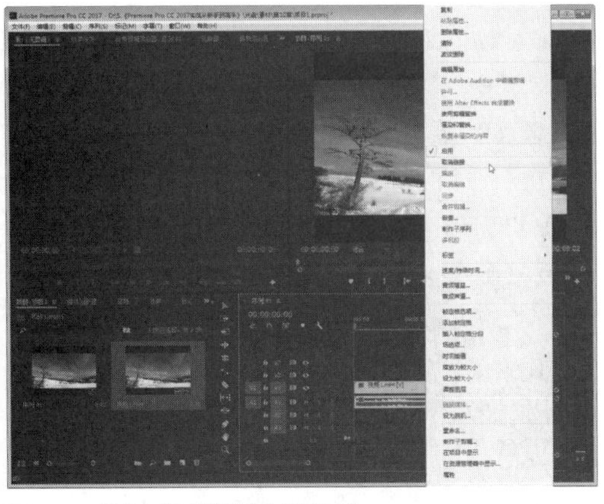

图 10-4 选择“取消链接”选项

03 执行操作后，即可解除音频和视频之间的连接，如图10-5所示。

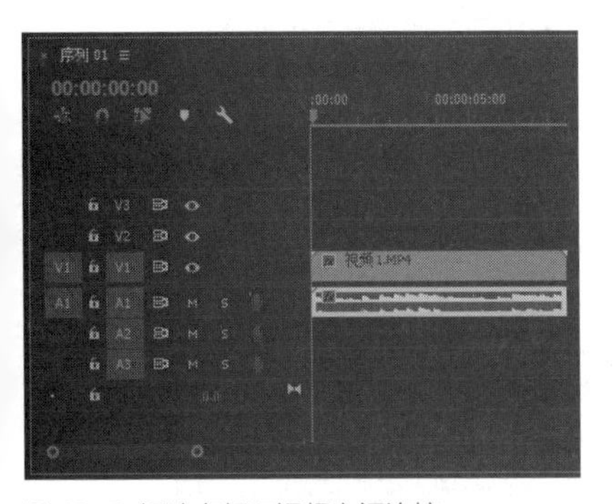

图 10-5 解除音频和视频之间连接

04 设置完成后，将时间线移至素材的开始位置，在“节目监视器”面板中单击“播放-停止切换”按钮，预览视频效果，如图10-6所示。

图 10-6 预览效果

10.1.3 实战——为分割的音频添加特效

在Premiere Pro CC 2017中，分割音频素材后，可以为分割的音频素材添加音频特效。

素材位置	无
效果位置	无
视频位置	视频 > 第 10 章 > 实战——为分割的音频添加特效 . mp4

01 以本书“10.1.2 实战——视频与音频的分离”的效果为例，在“效果”面板中展开“音频效果”选项，选择“多功能延迟”选项，如图10-7所示。

图 10-7 选择“多功能延迟”选项

02 按住鼠标左键并将其拖曳至A1轨道中的音频素材上，拖曳时间线至00:00:02:00位置，如图10-8所示。

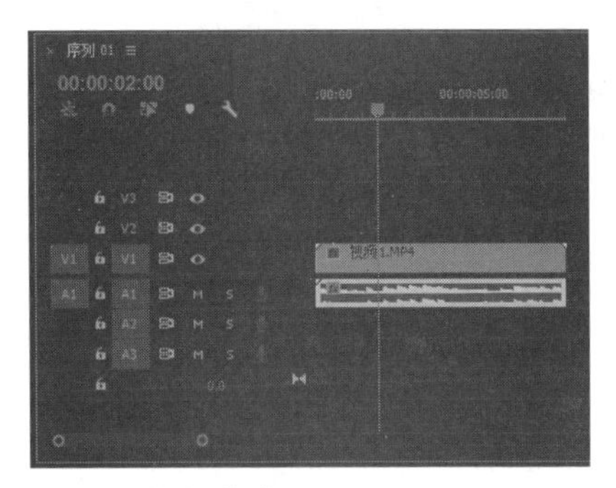

图 10-8 拖曳时间线

03 在“效果控件”面板中展开“多功能延迟”选项，勾选“旁路”复选框，并设置“延迟1”为1.000秒，如图10-9所示。

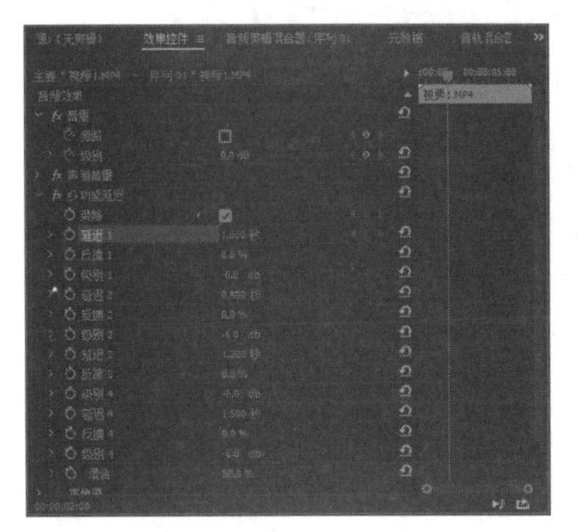

图 10-9 设置参数值

04 拖曳时间线至00:00:04:00位置，单击“旁路”和“延迟1”左侧的“切换动画”按钮，添加关键帧，如图10-10所示。

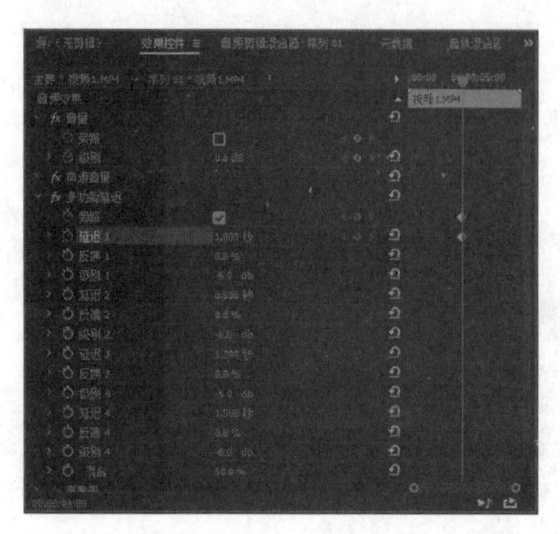

图 10-10 添加关键帧

05 取消选中“旁路”复选框，并将时间线拖曳至00:00:07:00位置，如图10-11所示。

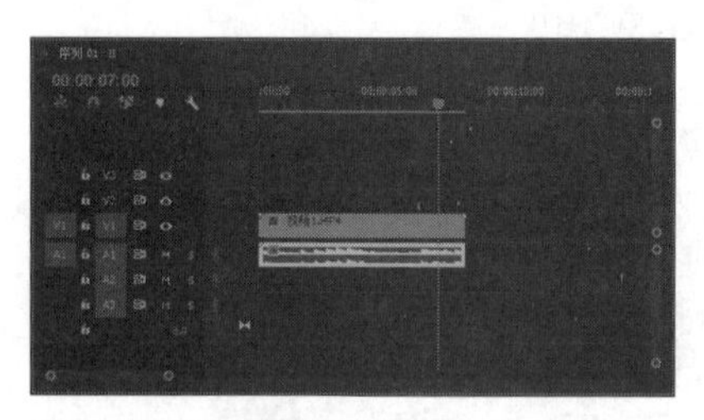

图 10-11 拖曳时间线

06 执行操作后，选中“旁路”复选框，添加第2个关键帧，如图10-12所示，即可添加音频特效。

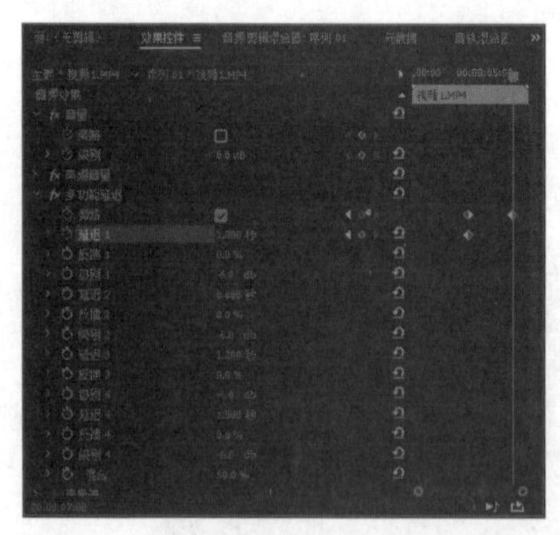

图 10-12 添加关键帧

10.1.4 实战——音频混合器的设置 重点

在Premiere Pro CC 2017中，音频特效添加完成后，可以使用音轨混合器来控制添加的音频特效。

素材位置	无
效果位置	效果 > 第 10 章 > 项目 1.prproj
视频位置	视频 > 第 10 章 > 实战——音频混合器的设置 .mp4

01 以本书“10.1.3 实战——为分割的音频添加特效”的效果为例，展开“音轨混合器：序列01”面板，在其中设置A1选项的参数为3.1，“左/右平衡”为10.0，如图10-13所示。

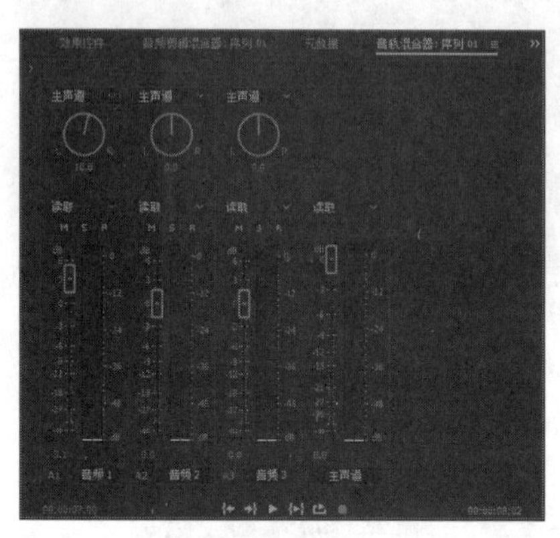

图 10-13 设置参数值

02 执行操作后，单击“音轨混合器：序列01”面板底部的“播放-停止切换”按钮，即可播放音频，如图10-14所示。

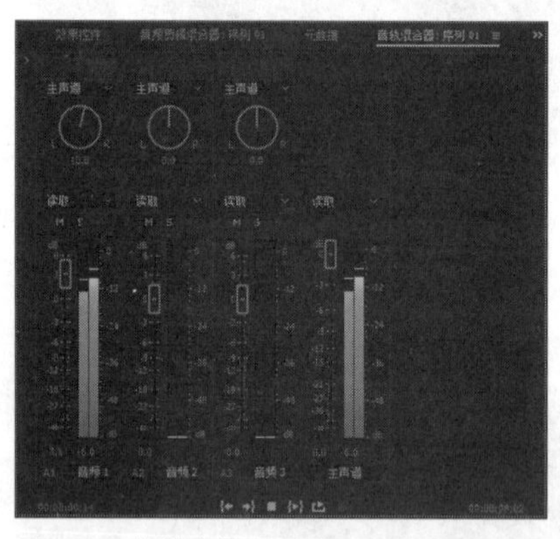

图 10-14 播放音频

03 在“节目监视器”面板中，单击“播放-停止切换”按钮，预览效果，如图10-15所示。

图 10-15 预览效果

10.2 制作常用音频特效

在Premiere Pro CC 2017中，音频在影片中是一个不可缺少的元素，可以根据需要制作常用的音频效果。下面主要介绍常用音频效果的制作方法。

10.2.1 实战——音量特效的制作

在导入一段音频素材后，对应的“效果控件”面板中将会显示“音量”选项，可以根据需要制作音量特效。

素材位置	素材 > 第 10 章 > 项目 2.prproj
效果位置	效果 > 第 10 章 > 项目 2.prproj
视频位置	视频 > 第 10 章 > 实战——音量特效的制作 .mp4

01 按【Ctrl＋O】组合键，打开一个项目文件，如图10-16所示。

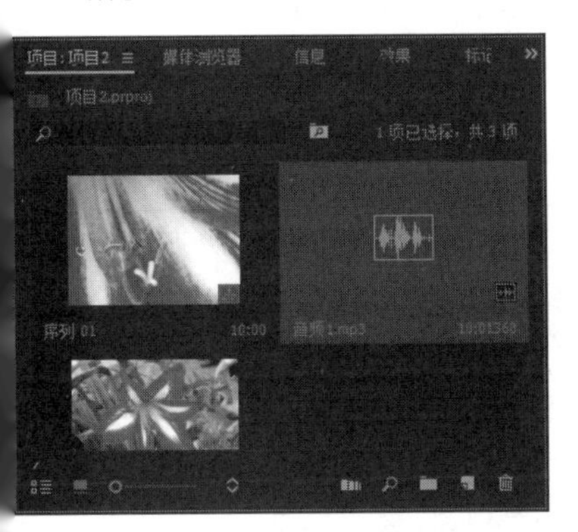

图 10-16 打开项目文件

02 在“项目”面板中选择“喇叭花蕊.jpg”素材文件，将其添加到“时间轴”面板中的V1轨道上，在“节目监视器”面板中查看素材画面，如图10-17所示。

图 10-17 查看素材画面

03 选择V1轨道上的素材文件，切换至“效果控件”面板，设置“缩放”为25.0，如图10-18所示。

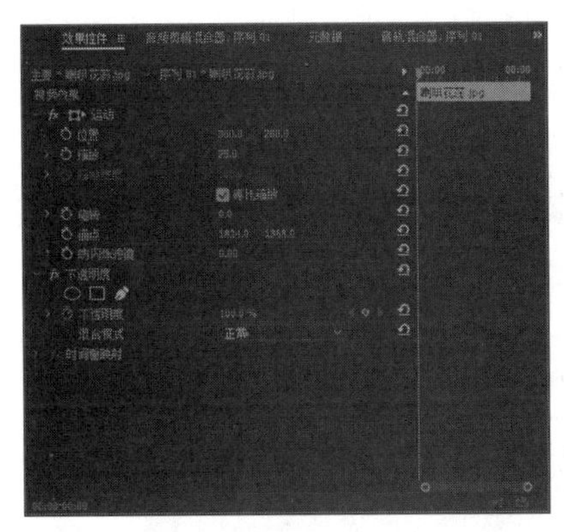

图 10-18 设置“缩放”

04 在“项目”面板中选择“音频1.mp3”素材文件，将其添加到“时间轴”面板中的A1轨道上，如图10-19所示。

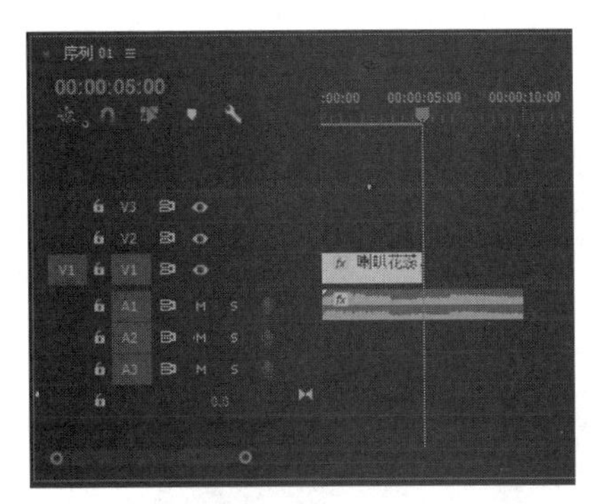

图 10-19 添加素材文件

05 将鼠标指针移至“喇叭花蕊.jpg”素材文件的结尾处，按住鼠标左键并向右拖曳，调整素材文件的持续时间，直到与音频素材的持续时间一致，如图10-20所示。

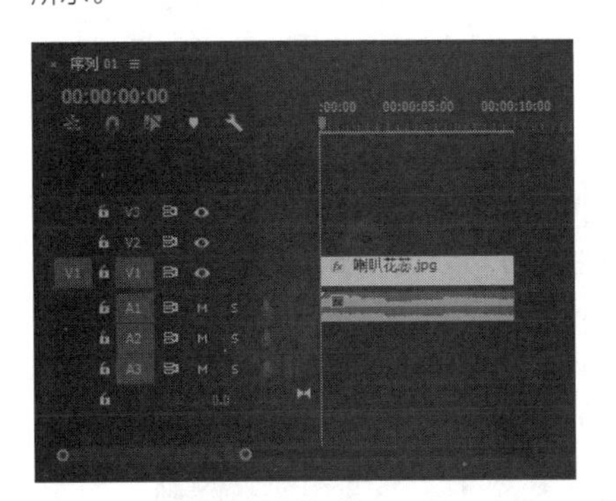

图 10-20 调整素材持续时间

06 选择A1轨道上的素材文件，拖曳时间指示器至00:00:05:00位置，切换至“效果控件”面板，展开

“音量”选项，单击“级别”选项右侧的“添加/移除关键帧”按钮，如图10-21所示。

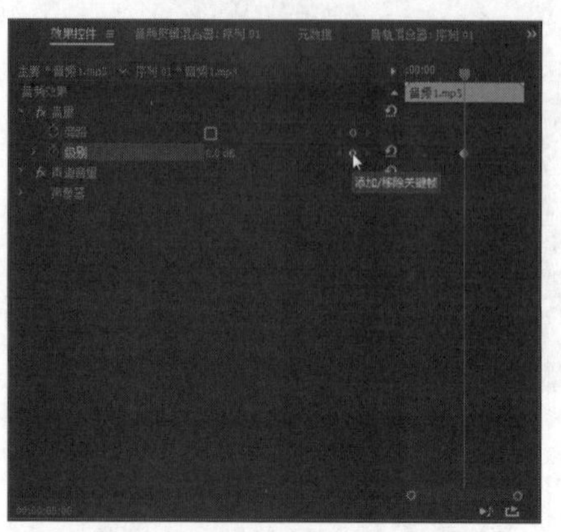

图10-21 单击“添加/移除关键帧”按钮

07 拖曳时间指示器至00:00:08:00位置，设置“级别”为-20.0dB，如图10-22所示。

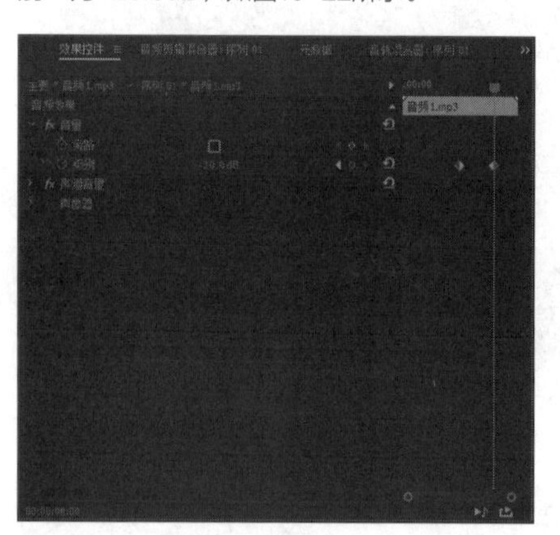

图10-22 设置“级别”

08 将鼠标指针移至A1轨道名称上，向上滚动鼠标滚轮，展开轨道并显示音量调整效果，如图10-23所示，单击“播放-停止切换”按钮，试听效果。

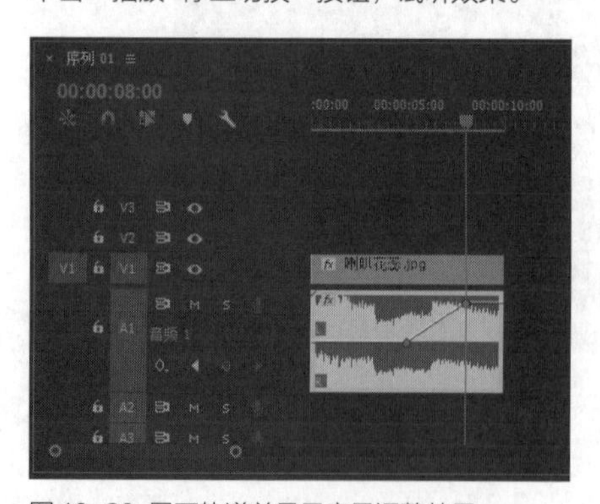

图10-23 展开轨道并显示音量调整效果

10.2.2 实战——降噪特效的制作 新功能

通过“自适应降噪”特效可以降低音频素材中的机器噪声、环境噪声和外音等不应有的杂音。下面将介绍制作降噪特效的操作方法。

素材位置	素材 > 第 10 章 > 项目 3.prproj
效果位置	效果 > 第 10 章 > 项目 3.prproj
视频位置	视频 > 第 10 章 > 实战——降噪特效的制作 .mp4

01 按【Ctrl+O】组合键，打开一个项目文件，如图10-24所示。

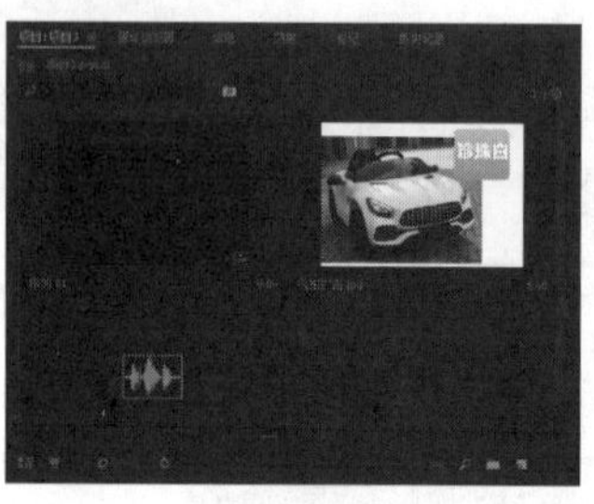

图10-24 打开项目文件

02 在“项目”面板中选择图片素材文件，并将其添加到“时间轴”面板中的V1轨道上，如图10-25所示。

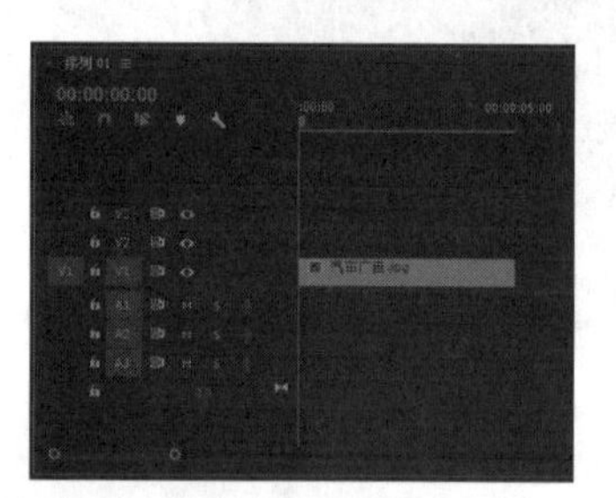

图10-25 添加素材文件

03 选择V1轨道上的素材文件，切换至“效果控件”面板，设置“缩放”为110.0，如图10-26所示。

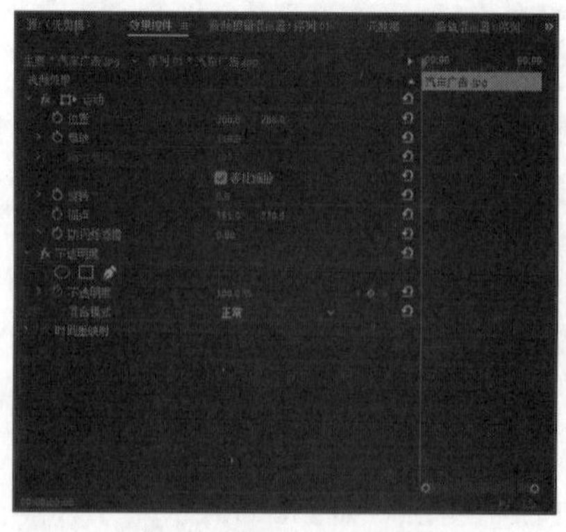

图10-26 设置“缩放”

04 设置视频缩放效果后，在“节目监视器”面板中可以查看素材画面，效果如图10-27所示。

图 10-27 查看素材画面

05 将音频素材文件添加到“时间轴”面板中的A1轨道上，在工具面板中选择剃刀工具，如图10-28所示。

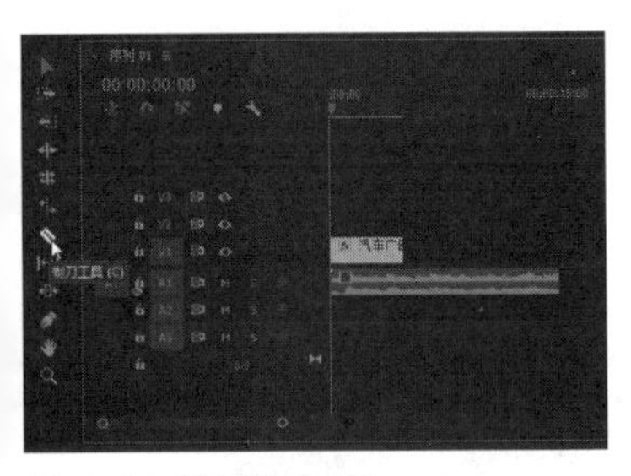

图 10-28 选择剃刀工具

06 拖曳时间指示器至00:00:05:00位置，将鼠标指针移至A1轨道上时间指示器的位置，单击鼠标左键，如图10-29所示。

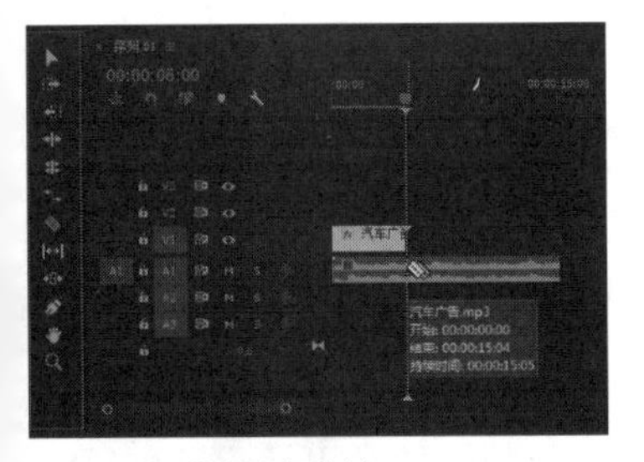

图 10-29 单击鼠标左键

07 执行操作后，即可分割相应的素材文件，如图10-30所示。

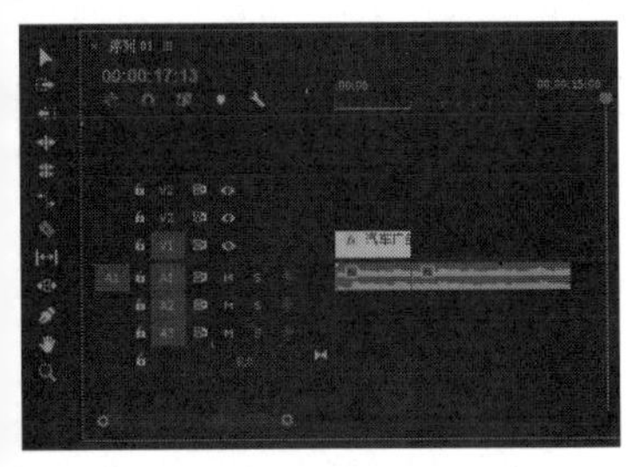

图 10-30 分割素材文件

08 在工具面板中选取选择工具，选择A1轨道上第2段音频素材文件，按【Delete】键删除素材文件，如图10-31所示。

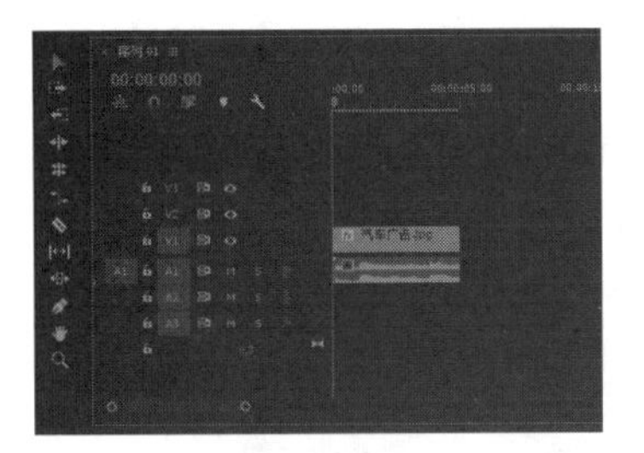

图 10-31 删除素材文件

专家指点

在使用摄像机拍摄的素材时，常常会出现一些电流的声音，此时可以添加DeNoiser（降噪）或Notch（消频）特效来消除这些噪声。

09 选择A1轨道上的素材文件，在“效果”面板中展开“音频效果”选项，使用鼠标左键双击“自适应降噪”选项，如图10-32所示，即可为选择的素材添加“自适应降噪”音频效果。

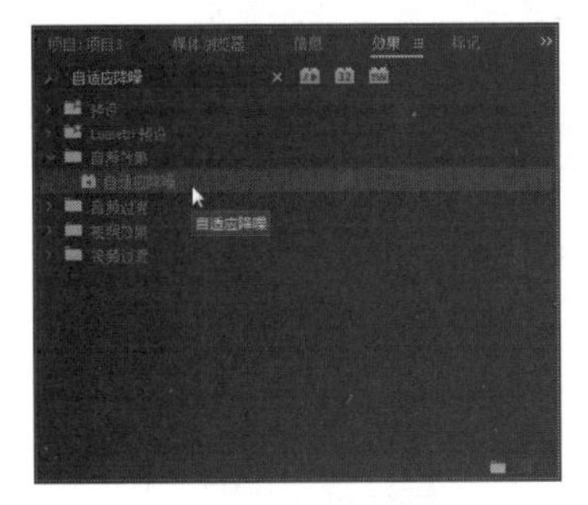

图 10-32 双击“自适应降噪”选项

10 在“效果控件”面板中展开“自适应降噪”选项，单击“自定义设置”选项右侧的“编辑”按钮，如图10-33所示。

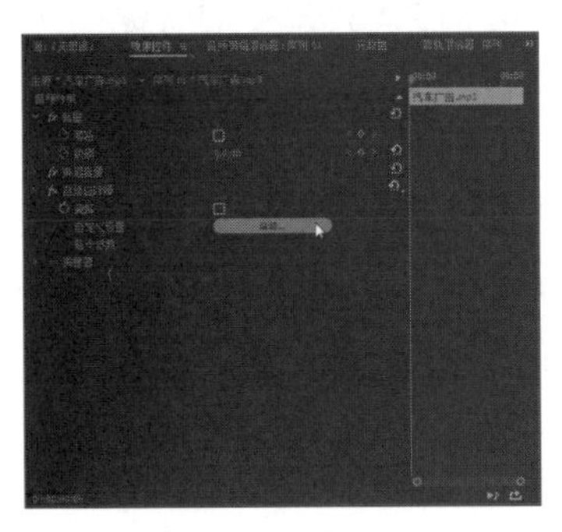

图 10-33 单击“编辑”按钮

11 弹出“剪辑效果编辑器”对话框，在“预设”列表框中选择“强降噪”选项，如图10-34所示，单击“关闭”按钮，关闭对话框，单击“播放-停止切换”按钮，试听降噪效果。

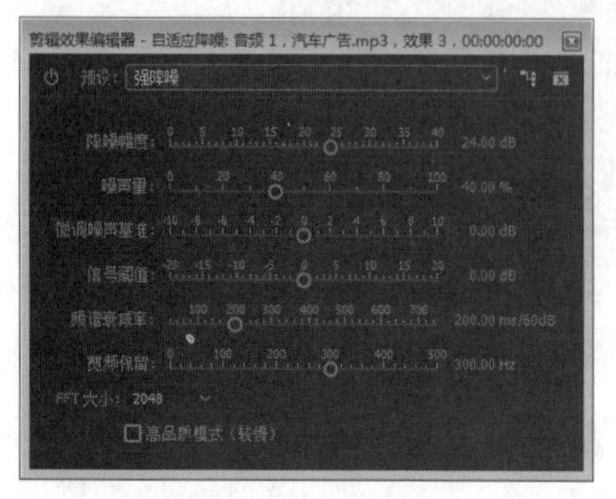

图10-34 选择“强降噪”选项

专家指点

在“效果控件”面板中展开“各个参数”选项，在各选项的右侧输入数字，可以设置降噪参数，如图10-35所示。

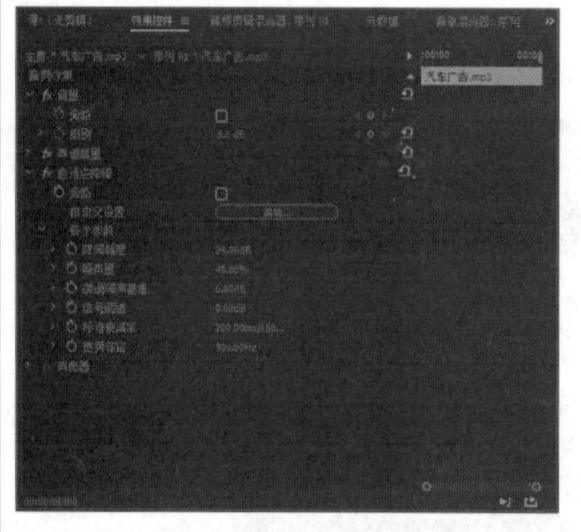

图10-35“自适应降噪”的参数选项

10.2.3 实战——平衡特效的制作

在Premiere Pro CC 2017中，通过音质均衡器可以对素材的频率进行音量的提高或降低。下面将介绍制作平衡特效的操作方法。

素材位置	素材 > 第10章 > 项目4.prproj
效果位置	效果 > 第10章 > 项目4.prproj
视频位置	视频 > 第10章 > 实战——平衡特效的制作.mp4

01 按【Ctrl＋O】组合键，打开一个项目文件，如图10-36所示。

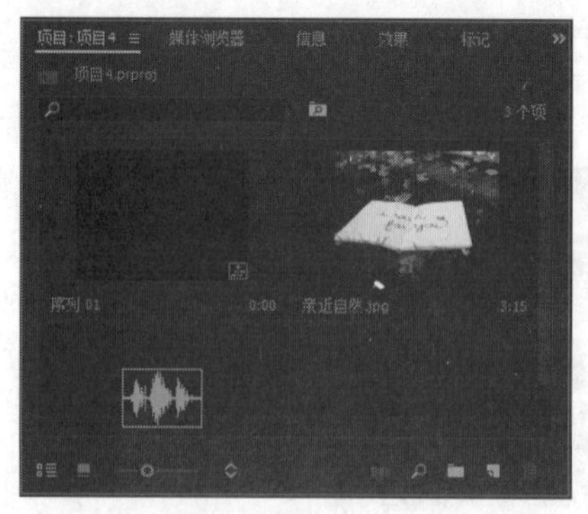

图10-36 打开项目文件

02 在“项目”面板中选择图片素材文件，并将其添加到“时间轴”面板中的V1轨道上，如图10-37所示。

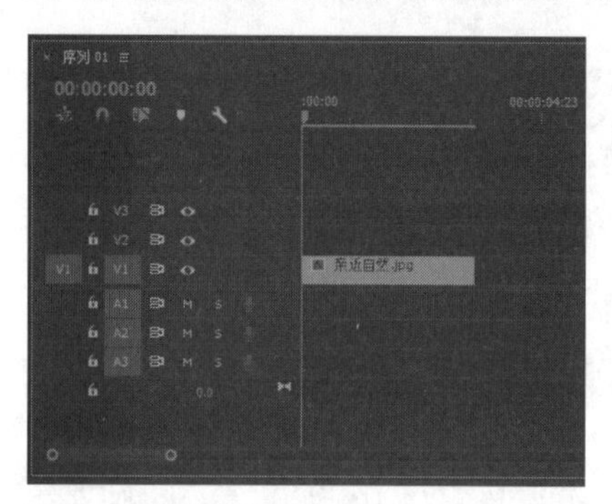

图10-37 添加素材文件

03 选择V1轨道上的素材文件，切换至“效果控件”面板，设置“缩放”为85.0，在“节目监视器”面板中可以查看素材画面，如图10-38所示。

图10-38 查看素材画面

04 将音频素材添加到“时间轴”面板中的A1轨道上，如图10-39所示。

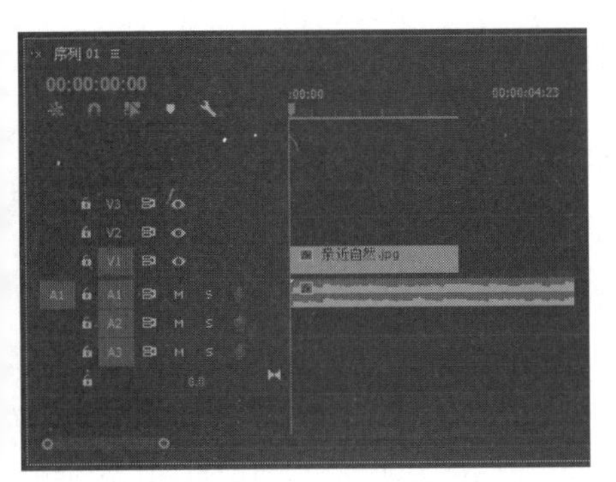

图 10-39 添加素材文件

05 拖曳时间指示器至00:00:05:00位置，使用剃刀工具分割A1轨道上的素材文件，如图10-40所示。

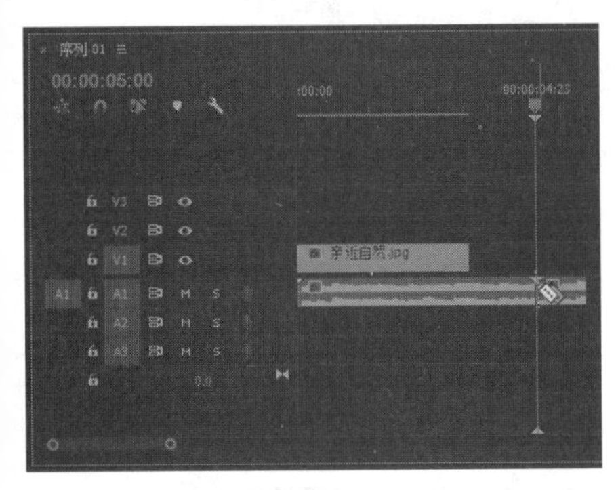

图 10-40 分割素材文件

06 在工具面板中选取选择工具，选择A1轨道上第2段音频素材文件，按【Delete】键删除素材文件，如图10-41所示。

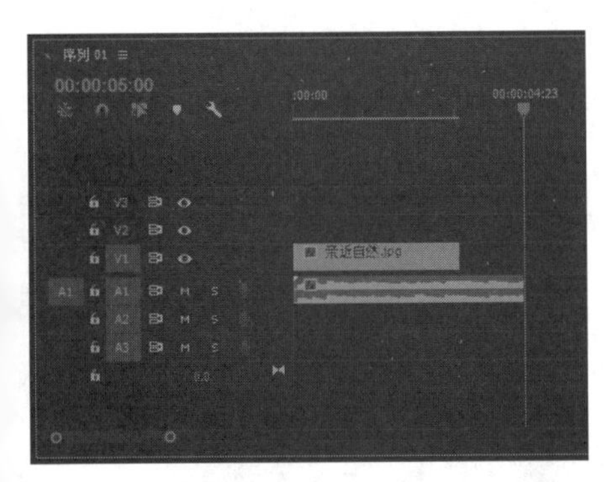

图 10-41 删除素材文件

07 选择A1轨道上的素材文件，在“效果”面板中展开“音频效果”选项，使用鼠标左键双击“平衡”选项，如图10-42所示，即可为选择的素材添加“平衡”音频效果。

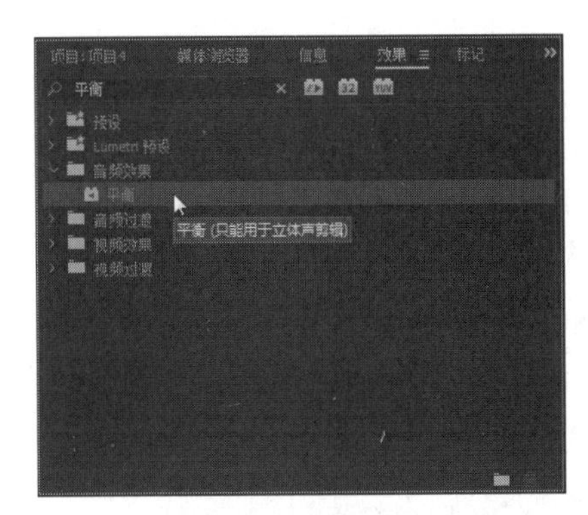

图 10-42 双击“平衡”选项

08 在“效果控件”面板中展开“平衡”选项，勾选“旁路”复选框，设置“平衡”为50.0，如图10-43所示，单击“播放-停止切换”按钮，试听平衡效果。

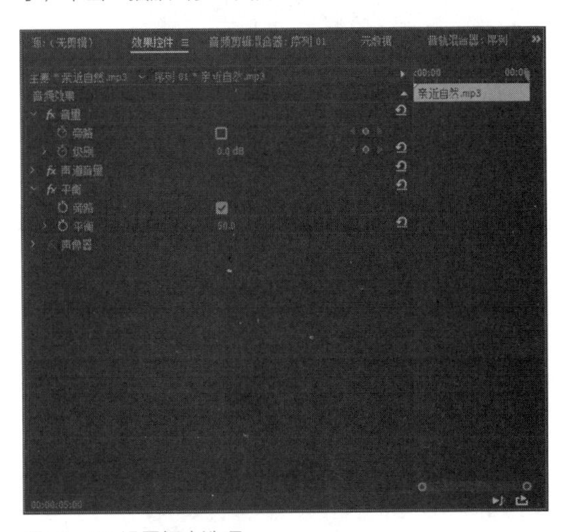

图 10-43 设置相应选项

10.2.4 实战——延迟特效的制作

在Premiere Pro CC 2017中，“延迟”音频效果是室内声音特效中常用的一种效果。下面将介绍制作延迟特效的操作方法。

素材位置	素材 > 第 10 章 > 项目 5.prproj
效果位置	效果 > 第 10 章 > 项目 5.prproj
视频位置	视频 > 第 10 章 > 实战——延迟特效的制作 .mp4

01 按【Ctrl + O】组合键，打开一个项目文件，如图10-44所示。

02 在“项目”面板中选择照片素材文件，并将其添加到“时间轴”面板中的V1轨道上，如图10-45所示。

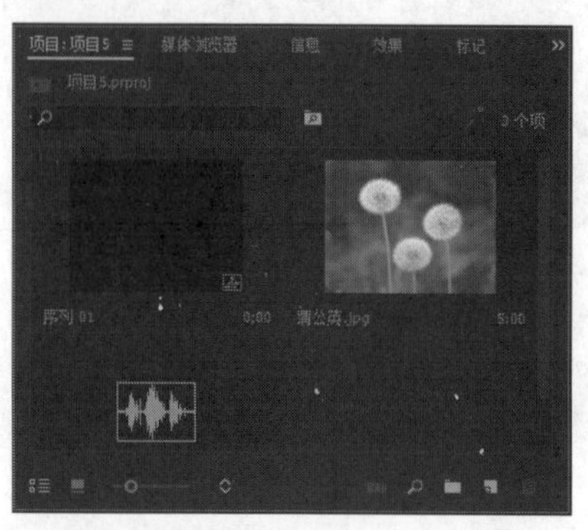

图10-44 打开项目文件

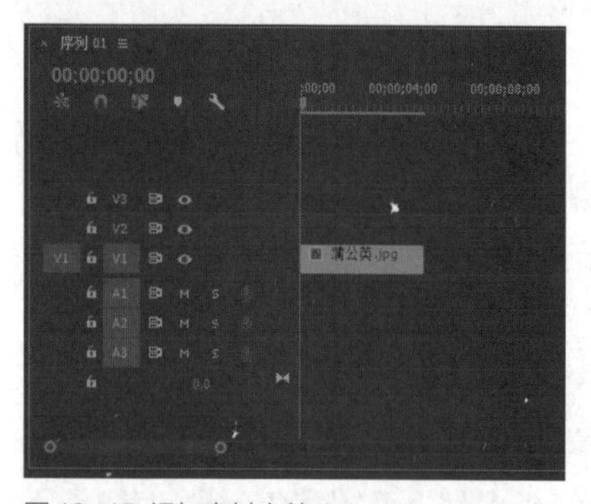

图10-45 添加素材文件

03 选择V1轨道上的素材文件，切换至“效果控件”面板，设置“缩放”为70.0，如图10-46所示。

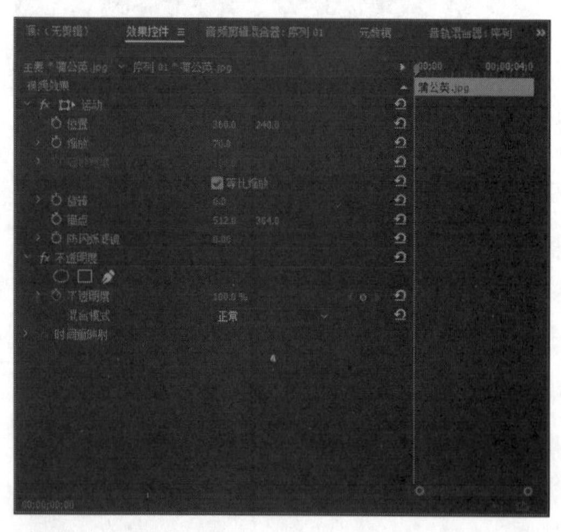

图10-46 设置“缩放”

04 在“节目监视器”面板中可以查看素材画面，如图10-47所示。

图10-47 查看素材文件

05 将音频素材添加到“时间轴”面板中的A1轨道上，拖曳时间指示器至00:00:10:00位置，如图10-48所示。

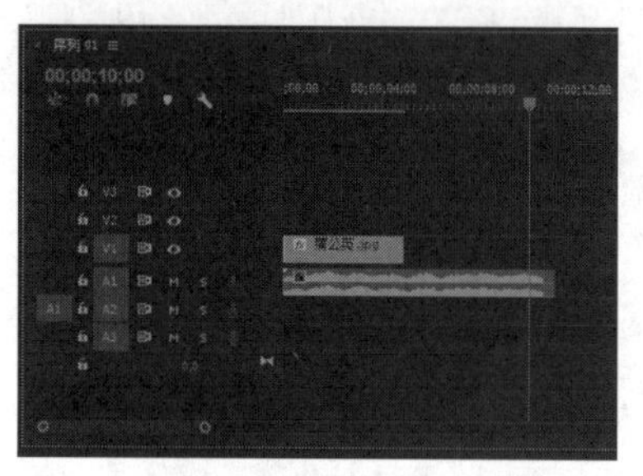

图10-48 拖曳时间指示器

06 使用剃刀工具分割A1轨道上的素材文件，如图10-49所示。

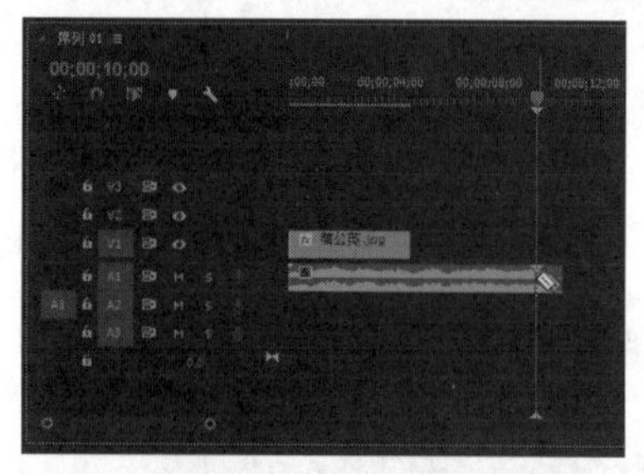

图10-49 分割素材文件

07 在工具面板中选取选择工具，选择A1轨道上第2段音频素材文件，按【Delete】键删除素材文件，如图10-50所示。

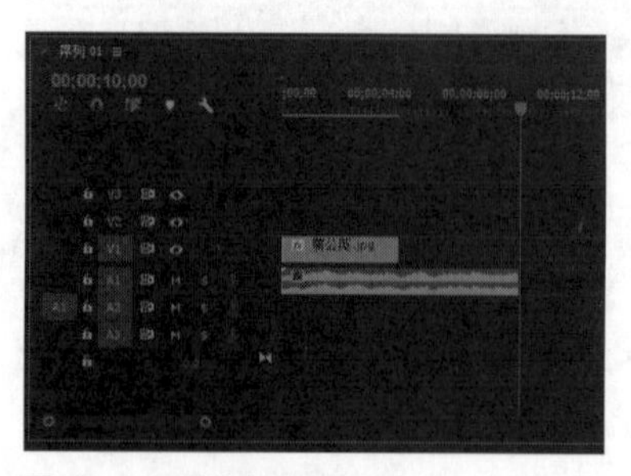

图10-50 删除素材文件

08 将鼠标指针移至照片素材文件的结尾处，按住鼠标左键并拖曳，调整素材文件的持续时间，直到与音频素材的持续时间一致，如图10-51所示。

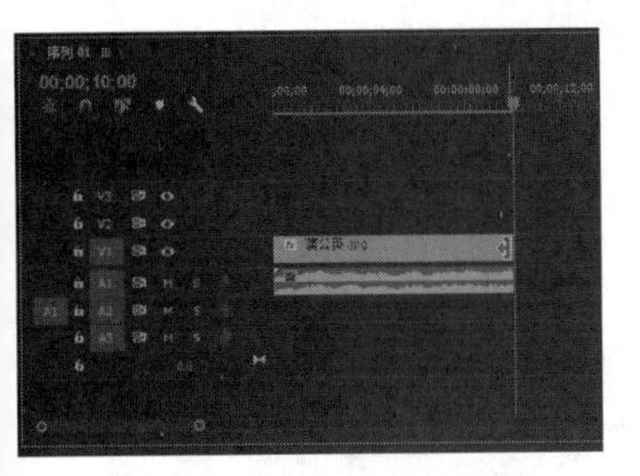

图 10-51 调整素材文件的持续时间

09 选择A1轨道上的素材文件，在“效果”面板中展开“音频效果”选项，双击“延迟”选项，如图10-52所示，即可为选择的素材添加“延迟”音频效果。

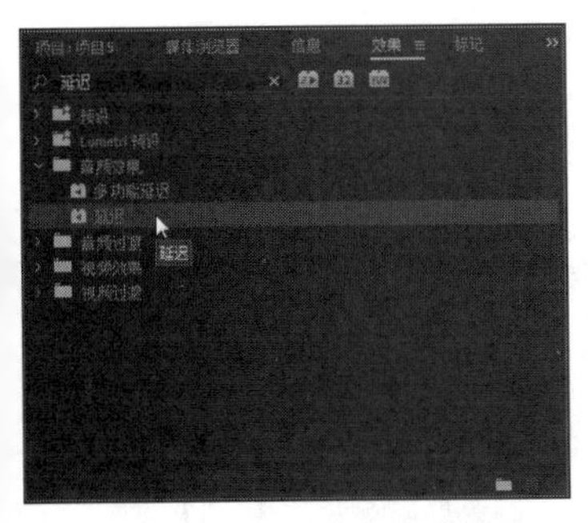

图 10-52 双击“延迟”选项

10 拖曳时间指示器至开始位置，在“效果控件”面板中展开“延迟”选项，单击“旁路”选项左侧的“切换动画”按钮，并勾选“旁路”复选框，如图10-53所示。

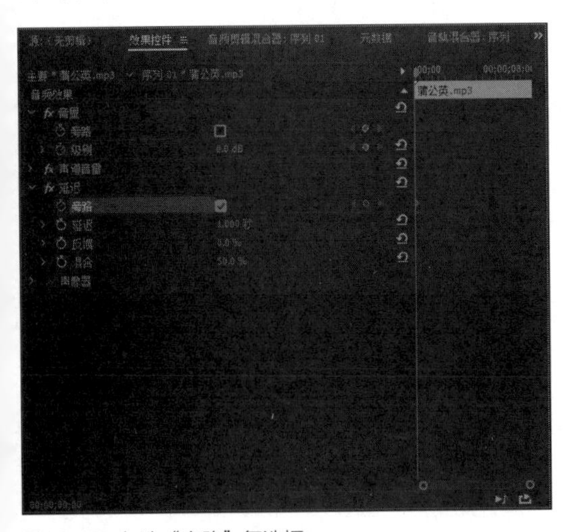

图 10-53 勾选“旁路”复选框

11 拖曳时间指示器至00:00:03:00位置处，并取消勾选“旁路”复选框，如图10-54所示。

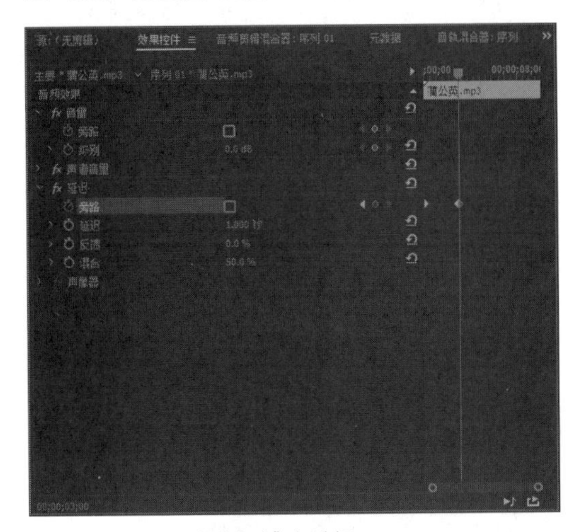

图 10-54 取消勾选“旁路”复选框

专家指点

声音是以一定的速度进行传播的，当遇到障碍物后就会反射回来，与原声之间形成差异。在前期录音或后期制作中，可以利用延时器来模拟不同的延时时间的反射声，从而制造一种空间感。运用“延迟”特效可以为音频素材添加一个回声效果，回声的长度可根据需要进行设置。

12 拖曳时间指示器至00:00:08:00位置，再次勾选“旁路”复选框，如图10-55所示。单击“播放-停止切换”按钮，试听延迟特效。

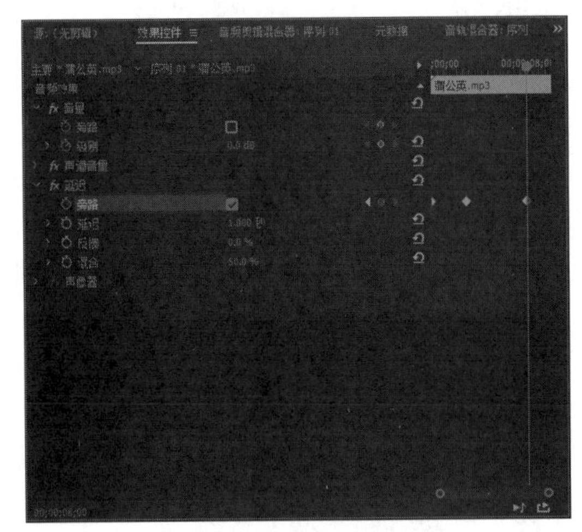

图 10-55 勾选“旁路”复选框

10.2.5 实战——混响特效的制作 新功能

在Premiere Pro CC 2017中，“室内混响”特效可以轻松模拟出房间内部的声波传播方式，是一种室内回声效果，能够体现出宽阔空间中回声的真实效果。

素材位置	素材 > 第 10 章 > 项目 6.prproj
效果位置	效果 > 第 10 章 > 项目 6.prproj
视频位置	视频 > 第 10 章 > 实战——混响特效的制作 .mp4

01 按【Ctrl+O】组合键，打开一个项目文件，如图10-56所示。

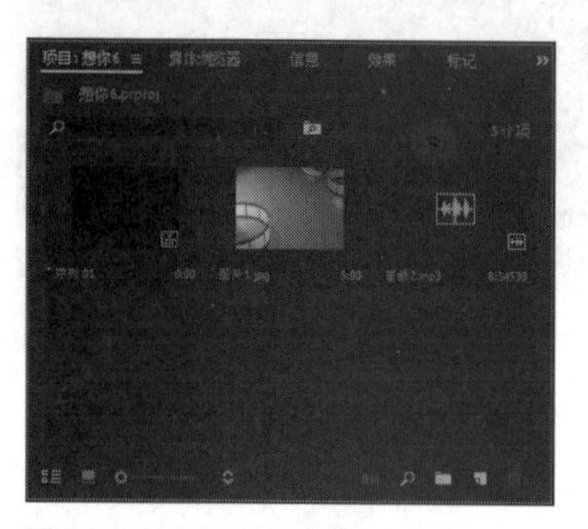

图 10-56 打开项目文件

02 在“项目”面板中选择图片素材文件，并将其添加到“时间轴”面板中的V1轨道上，如图10-57所示。

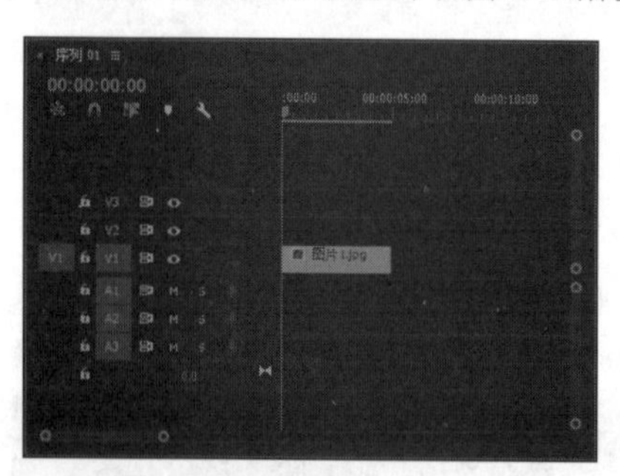

图 10-57 添加素材文件

03 选择V1轨道上的素材文件，切换至“效果控件”面板，设置“缩放”为120.0，在“节目监视器”面板中查看素材画面，如图10-58所示。

图 10-58 查看素材画面

04 将音频素材添加到“时间轴”面板中的A1轨道上，如图10-59所示。

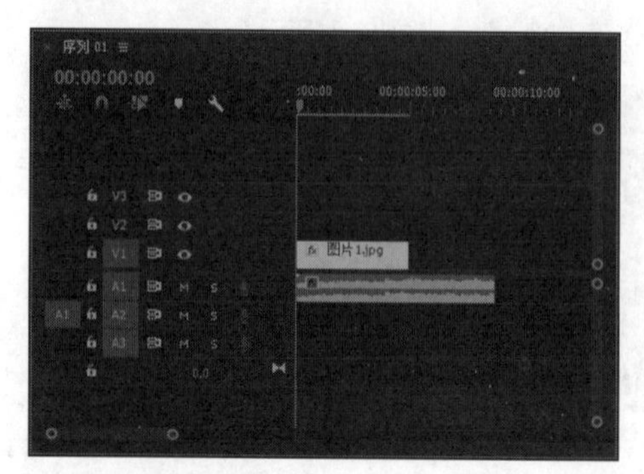

图 10-59 添加素材文件

05 拖曳时间指示器至00:00:06:00位置，如图10-60所示。

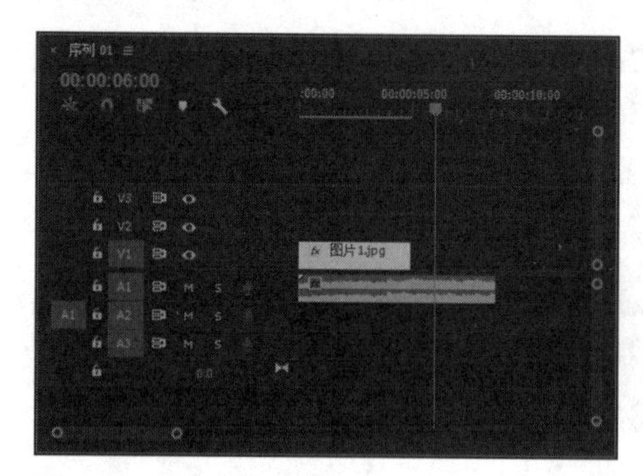

图 10-60 拖曳时间指示器

06 使用剃刀工具分割A1轨道上的素材文件，运用选择工具选择A1轨道上第2段音频素材文件，按【Delete】键删除素材文件，如图10-61所示。

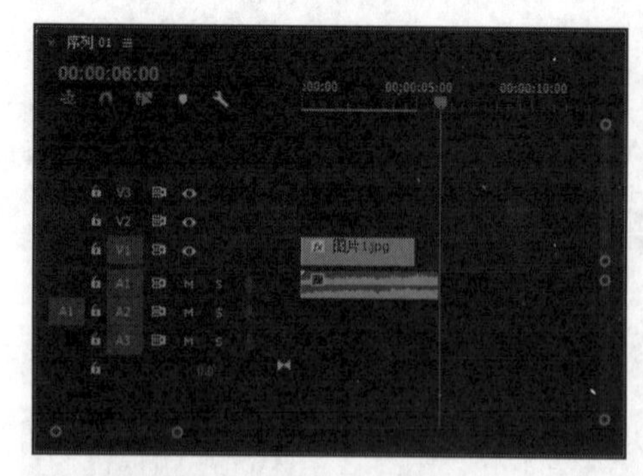

图 10-61 删除素材文件

07 将鼠标指针移至图片素材文件的结尾处，按住鼠标左键并拖曳，调整素材文件的持续时间，直到与音频素材的持续时间一致，如图10-62所示。

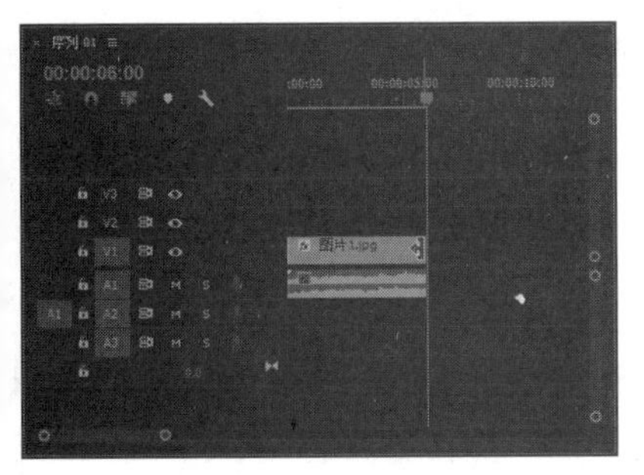

图 10-62 调整素材文件的持续时间

08 选择A1轨道上的素材文件，在“效果”面板中展开“音频效果”选项，双击“室内混响”选项，如图10-63所示，即可为选择的素材添加“室内混响”音频效果。

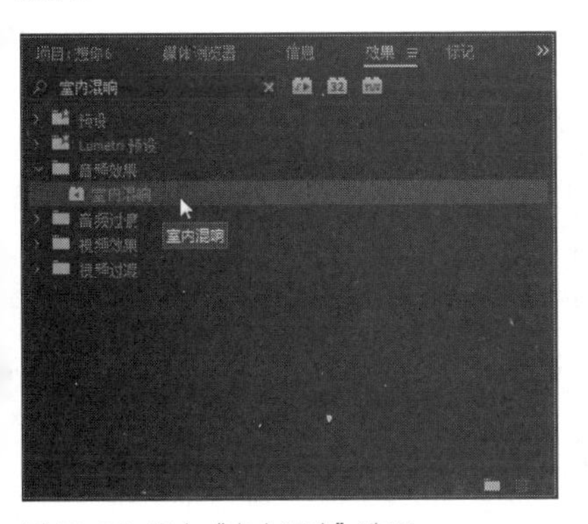

图 10-63 双击“室内混响”选项

09 拖曳时间指示器至00:00:02:00位置，在“效果控件”面板中单击“旁路”选项左侧的“切换动画”按钮，并勾选“旁路”复选框，如图10-64所示。

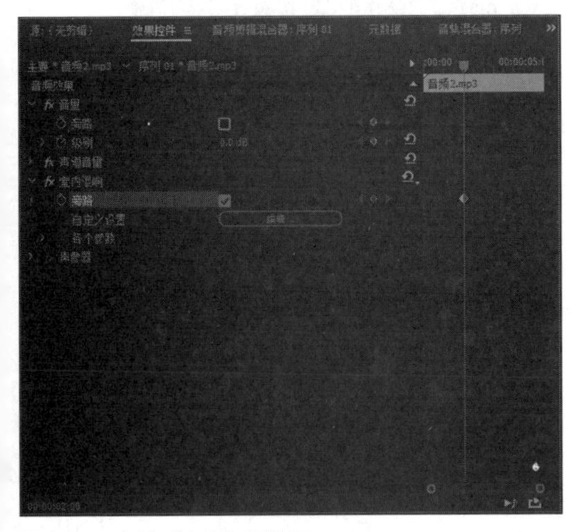

图 10-64 勾选“旁路”复选框

10 拖曳时间指示器至00:00:04:00位置，取消勾选“旁路”复选框，如图10-65所示。单击“播放-停止切换”按钮，试听混响特效。

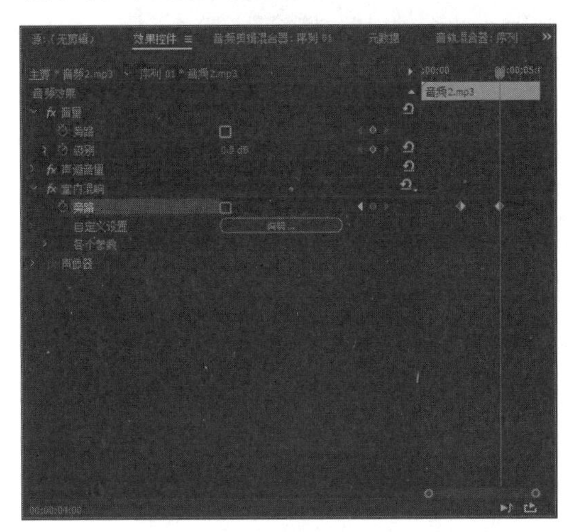

图 10-65 取消勾选“旁路”复选框

10.2.6 实战——消频特效的制作

在Premiere Pro CC 2017中，“消频”特效主要是用来过滤特定频率范围之外的一切频率。下面介绍制作消频特效的操作方法。

素材位置	素材 > 第 10 章 > 项目 7.prproj
效果位置	效果 > 第 10 章 > 项目 7.prproj
视频位置	视频 > 第 10 章 > 实战——消频特效的制作 .mp4

01 按【Ctrl+O】组合键，打开一个项目文件，如图10-66所示。

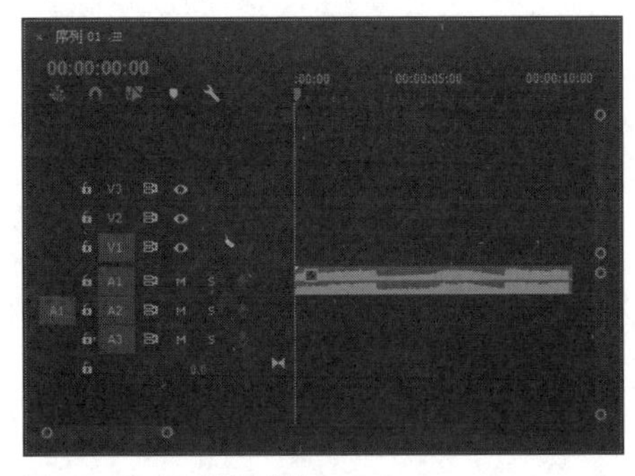

图 10-66 打开项目文件

02 在“效果”面板中展开“音频效果”选项，在其中选择“消频”音频效果，如图10-67所示。

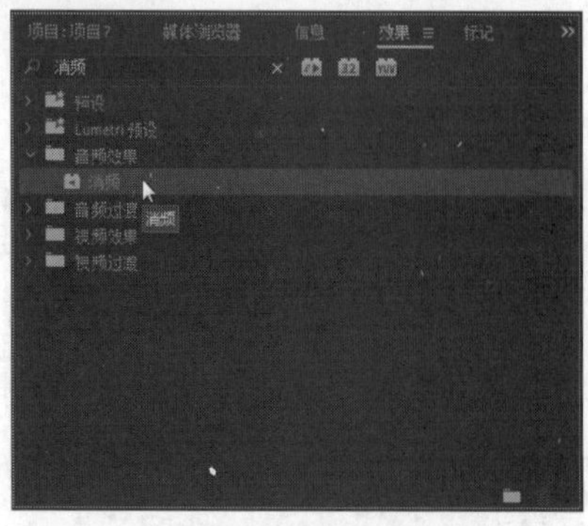

图 10-67 选择“消频”音频效果

03 按住鼠标左键，并将其拖曳至A1轨道的音频文件素材上，释放鼠标左键，即可添加音频效果，如图10-68所示。

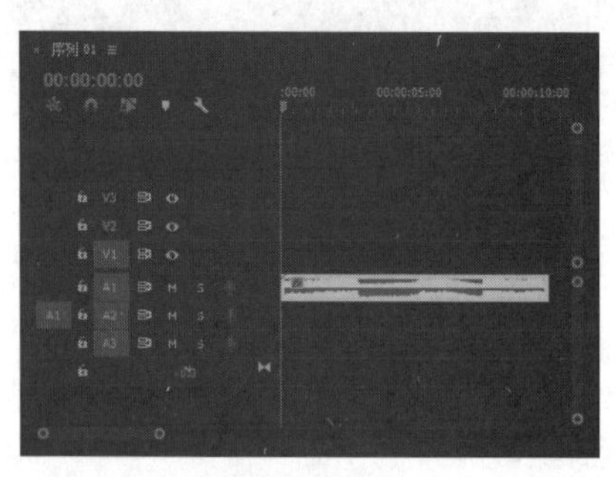

图 10-68 添加音频效果

04 在“效果控件”面板展开“消频”选项，勾选“旁路”复选框，设置“中心”为200.0Hz，如图10-69所示，执行上述操作后，即可完成“消频”特效的制作。

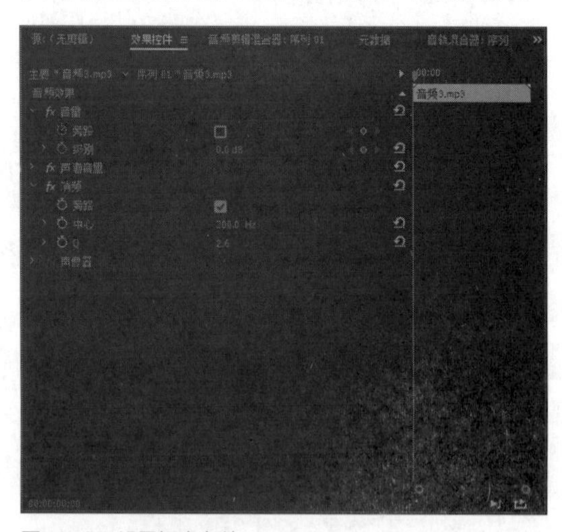

图 10-69 设置相应参数

10.3 制作其他音频特效

在了解了一些常用的音频效果后，接下来将讲解如何制作一些不常用的音频效果，如“和声/镶边”特效、低通特效及高音特效等。

10.3.1 实战——和声特效的制作 新功能

对于仅包含单一乐器或语音的音频信号来说，使用“和声/镶边”特效可以取得较好的效果。

素材位置	素材 > 第 10 章 > 项目 8.prproj
效果位置	效果 > 第 10 章 > 项目 8.prproj
视频位置	视频 > 第 10 章 > 实战——和声特效的制作 .mp4

01 按【Ctrl + O】组合键，打开一个项目文件，如图10-70所示。

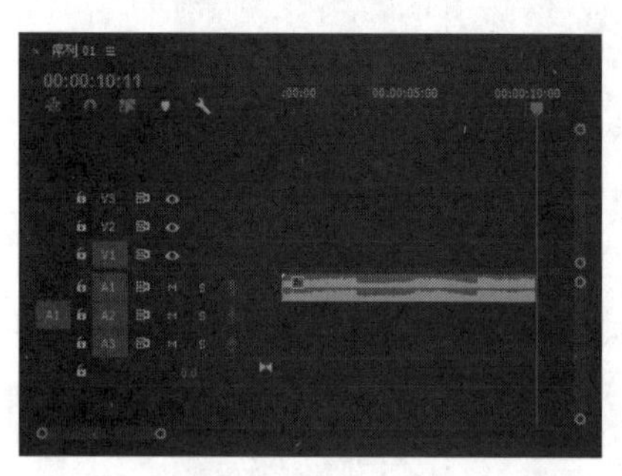

图 10-70 打开项目文件

02 在“效果”面板中，选择“Chorus/Flanger”选项，如图10-71所示。

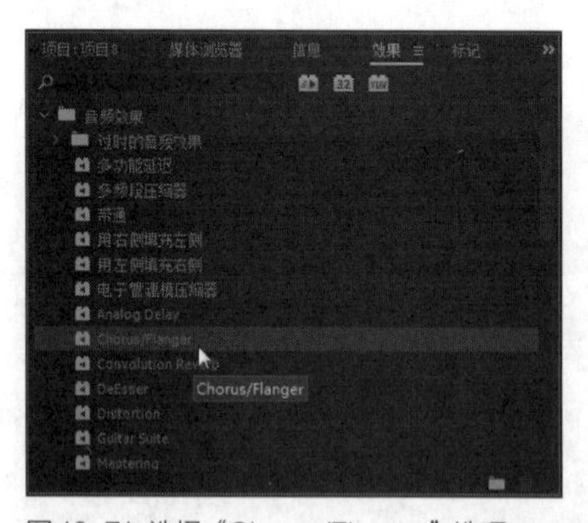

图 10-71 选择“Chorus/Flanger”选项

03 按住鼠标左键，并将其拖曳至A1轨道的音频素材上，释放鼠标左键，即可添加“和声/镶边”特效，如图10-72所示。

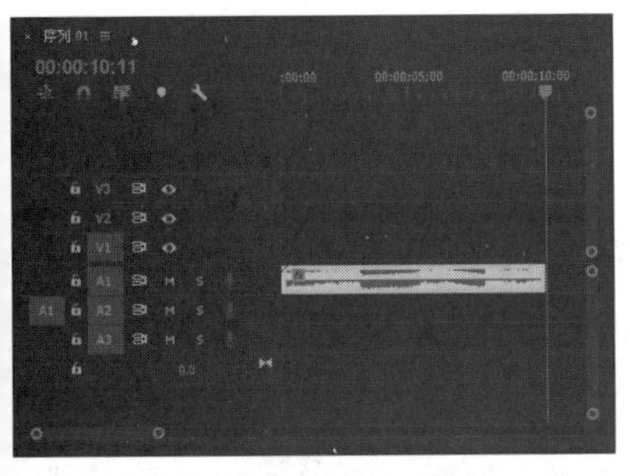

图 10-72 添加“和声 / 镶边”特效

04 在“效果控件”面板中展开“和声/镶边”选项，单击“自定义设置”选项右侧的“编辑”按钮，如图10-73所示。

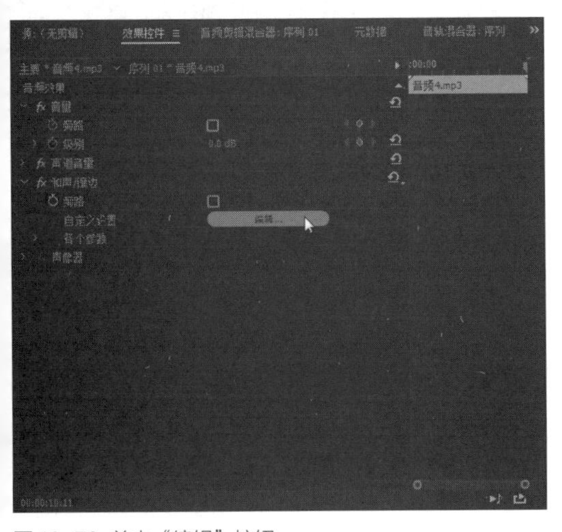

图 10-73 单击“编辑”按钮

05 弹出“剪辑效果编辑器”对话框，在“预设”列表框中选择“平稳和声”选项，如图10-74所示，关闭对话框，单击“播放-停止切换”按钮，试听效果。

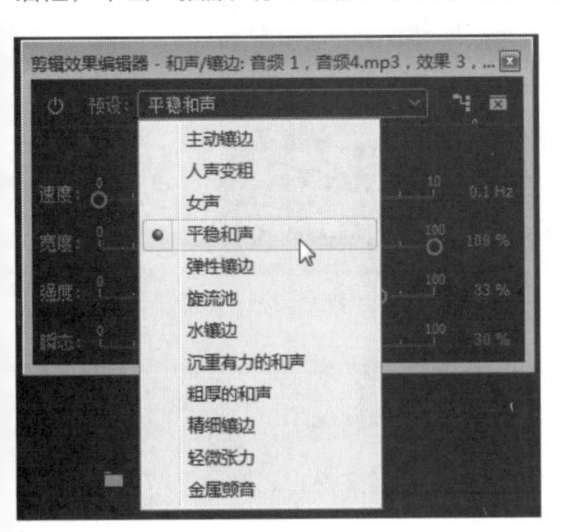

图 10-74 设置相应参数

10.3.2 实战——反转特效的制作 重点

在Premiere Pro CC 2017中，“反转”特效可以模拟房间内部的声音情况，能表现出宽阔、真实的效果。下面将介绍制作反转特效的操作方法。

素材位置	素材 > 第 10 章 > 项目 9.prproj
效果位置	效果 > 第 10 章 > 项目 9.prproj
视频位置	视频 > 第 10 章 > 实战——反转特效的制作 .mp4

01 按【Ctrl + O】组合键，打开一个项目文件，如图10-75所示。

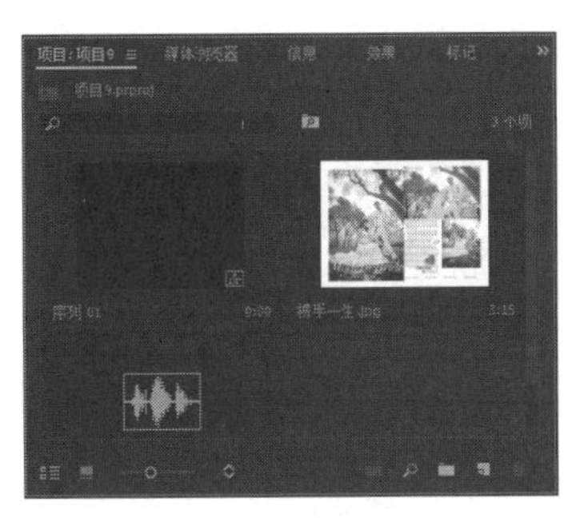

图 10-75 打开项目文件

02 在“项目”面板中选择照片素材文件，并将其添加到“时间轴”面板中的V1轨道上，如图10-76所示。

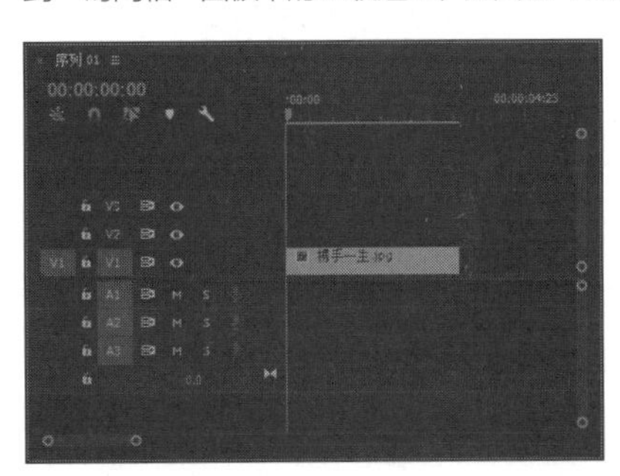

图 10-76 添加素材文件

03 选择V1轨道上的素材文件，切换至“效果控件”面板，设置“缩放”为80.0，在“节目监视器”面板中可以查看素材画面，如图10-77所示。

图 10-77 查看素材画面

04 将音频素材添加到“时间轴”面板中的A1轨道上，如图10-78所示。

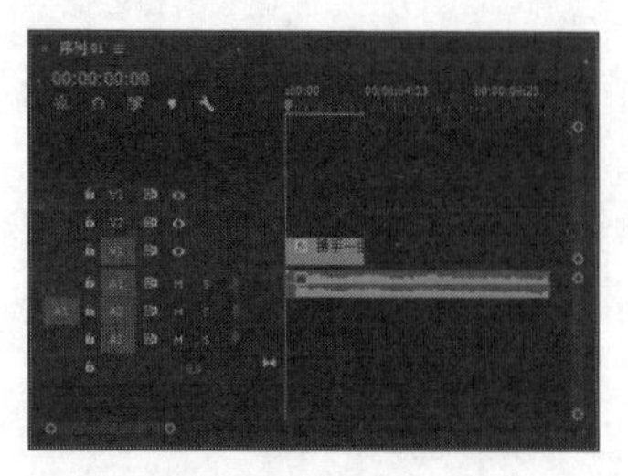

图 10-78 添加素材文件

05 拖曳时间指示器至00:00:08:00位置，使用剃刀工具分割A1轨道上的素材文件，如图10-79所示。

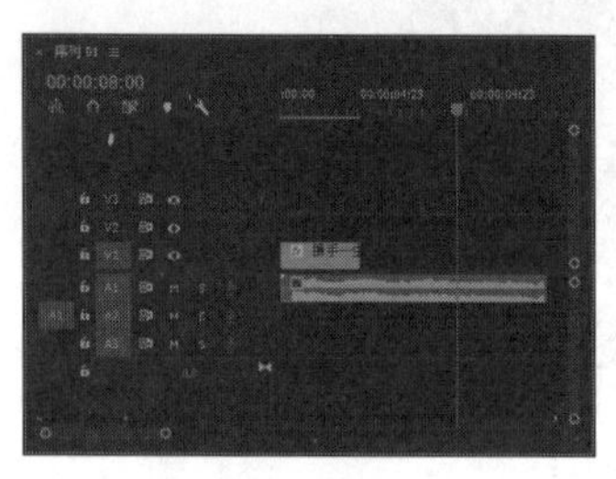

图 10-79 分割素材文件

06 在工具箱中选取选择工具，选择A1轨道上第2段音频素材文件，按【Delete】键删除素材文件，选择A1轨道上第1段音频素材文件，如图10-80所示。

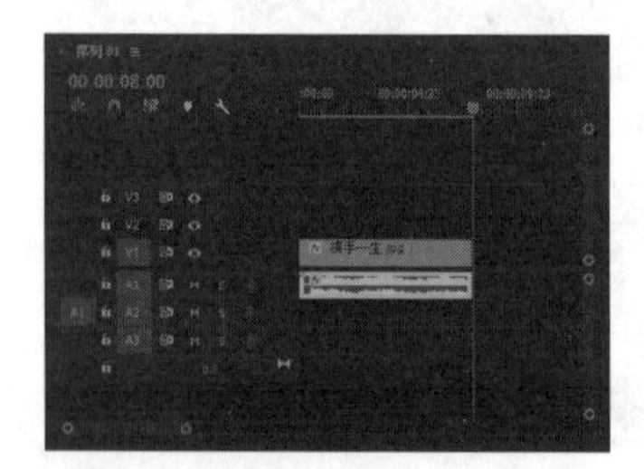

图 10-80 选择素材文件

07 在“效果”面板中展开“音频效果”选项，双击“反转”选项，如图10-81所示，即可为选择的素材添加“反转”音频效果。

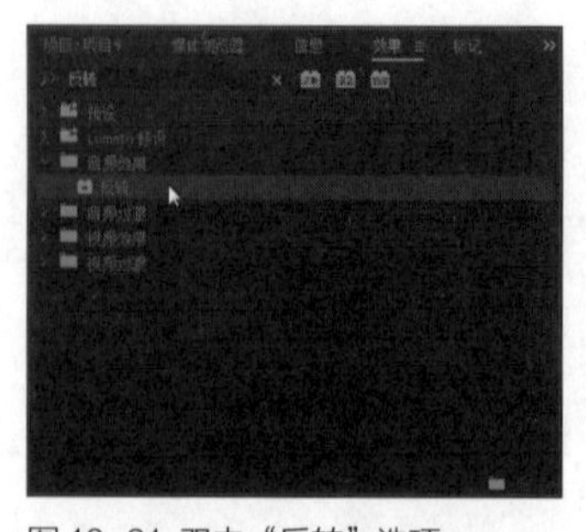

图 10-81 双击“反转”选项

08 在“效果控件”面板中，展开“反转”选项，勾选“旁路”复选框，如图10-82所示。单击“播放-停止切换”按钮，试听效果。

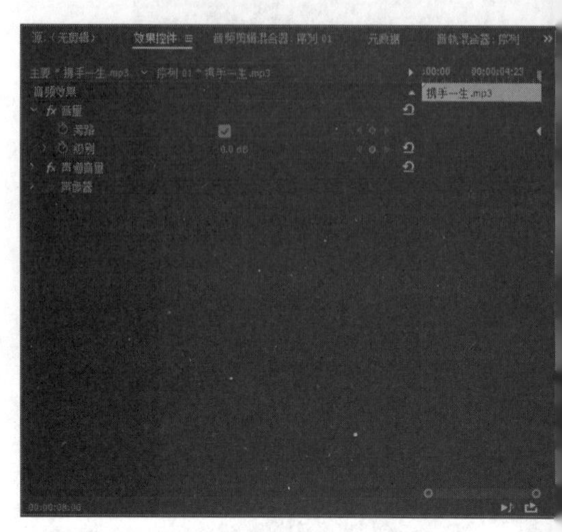

图 10-82 勾选“旁路”复选框

10.3.3 实战——低通特效的制作

在Premiere Pro CC 2017中，“低通”特效主要是用于去除音频素材中的高频部分。

素材位置	素材 > 第 10 章 > 项目 10.prproj
效果位置	效果 > 第 10 章 > 项目 10.prproj
视频位置	视频 > 第 10 章 > 实战——低通特效的制作 .mp4

01 按【Ctrl+O】组合键，打开一个项目文件，如图10-83所示。

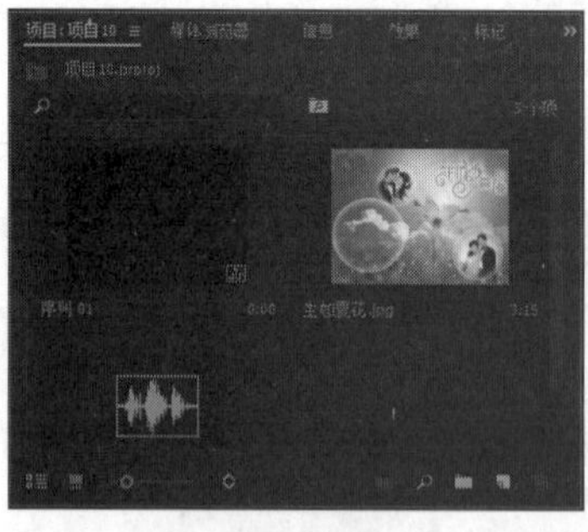

图 10-83 打开项目文件

02 在“项目”面板中选择照片素材文件，并将其添加到“时间轴”面板中的V1轨道上，如图10-84所示。

03 选择V1轨道上的素材文件，切换至“效果控件”面板，设置“缩放”为85.0，在“节目监视器”面板中可以查看素材画面，如图10-85所示。

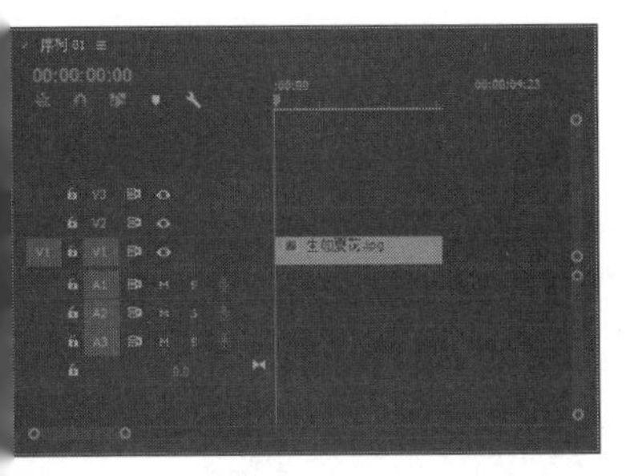

图 10-84　添加素材文件

图 10-85　查看素材画面

04 将音频素材文件添加到“时间轴”面板中的A1轨道上，如图10-86所示。

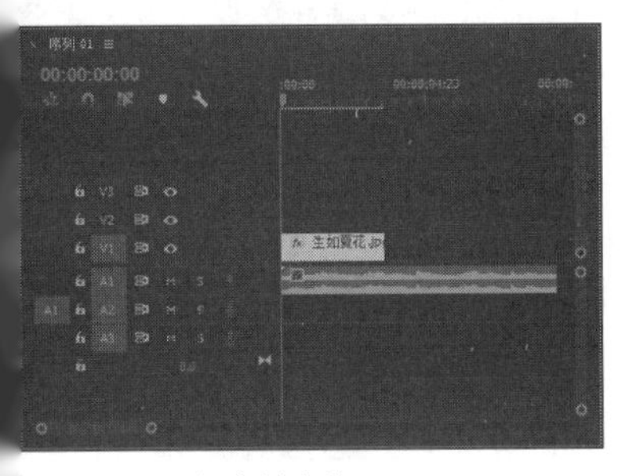

图 10-86　添加素材文件

05 拖曳时间指示器至00:00:03:14位置，使用剃刀工具分割A1轨道上的素材文件，运用选择工具选择第2段音频素材文件并将其删除，如图10-87所示。

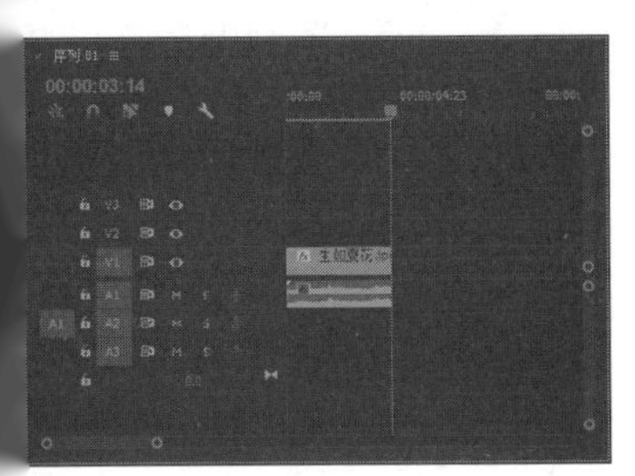

图 10-87　删除素材文件

06 选择A1轨道上的素材文件，在“效果”面板中展开“音频效果”选项，双击“低通”选项，如图10-88所示，即可为选择的素材添加“低通”音频效果。

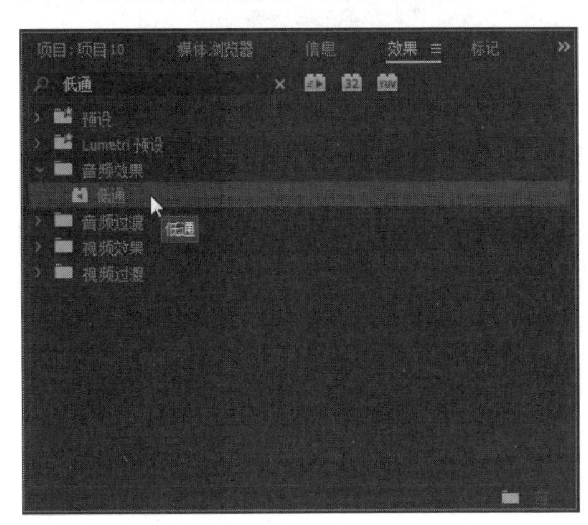

图 10-88　双击“低通”选项

07 拖曳时间指示器至开始位置，在“效果控件”面板中展开“低通”选项，单击“屏蔽度”选项左侧的“切换动画”按钮，如图10-89所示，添加一个关键帧。

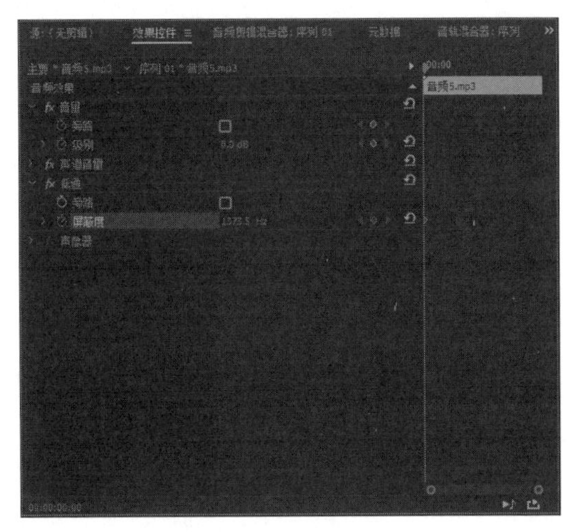

图 10-89　单击“切换动画”按钮

08 将时间指示器拖曳至00:00:03:00位置，设置“屏蔽度”为300.0Hz，如图10-90所示。单击“播放-停止切换”按钮，试听效果。

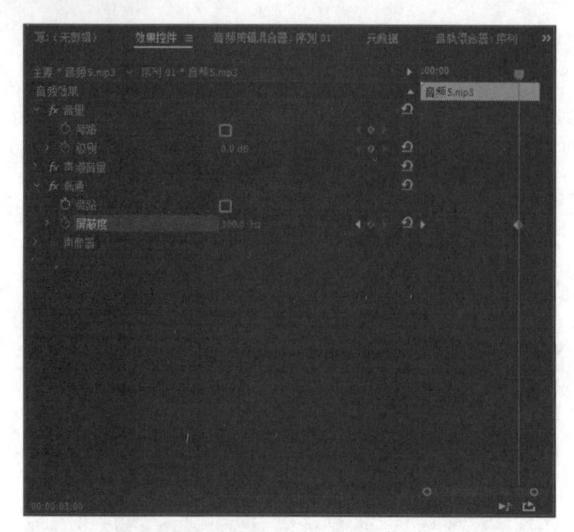

图 10-90 设置“屏蔽度”

10.3.4 实战——高通特效的制作

在Premiere Pro CC 2017中，“高通”特效主要是用于去除音频素材中的低频部分。

素材位置	素材 > 第 10 章 > 项目 11.prproj
效果位置	效果 > 第 10 章 > 项目 11.prproj
视频位置	视频 > 第 10 章 > 实战——高通特效的制作 .mp4

01 按【Ctrl+O】组合键，打开一个项目文件，如图10-91所示。

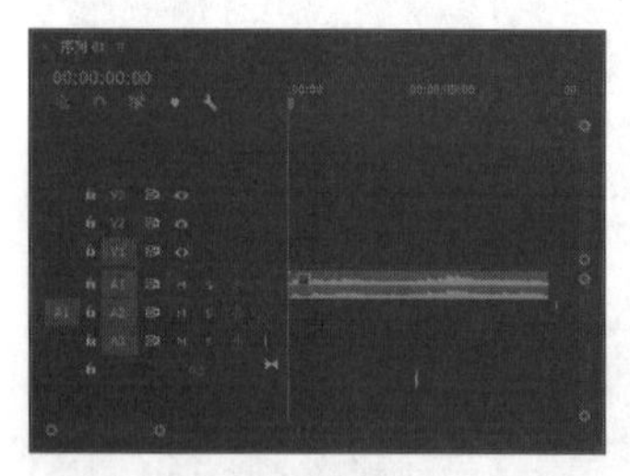

图 10-91 打开项目文件

02 在“效果”面板中，选择“高通”选项，如图10-92所示。

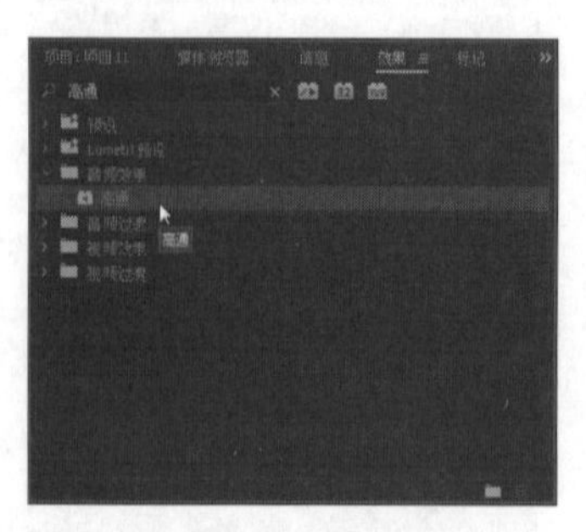

图 10-92 选择“高通”选项

03 按住鼠标左键，并将其拖曳至A1轨道的音频素材上，释放鼠标左键，即可添加“高通”特效，如图10-93所示。

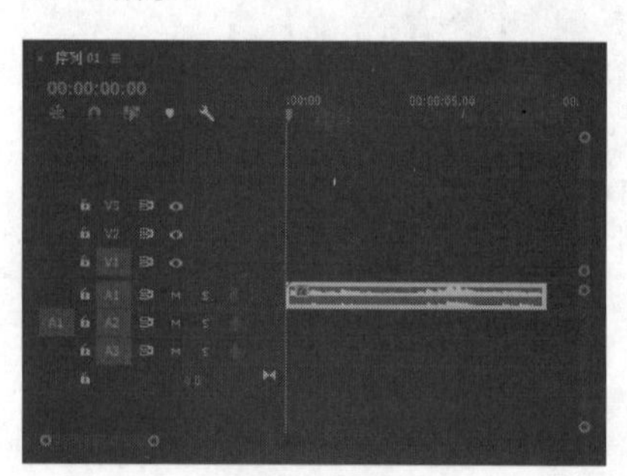

图 10-93 添加“高通”特效

04 在“效果控件”面板中展开“高通”选项，设置“屏蔽度”为3500.0Hz，如图10-94所示，执行操作后，即可制作高通特效。

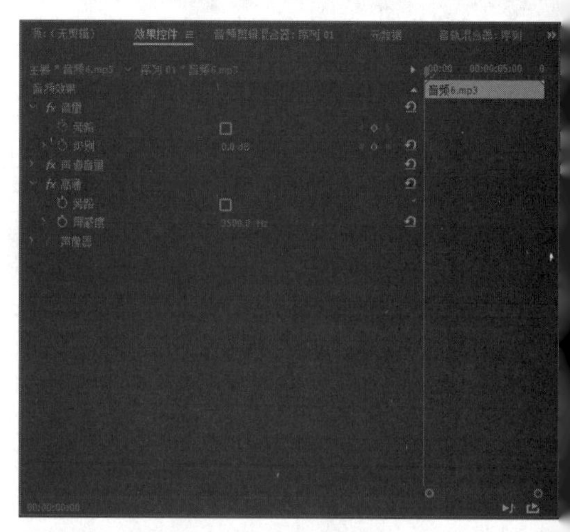

图 10-94 设置参数值

10.3.5 实战——高音特效的制作

在Premiere Pro CC 2017中，“高音”特效用于对素材音频中的高音部分进行处理，可以提高（或降低）重音部分，同时又不影响素材的其他音频部分。

素材位置	素材 > 第 10 章 > 项目 12.prproj
效果位置	效果 > 第 10 章 > 项目 12.prproj
视频位置	视频 > 第 10 章 > 实战——高音特效的制作 .mp4

01 按【Ctrl+O】组合键，打开一个项目文件，如图10-95所示。

02 在“效果”面板中，选择“高音”选项，如图10-96所示。

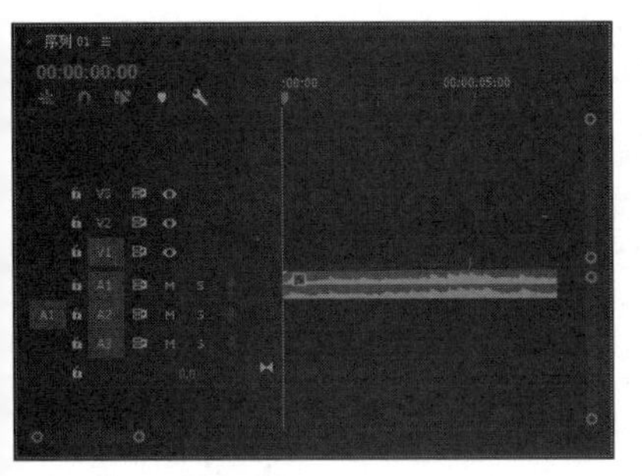

图 10-95 打开项目文件

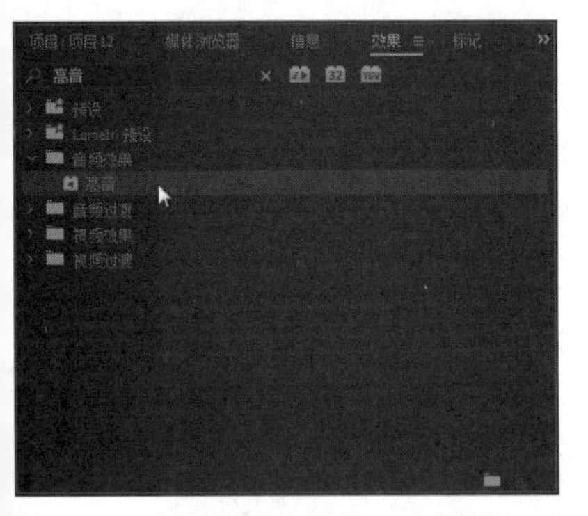

图 10-96 选择“高音”选项

03 按住鼠标左键，并将其拖曳至A1轨道的音频素材上，释放鼠标左键，即可添加“高音”特效，如图10-97所示。

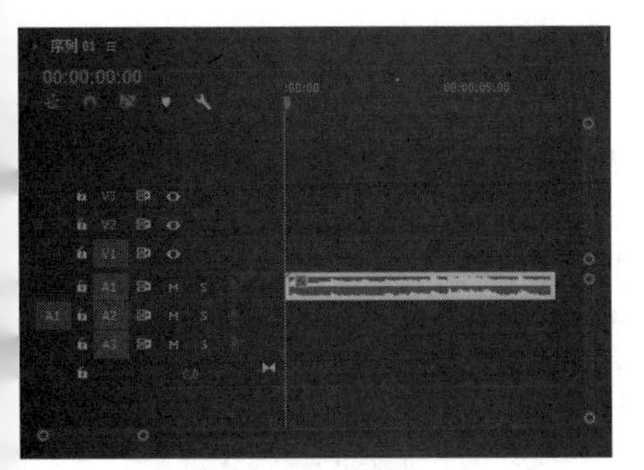

图 10-97 添加“高音”特效

专家指点

后期配音是指为影片或多媒体加入声音的过程。大多数视频制作都会将配音放在最后一步，这样可以节省很多不必要的重复工作。音乐的加入可以很直观地传达视频中的情感和氛围。

04 在“效果控件”面板中展开“高音”选项，设置“提升”为20.0dB，如图10-98所示。执行操作后，即可制作高音特效。

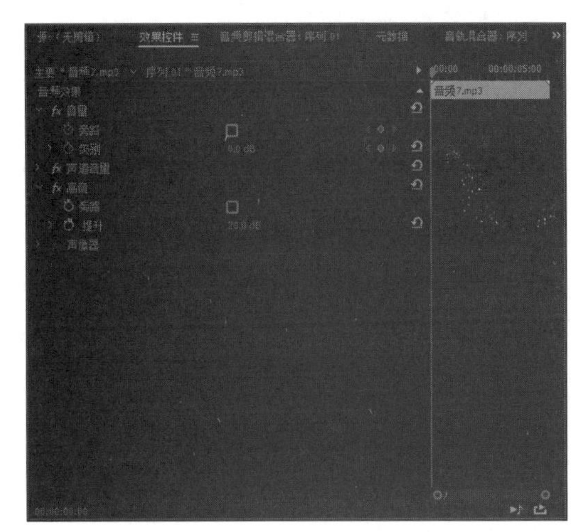

图 10-98 设置参数值

10.3.6 实战——低音特效的制作

在Premiere Pro CC 2017中，“低音”特效主要是用于增加或减少低音频率。

素材位置	素材 > 第 10 章 > 项目 13.prproj
效果位置	效果 > 第 10 章 > 项目 13.prproj
视频位置	视频 > 第 10 章 > 实战——低音特效的制作 .mp4

01 按【Ctrl+O】组合键，打开一个项目文件，如图10-99所示。

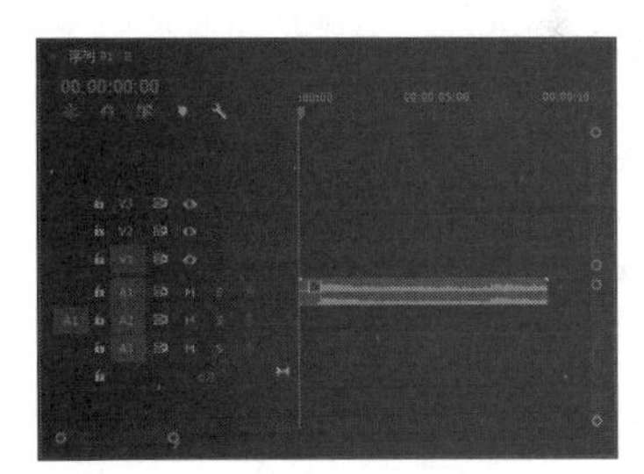

图 10-99 打开项目文件

02 在“效果”面板中，选择“低音”选项，如图10-100所示。

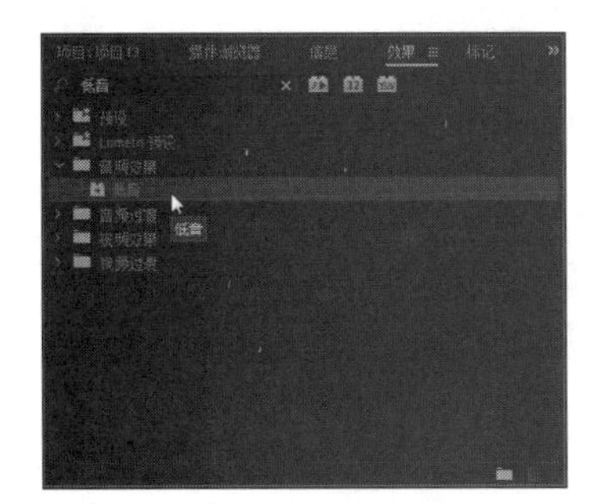

图 10-100 选择“低音”选项

03 按住鼠标左键，并将其拖曳至A1轨道的音频素材上，释放鼠标左键，即可添加“低音”特效，如图10-101所示。

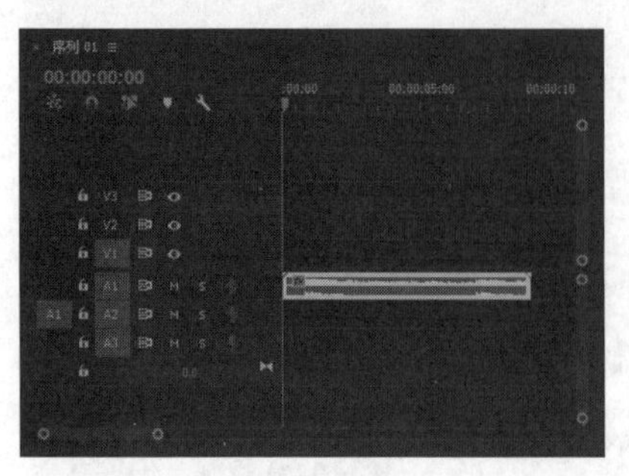

图10-101 添加“低音”特效

04 在“效果控件”面板中展开“低音”选项，设置“提升”为-10.0dB，如图10-102所示。执行操作后，即可制作低音特效。

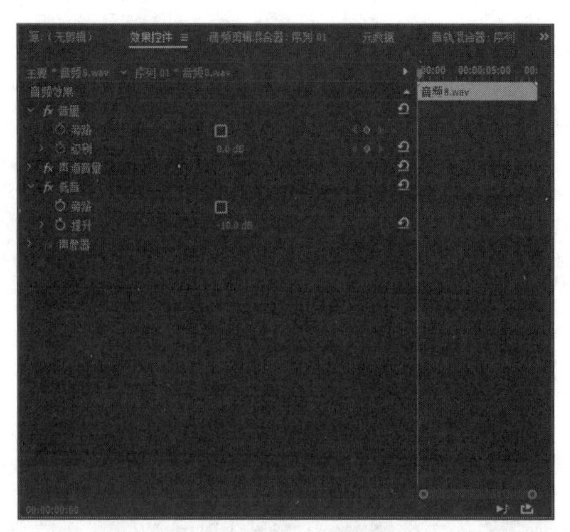

图10-102 设置参数值

10.3.7 实战——自动咔嗒声移除特效的制作 新功能

在Premiere Pro CC 2017中，“自动咔嗒声移除”特效可以消除音频素材中的滴答声。

素材位置	素材 > 第 10 章 > 项目 14.prproj
效果位置	效果 > 第 10 章 > 项目 14.prproj
视频位置	视频 > 第 10 章 > 实战——自动咔嗒声移除特效的制作 .mp4

01 按【Ctrl + O】组合键，打开一个项目文件，如图10-103所示。

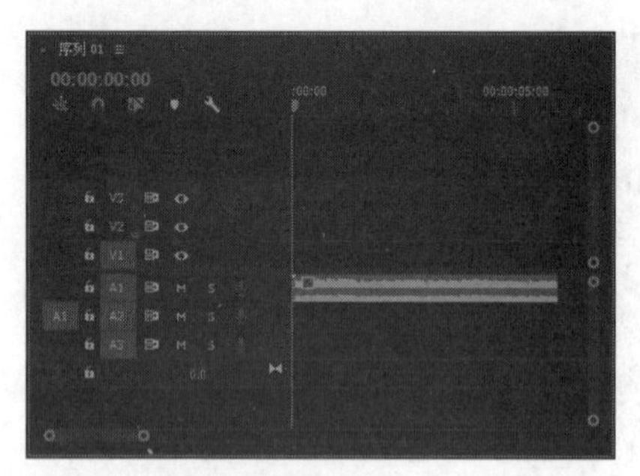

图10-103 打开项目文件

02 在“效果”面板中，选择“自动咔嗒声移除”选项，如图10-104所示。

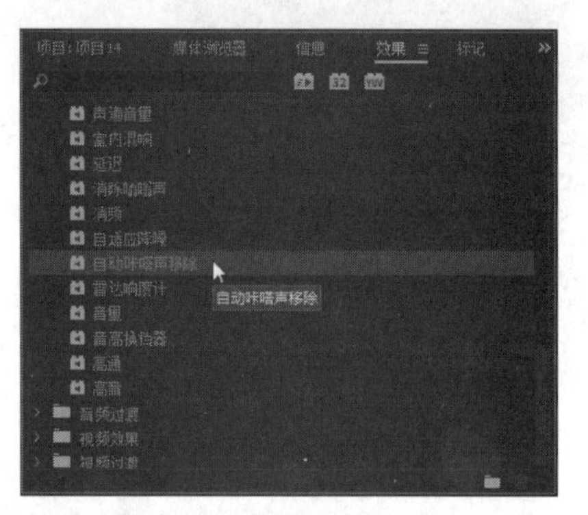

图10-104 选择相应选项

03 按住鼠标左键并将其拖曳至A1轨道的音频素材上，释放鼠标左键，即可添加“自动咔嗒声移除”特效，如图10-105所示。

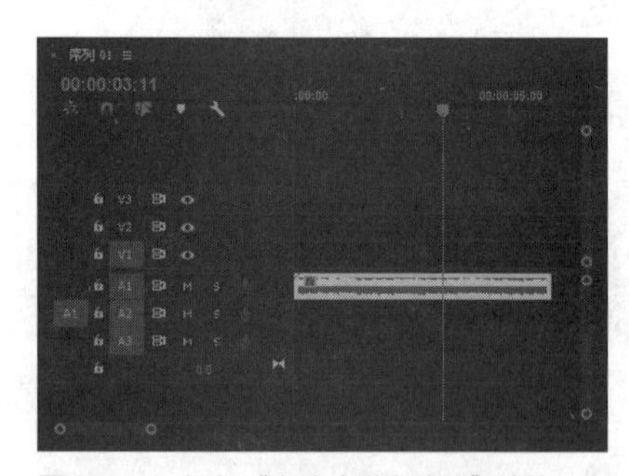

图10-105 添加“自动咔嗒声移除”特效

04 在“效果控件”面板中，单击“自定义设置”选项右侧的“编辑”按钮，如图10-106所示。

05 弹出“剪辑效果编辑器”对话框，在“预设”列表框中选择“中度降低”选项，如图10-107所示。执行操作后，即可制作自动咔嗒声移除特效。

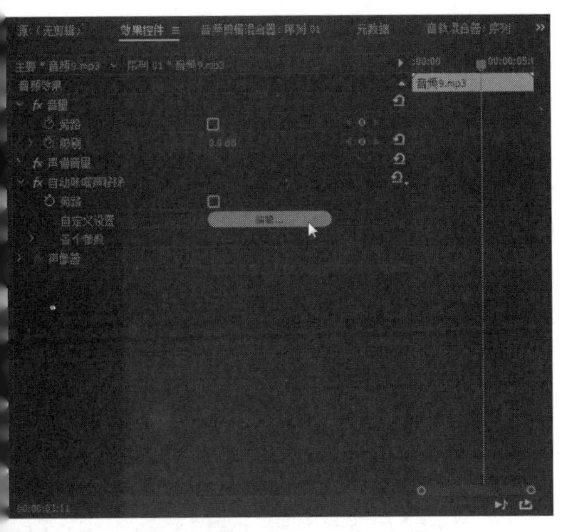

图 10-106 单击“编辑”按钮

图 10-107 设置选项

10.3.8 实战——互换声道特效的制作

在Premiere Pro CC 2017中，添加“互换声道”音频效果，可以将声道的相位进行反转。

素材位置	素材 > 第 10 章 > 项目 15.prproj
效果位置	效果 > 第 10 章 > 项目 15.prproj
视频位置	视频 > 第 10 章 > 实战——互换声道特效的制作 .mp4

01 按【Ctrl + O】组合键，打开一个项目文件，如图10-108所示。

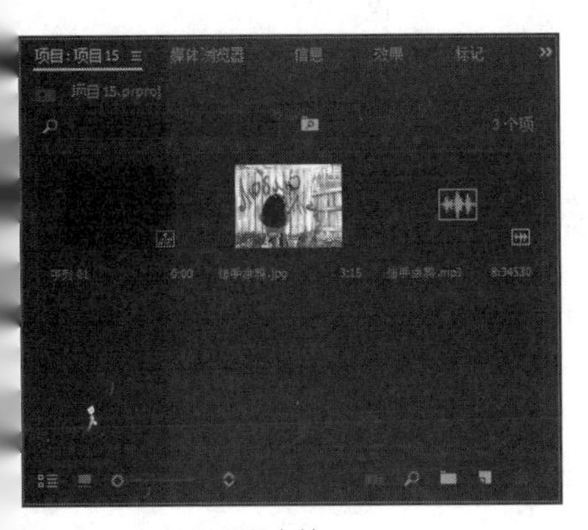

图 10-108 打开项目文件

02 在“项目”面板中选择图片素材文件，并将其添加到“时间轴”面板中的V1轨道上，如图10-109所示。

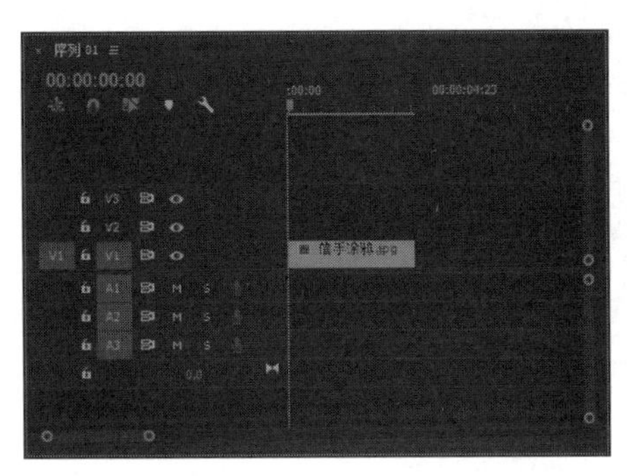

图 10-109 添加素材文件

03 选择V1轨道上的素材文件，切换至“效果控件”面板，设置“缩放”为65.0，在“节目监视器”面板中可以查看素材画面，如图10-110所示。

图 10-110 查看素材画面

04 将音频素材添加到“时间轴”面板中的A1轨道上，如图10-111所示。

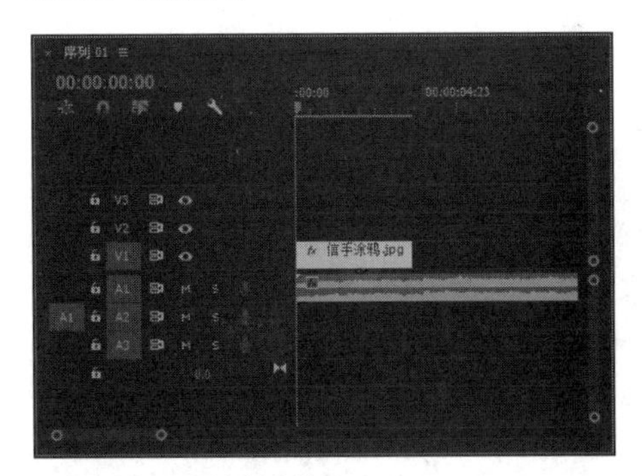

图 10-111 添加素材文件

05 拖曳时间指示器至00:00:03:14位置，使用剃刀工具分割A1轨道上的素材文件，运用选择工具选择A1轨道上第2段音频素材文件并将其删除，然后选择A1轨道上的第1段音频素材文件，如图10-112所示。

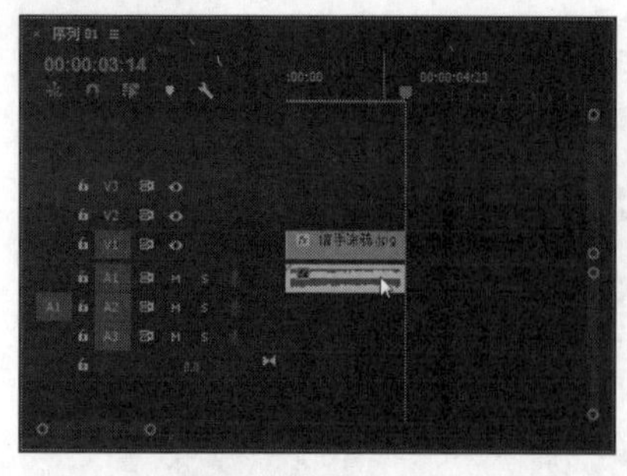
图10-112 选择素材文件

06 在“效果”面板中展开“音频效果”选项，双击“互换声道”选项，如图10-113所示，即可为选择的素材添加“互换声道”音频效果。

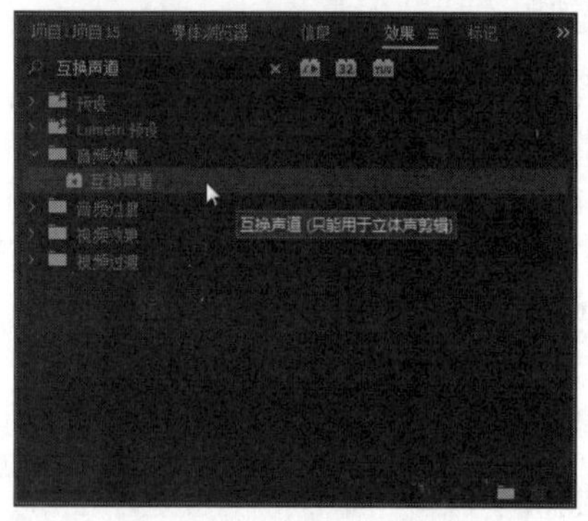
图10-113 双击“互换声道”选项

07 拖曳时间指示器至开始位置，在“效果控件”面板中展开“互换声道”选项，单击“旁路”选项左侧的“切换动画”按钮，添加第1个关键帧，如图10-114所示。

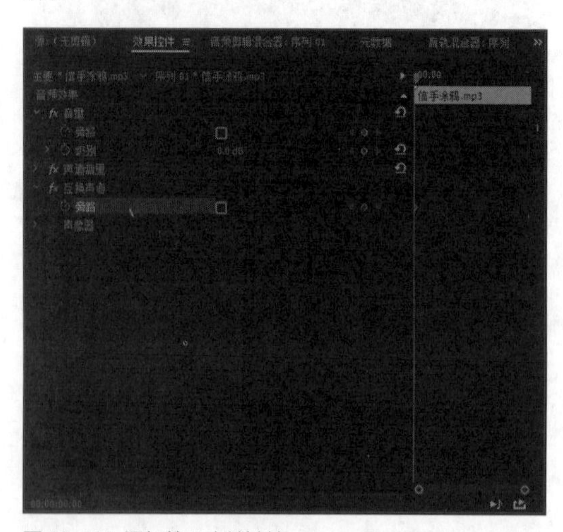
图10-114 添加第1个关键帧

08 再拖曳时间指示器至00:00:02:00位置，勾选“旁路”复选框，添加第2个关键帧，如图10-115所示。单击“播放-停止切换”按钮，试听效果。

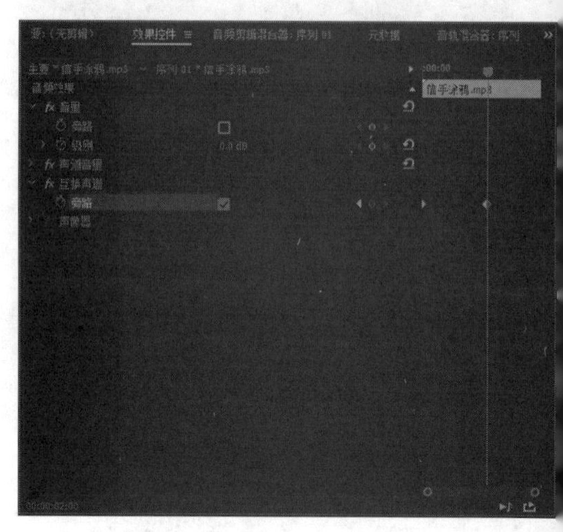
图10-115 添加第2个关键帧

专家指点

“多频段压缩器”特效是Premiere Pro CC 2017新引进的标准音频插件之一。

“多频段压缩器”特效可以对高、中、低3个波段进行压缩控制。如果觉得用前面的动态范围的压缩调整还不够理想，可以尝试使用“多频段压缩器”特效的方法来获得较为理想的效果。图10-116所示为“效果控件”面板中的“多频段压缩器”的剪辑效果编辑器。

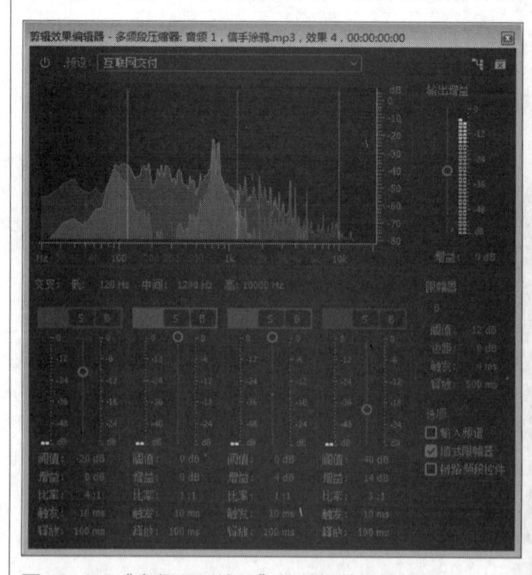
图10-116 “多频段压缩器”的剪辑效果编辑器

10.3.9 实战——简单的参数均衡特效的制作 新功能

在Premiere Pro CC 2017中，“简单的参数均衡”音频效果可以精确地调整一个音频文件的音调，增强或降低接近中心频率处的声音。

素材位置	素材 > 第 10 章 > 项目 16.prproj
效果位置	效果 > 第 10 章 > 项目 16.prproj
视频位置	视频 > 第 10 章 > 实战——简单的参数均衡特效的制作 .mp4

01 按【Ctrl+O】组合键，打开一个项目文件，如图10-117所示。

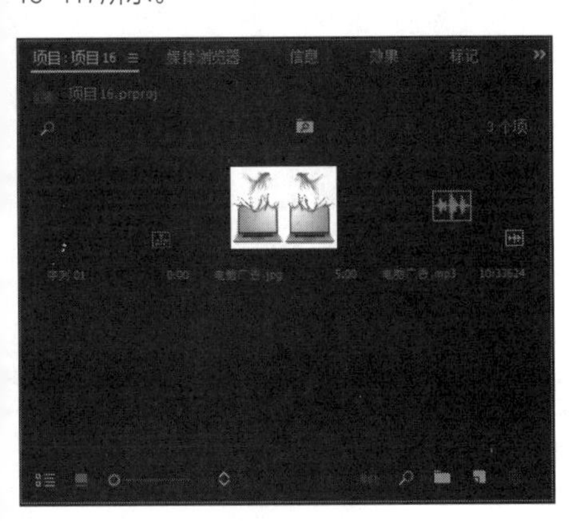

图 10-117 打开项目文件

02 在“项目”面板中选择照片素材文件，并将其添加到“时间轴”面板中的V1轨道上，如图10-118所示。

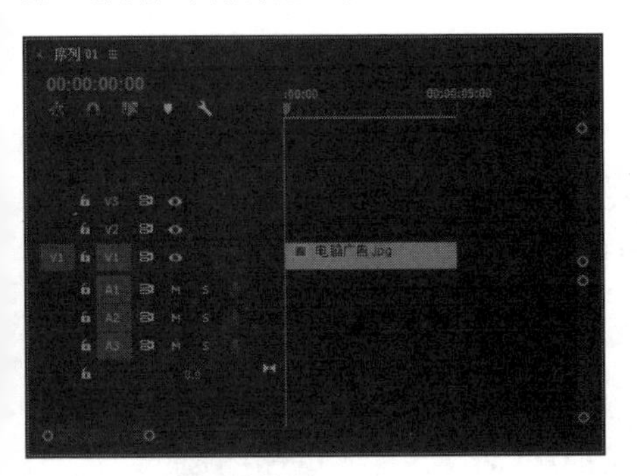

图 10-118 添加素材文件

03 选择V1轨道上的素材文件，切换至“效果控件”面板，设置“缩放”为60.0，在“节目监视器”面板中可以查看素材画面，如图10-119所示。

04 将音频素材添加到“时间轴”面板的A1轨道上，如图10-120所示。

图 10-119 查看素材画面

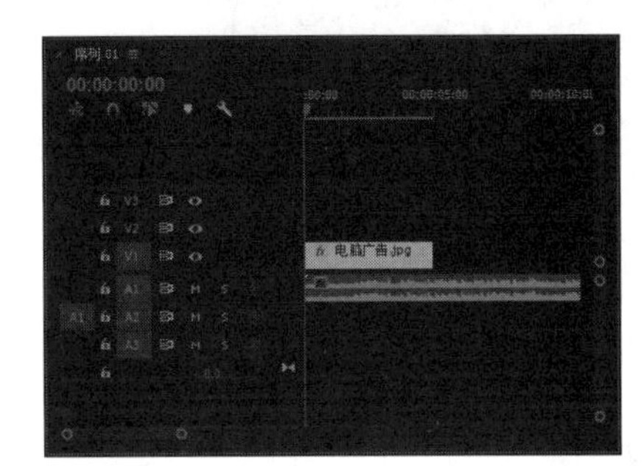

图 10-120 添加素材文件

05 拖曳时间指示器至00:00:05:00位置，使用剃刀工具分割A1轨道上的素材文件，如图10-121所示。

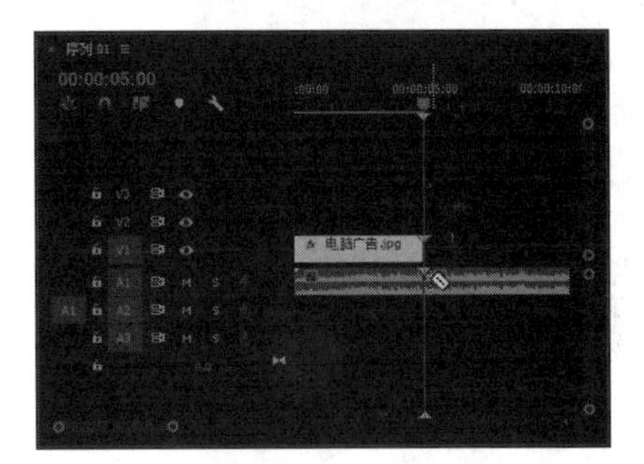

图 10-121 分割素材文件

06 在工具面板中选取选择工具，选择A1轨道上第2段音频素材文件，按【Delete】键删除素材文件，如图10-122所示。

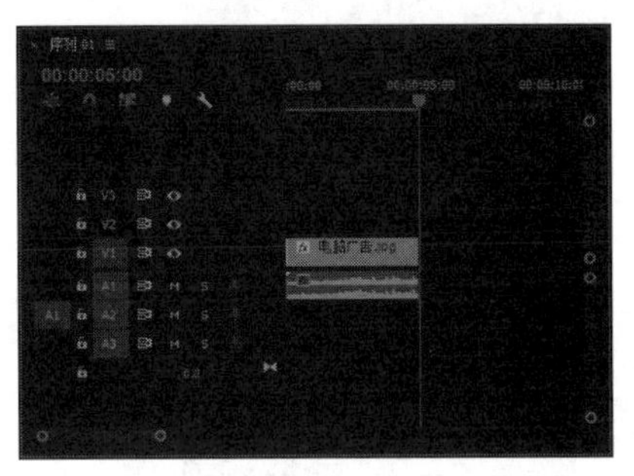

图 10-122 删除素材文件

07 选择A1轨道上的素材文件，在“效果”面板中展开“音频效果”选项，鼠标双击“简单的参数均衡”选项，如图10-123所示，即可为选择的素材添加“简单的参数均衡”音频效果。

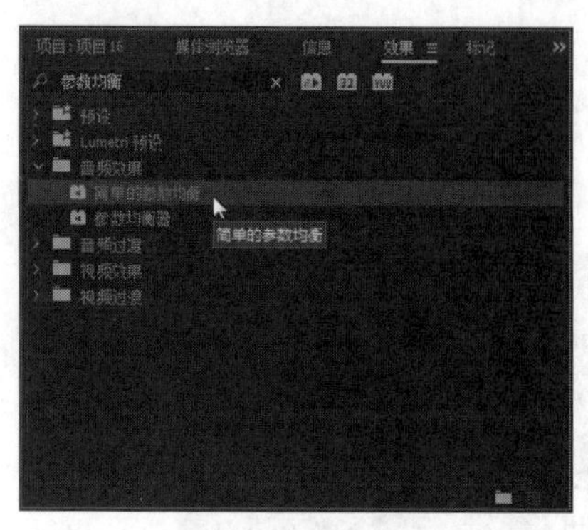

图 10-123 双击“简单的参数均衡”选项

08 在“效果控件”面板中展开“简单的参数均衡”选项，设置“中心”为12000.0Hz，Q为10.1，“提升”为2.0dB，如图10-124所示。

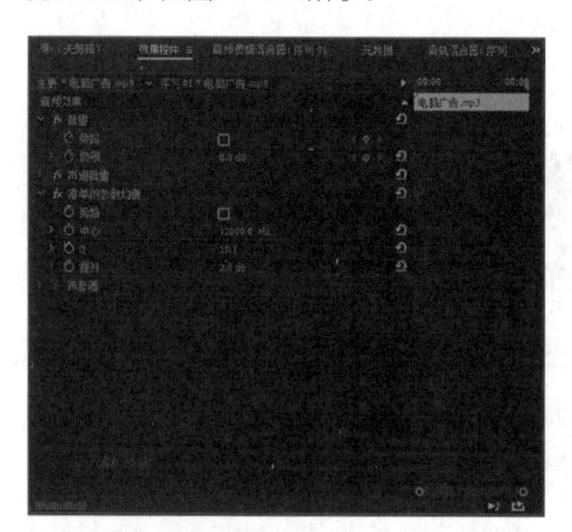

图 10-124 设置相应选项

09 单击“播放-停止切换”按钮，试听简单的参数均衡特效，视频效果如图10-125所示。

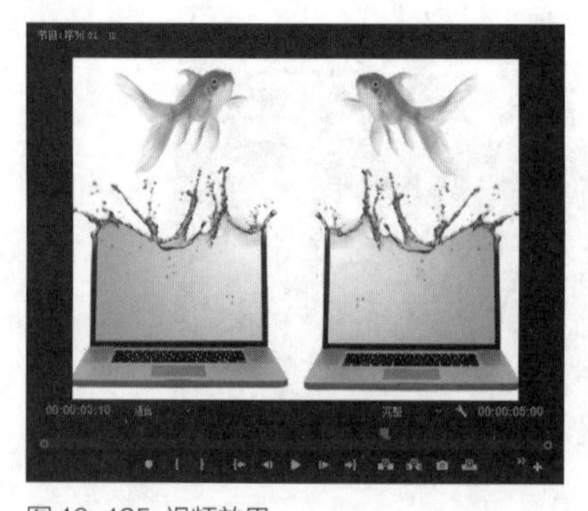

图 10-125 视频效果

10.4 习题测试

习题1 通过关键帧淡化音频

素材位置	素材 > 第 10 章 > 项目 17.prproj
效果位置	效果 > 第 10 章 > 项目 17.prproj
视频位置	视频 > 第 10 章 > 习题 1：通过关键帧淡化音频 .mp4

本习题练习通过关键帧淡化音频的操作，素材如图10-126所示。

图 10-126 素材

习题2 制作多功能延迟特效

素材位置	素材 > 第 10 章 > 项目 18.prproj
效果位置	效果 > 第 10 章 > 项目 18.prproj
视频位置	视频 > 第 10 章 > 习题 2：制作多功能延迟特效 .mp4

本习题练习制作多功能延迟特效的操作，素材如图10-127所示。

图 10-127 素材

习题3 制作多频段压缩器特效

素材位置	素材 > 第 10 章 > 项目 19.prproj
效果位置	效果 > 第 10 章 > 项目 19.prproj
视频位置	视频 > 第 10 章 > 习题 3：制作多频段压缩器特效 .mp4

本习题练习制作多频段压缩器特效的操作，素材如图10-128所示。

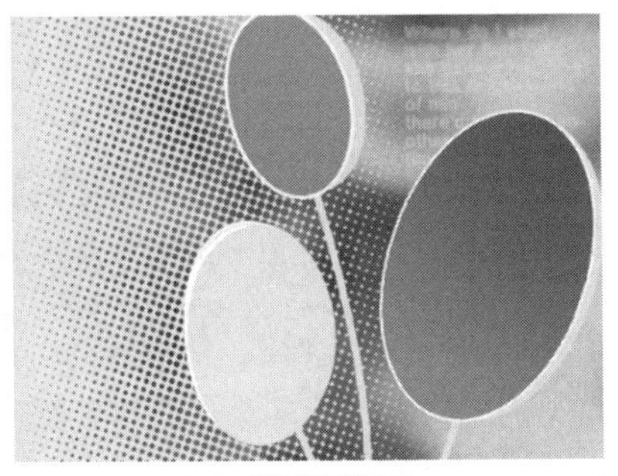

图 10-128 素材

习题4 制作带通特效

素材位置	素材 > 第 10 章 > 项目 20.prproj
效果位置	效果 > 第 10 章 > 项目 20.prproj
视频位置	视频 > 第 10 章 > 习题 4：制作带通特效 .mp4

本习题练习制作带通特效的操作，素材如图10-129所示。

图 10-129 素材

高级技能篇

第11章 影视覆叠特效的制作

在Premiere Pro CC 2017中，所谓叠覆特效，其实就是一种常见的视频编辑方法，它将视频素材添加到视频轨中后，对视频素材的大小、位置及透明度等属性进行调节，从而产生视频叠加效果。本章主要介绍影视覆叠特效的制作方法与技巧。

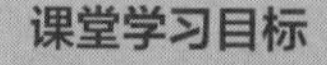

课堂学习目标

- 掌握通过Alpha通道进行视频叠加的操作方法。
- 掌握运用透明度叠加效果的操作方法。
- 掌握运用亮度键透明叠加效果的操作方法。
- 掌握应用字幕叠加效果的操作方法。

扫码观看本章实战操作视频

11.1 运用透明叠加特效

在Premiere Pro CC 2017中可以通过对素材透明度的设置，制作出各种透明混合叠加的效果。透明度叠加是将一个素材的部分显示在另一个素材画面上，利用半透明的画面来呈现下一幅画面。下面主要介绍常用透明叠加效果的基本操作方法。

11.1.1 实战——通过Alpha通道进行视频叠加 重点

Alpha通道是图像额外的灰度图层，利用Alpha通道可以将视频轨道中图像、文字等素材与其他视频轨道中的素材进行组合。

Alpha通道信息都是静止的图像信息，因此需要运用Photoshop这一类图像编辑软件来生成带有通道信息图像文件。

在Premiere Pro CC 2017中，一般情况下，利用通道进行视频叠加的方法很简单，可以根据需要运用Alpha通道进行视频叠加。

在创建完带有通道信息的图像文件后，接下来只需要将带有Alpha通道信息的文件拖入Premiere Pro CC 2017的“时间线”面板的视频轨道上，视频轨道中编号较低的内容将自动透过Alpha通道显示出来。

素材位置	素材 > 第 11 章 > 项目 1.prproj
效果位置	效果 > 第 11 章 > 项目 1.prproj
视频位置	视频 > 第 11 章 > 实战——通过 Alpha 通道进行视频叠加 .mp4

01 按【Ctrl+O】组合键，打开一个项目文件，如图11-1所示。

图 11-1 打开项目文件

02 在“项目”面板中将素材分别添加至V1和V2轨道上，拖动控制条调整视图，在“效果控件”面板中展开“运动”选项，设置“缩放”为80.0，如图11-2所示。

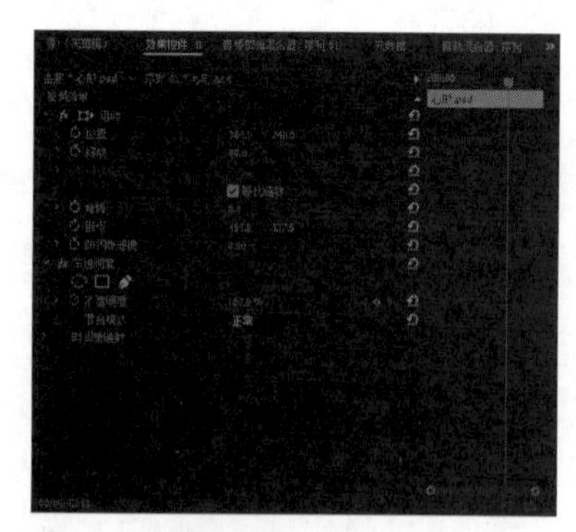

图 11-2 设置缩放值

03 在“效果”面板中展开“视频效果”|“键控”选项，选择“Alpha调整”视频效果，如图11-3所示，单击鼠标左键，并将其拖曳至V2轨道的素材上，即可添加Alpha调整视频效果。

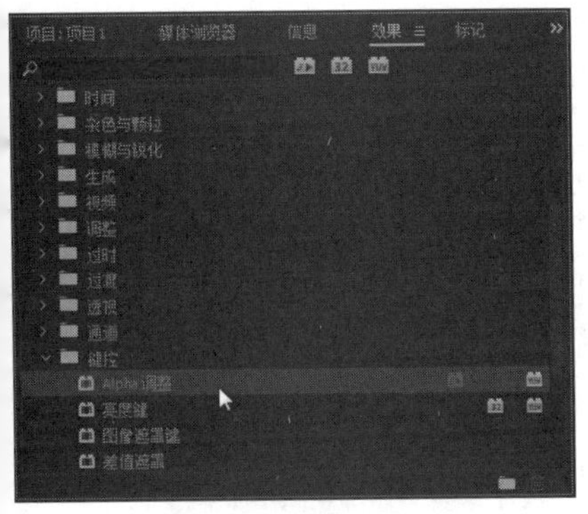

图 11-3 选择“Alpha 调整”视频效果

04 将时间线移至素材的开始位置，在“效果控件”面板中展开“Alpha调整”选项，单击“不透明度”“反转Alpha”和“仅蒙版”3个选项左侧的“切换动画”按钮，如图11-4所示。

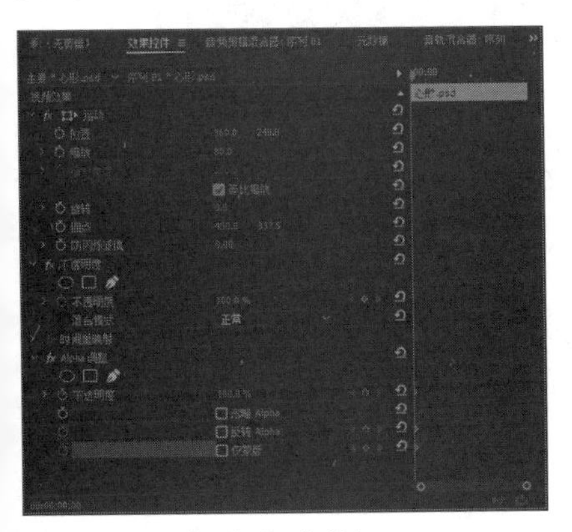

图 11-4 单击“切换动画”按钮

05 将“当前时间指示器”拖曳至00:00:02:00位置，设置“不透明度”为50.0%，并勾选“仅蒙版”复选框，添加关键帧，如图11-5所示。

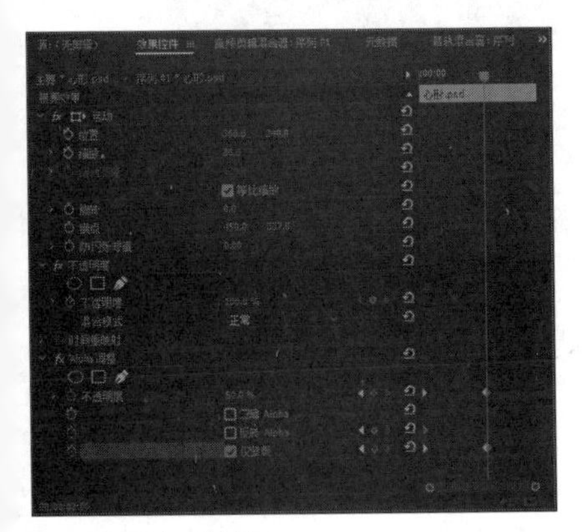

图 11-5 添加关键帧

06 设置完成后，将时间线移至素材的开始位置，在“节目监视器”面板中单击“播放-停止切换”按钮，即可预览视频叠加后的效果，如图11-6所示。

图 11-6 预览视频叠加后的效果

专家指点

遮罩的基础知识如下。

使用遮罩能够根据自身灰阶的不同，有选择地隐藏素材画面中的内容。在 Premiere Pro CC 2017 中，遮罩的作用主要是用来隐藏顶层素材画面中的部分内容，并显示下一层画面的内容。

- 无用信号遮罩

“无用信号遮罩”主要是针对视频图像的特定键进行处理，“无用信号遮罩”运用多个遮罩点，并在素材画面中连成一个固定的区域，用来隐藏画面中的部分图像。系统提供了 4 点、8 点及 16 点无信号遮罩特效。

- 色度键

“色度键”特效用于将图像上的某种颜色及其相似范围的颜色设定为透明，从而可以看见低层的图像。“色度键”特效的作用是利用颜色来制作遮罩效果，这种特效多运用在画面中有大量近似色的素材中。“色度键”特效也常常用于其他文件的 Alpha 通道或填充，如果输入的素材是包含背景的 Alpha，可能需要去除图像中的光晕，而光晕通常和背景及图像有很大的差异。

- 亮度键

“亮度键”特效用于将叠加图像的灰度值设置为透明，可以用来去除素材画面中较暗的部分图像，所以该特效常运用于画面明暗差异化特别明显的素材中。

- 非红色键

“非红色键”特效与“蓝屏键”特效的效果类似，其区别在于蓝屏键去除的是画面中蓝色图像，而非红色键不仅可以去除蓝色背景，还可以去除绿色背景。

- 图像遮罩键

“图像遮罩键”特效可以用一幅静态的图像作蒙版。在 Premiere Pro CC 2017 中，“图像遮罩键”特效是将素材作为划定遮罩的范围，或者为图像导入一个带有 Alpha 通道的图像素材来指定遮罩的范围。

- 差异遮罩键

“差异遮罩键”特效可以将两个图像的相同区域进行

叠加。“差异遮罩键”特效是用于对比两个相似的图像剪辑，并去除图像剪辑在画面中的相似部分，最终只留下有差异的图像内容。

- 颜色键

“颜色键”特效用于设置需要透明的颜色来设置透明效果。“颜色键”特效主要用于大量相似色的素材画面中，其作用是隐藏素材画面中指定的色彩范围。

11.1.2 实战——运用不透明度叠加效果 重点

在Premiere Pro CC 2017中，直接在“效果控件”面板中降低或提高素材的不透明度，可以使两个轨道的素材同时显示在画面中。

素材位置	素材 > 第 11 章 > 项目 2.prproj
效果位置	效果 > 第 11 章 > 项目 2.prproj
视频位置	视频 > 第 11 章 > 实战——运用不透明度叠加效果 .mp4

01 按【Ctrl+O】组合键，打开一个项目文件，如图11-7所示。

图 11-7 打开项目文件

02 在V2轨道上，选择视频素材，如图11-8所示。

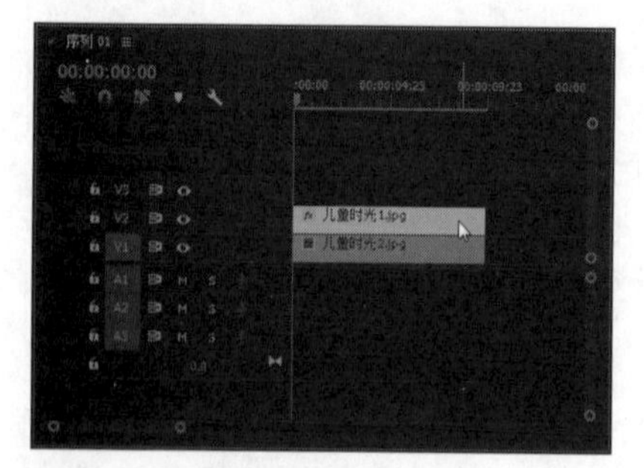

图 11-8 选择视频素材

03 在“效果控件”面板中，展开“不透明度”选项，单击“不透明度”选项左侧的“切换动画”按钮，添加关键帧，如图11-9所示。

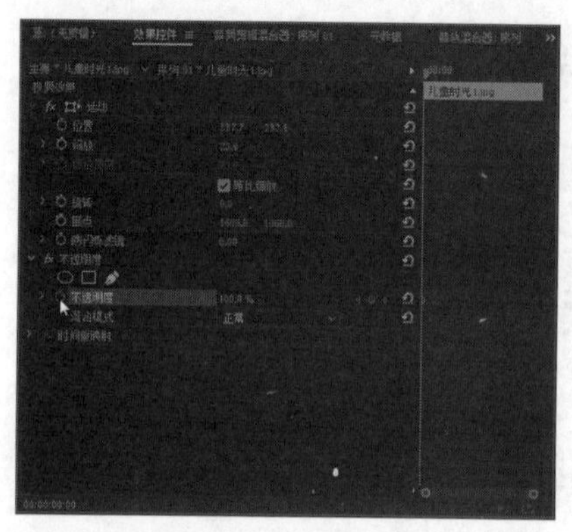

图 11-9 添加关键帧

04 将时间线移至00:00:04:00位置，设置“不透明度”为50.0%，添加关键帧，如图11-10所示。

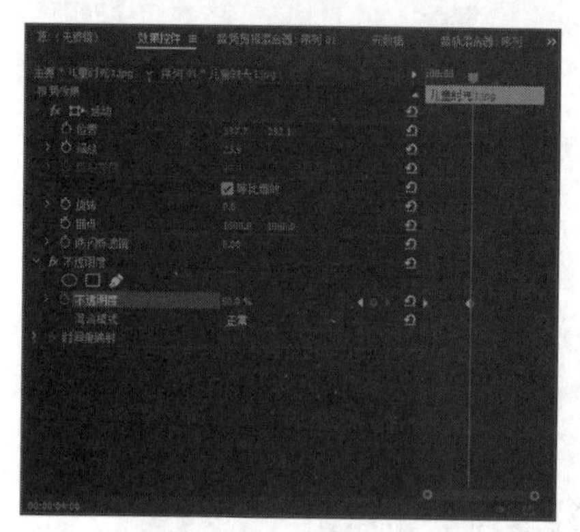

图 11-10 添加关键帧

05 用与前面同样的方法，在00:00:09:00位置，为素材添加关键帧，并设置“不透明度”为80.0%，如图11-11所示。

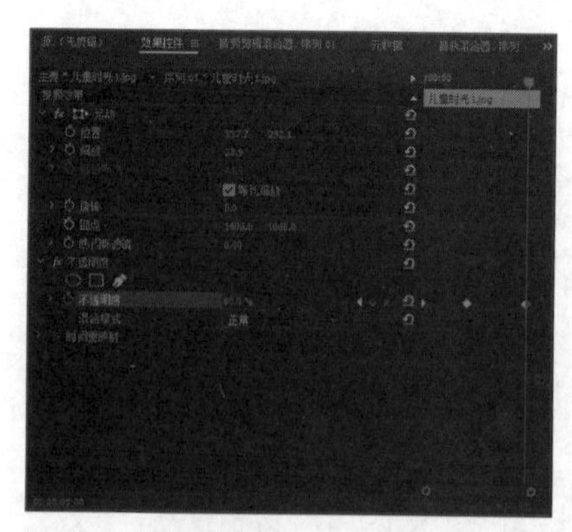

图 11-11 添加关键帧

06 设置完成后，将时间线移至素材的开始位置，在“节目监视器”面板中，单击“播放-停止切换”按钮，预览不透明度叠加效果，如图11-12所示。

图 11-12 预览不透明度叠加效果

11.1.3 实战——运用非红色键叠加效果 重点

"非红色键"特效可以将图像上的背景变成透明色。下面将介绍运用非红色键叠加素材的操作方法。

素材位置	素材 > 第 11 章 > 项目 3.prproj
效果位置	效果 > 第 11 章 > 项目 3.prproj
视频位置	视频 > 第 11 章 > 实战——运用非红色键叠加效果 .mp4

01 按【Ctrl+O】组合键，打开一个项目文件，如图 11-13所示。

图 11-13 打开项目文件

专家指点

Alpha 通道以直接和预乘两种方式将透明度信息存储在文件中。虽然 Alpha 通道相同，但是颜色通道不同。

● 使用直接（或无遮罩）通道时，透明度信息仅存储在 Alpha 通道中，而不存储在任何可见的颜色通道中。对于直接通道，只有图像显示在支持直接通道的应用程序中时，透明度效果才可见。

● 使用预乘（或遮罩）通道时，透明度信息存储在 Alpha 通道及带有背景色的可见 RGB 通道中。半透明区域（如羽化边缘）的颜色将依照其透明度比例转向背景色。

与预乘通道相比，直接通道保留的颜色信息更为准确。预乘通道与更广泛的程序兼容，如 Apple QuickTime 播放器。通常，在接收要编辑和合成的资源之前，就应该选择好是使用带直接通道的图像还是使用带预乘通道的图像。Premiere Pro CC 2017 和 After Effects 都识别直接通道和预乘通道，但仅识别在包含多个 Alpha 通道的文件中遇到的第一个 Alpha 通道。Adobe Flash 仅识别预乘 Alpha 通道。

02 在"效果"面板中，选择"非红色键"选项，如图 11-14所示。

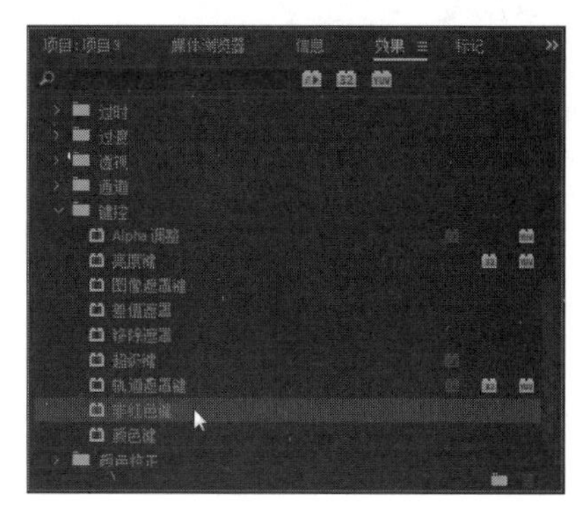

图 11-14 选择"非红色键"选项

03 按住鼠标左键，并将其拖曳至V2轨道的视频素材上，如图11-15所示。

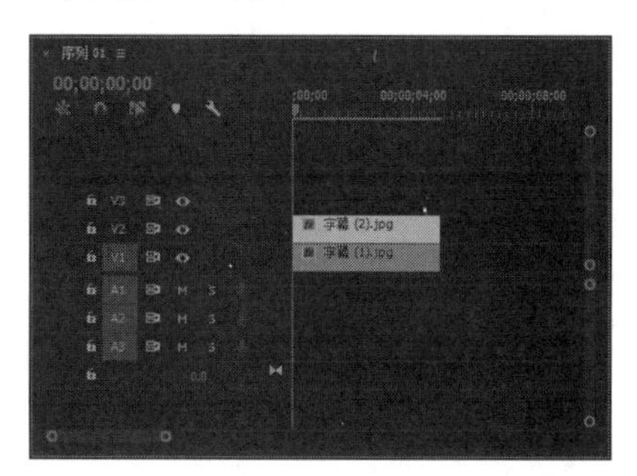

图 11-15 拖曳至视频素材上

04 在"效果控件"面板中，设置"阈值"为0.0%，"屏蔽度"为1.5%，如图11-16所示。

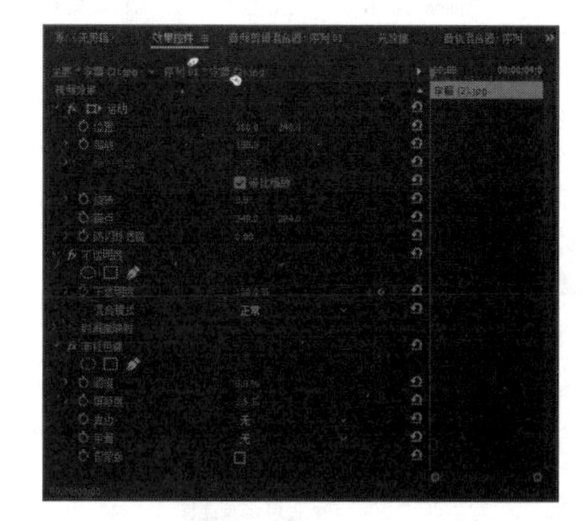

图 11-16 设置相应选项

05 运用非红色键叠加素材，效果如图11-17所示。

图 11-17 运用非红色键叠加素材的效果

11.1.4 实战——运用颜色键叠加效果

在Premiere Pro CC 2017中，可以运用“颜色键”特效制作出一些比较特别的叠加效果。下面介绍如何使用颜色键来制作特殊效果。

素材位置	素材 > 第 11 章 > 项目 4.prproj
效果位置	效果 > 第 11 章 > 项目 4.prproj
视频位置	视频 > 第 11 章 > 实战——运用颜色键叠加效果 .mp4

01 按【Ctrl+O】组合键，打开一个项目文件，如图11-18所示。

图 11-18 打开项目文件

02 在“效果”面板中，选择“颜色键”选项，如图11-19所示。

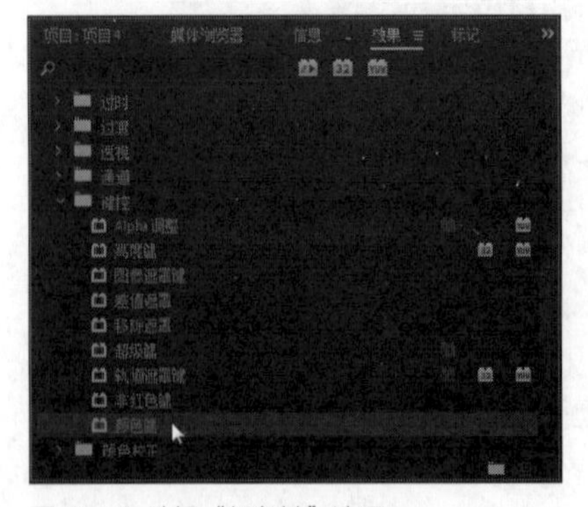

图 11-19 选择“颜色键”选项

03 按住鼠标左键，并将其拖曳至V2轨道的素材图像上，添加视频效果，如图11-20所示。

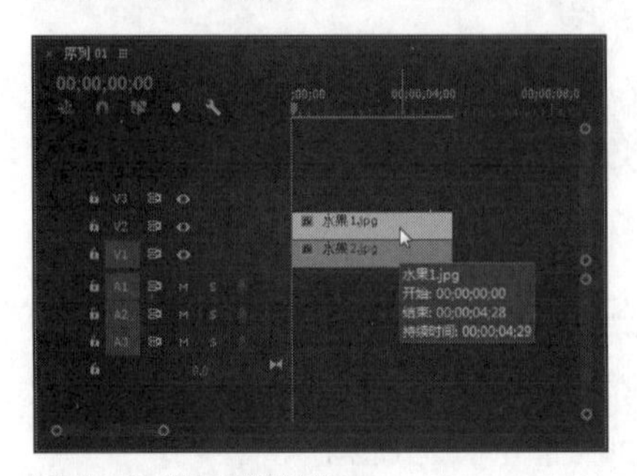

图 11-20 添加视频效果

04 在“效果控件”面板中，设置“主要颜色”为绿色（RGB参数值为45、144、66），“颜色容差”为50，如图11-21所示。

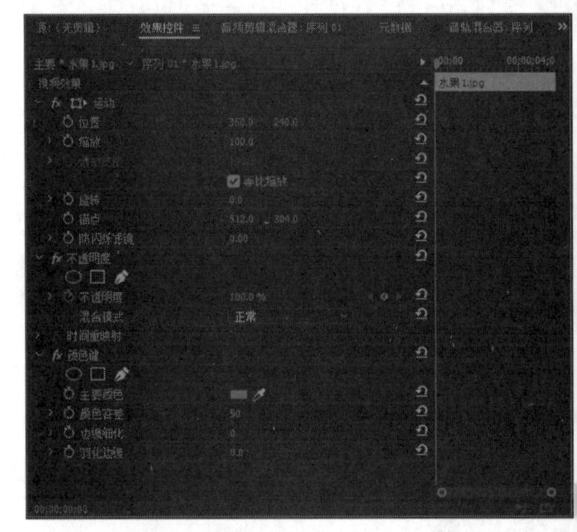

图 11-21 设置参数值

05 执行上述操作后，即可运用颜色键叠加素材，效果如图11-22所示。

图 11-22 运用颜色键叠加素材效果

专家指点

“颜色键”特效中各选项的含义如下。

- 颜色容差：“颜色容差”选项主要是用于扩展所选颜色的范围。

- 边缘细化："边缘细化"选项能够在选定色彩的基础上，扩大或缩小"主要颜色"的范围。
- 羽化边缘："羽化边缘"选项可以在图像边缘产生平滑过渡，其参数越大，羽化的效果越明显。

11.1.5 实战——运用亮度键叠加效果

在Premiere Pro CC 2017中，亮度键是用来抠出图层中指定明亮度或亮度的所有区域。下面将介绍如何添加"亮度键"特效，去除背景中的黑色区域。

素材位置	上一案例效果文件
效果位置	效果 > 第 11 章 > 项目 5.prproj
视频位置	视频 > 第 11 章 > 实战——运用亮度键叠加效果 . mp4

01 以本书"11.1.4 实战——运用颜色键叠加效果"的效果为例，在"效果"面板中，依次展开"键控" | "亮度键"选项，如图11-23所示。

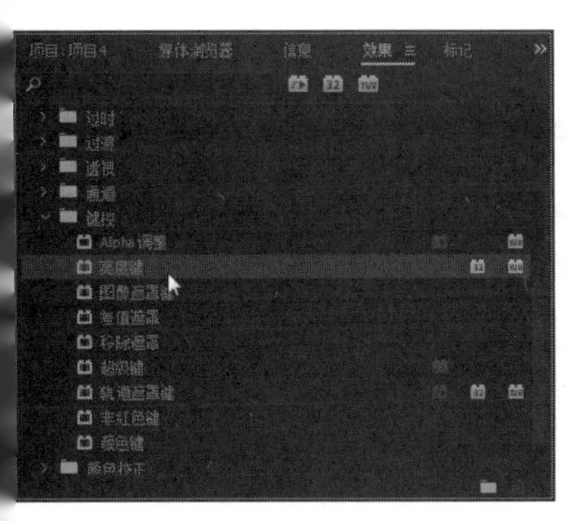

图 11-23 选择"亮度键"选项

02 按住鼠标左键，并将其拖曳至V2轨道的素材图像上，添加视频效果，如图11-24所示。

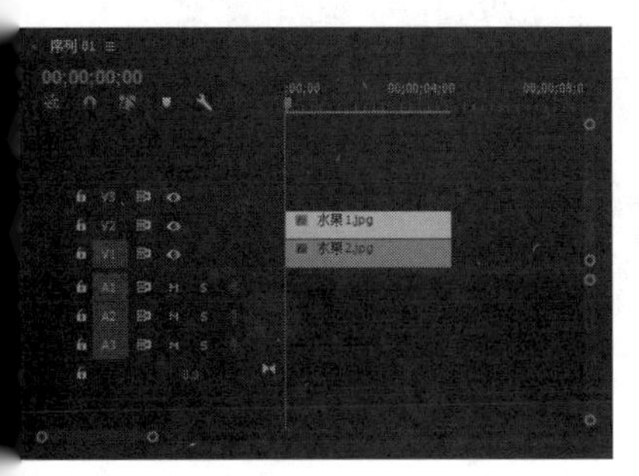

图 11-24 拖曳视频效果

03 在"效果控件"面板中，设置"阈值""屏蔽度"均为100.0%，如图11-25所示。

04 执行上述操作后，即可运用"亮度键"叠加素材，效果如图11-26所示。

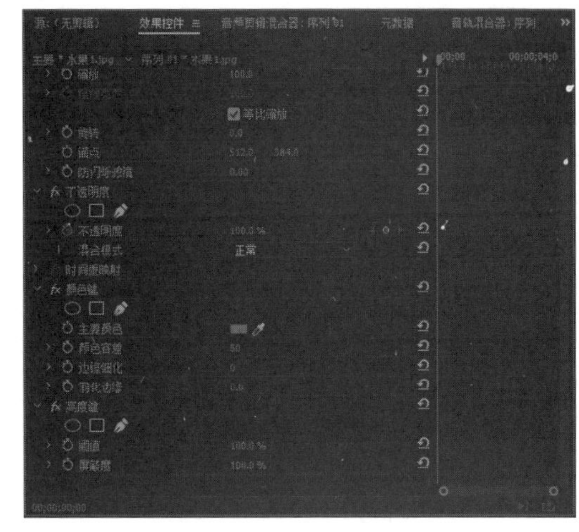

图 11-25 设置相应的参数

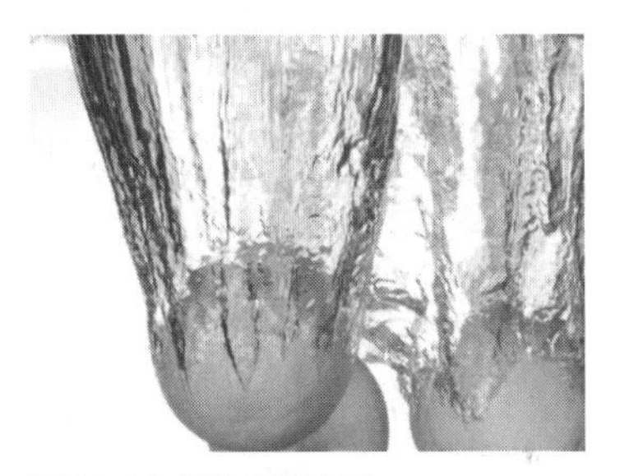

图 11-26 预览视频效果

11.2 应用其他合成效果

在Premiere Pro CC 2017中，除了前面介绍的叠加方式外，还有"字幕"叠加方式、"淡入淡出"叠加方式等，这些叠加方式都是相当实用的。下面主要介绍运用这些叠加方式的基本操作方法。

11.2.1 实战——应用字幕叠加特效 进阶

在Premiere Pro CC 2017中，华丽的字幕效果往往会使整个影视素材显得更加耀眼。下面介绍运用字幕叠加的操作方法。

素材位置	素材 > 第 11 章 > 项目 6.prproj
效果位置	效果 > 第 11 章 > 项目 6.prproj
视频位置	视频 > 第 11 章 > 实战——应用字幕叠加特效 . mp4

01 按【Ctrl + O】组合键，打开一个项目文件，如图11-27所示。

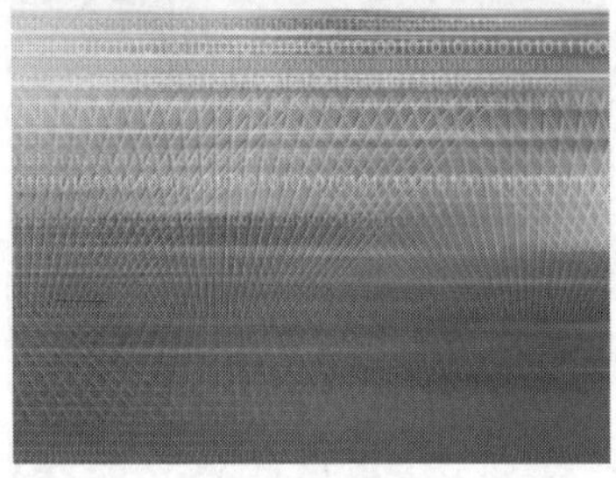

图 11-27 打开项目文件

02 在“效果控件”面板中，设置V1轨道素材的“缩放”为135.0，如图11-28所示。

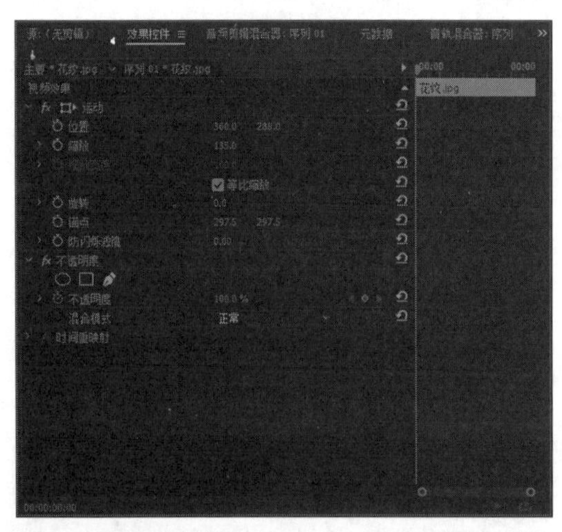

图 11-28 设置相应选项

03 按【Ctrl+T】组合键，弹出“新建字幕”对话框，单击“确定”按钮，如图11-29所示。

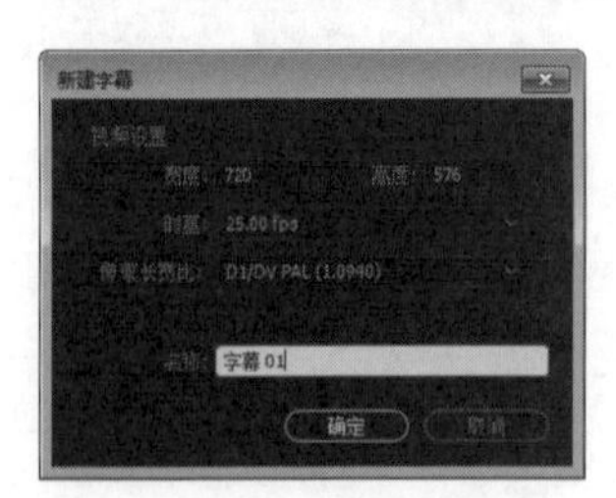

图 11-29 “新建字幕”对话框

04 打开“字幕编辑”窗口，在窗口中输入文字并设置字幕属性，如图11-30所示。

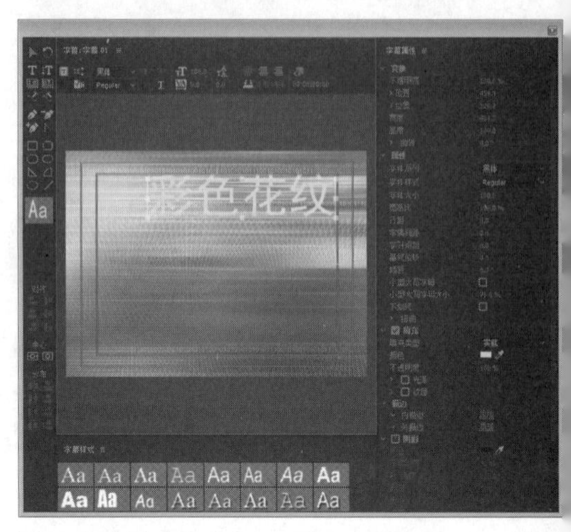

图 11-30 输入文字

05 关闭“字幕编辑”窗口，在“项目”面板中拖曳“字幕01”至V3轨道中，如图11-31所示。

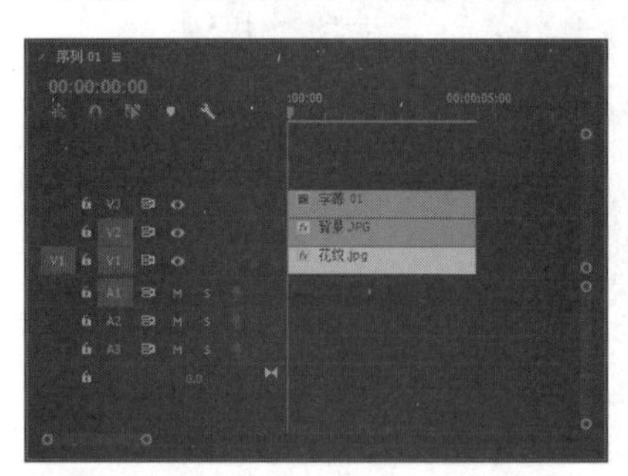

图 11-31 拖曳字幕素材

06 选择V2轨道中的素材，如图11-32所示。

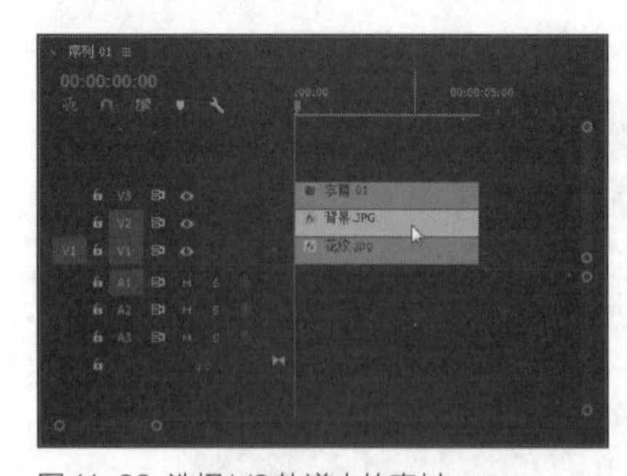

图 11-32 选择 V2 轨道中的素材

07 在“效果”面板中展开“视频效果”|“键控”选项，选择“轨道遮罩键”视频效果，如图11-33所示。

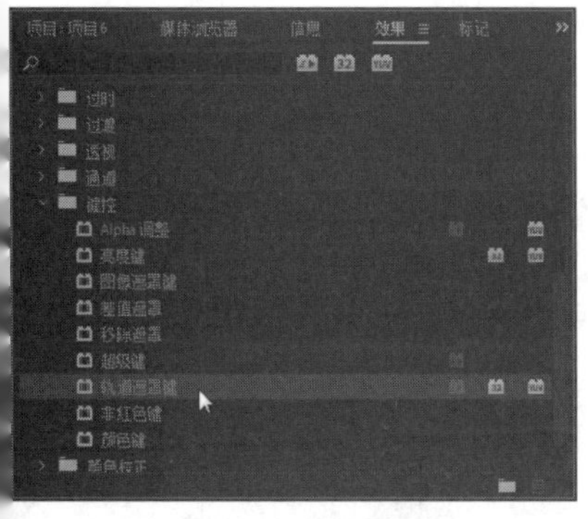

图 11-33 选择“轨道遮罩键”视频效果

08 按住鼠标左键并将其拖曳至V2轨道中的素材上，如图11-34所示。

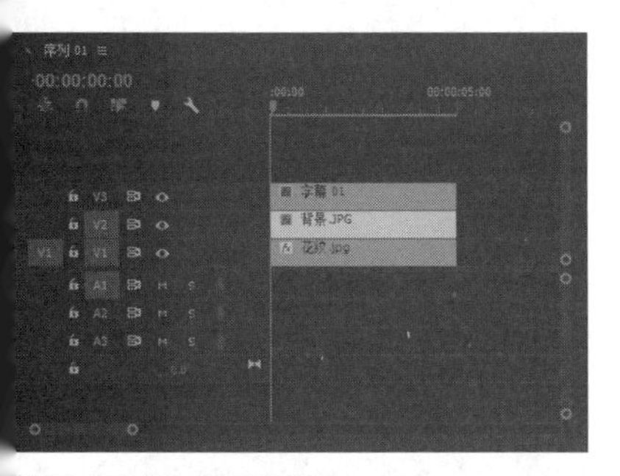

图 11-34 添加视频效果

09 在“效果控件”面板中展开“轨道遮罩键”选项，设置“遮罩”为“视频3”，如图11-35所示。

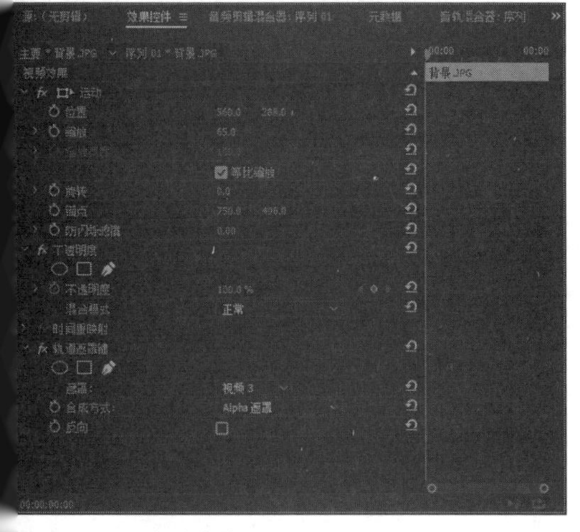

图 11-35 设置相应参数

10 在面板中展开“运动”选项，设置“缩放”为65.0，执行上述操作后，即可完成叠加字幕的制作，效果如图11-36所示。

图 11-36 字幕叠加效果

11.2.2 实战——应用淡入淡出叠加特效 进阶

在Premiere Pro CC 2017中，“淡入淡出叠加”效果通过对两个或两个以上的素材文件添加“不透明度”特效，并为素材添加关键帧实现素材之间的叠加转换。下面介绍运用淡入淡出叠加特效的操作方法。

素材位置	素材 > 第 11 章 > 项目 7.prproj
效果位置	效果 > 第 11 章 > 项目 7.prproj
视频位置	视频 > 第 11 章 > 实战——应用淡入淡出叠加特效 .mp4

01 按【Ctrl+O】组合键，打开一个项目文件，如图11-37所示。

图 11-37 打开项目文件

02 在“效果控件”面板中，设置V1轨道中的素材“缩放”为17.9，如图11-38所示。

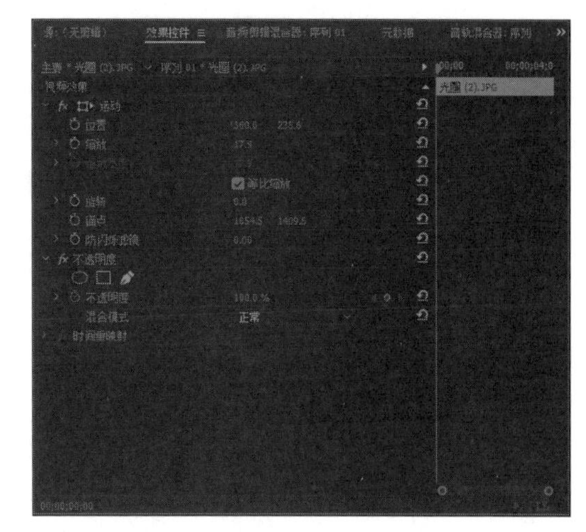

图 11-38 设置素材缩放

03 在“效果控件”面板中，设置V2轨道中的素材“缩放”为18.3，如图11-39所示。

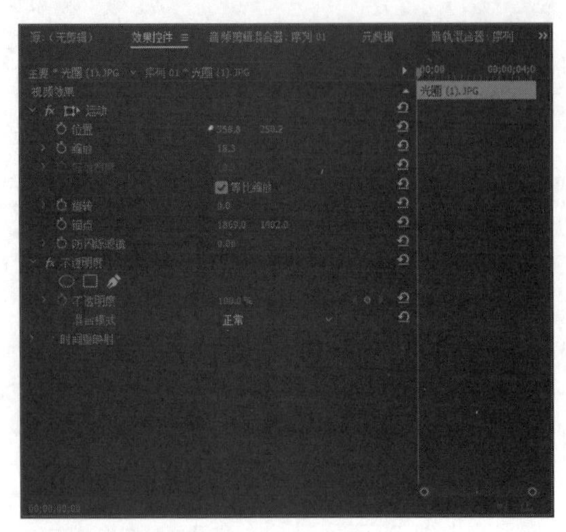

图 11-39 设置素材缩放

04 选择V2轨道中的素材，如图11-40所示。

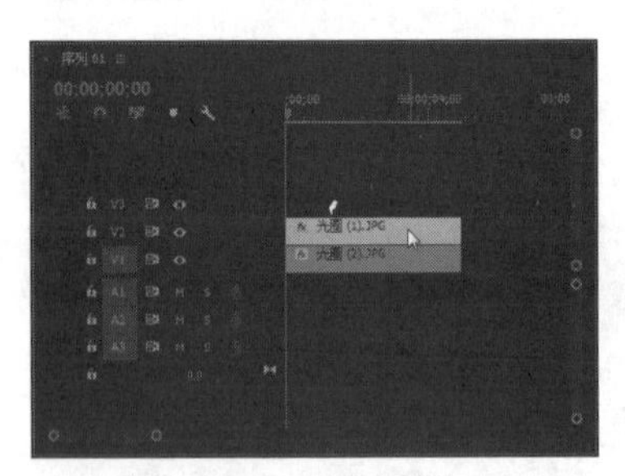

图 11-40 选择 V2 轨道中的素材

05 在“效果控件”面板中展开“不透明度”选项，设置“不透明度”为0.0%，添加关键帧，如图11-41所示。

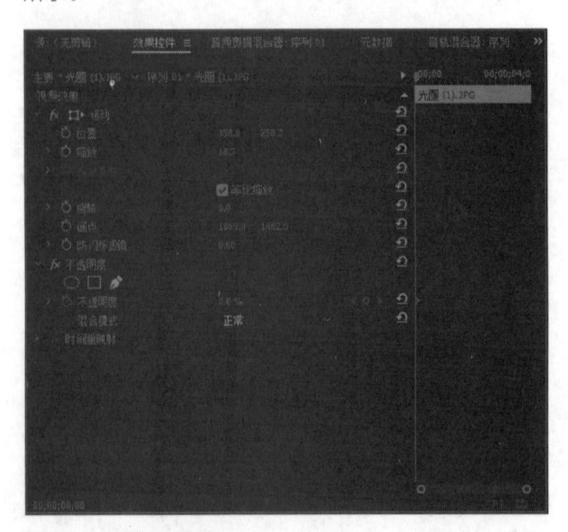

图 11-41 添加关键帧

06 将“当前时间指示器”拖曳至00:00:02:00位置，设置“不透明度”为100.0%，添加第2个关键帧，如图11-42所示。

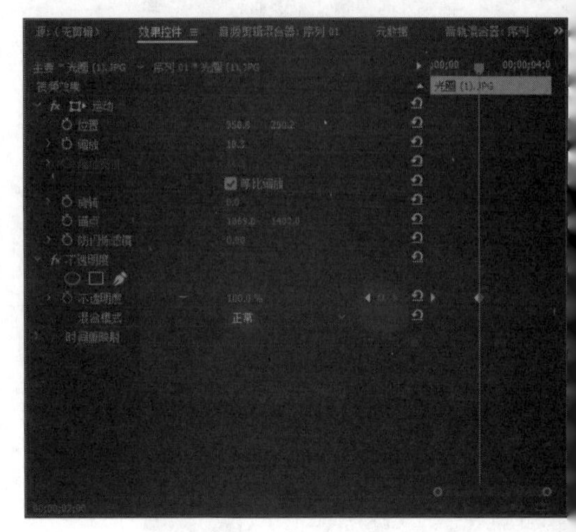

图 11-42 添加关键帧

07 将“当前时间指示器”拖曳至00:00:04:00位置，设置“不透明度”为0.0%，添加第3个关键帧，如图11-43所示。

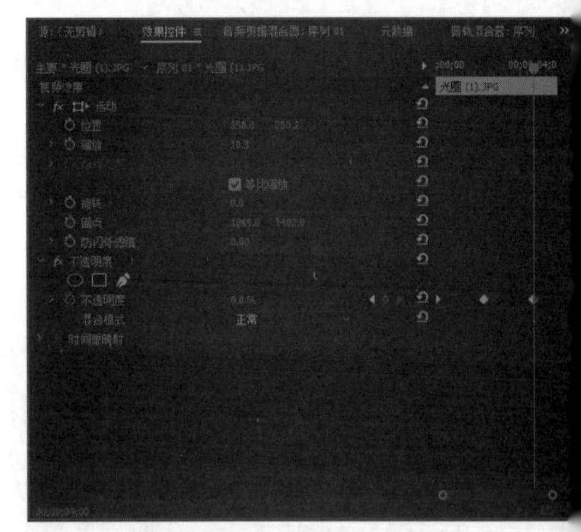

图 11-43 添加关键帧

专家指点

在 Premiere Pro CC 2017 中，淡出是指一段视频剪辑结束时由亮变暗的过程，淡入是指一段视频剪辑开始时由暗变亮的过程。淡入淡出叠加效果会为影视内容添加一些气氛，而不像无技巧剪接那么生硬。另外，Premiere Pro CC 2017 中的淡入淡出在影视转场特效中也被称为溶入溶出，或渐隐与渐显。

08 执行上述操作后，将时间线移至素材的开始位置，在“节目监视器”面板中单击“播放-停止切换”按钮，即可预览淡入淡出叠加效果，如图11-44所示。

图 11-44 预览淡入淡出叠加效果

11.3 习题测试

习题1 组合视频轨道中的素材

素材位置	素材 > 第 11 章 > 项目 8.prproj
效果位置	效果 > 第 11 章 > 项目 8.prproj
视频位置	视频 > 第 11 章 > 习题 1：组合视频轨道中的素材 .mp4

本习题练习组合视频轨道中的素材的操作，素材和效果如图11-45所示。

图 11-45 素材和效果

图 11-45 素材和效果（续）

习题2 提高素材的透明度

素材位置	素材 > 第 11 章 > 项目 9.prproj
效果位置	效果 > 第 11 章 > 项目 9.prproj
视频位置	视频 > 第 11 章 > 习题 2：提高素材的透明度 .mp4

本习题练习提高视频轨道中的素材透明度的操作，素材和效果如图11-46所示。

图 11-46 素材和效果

习题3 制作比较特别的叠加效果

素材位置	素材 > 第 11 章 > 项目 10.prproj
效果位置	效果 > 第 11 章 > 项目 10.prproj
视频位置	视频 > 第 11 章 > 习题 3：制作比较特别的叠加效果 .mp4

本习题练习制作比较特别的叠加效果的操作，素材和效果如图11-47所示。

图 11-47 素材和效果

习题4 去除背景中的黑色区域

素材位置	素材 > 第 11 章 > 项目 11.prproj
效果位置	效果 > 第 11 章 > 项目 11.prproj
视频位置	视频 > 第 11 章 > 习题 4：去除背景中的黑色区域 . mp4

本习题练习去除背景中的黑色区域的操作，素材和效果如图11-48所示。

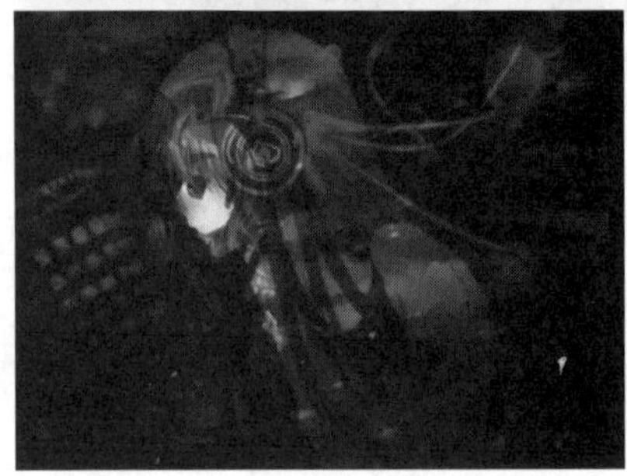

图 11-48 素材和效果

第12章 视频运动效果的制作

动态效果是指在原有的视频画面中合成或创建移动，以及变形和缩放等运动效果。在Premiere Pro CC 2017中，为静态的素材加入适当的运动效果，可以使画面活动起来，显得更加逼真、生动。本章主要介绍视频运动效果的制作方法与技巧，使画面效果更为精彩。

课堂学习目标

- 掌握通过时间线快速添加关键帧的操作方法。
- 掌握复制和粘贴关键帧的操作方法。
- 掌握制作飞行运动特效的操作方法。
- 掌握制作画中画特效的操作方法。

扫码观看本章实战操作视频

12.1 运动关键帧的设置

在Premiere Pro CC 2017中，关键帧可以帮助用户控制视频或音频特效的变化，形成一个变化的过渡效果。

12.1.1 实战——通过时间线快速添加关键帧

在“时间轴”面板中可以针对应用于素材的任意特效添加关键帧，也可以指定添加关键帧的可见性。

素材位置	素材 > 第 12 章 > 项目 1.prproj
效果位置	效果 > 第 12 章 > 项目 1.prproj
视频位置	视频 > 第 12 章 > 实战——通过时间线快速添加关键帧 .mp4

01 按【Ctrl + O】组合键，打开一个项目文件，在“时间轴”面板中为某个轨道上的素材文件添加关键帧之前，展开相应的轨道，将鼠标指针移至V1轨道的“切换轨道输出”按钮右侧的空白处，如图12-1所示。

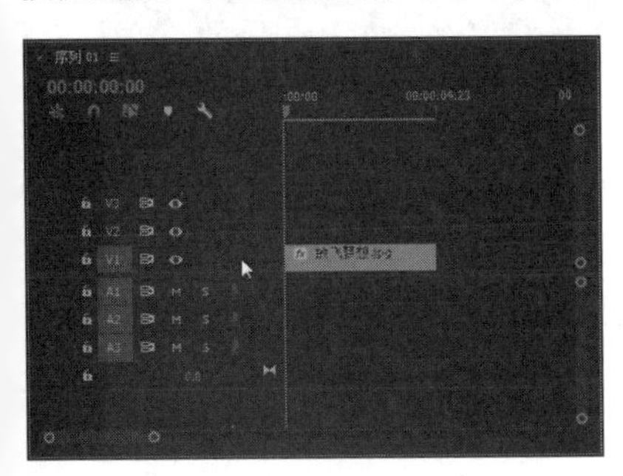

图 12-1 将鼠标指针移至空白处

02 双击鼠标左键展开V1轨道，如图12-2所示。向上滚动鼠标滚轮展开轨道，继续向上滚动滚轮，显示关键帧控制按钮；向下滚动鼠标滚轮，可以最小化轨道。

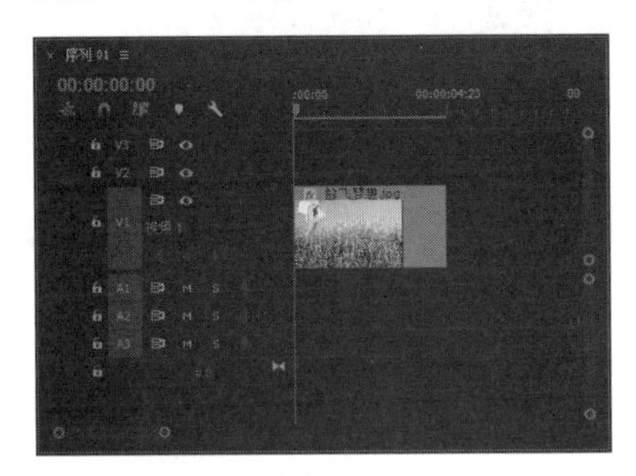

图 12-2 展开 V1 轨道

03 选择“时间轴”面板中的对应素材，用鼠标右键单击素材名称左侧的“不透明度”按钮，在弹出的列表框中选择“运动”|“缩放”选项，如图12-3所示。

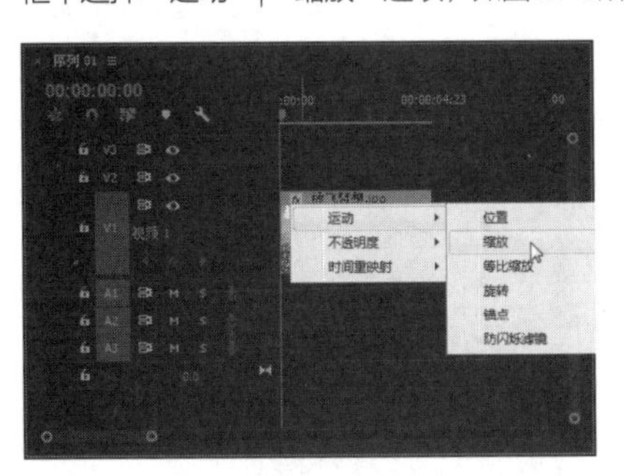

图 12-3 选择“缩放”选项

04 将鼠标指针移至连接线的合适位置，按住【Ctrl】

键，当鼠标指针呈白色带+号的形状时，单击鼠标左键，即可添加关键帧，如图12-4所示。

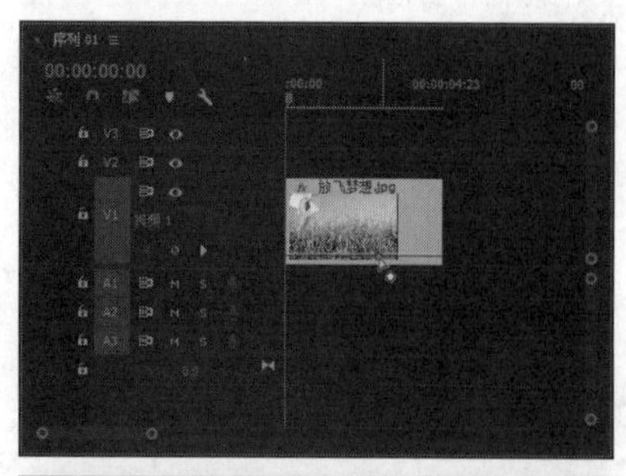

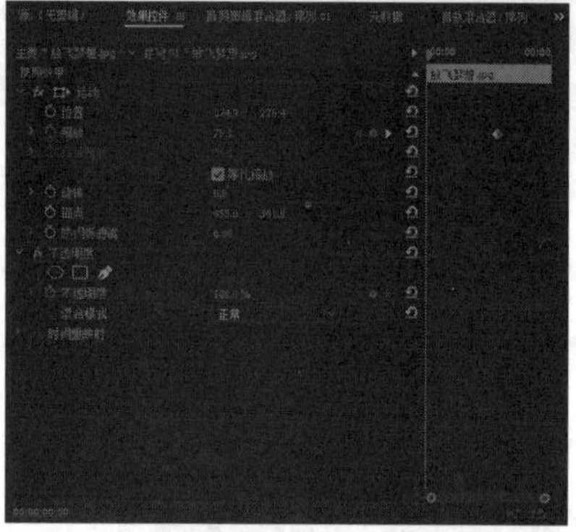

图 12-4 添加关键帧

12.1.2 实战——通过效果控件添加关键帧 重点

在“效果控件”面板中除了可以添加各种视频和音频特效外，还可以通过设置选项参数的方法创建关键帧。

素材位置	素材 > 第 12 章 > 项目 2.prproj
效果位置	效果 > 第 12 章 > 项目 2.prproj
视频位置	视频 > 第 12 章 > 实战——通过效果控件添加关键帧 .mp4

01 按【Ctrl+O】组合键，打开一个项目文件，如图12-5所示，选择“时间轴”面板中的素材，并展开“效果控件”面板，单击“旋转”选项左侧的“切换动画”按钮，如图12-6所示。

图 12-5 打开一个项目文件

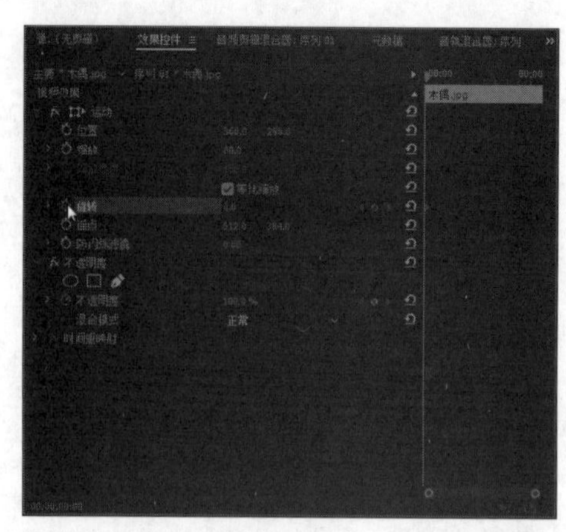

图 12-6 单击“切换动画”按钮

02 拖曳时间指示器至合适位置，并设置“旋转”选项为30°，即可添加对应选项的关键帧，如图12-7所示。

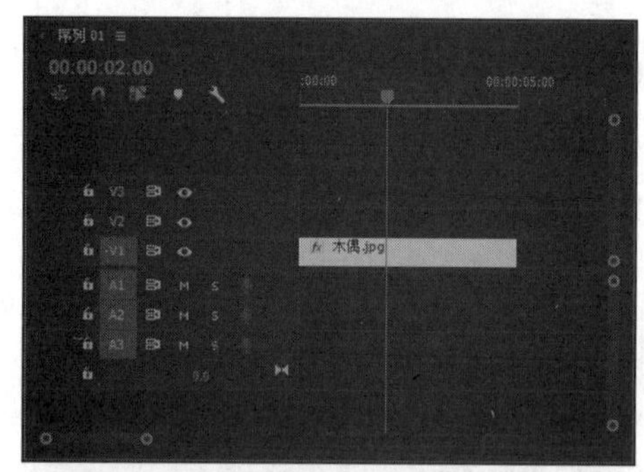

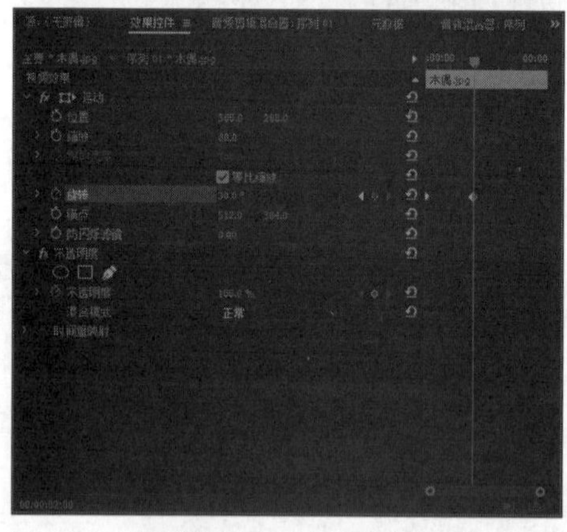

图 12-7 添加关键帧

03 在“时间轴”面板中也可以指定展开轨道后关键帧的可见性。单击“时间轴显示设置”按钮，在弹出的列表框中选择“显示视频关键帧”选项，如图12-8所示。

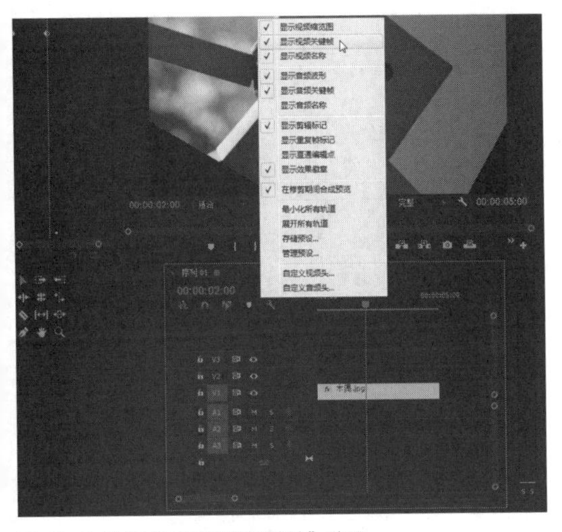

图 12-8 选择“显示视频关键帧”选项

04 取消该选项前的对勾符号，即可在时间轴中隐藏关键帧，效果如图12-9所示。

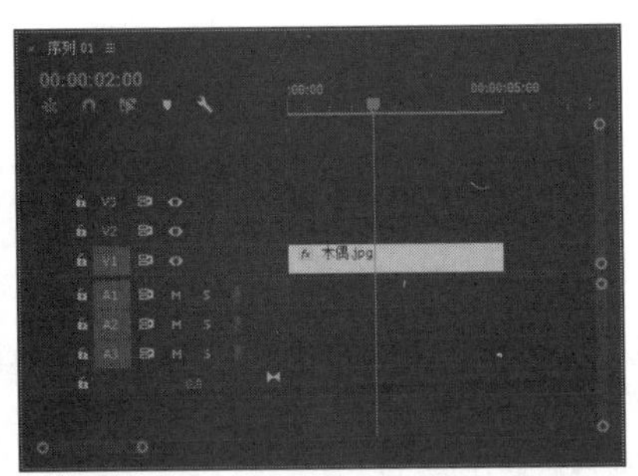

图 12-9 隐藏关键帧与效果

12.1.3 实战——关键帧的调节

在添加完关键帧后，可以适当调节关键帧的位置和属性，这样可以使运动效果更加流畅。

在Premiere Pro CC 2017中，调节关键帧同样可以通过“时间线”和“效果控件”面板两种方法来完成。

素材位置	素材 > 第 12 章 > 项目 3.prproj
效果位置	效果 > 第 12 章 > 项目 3.prproj
视频位置	视频 > 第 12 章 > 实战——关键帧的调节 .mp4

01 按【Ctrl+O】组合键，打开一个项目文件，在“效果控件”面板中，只需要选择需要调节的关键帧，如图12-10所示。

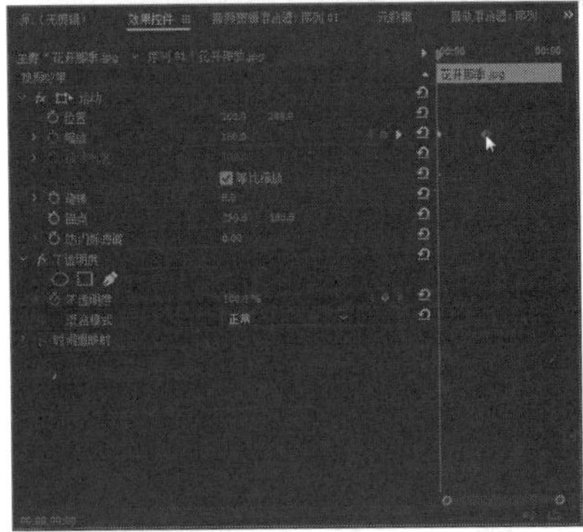

图 12-10 选择需要调节的关键帧

02 按住鼠标左键将其拖曳至合适位置，即可完成关键帧的调节，如图12-11所示。

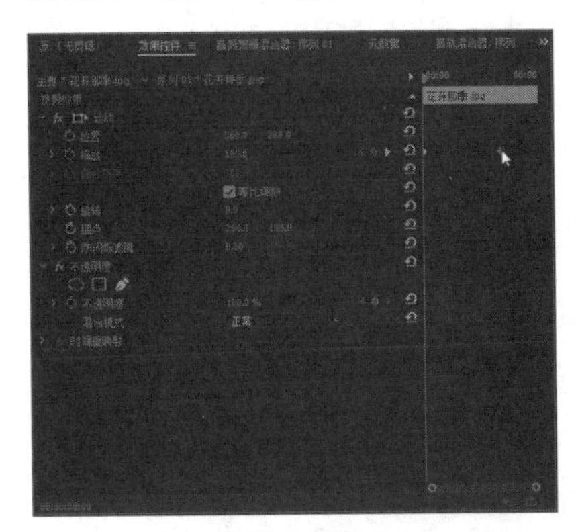

图 12-11 调节关键帧及其效果

图 12-11 调节关键帧及其效果（续）

03 在“时间线”面板中调节关键帧时，不仅可以调整其位置，同时可以调节其参数的变化。当向上拖曳关键帧时，对应参数将增加，如图12-12所示。

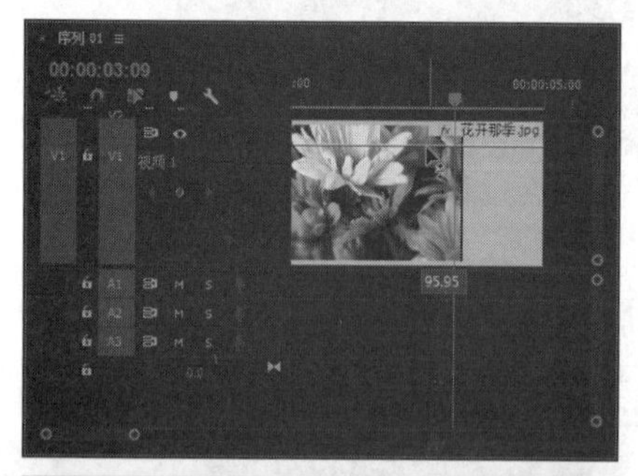

图 12-12 向上调节关键帧及其效果

04 反之，向下拖曳关键帧，对应参数将减少，如图12-13所示。

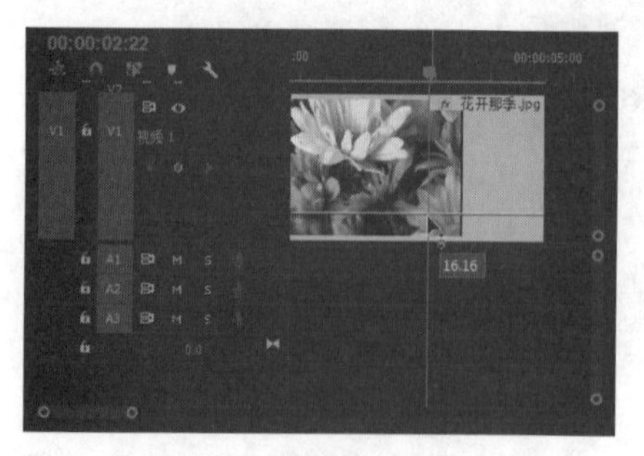

图 12-13 向下调节关键帧及其效果

图 12-13 向下调节关键帧及其效果（续）

12.1.4 实战——关键帧的复制和粘贴

当需要创建多个相同参数的关键帧时，可以使用复制与粘贴关键帧的方法快速添加关键帧。

素材位置	素材 > 第 12 章 > 项目 4.prproj
效果位置	效果 > 第 12 章 > 项目 4.prproj
视频位置	视频 > 第 12 章 > 实战——关键帧的复制和粘贴 .mp4

01 按【Ctrl + O】组合键，打开一个项目文件，如图12-14所示。选择需要复制的关键帧后，单击鼠标右键，在弹出的快捷菜单中选择“复制”选项，如图12-15所示。

图 12-14 打开一个项目文件

图 12-15 选择“复制”选项

02 拖曳“当前时间指示器”至合适位置，在“效果控件”面板内单击鼠标右键，在弹出的快捷菜单中选择“粘贴”选项，如图12-16所示，执行操作后，即可复制一个相同的关键帧，效果如图12-17所示。

图 12-16 选择“粘贴”选项

图 12-17 复制关键帧效果

专家指点

在 Premiere Pro CC 2017 中，还可以通过以下两种方法复制和粘贴关键帧。

- 单击“编辑”|“复制”命令或按【Ctrl + C】组合键，复制关键帧。
- 单击“编辑”|“粘贴”命令或按【Ctrl + V】组合键，粘贴关键帧。

12.1.5 实战——关键帧的切换

在Premiere Pro CC 2017中，在已添加的关键帧之间可以进行快速切换。

素材位置	素材 > 第 12 章 > 项目 5.prproj
效果位置	无
视频位置	视频 > 第 12 章 > 实战——关键帧的切换 .mp4

01 按【Ctrl + O】组合键，打开一个项目文件，在“效果控件”面板中选择已添加关键帧的素材，如图12-18所示，单击“转到下一关键帧”按钮，即可快速切换至第2关键帧，效果如图12-19所示。

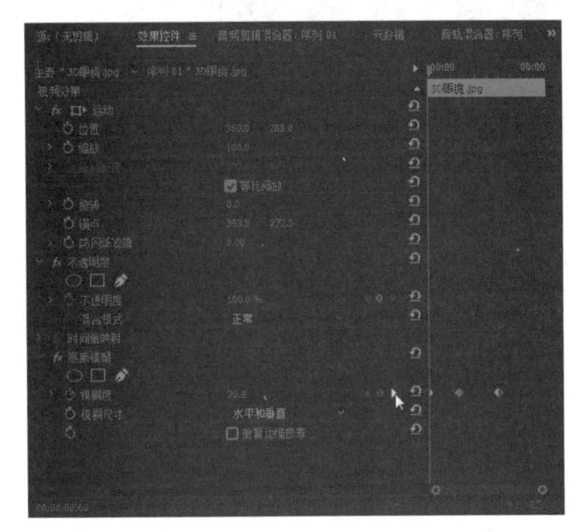

图 12-18 选择已添加关键帧的素材

图 12-19 转到下一关键帧效果

02 单击“转到上一关键帧”，如图12-20所示，即可切换至上一关键帧，效果如图12-21所示。

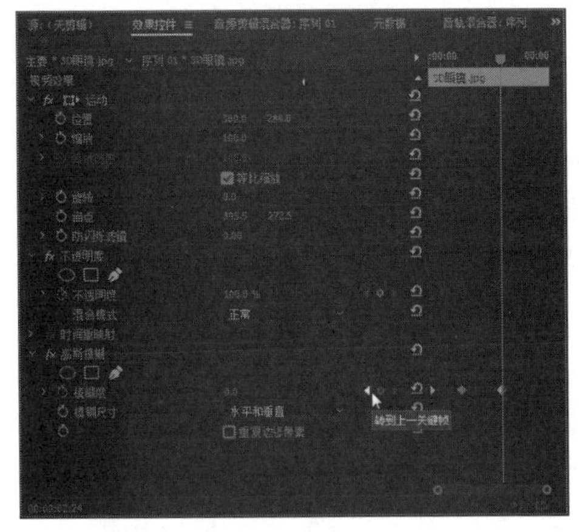

图 12-20 单击“转到上一关键帧”

图 12-21 转到上一关键帧

专家指点

在 Premiere Pro CC 2017中，当对添加的关键帧不满意时，可以将其删除，并重新添加新的关键帧。在删除关键帧时，可以在"效果控件"面板选中需要删除的关键帧，单击鼠标右键，在弹出的快捷菜单中选择"清除"选项删除关键帧，如图 12-22 所示。

图 12-22 选择"清除"选项

如果需要删除素材中的所有关键帧，除了运用上述方法外，还可以直接单击"效果控件"面板中对应选项左侧的"切换动画"按钮，此时系统将弹出信息提示框，如图 12-23 所示。单击"确定"按钮，清除素材中的所有关键帧。

图 12-23 单击"确定"按钮

12.2 制作运动特效

通过对关键帧的学习，读者已经了解运动效果的基本原理了。下面从制作运动效果的一些基本操作开始讲解各种运动特效的制作方法。

12.2.1 实战——飞行运动特效 重点

在制作运动特效的过程中，通过设置"位置"选项的参数可以得到镜头飞过的画面效果。

下面将介绍飞行运动特效的操作方法。

素材位置	素材 > 第 12 章 > 项目 6.prproj
效果位置	效果 > 第 12 章 > 项目 6.prproj
视频位置	视频 > 第 12 章 > 实战——飞行运动特效 .mp4

01 按【Ctrl+O】组合键，打开一个项目文件，如图 12-24所示。

图 12-24 打开项目文件

02 选择V2轨道上的素材文件，在"效果控件"面板中单击"位置"选项左侧的"切换动画"按钮，设置"位置"为（650.0、120.0），"缩放"为25.0，如图 12-25所示。

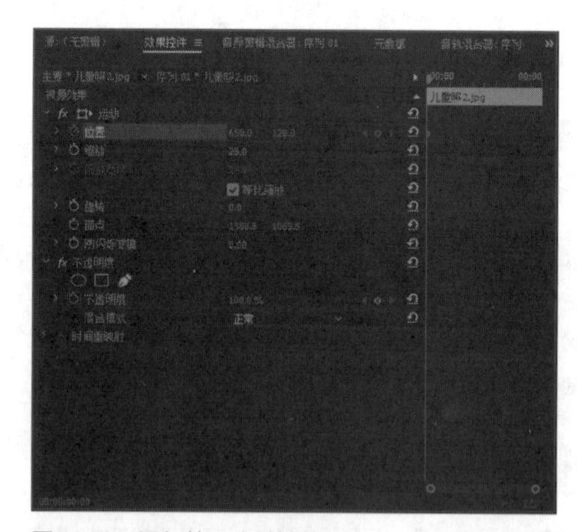

图 12-25 添加第一个关键帧

03 拖曳时间指示器至00:00:02:00位置，在"效果控件"面板中设置"位置"为（155.0、370.0），如图 12-26所示。

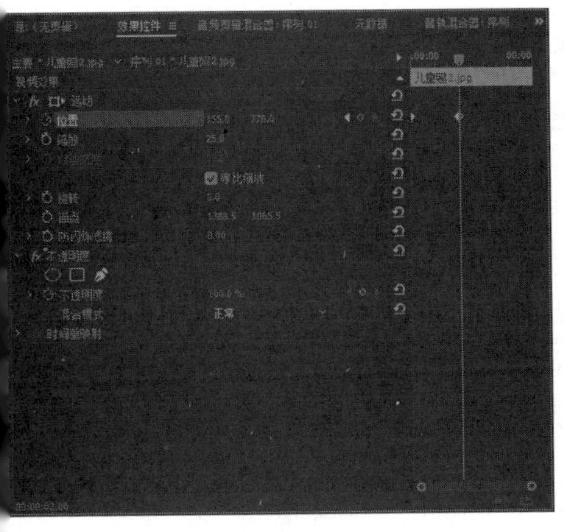

图 12-26　添加第 2 个关键帧

04 拖曳时间指示器至00:00:04:00位置，在“效果控件”面板中设置“位置”为（600.0、770.0），如图12-27所示。

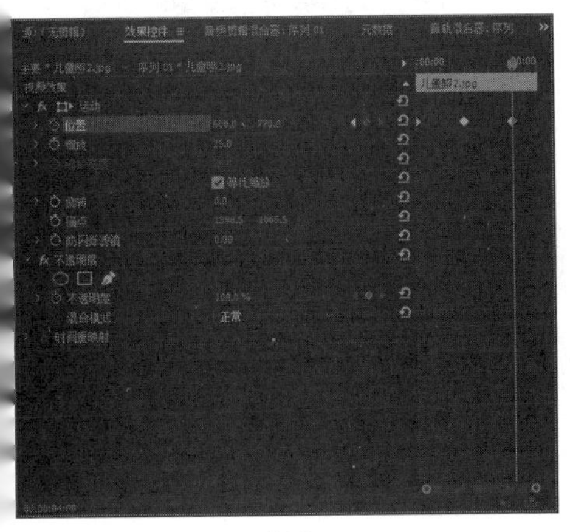

图 12-27　添加第 3 个关键帧

05 执行操作后，即可制作飞行运动效果，将时间线移至素材的开始位置。在“节目监视器”面板中，单击“播放-停止切换”按钮，即可预览飞行运动效果，如图12-28所示。

图 12-28　预览视频效果

专家指点

在 Premiere Pro CC 2017 中经常会看到在一些镜头画面上出现其他的镜头，同时两个镜头的视频内容照常播放，这就是设置运动方向的效果。在 Premiere Pro CC 2017 中，视频的运动方向设置可以在“效果控件”面板的“运动”特效中得到实现，而“运动”特效是视频素材自带的特效，不需要在“效果”面板中选择特效即可进行应用。

12.2.2 实战——缩放运动特效　重点

缩放运动效果是指对象以从小到大或从大到小的形式展现在观者的眼前。

素材位置	素材 > 第 12 章 > 项目 7.prproj
效果位置	效果 > 第 12 章 > 项目 7.prproj
视频位置	视频 > 第 12 章 > 实战——缩放运动特效 .mp4

01 按【Ctrl＋O】组合键，打开一个项目文件，如图12-29所示。

图 12-29　打开项目文件

02 选择V1轨道上的素材文件，在“效果控件”面板中设置“缩放”为99.0，如图12-30所示。

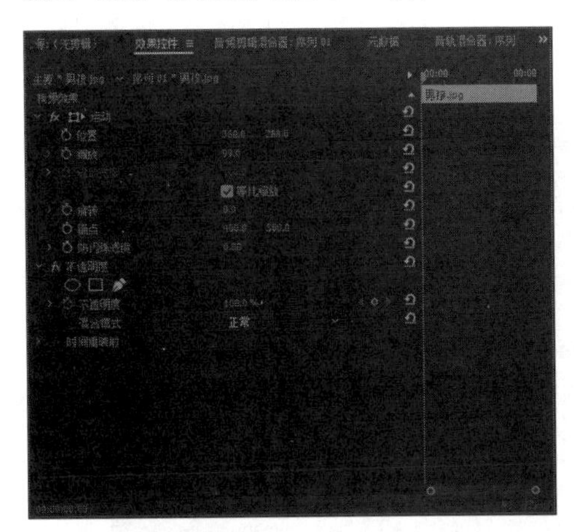

图 12-30　设置缩放值

03 设置视频缩放效果后，在“节目监视器”面板中可以查看素材画面，效果如图12-31所示。

图 12-31 查看素材画面

04 选择V2轨道上的素材，在“效果控件”面板中，单击“位置”“缩放”及“不透明度”选项左侧的“切换动画”按钮，设置“位置”为（360.0、288.0），“缩放”为0.0，“不透明度”为0.0%，如图12-32所示。

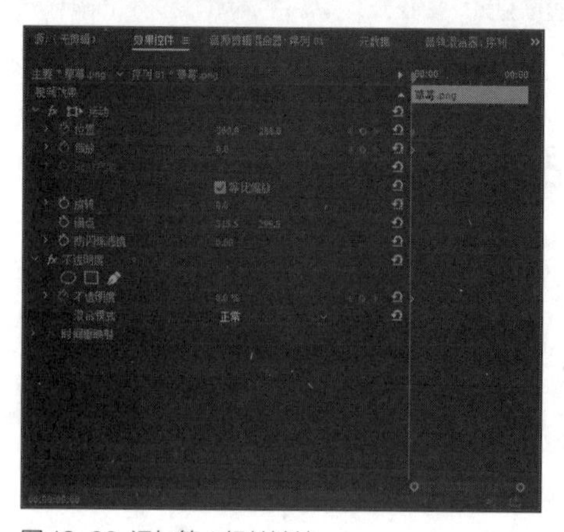

图 12-32 添加第 1 组关键帧

05 拖曳时间指示器至00:00:01:20位置，设置“缩放”为80.0，“不透明度”为100.0%，如图12-33所示。

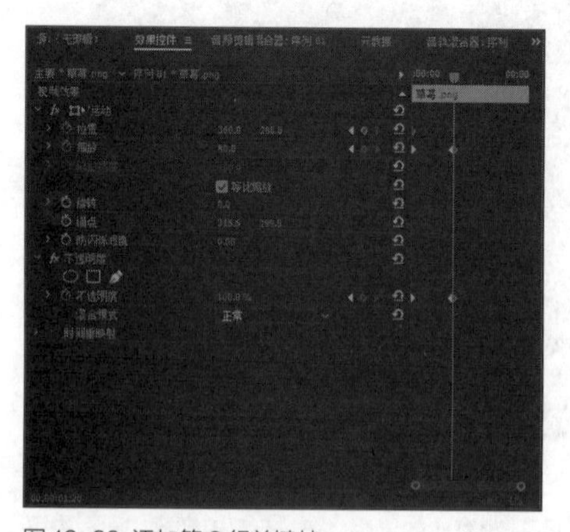

图 12-33 添加第 2 组关键帧

06 单击“位置”选项右侧的“添加/移除关键帧”按钮，如图12-34所示，即可添加关键帧。

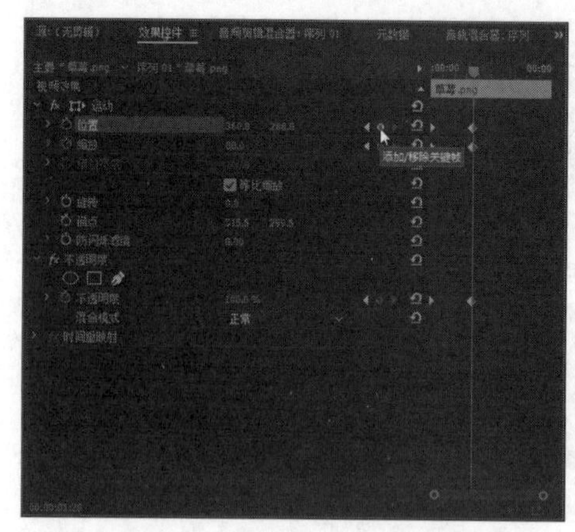

图 12-34 单击“添加 / 移除关键帧”按钮

07 拖曳时间指示器至00:00:04:10位置，选择“运动”选项，如图12-35所示。

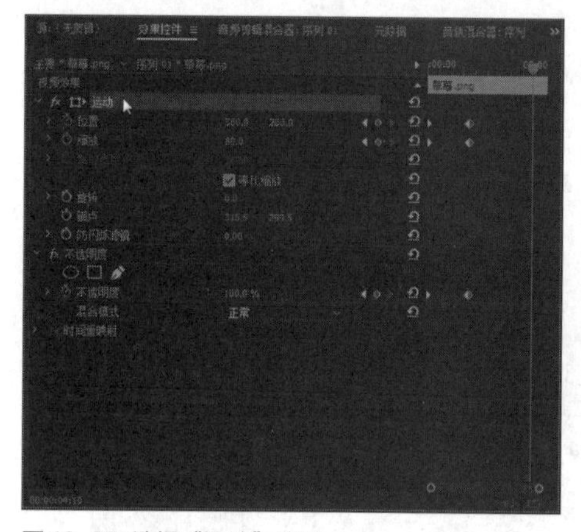

图 12-35 选择“运动”选项

08 执行操作后，在“节目监视器”面板中显示运动控件，如图12-36所示。

图 12-36 显示运动控件

09 在“节目监视器”面板中，拖曳运动控件的中心点，调整素材位置，拖曳素材四周的控制点，调整素材大小，如图12-37所示。

图 12-37 调整素材

10 切换至“效果”面板，展开“视频效果”|“透视”选项，使用鼠标左键双击“投影”选项，如图12-38所示，即可为选择的素材添加投影效果。

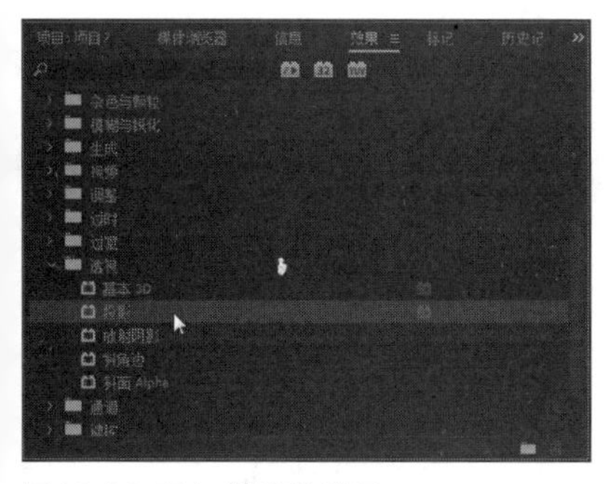

图 12-38 双击“投影”选项

11 在“效果控件”面板中展开“投影”选项，设置“距离”为10.0，“柔和度”为15.0，如图12-39所示。

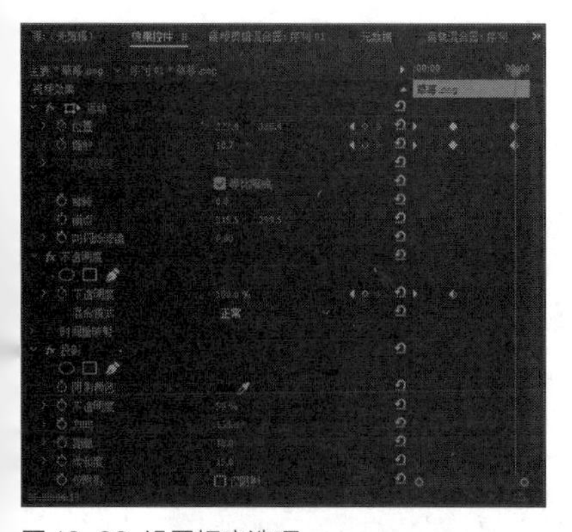

图 12-39 设置相应选项

12 单击“播放-停止切换”按钮，预览视频效果，如图12-40所示。

图 12-40 预览视频效果

专家指点

在 Premiere Pro CC 2017 中，缩放运动效果在影视节目中使用得比较多，该效果不仅操作简单，而且制作的画面对比较强，表现力丰富。

在工作界面中，为影片素材制作缩放运动效果后，如果对效果不满意，展开“效果控件”面板，在其中设置相应“缩放”参数，可以改变缩放运动效果。

12.2.3 实战——旋转降落特效 进阶

在Premiere Pro CC 2017中，旋转运动效果可以将素材围绕指定的轴进行旋转。

素材位置	素材 > 第 12 章 > 项目 8.prproj
效果位置	效果 > 第 12 章 > 项目 8.prproj
视频位置	视频 > 第 12 章 > 实战——旋转降落特效 .mp4

01 按【Ctrl + O】组合键，打开一个项目文件，如图12-41所示。

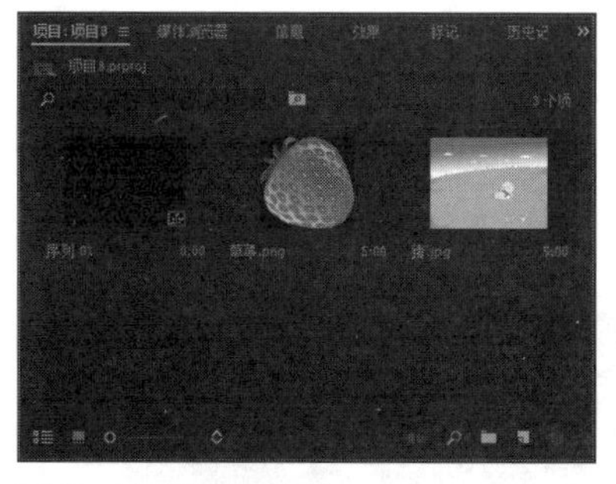

图 12-41 打开项目文件

02 在“项目”面板中选择素材文件，分别添加到“时间轴”面板中的V1与V2轨道上，如图12-42所示。

03 选择V2轨道上的素材文件，切换至“效果控件”面板，设置“位置”为（360.0、-30.0），“缩放”为9.5，单击“位置”与“旋转”选项左侧的“切换动画”按钮，添加关键帧，如图12-43所示。

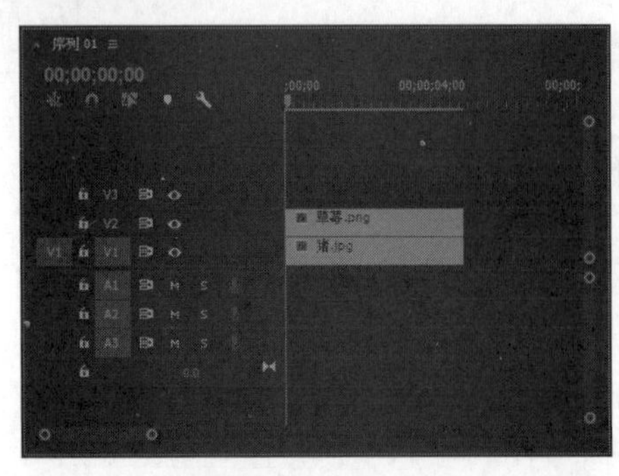

图 12-42 添加素材文件

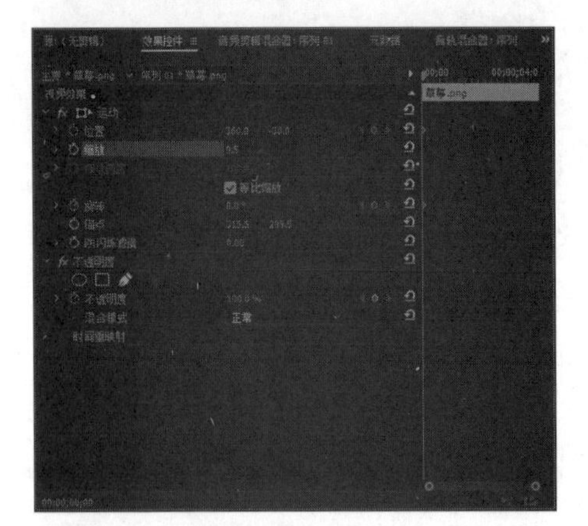

图 12-43 添加第 1 组关键帧

04 拖曳时间指示器至00:00:00:13位置，在“效果控件”面板中设置“位置”为（360.0、50.0），“旋转”为-180.0°，如图12-44所示。

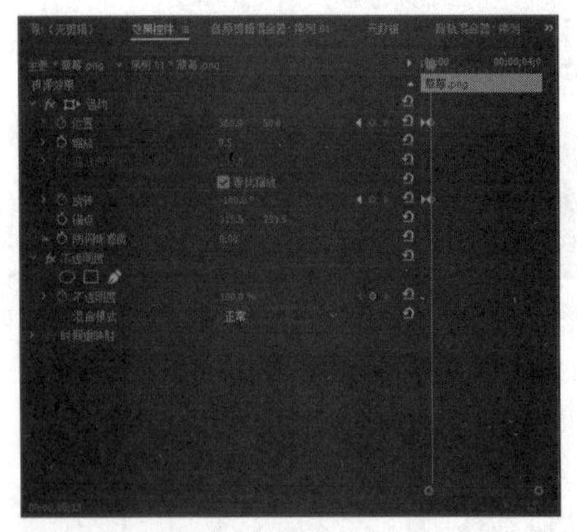

图 12-44 添加第 2 组关键帧

专家指点

在“效果控件”面板中，“旋转”选项是指以对象的轴心为基准对对象进行旋转操作，可以使对象进行任意角度的旋转。

05 拖曳时间指示器至00:00:03:00位置，在“效果控件”面板中设置“位置”为（600.0、350.0），“旋转”为2.0°，添加关键帧，如图12-45所示。

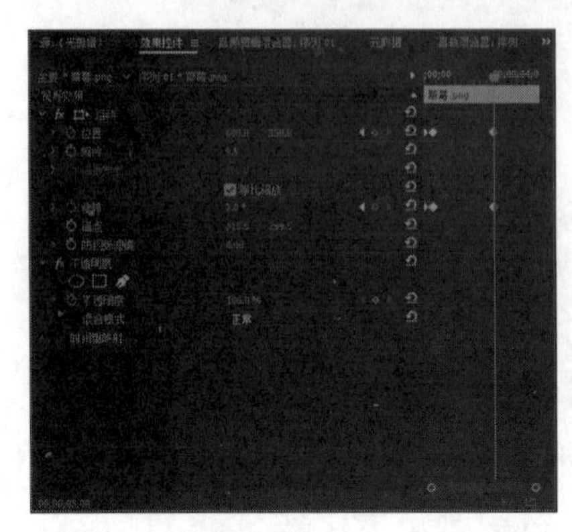

图 12-45 添加第 3 组关键帧

06 单击“播放-停止切换”按钮，预览视频效果，如图12-46所示。

图 12-46 预览视频效果

12.2.4 实战——镜头推拉特效

在视频节目中，制作镜头的推拉可以增加画面的视觉动态效果。下面介绍如何制作镜头的推拉效果。

素材位置	素材 > 第 12 章 > 项目 9.prproj
效果位置	效果 > 第 12 章 > 项目 9.prproj
视频位置	视频 > 第 12 章 > 实战——镜头推拉特效 .mp4

01 按【Ctrl+O】组合键，打开一个项目文件，如图12-47所示。

图 12-47 打开项目文件

02 在“项目”面板中选择“爱的婚纱.jpg”素材文件，并将其添加到“时间轴”面板中的V1轨道上，如图12-48所示。

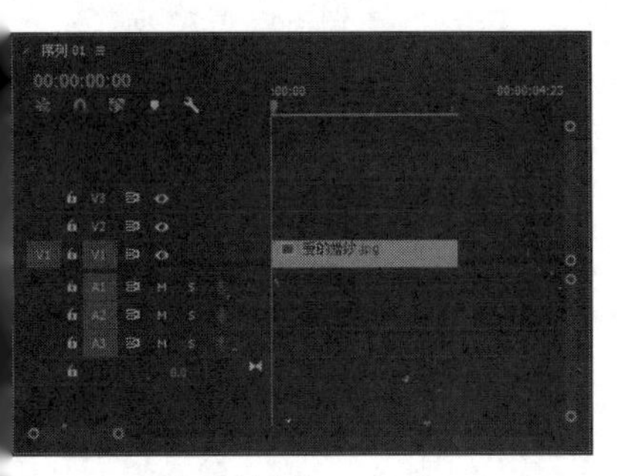

图 12-48 添加素材文件

03 选择V1轨道上的素材文件，在“效果控件”面板中设置“缩放”为90.0，如图12-49所示。

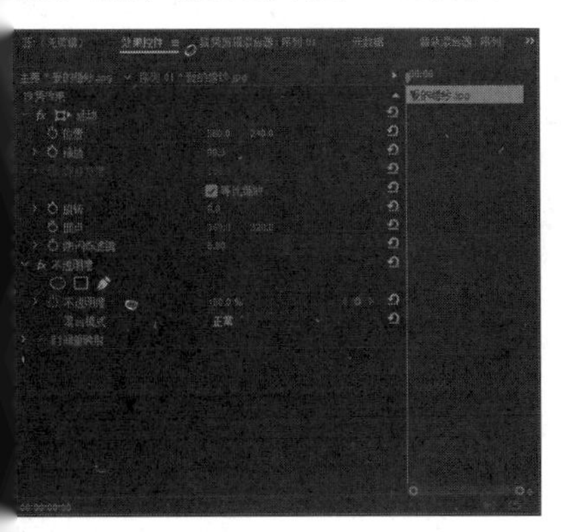

图 12-49 设置缩放值

04 将“爱的婚纱.png”素材文件添加到“时间轴”面板中的V2轨道上，如图12-50所示。

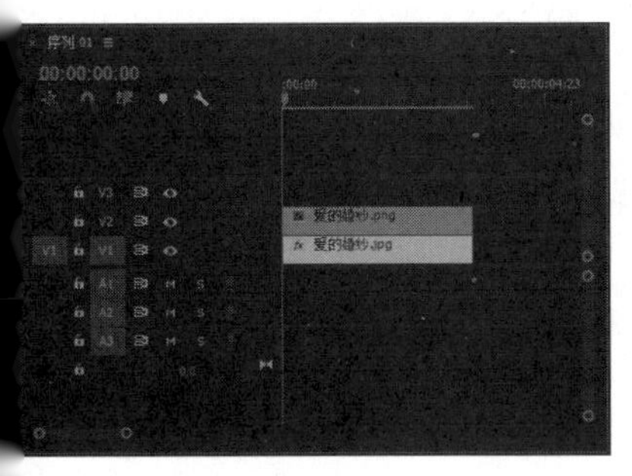

图 12-50 添加素材文件

05 选择V2轨道上的素材，在“效果控件”面板中单击“位置”与“缩放”选项左侧的“切换动画”按钮，设置“位置”为（110.0、90.0），“缩放”为10.0，如图12-51所示。

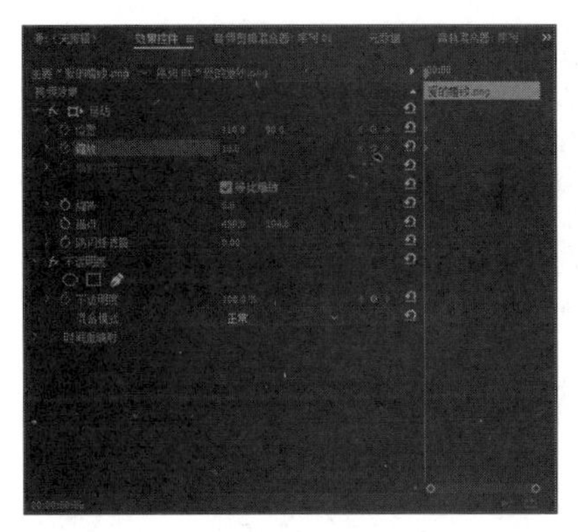

图 12-51 添加第 1 组关键帧

06 拖曳时间指示器至00:00:02:00位置，设置“位置”为（600.0、90.0），“缩放”为25.0，如图12-52所示。

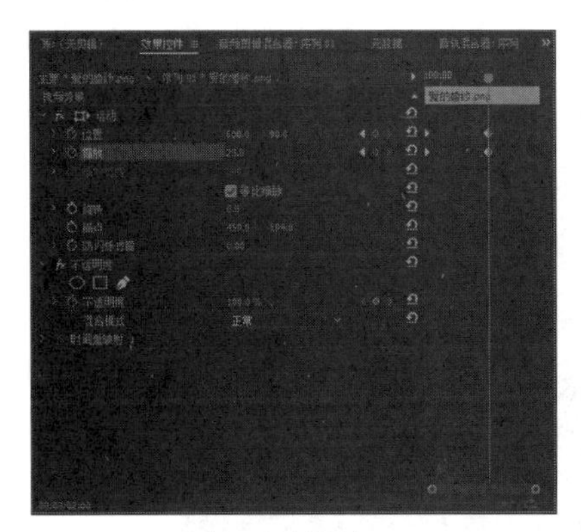

图 12-52 添加第 2 组关键帧

07 拖曳时间指示器至00:00:03:00位置，设置“位置”为（350.0、160.0），“缩放”为30.0，如图12-53所示。

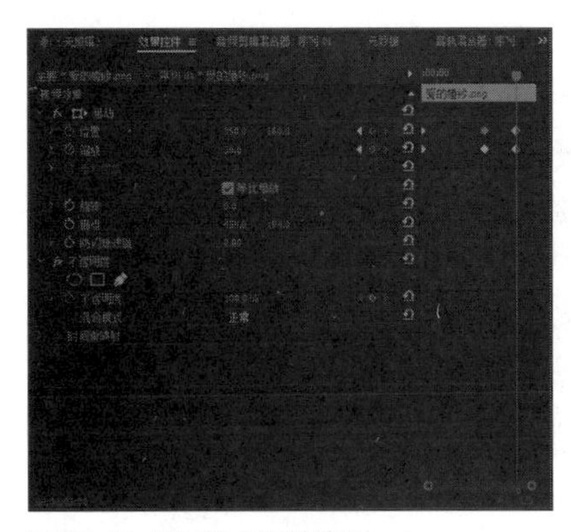

图 12-53 添加第 3 组关键帧

08 单击“播放-停止切换”按钮，预览视频效果，如图12-54所示。

图 12-54 预览视频效果

12.2.5 实战——字幕漂浮特效

字幕漂浮效果主要是通过调整字幕的位置来制作运动效果，然后为字幕添加不透明度来制作漂浮的效果。

素材位置	素材 > 第 12 章 > 项目 10.prproj
效果位置	效果 > 第 12 章 > 项目 10.prproj
视频位置	视频 > 第 12 章 > 实战——字幕漂浮特效 .mp4

01 按【Ctrl + O】组合键，打开一个项目文件，如图 12-55 所示。

图 12-55 打开项目文件

02 在“项目”面板中选择“小清新.jpg”素材文件，并将其添加到“时间轴”面板中的V1轨道上，如图12-56所示。

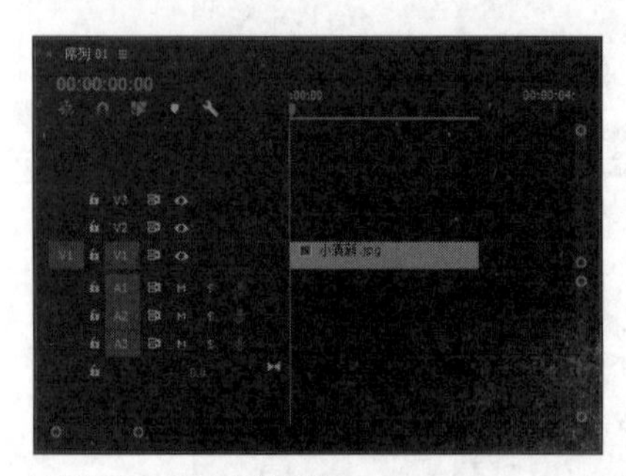

图 12-56 添加素材文件

03 选择V1轨道上的素材文件，在“效果控件”面板中设置“缩放”为77.0，如图12-57所示。

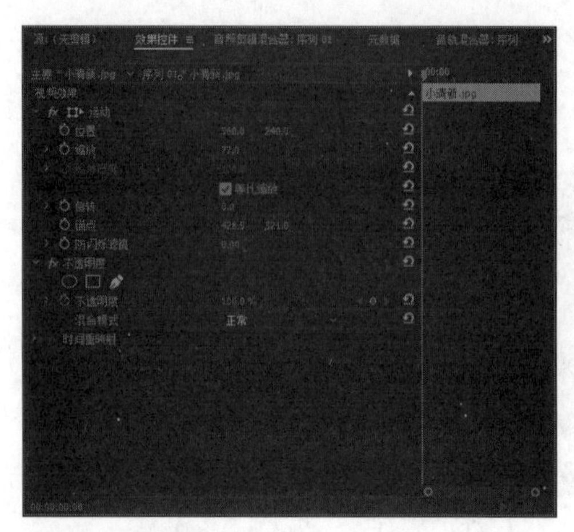

图 12-57 设置缩放值

04 将“小清新”字幕文件添加到“时间轴”面板中的V2轨道上，如图12-58所示，调整素材的区间位置。

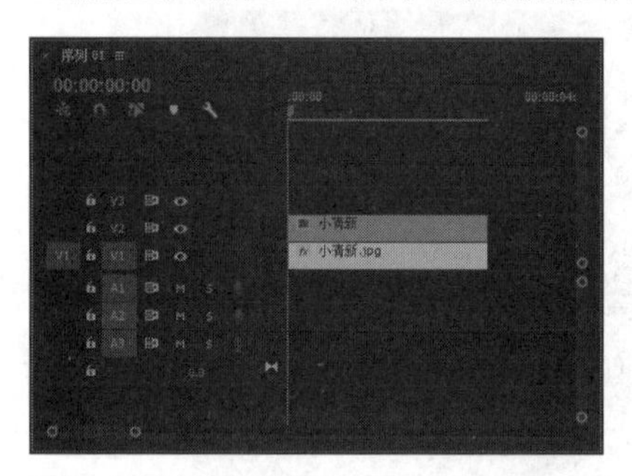

图 12-58 添加字幕文件

05 在“时间轴”面板中添加素材后，在“节目监视器”面板中可以查看素材画面，如图12-59所示。

图 12-59 查看素材画面

06 选择V2轨道上的素材，切换至“效果”面板，展开“视频效果”|“扭曲”选项，双击“波形变形”选项，如图12-60所示，即可为选择的素材添加波形变形效果。

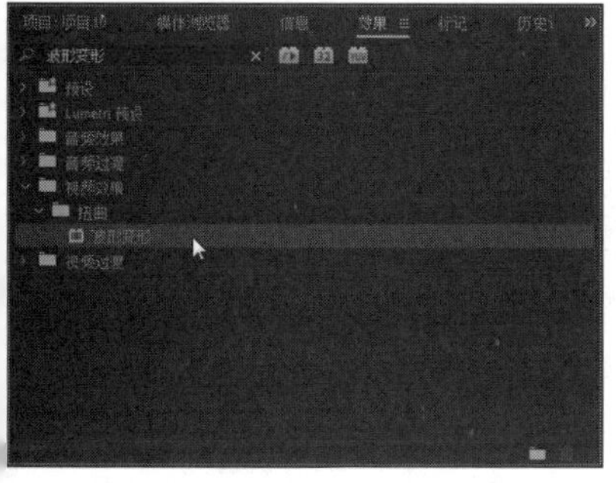

图 12-60 双击“波形变形”选项

07 在“效果控件”面板中，单击“位置”与“不透明度”选项左侧的“切换动画”按钮，设置“位置”为（150.0、250.0），“不透明度”为50.0%，如图12-61所示。

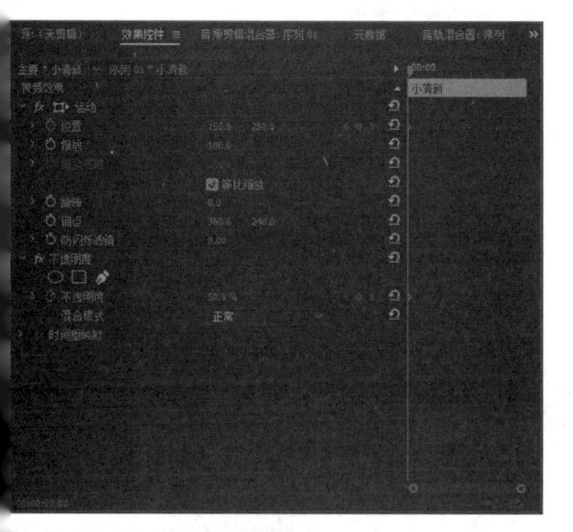

图 12-61 添加第 1 组关键帧

08 拖曳时间指示器至00:00:02:00位置，设置“位置”为（300.0、300.0），“不透明度”为60.0%，如图12-62所示。

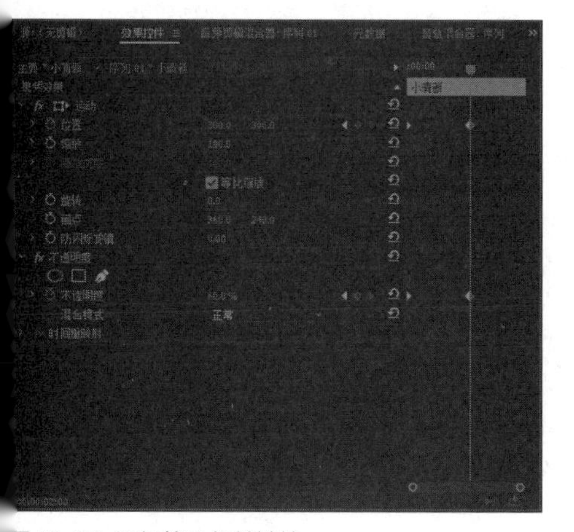

图 12-62 添加第 2 组关键帧

09 拖曳时间指示器至00:00:03:00位置，设置“位置”为（350.0、250.0），“不透明度”为100.0%，如图12-63所示。

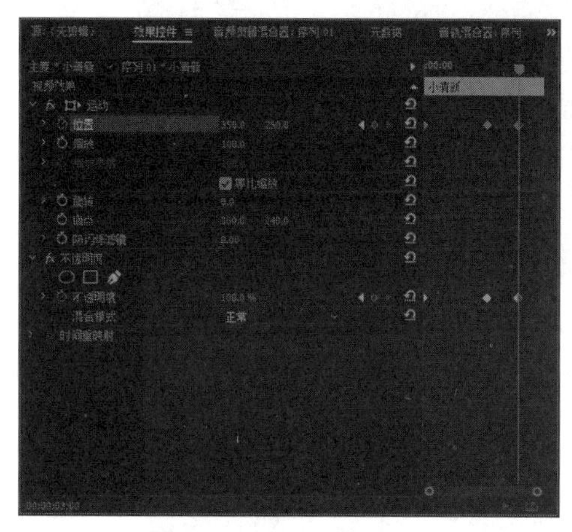

图 12-63 添加第 3 组关键帧

10 单击“播放-停止切换”按钮，预览视频效果，如图12-64所示。

图 12-64 预览视频效果

专家指点

在 Premiere Pro CC 2017 中，字幕漂浮效果是指为文字添加波浪特效后，通过设置相关的参数，模拟水波流动的效果。

12.2.6 实战——字幕逐字输出特效 进阶

在Premiere Pro CC 2017中，通过“裁剪”特效可以制作字幕逐字输出效果。下面介绍制作字幕逐字输出效果的操作方法。

素材位置	素材 > 第 12 章 > 项目 11.prproj
效果位置	效果 > 第 12 章 > 项目 11.prproj
视频位置	视频 > 第 12 章 > 实战——字幕逐字输出特效 .mp4

01 按【Ctrl + O】组合键，打开一个项目文件，如图12-65所示。

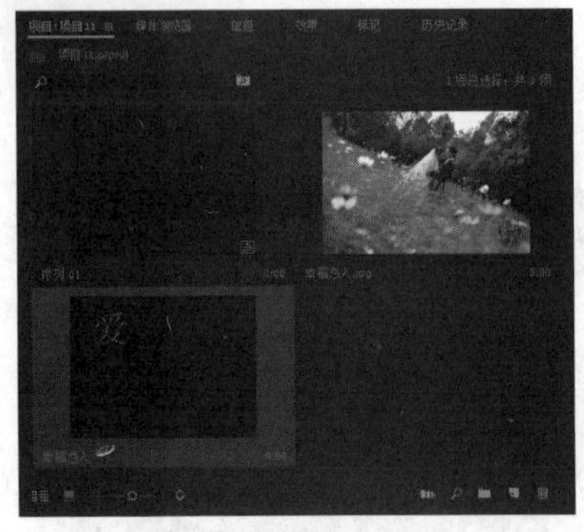

图 12-65 打开项目文件

02 在“项目”面板中选择“幸福恋人.jpg”素材文件，并将其添加到“时间轴”面板中的V1轨道上，如图12-66所示。

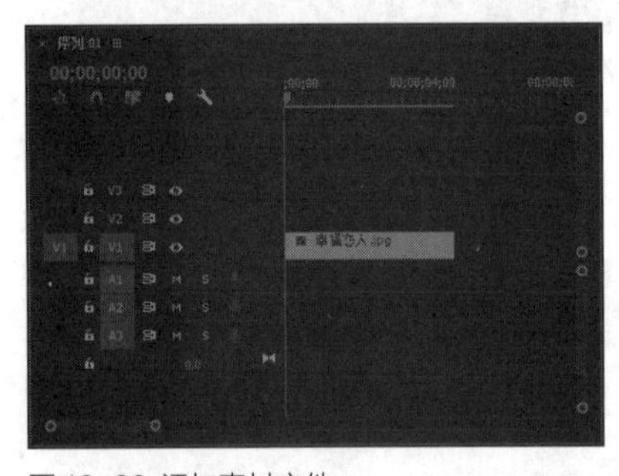

图 12-66 添加素材文件

03 选择V1轨道上的素材文件，在“效果控件”面板中设置“缩放”为12.0，如图12-67所示。

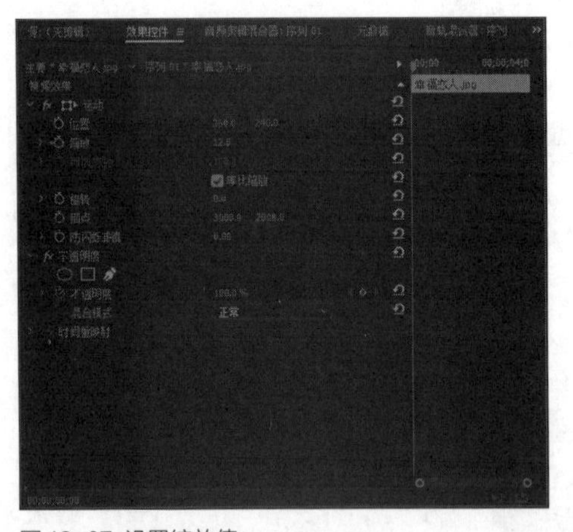

图 12-67 设置缩放值

04 将“幸福恋人”字幕文件添加到“时间轴”面板中的V2轨道上，按住【Shift】键的同时，选中两个素材文件，单击鼠标右键，在弹出的快捷菜单中选择“速度/持续时间”选项，如图12-68所示。

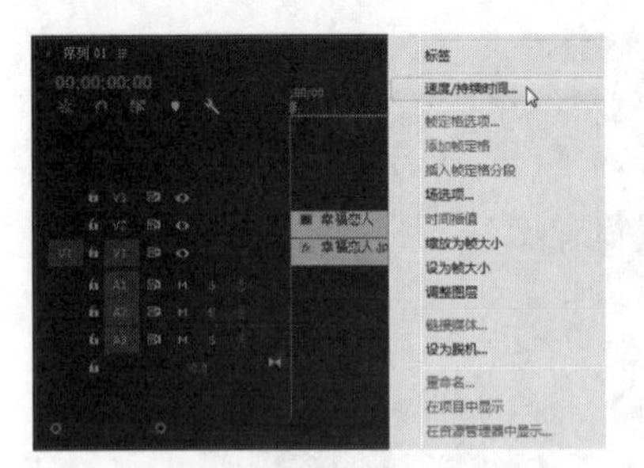

图 12-68 选择“速度 / 持续时间”选项

05 在弹出的“剪辑速度/持续时间”对话框中设置“持续时间”为00:00:10:00，如图12-69所示。

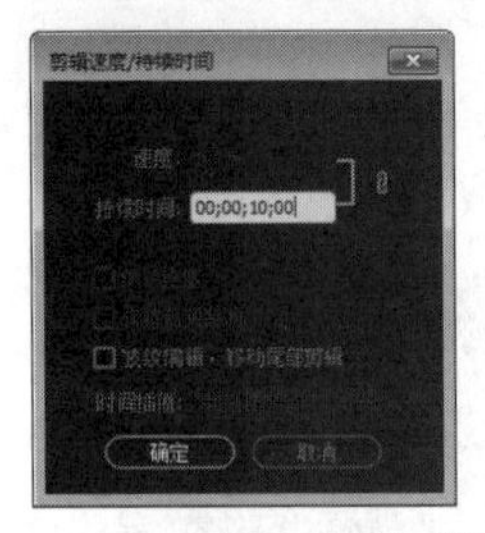

图 12-69 设置“持续时间”参数

06 单击“确定”按钮，设置持续时间，在“时间轴”面板中选择V2轨道上的字幕文件，如图12-70所示。

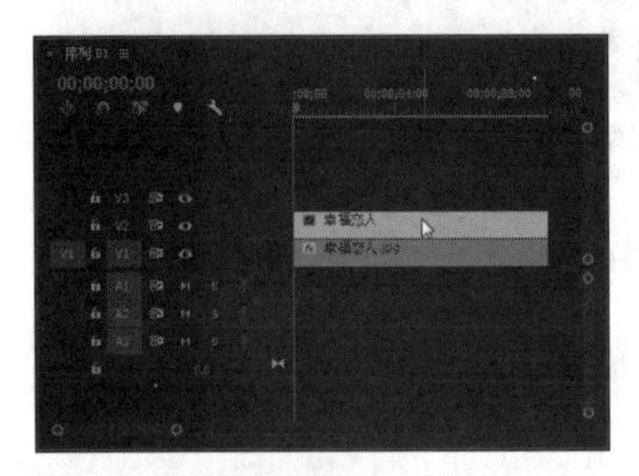

图 12-70 选择字幕文件

07 切换至“效果”面板，展开“视频效果”|“变换”选项，使用鼠标左键双击“裁剪”选项，如图12-71所示，即可为选择的素材添加裁剪效果。

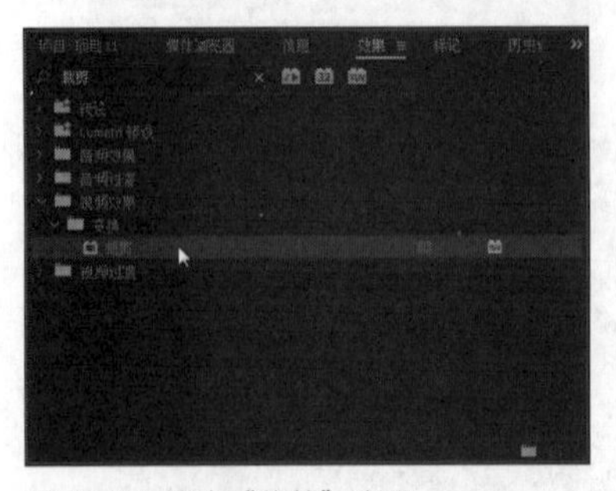

图 12-71 双击“裁剪”选项

08 在“效果控件”面板中展开“裁剪”选项，拖曳时间指示器至00:00:00:12位置，单击“右侧”与“底部”选项左侧的“切换动画”按钮，设置“右侧”为100.0%，“底部”为81.0%，如图12-72所示。

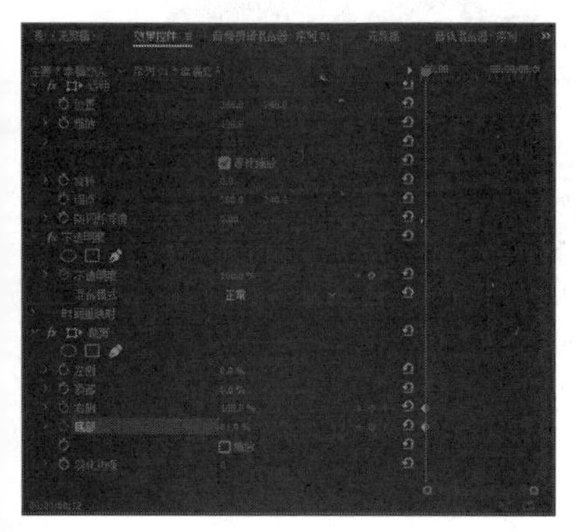

图 12-72 添加第 1 组关键帧

09 执行上述操作后，在“节目监视器”面板中可以查看素材画面，如图12-73所示。

图 12-73 查看素材画面

10 拖曳时间指示器至00:00:00:13位置，设置“右侧”为83.5%，“底部”为81.0%，如图12-74所示。

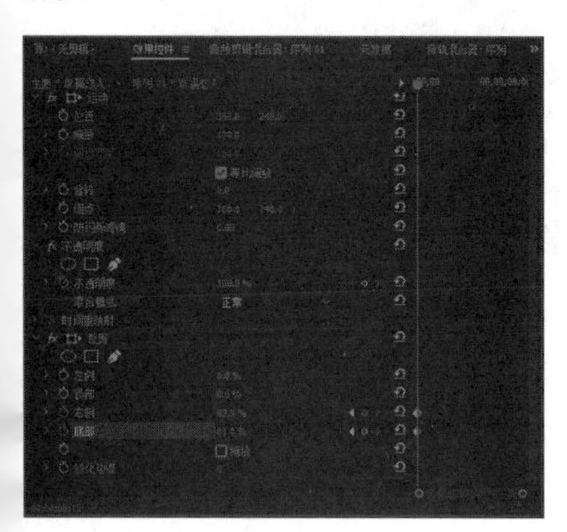

图 12-74 添加第 2 组关键帧

11 拖曳时间指示器至00:00:01:00位置，设置“右侧”为78.5%，如图12-75所示。

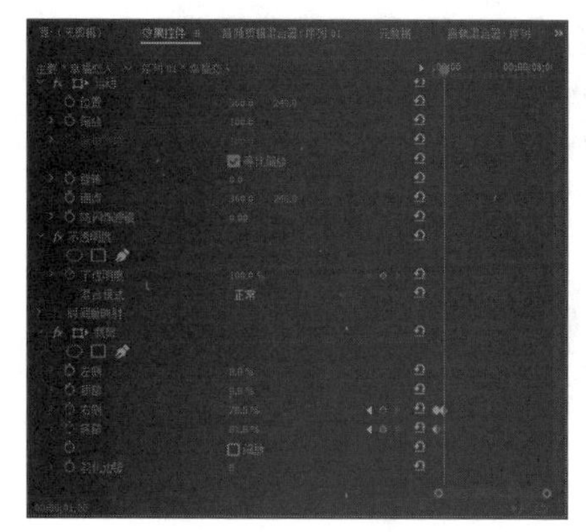

图 12-75 添加第 3 组关键帧

12 拖曳时间指示器至00:00:01:13位置，设置“右侧”为71.5%，“底部”为81.0%，如图12-76所示。

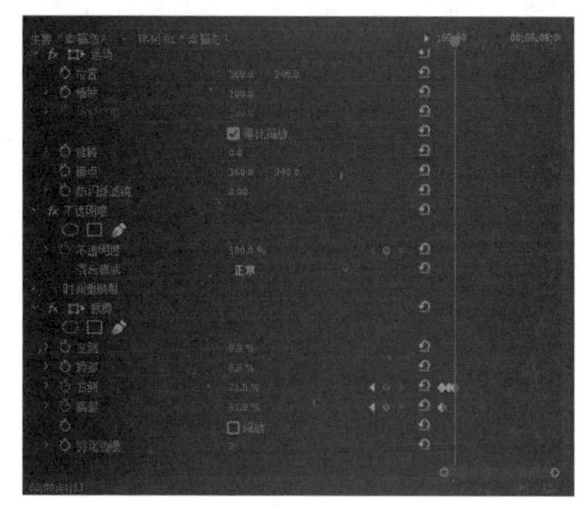

图 12-76 添加第 4 组关键帧

13 拖曳时间指示器至00:00:02:00位置，设置“右侧”为71.5%，“底部”为0.0%，如图12-77所示。

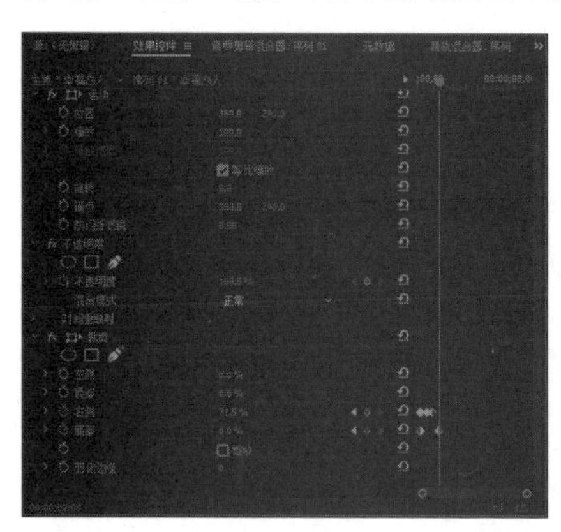

图 12-77 添加第 5 组关键帧

14 拖曳时间指示器至00:00:05:00位置，设置“右侧”为0.0%，“底部”为0.0%，如图12-78所示。

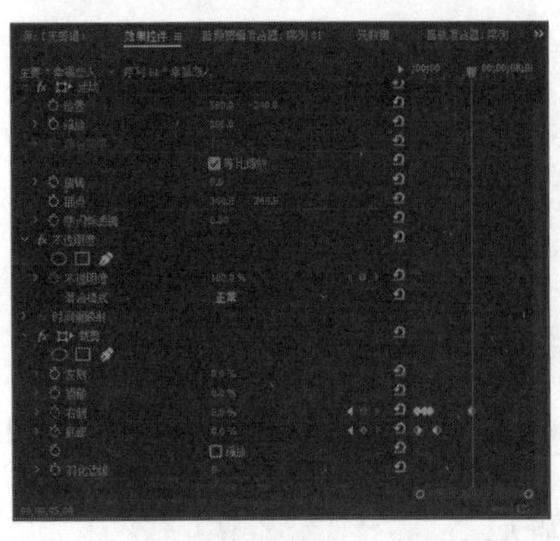

图 12-78 添加其他关键帧

15 单击“播放-停止切换”按钮，预览视频效果，如图12-79所示。

图 12-79 预览视频效果

12.2.7 实战——字幕立体旋转特效

在Premiere Pro CC 2017中，通过“基本3D”特效可以制作字幕立体旋转效果。下面介绍制作字幕立体旋转效果的操作方法。

素材位置	素材 > 第 12 章 > 项目 12.prproj
效果位置	效果 > 第 12 章 > 项目 12.prproj
视频位置	视频 > 第 12 章 > 实战——字幕立体旋转特效 . mp4

01 按【Ctrl＋O】组合键，打开一个项目文件，如图12-80所示。

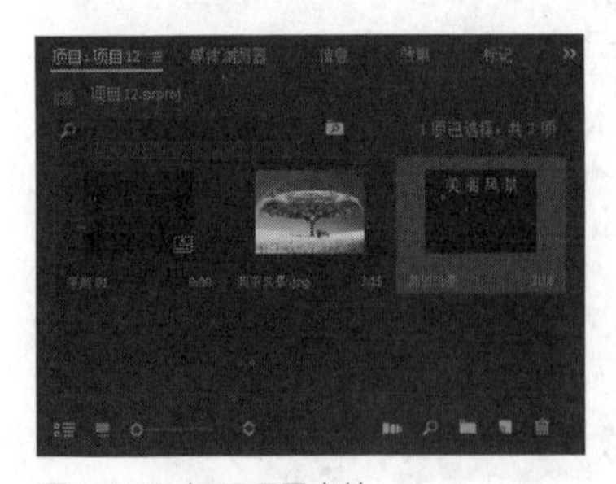

图 12-80 打开项目文件

02 在“项目”面板中选择“美丽风景.jpg”素材文件，并将其添加到“时间轴”面板中的V1轨道上，如图12-81所示。

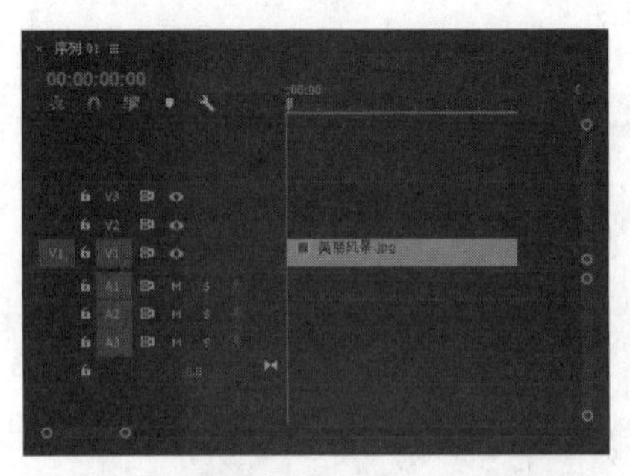

图 12-81 添加素材文件

03 选择V1轨道上的素材文件，在“效果控件”面板中设置“缩放”为80.0，如图12-82所示。

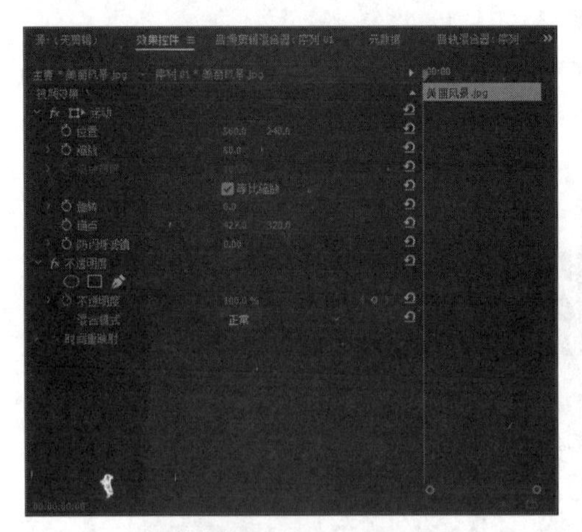

图 12-82 设置缩放值

04 将“美丽风景”字幕文件添加到“时间轴”面板中的V2轨道上，如图12-83所示。

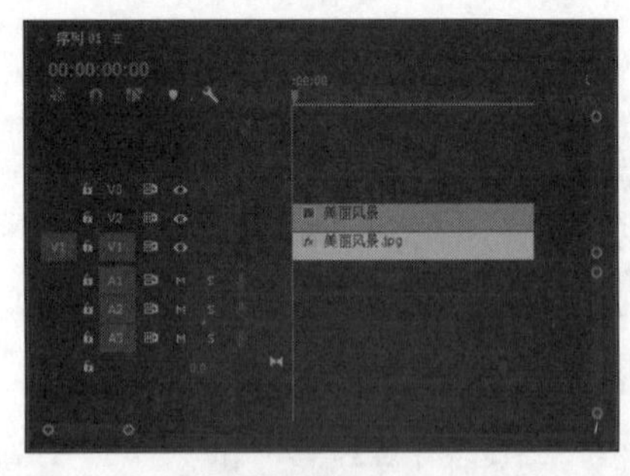

图 12-83 添加字幕文件

05 选择V2轨道上的素材，在“效果控件”面板中设置“位置”为（360.0、260.0），如图12-84所示。

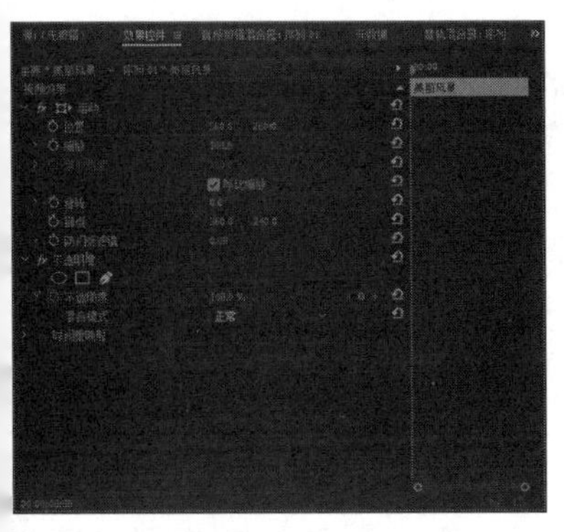

图 12-84 设置“位置”参数

06 切换至“效果”面板，展开“视频效果”|“透视”选项，使用鼠标左键双击“基本3D”选项，如图12-85所示，即可为选择的素材添加“基本3D”效果。

图 12-85 双击“基本 3D”选项

07 拖曳时间指示器到时间轴的开始位置，在“效果控件”面板中展开“基本3D”选项，单击“旋转”“倾斜”及“与图像的距离”选项左侧的“切换动画”按钮，设置“旋转”为0.0°，“倾斜”为0.0°“与图像的距离”为100.0，如图12-86所示。

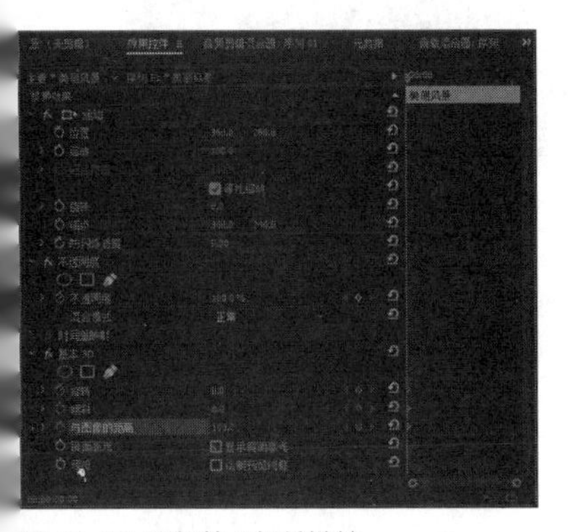

图 12-86 添加第 1 组关键帧

08 拖曳时间指示器至00:00:01:00位置，设置“旋转”为100.0°，“倾斜”为0.0°，“与图像的距离”为200.0，如图12-87所示。

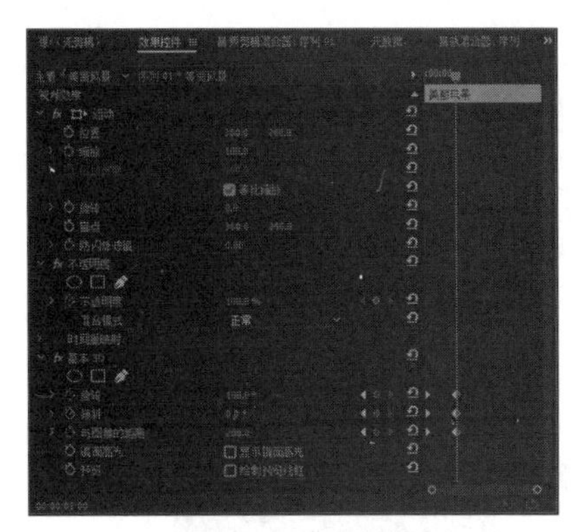

图 12-87 添加第 2 组关键帧

09 拖曳时间指示器至00:00:02:00位置，设置“旋转”为100.0°，“倾斜”为100.0°，“与图像的距离”为100.0，如图12-88所示。

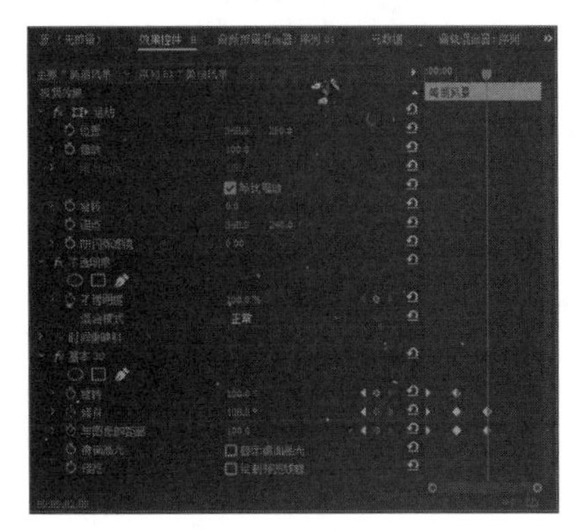

图 12-88 添加第 3 组关键帧

10 拖曳时间指示器至00:00:03:00位置，设置“旋转”为2.0°，“倾斜”为2.0°，“与图像的距离”为0.0，如图12-89所示。

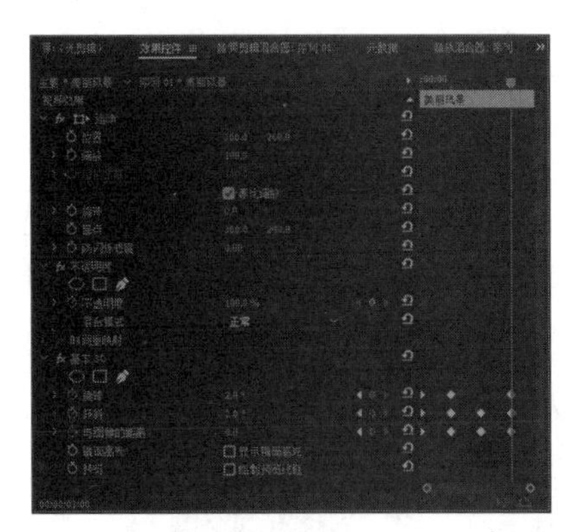

图 12-89 添加第 4 组关键帧

11 单击“播放-停止切换”按钮，预览视频效果，如图12-90所示。

图 12-90 预览视频效果

12.3 制作画中画特效

画中画效果是在影视节目中常用的技巧之一，是利用数字技术，在同一屏幕上显示两个画面。下面将详细介绍画中画的相关基础知识及制作方法，供读者学习。

12.3.1 实战——画中画特效的导入

画中画是以高科技为载体，将普通的平面图像转化为层次分明，全景多变的精彩画面。

素材位置	素材 > 第 12 章 > 项目 13.prproj
效果位置	效果 > 第 12 章 > 项目 13.prproj
视频位置	视频 > 第 12 章 > 实战——画中画特效的导入 . mp4

01 按【Ctrl + O】组合键，打开一个项目文件，如图12-91所示。

图 12-91 打开项目文件

图 12-91 打开项目文件（续）

02 在“时间轴”面板上，将导入的素材分别添加至V1和V2轨道上，拖动控制条调整视图，如图12-92所示。

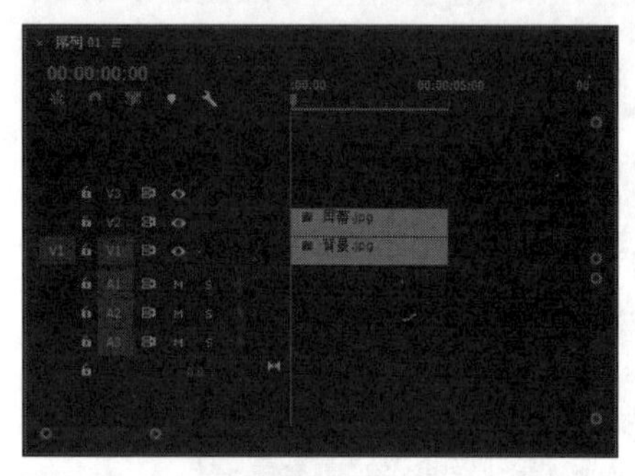

图 12-92 添加素材图像

03 将时间线移至00:00:06:00位置，将V2轨道上的素材向右拖曳至6秒处，如图12-93所示。

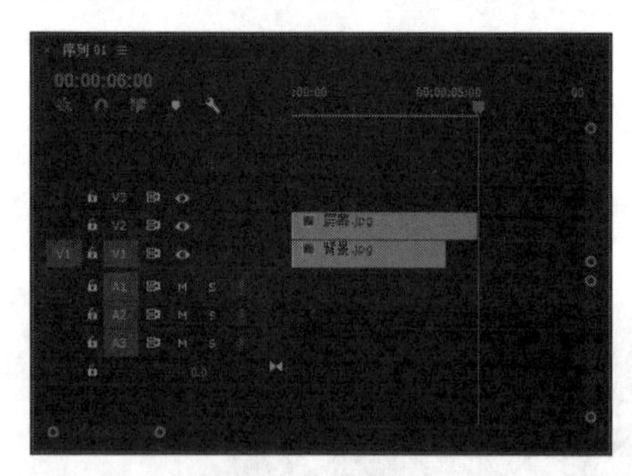

图 12-93 拖曳 V2 轨道上的素材

专家指点

画中画效果的基础知识如下。

画中画效果是指在正常观看的主画面上，同时插入一个或多个经过压缩的子画面，以便在欣赏主画面的同时，观看其他的影视效果。通过数字化处理，生成景物远近不同、具有强烈视觉冲击力的全景图像，给人一种身在画中的全新视觉感受。

画中画效果不仅可以同步显示多个不同的画面，还可以显示两个或多个内容相同的画面效果，使画面产生万花筒般的特殊效果。

- 画中画在天气预报中的应用

随着电脑的普及，画中画效果逐渐成为天气预报节目的常用的播放技巧。

在天气预报节目中，几乎大部分都是运用了画中画效果来进行播放的。工作人员通过后期的制作，将两个画面合成至一个背景中，得到最终天气预报的效果。

- 画中画在新闻播报中的应用

画中画效果在新闻节目中的应用也十分广泛。在新闻节目中，常常会看到节目主持人的右上方出来一个新的画面，这些画面通常是为了配合主持人报道新闻。

- 画中画在影视广告宣传中的应用

影视广告是非常有效而且覆盖面较广的广告传播方法之一。

随着数码科技的发展，这种画中画效果被应用于许多广告作品中，加入了画中画效果的宣传动画，常常可以表现出更加明显的宣传中效果。

- 画中画在显示器中的应用

随着网络电视的不断普及，以及大屏幕显示器的出现，画中画在显示器中的应用也并非是人们想象中的“鸡肋”。在市场上，以华硕 VE276Q 和三星 P2370HN 为代表的带有画中画功能的显示器，受到了用户的一致认可，同时也使显示器的娱乐性进一步增强。

12.3.2 实战——画中画特效的制作 进阶

在添加完素材后，可以继续对画中画素材设置运动效果。接下来将介绍如何设置画中画的特效属性。

素材位置	素材 > 第 12 章 > 项目 14.prproj
效果位置	效果 > 第 12 章 > 项目 14.prproj
视频位置	视频 > 第 12 章 > 实战——画中画特效的制作 .mp4

01 按【Ctrl + O】组合键，打开一个项目文件，将时间线移至素材的开始位置，选择V1轨道上的素材。在“效果控件”面板中，单击“位置”和“缩放”左侧的“切换动画”按钮，添加一组关键帧，如图12-94所示。

专家指点

画中画效果，其实就是画里有画，使画面更有层次感，增加深度、内涵，让人印象深刻、深有感触。

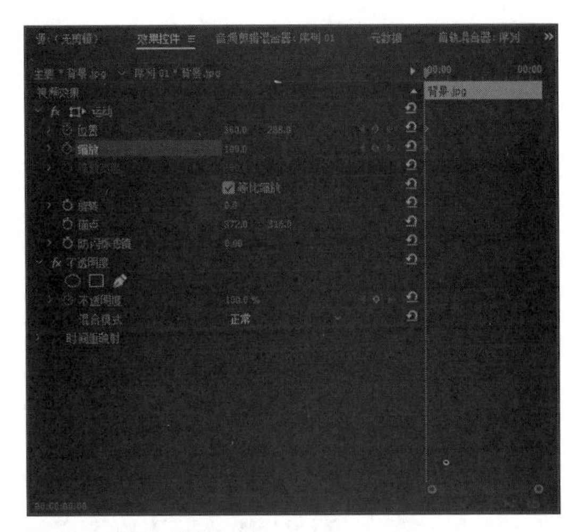

图 12-94 添加关键帧 1

02 选择V2轨道上的素材，设置“缩放”为20.0，在“节目监视器”面板中，将选择的素材拖曳至面板左上角，单击“位置”和“缩放”左侧前的“切换动画”按钮，添加关键帧，如图12-95所示。

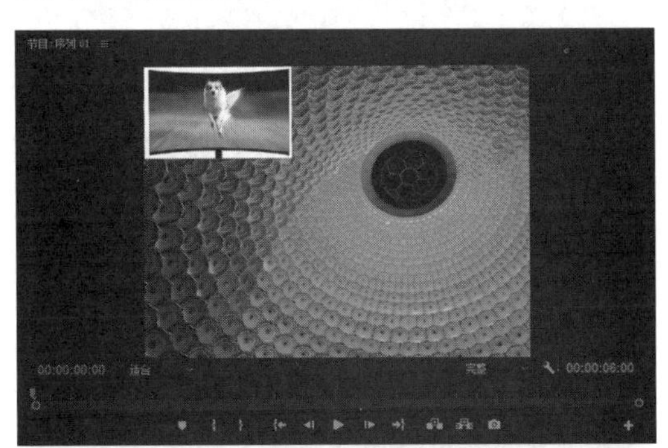

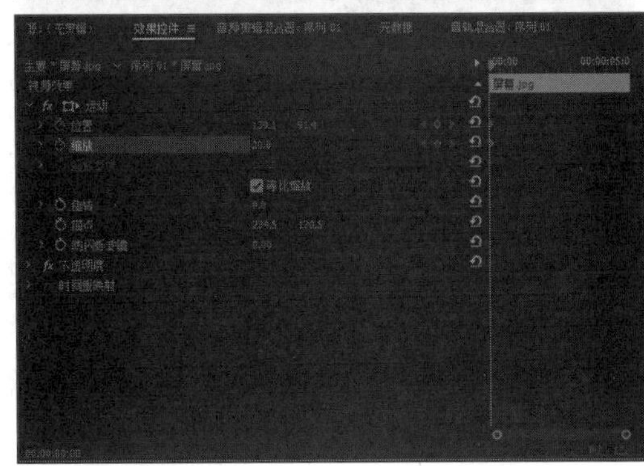

图 12-95 添加关键帧 2

03 将时间线移至00:00:00:18位置，选择V2轨道中的素材，在“节目监视器”面板中沿水平方向向右拖曳素材，系统会自动添加一个关键帧，如图12-96所示。

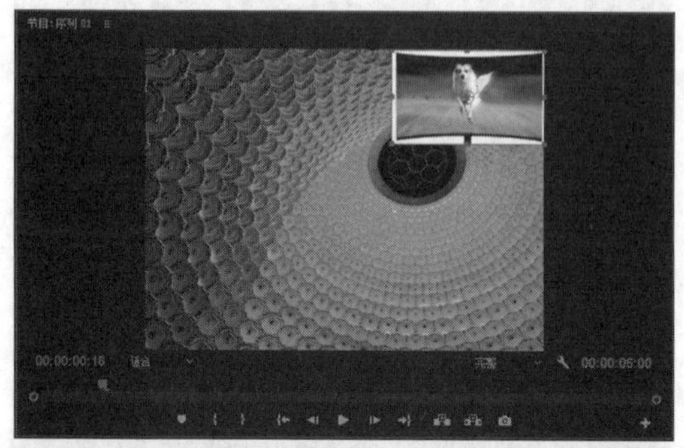

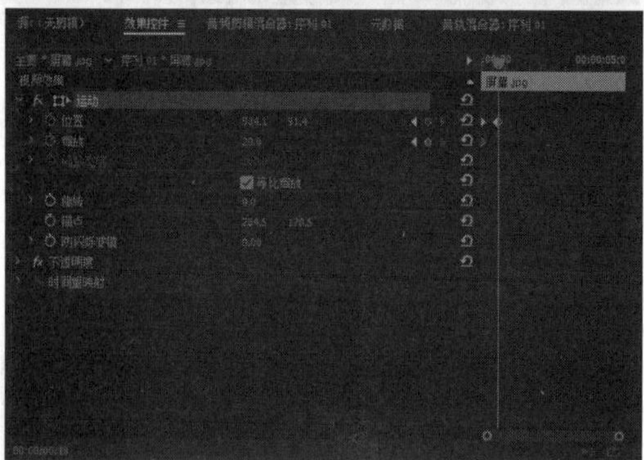

图12-96 添加关键帧3

04 将时间线移至00:00:01:00位置，选择V2轨道中的素材，在“节目监视器”面板中垂直向下方向拖曳素材，系统会自动添加一个关键帧，如图12-97所示。

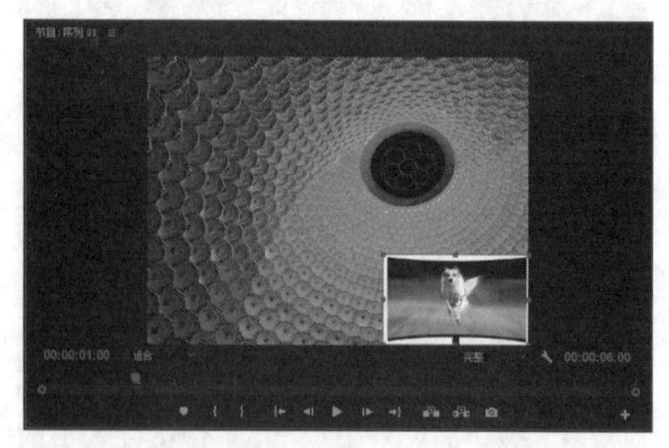

图12-97 添加关键帧4

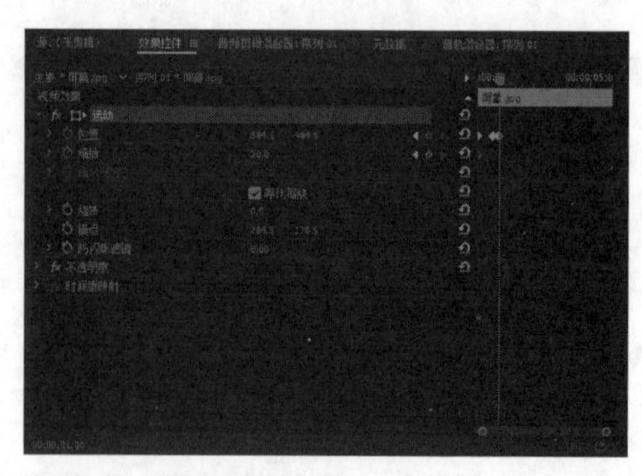

图12-97 添加关键帧4（续）

05 将“背景”素材图像添加至V3轨道00:00:01:04位置，如图12-98所示。

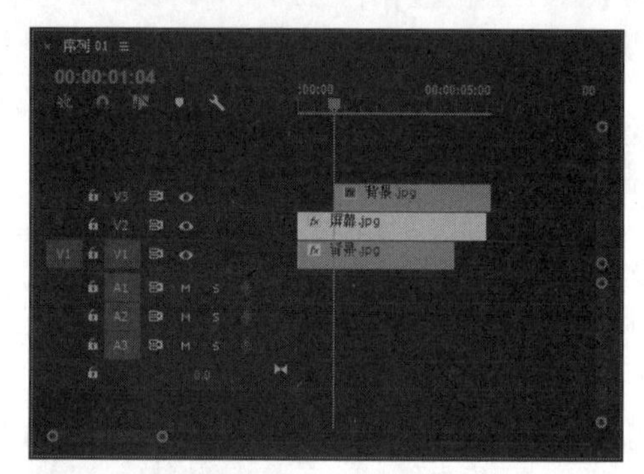

图12-98 添加素材图像

06 选择V3轨道上的素材，将时间线移至00:00:01:05位置，如图12-99所示。

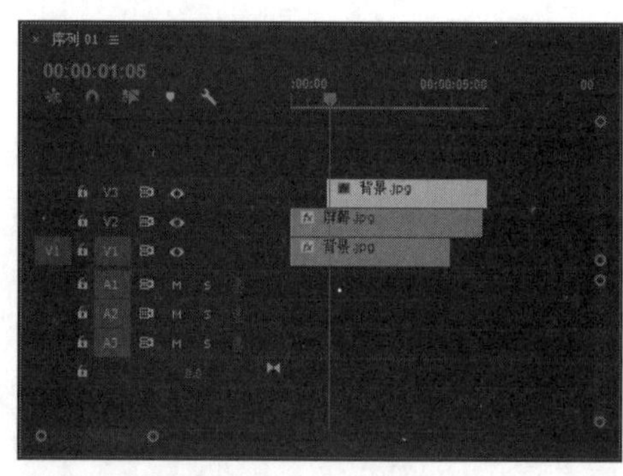

图12-99 调整时间线

07 在“效果控件”面板中，展开“运动”选项，设置“缩放”为40.0，在“节目监视器”面板中向右上角拖曳素材，系统会自动添加一组关键帧，如图12-100所示。

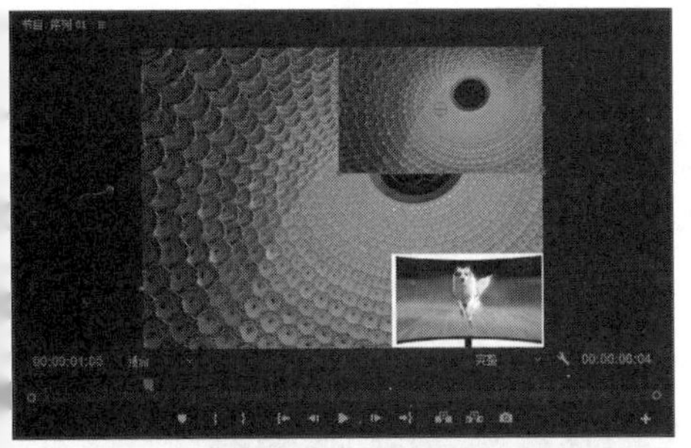

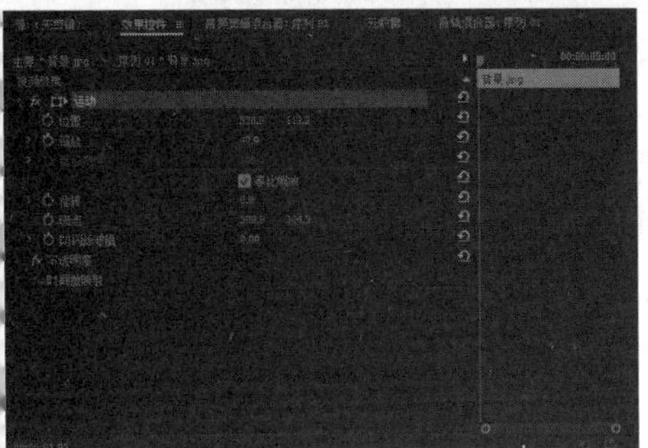

图 12-100　添加关键帧 5

08 执行操作后，即可制作画中画效果。在“节目监视器”面板中，单击“播放-停止切换”按钮，即可预览画中画效果，如图12-101所示。

图 12-101　预览画中画效果

12.4 习题测试

习题1　通过切换动画删除关键帧

素材位置	素材 > 第 12 章 > 项目 15.prproj
效果位置	效果 > 第 12 章 > 项目 15.prproj
视频位置	视频 > 第 12 章 > 习题 1：通过切换动画删除关键帧 .mp4

本习题练习通过切换动画删除关键帧的操作，素材和效果如图12-102所示。

图 12-102　素材和效果

习题2　通过添加 - 移除关键帧删除关键帧

素材位置	素材 > 第 12 章 > 项目 16.prproj
效果位置	效果 > 第 12 章 > 项目 16.prproj
视频位置	视频 > 第 12 章 > 习题 2：通过添加 - 移除关键帧删除关键帧 .mp4

本习题练习通过添加-移除关键帧删除关键帧的操作，素材和效果如图12-103所示。

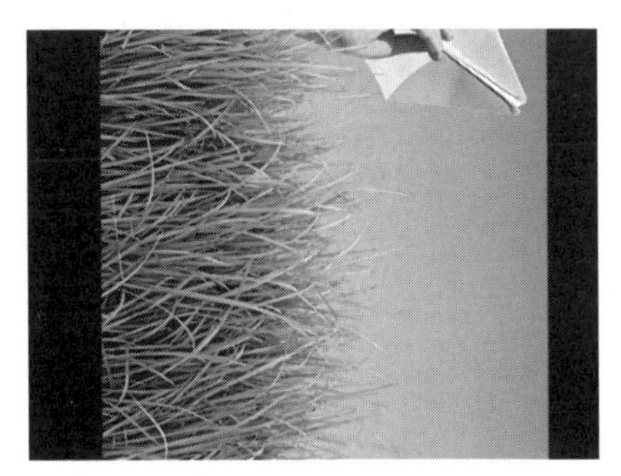

图 12-103　素材和效果

图 12-103 素材和效果（续）

习题3 制作飞行的字幕效果

素材位置	素材 > 第 12 章 > 项目 17.prproj
效果位置	效果 > 第 12 章 > 项目 17.prproj
视频位置	视频 > 第 12 章 > 习题 3：制作飞行的字幕效果 .mp4

本习题练习制作飞行的字幕效果的操作，素材和效果如图12-104所示。

图 12-104 素材和效果

习题4 制作画中画视频效果

素材位置	素材 > 第 12 章 > 项目 18.prproj
效果位置	效果 > 第 12 章 > 项目 18.prproj
视频位置	视频 > 第 12 章 > 习题 4：制作画中画视频效果 .mp4

本习题练习制作画中画视频效果的操作，素材和效果如图12-105所示。

图 12-105 素材和效果

第13章 设置与导出视频文件

在Premiere Pro CC 2017中，当完成一段影视内容的编辑，并且对编辑的效果感到满意时，可以将其输出为各种不同格式的文件。

在导出视频时，需要对视频的格式、预设、输出名称、位置及其他选项进行设置。本章主要介绍如何设置影片输出的参数，并输出为各种不同格式的文件。

课堂学习目标

- 掌握视频预览区域的设置方法。
- 掌握参数设置区域的设置方法。
- 掌握编码文件的导出操作。
- 掌握MP3文件的导出操作。

扫码观看本章实战操作视频

13.1 设置视频参数

下面将介绍“导出设置”对话框及导出视频所需要设置的参数。

13.1.1 实战——视频预览区域的设置

视频预览区域主要用来预览视频效果。下面将介绍设置视频预览区域的操作方法。

素材位置	素材 > 第 13 章 > 项目 1.prproj
效果位置	无
视频位置	视频 > 第 13 章 > 实战——视频预览区域的设置 .mp4

01 按【Ctrl+O】组合键，打开一个项目文件，如图13-1所示。

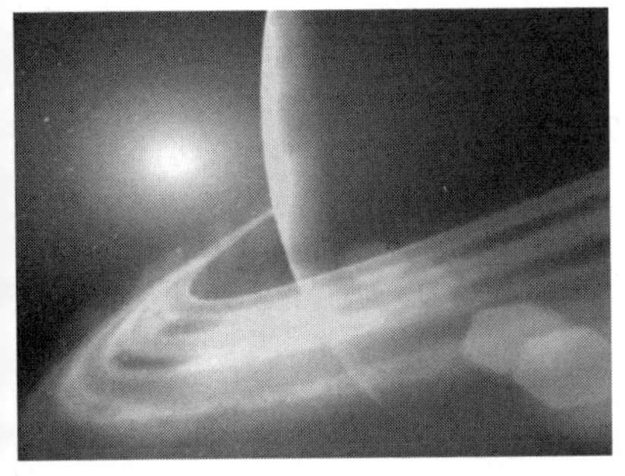

图13-1 打开项目文件

02 在Premiere Pro CC 2017的界面中，单击“文件”|“导出”|“媒体”命令，如图13-2所示。

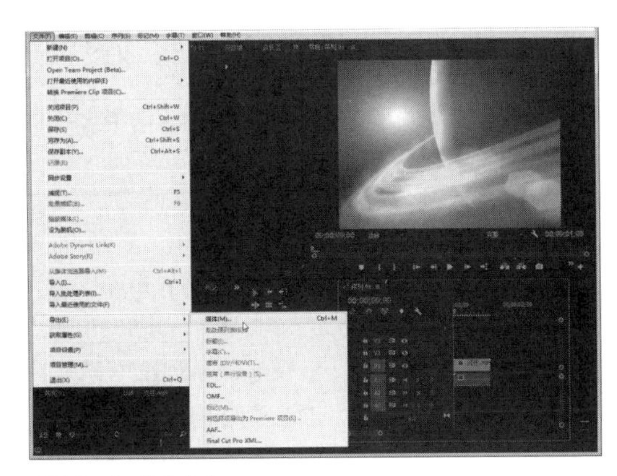

图13-2 单击命令

03 弹出“导出设置”对话框，拖曳窗口底部的“当前时间指示器”查看导出的视频效果，如图13-3所示。

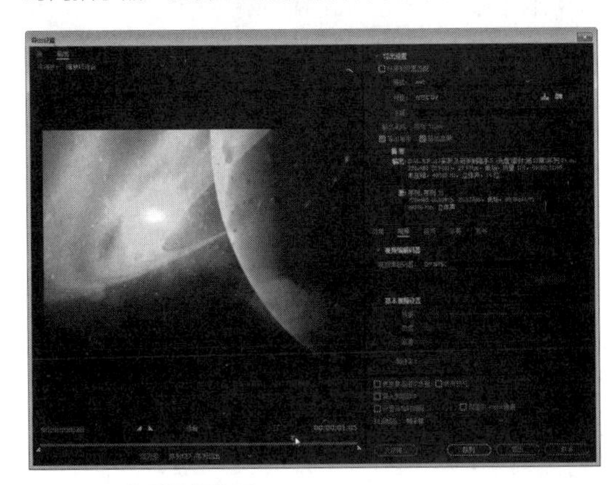

图13-3 查看视频效果

04 单击对话框左上角的“裁剪输出视频”按钮，视频预览区域中的画面将显示4个调节点，拖曳其中的某个点，即可裁剪输出视频的范围，如图13-4所示。

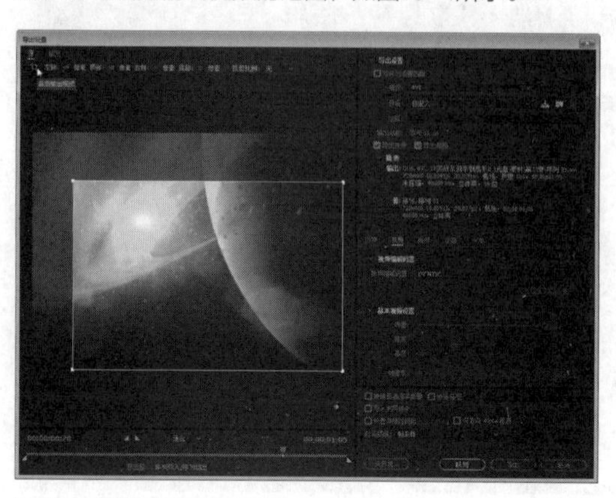

图 13-4 裁剪视频输出范围

13.1.2 实战——参数设置区域的设置 重点

“参数设置区域”选项区中的各参数决定着影片的最终效果，在这里可以设置视频参数。

素材位置	素材 > 第 13 章 > 项目 1.prproj
效果位置	效果 > 第 13 章 > 视频 .3gp
视频位置	视频 > 第 13 章 > 实战——参数设置区域的设置 .mp4

01 以本书“13.1.1 实战——视频预览区域的设置”的素材为例，单击“格式”选项右侧的下拉按钮，在弹出的列表框中选择MPEG4作为当前导出的视频格式，如图13-5所示。

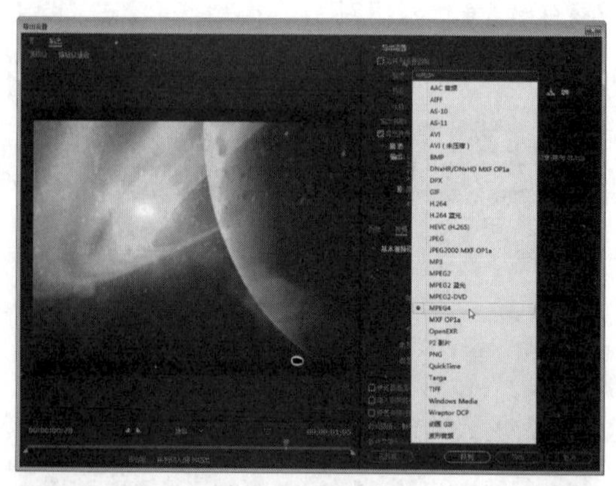

图 13-5 设置导出格式

02 根据导出视频格式的不同，设置“预设”选项。单击“预设”选项右侧的下拉按钮，在弹出的列表框中选择3GPP 352×288 H.263选项，如图13-6所示。

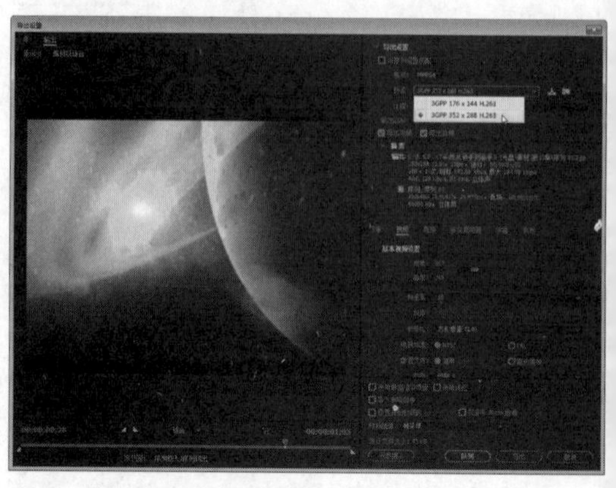

图 13-6 选择相应选项

03 单击“输出名称”右侧的链接，如图13-7所示。

图 13-7 单击链接

04 弹出“另存为”对话框，设置文件名和存储位置，如图13-8所示，单击“保存”按钮，即可完成视频参数的设置。

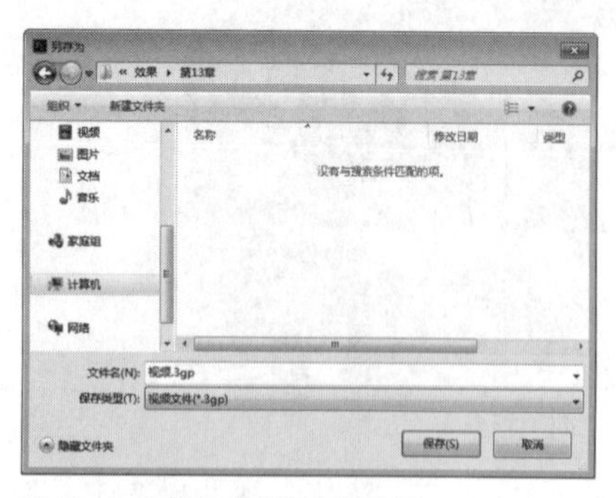

图 13-8 设置文件名和存储位置

13.2 导出影视文件

随着视频格式的增加，Premiere Pro CC 2017会根据所选文件的不同，调整不同的视频输出选项，以便用户更快捷地调整视频的设置。下面主要介绍视频的导出方法。

13.2.1 实战——编码文件的导出 重点

编码文件就是现在常见的AVI格式文件，这种格式的文件兼容性好、使用方便、画面质量好。

素材位置	素材 > 第 13 章 > 项目 2.prproj
效果位置	效果 > 第 13 章 > 视频 1.avi
视频位置	视频 > 第 13 章 > 实战——编码文件的导出 .mp4

01 按【Ctrl+O】组合键，打开一个项目文件，如图13-9所示。

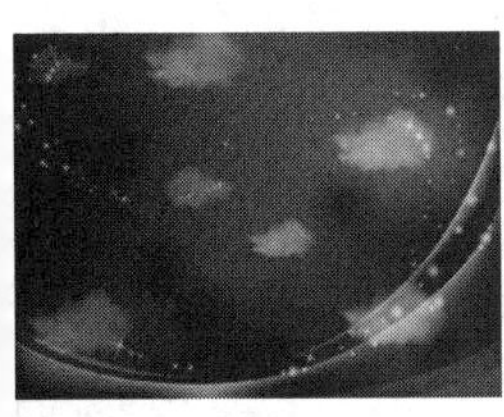

图 13-9 打开项目文件

02 单击“文件”|“导出”|“媒体”命令，如图13-10所示。

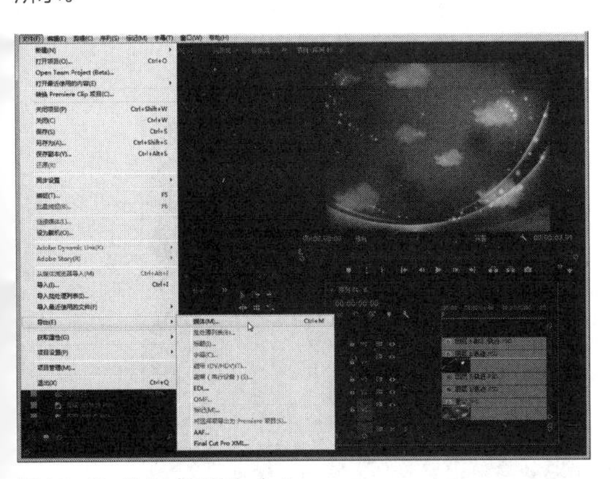

图 13-10 单击“媒体”命令

03 执行上述操作后，弹出“导出设置”对话框，如图13-11所示。

04 在“导出设置”选项区中设置“格式”为AVI，“预设”为“NTSC DV宽银幕”，如图13-12所示。

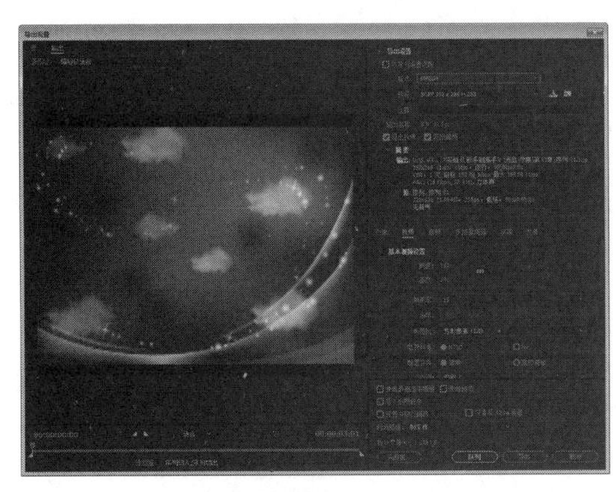

图 13-11 “导出设置”对话框

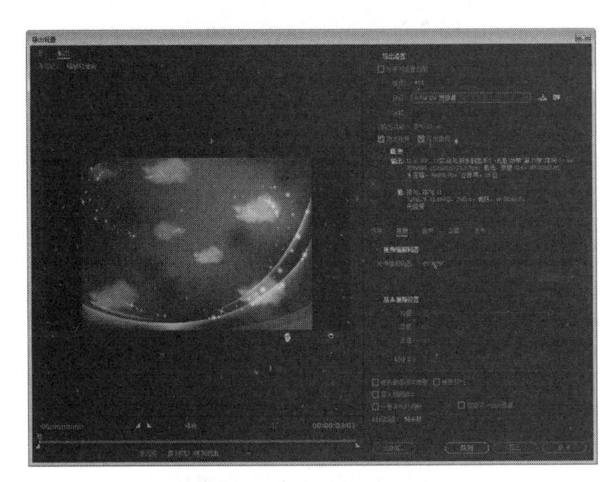

图 13-12 设置参数值

05 单击“输出名称”右侧的链接，弹出“另存为”对话框，在其中设置保存位置和文件名，如图13-13所示。

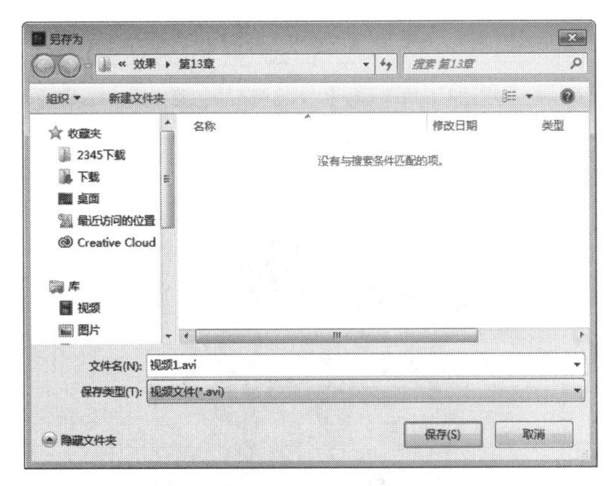

图 13-13 设置保存位置和文件名

06 设置完成后，单击“保存”按钮，然后单击对话框右下角的“导出”按钮，如图13-14所示。

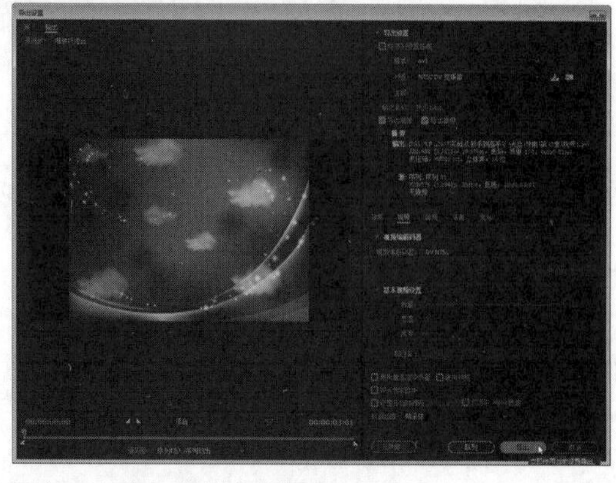

图 13-14 单击“导出”按钮

07 执行上述操作后，弹出“编码 序列01”对话框，开始导出编码文件，并显示导出进度，如图13-15所示，导出完成后，即可完成编码文件的导出。

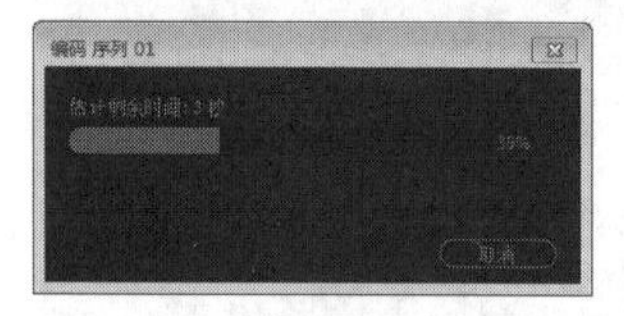

图 13-15 显示导出进度

13.2.2 实战——EDL文件的导出

在Premiere Pro CC 2017中，用户不仅可以将视频导出为编码文件，还可以根据需要将其导出为EDL文件。

素材位置	素材 > 第 13 章 > 项目 3.prproj
效果位置	效果 > 第 13 章 > 序列 1.edl
视频位置	视频 > 第 13 章 > 实战——EDL 文件的导出 .mp4

01 按【Ctrl + O】组合键，打开一个项目文件，如图13-16所示。

图 13-16 打开项目文件

专家指点

在Premiere Pro CC 2017中，“EDL”是一种广泛应用于视频编辑领域的编辑交换文件，其作用是记录用户对素材的各种编辑操作。这样，用户便可以在所有支持EDL文件的编辑软件内共享编辑项目，或通过替换素材来实现影视节目的快速编辑与输出。

02 单击“文件”|“导出”|“EDL”命令，如图13-17所示。

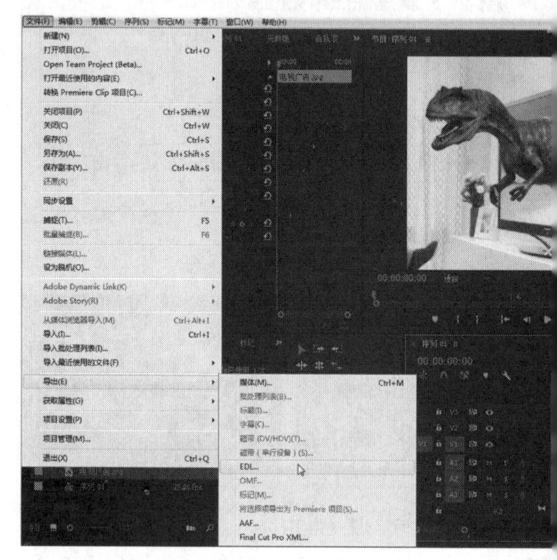

图 13-17 单击 EDL 命令

03 弹出“EDL导出设置”对话框，单击“确定”按钮，如图13-18所示。

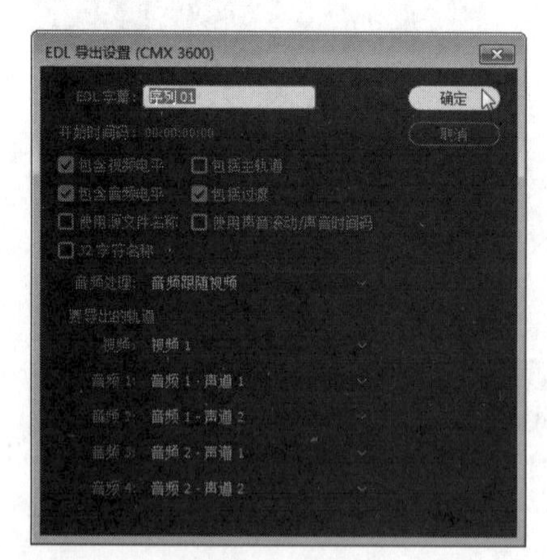

图 13-18 单击“确定”按钮

04 弹出“将序列另存为 EDL”对话框，设置文件名和保存路径，如图13-19所示。单击“保存”按钮，即可导出EDL文件。

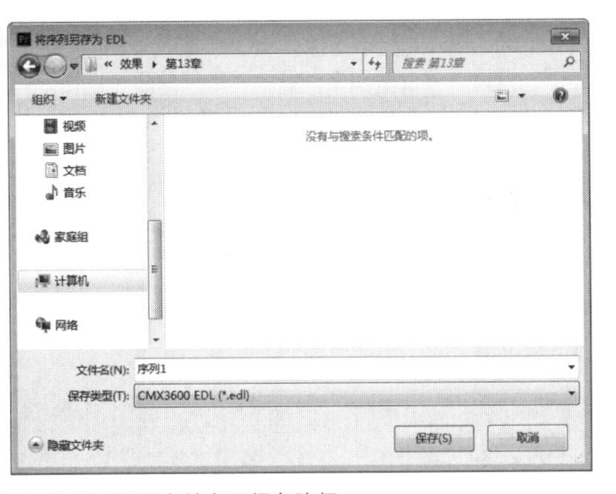

图 13-19 设置文件名和保存路径

专家指点

EDL 文件在存储时只保留两轨道的初步信息，因此在用到两轨道以上的视频时，两轨道以上的视频信息便会丢失。

13.2.3 实战——OMF文件的导出

在Premiere Pro CC 2017中，OMF是一种音频封装格式。

素材位置	素材 > 第 13 章 > 项目 4.prproj
效果位置	效果 > 第 13 章 > 序列 2.omf
视频位置	视频 > 第 13 章 > 实战——OMF 文件的导出 .mp4

01 按【Ctrl + O】组合键，打开一个项目文件，如图13-20所示。

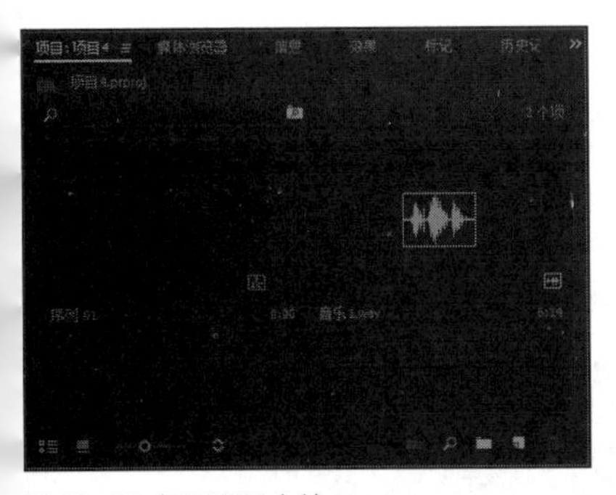

图 13-20 打开项目文件

02 单击“文件”|“导出”|“OMF”命令，如图13-21所示。

03 弹出“OMF导出设置”对话框，单击“确定”按钮，如图13-22所示。

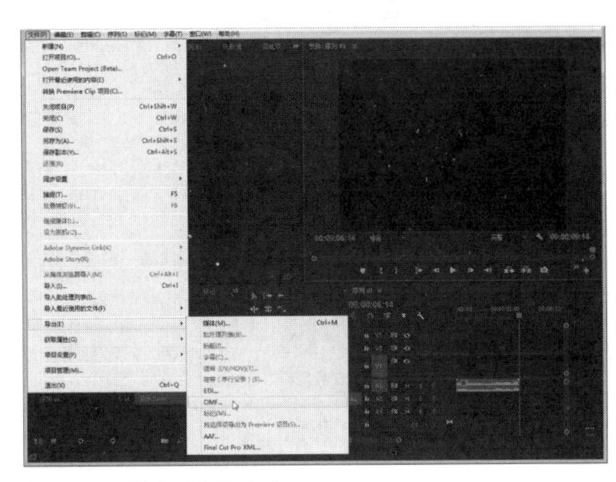

图 13-21 单击 OMF 命令

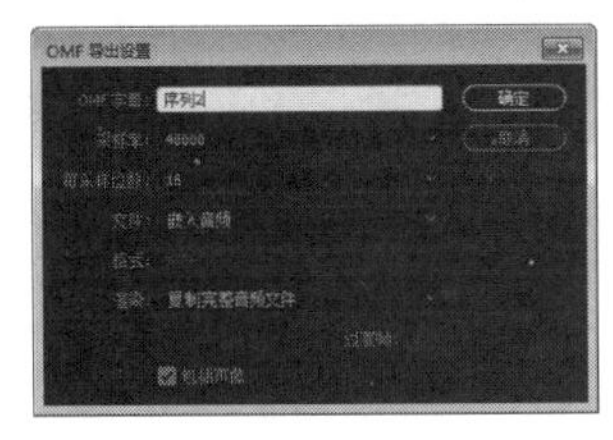

图 13-22 单击“确定”按钮

04 弹出“将序列另存为 OMF”对话框，设置文件名和保存路径，如图13-23所示。

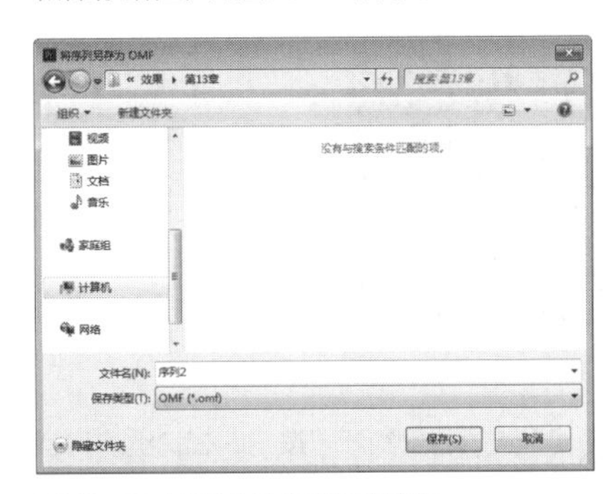

图 13-23 设置文件名和保存路径

05 单击“保存”按钮，弹出“将媒体文件导出到OMF文件夹”对话框，显示输出进度，如图13-24所示。

图 13-24 显示输出进度

06 输出完成后，弹出“OMF 导出信息”对话框，显示OMF的输出信息，如图13-25所示，单击“确定”按钮即可。

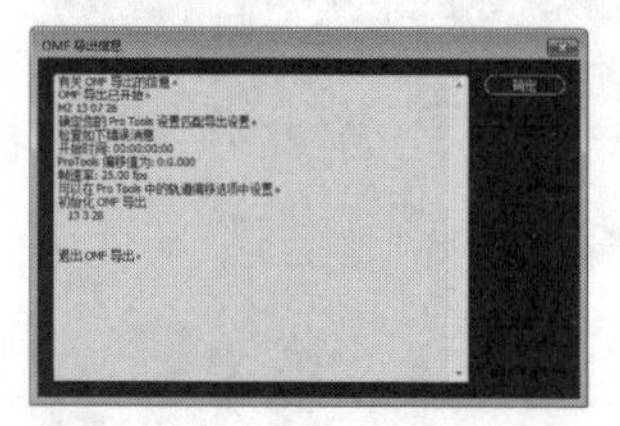

图13-25 显示OMF导出信息

13.2.4 实战——MP3文件的导出

MP3格式的音频文件凭借其高采样率的音质及占用空间少的特性，成为目前最为流行的一种音乐格式。

素材位置	素材 > 第 13 章 > 项目 5.prproj
效果位置	效果 > 第 13 章 > 序列 3.mp3
视频位置	视频 > 第 13 章 > 实战——MP3 文件的导出 .mp4

01 按【Ctrl+O】组合键，打开一个项目文件，如图13-26所示，单击“文件”|“导出”|“媒体”命令，弹出“导出设置”对话框。

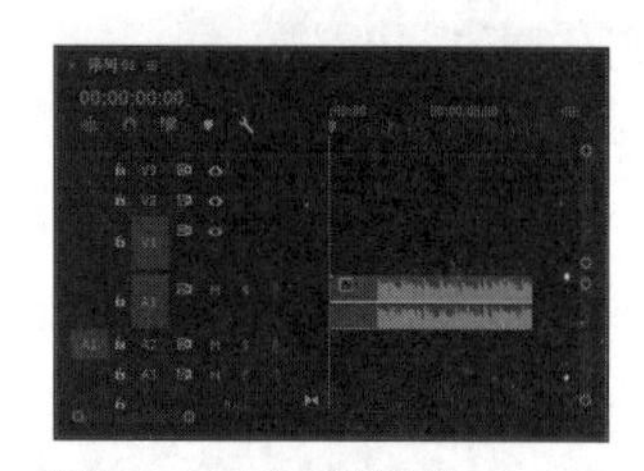

图13-26 打开项目文件

02 单击“格式”选项右侧的下拉按钮，在弹出的列表框中选择MP3选项，如图13-27所示。

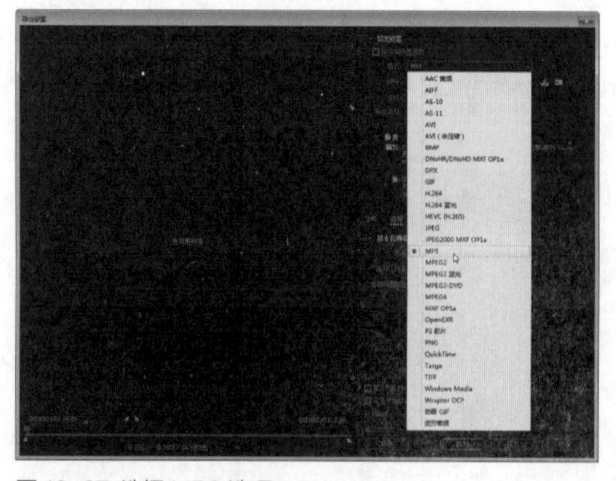

图13-27 选择MP3选项

03 单击“输出名称”右侧的链接，弹出“另存为”对话框，设置保存位置和文件名，单击“保存”按钮，如图13-28所示。

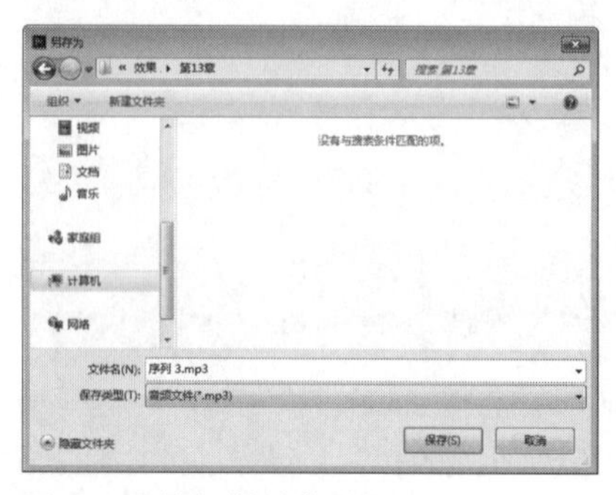

图13-28 单击“保存”按钮

04 返回相应对话框，单击“导出”按钮，弹出“渲染所需音频文件”对话框，显示导出进度，如图13-29所示。

图13-29 显示导出进度

05 进度完成后，即完成了MP3音频文件的导出。

13.2.5 实战——转换视频格式 进阶

在Premiere Pro CC 2017中，支持将项目文件转换为WMV格式的视频文件。

素材位置	素材 > 第 13 章 > 项目 6.prproj
效果位置	效果 > 第 13 章 > 序列 4.wmv
视频位置	视频 > 第 13 章 > 实战——转换视频格式 .mp4

01 按【Ctrl+O】组合键，打开一个项目文件，如图13-30所示，单击“文件”|“导出”|“媒体”命令，弹出“导出设置”对话框。

图13-30 打开项目文件

02 单击“格式”选项右侧的下拉按钮，在弹出的列表框中选择Windows Media选项，如图13-31所示。

图 13-31　选择合适的选项

03 执行操作后，取消选中“导出音频”复选框，并单击“输出名称”右侧的链接，如图13-32所示。

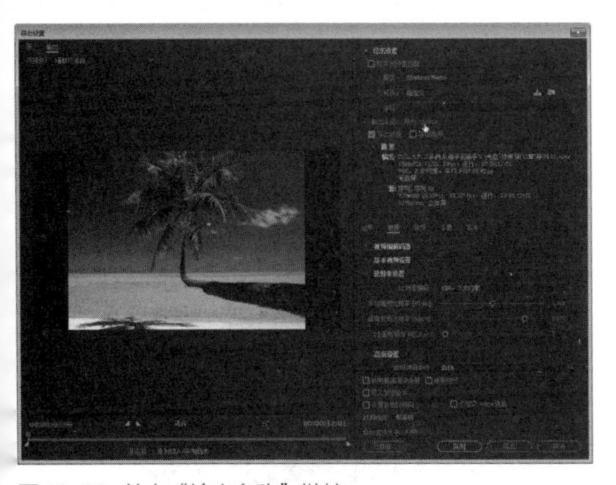

图 13-32　单击“输出名称”链接

04 弹出“另存为”对话框，设置保存位置和文件名，单击“保存”按钮，如图13-33所示。设置完成后，单击“导出”按钮，弹出“编码 序列01”对话框，并显示导出进度，导出完成后，视频格式的转换完成。

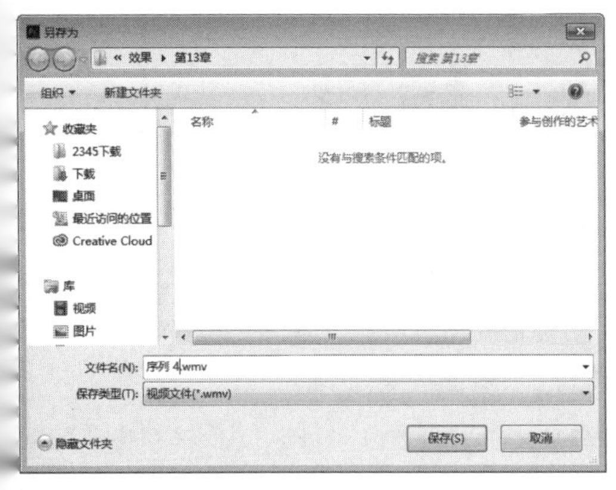

图 13-33　单击“保存”按钮

13.3 习题测试

习题1　导出 WAV 文件

素材位置	素材 > 第 13 章 > 项目 7.prproj
效果位置	效果 > 第 13 章 > 项目 7.wav
视频位置	视频 > 第 13 章 > 习题 1：导出 WAV 文件 .mp4

本习题练习导出WAV文件的操作，素材和效果如图13-34所示。

图 13-34　素材和效果

习题2　导出动画 GIF 文件

素材位置	素材 > 第 13 章 > 项目 8.prproj
效果位置	效果 > 第 13 章 > 项目 8.gif
视频位置	视频 > 第 13 章 > 习题 2：导出动画 GIF 文件 .mp4

本习题练习导出动画GIF文件的操作，素材和效果如图13-35所示。

图 13-35　素材和效果

综合实战篇

第14章 商业广告应用——戒指广告

随着珠宝行业的不断发展，戒指广告的宣传手段也逐渐从单纯的平面宣传模式转向了多元化的多媒体宣传方式。戒指视频广告的出现，使动态视频更具商业化。本章主要介绍如何制作戒指商业广告。

课堂学习目标

- 掌握导入广告素材文件的操作方法。
- 掌握制作戒指广告背景的操作方法。
- 掌握制作广告字幕特效的操作方法。
- 掌握戒指广告后期处理的操作方法。

扫码观看本章实战操作视频

14.1 导入广告素材文件

戒指往往是爱情的象征，它不仅是饰物，更是品位的体现。本实例主要介绍制作戒指广告的具体操作方法，效果如图14-1所示。

图14-1 戒指广告效果

14.1.1 实战——导入背景图片

在制作宣传动画前，首先需要一个合适的背景图片，这里选择了一幅戒指的场景图作为背景，可以为整个广告视频营造浪漫的氛围。

素材位置	素材 > 第14章 > 图片1.JPG
效果位置	效果 > 第14章 > 项目1.prproj
视频位置	视频 > 第14章 > 实战——导入背景图片 .mp4

01 新建一个名为“戒指广告”的项目文件，单击“确定”按钮，如图14-2所示。

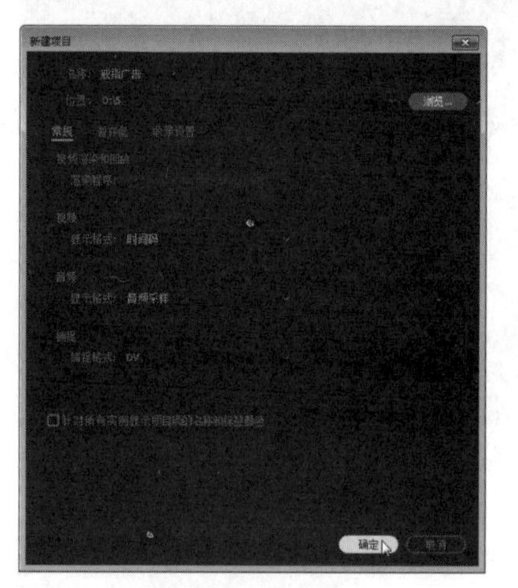

图14-2 单击“确定”按钮

02 单击“文件”|“新建”|“序列”选项，新建一个序列，单击“文件”|“导入”命令，弹出“导入”对话框，在其中选择合适的素材图像，如图14-3所示。

图14-3 选择合适的素材图像

03 单击对话框下方的“打开”按钮，即可将选择的图像文件导入“项目”面板中，如图14-4所示。

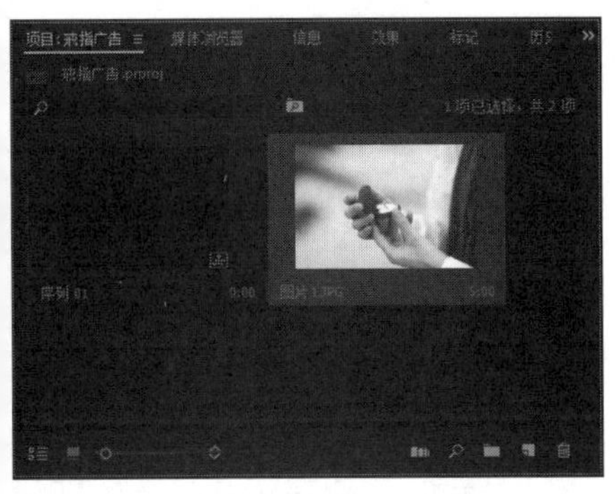

图 14-4 导入“项目”面板中

04 选择导入的图像文件，将其拖曳至V1轨道上，如图14-5所示。

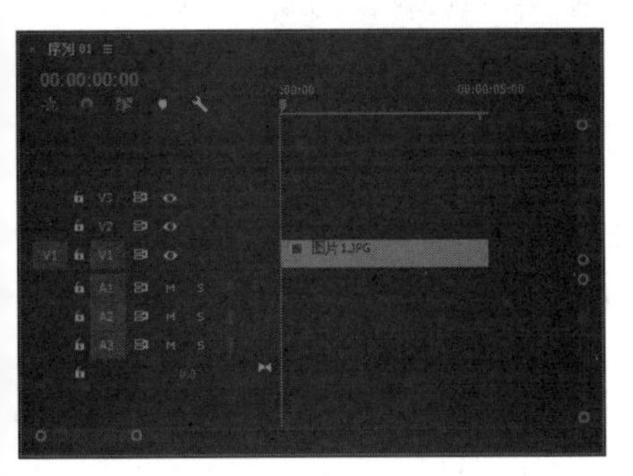

图 14-5 拖曳至 V1 轨道上

05 展开“效果控件”面板，设置“缩放”为18.0，如图14-6所示。

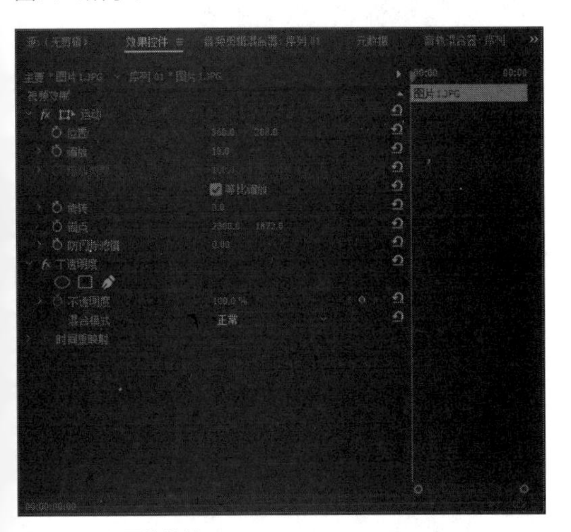

图 14-6 设置缩放值

06 在“节目监视器”面板中单击“播放-停止切换”按钮，即可预览图像效果，如图14-7所示。

图 14-7 预览图像效果

14.1.2 实战——导入分层图像

在导入背景图像后，可以导入分层图像，以增添戒指广告的特色。

素材位置	素材 > 第 14 章 > 图片 2.psd
效果位置	效果 > 第 14 章 > 项目 2.prproj
视频位置	视频 > 第 14 章 > 实战——导入分层图像 .mp4

01 单击“文件”|“导入”命令，弹出“导入”对话框，在其中选择合适的素材图像，如图14-8所示。

图 14-8 选择合适的素材图像

02 单击“打开”按钮，弹出“导入分层文件：图片2”对话框，单击“确定”按钮，如图14-9所示。

图 14-9 单击“确定”按钮

03 执行操作后，即可将文件导入“项目”面板中，如图14-10所示。

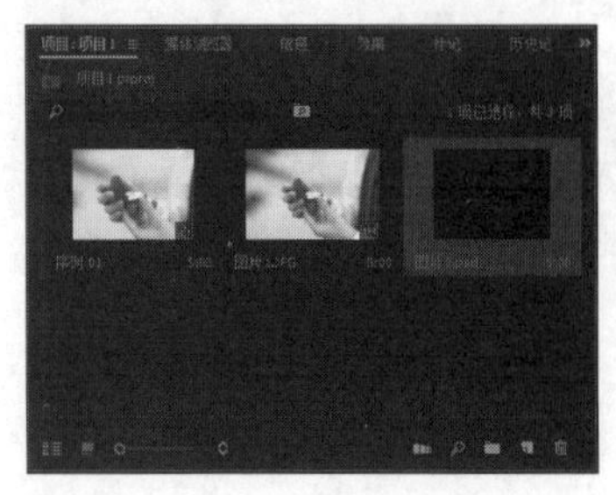

图 14-10 导入“项目”面板中

04 选择该素材文件，并将其拖曳至V2轨道中，如图14-11所示。

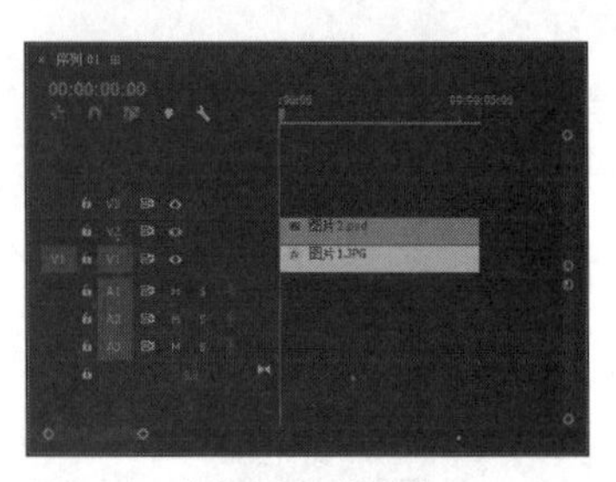

图 14-11 拖曳至 V2 轨道中

05 在“节目监视器”面板中，预览分层图像效果，如图14-12所示。

图 14-12 分层图像效果

14.1.3 实战——导入戒指素材

戒指宣传广告中不能缺少戒指，否则不能体现出戒指广告的主题。下面将介绍导入戒指素材的操作方法。

素材位置	素材 > 第 14 章 > 图片 3.png
效果位置	效果 > 第 14 章 > 项目 3.prproj
视频位置	视频 > 第 14 章 > 实战——导入戒指素材 .mp4

01 单击“文件” | “导入”命令，弹出“导入”对话框，在其中选择合适的素材图像，如图 14-13 所示。

图 14-13 选择合适的素材图像

02 单击“打开”按钮，将文件导入“项目”面板中，选择素材文件，并将其拖曳至V3轨道中，如图14-14所示。

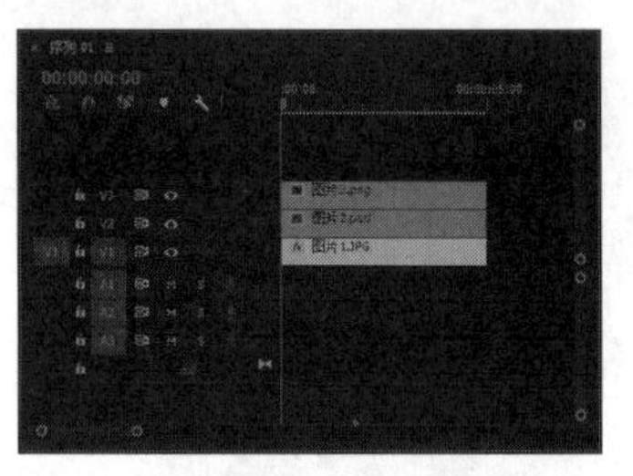

图 14-14 拖曳至 V3 轨道中

03 展开“效果控件”面板，在其中设置“位置”为（550.0、160.0），“缩放”为80.0，如图14-15所示。

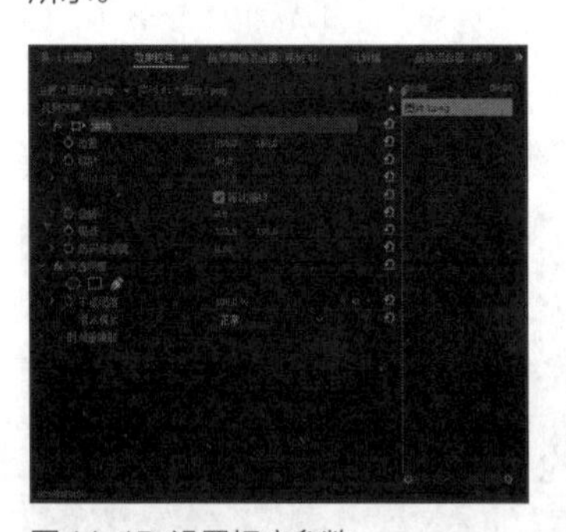

图 14-15 设置相应参数

04 在“节目监视器”面板中单击“播放-停止切换”按钮，即可预览图像效果，如图14-16所示。

图 14-16 预览图像效果

14.2 制作戒指广告背景

静态背景难免会显得过于呆板，为了使背景更具有吸引力，可以制作动态背景。下面将详细介绍制作动态的戒指广告背景的操作方法。

14.2.1 实战——制作闪光背景

闪光背景可以为静态的背景图像增添动感效果，下面介绍制作闪光背景的操作方法。

素材位置	上一案例效果文件
效果位置	效果 > 第 14 章 > 项目 4.prproj
视频位置	视频 > 第 14 章 > 实战——制作闪光背景 .mp4

01 选择V2轨道上的素材，如图14-17所示。

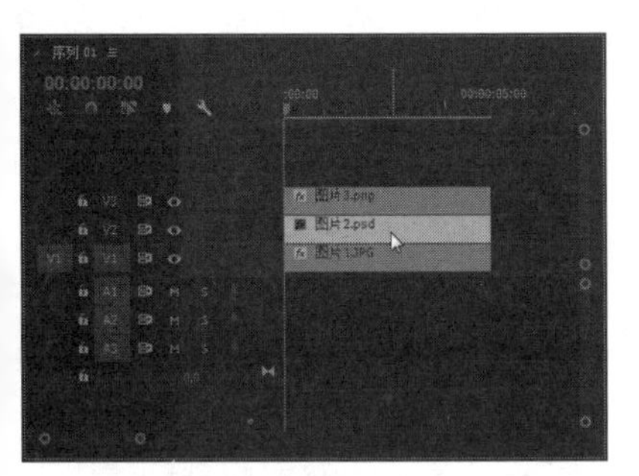

图 14-17 选择 V2 轨道上的素材

02 展开“效果控件”面板，单击“缩放”和“旋转”左侧的“切换动画”按钮，添加关键帧，调整时间线为00:00:04:00，设置“缩放”为120.0，“旋转”为50.0°，添加关键帧，如图14-18所示。

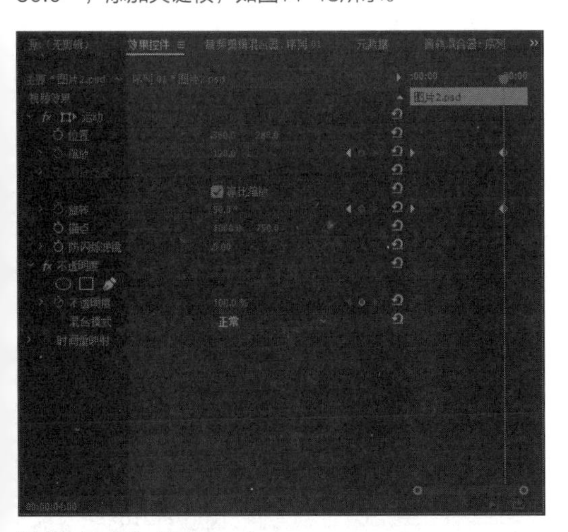

图 14-18 添加关键帧

03 单击“节目监视器”面板中的“播放-停止切换”按钮，预览闪光背景效果，如图14-19所示。

图 14-19 预览闪光背景效果

14.2.2 实战——制作若隐若现的效果

为戒指素材添加一种若隐若现的效果，以体现出朦胧感。

素材位置	上一案例效果文件
效果位置	效果 > 第 14 章 > 项目 5.prproj
视频位置	视频 > 第 14 章 > 实战——制作若隐若现的效果 .mp4

01 选择V3轨道上的素材，如图14-20所示。

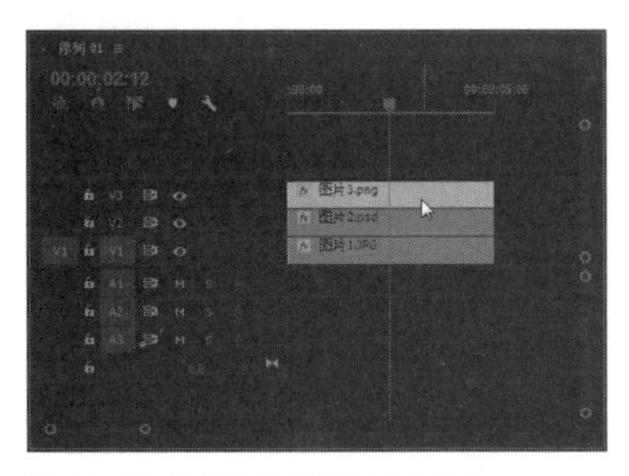

图 14-20 选择 V3 轨道上的素材

02 展开“效果控件”面板，单击“不透明度”左侧的“切换动画”按钮，设置参数为0.0%，如图14-21所示。

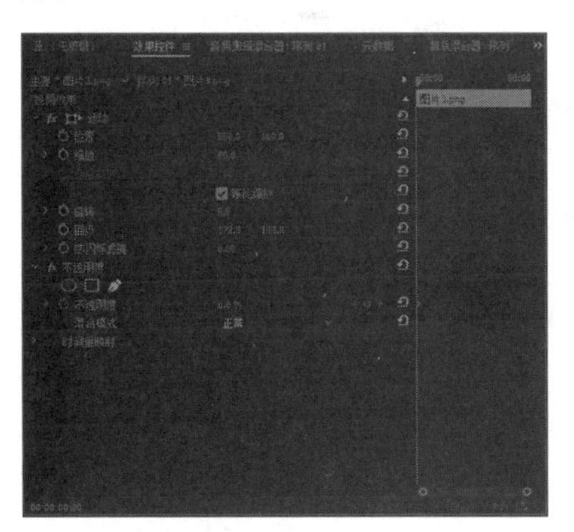

图 14-21 设置参数

03 将时间线拖曳至00:00:01:15位置，在“效果控件”面板中设置“不透明度”为100.0%，添加关键帧，如图14-22所示，即可制作若隐若现的效果。

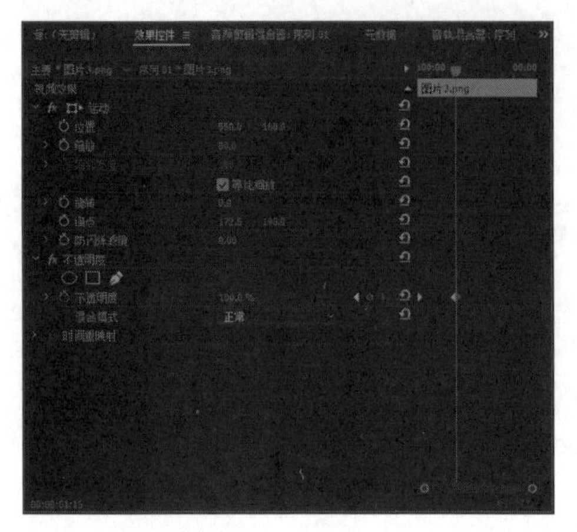

图 14-22 添加关键帧

14.3 制作广告字幕特效

当完成了对戒指广告所有编辑操作后，最后将为广告画面添加产品的店名和宣传语等信息。下面将详细介绍制作广告字幕特效的操作方法。

14.3.1 实战——创建宣传语字幕

为了使整个宣传效果的色调得到统一，在创建宣传字幕效果时，尽量使字幕的颜色与主题背景颜色相同。

素材位置	上一例效果文件
效果位置	效果 > 第 14 章 > 项目 6.prproj
视频位置	视频 > 第 14 章 > 实战——创建宣传语字幕 .mp4

01 单击“字幕”|“新建字幕”|“默认静态字幕”命令，弹出“新建字幕”对话框，单击“确定”按钮，即可新建一个字幕文件，如图 14-23 所示。

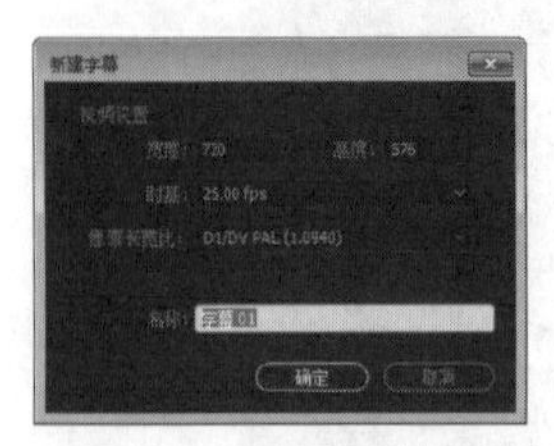

图 14-23 单击“确定”按钮

02 在字幕编辑窗口中选择文字工具，输入文字“用心爱着你”，如图14-24所示。

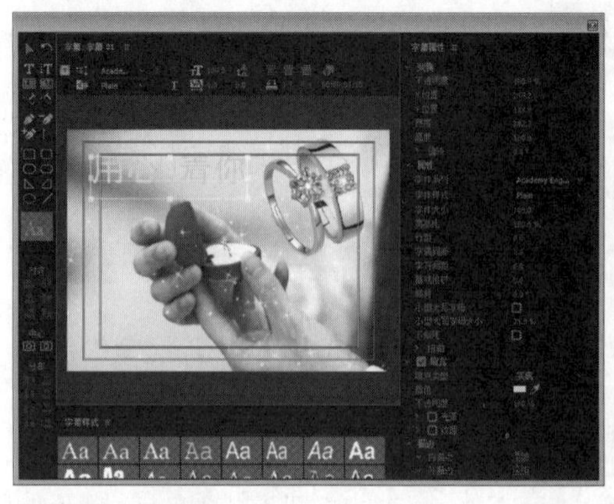

图 14-24 输入文字

03 设置“字体系列”为黑体，“字体大小”为65.0，“颜色”为白色，选中“阴影”复选框，如图14-25所示。

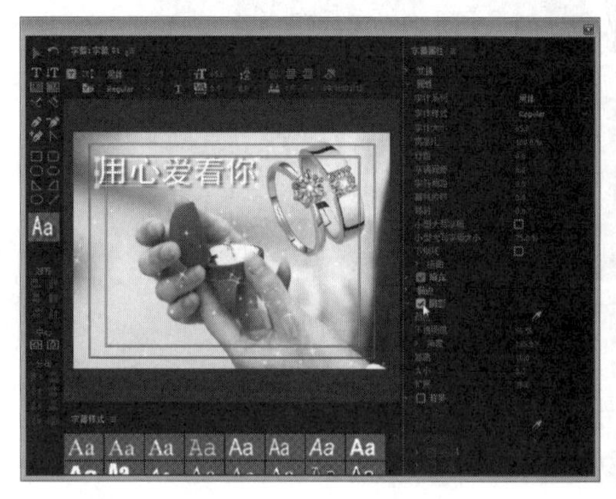

图 14-25 设置参数值

04 添加“外描边”选项，设置“大小”为35.0，“填充类型”为“四色渐变”，并调整颜色参数，其字幕效果如图14-26所示。

图 14-26 设置参数值后的字幕效果

05 关闭字幕编辑窗口，将创建的字幕文件添加至V4轨道的合适位置，并调整其长度，如图14-27所示。

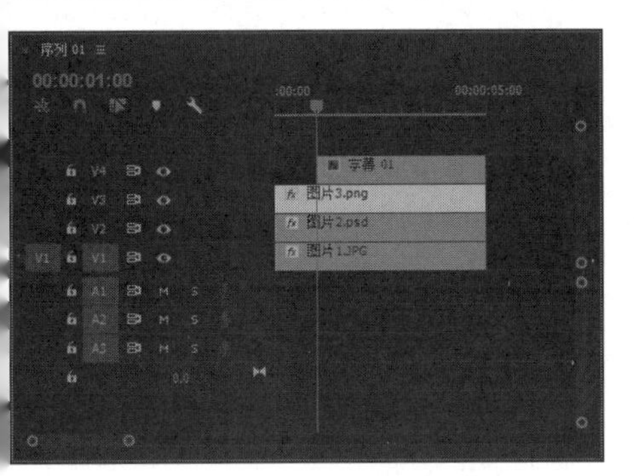

图 14-27 添加字幕文件

14.3.2 实战——创建宣传语运动字幕

完成宣传语字幕的创建后，可以为宣传语字幕添加运动效果，使广告视觉上更丰富。

素材位置	上一案例效果文件
效果位置	效果 > 第 14 章 > 项目 7.prproj
视频位置	视频 > 第 14 章 > 实战——创建宣传语运动字幕 .mp4

01 选择字幕01，展开“效果控件”面板，单击“缩放”和“不透明度”左侧的“切换动画”按钮，设置“缩放”为0.0，“不透明度”为0.0%，添加关键帧，如图14-28所示。

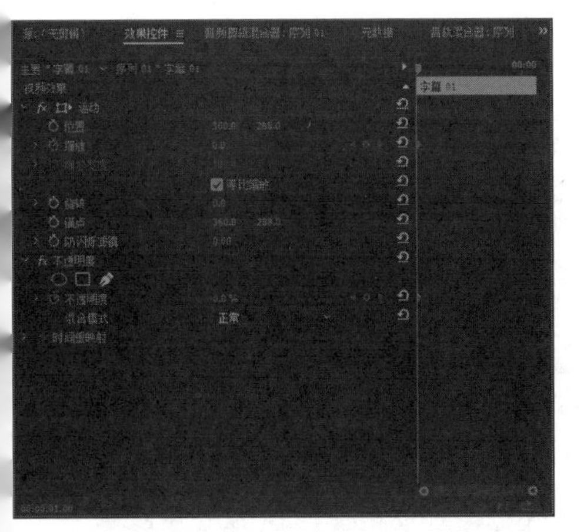

图 14-28 添加关键帧

02 将时间线拖曳至00:00:04:00位置，如图14-29所示。

03 设置“缩放”为100.0，“不透明度”为100.0%，添加关键帧，如图14-30所示，即可设置字幕运动。

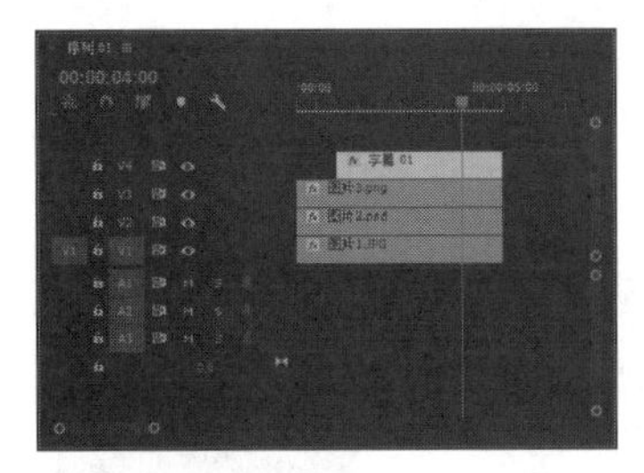

图 14-29 拖曳时间线

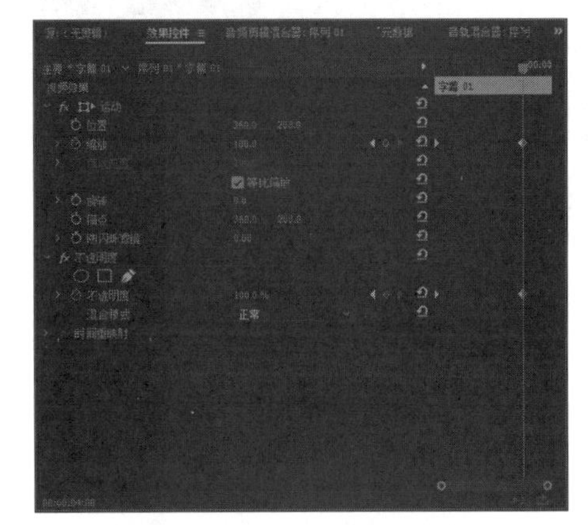

图 14-30 添加关键帧

14.3.3 实战——创建店名字幕特效

在制作了宣传语字幕后，还需要制作珠宝店的店名，这样才能体现出广告的价值。

素材位置	上一案例效果文件
效果位置	效果 > 第 14 章 > 项目 8.prproj
视频位置	视频 > 第 14 章 > 实战——创建店名字幕特效 .mp4

01 新建一个字幕文件，输入文字“宝蒂来戒指”，如图14-31所示。

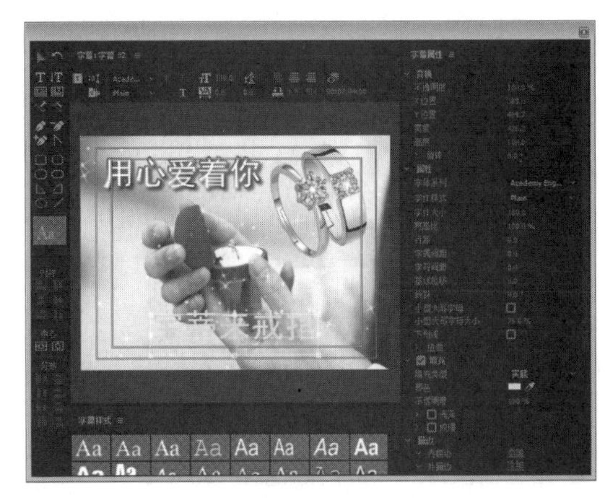

图 14-31 输入文字

02 设置“字体”为“楷体”，“大小”为70.0，“颜色”为白色，选中“阴影”复选框，其字幕效果如图14-32所示。

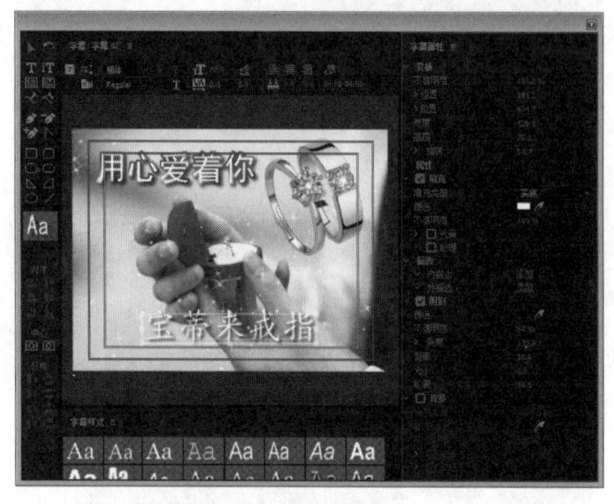

图 14-32 设置参数值后的字幕效果

03 添加“外描边”选项，设置“颜色”的参数为RGB（121、7、89），调整字幕的位置，其字幕效果如图14-33所示。

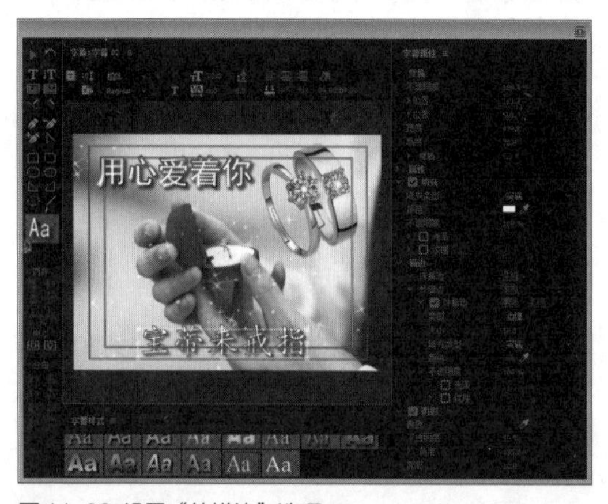

图 14-33 设置“外描边”选项

04 关闭字幕编辑窗口，将创建的字幕文件添加至V5轨道的合适位置，并调整其长度，如图14-34所示。

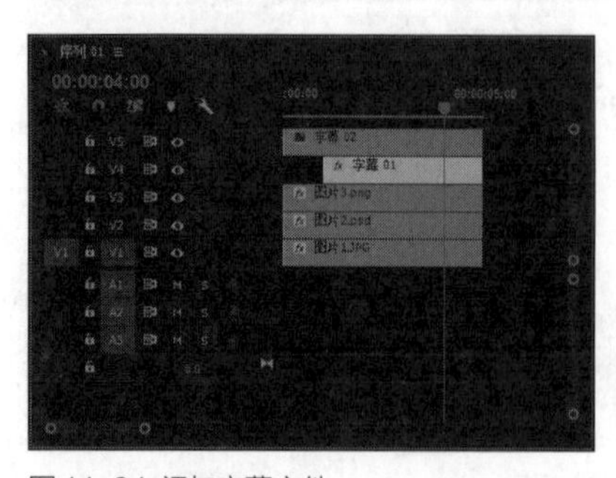

图 14-34 添加字幕文件

14.3.4 实战——创建店名运动字幕

添加字幕效果后，根据个人的爱好可以为字幕添加动态效果。

素材位置	上一案例效果文件
效果位置	效果 > 第 14 章 > 项目 9.prproj
视频位置	视频 > 第 14 章 > 实战——创建店名运动字幕 .mp4

01 选择V5轨道中的字幕文件，展开“效果控件”面板，单击“缩放”和“不透明度”左侧的“切换动画”按钮，设置“缩放”为0.0，“不透明度”为0.0%，添加关键帧，如图14-35所示。

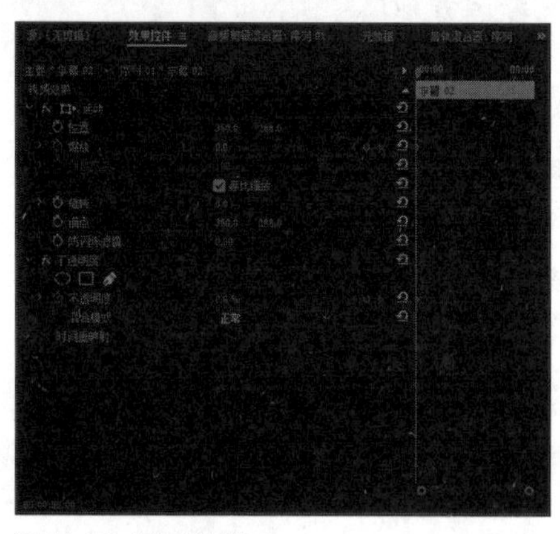

图 14-35 添加关键帧 1

02 将时间线拖曳至00:00:01:15位置，设置“缩放”为50.0，“不透明度”为50.0%，添加关键帧，如图14-36所示。

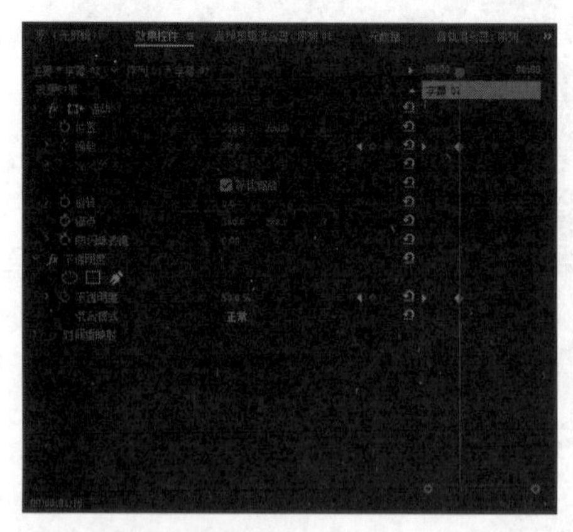

图 14-36 添加关键帧 2

03 将时间线拖曳至00:00:02:16位置，设置“缩放”为100.0，“不透明度”为100.0%，如图14-37所示。

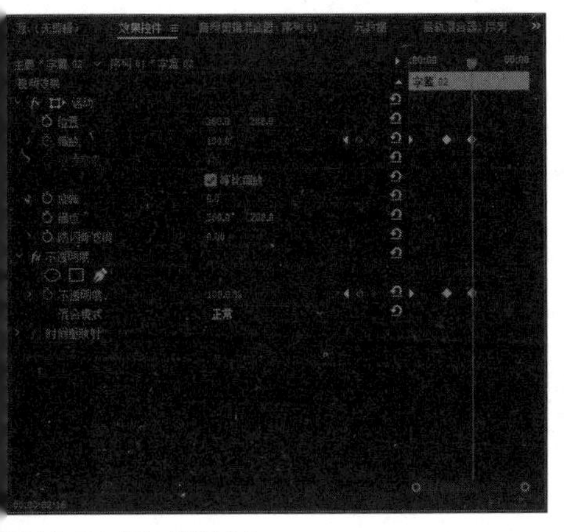

图 14-37 添加关键帧 3

04 在“节目监视器”面板中，预览店名运动效果，如图14-38所示。

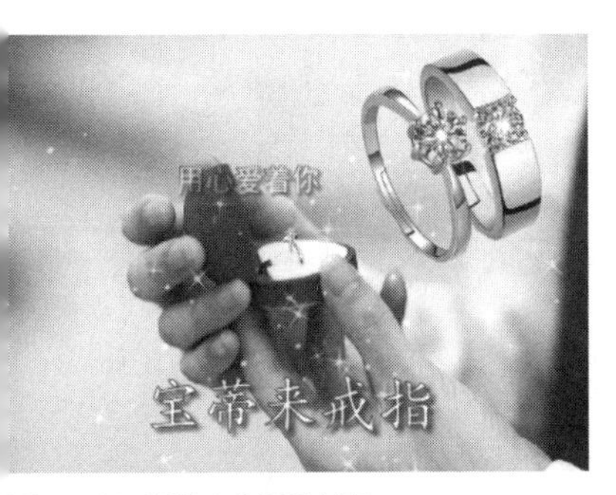

图 14-38 预览店名运动效果

14.4 戒指广告的后期处理

在Premiere Pro CC 2017中制作商业广告时，为了增加影片的震撼效果，可以为广告添加音频效果。下面将详细介绍后期处理戒指背景的操作方法。

14.4.1 实战——添加广告音乐

在制作完戒指广告的整体效果后，需要为广告添加音乐文件。下面将介绍添加背景音乐的操作方法。

素材位置	素材 > 第 14 章 > 音乐 .mp3
效果位置	效果 > 第 14 章 > 项目 10.prproj
视频位置	视频 > 第 14 章 > 实战——添加广告音乐 .mp4

01 单击“文件”|“导入”命令，弹出“导入”对话框，选择合适音乐文件，如图14-39所示。

02 单击“打开”按钮，将选择的音乐文件导入“项目”面板中，如图14-40所示。

图 14-39 选择合适音乐

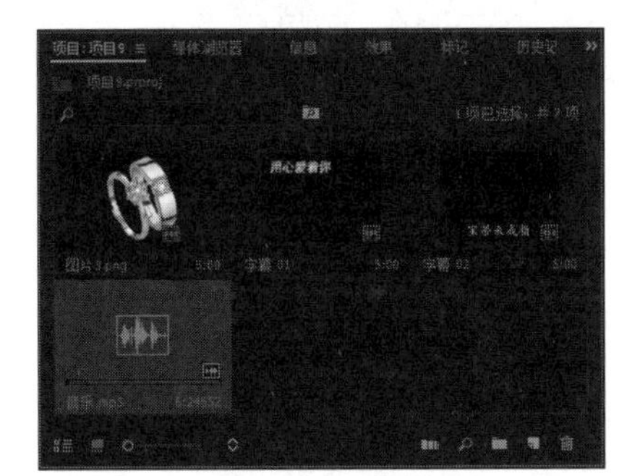

图 14-40 导入“项目”面板中

03 选择导入的“音乐”素材，将其添加至A1轨道上，并调整音乐的长度，如图14-41所示。

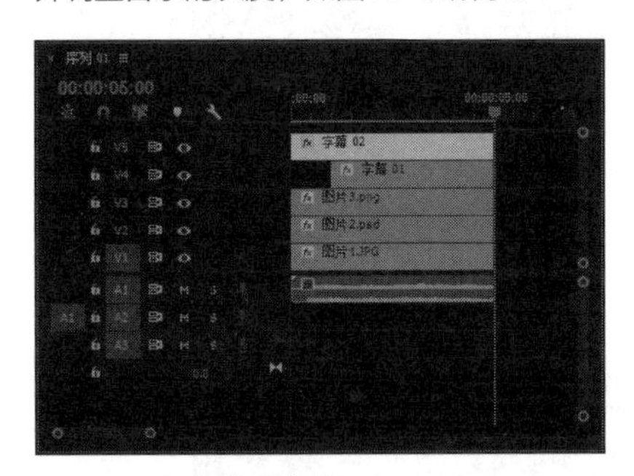

图 14-41 添加音乐文件

14.4.2 实战——添加音乐过渡效果

下面为戒指广告视频的音乐添加相应的过渡效果，使音乐效果更加动人。

素材位置	上一案例效果文件
效果位置	效果 > 第 14 章 > 项目 11.prproj
视频位置	视频 > 第 14 章 > 实战——添加音乐过渡效果 .mp4

01 在“效果”面板中，展开“音频过渡”|“交叉淡化”选项，选择“恒定功率”选项，如图14-42所示。

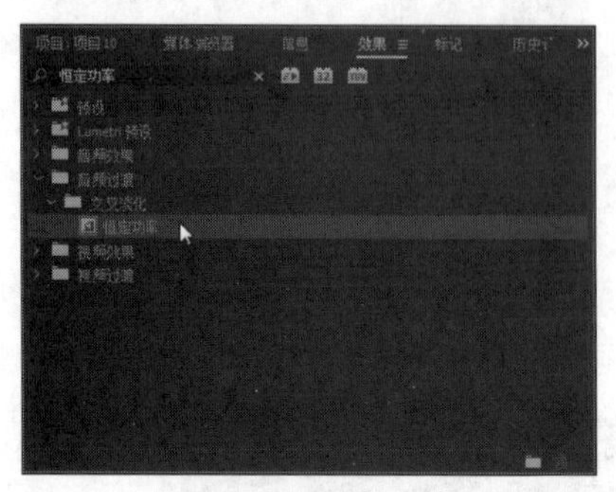

图14-42 选择“恒定功率”选项

02 按住鼠标左键并将其拖曳至A1轨道上的音乐素材的开始处，如图14-43所示。

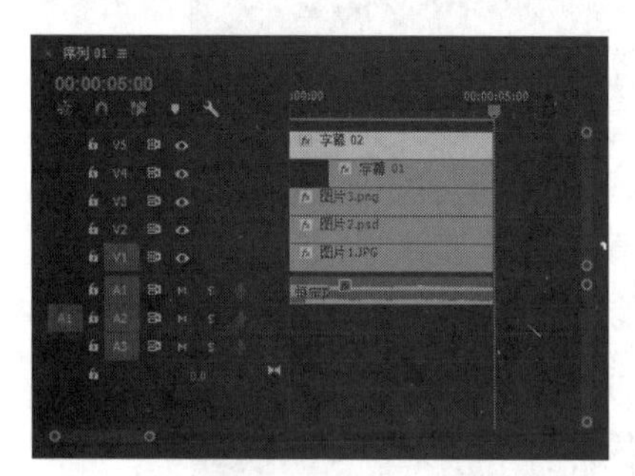

图14-43 拖曳至音乐素材的开始处

03 按住鼠标左键并将其拖曳至A1轨道上的音乐素材的结尾处，添加音频特效，如图14-44所示。

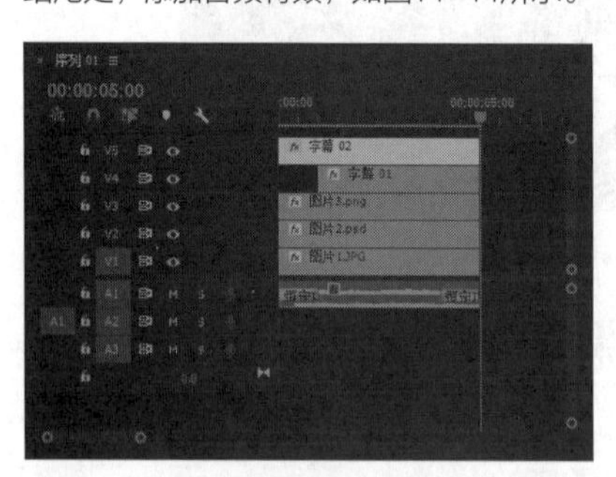

图14-44 拖曳至音乐素材的结尾处

04 单击“节目监视器”面板中的“播放-停止切换”按钮，如图14-45所示。

05 预览制作的戒指广告效果，如图14-46所示。

图14-45 单击“播放-停止切换”按钮

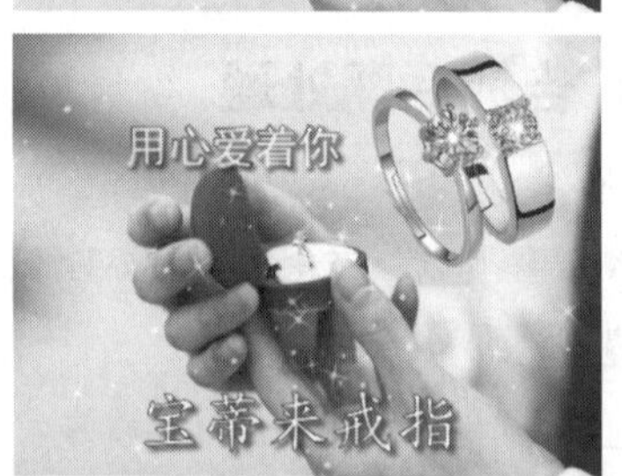

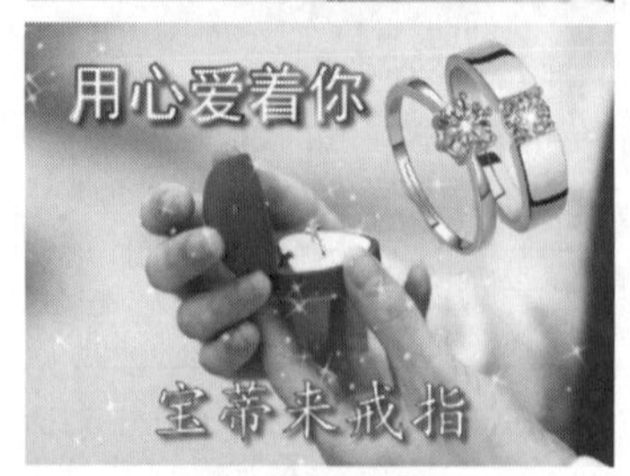

图14-46 预览戒指广告效果

第15章 婚纱相册制作——爱的魔力

本章主要介绍运用Premiere Pro CC 2017软件制作婚纱纪念相册——爱的魔力，希望读者熟练掌握婚纱纪念相册的制作方法。

课堂学习目标

- 掌握制作婚纱相册片头效果的操作方法
- 掌握制作婚纱相册片尾效果的操作方法。
- 掌握制作婚纱相册动态效果的操作方法。
- 掌握编辑与输出视频后期的操作方法。

扫码观看本章
实战操作视频

15.1 制作婚纱相册片头效果

在制作婚纱纪念相册之前，首先带领读者预览婚纱纪念相册视频的画面效果，并了解项目技术等内容，这样可以帮助读者更好地学习纪念相册的制作方法，效果如图15-1所示。

图 15-1 案例效果

15.1.1 实战——制作婚纱片头效果1

随着数码科技的不断发展和数码相机进一步的普及，人们逐渐开始为婚纱相册制作绚丽的片头，使原本单调的婚纱效果变得更加丰富。下面介绍制作婚纱片头效果的操作方法。

素材位置	素材 > 第 15 章 > 项目 1.prproj
效果位置	效果 > 第 15 章 > 项目 1.prproj
视频位置	视频 > 第 15 章 > 实战——制作婚纱片头效果 1.mp4

01 按【Ctrl + O】组合键，打开一个项目文件，在“项目”面板中选择“片头.wmv”素材文件，按住鼠标左键，并将其拖曳至V1轨道中，将“爱的魔力.PNG”素材文件拖曳至V2轨道中，如图15-2所示。

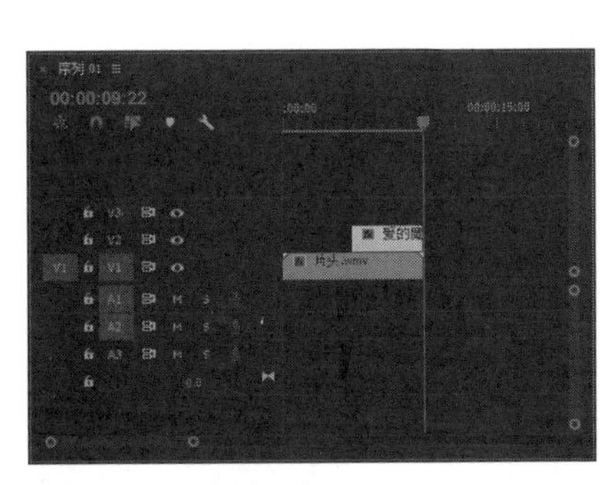

图 15-2 添加素材文件

02 选择V2轨道中的素材，展开“效果控件”面板，设置“缩放”为50.0，如图15-3所示。

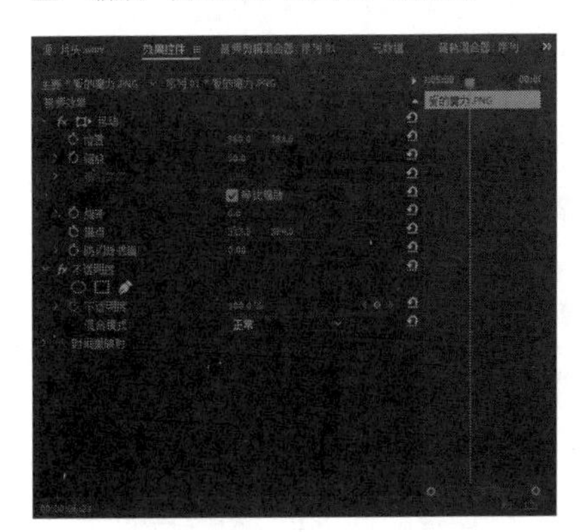

图 15-3 设置缩放值

03 拖曳时间线至00:00:06:12位置，设置“位置”为（300.0、750.0），添加关键帧，如图15-4所示。

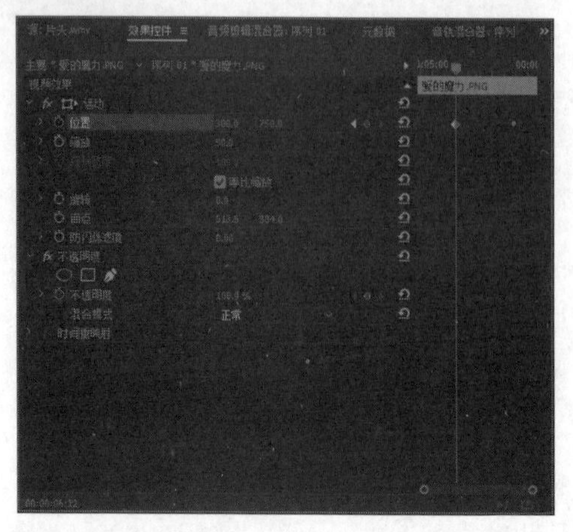

图 15-4 添加关键帧

15.1.2 实战——制作婚纱片头效果2

下面主要为婚纱片头视频部分制作“交叉溶解”视频过渡特效。

素材位置	上一案例效果文件
效果位置	效果 > 第 15 章 > 项目 2.prproj
视频位置	视频 > 第 15 章 > 实战——制作婚纱片头效果 2.mp4

01 拖曳时间线至00:00:07:11位置，设置“缩放”为50.0；拖曳时间线至00:00:09:11的位置，设置“位置”为（330.0、288.0），“缩放”为80.0，添加关键帧，如图15-5所示。

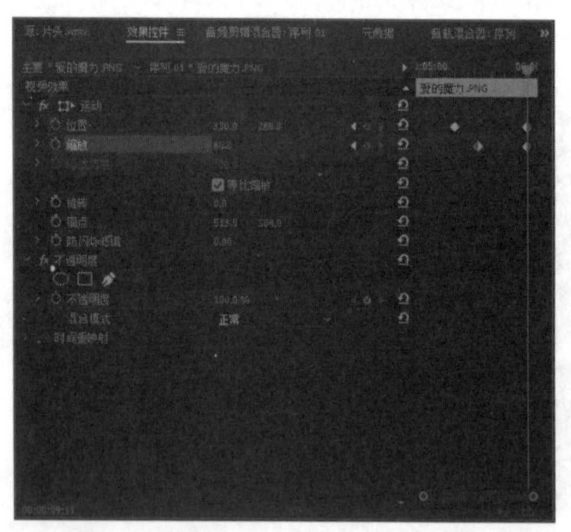

图 15-5 添加关键帧

02 在“效果”面板中展开“视频过渡”|“溶解”选项，选择“交叉溶解”特效，如图15-6所示。

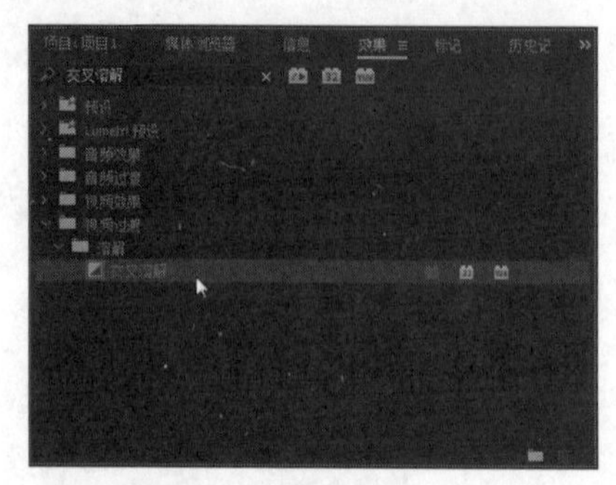

图 15-6 选择“交叉溶解”特效

03 按住鼠标左键，并将其拖曳至V1轨道上的视频素材的结束点位置，添加视频特效，如图15-7所示。

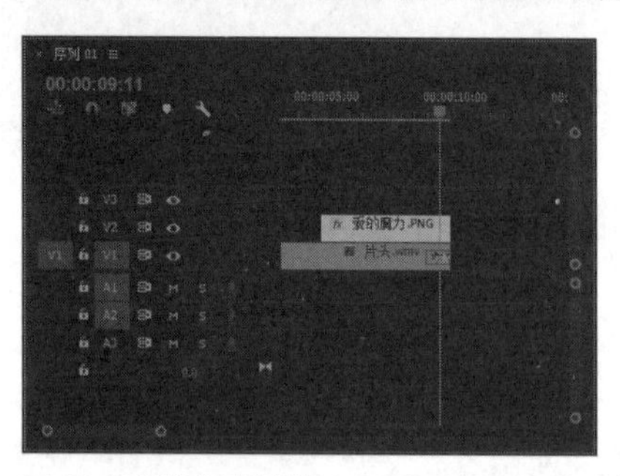

图 15-7 添加视频特效

04 执行上述操作后，即可制作婚纱片头效果。在“节目监视器”面板中单击“播放-停止切换”按钮，即可预览婚纱片头效果，如图15-8所示。

图 15-8 预览片头效果

15.2 制作婚纱相册动态效果

在Premiere Pro CC 2017中，制作婚纱相册的视频动画时，需要准备大量的婚纱照片素材，并为照片添加相应动态效果。

15.2.1 实战——添加“镜头光晕”特效

下面介绍制作婚纱动态效果的操作方法。

素材位置	上一案例效果文件
效果位置	效果 > 第 15 章 > 项目 3.prproj
视频位置	视频 > 第 15 章 > 实战——添加“镜头光晕”特效 . mp4

01 切换至“项目”面板，按住【Shift】键，先后单击“婚纱纪念1.jpg”素材文件至“婚纱纪念4.jpg”素材文件，选择4个素材图片，如图15-9所示。

图 15-9 选择素材图片

02 选择“项目”面板中的婚纱纪念素材，按住鼠标左键，并将其拖曳至V1轨道中，添加照片素材，如图15-10所示。

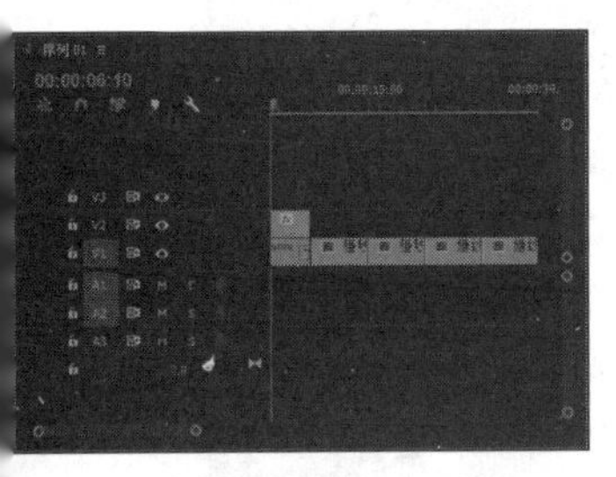

图 15-10 添加照片素材

03 选择V1轨道中的“婚纱纪念1”素材，展开“效果控件”面板，设置“缩放”为40.0，如图15-11所示。

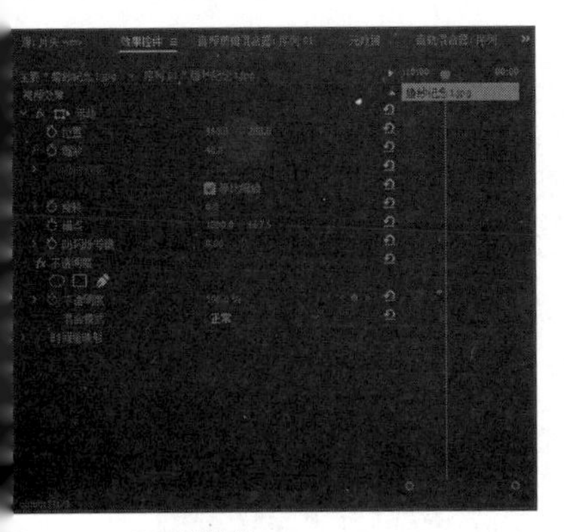

图 15-11 设置缩放值

04 在“效果”面板中展开“视频效果”|“生成”选项，选择“镜头光晕”视频特效，如图15-12所示。

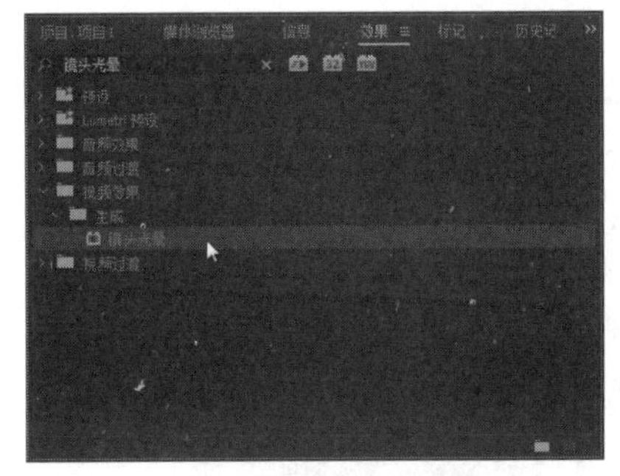

图 15-12 选择“镜头光晕”视频特效

05 拖曳“镜头光晕”特效至V1轨道的“婚纱纪念1”素材上，展开“效果控件”面板，如图15-13所示。

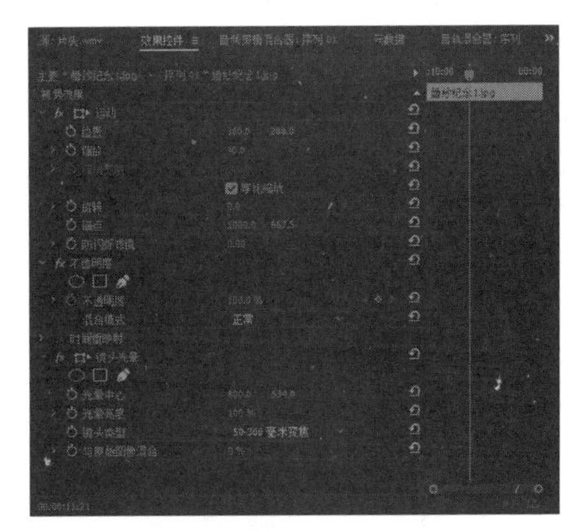

图 15-13 展开“效果控件”面板

06 设置当前时间为00:00:11:05，单击“镜头光晕”特效下所有选项左侧的“切换动画”按钮，设置“光晕亮度”为0%，“光晕中心”为（254.5、192.2），如图15-14所示。

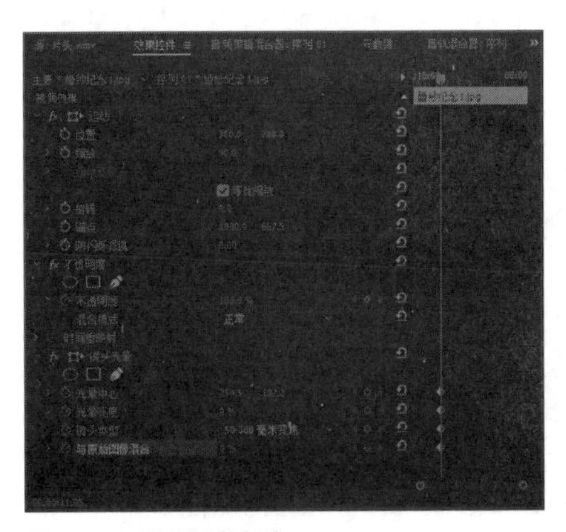

图 15-14 设置相应参数

07 设置当前时间为00:00:13:00，设置“光晕中心”为（681.2、398.0），“光晕亮度”为100%，如图15-15所示。

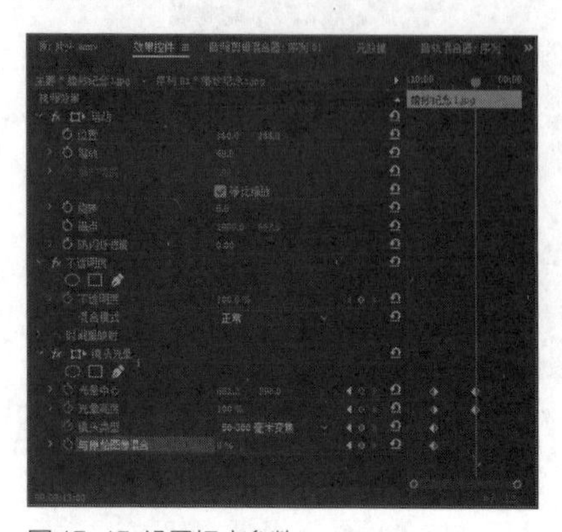

图15-15 设置相应参数

08 设置完成后，即可添加“镜头光晕”效果，如图15-16所示。

图15-16 添加“镜头光晕”效果

15.2.2 实战——制作文字动画效果

下面主要制作婚纱相册的文字动画效果。

素材位置	上一案例 效果文件
效果位置	效果 > 第15章 > 项目4.prproj
视频位置	视频 > 第15章 > 实战——制作文字动画效果.mp4

01 设置当前时间为00:00:09:18，在“项目”面板中选择“文字.png”素材，单击鼠标左键，将其拖曳至V2轨道的时间线位置，如图15-17所示。

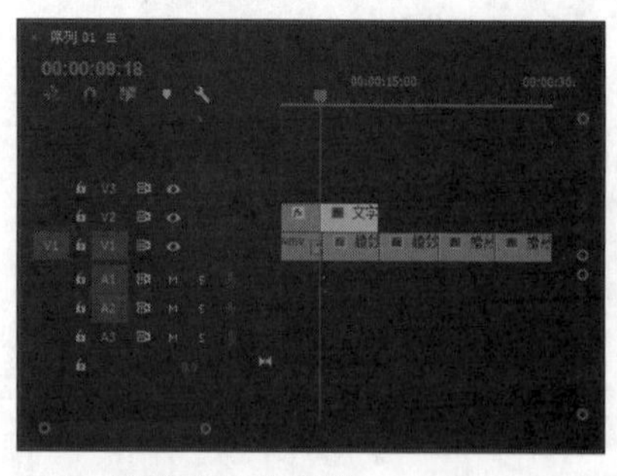

图15-17 拖曳至V2轨道

02 选择添加的文字素材，设置当前时间为00:00:10:00，展开“效果控件”面板，设置“位置”为（245.0、470.0），“缩放”为30.0，“不透明度”为0.0%，添加关键帧，如图15-18所示。

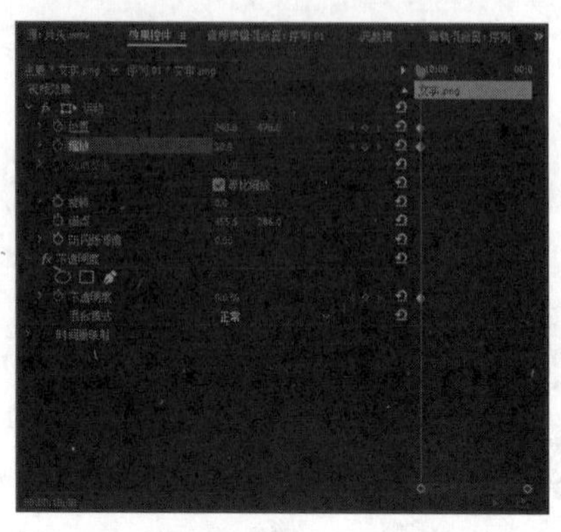

图15-18 设置相应参数

03 设置当前时间为00:00:12:12，在其中设置“位置”为（245.0、410.0），“缩放”为25.0，“不透明度”为100.0%，如图15-19所示。

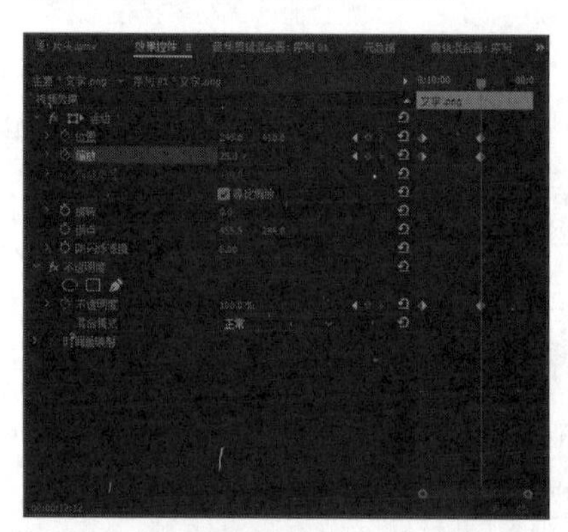

图15-19 设置相应参数

04 设置完成后，即可完成文字效果的制作，如图15-20所示。

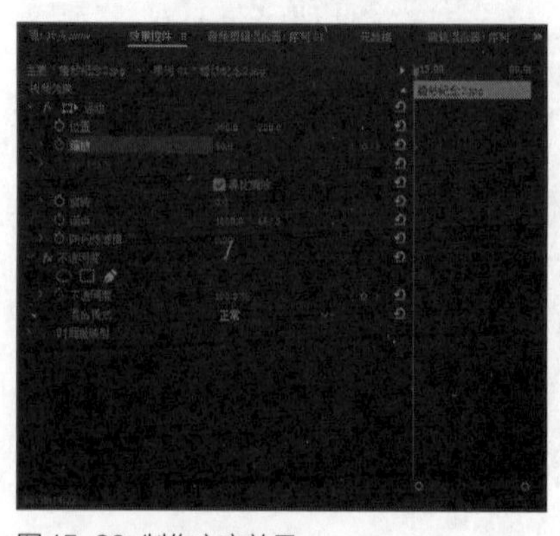

图15-20 制作文字效果

15.2.3 实战——制作缩放动画效果

下面主要调整素材图片的“缩放”和“位置”等运动属性，制作动态效果。

素材位置	上一案例效果文件
效果位置	效果 > 第 15 章 > 项目 5.prproj
视频位置	视频 > 第 15 章 > 实战——制作缩放动画效果.mp4

01 在V1轨道中选择“婚纱纪念2”素材，设置当前时间为00:00:14:22，展开“效果控件”面板，单击相应“切换动画”按钮，设置“缩放”为50.0，如图15-21所示。

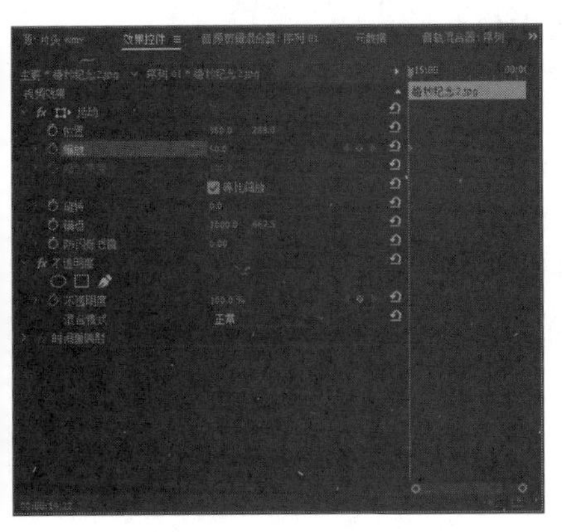

图 15-21 设置缩放值

02 设置当前时间为00:00:16:00，在其中设置“缩放”为80.0，如图15-22所示。

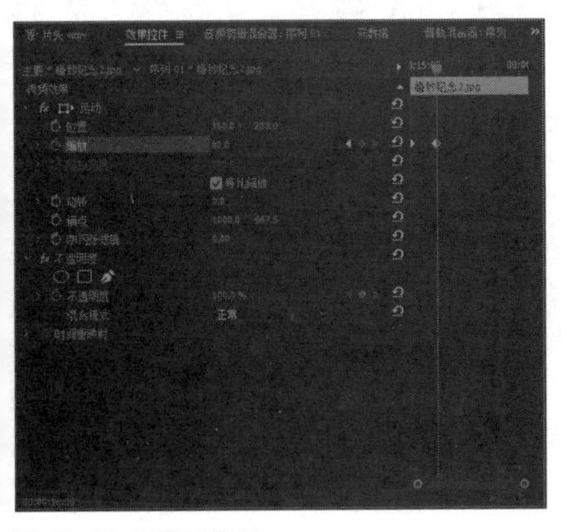

图 15-22 设置缩放值

03 选择“婚纱纪念3”素材，设置当前时间为00:00:20:23，展开“效果控件”面板，单击“位置”左侧“切换动画”按钮，设置“位置”为（290.0、288.0），“缩放”为50.0，如图15-23所示。

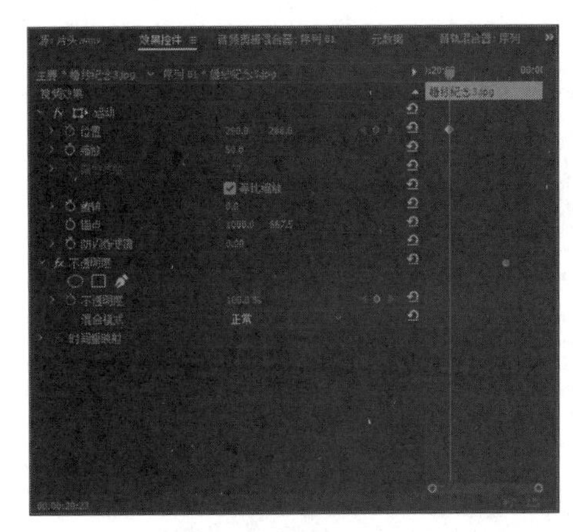

图 15-23 设置相应参数

04 设置当前时间为00:00:23:00，在“效果控件”面板中设置“位置”为（360.0、288.0），如图15-24所示。

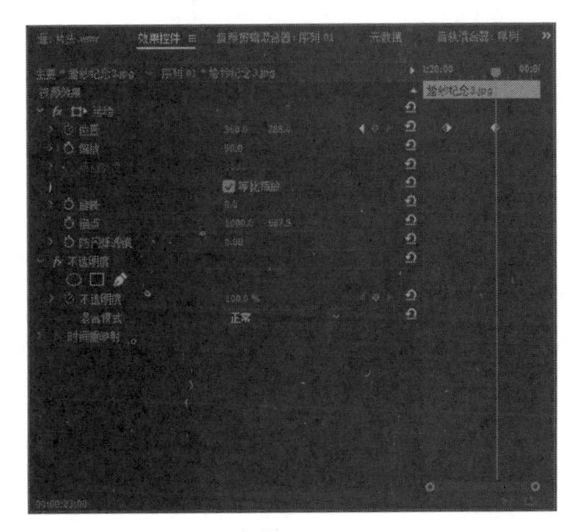

图 15-24 设置位置参数

15.2.4 实战——制作视频过渡效果

下面主要为各个婚纱照片之间添加视频过渡效果。

素材位置	上一案例效果文件
效果位置	效果 > 第 15 章 > 项目 6.prproj
视频位置	视频 > 第 15 章 > 实战——制作视频过渡效果.mp4

01 在“效果”面板中展开“视频过渡”|“擦除”选项，选择“百叶窗”特效，如图15-25所示。

02 拖曳“百叶窗”特效至V1轨道上的“婚纱纪念1”素材与“婚纱纪念2”素材之间，添加“百叶窗”特效，如图15-26所示。

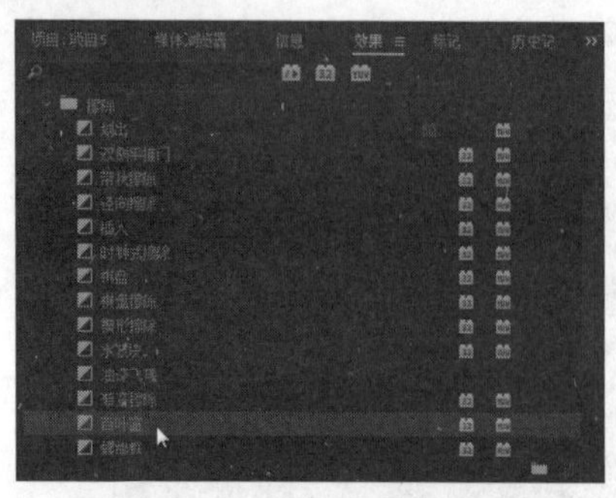

图 15-25 选择“百叶窗”特效

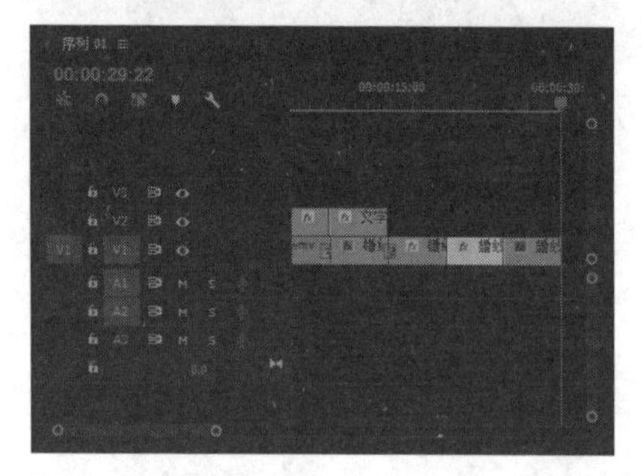

图 15-26 添加特效

03 在“节目监视器”面板中单击“播放-停止切换”按钮，预览“百叶窗”特效，如图15-27所示。

图 15-27 预览“百叶窗”特效

04 用与上述相同的方法，在其他图像素材之间添加视频过渡特效，如图15-28所示，制作转场效果。

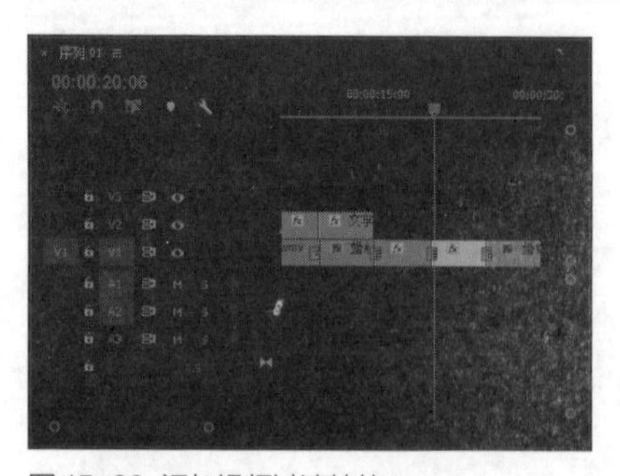

图 15-28 添加视频过渡特效

15.2.5 实战——制作相册边框效果

下面主要为婚纱相册的主体区域添加边框效果，增加喜庆氛围。

素材位置	上一案例效果文件
效果位置	效果 > 第 15 章 > 项目 7.prproj
视频位置	视频 > 第 15 章 > 实战——制作相册边框效果 .mp4

01 在“项目”面板中将“婚纱边框.png”素材拖曳至V2轨道的相应位置，并调整素材的时间长度，如图15-29所示。

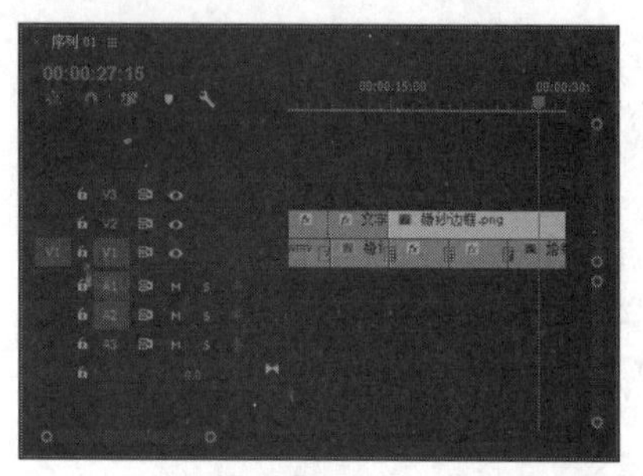

图 15-29 调整时间长度

02 选择添加的边框素材，展开“效果控件”面板，在其中设置“缩放”为85.0，如图15-30所示。

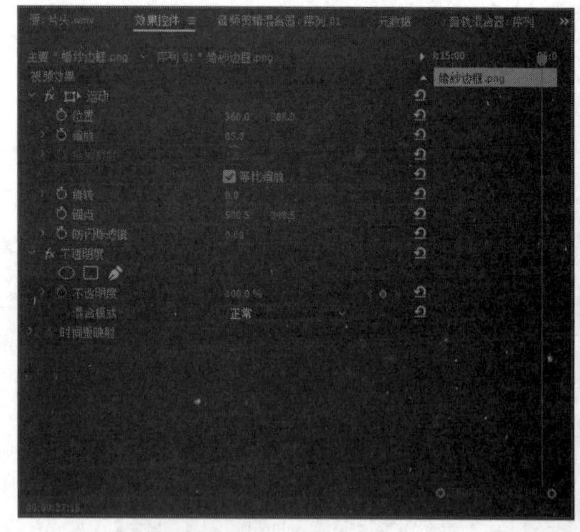

图 15-30 设置缩放值

03 在“效果”面板中选择“交叉溶解”特效，按住鼠标左键并将其拖曳至V2轨道上的两个素材之间，添加“交叉溶解”特效，如图15-31所示。

04 执行上述操作后，即可完成婚纱动态效果的制作。在“节目监视器”面板中单击“播放-停止切换”按钮，即可预览婚纱动态效果，如图15-32所示。

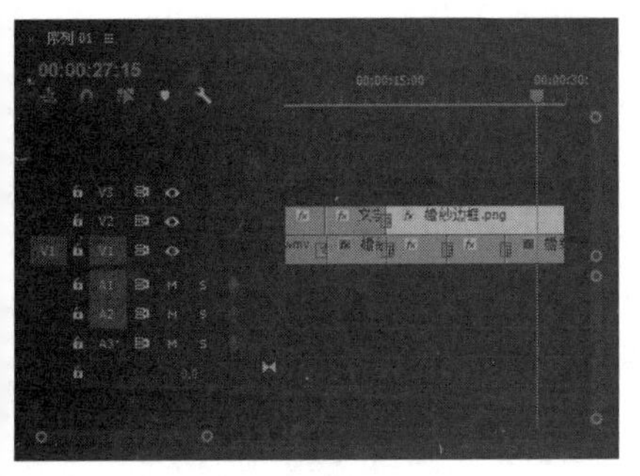

图 15-31 添加“交叉溶解”特效

图 15-32 预览婚纱动态效果

15.3 制作婚纱相册片尾效果

在Premiere Pro CC 2017中，当相册的基本编辑接近尾声时，便可以开始制作相册视频的片尾了。

15.3.1 实战——添加片尾字幕效果

下面主要为婚纱相册视频的片尾添加字幕效果，再次点明视频的主题。

素材位置	上一案例效果文件
效果位置	效果 > 第 15 章 > 项目 8.prproj
视频位置	视频 > 第 15 章 > 实战——添加片尾字幕效果 .mp4

01 将“片尾.mp4”素材文件添加至V1轨道上的“婚纱纪念4.jpg”素材后面，如图15-33所示。

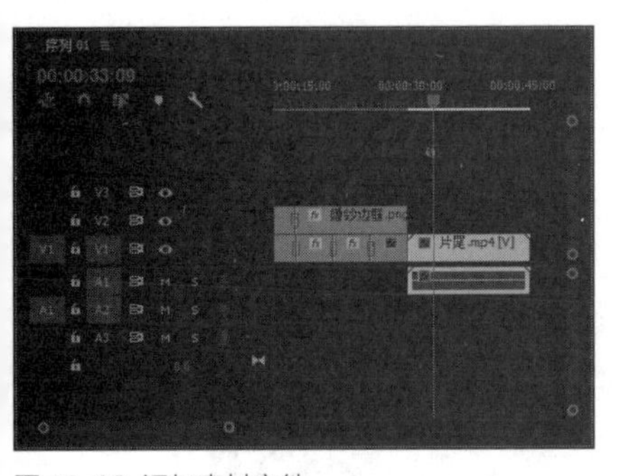

图 15-33 添加素材文件

02 按【Ctrl+T】组合键，弹出“新建字幕”对话框，输入字幕名称“钟爱一生”，如图15-34所示。

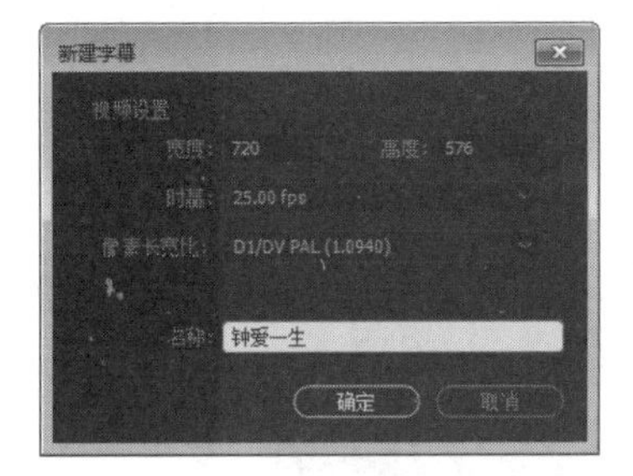

图 15-34 输入字幕名称

03 打开“字幕编辑”窗口，在其中输入文字“钟爱一生”，选择相应的字幕样式，在字幕属性窗口设置“字体系列”为楷体，如图15-35所示。

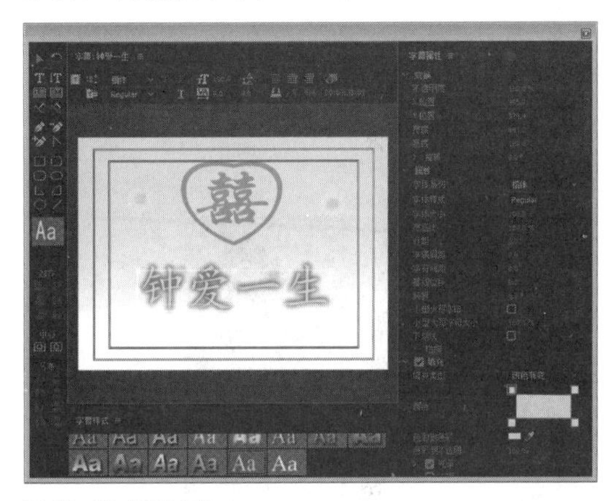

图 15-35 设置字体

04 关闭“字幕编辑”窗口，在“项目”面板中将创建的字幕拖曳至V2轨道的相应位置，添加字幕，调整字幕的时间长度，如图15-36所示。

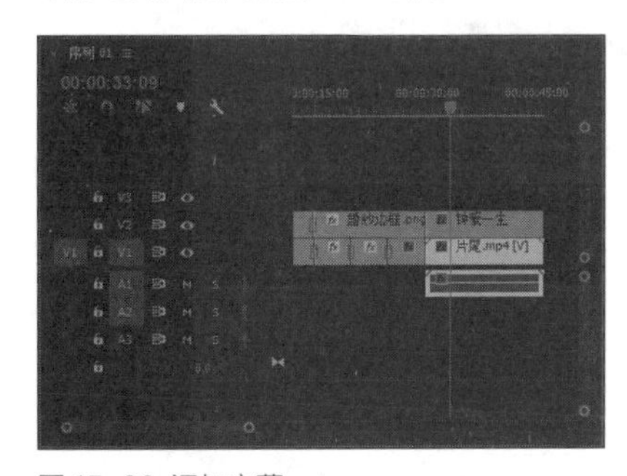

图 15-36 添加字幕

15.3.2 实战——制作片尾过渡效果

下面主要为婚纱相册的片尾添加视频过渡效果。

素材位置	上一案例效果文件
效果位置	效果 > 第 15 章 > 项目 9.prproj
视频位置	视频 > 第 15 章 > 实战——制作片尾过渡效果 . mp4

01 在“效果”面板中展开“视频过渡”|“划像”选项，选择“交叉划像”特效，如图15-37所示。

图 15-37 选择“交叉划像”特效

02 拖曳“交叉划像”特效至V1轨道上的“婚纱纪念4”素材与“片尾”素材之间，添加“交叉划像”特效，如图15-38所示。

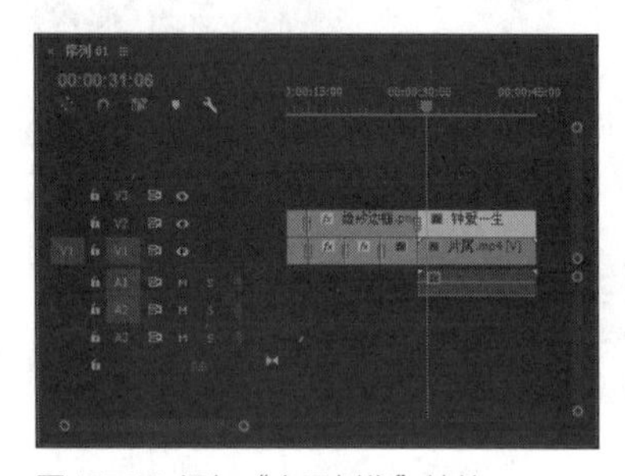

图 15-38 添加“交叉划像”特效

03 设置过渡持续时间为2秒，在“节目监视器”面板中预览效果，如图15-39所示。

图 15-39 预览视频效果

15.4 编辑与输出视频后期

相册片头的背景画面与主体字幕动画制作完成后，接下来向读者介绍视频后期的背景音乐编辑与视频的输出操作。

15.4.1 实战——制作相册音乐效果

在制作相册片尾效果后，接下来制作相册音乐效果。添加适合婚纱纪念相册主题的音乐素材，并且在音乐素材的开始与结束位置添加音频过渡。

素材位置	上一案例效果文件
效果位置	效果 > 第 15 章 > 项目 10.prproj
视频位置	视频 > 第 15 章 > 实战——制作相册音乐效果 . mp4

01 在“项目”面板中选择音乐素材，按住鼠标左键，并将其拖曳至A1轨道中，调整音乐的时间长度，如图15-40所示。

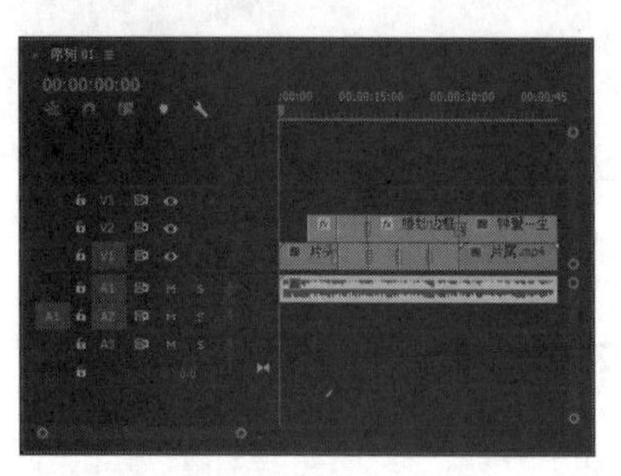

图 15-40 调整时间长度

02 在“效果”面板中展开“音频过渡”|“交叉淡化”选项，选择“指数淡化”特效，如图15-41所示。

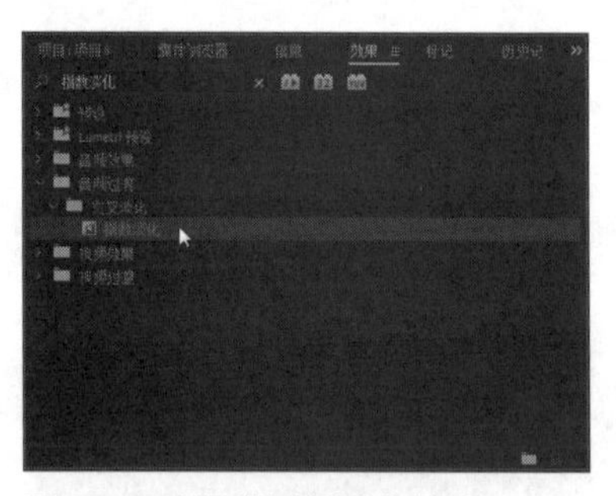

图 15-41 选择“指数淡化”特效

03 按住鼠标左键，将其拖曳至音乐素材的起始点与结束点，添加音频过渡特效，如图15-42所示。

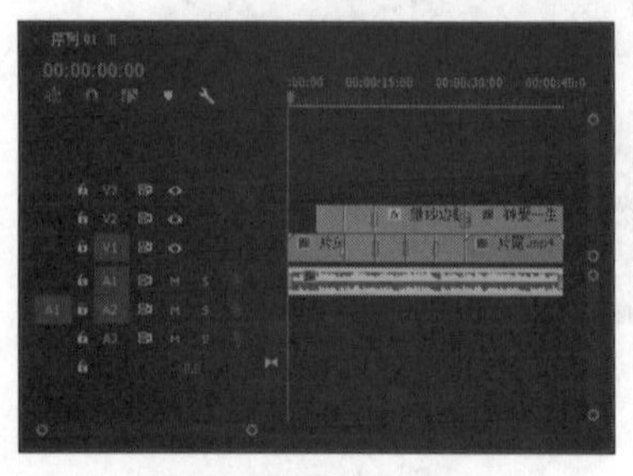

图 15-42 添加音频过渡特效

04 执行上述操作后，在“节目监视器”面板中单击“播放-停止切换”按钮，预览片尾特效，如图15-43所示。

图 15-43 预览片尾特效

15.4.2 实战——导出婚纱纪念相册

制作出相册片头、主体、片尾效果后，便可以将编辑完成的影片导出成视频文件了。下面向读者介绍导出婚纱纪念相册视频文件的操作方法。

素材位置	上一案例效果文件
效果位置	效果 > 第 15 章 > 项目 11.prproj
视频位置	视频 > 第 15 章 > 实战——导出婚纱纪念相册 . mp4

01 切换至“节目监视器”面板，按【Ctrl＋M】组合键，弹出“导出设置”对话框，单击“格式”选项右侧的下拉按钮，在弹出的列表框中选择AVI选项，如图15-44所示。

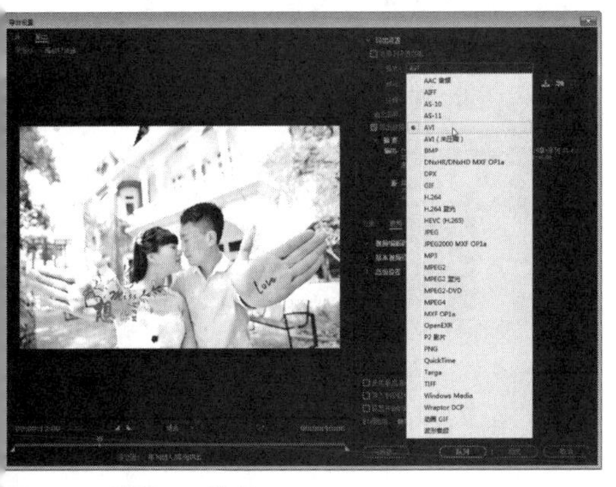

图 15-44 选择 AVI 选项

02 单击“预设”选项右侧的下拉按钮，在弹出的列表框中选择PAL DV选项，如图15-45所示。

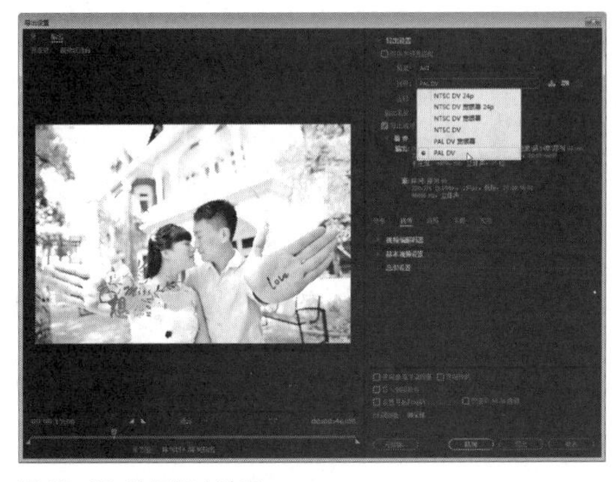

图 15-45 选择相应选项

03 单击“输出名称”右侧的“序列01.avi”链接，弹出“另存为”对话框，在其中设置视频文件的保存位置和相应文件名，如图15-46所示。

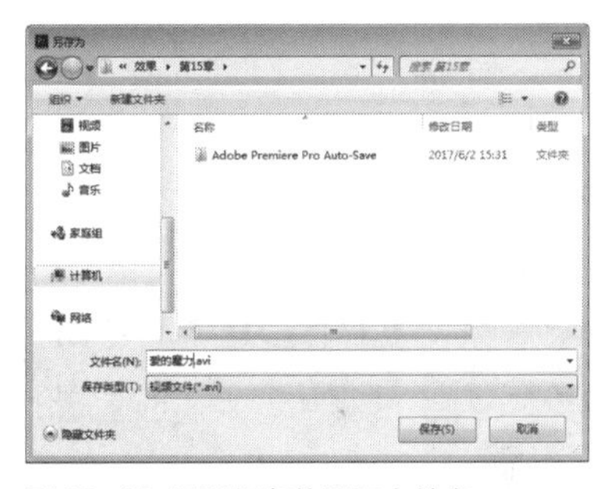

图 15-46 设置保存位置和文件名

04 单击“保存”按钮，返回“导出设置”界面，单击对话框右下角的“导出”按钮，弹出“渲染所需音频文件”对话框，开始导出编码文件并显示导出进度，如图15-47所示，稍后即可完成婚纱纪念相册视频的导出。

图 15-47 显示导出进度

第16章 手机游戏制作——王者天下

随着手机游戏产业的不断发展，许多游戏除了本身具有很强的娱乐性之外，新奇多变的宣传画面更是为游戏添色不少，其中的绚丽字幕起到了画龙点睛的作用。本章主要介绍如何制作手机游戏的宣传视频。

课堂学习目标

- 掌握导入游戏素材文件的操作方法。
- 掌握制作发光字幕效果的操作方法。
- 掌握制作视频转场效果的操作方法。

扫码观看本章实战操作视频

16.1 导入游戏素材文件

绚丽的字幕除了可以运用在华丽的视频效果中之外，还可以添加到精美的图片中。本实例以“王者天下”为背景，制作出绚丽多彩的发光字幕效果。

在制作“王者天下”手机游戏宣传视频之前，可以预览案例效果，如图16-1所示。

图16-1“王者天下”手机游戏视频效果

16.1.1 实战——导入背景图片

在制作手机游戏视频前，需要一个合适的背景图片，这里选择了一张手机游戏的角色图片作为背景，让游戏画风更加浓郁。

素材位置	素材 > 第16章 > 图片1.jpg
效果位置	无
视频位置	视频 > 第16章 > 实战——导入背景图片.mp4

01 新建一个名为“王者天下”的项目文件，单击“确定”按钮，如图16-2所示。

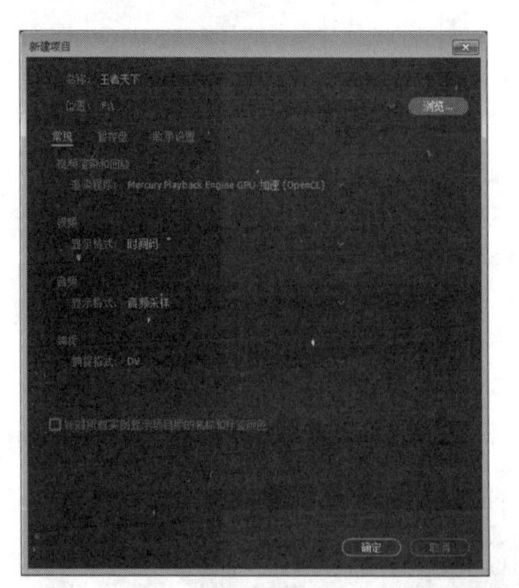

图16-2 单击“确定”按钮

02 单击“文件”|“新建”|“序列”选项，新建一个序列，单击“文件”|“导入”命令，弹出“导入”对话框，在其中选择合适的素材图像，如图16-3所示。

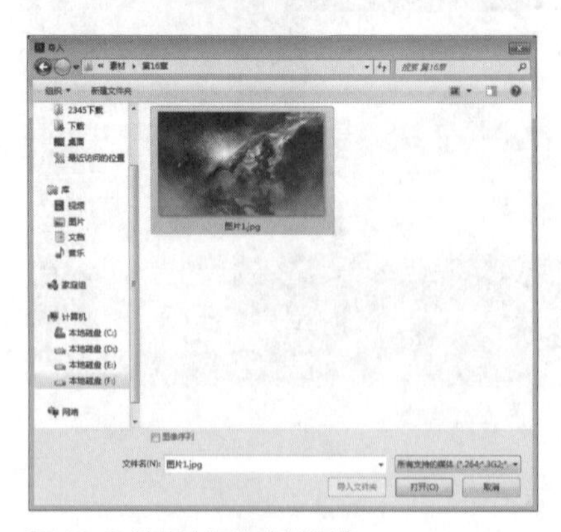

图16-3 选择合适的素材图像

03 单击对话框下方的“打开”按钮，即可将选择的图像文件导入“项目”面板中，如图16-4所示。

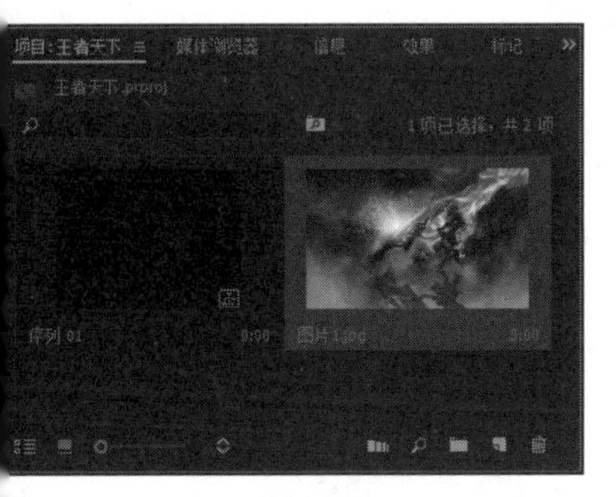

图 16-4 导入“项目”面板中

16.1.2 实战——添加项目文件

接下来将图片文件添加到时间轴上，并设置图片的属性。

素材位置	无
效果位置	无
视频位置	视频 > 第 16 章 > 实战——添加项目文件 .mp4

01 选择导入的图像文件，将其拖曳至V1轨道上，如图16-5所示。

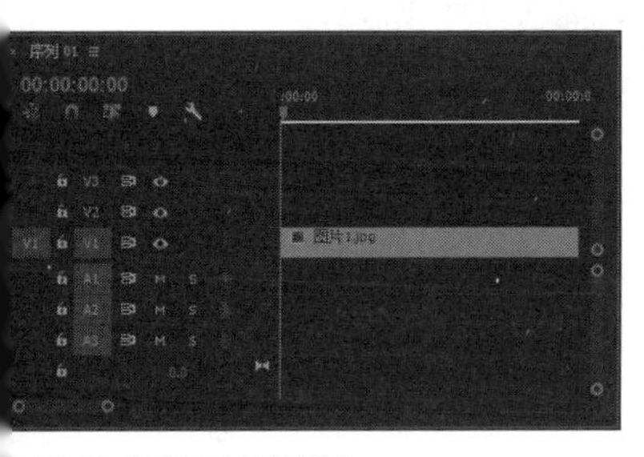

图 16-5 拖曳至 V1 轨道上

02 展开“效果控件”面板，设置“缩放”为80.0，如图16-6所示。

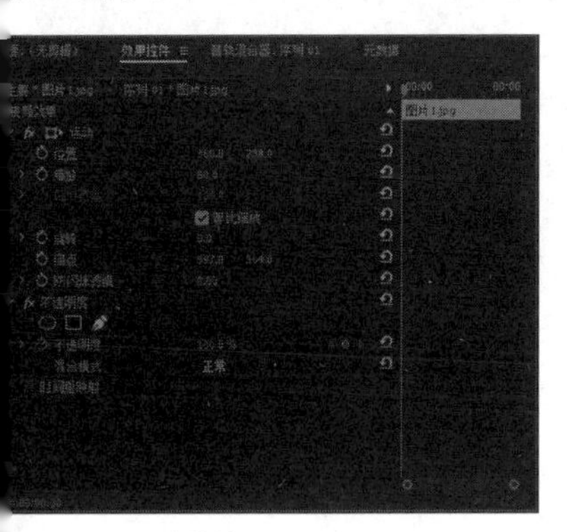

图 16-6 设置缩放值

03 在“节目监视器”面板中单击“播放-停止切换”按钮，预览图像效果，如图16-7所示。

图 16-7 预览图像效果

16.2 制作发光字幕效果

在Premiere Pro CC 2017中添加图片素材后，就可以创建主题字幕并设置字幕的属性参数及制作发光字幕特效了。本节介绍制作发光字幕的操作方法。

16.2.1 实战——制作游戏字幕1

下面介绍制作“王者”字幕效果的方法，包括输入文字、设置颜色及描边等操作。

素材位置	无
效果位置	无
视频位置	视频 > 第 16 章 > 实战——输入游戏字幕 1.mp4

01 单击“字幕”|“新建字幕”|“默认静态字幕”命令，弹出“新建字幕”对话框，如图16-8所示。

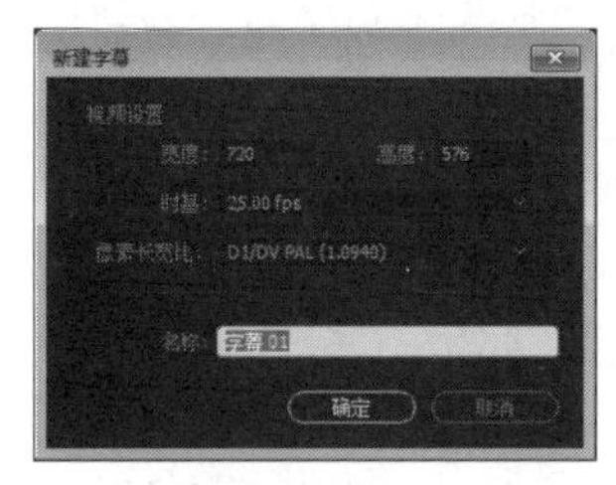

图 16-8 “新建字幕”对话框

02 单击“确定”按钮，打开“字幕”编辑窗口，如图16-9所示。

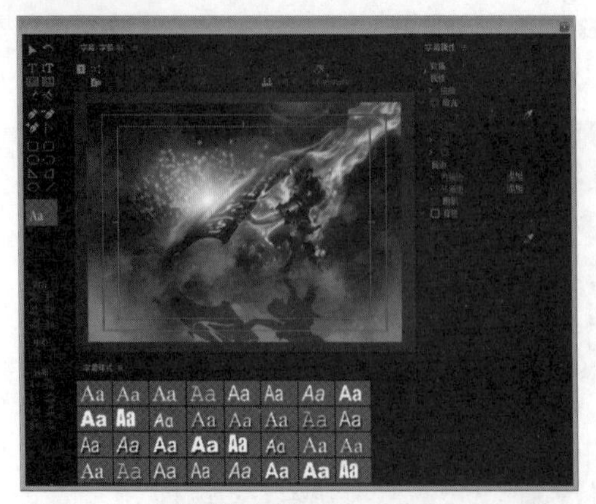

图 16-9 打开“字幕”编辑窗口

03 选择垂直文字工具，在字幕编辑窗口中输入文字“王者”，如图16-10所示。

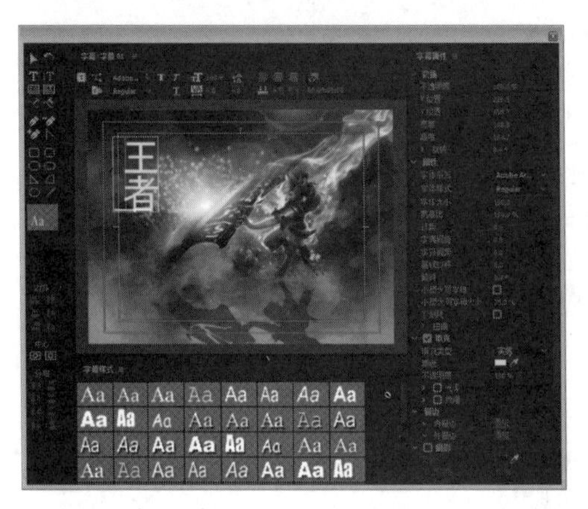

图 16-10 输入文字

04 在“字幕属性”面板中设置“字体”为“黑体”，“大小”为91.0，如图16-11所示。

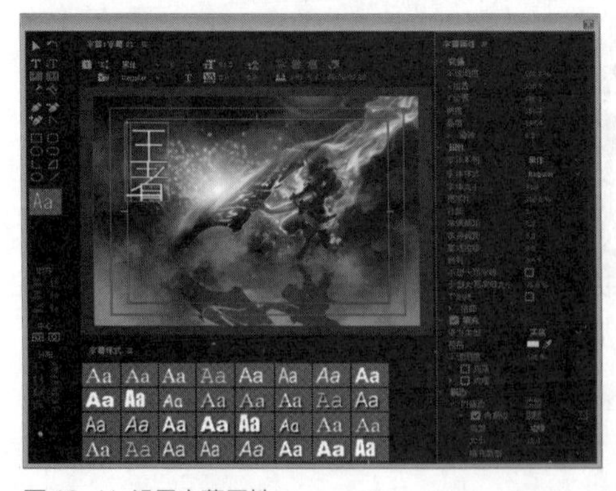

图 16-11 设置字幕属性

05 在“填充”选项区中，设置“填充类型”为“线性渐变”，如图16-12所示。

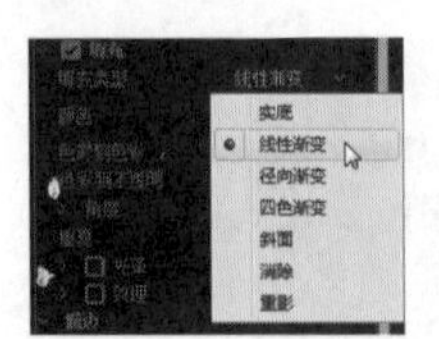

图 16-12 设置填充类型

06 设置第1个色标颜色为“淡蓝色”（RGB参数分别为177、251、253），如图16-13所示。

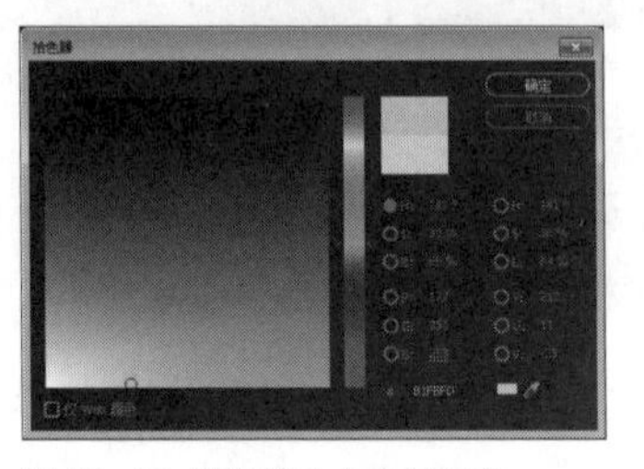

图 16-13 设置第 1 个色标颜色

07 设置第2个色标颜色为“蓝色”（RGB参数分别为134、235、252），如图16-14所示。

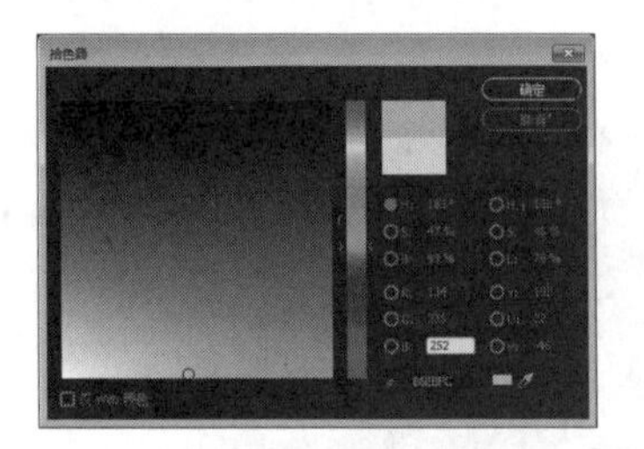

图 16-14 设置第 2 个色标颜色

08 在“描边”选项区中设置相应外描边参数，如图16-15所示。

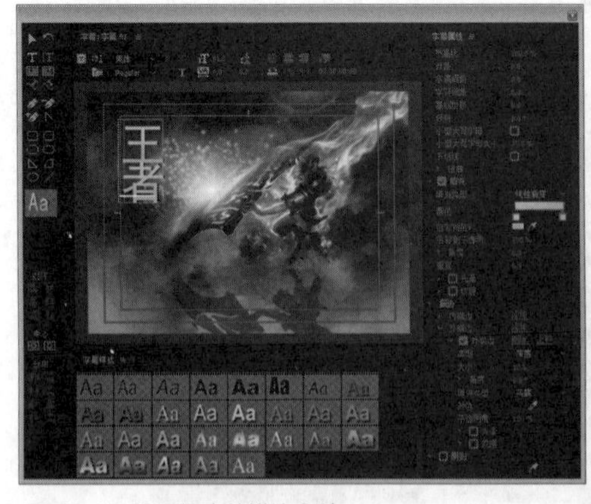

图 16-15 设置相应外描边参数

09 选中“阴影”复选框并设置相应阴影参数，如图16-16所示。

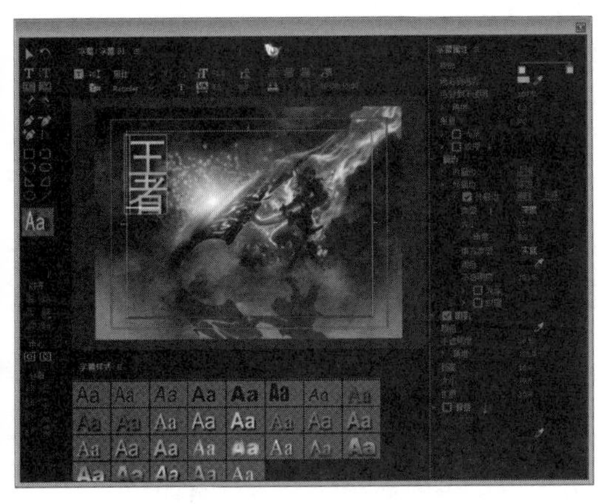

图 16-16 设置阴影参数

10 调整字幕的位置后，关闭“字幕”编辑窗口，此时字幕文件将自动添加至“项目”面板中，如图16-17所示。

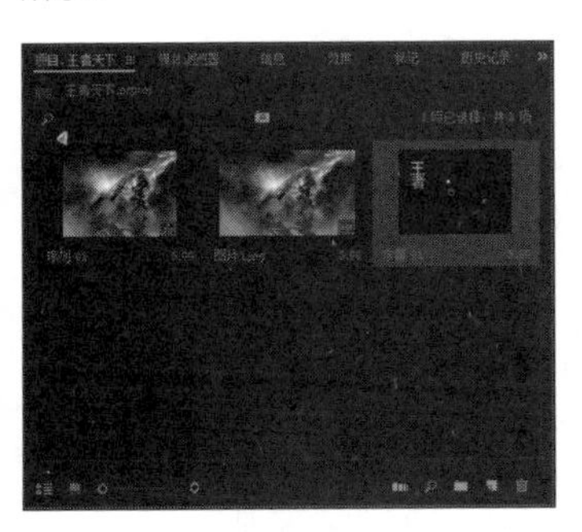

图 16-17 创建字幕文件

16.2.2 实战——制作游戏字幕2

下面制作“天下”游戏字幕效果。

素材位置	无
效果位置	无
视频位置	视频 > 第 16 章 > 实战——制作游戏字幕 2.mp4

01 在“项目”面板中复制字幕01，如图16-18所示。

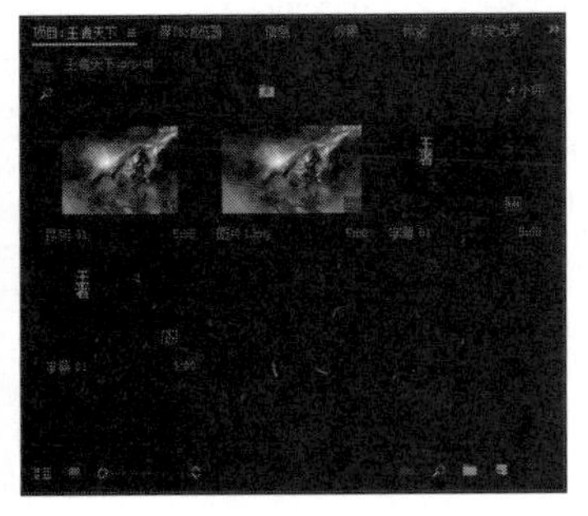

图 16-18 复制字幕

02 将复制的字幕重命名为字幕02，如图16-19所示。

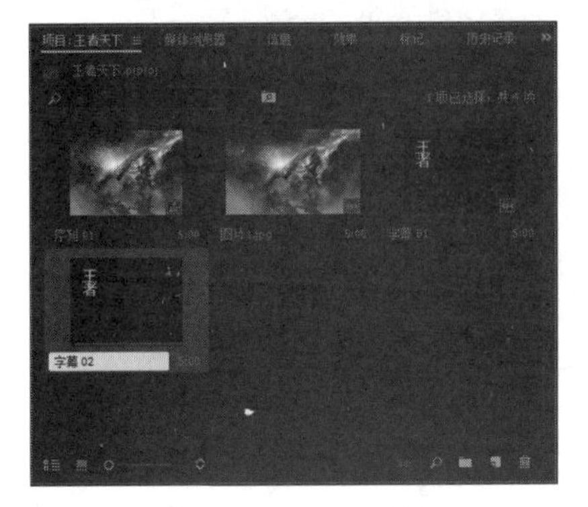

图 16-19 重命名字幕

03 在“项目”面板中双击字幕02，打开“字幕”编辑窗口，将“王者”改为“天下”，调整字幕的位置，如图16-20所示。

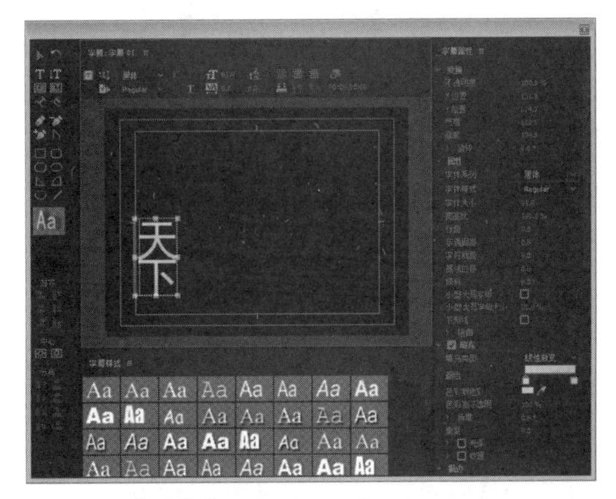

图 16-20 修改字幕

16.2.3 实战——制作淡入字幕效果

下面将创建好的两个字幕文件分别添加到视频轨道中，并且设置相应的淡入效果，让字幕的出现更加自然。

素材位置	无
效果位置	无
视频位置	视频 > 第 16 章 > 实战——制作淡入字幕效果.mp4

01 将时间线拖曳至00:00:01:00位置，如图16-21所示。

02 拖曳字幕01至V3轨道的时间线位置处，如图16-22所示。

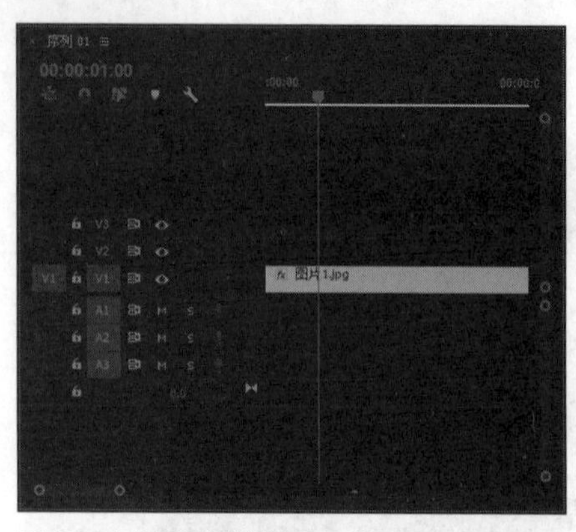

图 16-21 设置时间线位置

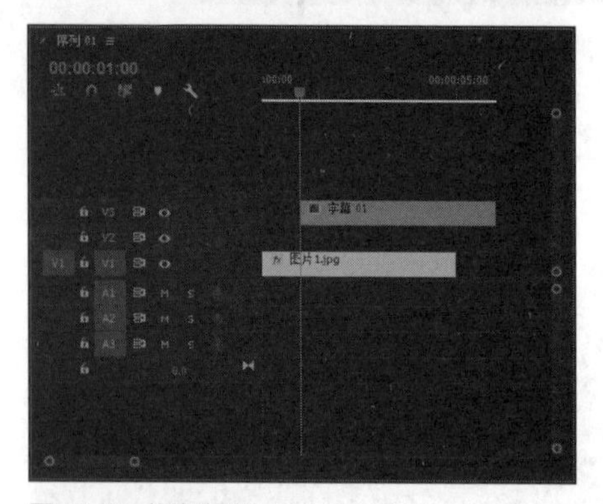

图 16-22 拖曳字幕 01

03 拖曳字幕02至V2轨道的时间线位置处，并调整字幕的持续时间，如图16-23所示。

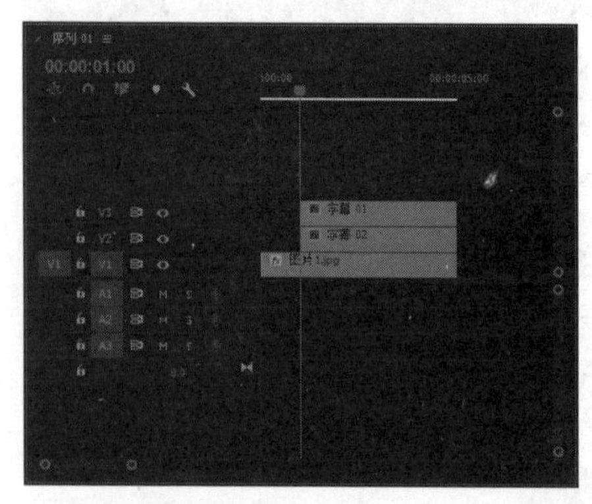

图 16-23 拖曳字幕 02

04 选择字幕01，展开“效果控件”面板，设置“不透明度”为0.0%，如图16-24所示。

05 将时间线拖曳至00:00:01:08位置，设置“不透明度”为100.0%，添加淡入效果，如图16-25所示。

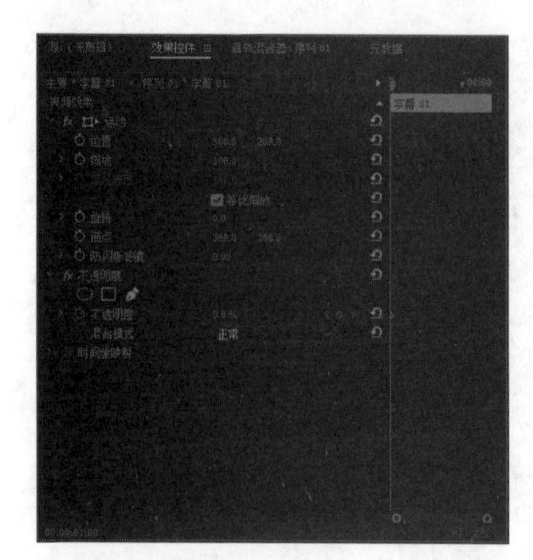

图 16-24 设置字幕 01 属性

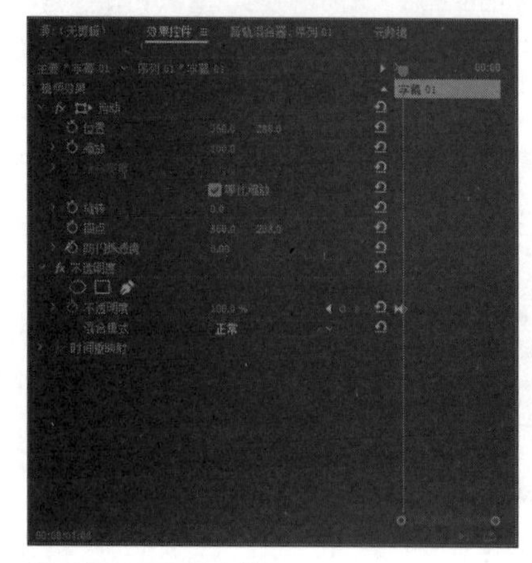

图 16-25 添加淡入效果

06 用与上述相同的方法，为字幕02添加同样的淡入效果，如图16-26所示。

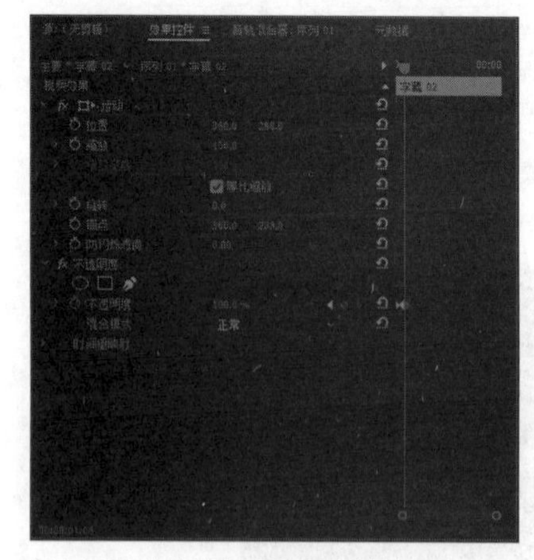

图 16-26 为字幕 02 添加淡入效果

16.2.4 实战——制作Alpha发光视频特效

下面主要为制作好的字幕添加Alpha发光视频特效，使其展示效果更加醒目。

素材位置	无
效果位置	无
视频位置	视频 > 第 16 章 > 实战——制作 Alpha 发光视频特效 .mp4

01 在“效果”面板中展开“视频效果”|“风格化”选项，选择“Alpha发光”视频特效，如图16-27所示。

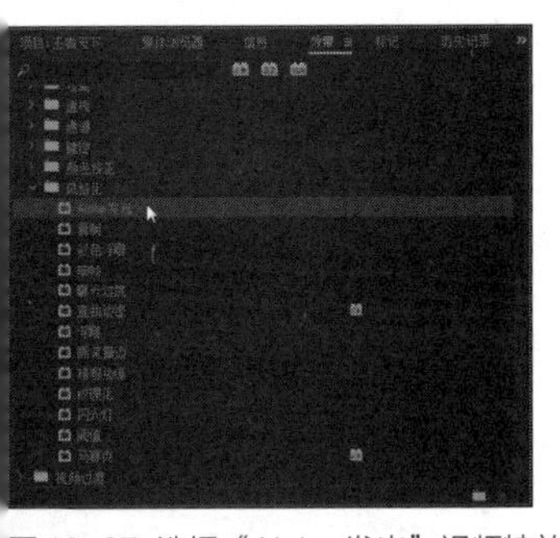

图 16-27 选择“Alpha 发光”视频特效

02 单击鼠标左键，并将其拖曳至V3轨道的字幕01上，添加视频特效，如图16-28所示。

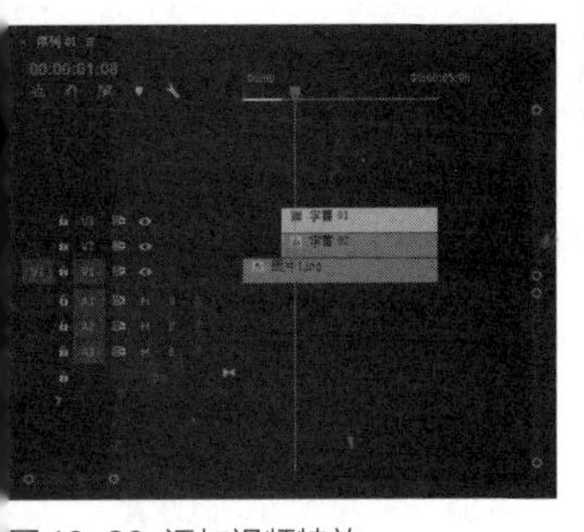

图 16-28 添加视频特效

03 将时间线拖曳至00:00:01:00位置，如图16-29所示。

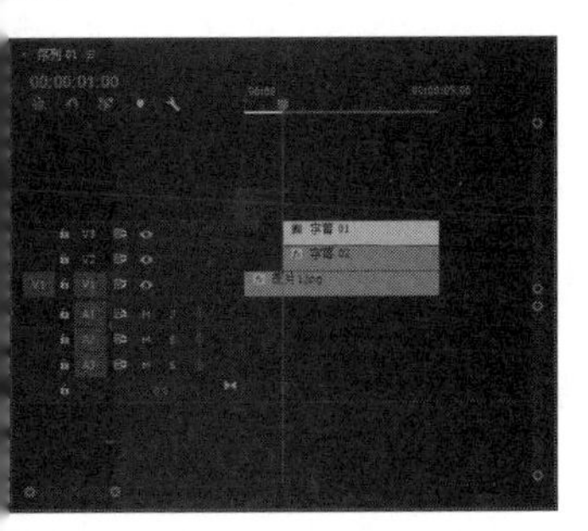

图 16-29 调整时间线位置

04 选择字幕01，在“效果控件”面板中单击“Alpha发光”选项中所有选项的“切换动画”按钮，如图16-30所示。

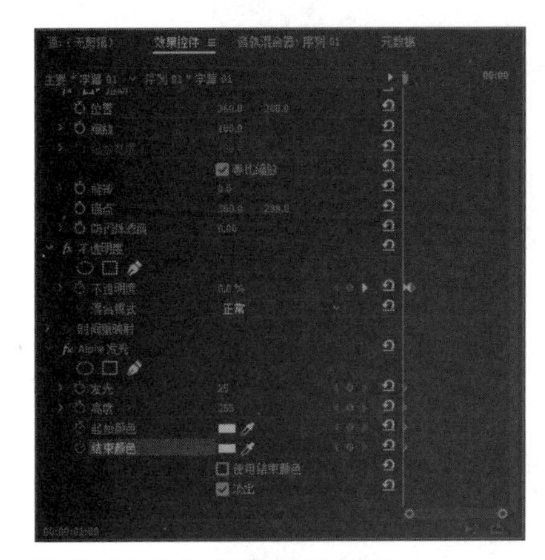

图 16-30 单击“切换动画”按钮

05 将时间线拖曳至00:00:01:12位置，如图16-31所示。

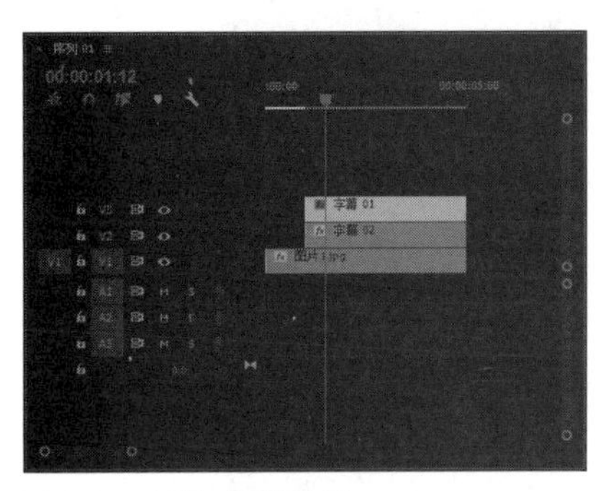

图 16-31 调整时间线位置

06 设置“发光”为67，“亮度”为253，“起始颜色”为红色，添加一组关键帧，如图16-32所示。

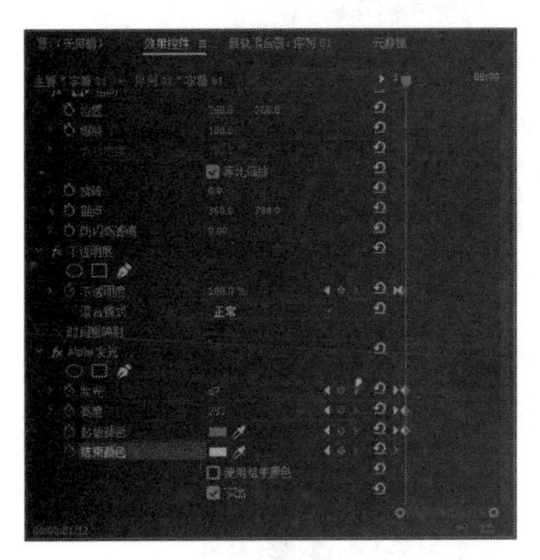

图 16-32 添加一组关键帧

图 16-32 添加一组关键帧（续）

07 将时间线拖曳至00:00:02:02位置，如图16-33所示。

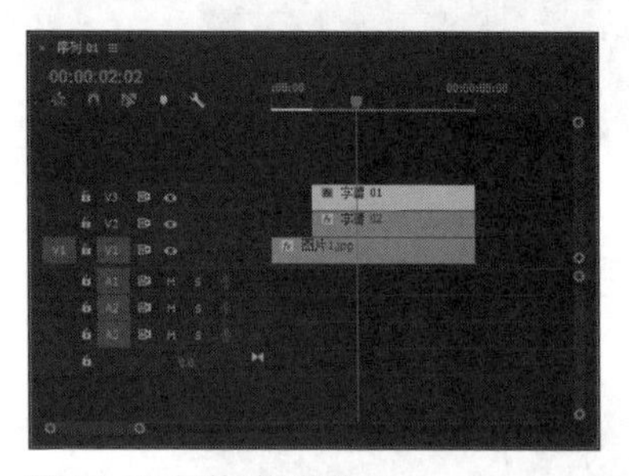

图 16-33 调整时间线位置

08 单击“发光”和“亮度”选项右侧的“添加/移除关键帧”按钮，设置“起始颜色”为白色，设置及效果如图16-34所示。

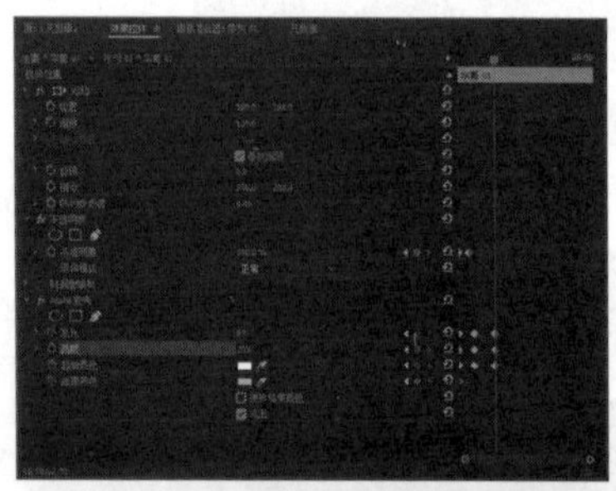

图 16-34 设置及效果

09 将时间线拖曳至00:00:02:20位置，如图16-35所示。

图 16-35 调整时间线位置

10 在“效果控件”面板中设置“发光”为0，效果如图16-36所示。

图 16-36 设置发光后的效果

16.2.5 实战——制作其他视频特效

下面主要讲解将前面制作好的字幕发光效果运用到其他字幕上，快速制作视频特效。

素材位置	无
效果位置	无
视频位置	视频 > 第 16 章 > 实战——制作其他视频特效 . mp4

01 在“效果控件”面板中选择“Alpha发光”选项，单击鼠标右键，在弹出的快捷菜单中选择“复制”选项，如图16-37所示。

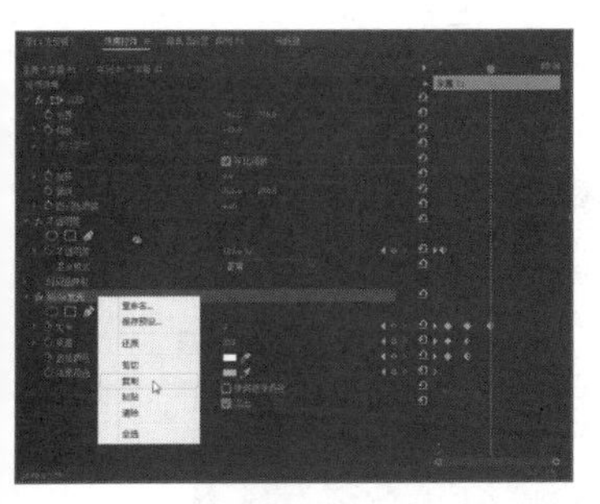

图 16-37 选择“复制”选项

02 在V2轨道中选择字幕02，如图16-38所示。

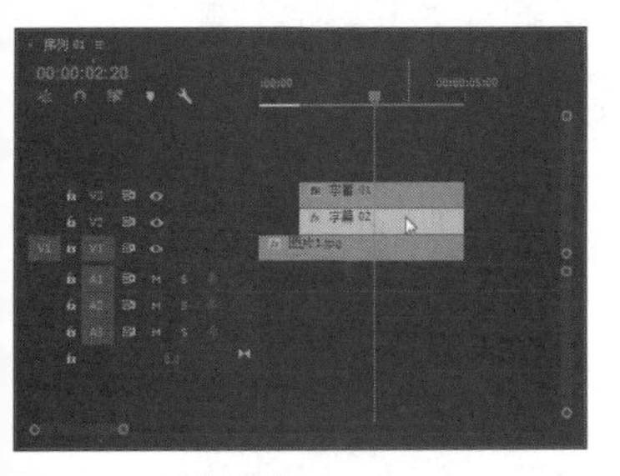

图 16-38 选择字幕 02

03 展开“效果控件”面板，将“Alpha发光”特效粘贴至“效果控件”面板中，如图16-39所示。

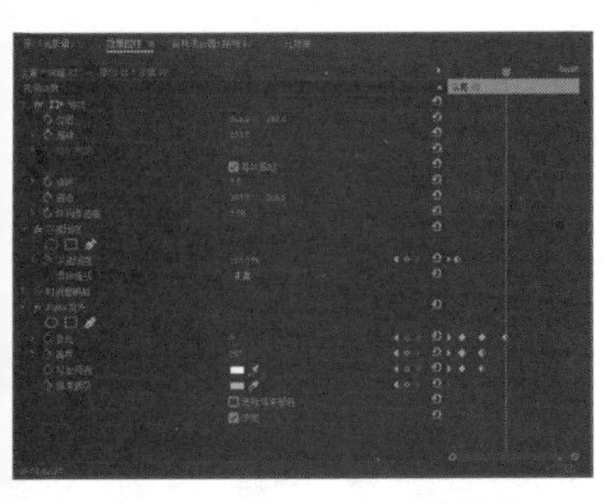

图 16-39 粘贴“Alpha 发光”特效

04 将时间线拖曳至00:00:01:15位置，如图16-40所示。

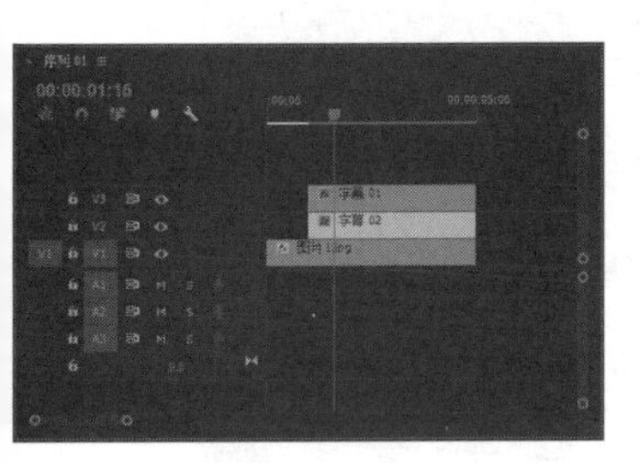

图 16-40 调整时间线位置

05 按住【Shift】键的同时，在“效果控件”面板中选择“Alpha发光”特效中相应的关键帧，如图16-41所示。

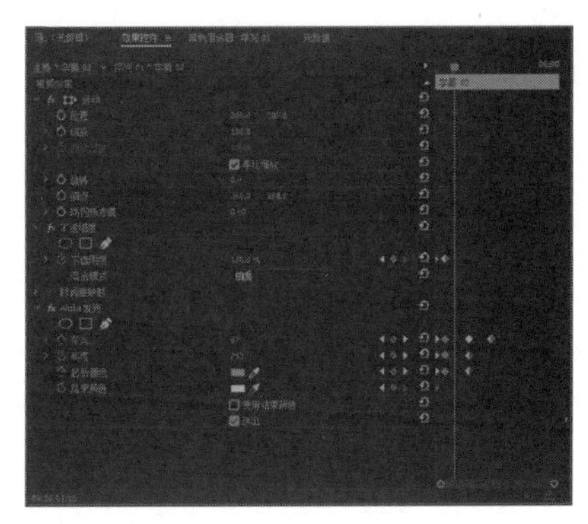

图 16-41 选择相应的关键帧

06 将其拖曳至时间线位置，如图16-42所示。

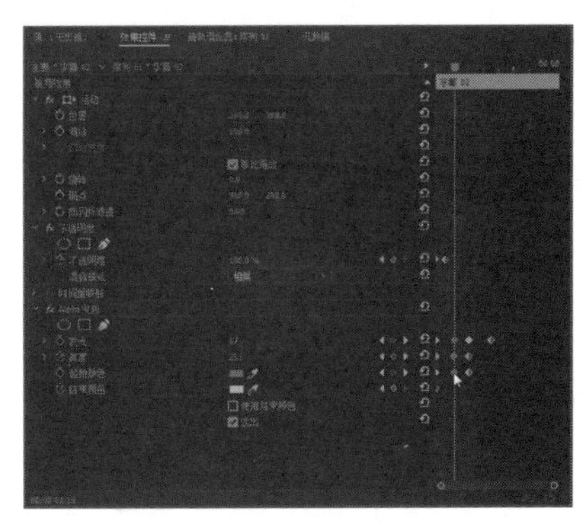

图 16-42 拖曳至时间线位置

07 执行上述操作后，即可添加字幕发光效果，在“节目监视器”面板中预览字幕发光效果，如图16-43所示。

图 16-43 预览字幕发光效果

16.3 制作视频转场效果

在Premiere Pro CC 2017中完成整个素材的编辑操作后，还需要为视频中的各个画面添加淡入淡出的转场效果。

16.3.1 实战——制作交叉叠化转场效果

下面为游戏背景图片添加交叉叠化转场效果。

素材位置	无
效果位置	无
视频位置	视频 > 第 14 章 > 实战——制作交叉叠化转场效果 . mp4

01 在“效果”面板中，展开“视频过渡”|“溶解”选项，在其中选择“交叉溶解”特效，如图16-44所示。

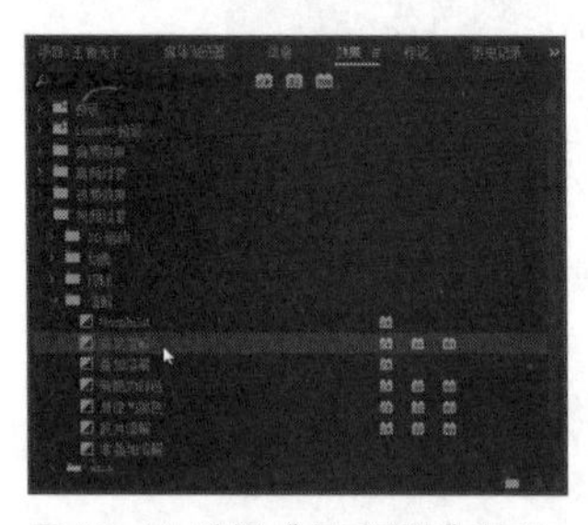

图 16-44 选择“交叉溶解”特效

02 单击鼠标左键，将其拖曳至V1轨道的起始位置，如图16-45所示。

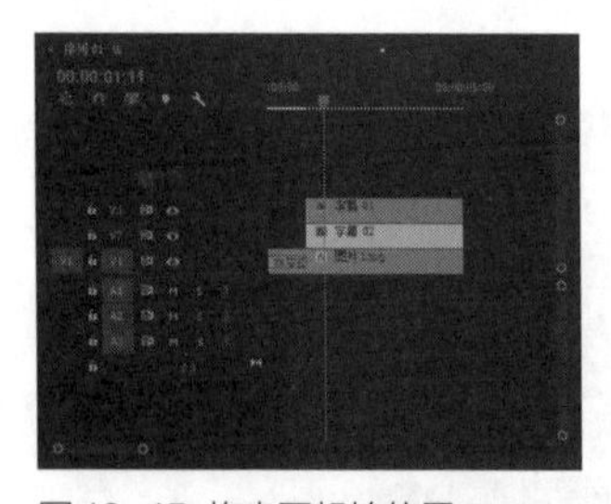

图 16-45 拖曳至起始位置

03 用与上述同样的方法，将“交叉溶解”特效拖曳至V1轨道的结束位置，如图16-46所示。

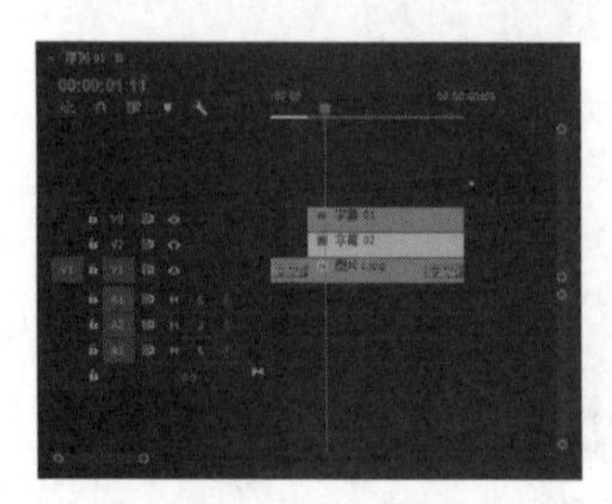

图 16-46 拖曳至结束位置

04 执行上述操作后，即可添加视频转场特效，在“节目监视器”面板中预览转场效果，如图16-47所示。

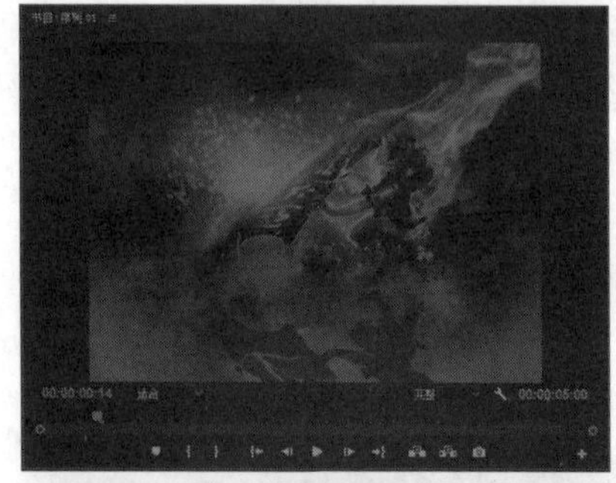

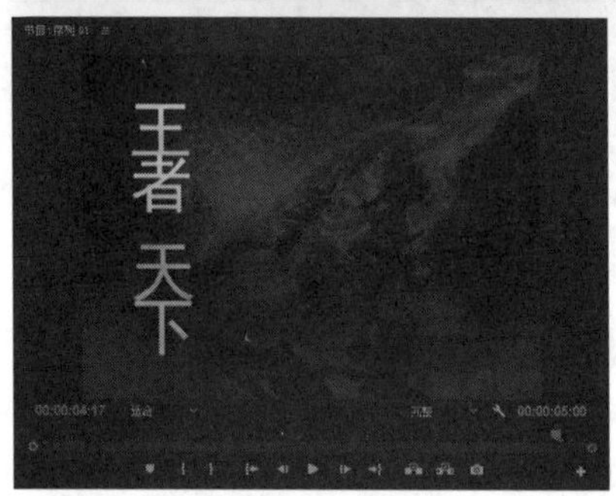

图 16-47 预览转场效果

16.3.2 实战——制作游戏字幕转场效果

下面为游戏字幕添加需要的转场效果。

素材位置	无
效果位置	效果 > 第 16 章 > 王者天下 .prproj
视频位置	视频 > 第 16 章 > 实战——制作游戏字幕转场效果 . mp4

01 在“效果”面板中，展开“视频过渡”|“划像”选项，在其中选择“交叉划像”特效，如图16-48所示。

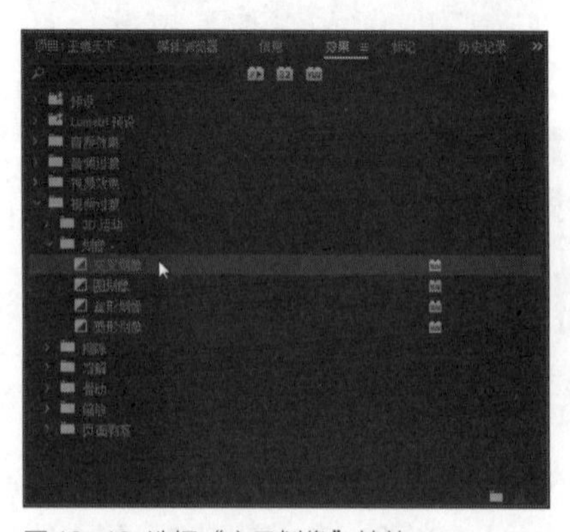

图 16-48 选择“交叉划像”特效

02 单击鼠标左键，将其拖曳至V2轨道的起始位置，如图16-49所示。

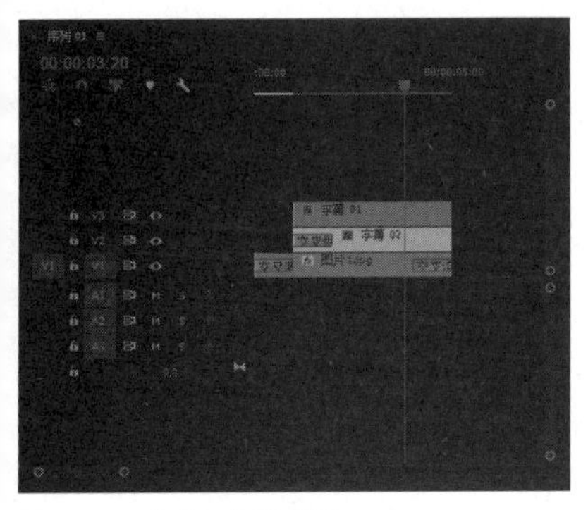

图 16-49 拖曳至起始位置

03 用与上述同样的方法，将“交叉划像”特效拖曳至V2轨道的结束位置，如图16-50所示。

04 在“效果”面板中，展开“视频过渡”|“划像”选项，在其中选择“圆划像”特效，如图16-51所示。

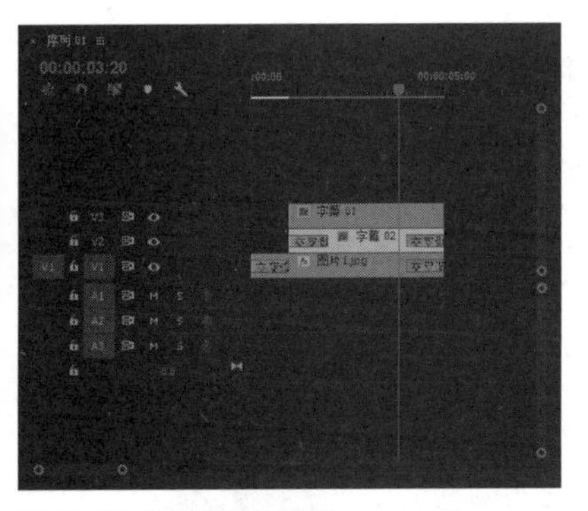

图 16-50 拖曳至结束位置

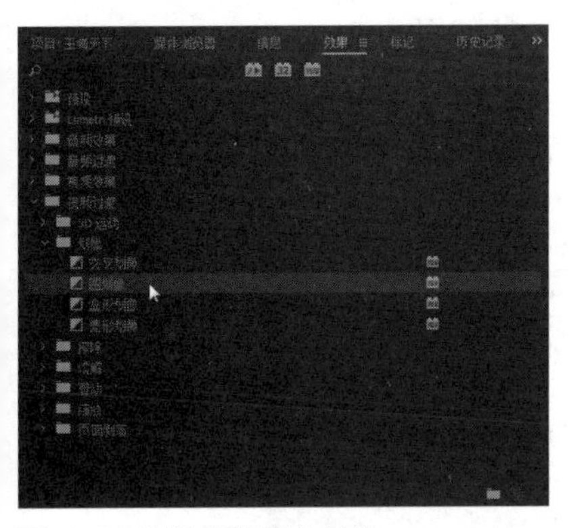

图 16-51 选择“圆划像”特效

05 单击鼠标左键，将其拖曳至V3轨道的起始位置，如图16-52所示。

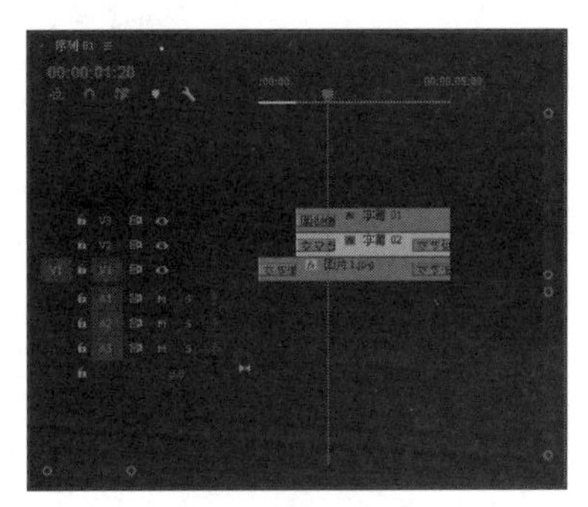

图 16-52 拖曳至起始位置

06 用与上述同样的方法，将“圆划像”特效拖曳至V3轨道的结束位置，如图16-53所示。

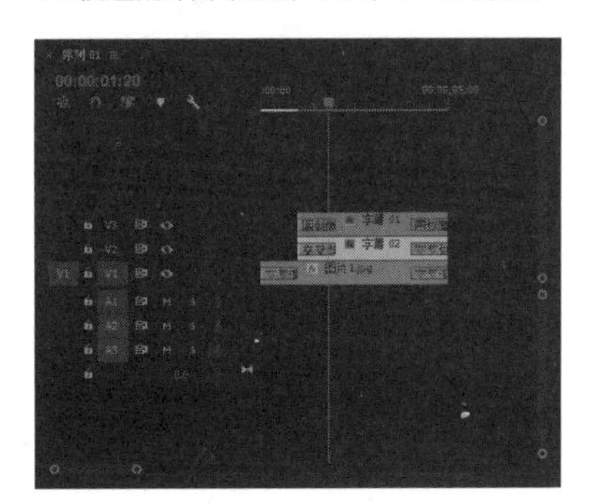

图 16-53 拖曳至结束位置

07 执行上述操作后，即可添加视频转场效果，在“节目监视器”面板中预览转场效果，如图16-54所示。

图 16-54 预览转场效果

第17章 网店产品制作——礼服宣传

网店产品视频，是指在各大网络电商平台投放的对商品、品牌进行宣传的视频，可以起到吸引买家浏览的作用。本章主要向大家介绍制作礼服产品宣传视频的方法。

课堂学习目标

- 掌握导入产品宣传素材文件的操作方法。
- 掌握制作宣传动画效果的操作方法
- 掌握制作宣传字幕效果的操作方法。

扫码观看本章实战操作视频

17.1 导入产品宣传素材文件

网店的产品宣传海报设计是店铺营销过程中非常重要的一环。

在制作“礼服宣传”视频之前，预览案例效果，如图17-1所示。

图 17-1 预览案例效果

17.1.1 实战——新建项目文件

在制作一个视频效果时，需要先新建一个项目文件，下面主要介绍新建项目文件的操作方法。

素材位置	无
效果位置	无
视频位置	视频 > 第 17 章 > 实战——新建项目文件 .mp4

01 启动软件后，进入开始界面，单击“新建项目”按钮，如图17-2所示。

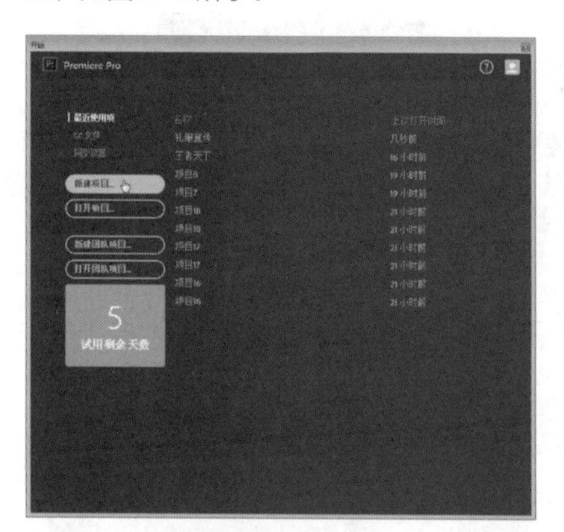

图 17-2 单击“新建项目”选项

02 弹出“新建项目”对话框，在“名称”右侧的框中输入“礼服宣传”，如图17-3所示。

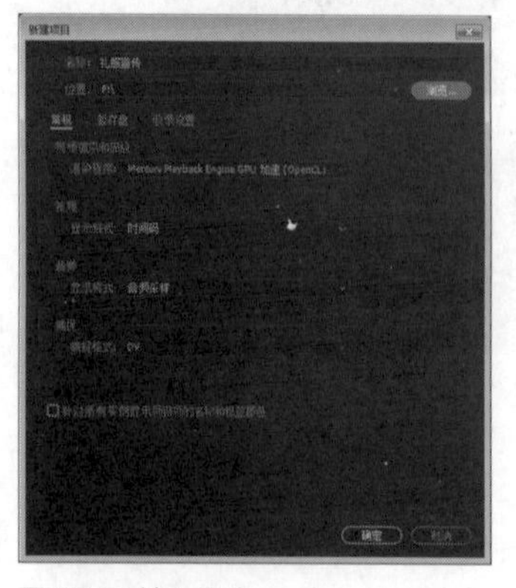

图 17-3 输入名称

03 输入完成后，单击“确定”按钮，如图17-4所示。

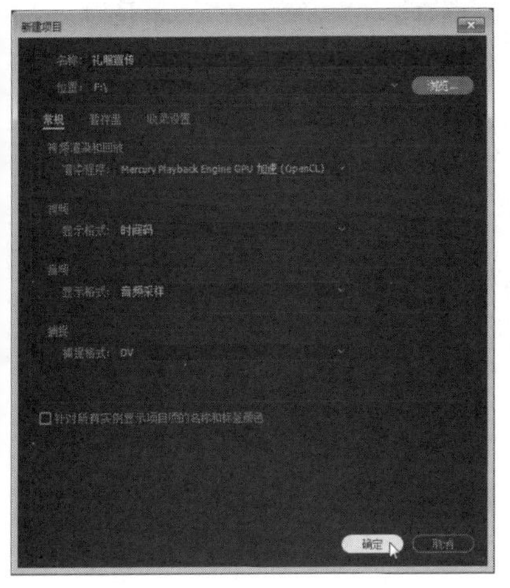

图 17-4 单击“确定”按钮

04 单击“文件”|“新建”|“序列”选项，弹出“新建序列”对话框，如图17-5所示。

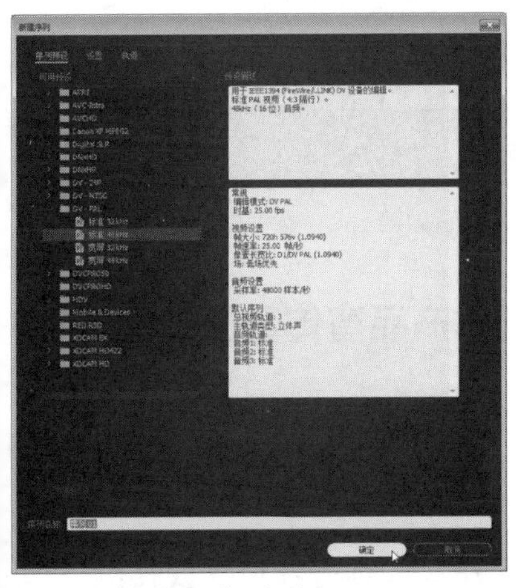

图 17-5“新建序列”对话框

05 单击“确定”按钮，即可在项目面板查看新建的序列，如图17-6所示。

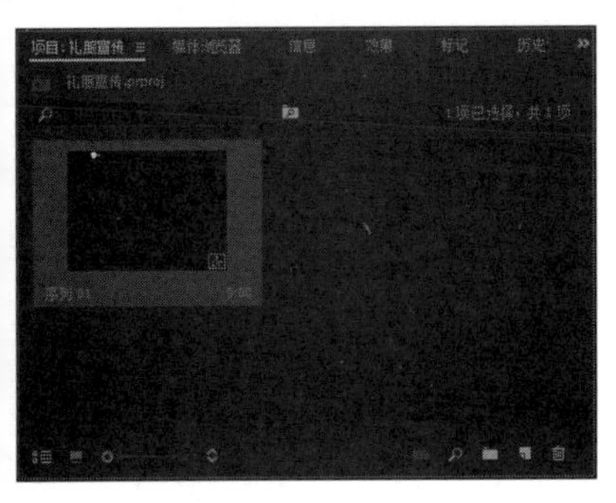

图 17-6 查看新建序列

17.1.2 实战——导入礼服宣传背景

下面将图片文件添加到时间轴上并设置图片的属性。

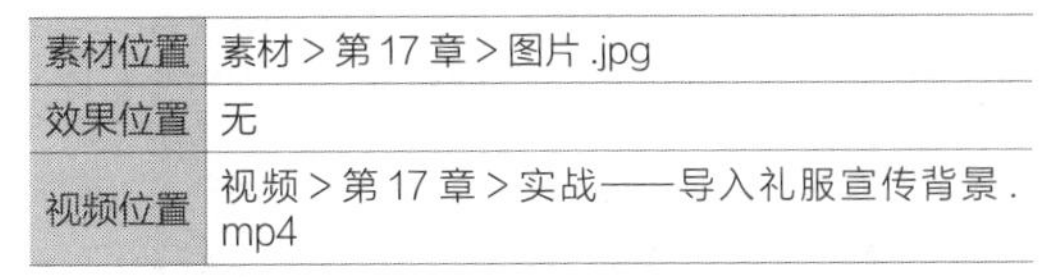

素材位置	素材 > 第 17 章 > 图片 .jpg
效果位置	无
视频位置	视频 > 第 17 章 > 实战——导入礼服宣传背景 .mp4

01 单击“文件”|“导入”命令，弹出“导入”对话框，如图17-7所示。

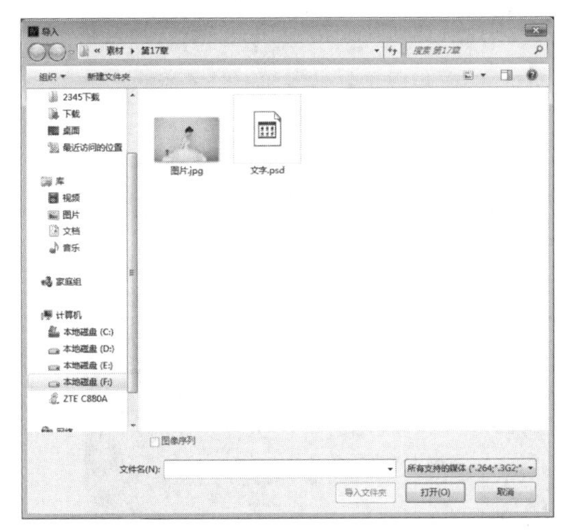

图 17-7“导入”对话框

02 在其中选择合适的素材图像，单击“打开”按钮，如图17-8所示。

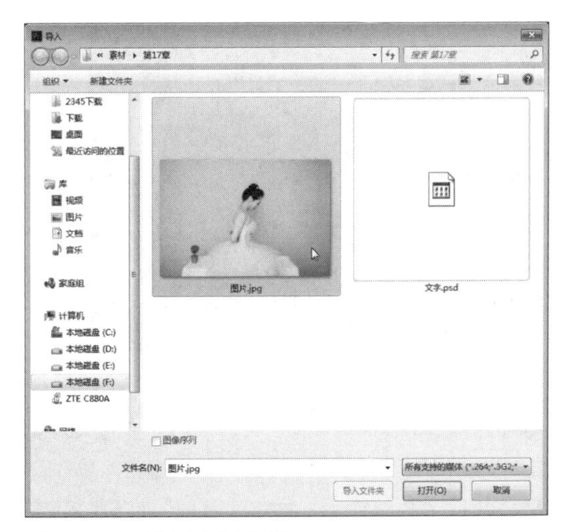

图 17-8 选择合适的素材图像

03 单击“打开”按钮后即可在“项目”面板中查看导入的素材图像，如图17-9所示。

04 在“项目”面板中选择导入的素材图像，如图17-10所示。

图 17-9 查看导入的素材图像

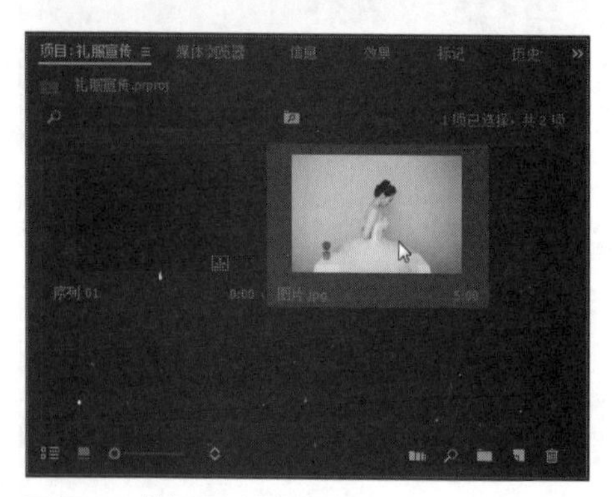

图 17-10 选择导入的素材图像

05 单击鼠标左键并将其拖曳至V1轨道上，如图17-11所示。

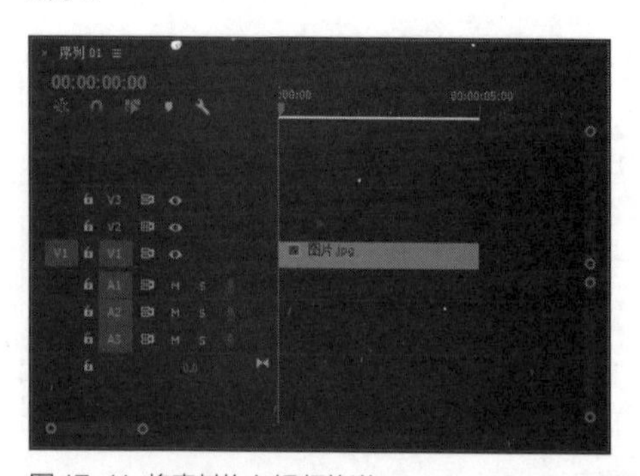

图 17-11 将素材拖入视频轨道

06 展开“效果控件”面板，设置“缩放”为45.0，如图17-12所示。

07 执行上述操作后，在“节目监视器”面板中预览画面效果，如图17-13所示。

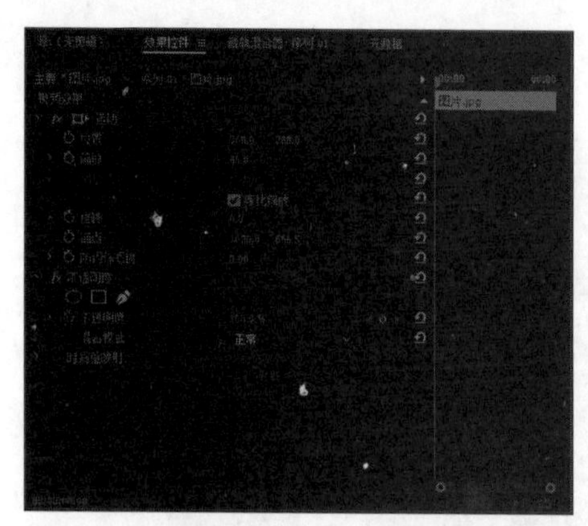

图 17-12 设置缩放值

图 17-13 预览画面效果

17.2 制作产品宣传动画效果

产品宣传视频的设计，目的是用最佳的图像和文字来展示商品，突出其特点。本节主要介绍视频动画效果的制作方法。

17.2.1 实战——制作交叉溶解转场

下面为礼服宣传背景图片添加交叉溶解转场效果，让视频过渡更加自然。

素材位置	无
效果位置	无
视频位置	视频 > 第 17 章 > 实战——制作交叉溶解转场 .mp4

01 展开“效果”面板，选择“视频过渡”选项，如图17-14所示。

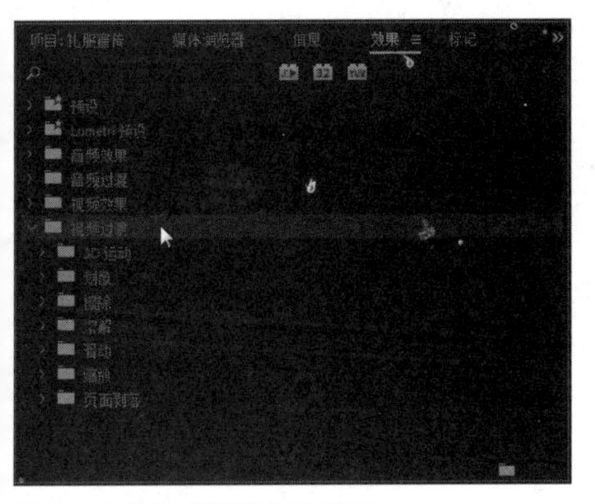

图 17-14　选择“视频过渡”选项

02 在“视频过渡”中选择“溶解”选项，如图17-15所示。

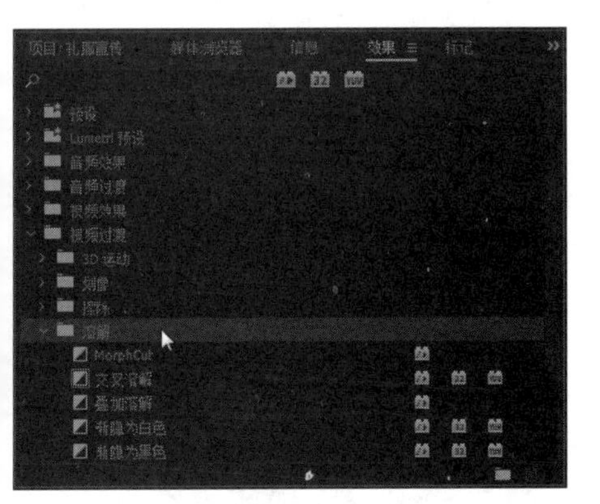

图 17-15　选择“溶解”选项

03 展开后在其中选择“交叉溶解”特效，如图17-16所示。

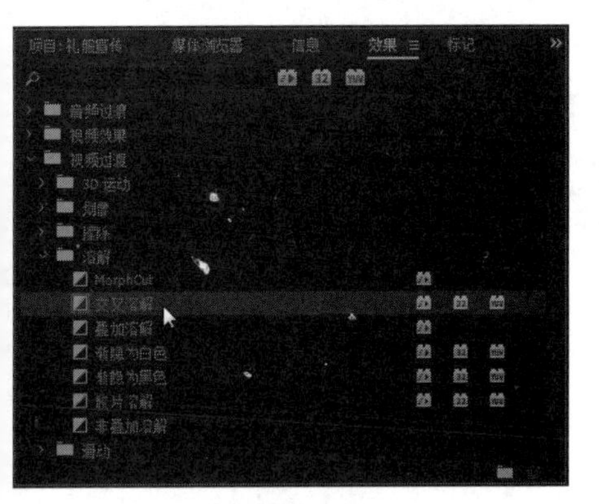

图 17-16　选择“交叉溶解”特效

04 单击鼠标左键并将其拖曳至V1轨道素材的起始位置，如图17-17所示。

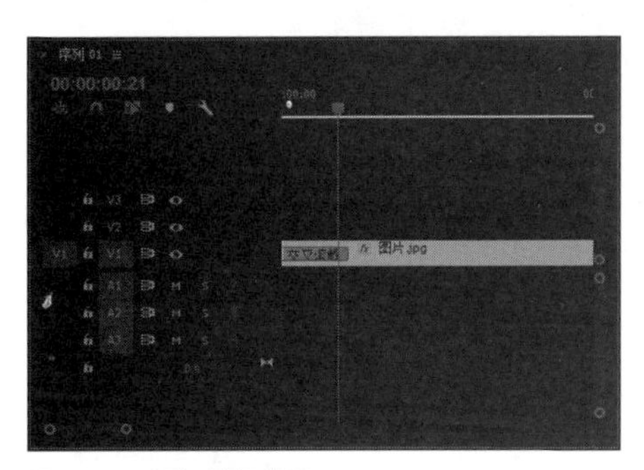

图 17-17　添加转场效果

05 执行上述操作后，即可添加视频转场效果，在“节目监视器”面板中预览转场效果，如图17-18所示。

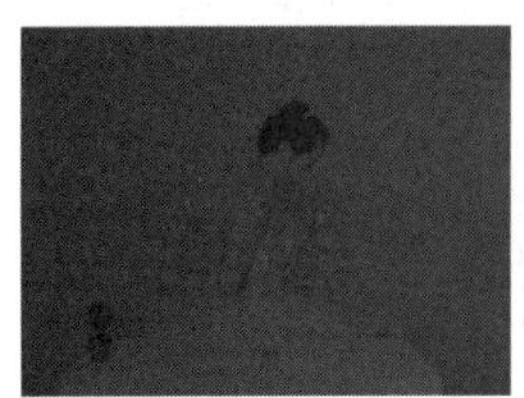

图 17-18　预览转场效果

17.2.2 实战——制作宣传文字效果

为产品宣传增加一些促销性文案，可以让视频的引流效果更好。

素材位置	素材 > 第 17 章 > 文字 .psd
效果位置	无
视频位置	视频 > 第 17 章 > 实战——制作宣传文字效果 .mp4

01 单击“文件”|“导入”命令，弹出“导入”对话框，如图17-19所示。

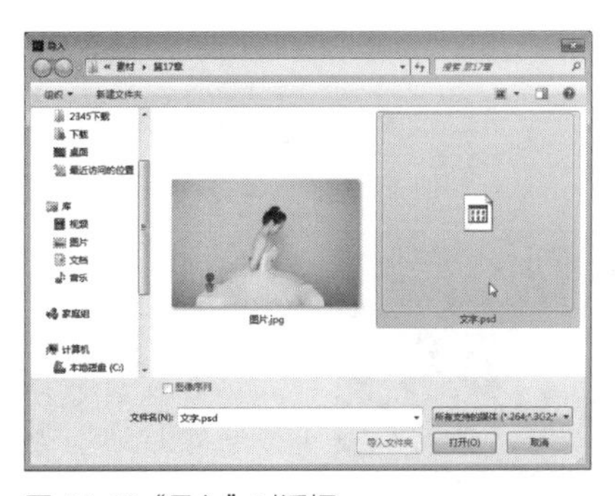

图 17-19 “导入”对话框

02 在其中选择合适的素材图像，单击“打开”按钮，如图17-20所示。

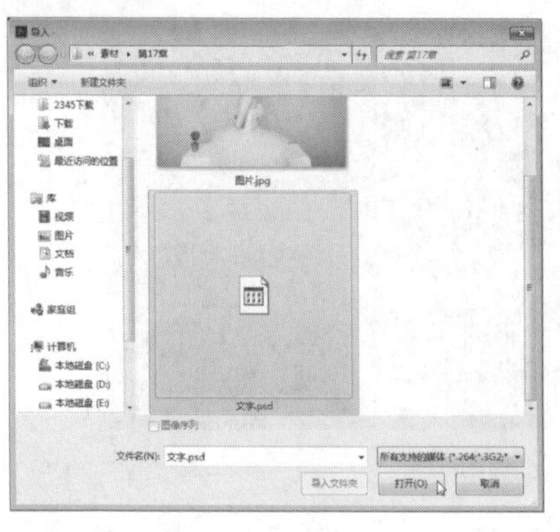

图 17-20 选择合适的素材图像

03 弹出“导入分层文件：文字”对话框，如图17-21所示。

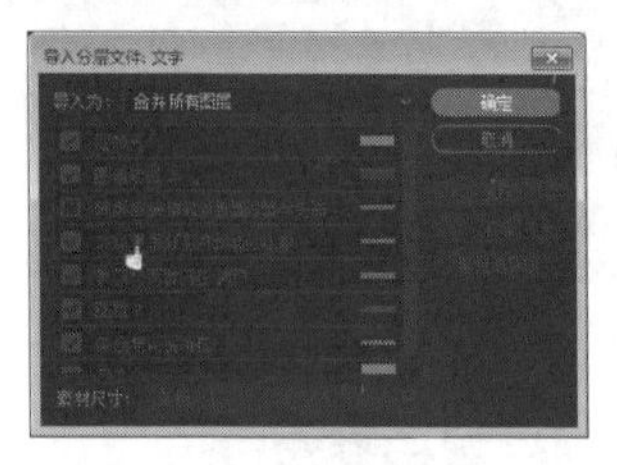

图 17-21“导入分层文件：文字”对话框

04 选择相应的图层文件，单击“确定”按钮，如图17-22所示。

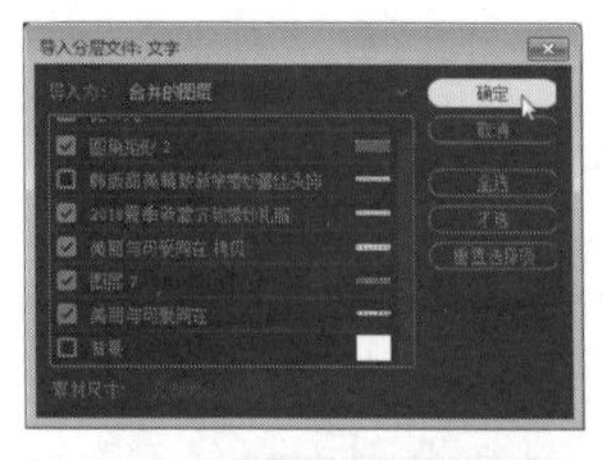

图 17-22 选择相应的图层文件

05 在项目面板中查看该素材图像，如图17-23所示。

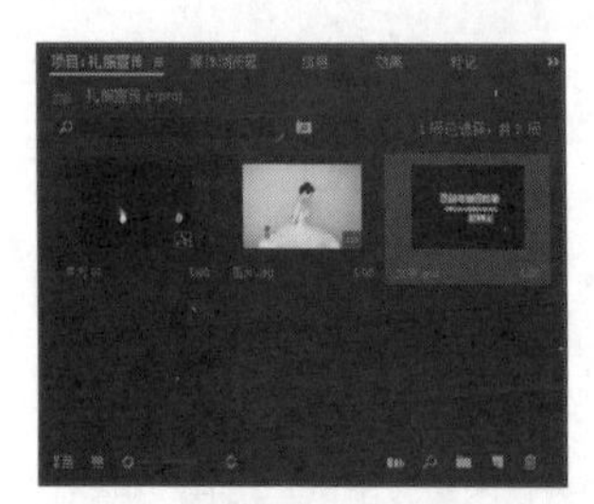

图 17-23 查看素材图像

06 在项目面板中选择该素材图像，单击鼠标左键并将其拖曳至V2轨道上，如图17-24所示。

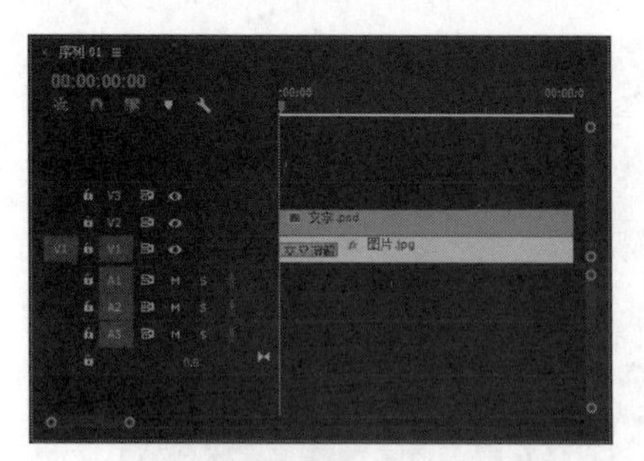

图 17-24 添加文字素材

07 执行上述操作后，在“节目监视器”面板中预览画面效果，如图17-25所示。

图 17-25 预览画面效果

08 展开“效果控件”面板，设置“缩放”为80.0，设置及效果如图17-26所示。

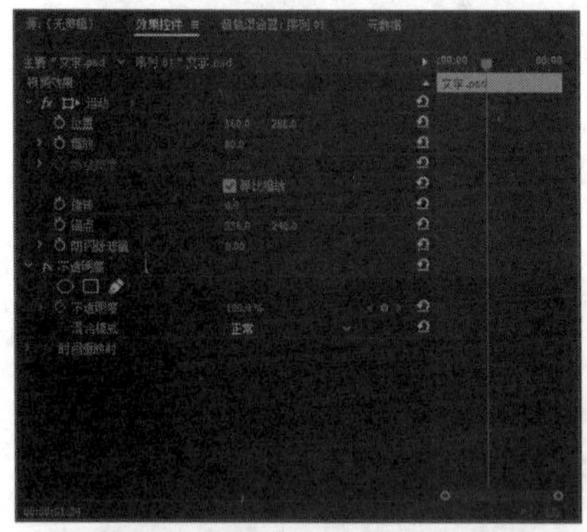

图 17-26 设置及效果

09 继续在“效果控件”面板中设置“位置”为（550.0、350.0），适当调整文字素材的位置，设置及效果如图17-27所示。

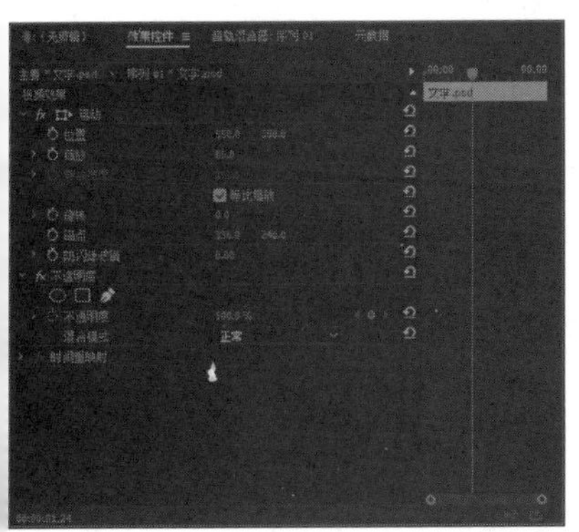

图 17-27　调整文字素材的位置

17.2.3 实战——制作文案视频动画效果

下面将创建好的两个字幕文件分别添加到视频轨道中，并且设置相应的淡入效果，让字幕的出现更加自然。

素材位置	无
效果位置	无
视频位置	视频 > 第 17 章 > 实战——制作文案视频动画效果 .mp4

01 在“效果”面板中展开“视频效果”选项，选择“过渡”选项，如图17-28所示。

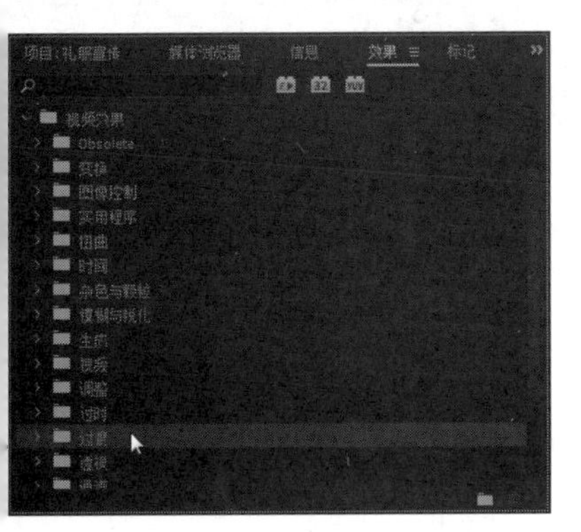

图 17-28　选择“过渡”选项

02 在“过渡”视频效果中选择“块溶解”选项，如图17-29所示。

图 17-29　选择“块溶解”选项

03 单击鼠标左键并将其拖曳至V2轨道上，如图17-30所示。

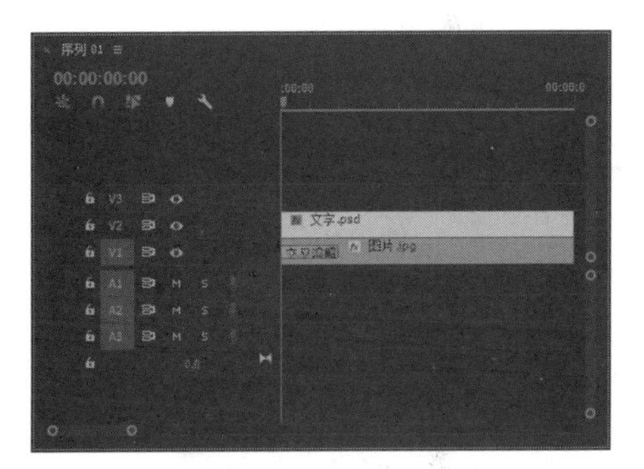

图 17-30　添加视频效果

04 展开“效果控件”面板，单击“块溶解”特效下所有选项左侧的“切换动画”按钮，如图17-31所示。

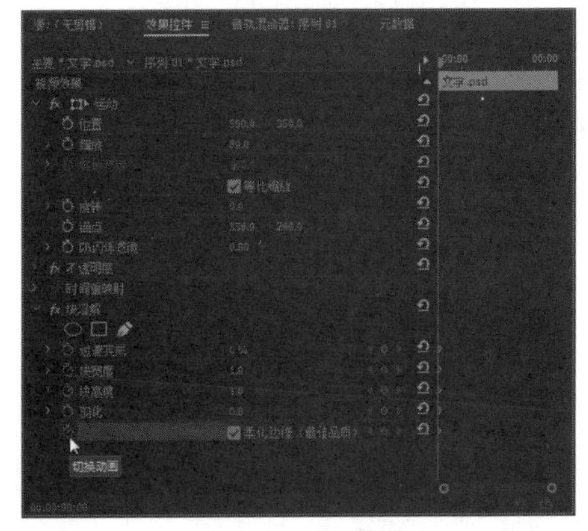

图 17-31　单击“切换动画”按钮

05 设置“过渡完成”为100%，如图17-32所示。

06 设置当前时间为00:00:01:00，如图17-33所示。

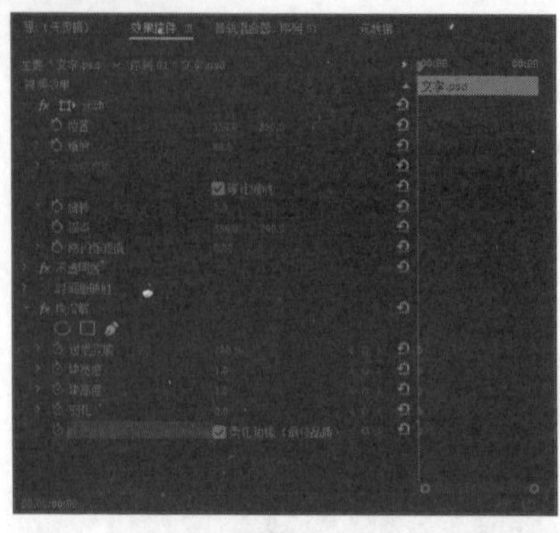

图 17-32 设置“过渡完成”参数

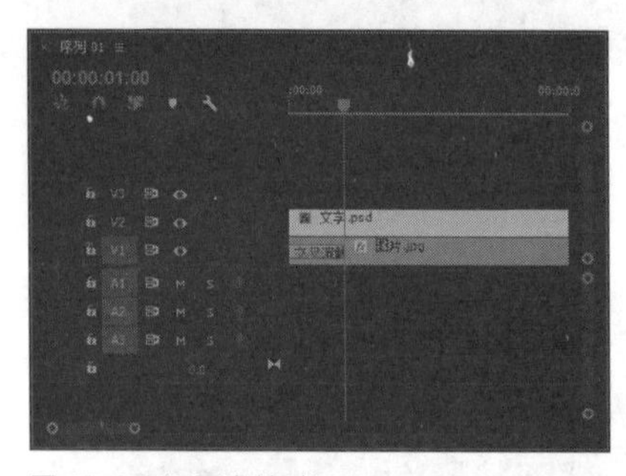

图 17-33 设置当前时间

07 展开“效果控件”面板，设置“过渡完成”为0%，如图17-34所示。

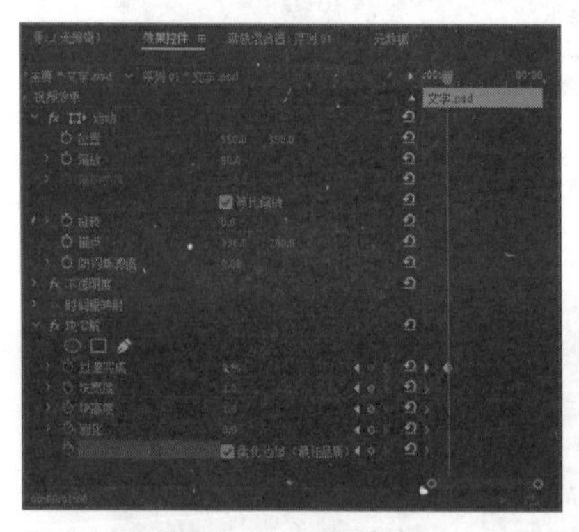

图 17-34 设置“过渡完成”参数

08 执行上述操作后，即可添加视频动画效果，在“节目监视器”面板中预览效果，如图17-35所示。

图 17-35 预览效果

17.3 制作产品宣传字幕效果

在Premiere Pro CC 2017中可以为视频中的画面添加产品宣传字幕。

17.3.1 实战——创建与设置产品亮点文案

亮点文案对于产品宣传来说，是不可忽视的一部分，对网店的产品宣传视频来说，是非常重要的元素。

素材位置	无
效果位置	无
视频位置	视频 > 第 17 章 > 实战——创建与设置产品亮点文案 .mp4

01 单击“字幕”|“新建字幕”|“默认静态字幕”命令，弹出“新建字幕”对话框，如图17-36所示。

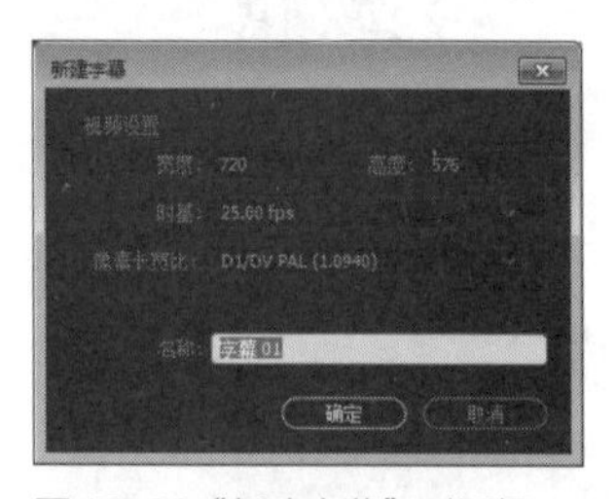

图 17-36 “新建字幕”对话框

02 单击“确定”按钮，即可打开“字幕编辑器”窗口，如图17-37所示。

图 17-37 “字幕编辑器”窗口

03 运用面板中的输入工具创建需要的字幕，如图17-38所示。

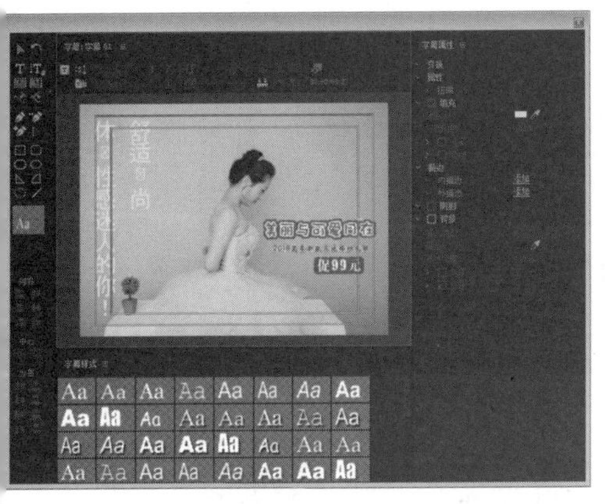

图 17-38 创建需要的字幕

04 在字幕编辑器窗口中选择输入的字幕，如图17-39所示。

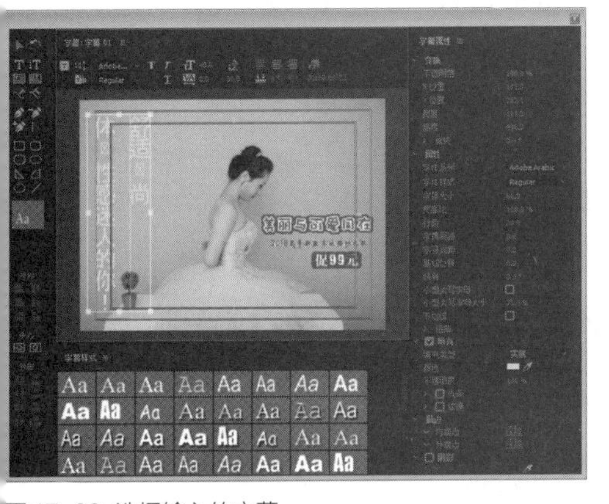

图 17-39 选择输入的字幕

05 设置“字体系列”为“隶书”，效果如图17-40所示。

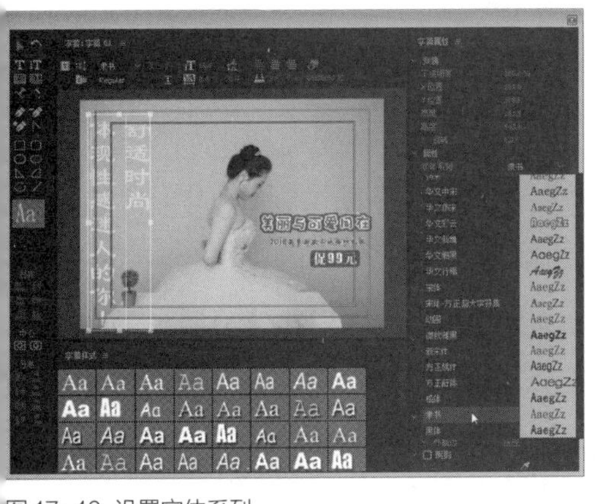

图 17-40 设置字体系列

06 设置“大小”为55.0，修改字幕的大小，如图17-41所示。

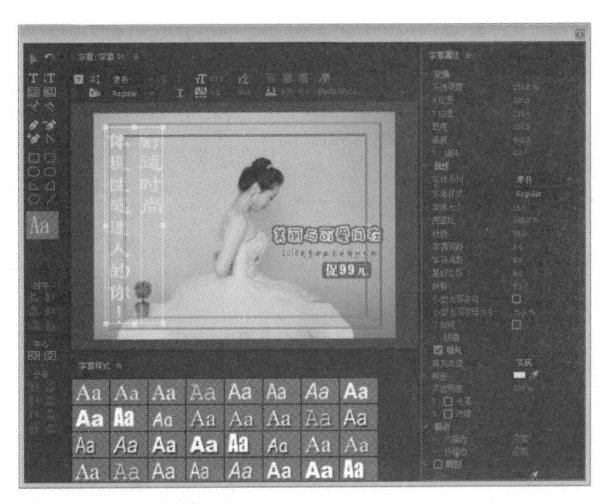

图 17-41 设置字幕大小

07 设置“行距”为50.0，并适当调整其位置，如图17-42所示。

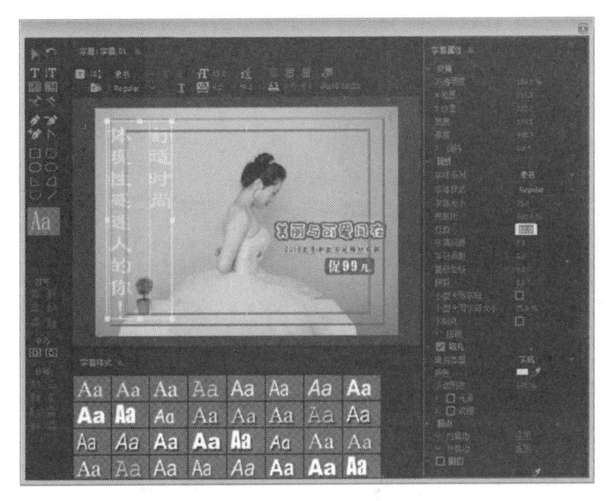

图 17-42 设置行距

08 在“字幕样式”列表框中选择相应的字幕样式，如图17-43所示。

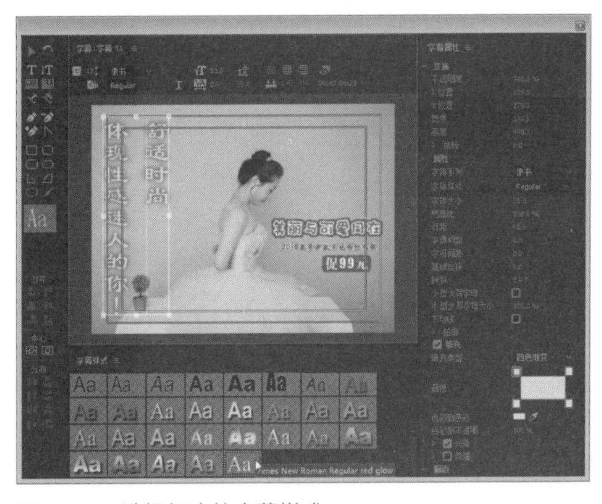

图 17-43 选择相应的字幕样式

09 单击“字幕”面板右上角的“关闭”按钮，如图17-44所示。

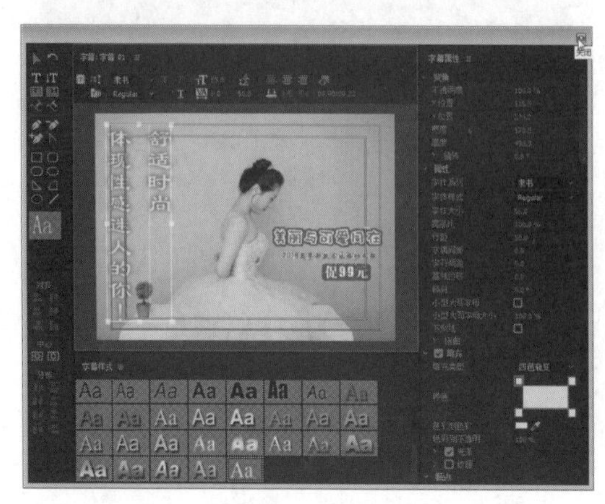

图17-44 单击“关闭”按钮

10 关闭后即可在项目面板中查看输入的字幕，如图17-45所示。

图17-45 查看输入的字幕

17.3.2 实战——拖曳字幕至视频轨

下面主要将上一步制作好的字幕文件，添加到视频轨道中。

素材位置	无
效果位置	无
视频位置	视频 > 第 17 章 > 实战——拖曳字幕至视频轨 .mp4

01 在“项目”面板选择字幕01素材，如图17-46所示。

02 单击鼠标左键并将其拖曳至V3轨道上，如图17-47所示。

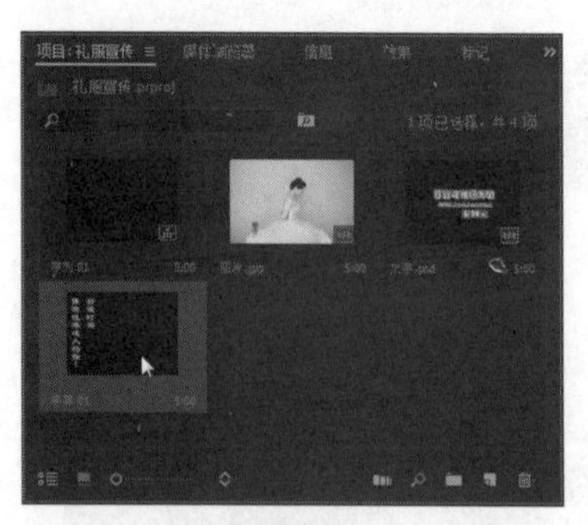

图17-46 选择字幕素材

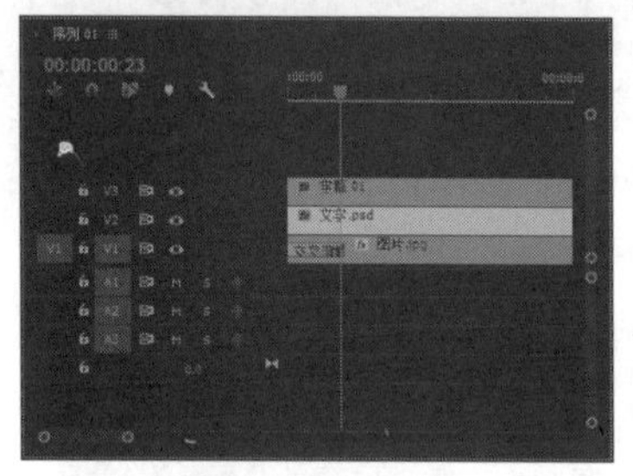

图17-47 将字幕添加到视频轨

03 在“节目监视器”面板中单击“播放-停止切换”按钮，即可预览画面效果，如图17-48所示。

图17-48 预览画面效果

专家指点

在设计产品宣传视频中的文案内容时，需要注意的是，创意文案应该从片头开始，因为片头是最先展示在观众面前的视频内容，如果不能在片头吸引住观众的目光，那么再好的产品也难被消费者赏识。

17.3.3 实战——制作字幕动画特效

下面主要介绍制作字幕动画特效的操作方法。

素材位置	无
效果位置	效果 > 第 17 章 > 礼服宣传 .prproj
视频位置	视频 > 第 14 章 > 实战——制作字幕动画特效 .mp4

01 选择 V3 轨道上的素材图像，如图 17-49 所示。

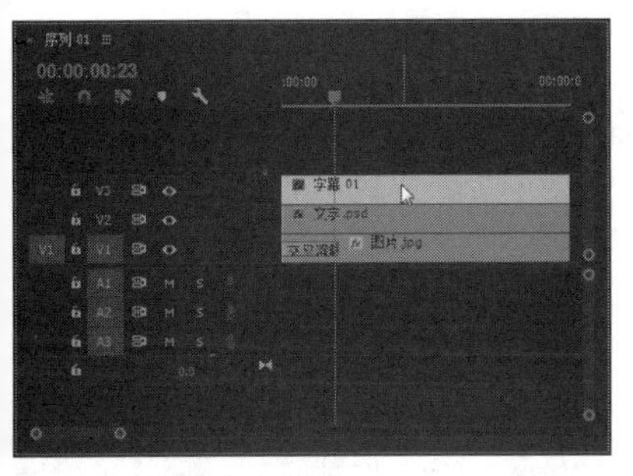

图 17-49 选择素材图像

02 在“效果”面板中，展开“视频效果”文件夹，在其中选择“扭曲”选项，如图17-50所示。

图 17-50 选择“扭曲”选项

03 在“扭曲”文件夹中选择“变换”特效，如图17-51所示。

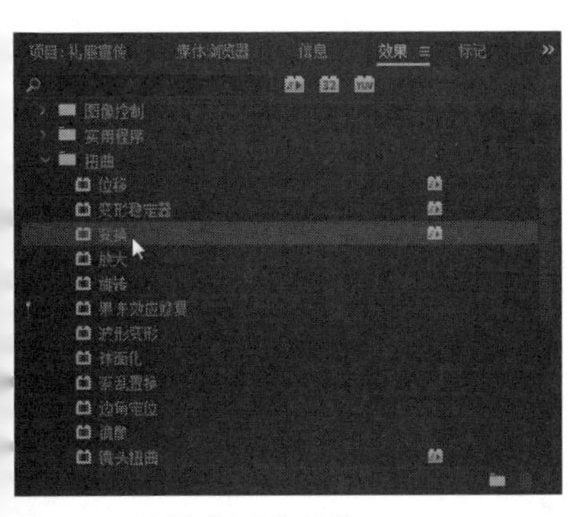

图 17-51 选择“变换”特效

04 单击鼠标左键并将其拖曳至V3轨道上，如图17-52所示。

05 展开“效果控件”面板中的“变换”特效，单击“缩放”和“倾斜”选项前的“切换动画”按钮，如图17-53所示。

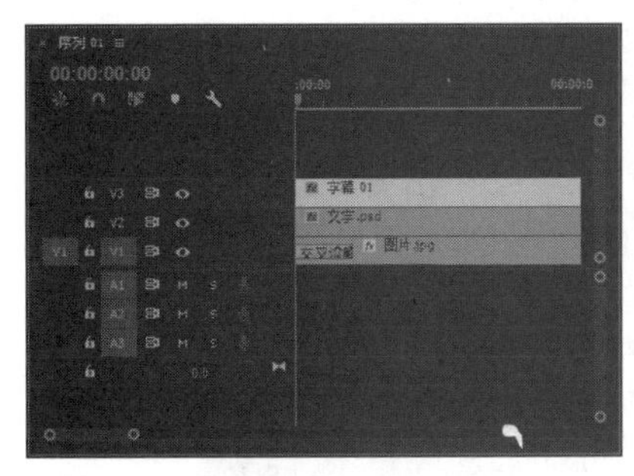

图 17-52 添加视频效果

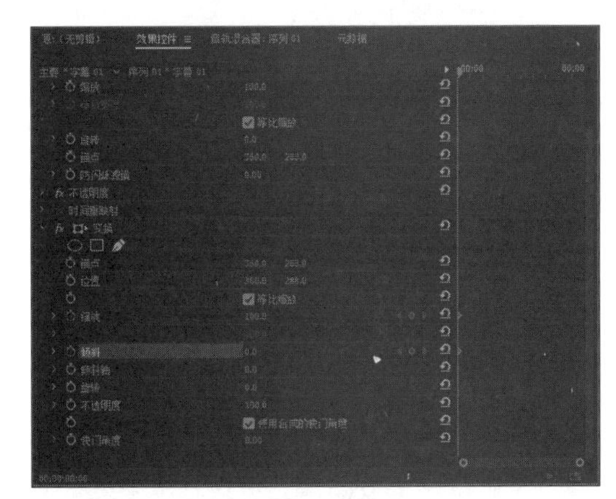

图 17-53 单击“切换动画”按钮

06 设置“缩放”为0.0，“倾斜”为70.0，添加关键帧，如图17-54所示。

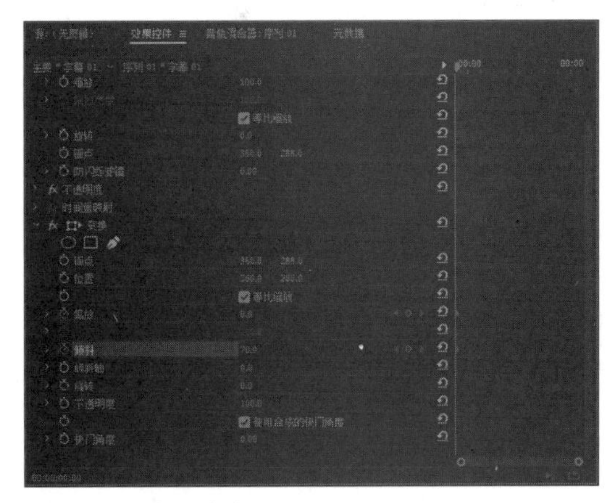

图 17-54 添加关键帧

07 设置当前时间为00:00:02:00，如图17-55所示。

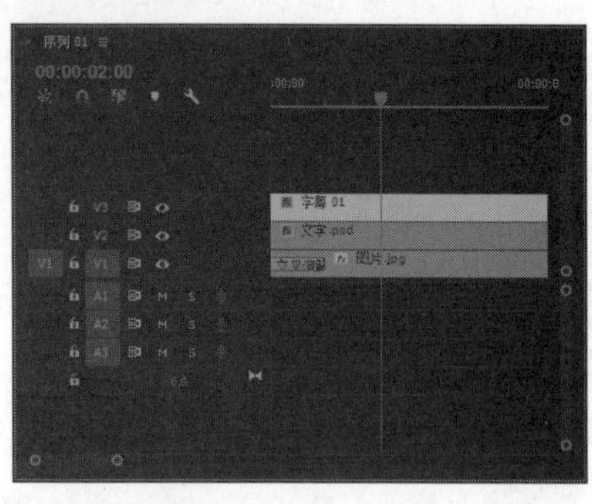

图 17-55 设置当前时间

08 在“效果控件”面板中，设置“缩放”为100.0，“倾斜”为0.0，添加一组关键帧，如图17-56所示。

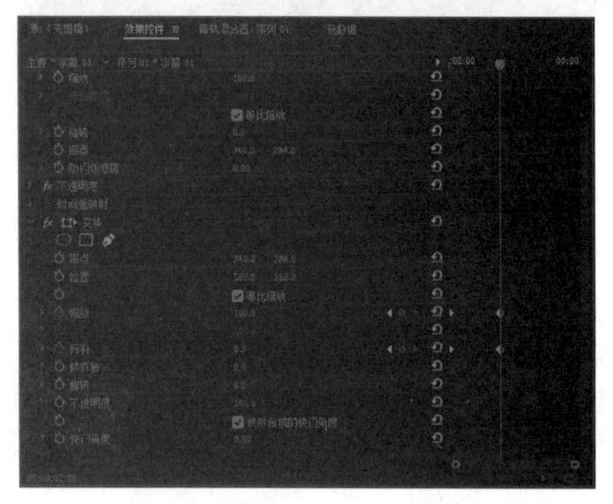

图 17-56 添加一组关键帧

09 执行上述操作后，即可添加视频动画效果，在“节目监视器”面板中预览效果，如图17-57所示。

图 17-57 预览视频效果